개정판

항공정책론

국토교통부 항공정책실 지음

KM 경문사

머리말 개정판 발간에 부쳐

『항공정책론』 초판이 발간한 지 10여 년이 지났다. 항공정책을 담당하고 있는 공직자들이 항공정책에 대해 서툴지만 대중에 직접 설명하고자 하는 취지로 시작한 활동이었다. 그동안 정책과 제도가 많이 변했고, 항공산업도 크게 성장하였다. 이에 선배 공무원들의 취지를 이어받아 후배들이 개정판을 발간하게 되었다. 대부분의 자료는 2022년 기준으로 보완하였고, 독자들의 이해도를 높이기 위해 국내외 사례와 사진도 다양하게 담았다.

주요 개정사항을 살펴보면, 제1장 「항공의 개요와 역사」와 제2장 「항공산업의 현황」에서는 최근 10년간의 국내외 항공산업의 변화 과정과 최신 동향을 담고자 하였고, 제3장 「항공기의 분류 및 구조」에서는 국내에서 제작하는 경량항공기 · 헬리콥터와 무인비행장치 등의 새로운 내용을 포함하였다.

제4장 「항공법령」에서는 2017년 「항공법」이 「항공사업법」, 「항공안전법」, 「공항시설법」 3개로 분법이 이루어지고, 「드론법」, 「항공안전기술원법」, 「국립항공박물관법」, 「가덕도신공항법」 법령이 제정되는 등 주요 변경사항을 빠짐없이 반영하였다.

제5장 「국내 · 국제 항공운송 정책」에서는 국내 · 국제 항공운송사업 관련 규정, 국제 항공운송을 위한 양자 · 다자간 항공협정, 항공자유화 등 수년간의 변화된 내용을 상세히 다뤘고, 제6장 「항공안전 관리 정책」은 2013년 신규 제정된 ICAO 부속서 19(안전관리)와 관련된 국가항공안전프로그램(SSP) 등의 신규 내용을 중점적으로 반영하였다.

제7장 「공항 건설과 운영 정책」에서는 공항정책의 발전 방향과 현재 추진 중인 신공항사업 추진현황을 수록했으며, 제8장 「항공보안 정책」에서는 항공보안 관련 규정과 국가적 협력과제 등도 중점적으로 반영하였다.

제9장 「국제기구와 국제법령」에서는 ICAO, IATA, ACI 등 국제기구의 조직, 예산과 정책을 반영하였고, 제10장 「항공종사자 자격 제도」에서는 조종, 정비, 관제 등의 항공종사자 자격제도 변화와 증가하고 있는 국내 훈련기관을 반영하였다.

제11장 「항공분야 탄소감축 정책」에서는 항공교통부문과 공항부문의 국내외 탄소감축의 노력과 미래 방향에 대하여 서술하였고, 제12장 「신 항공모빌리티 정책」에서는 2017년 드론산업 육성 정책에 따라 성장하고 있는 드론산업과 도심교통의 게

임체인저 역할을 할 UAM산업 육성 정책과 동향 등을 새롭게 수록하였다.

아울러, '부록 1.'에는 COVID－19 팬데믹이 우리나라 항공산업에 미친 영향과 이를 극복하기 위한 정부와 민간의 노력 및 과정을 생생하게 담았고, 연도별 여객·화물 실적, 항공사업자 등 주요 항공통계와 국내외 항공교통이용자 평가제도와 공항서비스 평가제도도 참고할 수 있도록 '부록 2.', '부록 3.'에 수록하였다.

『항공정책론』은 항공정책 각 분야의 개념을 정리하고 항공정책이 나아가야 할 방향을 제시한 책이다. 항공을 전공하는 학생, 항공사나 공항 등 항공업계·관련 기관 종사자뿐만 아니라 일반인도 쉽고 친근하게 이해할 수 있도록 서술하였다.

도서를 통해 지난 10년간 항공산업의 변화 과정을 살펴보면서, 앞으로의 20년 30년의 우리 항공산업의 성장 방향을 그려보며 미래 항공산업의 비약적 발전에 일조할 수 있기를 기대한다. 또한, 이번 개정판에 이어 우리 항공산업에 몸담고 있는 선·후배님들이 이후 개정판을 발간하며 살아 숨쉬는 정책의 변화를 생생히 기록하길 기대해본다.

이 책이 나오기까지 격무에도 불구하고 원고를 작성하고 완성도를 높이기 위해 수차례 검토하느라 고생한 국토교통부 항공정책실 공직자 한 분 한 분의 노고에 감사드린다. 또한, 더 나은 책으로 출간할 수 있도록 그간의 지식과 업무 경험을 바탕으로 아낌없는 조언을 해주신 감수위원님께도 감사의 말씀을 전한다. 끝으로 이 책이 나오기까지 많은 조력을 아끼지 않으신 경문사 조경희 대표님과 편집부 여러분의 노고에 진심으로 감사드린다.

2023년 3월

국토교통부 항공정책실장 하 동 수

항공 정책론

머리말

초판 발간사

2008년 전 세계에 불어닥친 금융위기의 한파와 경기침체 속에서, 국내 항공산업 또한 위기를 맞이하였다. 그동안 꾸준한 성장세를 보이던 국제여객 수송량이 금융위기로 인한 항공수요 위축으로 인하여 2008~2009년 2년 연속 전년 대비 하락하였으며, 국내 항공사들도 재정적인 어려움으로 인력 감축 등의 구조조정을 감내해야만 하는 등 항공산업 전반에 걸쳐 어려움이 지속되었다.

이러한 위기를 극복하기 위하여 '환태평양을 주도하는 항공강국의 실현'이라는 비전 아래 정부와 항공당국, 항공사 등 모든 항공관련 종사자들이 하나 되어 꾸준히 노력하였으며, 드디어 하나둘씩 그 결실을 맺어가고 있다. 최근 우리나라 항공운송 실적은 여객·화물 모두 월별 최고실적을 갱신하고 있고, 올해 ICAO 이사국 4연임 달성을 통해 국제 항공사회에서 지도국가로서의 역할을 공고히 하였으며, 인천국제공항은 5년 연속 세계 공항서비스 1위 달성이라는 쾌거를 이룩함으로써 명실공히 동북아 허브 중심공항으로 도약하였다.

『항공정책론』은 우리나라를 세계적인 항공강국으로 이끌기 위해 불철주야 노력하는 항공관련 공무원들이 피와 땀을 통한 노력과 결실을 담았다. 이 책을 통해 항공분야를 처음 접하는 일반인들은 물론 항공분야를 공부하는 학생, 업계 및 학계 종사자, 공무원 등 다양한 독자를 위해 보다 다양하고 폭넓은 내용을 담고자 노력하였다.

먼저 도입부에서는 현재 우리 생활에서 '항공'이 주는 의미에서 시작하여 세계 항공산업의 흐름 속에서 우리 항공산업의 과거와 오늘을 재조명하였다. 이를 통해 우리나라의 항공강국 위상을 돌아보고 정부가 추진하고 있는 항공정책의 목표와 비전을 알기 쉽게 설명하였다.

본문에서는 항공정책을 항공기, 항공자격론, 항공운송론, 항공안전론, 항공보안론, 공항 및 항행시설론, 항공산업 등 부문별로 세분화하여 별개의 장으로 구성하였다. 장마다 부문별 현황 및 주요 성과 향후 정책방향 등에 대하여 구체적으로 설명하였으며, 특히 항공자격론, 항공안전론, 공항 및 항행시설론에서는 항공분야 전문지식을 알기 쉽게 설명하였으며 참신하고 실무적인 내용들이 담겨 있어 독자들에게는 유익한 경험이 될 것으로 기대한다.

또한 최근 세계적으로 이슈가 되고 있는 항공교통이용자 보호 제도 및 항공분야 저탄소 녹색성장을 상세하게 다루었으며, 이를 통해 정부가 항공산업의 육성에만 치중하는 것이 아니라 국민들의 권익 신장과 환경보호에도 주도적으로 앞장서고 있음을 알 수 있을 것이다.

마지막 장에서는 국내의 항공관련 법령을 소개하고 법령별 특성 및 주요 내용 등을 다루었다.

바라건대, 전반적인 항공정책에 대한 설명서이자 항공정책이 나아가야 할 바를 담은 이 책을 통해, 항공을 전공하는 학생, 항공사 · 공항 등 항공분야 종사자, 관련기관뿐만 아니라 일반 국민들에게 '항공'이 보다 쉽고 친근하게 다가가는 계기가 되기를 바라며, 다가오는 미래 환경에 대비한 새로운 '항공정책'의 또 다른 비상을 위한 디딤돌이 되기를 기대한다.

끝으로, 이 책을 발간하는 데 많은 격려를 아끼지 않으신 정종환 장관님, 김희국 차관님, 정일영 교통정책실장님, 그리고 항공정책실 간부님 모든 직원 여러분께 감사드리며, 특히 보다 내실 있고 좋은 책을 만들기 위해 본연의 격무에도 불구하고 수차례 검토 회의와 수정작업을 거쳐 밤늦게까지 충실한 원고 작성에 힘쓴 집필자 한 분 한 분의 노고에 진심으로 감사드린다.

2011년 1월

국토해양부 항공정책실장 김 광 재

항공정책론

목차

IV 항공법령

V 국내·국제 항공운송 정책

VI 항공안전 관리 정책

XI 항공분야 탄소감축 정책

XII 신 항공모빌리티 정책

부록

I

항공의 개요와 역사

01 항공의 특성

우리가 이 책에서 논의하고자 하는 '항공'은 우리에게 항공기, 항공교통, 항공산업, 항공기술, 항공관제, 항공인력 등 다양한 모습으로 나타나는 추상적 개념이다. 해외여행이나 업무상 출장 시에 접하게 되는 공항, 항공기, 승무원 등으로 연상되는 항공은 과거 일부 부유층의 전유물로만 여겨지던 것과는 달리, 21세기를 살아가는 현재 우리의 생활과 매우 밀접히 연관되어 있는 산업의 한 분야이다. 우리나라 항공기 이용 여행객 수가 매년 약 1억 명을 넘어설 정도로 우리 생활 주변에서 직간접적으로 접하게 되는 교통수단이며, 특히 항공산업은 소득이 향상되고 사회가 고도화할수록 발전하는 우리 사회의 주요 산업이다.

항공은 항공기를 이용하여 사람과 물자를 수송하는 것을 의미한다. 교통수단으로서의 항공기가 운항되기 위해서는 첨단기술의 집약체인 항공기뿐만 아니라, 항공기가 이착륙하는 공항, 항공기의 운항을 조정하고 통제하는 관제시설, 항공기의 유지보수를 통해 안전운항을 담보하는 정비시설 등의 물적 자원과 항공기를 직접적으로 운항하는 조종사, 항공기를 최상의 상태로 유지하는 정비사, 항공기의 안전 운항을 위한 조정과 통제를 담당하는 관제사 등 인적 자원 모두가 종합적으로 같이 융합되고 운영되어야 한다. 어느 하나만이 있다고, 특정분야만이 뛰어나다고 운영되는 것이 아닌 모두가 살아 있는 유기체처럼 묶여지고, 「말러(Mahler) 교향곡 8번」과 같은 천 명이 넘는 성악진이 가세하는 대편성 교향곡을 연주하는 심포니 오케스트라처럼 노련한 지휘자의 지휘봉 아래 현악파트, 관악파트와 대규모 합창단과 성악진까지 함께 협력하여 움직여야 하는 종합예술인 것이다.

항공기, 항공산업, 항공기술 등 항공을 이루고 있는 모든 요소가 '항공기의 안전한 운항'이라는 하나의 목적을 달성하기 위해 조화롭게 움직이기 위해서는 규범이 필요하다. 항공과 관련한 규범은 항공기라는 가장 위험할 수 있는 교통수단을 가장 안전한 교통수단으로 탈바꿈시키기 위해 필요한 최소한의 규칙인 것이다. 우리나라도 12개에 달하는 항공관련 법률과 수많은 항공기술, 공항시설 고시·기준·지침 등이 있다.

이러한 항공의 규범은 항공의 특성상 어느 한 지역 또는 한 나라에 국한되기 어렵다. 항공기는 동일한 규범 공동체인 하나의 국가가 아닌, 국가와 국가 간을 움직인다. 다시 말하면, 항공과 항공규범은 매우 국제적이다. 이에 따라 유엔 산하 국제민간항공기구(UN ICAO)는 시카고협약(Chicago Convention)에 근거하여 구체적인 항공운항관련 규정을 두고 세계 각국이 준수하도록 하고 있다.

항공은 최고의 성장산업이다. 세계 경제가 성장함에 따라 항공수요는 전 세계적으로 나날이 증가하고 있다. 2008년 이후 금융위기와 COVID-19와 같은 위기에 의해 비록 잠시 주춤하기도 했으나, 전 세계적인 경제성장에 따라 물자의 교역이 활발해지고 있으며, 증가하는 교역량의 많은 부분이 IT 제품과 같은 고부가가치의 경량 상품에 해당함에 따라 물자의 항공수송량이 증가하고 있다.

가장 좋은 예는 우리나라로, 2000년 이후 반도체, LCD 등 고부가가치 IT 제품 수출이 크게 증가하자 항공을 통한 화물수송량 또한 크게 증가하여 2009년 항공화물 운송량은 86억 톤킬로로 세계 3위를 기록했다. 또한, 최근에는 소득의 증가로 인해 전자상거래가 활발해지고, 신선 상품 등 농축산물의 항공 수요도 급증하고 있어 항공화물 수요의 폭발적 증가세가 이어지고 있다.

항공수요의 증가는 비단 항공화물뿐만이 아니다. 2022년 세계 인구는 80억 명이 넘고, 앞으로도 당분간 증가될 것으로 보이며, 이에 따라 항공수요가 지속 증가할 것임은 자명하다. 현재도 전 세계적으로 연간 약 45억 명이 이용하는 항공교통은 항공을 통한 기업인과 관광객이 증가하고 있어 여객수송량 역시 크게 증가할 것으로 예상된다. 특히 소득수준의 향상에 따라 관광객의 수요가 크게 증가할 것으로 보인다.

또 하나의 항공 수요 증가 요인 중 하나는 항공자유화와 항공사 간 제휴와 연합(Alliance)이다. 항공자유화의 선도적인 국가는 미국이다. 미국은 1992년 네덜란드와 양자 간 항공협정을 맺은 이후 지속적으로 항공자유화를 적극적으로 추진하여, 2008년 EU와 항공자유화지역(Open Aviation Area) 협정 체결 등 세계 항공시장을 선점하기 위한 항공자유화를 선도하고 있다. 1987년부터 1993년까지 1, 2, 3차 항공자유화를 위한 조치를 시행한 이후 1997년부터 항공자유화를 적극 추진하고 있는 유럽연합(EU)은 2020년까지 효율적이고 안전한 항공교통을 위한 SESAR(Single European Sky ATM) 구축을 추진하는 등 미국과 함께 항공자유화를 선도하는 주축으로 작용하고 있다.

아시아권에서는 중국과 인도의 항공시장이 급격하게 성장하고 있다. 미국, EU와 함께 세계 경제의 중심으로 성장하고 있는 중국과 인도는 COVID-19 이전 10년간(2010~2019) 여객이 각각 연평균 10.5%, 10.9%로 빠르게 성장하였다.

전통적인 항공강국인 일본도 세계 항공시장에서 주도권을 잃지 않으려는 노력을 지속하고 있다. 1990년대 이후 일본 경제의 장기불황, 인구의 고령화 등으로 내수경기가 침체됨에 따라 JAL의 파산으로 대표되는 일본 항공산업의 위기가 도래하였으나, 일본 정부는 침체된 일본의 내수 항공시장을 향후 급격한 성장이 예상되는 아시아시장으로 확대하기 위하여 '아시아 관문(Asia Gateway)' 전략을 새롭게 추진하고 있다.

이러한 항공수요의 증가는 2000년 이후 저비용항공사(LCC)의 증가로도 촉발되고 있다. 다양한 항공수요에 대응하여 저비용항공사(LCC)가 발달한 미국, 유럽에서는 저비용항공사 시장 점유율이 2000년 초반 약 17%에서 2019년 약 33%까지 두 배 정도 증가해왔다. 아시아 지역의 저비용항공사(LCC) 역시 2001년 이후 규제 완화와 항공자유화의 확대, 그리고 아시아 항공시장의 급격한 성장에 따라 시장참여가 더욱 활발해질 것으로 예측되고 있다. 아시아 지역의 최대 저비용항공사(LCC)인 말레이시아 Air Asia X의 국내 진출, 중국 동방항공의 저비용항공사(LCC) 시장 진출, 전일본공수항공(ANA)의 저비용항공사 설립 움직임은 이를 대변한다고 할 수 있다. 우리나라에서도 2005년 국내 최초의 저비용항공사(LCC)가 등장하였고, 저비용항공사의 국내선 점유율이 2008년 약 10%에서 2010년 약 35% 수준으로 급증한 이후로 지속 증가하여 2019년 기준 59%까지 크게 상승했다. 저비용항공사의 시장참여는 공급력의 증가로 이어져 국민의 교통편의가 증진되었으며 다양한 가격의 항공교통서비스 제공은 국민의 항공교통에 대한 만족도를 제고시키는 효과를 가져왔다. 아직은 저비용항공사(LCC)만의 특성이 부족하여, 대형항공사와의 차별화 전략 추진 등 수많은 정책과제가 이루어져야 할 것이다.

항공은 항공운송산업으로 대표되는 외형적 성장뿐만 아니라, 항공기술 등 내면적, 기술적 성장도 다른 산업 분야와는 비교가 되지 않을 정도로 빠른 분야이다. 1903년 12월 미국 노스캐롤라이나(North Carolina)주의 키티호크(Kitty Hawk)에서 윌버(Wilbur)와 오빌(Orville)의 라이트(Wright) 형제가 최초 유인 동력 비행을 한 이후, 58여 년 만인 1961년 소련의 유인 우주선 보스토크호가 인류 최초 우주인 유리 가가린을 태우고 우주여행을 시작하였으니, 항공 및 우주기술의 발전은 수직 상승을 했다고 해도 과언이 아니다.

최근, 중국 국영기업인 중국상용항공기회사(COMAC)가 2006년 개발을 시작한 C919가 2022년 12월부터 검증비행을 하고 있다. 이로써 Boeing사와 Airbus사가 양분하고 있는 항공기 제작시장에 지각변동이 예상된다. 또한, 기후변화에 대응하기 위한 탄소배출량을 약 20~30% 저감 가능한 친환경 항공기인 A350-900, B737-8 등이 제작되어 운항 중에 있으며, 기존 화석연료를 대체하는 전기배터리, 수소연료전기 기반 항공기도 제작 중에 있으나, 배터리 무게 제약에 따라 2035년 이후 상용화될 것으로 기대하고 있다.

한편, 저소음, 친환경 교통수단으로 도심에서 승객과 화물을 안전하게 수송할 수 있는 항공교통체계인 UAM(도심항공교통)이 상용화를 눈앞에 두고 있다. 현재 주요 스타트업들의 기술개발과 이에 따른 시험비행 성공 등으로 UAM 기술수준은 상용화를 코앞에 둔 단계에 이르렀다. 2024년부터는 전 세계적으로 상용화될 것으로 기대되고 있으며, 우리나라도 2025년 하반기부터는 수도권 등 주요 도심 노선부터 단계적으로 상용화할 것으로 기대된다. 이와 함께, 2021년 버진 갤럭틱사에서 유인 우주선인 Spaceship2가 첫 민간 유인 우주비행에 성공하면서 본격적인 민간 우주관광 산업의 발전이 이루어지고 있다. 블루오리진사는 '뉴세퍼드', 스페이스사는 '크루드래곤'도 각각 우주비행에 성공하였다. 대기권 밖에서 푸른 지구를 바라보는 '우주관광'이 더 이상 억만장자들의 전유물이 아닌 대중화되는 날이 곧 다가올 것으로 기대된다.

우리나라는 그간 정부의 지속적인 항공산업 육성정책과 항공사들의 글로벌 노선망 확충 노력으로 2022년 운송량 기준으로 세계 5위의 항공강국으로 성장하였다. 특히 인천공항은 세계공항협회(ACI) 서비스 평가에서 2017년까지 12년 연속 1위를 달성하고, 2022년에는 세계 최초로 고객경험인증 5단계 인증을 취득하며 세계적인 브랜드로 자리매김하였으며, 항공안전 분야에서도 13년 무사망사고 달성 및 ICAO 안전평가 세계 최고 기록(98.89%)을 달성하는 등 우리나라가 세계적인 항공안전국으로 발돋움하는 데 기여하였다.

이제 우리나라는 세계 5위로 성장한 항공운송분야뿐만 아니라, 항공기술, 항공안전 분야를 포함한 모든 항공분야에서 세계의 표준을 만드는 명실상부한 항공선진국으로 발돋움해야 한다. 항공분야는 어느 한 분야만 뛰어나다고 운영되는 것이 아닌, 모든 분야가 하나의 유기체처럼 병행 발전되어야 하기 때문에 항공의 발전에 있어서 정부의 역할은 필수적이다. 이것은 앞에서 서술한 모든 항공의 발전과 더불어 정부의 항공정책이 지속적으로 추진되어야 하는 이유이다.

02 세계 항공산업의 흐름

1903년 12월 17일 라이트 형제가 동력비행에 성공한 이래 1914년 제1차 세계대전이 발발하기 전까지 항공기는 군사적 목적 등 극히 제한된 분야에서만 사용되었다. 제1차 대전이 끝나면서 유럽의 각국이 전쟁에 사용하다 남은 군용기를 민간 부분에 사용하기 시작하며, 항공산업은 2019년 기준 연간 약 58백만 톤의 화물을 운송하고 약 45억 명의 승객이 이용할 만큼 지난 1세기 동안 눈부신 발전을 거듭하며 우리 경제와 문명, 생활의 매우 중요한 일부가 되었다.

세계 항공산업은 특히 1980년대와 1990년대를 거치면서 양적, 질적으로 급격한 성장을 이룩해왔으며, 세계화, 자유화, 민영화의 큰 축을 중심으로 경쟁체제가 심화됨에 따라 항공자유화 및 항공사 간의 전략적 제휴, 지역 간 통합운송시장의 확산으로 다양한 형태의 경쟁구도가 형성되었고 산업구조 또한 크게 변화하고 있다. 항공운송시장 환경도 '규제와 보호'에서 '경쟁과 협력'에 의한 시장원리가 강조되어 세계화, 자유화, 민영화 추세는 당분간 지속될 전망이다.

한편, 세계 항공시장은 글로벌시대 인적·물적 교류 확대 및 항공자유화 정책의 확산으로 인하여 이른바 "항공의 무한경쟁시대"가 도래함에 따라 자국의 항공운송시장 지배력 확대와 경쟁력 제고를 추구하고 있다. 이는 EU-U.S. 항공자유화지역(Open Aviation Area) 확대로 나타난 바 있으며, 아세안 경제 공동체(AEC, ASEAN Economic Community), 유라시아 경제 연합(EAEU, Eurasian Economic Union) 등 초국가적 경제 공동체의 등장에 따라 국가 간 교류도 급속히 증가하고 있다.

그간 저비용항공사의 전 세계 시장 점유율은 2008년 19.2%에서 2020년 35%로 확대되었으며, 일반항공사의 좌석공급량이 2009년에서 2018년까지 9년 동안 41% 증가한 반면 저비용항공사는 약 2배 증가(7억 5,300만 명에서 15억 6,400만 명)하는 등 빠르게 성장해왔다. 특히, 저비용항공사가 이미 발달한 미국, 유럽에 비해 아시아-태평양 지역은 2008년 좌석 수용량이 약 1억 3천만 석에서 2018년 약 6억 석으로 늘어나 최근 10년 동안 다른 지역보다 빠르게 성장하여 현재 글로벌 평균에 근접하고 있다. 앞으로도 전 세계 저비용항공 시장은 2020년 1,562억 달러에서 2027년에는 2,541억 달러의 창출이 예상되는 등 지속적인 확대가 전망된다.

▼ 저비용항공사의 전 세계 시장 점유율

연도	2008	2010	2012	2014	2016	2018	2020
점유율	19.2%	21.4%	23.4	25.9	25.5%	31.0%	35.0%

자료 : https://www.statista.com

항공산업은 환율, 유가 및 경기침체 등 외부요인에 따라 민감도가 증가할 것으로 예상된다. 유가 및 환율의 상승, 경기침체는 국내 항공산업의 성장에 부정적인 요인으로 작용할 것이다. 국내 항공사는 보유 항공기의 절반 이상을 임차(리스) 방식으로 도입하므로 환율 상승은 환 손실을 야기하여 당기순이익을 감소시킬 것이다. 유가의 경우에도 국적항공사의 지출 중 유류비 비중이 약 20~40%가 되는 점을 감안하면 유가상승은 단기적으로 항공사의 당기순이익에 악영향을 미칠 것으로 예상된다.

▼ 국내 주요 국적항공사의 항공기 보유 현황(2022년 기준)

항공사	구매	임차		합계
		금융리스	운용리스	
대한항공	74	77	15	166
아시아나항공	18	7	52	77
제주항공	2	1	35	38
진에어	3	1	22	26
티웨이항공	–	1	28	29

자료 : ATIS 항공기술정보시스템

2019년 말 발생한 COVID-19는 국경을 가리지 않고 전 세계로 퍼지면서 엄청난 경제적, 재정적 손실과 함께 모든 산업 및 우리 삶의 모든 측면에 영향을 미쳤다. 특히, 전 세계 항공 승객은 2019년 대비 2020년 약 2,703백만 명(60%) 감소하여 항공사는 약 3,720억 달러의 승객 운영 손실을 입었다. 이에 우리나라 정부는 항공사에 기간산업안정기금·정책금융 지원(약 3.9조 원)과 공항시설사용료 등 감면(2.2조 원) 등을 통해 위기에 처한 항공산업을 지원해왔으며, 이를 통해 인천공항은 2022년 11월 20일에 2020년 2월 18일 이후 1,007일 만에 일일 여객 10만 명(2019년 실적의 약 50% 수준)을 돌파하는 등 빠르게 회복할 수 있었다. 한편, 국제공항협의회(ACI, Airports Council International)는 2022년 여객운송실적이 68억 명으로 2019

년의 74.4%까지 회복하여 2024년에는 2019년 수준으로 완전히 회복할 것으로 전망하고 있으며, 아시아-태평양 지역은 2022년에 2019년의 54.5% 수준으로 회복하고, COVID-19로 인한 방역 제한 조치에 따라 2024년 말이나 2025년에 2019년 수준으로 회복할 것으로 전망하고 있다.

▼ 항공 여객운송 실적 및 전망, IATA 2022. 6.

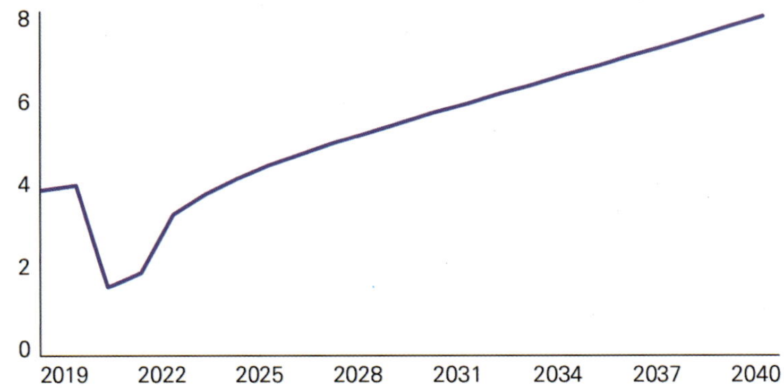

Source: IATA Air Passenger Forecast, IATA Economics/Tourism Economics

항공승객 실적 및 전망(단위: 10억 명)

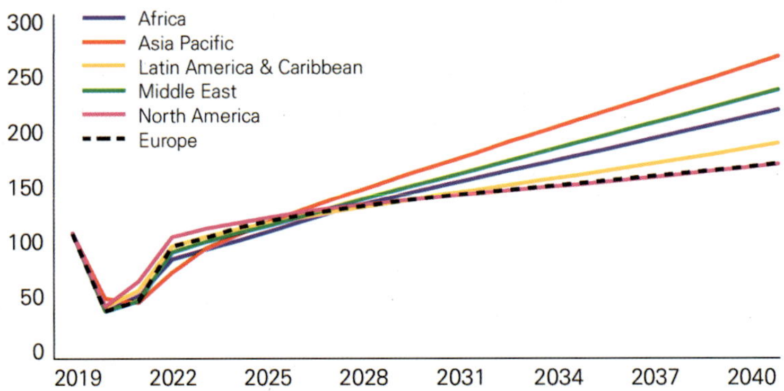

Source: IATA Air Passenger Forecast, IATA Economics/Tourism Economics

지역별 항공 승객 실적 및 전망(2019 실적=100)

산업이 발달함에 따라 환경오염이 극심해지자 전 세계는 1992년 유엔기후변화협약, 1997년 교토의정서 채택, 2015년 파리기후변화협약 등 지구온난화를 방지하기 위한 여러 국제적 노력을 기울여왔다. 이를 실천하기 위한 여러 가지 노력 중 가장 중요한 것은 온실가스의 배출량을 줄이는 것이다. 그중에서도 이산화탄소, 메탄, 아산화질소 등 6대 온실가스 중 이산화탄소가 전체 온실효과의 65%를 차지하므로 이산화탄소의 배출을 줄이는 것이 지구온난화를 방지하기 위해 가장 시급한 것이다.

전 세계 이산화탄소 배출량의 약 2.5%를 차지하는 항공교통 분야는 친환경 항공기의 개발, 항로 단축 등 운영 효율화, 지속가능항공유(SAF, Sustainable Aviation Fuels)의 사용을 통해 탄소배출의 감축을 계획하고 있다. 국제민항기구(ICAO, International Cvil Aviation Organizaion)와 국제항공운송협회(IATA, International Air Transport Associaion)는 이 중 SAF를 항공교통분야 탄소 감축의 핵심 수단으로 보고 있어, 미국, EU 등 선진국은 SAF의 생산·사용 확대 및 기술개발을 위한 여러 정책을 추진하고 있으며 우리나라도 최근 2026년 바이오항공유의 국내 상용화 계획을 발표한 바 있다. 또한, 항공기 제작사인 Airbus는 2035년까지 친환경 항공기를 출시하겠다고 발표하는 등 항공분야의 탈탄소화를 위한 기술개발 및 경쟁은 앞으로도 더욱 치열할 전망이다.

항공부문의 경쟁 심화는 공항개발 및 운영 분야에서도 동일하게 나타나고 있다. 세계 다수의 공항들이 현재 용량포화 상태에 이르렀으며, 2001년 이후 지속적으로 확장하고 있다. 아태지역의 주요 공항들도 동북아 허브공항을 선점하기 위한 확장사업을 추진 중이며, 공항 간 경쟁체제는 더욱 심화될 것으로 예상된다.

▼ **주요 공항의 현황 및 확장 계획**

구 분	인천공항		싱가포르 창이 *( ) : 2030년대 중반 계획	홍콩 첵랍콕 *( ) : 2024년 계획	중국 푸동 *( ) : 2030년 계획
	3단계 (2022년 기준)	4단계			
부지면적 (만㎡)	5,669만㎡		총 2,380만㎡	총 1,905만㎡	4,000만㎡
활주로(개)	3	4	2 (3)	2 (3)	4 (5)
여객처리 (만 명/년)	7,700	10,600	8,500 (13,500)	7,800 (10,000)	8,000 (13,000)
화물처리 (만 톤/년)	500 (2021년 실적: 327만 톤)	630	195 (2021년 실적)	499 (2021년 실적)	325 (2021년 실적)
개항년도	2001. 3.	2024. 10. 예정	1981.12.	1998. 7.	1999. 1.

* 인천공항 부지에는 공항신도시, IBC-3, 물류단지, 정부기관단지, 유보지 등 포함

공항 간 경쟁이 심화될 뿐만 아니라, 공항 민영화 등 운영방식 개편이 가속화될 것으로 예측된다. 세계적으로 공항의 지방화 및 민영화가 이루어지며 공항운영에서 정부 지원 비율이 낮아지고, 지방과 민간의 참여 비중이 크게 증가하는 추세는 지속될 것으로 보인다. 대표적으로 미국의 경우 공공 목적으로 사용 중인 약 5,000여 개의 공항·비행장 가운데에서 3,232개의 공항이 정부 또는 지자체(시, 카운티, 주) 소유인 것으로 분석[1]되고 있으며, 영국도 히드로 공항의 민영화를 통해 신기술과 상업적 접근법을 도입함으로써 공항 운영의 효율성을 향상시키려는 노력을 지속하고 있다.

뿐만 아니라, IATA의 경우 공항 업무의 간소화(Simplifying the Business, StB) 프로그램을 통해 전자발권(E-ticketing), 공용자가서비스(Common Use Self-Service, CUSS), 바코드 탑승권(Bar Coded Boarding Passes, BCBP), 전자화물(E-freight, EF), 신속한 여행(Fast Travel, FT), 수하물 개선 프로그램(Baggage Improvement Programme, BIP) 등 6개 프로젝트를 추진하는 등 전 세계적으로 공항운영 업무의 효율화를 위한 공항업무 프로세스를 개선하기 위해 노력하고 있다.

항공교통 안전관리 및 보안 분야에서도 국제 항공안전관리를 강화하고 이를 통합하려는 노력이 확대되고 있다. ICAO·IATA 등의 국제기구와 각국은 국가적 차원의 항공안전관리를 강화하고, 이를 통합 관리하기 위한 프로그램을 적극 개발·추진 중이다. ICAO는 9·11 테러 이후 전 세계 항공보안수준 우려 증가 및 불법방해행위 방지를 위해 항공보안평가(Universal Security Audit Program) 시행을 결의(2002.2.)하였으며, 「전 세계의 항공보안 강화를 위한 글로벌 전략」을 채택하여 전 세계 체약국을 대상으로 항공보안 국제기준(부속서 17)의 이행 수준에 대한 평가 실시 등 「ICAO 항공보안 활동계획」을 채택(2002.6.)하였다. 특히, 미국을 비롯한 각국은 항공테러 발생에 대비한 조치로 항공보안에 대한 기준 및 규제를 한층 강화하는 추세이다.

급격한 항공기술의 발달에 따라, ICAO는 FANS(Future Air Navigation System), 차세대 항행시스템(CNS/ATM)을 국제표준시설로 채택하였으며, 미국의 항공교통시스템(Next Generation Air Transportation System, NextGen), EU의 SESAR(Single Sky ATM Research Programme) 추진을 비롯하여 세계 각국은 기존 항행안전시설을 기술적으로 보완하기 위해 인공위성기술을 융합한 항행시스템 연구를 적극 추진하고 있다. 또한, 신기술 및 신종 항공기 출현에 따른 항공체계 변화에 따라, 차세대

1 National Plan of Integrated Airport Systems(NPIAS) 2023-2027, FAA

항행시스템 및 무인항공기 등 신종 항공기 및 항공분야 최첨단 기술 간의 접목 시도 또한 활발하다. 이에 따라, 향후 항행시스템 운영체계에 있어 점차 획기적인 변화가 예상된다.

항공산업의 양적 팽창에 따른 항공전문인력에 대한 수요도 점차적으로 증가할 것으로 전망된다. 미국 Boeing사는 전 세계 항공기 대수가 지속적으로 증가(3.4%)하여 2022년 대비 약 2배로(2041년, 47,080대) 늘어나는 것에 근거해 향후 20년간 항공전문인력이 약 210만 명 필요할 것으로 전망하고 있다. 종사자별로는 조종사 약 60만 명, 정비사 약 61만 명, 객실승무원 약 90만 명으로 전망하고 있다.

▼ **2041년 항공전문인력 수요 전망(Boeing)** (단위: 명)

지역	조종사	정비사	승무원
아프리카	20,000	21,000	26,000
중국	126,000	124,000	162,000
유럽	122,000	120,000	207,000
남미	35,000	35,000	48,000
중동	53,000	50,000	99,000
북미	128,000	134,000	173,000
동북아시아	22,000	24,000	38,000
호주	9,000	10,000	18,000
남아시아	37,000	34,000	43,000
동남아시아	50,000	58,000	85,000
전체	602,000	610,000	899,000

출처 : Boeing '2022 Pilot and Technician Outlook(PTO) forecasts'

03 세계 항공의 역사

가. 항공기의 발달

인류는 하늘을 나는 새를 동경하며 하늘을 나는 꿈을 꿔왔다. 본격적인 항공기의 구상을 알린 사람은 이탈리아 출신의 예술가이며 과학자인 레오나르도 다빈치(Leonardo da Vinci, 1452~1519)로, 그는 새를 과학적으로 관찰하여 공중으로 뜨는 힘과 공기 저항을 연구하였다. 그는 1485년 인간이 새와 같이 날개를 퍼덕여서 날 수 있는 오니톱터(Ornithopter : 날개치기)를 설계하고 모형을 만들어 실험하였으며, 1505년 나사의 원리를 이용한 헬리콥터 개념을 고안하였다. 그러나 1658년 이탈리아의 생리학자이며 수학자인 보렐리(Giovanni Borelli)는 새가 날개를 치는 힘과 체중의 관계를 사람의 그것과 비교실험한 결과, 인간이 근육의 힘만으로는 비행이 불가능하다는 결론을 내렸고, 다빈치의 설계는 실체화되지 못한 채 개념으로만 역사에 남았다.

▲ 레오나르도 다빈치의 오니톱터(1485)

▲ 몽골피에 형제의 열기구(1783)

▲ 조지 케일리의 글라이더(1804)

▲ 라이트 형제의 플라이어(1903)

약 100여 년이 흐른 1783년 11월 21일, 프랑스 파리에서 몽골피에(Montgolfier) 형제가 만든 열기구에 물리학자 필라트르 드 로지에(Pilatre de Rozier), 알랑드 후작(the Marquis d'Arlandes)이 타고 약 500m 높이로 8km(5mile)를 25분간 비행하였으며, 이는 최초의 유인비행으로 기록되었다. 당시 열기구는 양털과 짚을 태운 열기를 이륙 동력으로 활용한 것으로 알려져 있다.

그 후 영국의 조지 케일리 경(Baronet, Sir George Cayley, 1773~1857)은 1799년에 최초의 모형 글라이더 구조를 디자인하였고, 1804년에 최초로 모형 글라이더를 날렸다. 1809~1810년에 작성된 공중 비행에 대한 논문에서는 날개치기 방식이 아닌 기계적 방식에 의한 비행 가능성을 발표하였으며, 이 논문은 오늘날의 양력발생 이론과 거의 동일한 내용으로 양력과 항력의 원리를 설명하였다. 그는 1849년에 3겹 날개 글라이더를 만들었는데, 그의 모형 글라이더는 현대 비행기의 모델로서 근대적 비행 이론의 영향을 주었으며, 이로 인해 그는 비행의 아버지(The father of aerial navigation)로 일컬어지게 되었다.

오토 릴리엔탈(Otto, Lilienthal, 1848~1896)은 앞선 조지 케일리의 양력이론을 바탕으로 공기역학을 응용해 글라이더를 개발하고 1891년 비행에 성공했으나, 이후 비행실험을 하던 중 사망하면서 동력에 대한 후속연구는 중단되었다.

케일리(Baronet, Sir George Cayley)의 양력이론과 릴리엔탈(Lilienthal)의 비행실험 등을 통해 인간의 비행을 위해서는 동력이 필요하다는 인식이 자리잡던 시기에 프랑스의 에티엔 르누아르(Etienne Lenoir)가 1860년에 내연기관을 최초로 발명하였다. 이어서 독일의 오토(N.A. Otto)가 1876년에 가솔린엔진을 발명한 후 1885년에 독일의 다임러(Gottlieb Daimler)가 실용화함으로써 동력비행의 가능성이 한층 높아졌다. 미국의 옥타브 샤누트(Octave Chanute)는 독일의 릴리엔탈의 영향으로 비행 관련 서적 『비행기계발전(Progress in Flying Machines)』을 발표하였고, 이 서적은 훗날 오빌과 윌버 라이트(Orville & Wilbur Wright) 형제에게 실용적 동력비행에 대한 영향을 준 것으로 전해진다.

1903년 12월 17일 노스캐롤라이나주(North Carolina) 키티호크(Kitty Hawk) 근처의 킬데블 언덕(Kill Devil Hills)에서 라이트 형제가 제작한 복엽기[2]가 날아올랐는데, 동생 오빌(Orville)이 첫 비행에서 12초 동안 37m를 날았고, 두 번째 비행에서는 형 윌버(Wilbur)가 59초 동안 244m를 나는 데 성공하였다.

라이트 형제가 제작한 복엽기 '플라이어(Flyer)'는 수냉식 가솔린 엔진과 2개의 프

2 2장의 날개를 상하로 배치하고 이것으로 양력을 얻는 비행기

▲ 블레리오의 블레이어11(1909)

▲ 보잉247(1933)

▲ 보잉707(1954)

로펠러를 장착하였다. 프로펠러는 서로 반대 방향으로 회전하여 기체의 자세를 바르게 유지하도록 하였다.

라이트 형제의 비행 이후 1909년 7월 25일, 루이 블레리오(Louis Bleriot, 프랑스)의 영불해협 횡단 — 블레이어 11호 단엽기로 32분 동안 40km 비행 — 부터 1927년 5월20일 찰스 린드버그(Charles Lindbergh, 미국)의 대서양 횡단 — '세인트루이스의 정신'(Spirit of St. Louis)이라고 명명한 라이언사의 단발[3] 단엽기(Ryan monoplane)로 뉴욕의 롱아일랜드(Long Island)에서 프랑스 파리까지 33시간 39분 동안 5,810 km(3,610miles) — 까지 연이어 성공하면서, 인간 비행의 서막이 시작되었다.

미국의 보잉사(Boeing Company)는 1933년 2월 8일 완전 금속제, 완전 밀폐식의 저익[4] 단엽기(Low wing monoplane)이자 쌍발의 민간여객기인 10인승 Boeing 247을 개발하였고, 이 항공기의 출현 이후 항공기의 제작산업은 급격한 발전을 이루게 되었다. 당시 개발된 B247은 인입식 착륙장치(Retractable landing gear)로 착륙 시 공기저항을 감소시키고, 두 개의 550마력 엔진은 만재 상태(full load)에서도 한 개의 엔진만으로 상승할 수 있는 최초의 항공기로서 순항속도는 250Km/h였다.

1954년 7월에 미국 보잉사는 약 200명이 탈 수 있는 B-707 장거리용 제트여객기를 제작하였고, 1958년 10월에 팬암항공사(Pan American World Airways)가 B-707로 뉴욕-파리 간 대서양을 횡단하면서 대량수송시대를 열었다. 1970년 1월 22일 팬암항공사의 뉴욕-런던 노선에서의 B-747 점보제트기 취항 이후 맥도널드 더글러스사(Mcdonald Douglas)의 DC-10, 록히드사(Lockheed)의 L-1011, 유럽지역의 A-300, 구 소련의 IL-86 등 넓은 동체를 가진 대형(Wide body) 제트여객기들이 등장하였다.

한편 초음속 여객기(SST)로는 1962년에 영국과 프랑스가 공동 개발에 착수하여 1969년 3월 2일에 시험비행을 성공하고 영국항공(British Airways)과 프랑스항공(Air

---

3 1개의 엔진을 장착함을 의미

4 날개가 동체의 아래쪽에 위치함을 의미

France)이 도입하여 운행한 콩코드기(Concorde)가 1976년 1월 21일부터 대서양(런던-뉴욕, 파리-뉴욕)노선에 취항하기 시작하였으나, 비용 대비 효율성 및 소음, 환경 등의 문제로 조기 퇴역하였다.

1970년대의 B747, 2000년대의 A380은 대형여객기로서 500~800명 수송시대를 열었으나, 2010년에 들어 허브공항의 개념이 대두되면서 대량수송의 장점이 점차 감소하고 저비용 항공시장이 확대되면서 항공기 시장은 중대형기 중심으로 재편되었다. Boeing사의 대표적 중형기인 B737은 2022년 10월까지 11,177대가, Airbus사의 대표적 중형기인 A320은 2022년 8월까지 10,474대가 시장에 공급되었다.

▼ 대표적 중형기 B737과 A320

	B737-400	A320-200
외부		
제원	• 길이: 36.5m • 폭: 28.88m • 높이: 11.13m • 자체중량: 35,100kg • 항속거리: 5,000km • 최고속력: 1,003km/h	• 길이: 37.57m • 폭: 34.10m • 높이: 11.76m • 자체중량: 42,600kg • 항속거리: 5,700km • 최고속력: 1,005km/h
탑승인원	188명	180명

Boeing사의 B737은 크게 4가지의 형식으로 나뉘는데, 비교적 좌석 수가 적은 Original과 B737-400이 속한 Classic, B737-800이 속한 Next-Generation, 그리고 가장 최근 개발된 Max로 분류할 수 있으며, Original은 바이패스가 낮은 터보팬을 사용한 반면 Classic은 효율을 높인 고바이패스 터보팬을, Max에서는 더욱 바이패스를 높인 LEAP 엔진을 사용한 것이 차이점이다.

Airbus사의 A320 또한 1세대와 최근 개발된 2세대형인 A320neo와 구분되는데, neo는 새로운 LEAP 엔진을 채택하여 연비의 효율성과 소음을 대폭 개선한 것으로 알려져 있다.

1485년 오니톱터에서 시작하여 동력을 이용한 수송장치로서의 제트기에 이르기까지 항공기는 몇백 년에 걸쳐 발전해왔으며, 최근에는 유인항공기를 뛰어넘어 무인항공기(UAV : Unmanned Aerial Vehicle), 개인자가용항공기(PAV : Personal Air Vehicle) 등 항공기의 종류가 다양화·세분화되어가고 있다. 가까운 미래에는 영국의 Virgin Galactic사의 '스페이스쉽(Spaceship)' 등 세계 각국의 우주운송산업 개발로 말미암아 상업우주교통시대가 열릴 것으로 전망하고 있다.

나. 항공운송과 항공사의 발전

1903년 12월 17일에 라이트 형제가 동력비행에 성공한 이래 1914년에 제1차 대전이 발발하기 이전까지 항공기는 성능 면에서 수송기로서의 역할은 거의 기대할 수 없었다.

항공기를 사용한 최초의 운송은 1913년에 설립된 SPT Airboat Line사에 의해 이루어졌다. 이 회사는 1914년 1월부터 미국 플로리다주의 탬파(Tampa) - 세인트 피터스버그(St. Petersburgh)[5] 간 30Km의 노선거리를 20분의 소요시간으로 매일 2회씩 정기항공수송을 실시했다. 그러나 이때 사용한 비행기는 승무원 1명, 승객 1명을 탑승시킬 수 있는 베노이스트(Benoist)사의 비행정이었다.

1918년 3월 20일부터는 오스트리아의 수도 빈과 러시아혁명(1917년)으로 탄생한 우크라이나 공화국의 수도 키이우(Kiev) 간에 세계 최초의 국제 우편비행이 개시되었다. 이때 사용된 항공기는 오스트리아 공군이 사용하던 한자 - 브란덴부르크(Hansa - Brandenburg) C형 정찰기였다. 동년 5월15일에는 미국 최초의 항공우편이 우정성에 의해 워싱턴 - 필라델피아 - 뉴욕 간에 개시되었으며 사용한 항공기는 커티스(Curtiss)사 의 JN - 4[6]복엽기였다.

제1차 대전이 끝나면서 유럽의 각국은 전쟁에 사용하고 남은 많은 군용기를 유효적절하게 사용하지 않을 수 없었으며, 이것이 항공운송산업이 본격화된 직접적인 동기가 되었다. 제1차 대전 후 최초로 여객운송사업을 개시한 것은 독일의 DLR사(Deutsche Luft Reederei)였다. 전쟁이 끝난 3개월 후인 1919년 2월 5일 베를린 - 바이마르(Weimar) 간을 연결하는 정기항로를 개설하여 우편, 신문, 여객 등을 수송하

5 러시아의 상트페테르부르크와는 다른 미국의 도시

6 일명 '제니(Jenny)'

는 정기항공운송사업을 개시했으며, 프랑스의 Farman사는 이보다 3일 늦게 파리 - 런던 간에 정기항공운송을 개시했다. 여기에 사용된 항공기는 11명까지 탑승할 수 있는 거대한 폭격기인 파르망 골리앗(Farman Goliath)을 개조하여 만든 여객수송기로, 세계 최초로 개설된 국제선이었다. 영국에서는 조지 홀트 토마스(George Holt Thomas)가 1916년 10월 5일에 AT&T사(Aircraft Transport & Travel)를 설립하고, 1919년 8월 25일에 DH - 14 복엽 폭격기를 4인용 수송기로 개조하여 런던 - 파리 노선에 취항하였다.

이렇게 발달하기 시작한 민간항공수송은 점차로 항공수요가 증가함에 따라 군용기를 개조한 비행기로서는 도저히 이를 충족할 수 없게 되자 1919년에 처음으로 본격적인 민간수송기를 개발하여 정기항공노선에 취항시켰다. 이것이 독일의 융커스(Junkers)사가 개발한 전 금속제의 저익단엽기인 F - 13으로써, 세계 최초의 밀폐식 객실과 난방시설, 3개의 넓은 창문과 4석의 객석을 갖춘 민간수송 전용 여객기였다.

각국은 민간상업항공의 발달을 목적으로 수송기의 제조와 항공운송산업 육성정책을 경쟁적으로 채택하였다. 그 결과 구미 선진국에서는 장거리 교통수단으로서 항공기를 사용한 항공운송산업이 점차 발달하기 시작했다. 그러나 이러한 항공운송사업은 채산성이 거의 없었으며, 많은 항공회사가 파산하거나 흡수·합병을 반복하였다. 이에 민간항공회사에 대한 정부의 보호정책이 채택되는 등 항공정책이 각국에서 수립되면서, 네덜란드의 KLM항공사(1919년), 호주의 Qantas항공(1920년), 미국의 델타항공(Delta Airlines), 일본의 ANA항공(1952년) 등 현재의 항공사들이 설립되었다.

1920년대에 선진국에서는 주요 도시 간의 정기항공운송노선을 점차 개설하였으며 국제 항공도 창시되어 항공운송산업이 전 세계적으로 성장하였다. 이 당시 설립한 주요 항공사로서는 러시아 아에로플로트(Aeroflot : 1923년), 미국 팬암항공(Pan American World Airways : 1926), 브라질항공(Varig : 1926), 트랜스월드항공(TWA : 1930), 스위스항공(Swiss Air : 1931), 프랑스항공(Air France : 1933), 아메리칸항공(American Airlines : 1934), 유나이티드항공 (United Airlines : 1934), 영국항공(British Airways : 1935) 등이 있다.

1930년대 후반부터 미국 더글러스사는 근대적 조건을 갖춘 상업용 항공기로서 안전성과 쾌적성이 크게 향상된 DC - 3(1935년)을 개발하였고 1940년대에는 경제성과 생산성이 우수한 DC - 4(1942년)를 개발하였다. 또한 공항, 항공로, 항행안전시설, 항공무선통신, 기상관측 등 항공기의 운항에 필요한 각종 기술조건이 갖추어지면서 근거리 국제선만이 아니고 구미 제국 간, 구주 본국과 식민지 각국 간 그리고 중동, 아시아, 호주 간에 장거리 국제항로가 개설되었다.

제2차 세계대전 중 항공기술의 획기적인 진보와 함께 개발된 항공기의 대형화는 탑재력의 증대와 항속성능의 향상을 이끌어 장거리 비행을 가능케 했다. 그에 따라 운항의 경제성이 높아지고 안전성·쾌적성·정시성이 향상되며 항공수요의 저변이 확대되었다. 이 시기에 활약한 항공기로는 DC-3, DC-4, B-307, B-314 등 시속 350Km/h 정도의 성능을 갖춘 항공기가 주류를 이루었다.

▲ DC-3

▲ DC-4

▲ B-307

▲ B-314

제2차 대전 중에 개발된 수송기, 공항, 항공로, 항행안전시설, 항공통신, 기상관측 등 각종 항공기술은 종전 이후 점차 민간항공에서도 이용되었다. 구미 선진국은 민간 상업용 항공기의 개발에 박차를 가하게 되었고 확대되는 수요에 충분히 대응할 수 있는 대형기로서 DC-6B, DC-7, Constellation 등을 개발하여 장거리 정기노선에 취항시켰다. DC-6B와 DC-7은 근래까지도 피스톤기로서는 최우수 항공기로 간주되고 있으며 당시에는 대서양이나 태평양 횡단을 위한 장거리 국제선의 주력기로서 활약하였다.

1957년부터 도입된 제트기의 출현으로 새로운 고속 항공수송 시대가 개막되었으며, 터보프롭기로서 Vickers Viscount를 비롯하여 Bristol Britannia, F-27 등 많은 기종이 개발되었다. 터보제트기로서 보잉사의 B-707, 더글러스사의 DC-8, 록히드사의 CV-880, 프랑스의 Caravell, 영국의 Comet 등의 많은 제트기가 민간수송용으로 개발되었다. 제트기의 취항으로 그때까지 주력기로 사용되었던 DC-7 등 프로펠러기는 단거리 노선용으로 전용되었으며 1958년 말부터 세계 항공운송은 제트기 시대로 들어가게 되었다.

제트기의 출현으로 항공기의 속도는 평균 시속 200마일에서 600마일로 빨라졌다. 또한 프로펠러기에서 제트기로 전환되어 수송력이 증가되면서 단위 운항 원가의 절감과 이에 따른 실질적인 항공운임의 하락으로 항공의 대중화가 급속히 확산되었다. 1970년 1월 22일 뉴욕-런던 노선 팬암항공사(Pan American) Boeing 747 점보제트(Jumbo-Jet)기의 취항 이후 맥도널드 더글러스사(McDonald Douglas)의 DC-10, 록히드사의 L-1011, 유럽의 A-300 등 넓은 동체를 가진 광동체(Wide body) 제트기들이 등장하여 대량수송 체계로 발전하면서 항공운송산업에 새로운 전기를 마련하였다.

1980년대 이후 각국의 영공 개방을 의미하는 오픈스카이(open-sky) 정책이 활성화되면서 세계 항공업계는 큰 변화를 맞이하였으며, 1990년대 세계 경기의 회복, 글로벌 시장경제의 출현 등으로 각국의 영공 통과가 훨씬 수월해짐과 동시에 항공기술의 발달에 따른 항공기의 안전성·효율성이 향상되며 항공운송여건을 크게 변화시켰다.

전 세계 경제가 활성화 되던 1995년, 그 추세에 힘입어 항공운송량도 급증하였으며, 그 결과 전 세계 항공운송사업자의 영업수익은 140억 달러를 기록하였다. 1993년 수익이 23억 달러였던 것에 비교할 때 가히 높은 성장이다.

2000년대에 들어서도 항공산업은 계속 호황을 누리는 듯하였으나, 2001년 9월 11일 미국 뉴욕에서 항공기를 이용한 테러가 발생하자 항공여객의 수요가 급격히 줄어들었고, 항공업계의 불황이 시작되었다. 미국의 아메리칸 항공과 유나이티드 항공이 경영난을 겪은 것은 물론, 전 세계로 여파가 이어지면서 스위스항공, 호주 제2의 민항사였던 안셋항공, 벨기에 최대항공사였던 사베나항공까지 파산을 맞게 된다.

항공기 안전과 보안 강화에 관한 국제사회의 노력으로, 항공산업은 다시 성장의 길에 들어섰고, 2008년부터 2017년까지 약 10년 동안 세계 항공사의 영업이익 연간 평균성장률은 4.5%을 기록했다. 특히 2015년과 2016년은 각각 8.3%, 9.2%로 높은 증가세를 보였으며, 이 기간은 항공사들이 가장 높은 이윤을 달성한 시기였다.

성장세를 이어가던 항공업계는 2020년 COVID-19 확산에 따라 다시 한 번 위기를 맞게 된다. 국가 간 교류가 차단되고, 국내외 이동에 제약이 생기며 2020년 여객은 전년대비 27억 명이 급감하였으며, 세계 항공사의 수입은 372억 달러가 감소하였다. COVID-19 확산이 지속된 2021년에는 2020년보다 더 심한 불황을 겪었고, 세계 항공사 수입은 2020년 대비 324억 달러가 감소하였으나, 2022년 하반기부터 COVID-19 위기를 점차 극복하여 회복 중에 있다.

한편, 과거 ICAO는 2012년부터 2032년까지 항공여객이 계속 증가하여 여객킬로미터가 연평균 4.6% 증가할 것으로 전망하였고, IATA는 2016년부터 2036년까지 여객 수가 매년 3.6% 증가할 것이라고 예측한 바 있다.

다. 공항의 발달

과거 비행선으로 여객을 운송하거나 목재 비행기로 우편물을 나르던 시대에 있어서 공항의 중요성은 그리 크지 않았다. 당시에는 단지 넓은 공간과 이착륙을 위한 평평한 바닥으로 충분하였고 대형화·상업화시대 이전까지는 항공기 이착륙에 필요한 최소한의 안전시설을 갖춘 비행장만이 존재할 뿐이었다. 하지만 상업비행이 시작되면서 항공운송에 수반되는 시설을 갖춘 공공의 비행장으로써의 공항이 발달하기 시작하였다.

▲ 프랑스 국경 근처의 독일 군용 비행장과 전투기들(1915년)

▲ 1997년 스키폴공항 전경

▲ 바닷가에 건설된 간사이공항

1차 대전이 끝날 무렵 유럽에서는 중소 규모의 항공사들이 20여 개나 설립되었고, 미주지역 역시 10여 개의 항공사가 설립되어 있었지만 이들이 본격적인 상업화에 뛰어든 것은 아니었다.

미국의 경우에는 제1차 세계대전이 끝난 1918년 뉴욕-워싱턴 간 부정기 우편물 운송 비행으로 시작되었는데 1920년에 이르러 점차 정기적인 우편운송으로 변모하게 되었다. 그리고 1925년에 LA와 샌디에고를 연결하는 여객노선이 개설되면서 본격적인 상업비행이 시작되었다. 이 시기에 공항은 이륙과 착륙에 필요한 활주로와 격납고, 그리고 사무실이 전부일 정도로 기본적인 시설만을 갖추고 있을 뿐이었다.

당시에는 여객수요가 많지 않았기 때문에 더더욱 그 형태는 기본적일 수밖에 없었다. 예를 들어 1911년에 개항한 샌프란시스코 공항은 전원식 활주로와 주차장, 목조로 된 사무실과 식당만을 갖추고 있었고 공항의 경계는 목재로 된 말뚝이 경계선을 나타내고 있었다. 여객터미널 역시 점심 식사용 식당과 공항 사무실이 함께 사용되는 목조로 된 건물이었으며, 공항 스탭진은 15명뿐이었다.

오늘날 세계 최초의 민간항공사인 KLM항공의 모(母) 기지이자 가장 교통량이 많기로 유명한 네덜란드 암스테르담의 스키폴 공항도 1920년대에는 전원식 목가적 공항이었고 제1차 세계대전 종전 후 KLM 항공사가 함부르크(독일) 구간을 운항하였을 때에도 목조로 된 식당과 호텔 등의 건물과 격납고가 있었을 뿐이었다. 영국 런던의 개트윅 공항 역시 여객터미널로 사용하기 위한 2층 목조건물과 기초적인 부대시설이 전부였고 1936년에 이르러서야 오늘날의 탑승교와 유사한 형태의 로딩브릿지(Loading Bridge)를 최초로 사용하게 되었다.

이와 같이 초기의 공항은 당시의 여건과 항공여행에 대한 수요 저조 등으로 착륙과 이륙에 필요한 최소한의 공항시설만이 있으면 충분했다. 그러나 항공기의 발달로 항공운송능력이 증가하면서 공항의 시설이 근대화되기 시작하였다. 특히 1935년 미국에서 개발된 29인승 여객기 더글러스 DC-3[7]의 탄생은 비행기의 전성시대가 전투용에서 민간운송용의 시대로 옮겨가는 데 결정적인 역할을 하게 되었다. 또한 1952년 영국에서 생산되어 취항한 코메트 1호기는 세계 최초로 제트엔진을 탑재함으로써 항공수송 시간을 크게 단축시키기에 이르렀다. 코메트 1호기는 1962년대부터 등장하게 된 미국의 B-707과 소련의 TU-104등의 항공기 개발에도 커다란 영향을 미쳤다. B-707은 시속 600마일의 속도를 가지고 있으며 기체도 타 항공기보다 2배 이상 컸고 논스톱으로 대서양을 횡단하는 장거리 수송을 가케 하였다.

이렇게 새로운 기종이 등장하면서 항공운송 능력은 기하급수적으로 배가되었고 장거리 수송, 대량 수송, 신속한 수송체계가 확립되자 많은 이용객들이 생겨났으며, 이에 따라 공항의 시설도 근대화되어야 했다. 항공기의 대형화가 이루어지면서 활주로 3,500m 이상의 길이[8]가 필요하게 되었고, 대형 항공기가 주기할 수 있는 계류장이 필요하게 되면서 공항시설의 확장이 불가피해졌다. 따라서 공항의 시설은 지속적으로 확장되었으며, 실질적인 여객터미널을 갖추어 여행자들의 편의시설도 마련하게 되었다. 한편으로는 항공기가 새로운 교통수단으로서 여행자를 수송하여 국제적으로

---

7 DC는 Douglas의 Commercial기라는 뜻

8 기체의 대형화에 따라 이륙 시 충분한 양력의 확보와 착륙 시 안전거리의 확보가 필요하게 되었기 때문

나 국내적으로 국가 산업발전에 기여하는 역할이 증대되자 각국의 정부에서는 항공사의 확보, 공항시설의 현대화, 공항의 관리 등 항공사업을 국영이든 민영이든 적극적으로 지원하여 더욱 육성 발전할 수 있게 되었다.

항공기는 20세기 초 발명되어 발전한 새로운 교통수단으로서, 철도나 해상운송에서 담당하지 못하는 부분을 대신하게 되면서 항공운송사업은 자연히 대형화가 이루어지게 되었다. 안정성과 쾌적성을 기반으로 하는 항공기의 발달은 일반 교통수단으로서 확연한 지위를 굳히게 되었으며 이러한 시대적 배경과 요구에 의하여 결국 항공운송분야는 비약적인 기술혁신이 이루어질 수 있었다. 제트항공기의 출현으로 고속화, 대형화가 가능해져 수송분담율이 급증하였고, 단위당 원가절감에 크게 기여하였으며, 여행객의 선호도를 크게 향상시키게 되었다.

특히 B-747이 1969년 12월 2일 시애틀-뉴욕 간 장거리 시험비행에 성공하며 전 세계 민간항공계는 "점보시대"를 맞이하게 되었다. 1회에 400여 명을 수송할 수 있는 대형항공기인 B-747 도입에 따라 공항의 대형화와 시설개선이 더욱 필요해지며 결과적으로 항공기의 발달과 공항의 시설 확대는 상호 발전 관계로 나아가게 되었다.

1970년대에 들어서면서 전 세계의 항공사가 운영하는 모든 항공기의 기종은 제트추진에 의한 항공기로 완전히 교체되어 본격적인 제트여객기 시대를 맞이하였다. 특히 세계 어느 국가를 막론하고 B-747 점보기의 선호가 최고로 나타나는 등 항공기가 점차 대형화되고 고속화됨으로써 대량수송과 장거리 수송에 일대 혁신을 가져왔다. 뿐만 아니라 해외여행의 자유화 조치에 따른 항공여행의 대중화, 그리고 전 세계의 단일 생활권화 시대가 개막되기에 이르렀다.

각 국가는 국제 경제력 확보와 세계 속의 허브공항 역할 선점을 위한 신공항 건설을 고민하기 시작했으나, 1990년대 항공기 운항 성장률이 비교적 낮았던 북미주, 유럽지역은 신공항 진척이 더뎠고, 그에 반해 항공기 운항 성장률이 눈에 띄었던 아시아지역의 공항건설은 비교적 빠르게 진행되었다. 이러한 현상으로 1990년대 중후반 일본 간사이공항(1994년), 홍콩 첵랍콕공항(1998년), 상하이 푸동공항(1999년), 인천 국제공항(2001년) 등 아시아권 공항이 잇달아 개항하면서 아시아·태평양지역이 세계 공항개발을 주도하게 된다.

▲ 일본 간사이공항 전경

▲ 홍콩 첵랍콕공항 전경

2022년 전 세계 공항은 약 41,700개 이상으로 집계되고 있으며, 미래 항공여객 수요 증가에 대한 기대와 함께 현재 전 세계 공항들은 많은 이용객을 유치하기 위하여 여객편의시설의 고급화, 항공기 안전운항의 확보에 노력하고 있다. 공항의 주요 기능이자 역할 중 하나인 여객의 서비스 향상을 위한 시설이 점차 고급화되고 있다는 것은 매우 중요한 사실이다. 공항을 이용하는 여객들에게 보다 편하고 안전하게, 쾌적고 정시성으로 수준 높은 서비스를 제공하고자 하는 것이 각국 공항의 추세이다.

공항의 기능이 비단 수월한 여객처리에만 있지 않은 것을 반증하듯 실제 여행자들이 뽑은 상위 공항은, 1시간에 90대를 처리할 수 있는 활주로와 더불어 하이테크 기술을 접목한 여객 응대 로봇을 갖춘 이스탄불 공항, 24시간 무료 영화관과 활주로 전망대 시설 등 여객 편의시설을 두루 갖춘 창이공항과 스케이트 링크, 스파 등 서비스 시설, 터미널 내 문화거리를 조성한 인천공항 등으로 집계되었다.

공항은 세계 문화의 관문이며, 첨단시설의 집합장이라 할 수 있다. 미래의 공항은 단순히 비행기의 이·착륙과 여객수송 시설로서만이 아니라 복합화, 도시기능화 등 그 기능과 역할을 더욱 확대시켜나갈 것이다. 항공기의 안전운항을 위한 첨단시스템을 갖추고 극초음속여객기 등 소음문제를 해결하기 위한 노력에 따라 새로운 유형의 공항이 필요하게 될 것이다. 한편 전문성, 공공성, 경제성의 시대에 살고 있는 오늘날의 현실에 비추어볼 때 공항이 미래에 추구하는 가장 큰 목표는 여전히 대여객 서비스의 창출로 예상된다. 따라서 미래에는 공항 주변에 모든 도시 인프라를 갖춘 거대한 자족도시(Aeropolis, 항공도시화)도 증가할 것으로 예상된다.

04 우리나라 항공의 역사

가. 정부수립 이전의 항공(1910~1948년대)

1) 항공의 태동

동력비행기가 우리나라에 첫선을 보인 것은 1913년 일본 해군 기술장교였던 나라하라 산지(奈良原三次)가 서울 용산의 조선군 연병장에서 '나라하라 4호' 비행기로 공개 비행 행사를 가진 것이 그 효시이다. 이는 미국 라이트 형제의 최초 동력비행 성공(1903.12.17.)보다 10년 후였다. 또한, 1914년 일본인 다카소오(高左右隆之)가 최초 민간 항공인으로서 용산에서 남대문까지 비행하였고, 1915년 10월 초 일본인 오자키 유키오(尾崎 行雄)가 한국을 방문하여 최초로 유료비행을 선보이기도 하였다. 1917년 미국인 아트 스미스(Art Smith)가 우리나라에서 곡예비행을 선보였으며, 1920년에는 이탈리아 공군 소속의 페라린(Ferrarin)과 마시에로(Masiero)가 세계 일주 비행 중 한국을 방문 비행하였다.

이후 세계 각국의 비행사들이 속속 한국의 하늘을 비행하였으며 이런 시대 변화는 한국 청년들에게 새로운 분야의 희망과 모험의 자극을 불어넣기에 충분한 것이었다. 많은 이가 항공에 대한 도전과 실현을 모색하였고, 우리나라 사람으로서는 처음으로 우리의 하늘을 비행한 안창남이 바로 그 대표적인 인물이었다.

안창남(1901.1.29. 생)은 21세에 일본 오구리 비행학교에 입학, 6개월 과정 교육을 마치고, 다음 해 1921년 5월 비행면허시험에 수석으로 합격하였다. 또 일본 우편비행대회(1922.11.6.)에 참가하여 최우수상을 수상하기도 했다. 마침내 1922년 12월 10일, 안창남은 12:22, 뉴포르형 단발쌍엽 1인승 비행기 '금강호'로 여의도에서 5만여 명 관중이 보는 가운데 역사적인 모국 방문 비행회를 가졌다.

이후 일본 비행사 자격증을 획득한 한국청년 이기연, 이상태, 장덕창 등 20여 명은 차례로 모국 방문 비행회를 가졌고, 특히 1927년 12월 신용인(이후 신용욱으로 개명) 비행사는 당시 가장 최신예기인 아브로 제504호형 자가용 항공기 '타이거호'로 모국 방문 비행회를 가졌다.

한편 1925년 권기옥이 남존여비 유교사상이 팽배하던 당시 중국 운남 여군학교 제1기생으로 졸업하면서 최초 여류비행사가 되었고 다음해 1926년에는 이정희 여류비행사가 탄생하였다.

▲ 안창남(1901~1930)

▲ 권기옥(1901~1988)

▲ 이정희(1910~)

2) 항공인력 양성

우리나라 최초의 비행학교는 신용욱이 1929년 5월 5일 여의도에 설립한 조선비행학교이다. 신용욱은 조선왕조 철종의 사위인 박영효를 설립추진위원장으로, 위원은 동아일보 사장 송진우, 변호사 김병로(이후 초대 대법원장) 등 신망이 두터운 인사로 구성하였고 1928년 6월 4일 추진위원 총독부 체신국장 등 관계관이 참석한 가운데 조선비행학교 창립 간담회를 가졌다. 4개월 뒤 10월 사재 5,000원(圓)을 들여 여의도 교사가 준공되자 총독부에서 학교인가를 받았고 미국에서 비행기 1대를 주문하여 1930년 비행기가 도착한 직후 5월 5일에 정식 개교하였다.

또한 신용욱은 조선비행학교를 운영하면서 일본 나카지마 비행기 제작소의 지도리식 4인승 복엽기를 도입하여 1930년 9월부터 서울 상공 일주, 인천 왕복 유료비행을 실시하였다. 탑승요금은 서울 상공 일주(10분) 5원, 인천 왕복(20분) 10원으로 당시 쌀 1가마(13원)에 비해 아주 고가였으나 대성황을 이루었다. 그러나 당시 보험제도가 없어 승객들에게 "불행한 사태가 일어나 사망해도 이의 없다"는 각서를 받아 그 때마다 시비가 일어 비행이 중단되기도 하였다. 이 유료비행은 신용욱이 조선항공사업사를 설립하기 직전인 1935년까지 계속되었다.

1930년대 후반부터 일본 정부가 항공기 생산기술 향상과 비행사(조종사, 기관사 등)의 수요 증가에 대비하여 항공국 직할 승원양성소를 설립하고, 전액 관비로 양성하는 방향으로 발전시키자, 조선총독부도 1943년 4월 항공과에 국민항공계를 신설, 전문학교이상 학생 약 20여 명을 선발, 조종훈련을 실시하였다. 1944년에는 각 활공단체를 통합한 조선국방항공단을 결성하고 4~5명의 지도원을 촉탁직으로 채용, 중학생의 글라이더 훈련까지 담당하게 하였다.

3) 비행장 건설

1916년 3월 일본 육군은 여의도 연습장을 건설하면서 비행장으로 사용하였고, 1929년 4월 1일 일본이 동경-대련 항로를 개설하면서 여의도 비행장을 중간기착지로 대구, 평양, 신의주, 청진, 함흥, 울산 등도 함께 정식 비행장으로 개장되었으며, 정식비행장 승격으로 여의도에 사무실과 대합실 신축, 나침반 수정대, 풍향풍속 표지계량기, 전화 등 기초 시설이 갖추어지게 되었다.

그 후 체신국은 1928년에 약 60,000평 부지를 매입, 울산비행장을 건설 운용하였고, 여의도 비행장은 육군으로부터 비행장면(飛行場面; Airside)만을 재산 이전 · 보관하는 방식으로 체신국이 관리하였다. 1937년부터는 군의 요청과 민항공의 수요 추이에 따라 비행장 신설이 계속되었다.

현재 김포비행장은 여의도비행장을 대신할 김포 구릉지대를 확정하여 1939년 70만여 평 규모로 동양에서 제일 큰 비행장을 건설하는 취지로 지하 1층 지상 2층 연건평 2,000평(재정 여건상 실제 준공은 500평) 대규모 공사에 착공하여 1944년 5월 완공하였다.

▲ 여의도비행장 당시 전경

4) 항공기 제작

1936년부터 글라이더 붐이 일자, 조선항공사업사는 서울 신길동에 종업원 약 300명 규모의 글라이더제작소를 설립하였다. 일본 육군은 태평양전쟁 당시 조선항공사업사 소유의 비행기를 모두 징발하였으나, 일본 해군은 조선항공사업사 손해를 감안해 1942년 6월 신용욱에게 항공기 제작소 설립을 요구하여 부산 부전동에 20만 평 대지를 구입하고 공장건물을 신축하게 하였다.

조선항공기제작소는 신용욱과 일본 해군이 50%씩 출자한 조선항공기공업㈜을 1944년 2월 20일 설립하였다. 일본 해군은 동경 나카지마 항공기공업㈜ 시설을 그대로 이전하여 공장장에 예비역 해군중장 사쿠라이를, 기술주임에 예비역 소장을 임명하였고, 신용욱은 사장에 취임하였으나 실질적 운영은 일본 해군이 주로 담당하였다. 이후 해군 1, 2, 3호기만 생산하고 해방 이후 미군정에 의해 적산(敵産)으로 몰수되어 군정에 귀속되고 말았다.

나. 민간항공 초기 시대(~1960년대)

1) 대한국민항공사(KNA)의 설립

우리나라 최초의 정기 항공노선 개설은 1929년 4월 1일 일본이 동경-대련 간 정기항공로를 개설하면서 중간기착지로 후쿠오카-대구-서울-평양-신의주를 운항한 것이며, 이후 1929년 6월 21일 서울-울산 단독노선이 개설되었다. 우리나라 사람이 최초 개설한 항로는 서울-이리 간 정기항공노선 운항으로 1936년 10월 신용욱이 설립한 조선항공사업사(Korean Aviation Company)에 의한 취항이 처음이다.

▲ 대한국민항공사 항공기 및 항공권

1930년 5월 15일 조선비행학교를 설립하고 우리나라 민항공 발전에 기여한 신용욱은 조선항공사업사를 모체로 1946년 3월 1일 대한국제항공사를 설립한 후 1948년 10월에 대한국민항공사(Korea National Airlines, 약칭 KNA)를 창설함으로써 본격 민간항공시대를 맞이하였다.

대한국민항공사는 1948년 10월 10일 교통부로부터 서울 - 강릉, 서울 - 광주 - 제주, 서울 - 옹진, 서울 - 부산 간 국내선 면허를 받고 미국의 스틴슨 항공기(5인승) 3대를 도입, 1948년 10월 30일 우선 서울 - 부산 간 여객수송을 시작하였다. 1949년 2월 1일 서울 - 강릉, 서울 - 광주 - 제주, 서울 - 옹진 간 3개 노선에도 취항시켜 서울과 지방 도시를 잇는 하늘의 여행길을 마련하였다.

▲ 대한국민항공사 광고물

신용욱은 1953년 12월~1954년 1월까지 서울 - 홍콩 구간을 임시 운항하여 국제선 운항에 성공을 거두고 1954년 7월 2일 한·영 잠정 항공협정 체결로 1954년 8월 29일 DC - 4 항공기로 서울 - 대만 - 홍콩 간을 주1회 운항하면서 우리나라 민항 사상 처음으로 동남아 국제노선의 최초 취항이 이루어졌다. 그러나 1961년까지 적자운영을 계속 면치 못하면서 1962년 11월 13일 대한국민항공사는 해산되었다.

2) 외국 항공사의 취항

우리나라 민간항공 수송현황은 광복 당시 극히 미미한 수준이었다. 당시 한국에 가장 먼저 진출한 외국 항공사는 미군정과 용역계약을 맺고 미군의 병력교대, 휴가, 제대장병 수송만을 노스웨스트항공이 담당하다가 군정이 안정되는 1946년 하반기부터 일반여객의 수송도 담당하였다. 정부수립 후인 1949년 6월 27일 한·미 잠정항공협정에 따라 1949년 9월 1일 미국의 노스웨스트항공이 미군 수송을 위해 매주 3회씩 시애틀-서울 노선(동경-서울 간 운항은 주 2회)에 정기 취항하였다.

1952년 3월 1일 한국과 대만(자유중국)의 잠정 항공협정 체결로 자유중국민항공사는 같은 해 5월 10일 대만-동경-서울 노선을 개설하고 주 2회 취항하였고, 우리 정부도 대한국민항공사에 대만-서울 노선개설을 허가하였지만 취항시킬 항공기가 없었다. 그 당시 대한국민항공사 보유 항공기는 1935년 말 DC-2기를 개조한 24인승 DC-3기로 항속거리가 짧아 취항을 못하고 이후 1953년 10월 72인승 DC-4기 1대를 도입하여 취항하였다.

당시 정기적인 국제선이 제대로 개설되지 않았고, 주 3회 정기노선권을 확보하고 있던 노스웨스트항공조차 자국의 관계자들과 우편물의 수송 정도에 머물고 있다가, 1953년 연말연시 대한국민항공사에서 서울-홍콩 간을 처음으로 정기운항하게 되었다.

한·중 잠정항공협정으로 자유중국민항공사가 주 3회 대만-동경-서울간을 운항하던 1954년 한·영(英國) 잠정항공협정이 이루어져 대한국민항공사 D-4 여객기가 매주 1회씩 타이페이-홍콩(당시 영국령) 간을 운항하게 되었다. 이에 맞추어 1957년 2월 홍콩항공(HKA)이 홍콩-서울 간을 매주 2회씩 운항하기에 이르렀다.

다. 국영항공시대(~1970년대)

1) 항공행정의 국제활동

교통부는 1960년 7월 1일 국무원령 제17호로 항공보안시설보수소·서울항공관제소를 설치하고 1961년 10월 2일 서울·부산에 지방항공관리국을 신설한 후 1963년 9월 1일 법률 제1395호로 관광공로국 항공과를 항공국으로 승격시키면서 정책과·기술과를 설치하였다. 동년 12월 6일에는 기술과를 운항과와 시설과로 분리하여 3개 과로 개편하여 정부 간 각종 국제회의와 2국 간 항공협정체결·개정회담 등 한국의 민항 발전을 위한 정책을 추진하였다.

또한 1945년 이후 미 극동군사령부가 관리한 한국공역은 6.25 전쟁 이후 주한 UN군사령관의 자문기구인 대한민국 공역관리위원회(Korea Airspace Coordinate Committee)에서 잠정적으로 관리 운영하였으나, 정부의 부단한 노력으로 항공교통업무의 기본영역이 되는 한국공역 관할권도 1965년 3월 17일 한국공역관리업무 이관협정의 조인과 함께 교통부장관의 권한으로 귀속되었다.

2) 대한항공공사의 설립

▲ 대한항공공사 취항식

우리나라 민항의 개척자였던 신용욱·대한국민항공사 체제가 막을 내리고 1962년 3월 14일 국가재건최고회의에서 의결되고 3월 23일 제정·공포된 대한항공공사법(법률 제1040호)과 4월 26일 제정·공포된 같은 법 시행령에 의하여 6월 19일에 대한항공공사(KOREA AIRLINES CO. LTD 약칭 KAL)가 설립되었다.

정부가 국영항공사인 대한항공공사를 설립한 것은 경영난을 극복하지 못하고 도산 직전 상태에서 허덕이던 대한국민항공사를 흡수하고 우리나라 민항 사업의 신속하고도 영구적인 발전을 위해서였다. 당초 계획은 항공사업 성격상 루프트한자, 일본항공, 스칸디나비아항공, 에어프랑스, 팬암항공 등 세계 주요 항공사의 장점을 모델로 하여 정부 50%, 민간 50%의 투자비율로 관, 민, 공영을 계획하였으나 민간항공사 자본의 취약성으로 100% 정부출자의 국영항공사를 설립하였다.

이렇게 출발한 대한항공공사는 초기의 의욕적인 구상과는 달리 국제선 취항의 부재 상태로 1962년 10월 26일 주식 전부를 한국증권거래소에 상장하였으나 인기를 얻지 못하였다. 대한항공공사에서는 1952년과 1953년에 대한국민항공사에서 도입한 DC-3 항공기 2대 및 DC-4 항공기 1대를 정부로부터 불하받아 일본에서 대대적인 정비수리를 마치고 1963년 10월 3일 국내선에 취항하였다.

아울러 1962년 12월 2일 한국인 기장 8명에게 6개 국내 정기항공노선 조종간을 잡게 함으로써 자주적인 운항을 개시하였으나 중형기 1대 값에 불과한 자본금으로 발족하였던 대한항공공사는 항공기 절대량 부족, 노후 기종의 대체불능, 정비기술과 시설의 미비 등으로 여러 가지의 결함이 드러나기 시작했다.

대한항공공사는 한일국교 정상화 기본조약 조인 1년 7개월 전인 1963년 12월 28일에 일본항공과 상무협정을 맺고 다음해 1964년 2월 28일 정부승인과 함께 한일 정기항공노선을 개설하였으며, 3월 17일 오전 10시 20분 F-27 항공기로 여의도 비행장에서 서울-오사카 구간의 한일 노선을 취항하는 성과를 올렸다. 그 후 1965년 9월 1일 부산-후쿠오카 노선, 1968년 7월 25일 서울-동경노선에 취항하였다.

또한 1967년 7월 6일 정부는 미국 수출입은행 차관으로 맥도널드 더글러스사의 DC-9 항공기 도입을 승인하고 1967년 7월 23일 김포 국제공항에 첫 착륙하여 우리나라 민항공 사상 최초의 제트여객기 시대를 개막하였다. DC-9 항공기는 8월 14일 서울-대만-홍콩 노선에, 8월 19일에 서울-오사카 노선에 취항하였다.

그러나 DC-9 제트기가 국제선에 취항한 지 한 달이 안 된 9월 1일, 오사카 공항 이륙 직후 엔진고장으로 비상 착륙하는 사고가 발생하였다. 그로 인해 1968년 3월 DC-9이 재등장하기까지 6개월 동안 서울-동경 노선 개설이 무기한 연기되고 동남아 노선도 휴항에 들어가는 등, 모든 국제선은 외국 항공사에 의하여 독점 운항되었고 대한항공공사의 경영은 날로 악화되기 시작하였다.

이에 정부는 우리나라 국가경제 발전과 더불어 민간자본도 크게 성장하였으므로 항공산업의 자본금 부족에서 오는 경영난을 해소하기 위하여 1967년 민영화를 계획하였다. 이에 1968년 대한항공공사를 민간에게 불하·매각하기로 결정하고, 1969년 2월 28일 대한항공공사를 한진상사에 15억 원 10년 분할상환 조건으로 매각하여 국영항공사 시대를 마감하였다.

라. 항공의 민영화 시대(~1990년대)

1) 1970년대의 항공운송 현황

대한항공공사 민영화 이후 가장 두드러진 특징을 나타낸 것은 국내 노선망 확장이었다. 민영화 전인 1969년 2월 대한항공공사는 서울을 중심으로 부산, 대구, 제주, 전주, 광주, 목포, 강릉, 속초, 삼척을 연결하는 9개 도시 8개 노선망을 갖추고 있었다.

이러한 노선망에도 불구하고 당시 대한항공공사는 국내 노선의 운영에 있어서 상당한 적자를 보이고 있었으며 이에 대한 정부의 정책적인 배려도 기대할 수 없는 상황이었다. 그러나 대한항공공사가 민간기업인 한진(대한항공)에 이양되자 1969년 7월

20일 서울 - 포항 노선의 신설을 시작으로 국내선이 급격히 확장되기 시작했다.

급속하게 확장된 국내 노선망은 운영과정에서의 문제가 발생하여 몇 차례 조정되기는 했지만 1971년 말에 이르러 15개 도시, 17개 노선에 취항하는 순환 노선망을 형성할 수 있게 되었다. 하지만 1973년부터 불어닥친 제1차 석유파동은 성장하던 항공사업에 난관으로 작용하였다. 이로 인해 국내선 운임은 1974년 2월 3일 60%나 인상되었고 국제선 요금도 네 차례에 걸쳐 24%나 인상되었다. 이에 따라 국내 노선도 감축할 수밖에 없었다.

1973년 8월 14일 강릉 - 대구 - 부산 노선의 휴항을 시작으로 1974년 3월 20일까지의 강릉 - 대구 - 부산, 부산 - 속초, 서울 - 포항, 대구 - 광주, 서울 - 군산, 부산 - 광주, 서울 - 전주, 서울 - 마산, 서울 - 삼척 등 9개 노선이 휴항하거나 폐지되었다.

2) ㈜대한항공의 설립

가) 민영 항공사의 정착

민영화 당시 어려운 여건에 처해 있던 대한항공공사를 인수한 한진상사의 조중훈 회장은 회사명을 ㈜대한항공으로 바꾸고 총 514명의 대한항공공사 직원을 그대로 인수한 이후 가장 먼저 경영합리화 작업에 착수하여 종래의 3실, 6부, 16과 3실(현업), 1공장 체제를 대폭 통폐합하여 2실, 5부, 3사무소, 14과로 축소 개편하고 인사관리제도 및 재정정책도 대폭 손질한다.

경영합리화 조치를 단행한 대한항공은 우리나라 민항을 발전시킬 수 있는 장기적인 계획을 수립하였다. 당시 우리나라 항공운송사업이 발달하기 어려운 조건들은 지정학적으로 불리한 조건, 경쟁력의 취약성, 기재의 노후, 전문 기술인력의 부족 등이었다. 이들 문제 중 지정학적 조건은 어쩔 수 없더라도 나머지 문제들은 노력 여하에 따라 얼마든지 극복 가능하여 대한항공은 5개년 투자계획을 수립하고 연도별 목표를 설정했다.

이 계획의 주요 골자는 해외 노선의 확충과 신기종의 도입이었다. 특히 동남아 노선에 머물지 않고 미주와 유럽까지 노선을 확장하겠다는 해외 노선 확충 방안을 세웠다. 이에 대한 전초작업으로 1971년 초 국내 항공노선을 조정하여 9개 도시를 15개 도시로, 8개 노선을 17개 노선으로, 일일 30회 운항을 49회 운항으로, 1971년에는 새로운 항로의 신설을 추진해 나갔다.

이어 대한항공은 한 - 일 노선을 대폭 증편하고 만족할 만한 성과를 거두지는 못하였지만 동남아 노선 확장작업에 착수하여 국제경쟁력을 형성할 수 있는 기반을 마련하여 국제선 수송실적 점유율이 점점 늘어나는 추세를 보였다. 대한항공의 경영합리화와 노선의 확장은 곧 가시적인 성과로 나타나 1968년 월 30,000명이던 수송인원이 민영화 이후인 1969년에는 2배가 늘어난 60,000명을 달성하였으며, 민영화 4년째인 1972년에는 처음으로 흑자를 기록하는 개가를 올렸다.

나) 1980년대의 도약

(1) 항공기의 도입

▲ 1984. 12. 17. 대한항공이 1번기로 도입한 B747-SUD형 1번기

1982년과 1983년은 1980년대 초의 경기 침체 및 신형기의 대량 도입에 따른 공급 과잉 현상으로 대한항공의 항공기 투자가 극도로 위축되었던 해였다. 그런데 1983년을 고비로 세계 경제는 제2차 석유파동의 충격에서 점차 회복되는 추세를 보였으며 항공 수요 또한 완만한 성장 추세를 보였다.

그러던 중 1983년 9월 사할린 상공에서의 KE007기 피격 사건으로 B-747 여객기 1대가 폭파됨으로써 장거리 노선에 대한 공급 부족 현상이 발생하게 되어 1984년 3월에 대한항공은 1984년 12월과 1985년 4월에 각각 B-747-300 1대씩을 인도받는 것을 조건으로 보잉사와 구입계약을 체결했다.

1984년 12월 12일과 1985년 4월 19일에 B-747-SUD[9] 1번기(HL[10]7468)와 2번기(HL7469)를 도입한 대한항공은 이를 차례로 미주노선에 투입했다. 당시 서울-로스앤젤레스 구간 직항편에 투입되던 기존의 기종은 JT9D-7Q 엔진[11]이 장착된 B-747-200B 기종이었다. 이 기종은 서울-로스앤젤레스 구간은 좌석 수(400석)만큼 승객을 수송할 수 있으나 로스앤젤레스-서울 구간은 승객 수를 제한하여 운항해야

9 SUD(Streched Upper Deck): 항공기의 머리 윗부분을 확장시킨 개조형

10 HL은 국제민간항공기구(ICAO)에서 지정한 항공기 등록부호 중 대한민국을 지칭한다.

11 프랫 앤드 휘트니(Prat & Whitney)사의 엔진

하는 어려움이 있었다.

1983년 당시 대한항공은 제2차 석유파동으로 인한 불황 극복 대책으로 보유 B-747 화물기 4대 중 2대를 사우디항공에 임대하고 있었는데 수요 회복 이후에는 화물 공급력의 부족 현상이 나타났다.

화물기의 단기임차 및 신형기 도입이 여의치 못한 가운데 1983년 12월에 발생한 앵커리지(미국 알래스카) 공항에서의 사고로 인한 DC-10 화물기 멸실 및 노후 B-707 화물기 처분 등으로 대한항공의 화물기 공급력 부족현상은 심화되었다. 이에 따라 1984년 초 사우디항공과의 협상을 통해 임대 중이던 B-747 화물기 2대를 반환받아 1984년 3월, 영업에 투입함으로써 화물기 공급력 부족 현상은 당분간 해소되었다.

(2) 국제선의 확충

대한항공의 중동노선은 1976년 7월 14일의 바레인 취항 이후 계속적인 중동 건설경기 호조에 힘입어 1980년대 초의 어려운 여건하에서도 매년 급성장을 거듭했다. 중동노선은 수입 증대 측면에서 선도적인 역할을 했을 뿐만 아니라 석유 파동에 따른 원가 압박으로 적자운영에 고심하고 있던 대한항공의 적자폭을 좁혀주는 역할을 해왔다는 점에서 큰 의의를 갖고 있었다.

그러나 1982년을 분수령으로 하여 우리나라의 중동건설 수주 실적은 감소하기 시작했는데 이에 따라 한국인 근로자의 중동 진출도 매년 감소하게 되었다. 1981년 127억 달러였던 중동건설 수주액은 이후 매년 감소, 1984년에는 59억 달러로 절반 이상 줄어들었으며 중동 송출인력도 매년 줄어들었다.

1984년 1월 1일부터 시행된 50세 이상 내국인의 해외여행 자유화 조치 및 외국항공사의 서울 취항 경쟁에 대한 대응 방안으로 대한항공은 1984년 4월 3일에 쿠알라룸푸르, 같은 해 6월 20일에는 프랑크푸르트 여객노선을 개설했다. 이어서 대한항공과 에어프랑스와의 상무협정에 규정되어 있는 매주 3편 운항의 전제 조건인 서울-파리 구간 수송실적 6만 명을 1985년 6월에 달성함으로써 대한항공은 1985년 7월 1일 프랑스 파리에 주 3편을 운항하게 되었다.

3) 한국공항공단의 설립

가) 설립의 배경과 발전

1979년 12월 28일 법률 제3219호로 국제공항관리공단법이 제정 공포됨에 따라 같은 법률 부칙 제2조(설립준비)에 의거하여 교통부 총무 200 - 1916(1980. 2. 29.)호로 국제공항관리공단 설립위원회가 1980년 3월 1일자로 발족되어 김포국제공항 레이다 수신소 건물에 임시사무실을 설치하였고 교통부에서 항정 1520 - 211 (1980. 3. 7.)호로 시달된 국제공항관리공단 설립위원회 운영지침에 의거하여 국제공항관리공단 설립을 위한 기초 작업을 착수하게 되었다. 설립위원회는 1980년 5월 30일 법인 설립 등기를 마치고 1980년 6월 1일부터는 한국공항공단(이사장 : 윤일균)으로서 그 업무를 개시하여 오다가 1980년 7월 1일 0시를 기하여 김포국제공항의 구 국내선 터미널을 인수받아 운영하게 되었다.

한국공항공단이 김포국제공항의 관리운영을 시작한 지 4년여 만에 1984년 5월 16일 정부로부터 김해국제공항을 인수하게 되었으며 이로써 한국공항공단은 우리나라의 2대 국제공항을 관리 운영하게 되었다. 이를 기회로 김해국제공항의 수준을 국제화시키고 우리나라 전 공항의 통합운영을 위한 기반을 다지며 한국 민항공 발전에 기여한다는 각오를 새롭게 함으로써 우리나라 항공계의 진일보가 이루어졌다.

나) 국제공항의 인수

한국공항공단의 국제공항운영에 대한 관리능력을 높이 평가한 정부에서는 1984년 11월 27일 제주국제공항에 대한 인수·관리운영을 지시하여 1985년 9월 1일 제주국제공항을 인수하게 되었으며, 제주국제공항을 인수한 한국공항공단에서는 날로 급증하는 항공여객의 수요를 충족시키고 공항운영의 과학화를 추진하였다.

다) 김포국제공항의 확장

정부에서는 경제적 발전과 더불어 급속히 증가하는 항공수요에 대비하고자 1980년 KIST에서 김포국제공항 확장(안)과 신 국제공항 건설(안)의 타당성을 검토하였다.

1986년 이후의 항공수송 수요와 1988년 서울올림픽 등을 감안한 결과, 우선 김포국제공항을 확장하고 그 후 신 국제공항을 건설하는 것이 보다 효율적이라는 판단하에 김포국제공항에 대한 대규모 확장공사를 추진하게 되었으며, 공사착공 4년 3개월 만인 1987년 12월에 역사적인 완공을 보게 되었다.

▲ 확장 전의 김포공항 전경

2,259억 원을 투입한 김포국제공항의 확장사업은 수용능력도 약 2배에 가까운 규모로 크게 확장되어 1990년대 항공수요를 충족시킬 수 있게 되었고, 이에 따라 한국공항공단에서는 동 확장시설에 대한 효율적인 관리운영을 위하여 서비스 시설의 현대화, 고급화된 서비스의 제공, 항공기 안전운항을 위한 각종 첨단시설 운용의 고도화 등을 목표로 지속적으로 연구개발을 진행하였다.

1980년부터 개막된 공항운영의 민영화 시대는 한국공항공단의 창설을 계기로 그 기반을 다져가기 시작하였으며, 민영화가 뜻한 바 목표에 성공적으로 접근할 수 있게 되었다. 공항운영의 민영화 시대를 개척하여 온 한국공항공단에서는 3개의 국제공항지역 개념의 특성을 살려 각각 균형적으로 발전시키면서 공항운영 선진화를 계속 추진하였다.

또한 재원의 운용 면에 있어서도 김해 및 제주국제공항의 인수 시 일시적인 재원의 압박을 받기도 하였으나 수익의 다변화를 모색한 결과 다시 탄력적인 재원을 운용할 수 있을 만큼 크게 성장하였다. 1989년에는 수익 708억 원, 비용 602억 원으로 1980년 창설 당시의 수익 49억 원과 비용 39억 원에 비하면 약 15배에 달하는 규모로 성장, 발전하였다.

▲ 김포공항 완공 모습

항공교통량 증가면에서도 1980년 민영화 당시보다 1989년에는 3배 이상의 처리 능력을 보유하게 되었고, 취항 항공사 역시 1999년에는 10개에서 30개가 넘는 외국 항공사가 취항하였다. 이로써 한국공항공단의 민영화 목적인 민항공의 총합적 발달에 크게 접근하고 있음을 알 수 있다.

라) 지방공항의 인수

우리나라 국제공항의 관리운영이 민영화되면서 한국공항공단이 창설되었고 이를 기점으로 공항 관리의 전문화시대가 펼쳐지게 되었다. 현재에 이르러서는 공단 창설 당시의 민영화 목적에 크게 부응할 수 있는 위치에 다다르게 되었으며 민영화의 기반이 정착화 되어 가면서 공항관리운영의 수준이 세계적 선진국에 이르자 1990년 4월 7일에 법률 제4235호로 국제공항관리공단법을 개정 · 공포하고 명칭도 한국공항공단으로 변경하여 정부에서는 교통부에서 운영하고 있던 국내 9개 지방공항을 공단에서 인수 · 관리 · 운영하도록 하였다.

이는 비행장시설의 효율적인 관리운영과 공항수익의 재투자로 실질적인 전공항의 균형적 발전을 꾀할 수 있다는 국가적 방침에 따른 것이다. 이에 한국공항공단에서는 법적인 개정과 함께 1990년 7월부터 국내 전공항을 통합관리 운영하게 되었다.

정부의 이러한 판단은 민영화 이후 빠른 성장을 보인 우리나라 민간항공계에 비추어볼 때 국토의 균형적 발전과 지역사회 개발에 기여하며 지방공항 관리운영의 활성화 및 현대화계획에 따른 우리나라 민간항공계의 육성방안으로서 획기적인 조치라 할 수 있겠다.

4) 한국항공대학교의 발전

1968년 12월 31일에는 국립학교 설치령 개정에 따라 교통부 소관인 국립항공학교는 문교부 소관으로 이관되었고 한국항공대학으로 명칭도 개칭되었다. 1970년 12월 22일에는 운항관리학과를 분리하여 항공운항학과와 항공관리학과로 하였으며 각각 입학정원을 30명으로 하여 총 입학정원은 180명으로 하였다.

1974년 6월 1일에는 교통부로부터 수색비행장을 인수하여 항공대학이 운영하게 됨에 따라 항공관제소를 부속기관으로 두게 되었다. 1976년 12월 31일에는 항공운항학과와 항공관리학과의 입학정원을 각각 10명씩 증원하여, 5개 학과(항공운항학과, 항공관리학과, 정비공학과, 항공통신공학과, 항공전자공학과)에 200명의 입학정원을 갖게 되었다.

문교부는 한국항공대학을 운영함에 있어 국고 예산지원 등의 한계로 인하여 대학의 내실과 발전에 문제가 있음을 인식하였다. 1970년대 후반 우리나라의 민간항공산업분야는 항공운송사업의 확장과 더불어 항공기 제조사업에 착수하려는 정책변화로, 항공산업을 주도할 고급 두뇌의 양성과 효율적인 산·학·연 협동체제를 구축할 필요성이 절실하였다. 이에 1979년 1월 10일 국립학교 설치령의 개정에 의거하여 본 대학을 학교법인 정석학원이 인수하게 되었다.

정석학원은 대학을 인수한 때부터 7개년 내에 내자 70억 원과 차관 380억 원을 투입하여 교사와 실습공장의 신축, 최신 실습기자재의 도입 등을 추진하는 한편 대학원 과정의 설치, 항공전문대학과 부속 항공공업고등학교 및 부속 연구기관의 신설을 통한 항공분야의 계열화 계획을 수립하였다.

그 당시 항공대학은 5개 학과(항공운항학과, 항공관리학과, 항공기계공학과, 항공통신공학과, 항공전자공학과)에 입학정원이 300명, 재학생 907명, 교수 39명이었으며 부지 23,625평 위에 연건평 2,744평의 건물과 4,000평의 체육장, 232평 규모의 항공기 정비공장 그리고 실험실습용 항공기 13대를 보유하고 있었다.

1979년 3월 5일에는 조중훈 한진그룹회장이 초대 정석학원 이사장으로 취임하였으며 대학원 석사과정(항공공학과, 항공전자공학과 : 정원 계 40명)을 1979년 12월 5일에 인가받았고 1980년 10월 2일에는 항공관리학과를 항공경영학과로 명칭을 변경하였다. 8월 30일 정부의 교육개혁조치에 따라 졸업정원제가 실시되어 입학인원 390명에 졸업정원은 300명이 되었다.

1992년 새 캠퍼스 건설 이후 1993년에는 한국항공대학교로 교명을 바꾸고, 1996년 3개 강의동(과학관, 기계관, 전자관), 2001년 중앙도서관, 2004년 항공우주센터, 2009년 비행교육실습실, 2010년 울진비행훈련원, 2011년 관제소, 2012년 모의항공교통관제실습실 등을 연이어 조성하며 교육환경을 지속 발전시키고 있다.

2020년 기준 학부생 3,963명, 대학원생 482명, 교원 168명으로 집계되고 있으며, 2030년까지 아시아 최고 항공우주 종합 대학으로의 도약이라는 비전을 가지고, 항공우주기계, 항공전자통신, 항공운항, 항공교통물류 등 항공우주 전 분야를 아우르는 전문가를 양성하고 있다.

5) 항공의 날 제정

항공운송산업의 발전과 더불어 1981년 8월에 교통부 성기룡 항공국장은 관련과장과 김재환 항공대학장, 고충삼 대한항공 기획실장, 대한항공 대표 등과 '항공의 날 제정 심의위원회'를 개최하여 항공의 날을 제정하였다. 타당성과 기념일자 등을 토의한 결과 대한국민항공사가 서울-부산 간을 첫 취항한 10월 30일로 정하고 윤자중 교통부장관의 결재를 받은 후, 1981년 10월에 각종 기념일 등에 관한 규정(대통령령 제6615호)에 의하여 국무회의(의안번호 제1010호) 안건 제1회 항공의 날 행사계획안을 상정하여 확정하였다.

1981년 10월 30일 10시, 세종문화회관 소강당에서 항공의 노래 제정, 항공기 탑승회 등 제1회 항공의 날 행사가 성황리에 진행되었으며, 이후 항공산업 발전모습을 홍보하고 항공 관계자 간 화합과 소통을 추구하기 위해 매년 행사가 진행되고 있다.

2022년 10월 30일, 제42회 항공의 날에는 그간 COVID-19의 여파로 침체되어 있던 항공산업에 대한 관심과 인식을 제고하고자, '항공의 날 기념식'뿐만 아니라 '항공문학상 시상식', '국립항공박물관 국제학술대회', '항공산업 JOB FAIR' 등 다채로운 행사를 연계한 '항공주간'을 지정·운영하였고, 항공인들의 참여와 국민들의 성원 아래 성료하였다.

▲ 제1회 항공의날 기념우표

▲ 제42회 항공의 날 행사

6) 수도권 신공항 건설

국가 간의 인적·물적 교류의 증가로 항공수요가 급격히 증가하고 이에 부응하여 항공산업도 지속적인 발전을 거듭해왔으며, 특히 아·태지역의 항공교통량은 1980년 이후 연평균 8%의 신장세를 기록하였다. 이러한 환경 속에서 우리나라의 항공산업은 1989년 1월 1일부터 전 국민 여행 자유화 및 생활수준의 향상으로 항공수요가 급격히 증가하여 1990년대 중반 김포공항의 수용능력이 한계에 도달할 것으로 전망되었으나, 주변지역의 장애구릉, 주거지역 밀집 등의 입지여건상의 문제로 인하여 더 이상의 추가확장이 불가한 상태에 이르렀다.

또한 세계 항공운송 패턴의 Hub & Spoke화에 따른 세계 각국의 대규모 신공항 개발추세에 따라, 정부에서는 우리나라의 지정학적 우위성 등을 감안하여 21세기 동북아의 Hub 공항 확보를 목표로 한 수도권 신공항 건설사업을 추진하게 되었다.

가) 김포국제공항의 수용한계

김포공항은 1958년 국제공항으로 지정된 이후 우리나라의 경제발전에 따라 급증하는 항공수요의 대부분을 담당하는 관문의 역할을 해왔다. 1974년 당시 김포국제공항의 시설규모는 활주로 3,200m×45m 1본, 유도로 1,600m×23m, 계류장 6,352평, 여객터미널 43,257평, 주차장 6,806평으로 1970년대의 급속한 경제발전과 국력의 신장으로 항공수요는 연평균 20% 이상 고도성장을 기록하였다. 이에 정부에서는 김포국제공항의 부분적인 확장이나 보강으로는 그 수요를 감당하기에 한계에 이르렀다고 판단하여 수도권 공항개발에 관한 연구에 착수하였다.

1980년대에 들어와서는 국가경제발전의 급신장과 국민생활수준의 향상, 1989년도의 해외여행 자유화 조치, 복수민항시대의 개막과 더불어 국제선은 년 평균 13%, 국내 여객은 30% 이상 증가하는 등 세계 최고의 항공수요 증가율을 기록하였다.

이러한 항공수요의 증가 속에서 김포공항의 확장공사도 단계적으로 추진되어 1971년부터 활주로를 3,200m로 확장하고 1980년 8월에는 국제선 제1터미널을 개관하였다. 장기적인 공항개발계획의 필요성이 절실히 요구되어 정부에서는 신공항의 건설과 김포공항 확장방안을 검토하였으나 당시의 여건상 88서울 올림픽 개최로 인하여 단기적인 공항규모 확장의 시급성에 따라 김포공항을 확장하기로 결정하여 1987년 4월 1일에 활주로 1개를 추가로 건설하고 국제선 제2터미널은 1988년 4월 20일에 준공하였다.

그러나 김포공항은 활주로 주변에 있는 계양산(360m)과 주거지역이 좌우로 둘러싸여 있어 활주로를 추가로 건설할 수 없는 실정이고, 활주로 남측항로에는 주거 밀집지역이 위치하여 약 10만 가구가 항공기 이·착륙 시 발생하는 소음에 시달리고 있으며, 북측은 DMZ와 접근(27km)되고 동측은 서울도심으로서 김포공항에 이착륙하는 항공기의 공역이 크게 제한받고 있어 더이상의 시설확장이 불가능하였다. 이에 대해 1989년 1월 교통부 업무 보고 시 신공항건설의 시급성을 대통령께 보고하고 동년 6월 입지선정작업에 착수하면서 신공항건설이 본격화되었다.

나) 신공항 건설 후보지 선정

김포공항이 서울 도심에서 서측에 있는 점을 감안할 때 서울 도심에서 동측에 신공항을 건설하는 것이 공항 이용객에게 편리하다 하겠으나 우리나라 특유의 산악형 지형으로 공항건설이 가능한 지역은 여주~이천 평야지대 이외에는 찾아보기 힘들었다. 또한 남측은 공항개발이 가능한 평탄지역으로 수원, 오산, 평택 등이 있었으나 비행장이 기 건설되어 있어 서울 도심까지 1시간 이내에 도달할 수 있는 지역은 서해안 지역에서밖에 찾아볼 수 없는 실정이었다.

후보지의 조사범위는 서울 도심에서 100km 이내의 공항개발이 가능한 지역을 모두 조사하였으며(22개소), 서울 도심에서 1시간 내에 도달할 수 있고 소음피해도 없는 서해안지역을 집중 검토하였다. 조사결과 영종도가 최적 후보지로 선정되었으며 홍콩의 신공항 후보지 조사에도 참여한 바 있는 NACO사의 관계전문가들에게 신공항 후보지로 선정된 영종도는 지형과 공역상 양호한 후보지로 평가되었다.

입지조건을 기준으로 수도권 신공항 후보지를 조사한 결과, 영종도가 최적 후보지로 건의되었고 17개 정부 부처의 장으로 구성된 신공항건설 추진위원회의 심의를 거쳐 최종 후보지로 확정되었다. 영종도 후보지는 서울 도심에서 육로를 이용하여 약 52Km 서측에 위치하고 있으며 1989년 1월 1일부로 경기도 옹진군에서 인천광역시 중구 영종동으로 편입된 영종도와 5km 떨어진 용유도 사이의 간석지와 일부 육지를 포함한 지역으로서 공항개발 가능지역은 약 1,700만 평에 달하며 간석지는 평균 수심이 약 2~3m정도였다. 역사적인 신공항 건설사업은 마침내 1992년 11월 12일에 첫 삽을 뜨게 되었다.

마. 제2민항사의 출현(1988~)

1) 아시아나항공 출범

▲ 1988. 2. 12 아시아나 민항허가 취득

가) 설립배경

1969년 국영항공사였던 대한항공공사가 민영화된 이후 1988년에 이르기까지 우리나라 항공운송사업은 대한항공을 중심으로 이루어져 왔다. 대한항공은 어려운 여건 속에서도 사업을 성공적으로 이끌어 우리나라 민항공 발전에 커다란 기여를 했다. 특히 대한항공은 짧은 기간 동안 장족의 발전을 거듭하여 1988년 당시 ICAO 145개 회원국 중 국제선 유상 톤킬로 10위, 국제선 여객 15위, 국제선 화물 7위, 1979년에는 국제선 수송실적을 기준으로 세계 10위권에 도달하는 성과를 이룩하기도 하였다.

1980년대 초의 세계적인 경기 침체가 회복기에 접어든 1980년대 중반에 들어서자 우리나라에서도 복수 민항을 허용해야 한다는 여론이 조금씩 고개를 들기 시작했다. 특히 우리나라 항공운송사업의 경우 3저 현상에 따른 경기회복과 경제 성장이 두드러지게 나타나고 정부의 해외여행 자유화 방침에 따라 항공수요는 급격히 증가할 것으로 전망되었다.

이러한 상황 변화에 따라 정부는 1987년 제2민항의 설립을 조심스럽게 검토하기에 이르렀으며, 이러한 방침의 내면에는 항공수요 급증에 따른 수송력의 확대, 외국의 복수 항공사 취항에 대한 적극적인 대응의 필요성, 대국민 서비스 제고 등 복합적인 경쟁전략이 모색되고 있었다

정부의 제2민항 허가 방침이 발표되자 ㈜서울항공으로 1988년 2월 17일 설립등기를 마쳤으며 2월 20일에는 사업을 위한 면허취득을 위하여 교통부에 정기 및 부정기 항공운송면허와 노선면허 신청서를 제출했다.

이에 교통부는 2월 24일 ㈜서울항공에 국내·국제 정기 및 부정기 항공운송사업 면허와 서울－부산, 서울－제주 등 국내 5대 노선에 대한 노선면허를 발급하였다. 서울항공은 정부의 정책적 지원에 힘입어 1988년 8월 8일 사명을 ㈜아시아나항공으로 바꾸고 면허 조건 시의 기한 만료일인 1988년 12월 23일 서울－부산, 서울－광주 노선에 취항함으로써 국내선 운항을 개시했다.

나) 경쟁체제로의 돌입

자본금 50억 원으로 설립된 아시아나항공은 취항 당시 B737－400 기종 항공기 1대로 국내 노선에만 영업을 개시했으며 조종사 58명, 정비사 105명, 객실승무원 104명을 확보하고 있었다.

아시아나항공은 1988년 12월 취항 다음해인 1989년에는 1,914,512명을 수송하였

으나, 국제선에 처음 취항한 1990년에는 국내선 여객 3,369,883명과 국제선 여객 243,500명을 수송했고, 1991년에는 국내선 여객 3,385,560명과 국제선 여객 610,278명을 수송하여 급격한 증가세를 보였다.

취항 1년 만인 1990년 1월10일에는 서울-동경 간 국제선 정기여객 노선을 개설하고 나고야, 후쿠오카, 오키나와 등 일본 전역으로 노선을 확대해나갔다.

그리고 1990년 12월 17일 서울-홍콩 동남아 노선에 첫 취항하고, 1991년 11월 15일에는 태평양 횡단노선인 서울-로스엔젤레스 취항을 개시하는 등 의욕적인 출발을 보였으며 1994년 6월 23일에는 서울-하바롭스크 취항으로 러시아노선을, 1995년 11월 1일에는 서울-비엔나 유럽노선을 첫 취항하였다.

바. 2000년대의 항공운송산업

1) 우리나라 항공위상의 강화

1990년대에는 본격적인 복수민항 체제의 구축으로 공급능력을 확대함에 따라 급증하는 항공수요에 부응하는 연평균 14%대의 고속 성장을 기록하였다. 또한 정부에서는 활발한 국제항공회담을 진행하여 1990년대는 30개국과 항공협정을 체결하여 2010년 현재 총 항공협정 체결국 수는 90개국에 달하고 있으며, 중국, 러시아 등과는 협정을 개정하여 운항횟수와 취항도시를 대폭 확장하였다.

특히 1998년에는 한·미 항공자유화 협정을 개정하여 미국 내 모든 지점의 취항과 제3국으로의 이원권을 확보하고 항공과 육·해상 운송을 연계한 복합운송업무를 수행할 수 있게 하는 등 획기적인 성과를 거두었다.

한편 외국 항공사와의 국제경쟁력 확보를 위해 취항국가의 제한 철폐와 복수취항 요건의 강화를 골자로 하는 국적항공사 경쟁력 강화지침을 1994년 8월에 개정하였다. 국적항공사의 국제항공노선은 복수 민항 시대 이전 62개 노선에서 2010년에는 3배 증가한 187개 노선에 취항하고 있으며, 항공수송실적도 세계 8위를 차지하는 등 주요 항공강국 대열에 진입하고 있다.

또한, 세계 항공시장의 자유화 확산과 정부의 규제개혁, 기업의 무한경쟁체제 도입의 영향으로 항공운송부문 규제를 대폭 완화하고, 항공안전부문은 강화하는 체제로 항공법을 개정하였으며, 1988년 국적항공사의 국제경쟁력 강화지침을 폐지하여 국제항공운송시장에서 자율 경쟁체제로 진입하였다.

2) 동북아 허브공항 본격 추진

인천국제공항의 개항을 앞두고 한국공항공단도 인천과 김포의 역할분담에 따르는 유사기능 부서의 통폐합 등으로 1998년 이후 2001년까지 인력 3,110명에서 2,000명으로 1,110명을 감축하였다. 본부장제의 도입과 업무의 전문화로 민간위탁 등 조직개편을 통한 전문화와 효율성을 제고하였으며, 1999년도에 정부재산을 현물출자하여 공기업 형태로 전환하는 인천국제공항공사법을 제정하여 인천국제공항공사를 설립하였다.

이어, 2001년 인천국제공항이 완공된 이후 김포공항의 국제선 기능을 인천국제공항에 이전한 한국공항공단은 2002년 1월 14일 한국공항공사법을 제정 · 공포하여 2002년 3월 2일에 주식회사형 한국공항공사(약칭, KAC Korea Airport Coperation)로 출범하였다.

2001년 3월 29일 인천국제공항이 개항하였다. 활주로 2개 및 여객터미널 1개 등 총 사업비 56,323억 원을 들여 완공한 인천공항은 연간 24만 회의 운항과 여객 3천만 명, 화물 270만 톤을 처리할 수 있는 능력을 갖추게 되었다. 뒤를 이어, 2002년 11월 27일 추진한 인천공항 2단계 확장사업은 2008년 6월 완료되었다. 이를 통해 활주로를 1개 추가 건설하였고 여객 및 화물시설을 확충하였으며, 인천공항 처리능력은 여객 3,000만 명/년에서 4,400백만 명/년으로, 화물 270만 톤/년에서 450만 톤/년으로 대폭 증가되었다.

▲ 인천공항 개항식

또한, 인천국제공항으로의 접근성을 향상시키기 위하여 접근 교통시설 개선을 추진하였다. 인천국제공항 고속도로를 2000년 11월 개통하는 한편, 공항철도는 1단계(인천공항 ↔ 김포공항)는 2007년 3월, 세계 5위 규모의 사장교인 인천대교는 2009년 10월 성공적으로 개통하였다. 공항철도 2단계(김포공항 ↔ 서울역) 구간은 2010년 12월 개통하였으며, 뒤이어 제2여객터미널, 교통센터, 계류장 확장 등을 포함한 3단계사업이 평창 동계올림픽에 맞추어 2018년 1월에 완료함으로써 서비스 수용능력이 약 7,200만 명으로 대폭 증대되었다.

제2여객터미널이 개장되면서 탑승객 편의 및 공항운영 효율성을 고려하여, 정기적으로 운항하는 항공사를 제1여객터미널, 탑승동, 제2여객터미널에 각각 재배치 — 제1여객터미널: 아시아나항공 등, 탑승동: 중국동방항공, 베트남항공 등, 제2여객터미널: 대한항공, 에어프랑스 등 — 하였다.

증가하는 여객수요에 대응하기 위해 2018년 12월 제4활주로 공사를 시작했고, 2019년 11월부터 제2여객터미널 및 공항 내부 연결도로 확장 등을 포함한 4단계 사업을 본격적으로 시작하였으며, 2021년 6월부터 제4활주로 또한 정식 운영에 들어갔다. 4단계 사업은 2024년 12월 마무리될 것으로 예상하고 있다.

3) 저비용항공사의 출현

저비용항공사(LCC, Low-cost Carriers)란 단순한 가격구조, 단일 또는 소수기종 보유, 선택적 기내서비스 등 다양한 비용절감시스템을 바탕으로 기존항공사(FSC, Full Service)보다 훨씬 낮은 판매가를 유지하는 항공사이다. 저비용항공사를 생각할 때 여러 가지 이벤트를 동원하여 항공 요금을 대폭 할인하여 판매하는 저가(low price) 항공으로 오인하는 경향이 있으나 분명히 다른 개념이다.

역사적으로 저비용항공사의 시작은 1971년 미국의 사우스웨스트(Southwest)사로 보고 있다. 1970년대 당시보다는 1990년 중반 이후 정보기술 산업의 급속한 발전과 인터넷을 통한 전자상거래의 확대(관광회사를 거치지 않은 항공사-고객 간의 직접 티켓 거래)는 e-마케팅의 활성화로 이어져 항공사와 소비자 간 이용의 편리성과 거래 비용의 최소화 그리고 접근성의 용이함 등으로 획기적으로 성장하게 되었다.[12]

저비용항공사는 운영비용을 절감하기 위하여 최소한의 기내서비스와 공항에서의 비즈니스 라운지 등을 없애고, 지점 대 지점을 운항하고 있으며, 단거리 노선을 중심으로 중소형항공기를 이용하여 관광이나 레저용 수요층을 목표시장으로 한다.[13] 기존

12 Center for Asia Pacific Aviation, 2010: 김찬영, 허희영, 2006 일부 인용

항공시장의 진입장벽 극복을 위해서 기내승무원은 법적 최소인원만으로 유지하며, 기내식 유료화, 단일기종유지, 단일기내좌석등급(mono - class)정책, 고효율(utilization)의 항공기 가동, 그리고 기존 유통 채널(여행사, 항공사 지점, 공항카운터 등)보다 인터넷을 통해 항공권 수수료를 최소화하고 항공권 자체가 필요 없는 (e - Tickets) 시스템을 구축하며, 제2공항(secondary or Minor airports)으로의 취항을 통하여 공항사용료를 절감하는 등 저원가 구조로 운영되고 있는 특징을 가지고 있다.

2000년대에 들어서 우리나라에도 저비용항공사 개념이 도입되었다. 국내 최초의 저비용항공사는 현재 티웨이항공의 모태인 한성항공으로, 2004년 부정기항공운송사업으로 시작되었고, 2005년 건설교통부가 제주도와 애경그룹이 합작으로 설립한 ㈜제주에어에 정기항공운송사업 면허를 부여하면서 대한항공과 아시아나항공에 이어 본격적으로 저비용항공사가 정기 항공운송사업에 뛰어드는 신호탄이 되었다.

▲ 한성항공의 첫 비행/청주공항

2002년 10월 당시 우근민 제주도지사의 ㈜제주지역항공사(가칭) 설립 추진을 시작으로 우리나라에도 저비용항공사의 시대가 열리기 시작한다. 2005년 1월 25일에는 '제주에어' 법인이 설립되며 2005년 8월 25일는 국내에서 3번째로 정식으로 정기항공운송사업 면허를 취득하여 제3민항으로서 출범한다. 2005년 9월 12일 '제주에어'에서 '제주항공'으로 상호를 변경한다. 2008년 5월 중대형제트기를 도입하였으며, 이후 진에어 등 후발주자는 출범부터 제트기로 시작하는 계기를 만들었다고 평가받는다.

한편 2003년 5월 19일 설립된 충청지역항공추진사업단(가칭 충청항공) 법인(한성항공의 전신)은 2004년 8월 한성항공(현 티웨이항공)으로 사업자등록을 하였고, 2005년 8월 '청주 - 제주' 간 노선운항을 시작한다. 그러나 3년 후 2008년 10월 18일 운항

13 David Ashish, 2004: 최경훈, 2008: Stephen, 2008

을 중단하였고 경영난으로 2009년 8월 31일 한성항공은 기업회생절차를 진행한다. 그 결과 2010년 8월 26일 '티웨이항공'으로 사명을 변경하고 본사를 충청북도 청주시에서 서울시로 이전하였다.

2006년 12월 설립된 영남에어 법인은 2007년 11월 부정기항공운송사업 면허를 받고, 2008년 7월 25일 '부산~김포' 노선 첫 비행을 시작하였으나 2008년 12월 4일 지속적인 고유가와 환율 상승으로 인한 재정난으로 최종 부도 처리되고 말았다.

2007년 8월 現 에어부산의 모태인 '부산국제항공'이 설립되고, 2008년 2월 에어부산㈜으로 사명을 변경하였다. 2008년 6월 정기항공운송사업 면허를 취득한 에어부산은 같은 해 10월 27일 '김포~부산' 노선 첫 비행을 시작한다.

2007년 10월, '짜릿한 가격으로 추억을 파는 국민항공사'라는 슬로건 아래 이스타항공 법인이 설립되었는데 저비용항공사의 출현 배경에 맞추어 기존 대형 항공사 위주의 항공시장 독과점을 깨고 합리적인 가격을 통한 항공여행의 대중화를 목표로 내건 것이다. 이스타항공은 2008년 8월에는 당시 국토해양부로부터 부정기 항공운송사업면허를 취득한 후 2009년 1월 6일 '군산~제주' 노선 첫 비행을 시작한다.

2008년 1월에는 ㈜진에어 법인이 설립되며, 2008년 4월 7일 정기항공운송사업 면허를 취득하고 2008년 7월 17일 '김포~제주' 노선 첫 비행을 시작한다.

영남에어 및 한성항공이 고유가 및 환율문제와 정비문제로 파산하는 등 길지 않은 우리나라 저비용항공 역사에도 굴곡은 있었지만, LCC의 국내선 여객 운송 비중은 2014년 기준 15.9%에서, 2019년 59%로 증가하였고, 운송비중이 증가함에 따라 국내 항공시장에서 저비용항공사 산업 또한 점차 안정화되었다.

4) 저비용항공사의 성장

운영을 중단한 항공사를 제외하고, 2015년 기준 국내 5개 저비용항공사(제주항공, 진에어, 에어부산, 이스타항공, 티웨이항공)는 시장에서 경쟁이 치열해지자 가격과 노선, 서비스의 차별화 전략을 수립하기 시작한다. 제주항공은 항공기 보유대수를 늘려 신규 노선취항을 도모하였고, 진에어는 이중통로 대형기인 B777기종을 도입하여 장거리노선을 개척하였으며, 티웨이항공은 대구국제공항을 거점으로 국제노선 확보에 집중하는 등 각 항공사 특성에 맞는 전략을 시장에 내놓았다.

그런 가운데, 2016년 아시아나항공의 자회사인 에어서울이 운항을 시작하면서 우리나라 LCC는 총 6개사로 증가하였으며, 2019년 플라이강원, 2021년 에어로케이와 에어프레미아가 운항을 시작하면서 2022년 현재 국내 LCC는 총 9개사가 되었다.

5) 항공산업의 세계화

1990년대에는 본격적인 복수민항 체제의 구축으로 공급능력을 확대함에 따라 급증하는 항공수요에 부응하며 연평균 14%대의 고속 성장을 기록하였다. 또한 정부에서는 활발한 국제항공회담을 진행하여 1990년대 30개국과 항공협정 체결을 시작했고, 2022년 총 항공협정 체결국 수는 94개국에 달하고 있다.

이후 세계 항공시장 자유화 확산, 정부 규제개혁 및 기업의 무한경쟁체제 도입의 영향으로 항공운송부문 규제를 대폭 완화하고, 항공안전부문을 강화하는 체제로 항공법령이 개정되었고 국적항공사의 국제경쟁력 강화지침 또한 폐지되어 국제항공운송시장은 자율 경쟁체제로 진입하였다. 국적항공사의 국제항공노선은 복수민항 시대 이전 62개 노선에서 코로나 확산 이전인 2019년에는 378개 노선까지 확대되었으며, 항공수송실적도 2020년 세계 5위(톤킬로미터 기준)를 차지하였다.

더욱이 2022년 제41차 ICAO 총회에서 치러진 이사국(part 3) 선거에서 전방위적인 지지교섭 활동을 펼쳐 175개 참여국가 중 총 151표를 얻어 이사국 8연임에 성공하였으며, 주요 항공국 대열로서 입지를 굳건히 하고 있다.

05 국내 항공 관련기관 현황

가. 국토교통부

1948년 교통부가 신설된 이후 1961년 항공법이 제정되었고 같은 해 소속기관 2개(서울, 부산지방항공관리국)가 신설되었으며, 단위 과로 존재했던 우리나라 항공 관련 정부조직은 1963년에 5과(항공정책, 국제항공, 운항, 통신전자, 항공시설)로 구성된 항공국을 신설하였다. 1995년엔 중앙항로관제소를 인수하여 소속기관으로 항공교통관제소를 설치하였고, 이후 항공사 안전관리, 노선배분, 공항건설을 지속적으로 추진해오던 항공국은 2001년 FAA 항공안전 2등급이 된 것을 계기로 항공안전 측면을 보강하기 위해 2002년 8월 12일 항공운송정책과 공항건설을 담당하는 본부(3과)와 안전기술업무를 담당하는 항공안전본부로 이원화하여 운영되어왔다. 이에 따라 항공 안전분야에 정책역량을 집중하고, 선진형 제도의 정착을 도모하여, 2008년 ICAO 항공안전 종합평가(USOAP)에서는 세계 최고인 98.89%의 이행률을 기록하는 쾌거를 달성하였다.

우리나라의 항공 위상이 세계 항공 선도국의 수준으로까지 성장함에 따라, 이제는 항공분야에서 운송산업과 안전 측면뿐만 아니라, 항공기 개발, 항공정비업(MRO), 항공물류, 항공분야 녹색성장, 우주항공기술 개발사업 등 다양한 분야에서 항공부문을 종합적으로 발전시키는 것이 목표가 되었다. 이에 따라, 이명박 정부가 추진한 2008년 3월 정부조직 개편 시 업무 비효율성 제거 및 새로운 항공분야 발전 방향을 제시하고, 이를 적극적으로 추진하기 위하여 항공철도국과 항공안전본부와의 항공조직 통합을 추진하였고, 2009년 5월 조직이 통합되어 3정책관(항공, 항공안전, 공항항행정책관) 13과로 구성된 항공정책실이 출범하였다.

소속기관을 보자면, 2015년 1월에 부산지방항공청의 소속이었던 제주공항관리사무소를 제주지방항공청으로 승격하였고, 2017년 5월 책임운영기관인 항공교통센터를 항공교통본부로 확대 개편하였다. 이후, 2020년 7월 국제민간항공기구(ICAO) 이사회 등의 활동 지원 및 안전평가 전담을 위해 국제민간항공기구전략기획팀을, 2021년 9월 「가덕도신공항 건설을 위한 특별법」이 제정·시행됨에 따라 정원 16명의 가덕도신공항건립추진단을 신설하는 등 2023년 기준 3정책관(항공, 항공안전, 공항정책관), 12과 2팀 1추진단과 3개의 지방청(서울, 부산, 제주지방항공청)과 항공교통본부, 항공철도사고조사위원회로 구성하여 운영하고 있다.

나. 한국공항공사

1980년 정부는 전국공항의 효율적 건설·관리·운영을 위하여 국제공항관리공단을 설립하였다. 1983년부터 부산·제주·대구 등 14개 지사를 설립하였고 1994년과 1999년에는 항로시설본부 및 항공무선표지소를 인수·운영하였다. 2001년 인천국제공항이 완공되어 김포공항의 국제선 기능을 인천국제공항에 이전하였으며 2002년에 한국공항공사법을 제정하여 한국공항공사를 설립하였다.

한국공항공사는 2014년에는 한국공항공사법 개정을 통해 조종사 양성, 항공기 취급업 및 정비업, 해외투자까지 사업범위를 확장하였으며, 이후 공항의 운영 및 주변지역 개발사업, 공항시설의 신설·증설·개량사업, 항행안전장비의 제작·판매 및 수출, 해외공항사업, 항공조종사 양성 교육훈련 및 시설의 설치·운영, 항공기 취급업 및 정비업 등 다양한 분야의 사업을 수행하고 있다. 2016년에는 비즈니스항공기 전용시설인 서울김포비즈니스항공센터(SGBAC)의 운영을 개시하여 비즈니스항공기 및 이용자 대상 출입국, 격납, 정비, 운항지원 서비스 등을 제공하고 있다.

2022년 기준 한국공항공사에서 운영하는 전국 14개 공항 중 국제공항은 김포, 김해, 제주, 무안, 청주, 대구, 양양 등 7개 공항이 있고, 국내공항으로는 광주, 울산, 여수, 포항경주, 사천, 군산, 원주 등 7개 공항이 있다. 팬데믹 이전인 2019년 기준, 국제노선은 13개국 158개(129,735편 운항, 2,032만 명 여객 이용)였고, 국내 노선은 23개(390,156편 운항, 6,632만 명 여객 이용)이 운항되었다.

2022년 현재 총 7,200여 명의 상주직원(공사 2,620명, 자회사 3개사 4천5백여 명)이 본사(5본부 14실 50부)와 항공기술훈련원, 항로시설본부 및 14개 지방공항에서 공항 건설·관리·운영 업무 등을 수행하고 있다.

다. 인천국제공항공사

정부는 1980년 후반 냉전 종식과 해외여행 자유화 정책으로 인해 빠르게 증가하는 항공수요에 발맞춰 김포공항의 포화를 대체할 신공항 건설을 추진하기로 결정했다. 공역, 장애물 제한 요건, 기상조건, 지형 조건, 접근성, 장래 확장 가능성 등을 다각적으로 검토해 총 4차에 걸친 타당성 결과 끝에 1990년 6월 14일, 심사위원의 만장일치로 영종도가 신공항 부지로 결정되었다. 1994년 인천국제공항의 건설을 위하여 수도권신공항건설공단이 설립되고, 1999년에는 효율적인 인천국제공항의 건실 및 운영을 위해 '인천국제공항공사'가 창립되었다.

인천국제공항공사는 인천국제공항의 효율적인 건설 및 관리·운영을 통해 항공운송을 원활하게 하고 국민경제 발전에 이바지한다는 설립목적 아래, 건설기간 101개월, 사업비 5조 6,323억 원 규모의 단군 이래 가장 큰 건설 프로젝트라 불리는 1단계 건설사업을 성공적으로 완수했다. 2001년 3월 12일 성공적인 개항 이후, 2002년 2단계 건설사업을 조기 착공해 2조 9,688억 원을 투입해 2008년 사업을 완료하고, 2017년 12월에는 총 4조 9,303억 원을 투입한 3단계 건설사업을 완료, 현재 2022년 4단계 건설사업을 추진함으로써 치열해져가는 항공시장 속에서 세계 최고 수준의 글로벌 공항의 입지를 공고히 하기 위해 노력하고 있다.

팬데믹 이전인 2019년 기준, 인천국제공항 국제노선은 총 363,478편이 운항되고, 7,057만 명의 여객이 이용하였고, 국내 노선은 5,287편 운항, 59만 명의 여객이 이용하였다.

2022년 기준 총 1만 2천여 명의 상주직원(공사 1,931명, 자회사 1만여 명)이 인천국제공항의 건설사업 및 관리·운영, 유지·보수 업무를 수행하고 있다. 인천공항은 세계공항협회(Airports Council International)에서 주관하는 세계공항서비스평가(ASQ)에서 12년 연속 1위를 달성하고 명예의 전당에 오른 바 있으며, 2022년 세계 최초 ACI 고객경험인증 최고 단계인 5단계를 수상하며 다시 한번 글로벌 공항서비스의 기준을 만들어가고 있다.

라. 한국교통안전공단

교통안전관리의 효율화를 도모하고 국민의 생명, 신체 및 재산의 보호에 기여하고자 1979년 교통안전진흥공단법이 제정된 후 1981년 교통안전진흥공단이 설립되었다. 2014년 경북 김천으로 본사이전 후 2018년 한국교통안전공단으로 명칭을 변경하였으며, 현재 5개 본부(기획, 경영지원, 교통안전, 자동차검사, 철도항공안전본부), 14개 지역본부, 59개 검사소, 2개 센터로 운영되고 있다.

2022년 현재 임직원 수는 총 1,829명으로 육상, 항공, 철도 등 교통 전 분야에서 국민의 생명과 재산을 보호하기 위한 각종 교통안전사업을 담당하고 있으며, 이 중

항공관련 업무는 1984년 항공종사자 자격시험 업무를 시작으로 2022년 현재 본사의 철도항공안전본부 항공안전실 내 3처(항공안전처, 항공자격처, 드론관리처), 2센터(드론자격시험센터 - 화성, 드론교육훈련센터 - 시흥), 1팀으로 구성된 총 59명이 담당하고 있다.

2022년 12월부터는 항공안전법 · 항공사업법에 따라 초경량비행장치 사용사업의 등록 · 변경, 사업 · 안전개선 명령 등의 업무도 수행할 예정이다. 미래도심항공교통체계의 선제적 준비를 위해 UAM 정책대응팀을 2021년 7월에 신설하고 도심항공교통 기반 조성을 위해 UAM 팀코리아 참여와 제도마련 지원, 안전연구 수행 등 도심항공 상용화 촉진을 위해 노력하고 있다.

마. 항공안전기술원

항공안전기술 및 항공사고 예방에 관한 인증 · 시험 · 연구 · 기술개발 · 인력양성 등을 전문적으로 수행하여 항공안전 확보 및 항공산업 발전에 기여하고자 2013년 비영리재단법인 항공안전기술센터로 출범하였고, 항공안전기술원법 제정 후 2014년 법정기관 항공안전기술원으로 전환되었다. 2017년 말 영종도 정부합동청사에서 인천시 서구로 본사를 이전하였으며, 2022년 현재 108명의 임직원이 4개 본부, 9개 실, 2개 센터로 구성된 조직 및 전국 단위 인프라 시설 9개를 운영하고 있다.

항공안전기술원은 국내 유일의 항공안전 전문기관으로서, 항공기 · 항공보안장비 · 항행안전시설 등의 인증 · 검사 및 국가비행시험시설을 운영 · 관리하고 있으며 항공사고 예방기술의 개발을 위한 국가 항공안전데이터 수집 · 분석 · 연구, 국제표준화 연구를 수행하고 있다. 또한 新항공산업 지원을 위한 드론산업 활성화 실증 및 안전증진 연구, 국내 UAM 민 · 관협의체 간사 역할, 항공안전기술 전문인력 양성사업을 수행하는 등 정부의 항공안전정책 및 기술 · 연구를 다각도에서 지원하고 있다.

바. 국립항공박물관

국립항공박물관은 항공문화의 진흥과 항공산업의 발전에 이바지하고자 2019년 마련된 국립항공박물관법에 근거하여 건립되고 1920년 대한민국임시정부의 한인 비행학교('비행가 양성사')의 개교 100주년을 기념하기 위해 2020년 7월 5일에 개관하였다. 2022년 기준 실물기 16대를 포함한 시대별 항공분야 대표 자료를 소장 · 전시하고 있으며 3개의 상설전시실과 1개 기획전시실, 5개 체험관, 항공배움놀이터, 항공도서관, 옥상전망대 등의 시설을 관리·운영하고 있다. 총 140여 명의 직원(박물관 83명, 외부 협력업체 60여 명)이 항공 국가유산의 발굴·보존·연구와 전시·교육 등의 주요 사업을 수행하고 있다.

사. 한국항공협회(구 한국항공진흥협회)

항공운송사업의 발전 및 항공운송사업자의 권익보호, 공항운영 개선 및 항공안전에 관한 연구 등을 효율적으로 수행하고자 1991년 항공법 제143조를 신설하여 한국항공진흥협회의 설립근거를 마련하였다. 1992년 한국항공진흥협회를 설립하였고, 2017년 기존 항공법이 항공사업법·항공안전법·공항시설법으로 분법·시행됨에 따라 설립 근거가 항공사업법 제68조로 변경되었으며, 기관 명칭도 한국항공협회로 변경되었다. 2022년 현재 정회원으로 한국공항공사·인천국제공항공사·대한항공·아시아나항공 4개사, 특별회원으로 에어부산·제주항공·진에어 3개사 총 7개 회원사가 가입되어 있다.

사실상 국내 유일의 항공운송업계 대표 단체로서 총 26명의 직원이 항공운송산업 발전을 위한 정책 제언, 항공 관계 법령 입법 대응 등 협회 본연의 민·관간 가교(架橋) 역할을 수행·지원할 뿐만 아니라, 항공정보포털 시스템 운영, 항공정보간행물(AIP) 발간, 운항·관제분야 안전 연구 등 법정단체로서의 공익 목적에 부합하는 다양한 사업들을 수행하고 있으며, 2018년부터는 국토교통부, 양 공항공사와 함께 '항공일자리 취업지원센터'를 운영하며 항공산업 취업박람회, 항공일자리 청년 일경험 지원사업, 항공분야 상시 취업컨설팅·멘토링 사업 등을 주도적으로 수행하여 우리나라 항공 산업에 국내·외 우수 인력이 모일 수 있도록 구심점 역할도 병행하고 있다.

아. 대한민국 항공회

민법 제32조에 따라 국내 제반 항공단체와 항공인을 대표하며 국제사회와 국제항공연맹(FAI)에 대하여 민간항공을 대표하고 국제 민간항공 문화교류를 주도하며 청소년 항공과학사상 함양과 항공인력의 양성을 위해 1945년 10월 25일 설립하였다. 한국열기구협회, 한국모형항공협회(드론), 한국파라모터협회, 한국스카이다이빙협회, 한국소아링협회, 한국여성항공협회, 대한민국행글라이딩협회와 경량항공기분과, 패러글라이딩분과, 일반항공분과 등 총 7개의 회원사와 3개의 분과가 있으며, 주로 국제항공연맹 회의참석 및 친선국제교류, 국내외(국가대표 선발 및 파견) 항공관련 대회 및 행사 주최, 후원사업 등의 업무를 추진하고 있다.

쉬어가기

공중용사 안창남, 그는 누구인가?

1) 비행사 안창남의 탄생

1901년 3월 19일, 경기도 경성부 평동(現 서울 종로구 평동) 20번지에서 태어난 안창남은 1917년 용산 연병장에서 펼쳐진 미국 비행사 아트스미스의 곡예비행을 관전한 후 조종사의 꿈을 키웠고, 휘문고등보통학교 3학년 재학 중 학교를 그만두고 일본으로 건너가 오구리 비행학교에 입학했다.

6개월의 비행교육을 마친 안창남은 1921년 3등비행사 면허를 취득한 지 1년 만에 2등비행사 면허를, 그 다음 해에 1등 비행사 면허까지 차례로 취득하는 등 천재적인 비행 실력으로 도쿄에서 오사카까지(약 550km) 비행하며 당시 일본에서 가장 긴 비행을 기록하기도 하였다.

新飛行家安昌男

▲ 오구리 비행학교에서 교관으로 활동하며 3등비행사 자격을 취득했다는 기사(동아일보, 1921. 7. 11. 3면)

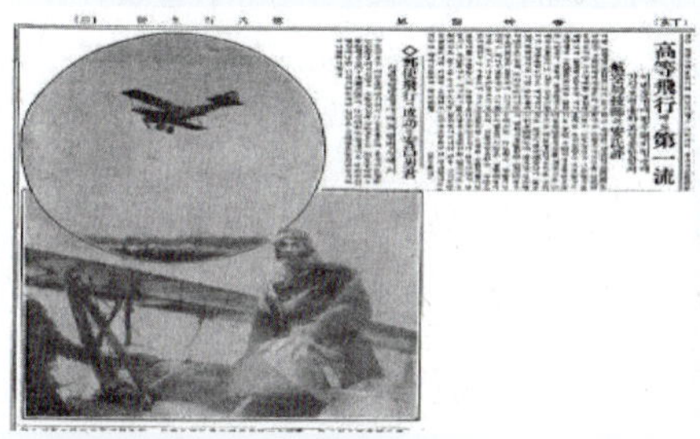

▲ 1922년 11월 우편비행대회를 완주한 안창남에 대한 기사(동아일보, 1922. 11. 15. 3면)

2) 안창남과 금강호

정식 비행사로 세상에 이름을 알리던 안창남은 고국 방문비행의 뜻을 알리고 직접 실행에 옮기기 시작했다. 여러 비행기의 부속품을 모으고 헌 비행기의 엔진을 떼어다 새롭게 조립한 후, 동체 양면에는 한반도와 본인 이름을, 꼬리날개에는 금강산 모양을 그려넣었는데 이 비행기가 바로 "금강호"이다.

1922년 12월 10일 낮12시, 여의도 비행장에서 이륙한 안창남과 금강호는 경성 시내 상공을 한 바퀴 돌아 무사히 착륙하였으며, 같은 해 12월 13일 경성에서 인천까지 날아올랐다 귀환했다. 이 비행은 일제강점기 조국을 빼앗긴 조선인들에게 민족적 자부심과 긍지를 일깨워주는 계기가 됐으며, 안창남에 대한 가사가 담긴 노래가 유행처럼 퍼져나갔다.

쉬어가기

▲ 안창남의 금강호를 재현한 전시물 (출처: 국립항공박물관)

空中에서 본 京城과 仁川

安昌男

▲ 안창남이 고국 방문 비행 후 소회를 월간지 개벽 제31호에 기고한 내용(1923. 1. 1. 개벽 제31호)

3) 독립운동가 안창남

항일운동이 한창이었던 1924년, 상해임시정부는 비행기를 통해 독립사상전단을 배포하는 등의 항공독립운동을 위해 노력하고 있었고 일본 내에서는 안창남이 상해임시정부와 왕래한다는 소문이 퍼져 살해위협까지 촉발되고 있었다. 그 시기에 안창남은 돌연 종적을 감추었는데, 1925년 산시성의 산시항공학교 교관으로 나타나면서 임시정부와의 관계가 사실로 드러났다.

1928년 산시성에서, 안창남은 몇몇 독립운동가와 함께 한인독립운동단체 '대한독립공명단'을 조직하고, 비행학교 등 무관학교 설립과 더불어 군사 양성, 군자금 마련을 주도하였다.

1930년 산시항공학교에서 비행훈련을 하던 안창남은 엔진이상으로 추락하여 짧은 일생을 마감하였고 대한독립공명단도 1930년대 초 와해되었다.

II

항공산업의 현황

01 항공산업의 개념

항공산업의 개념에 대해 우리나라의 법률에서 명시적으로 정의한 바는 없으나, 유사한 용어로 「항공사업법」에서는 '항공사업'을 정의하고 있고, 「항공우주산업개발 촉진법」에서는 '항공우주산업'을 정의하고 있다. 「항공사업법」 제2조에 따라 항공사업은 국토교통부 장관의 면허, 허가 또는 인가를 받거나 장관에게 등록 또는 신고를 하여 경영하는 사업으로 항공운송사업, 항공기사용사업, 항공기정비업, 항공기취급업, 초경량비행장치사용사업, 항공레저스포츠사업 등이 있으며, 「항공우주산업개발 촉진법」 제2조에 따른 항공우주산업은 항공기제조 및 개조·수리 등을 포함하고 있다.

이 두 법령을 포괄하여 항공산업은 크게 항공기를 이용한 운송활동과 관련된 항공운송산업과, 항공기의 개발 및 생산활동과 관련한 항공기 제조산업 및 항공정비, 개조·개량 산업인 항공기 MRO 산업으로 구분할 수 있다[1].

항공운송산업은 항공기를 활용하여 여객과 화물을 수송하는 상업활동을 말하며, 넓게는 직접적인 항공운송 이외에 항공운송과 관련된 발권, 예약, 수속, 지상조업, 창고물류 등 항공운송 보조 서비스업을 포함한다.

항공기 제조산업은 항공기 및 항공기와 관련된 부속기기 및 소재를 제작·가공·조립·개조·수리하는 산업활동 분야를 말하며, 이러한 제조활동은 항공기기체, 항공엔진, 항공부품, 항공전자장비, 항공소재 등을 포함할 뿐만 아니라 항공기의 운항과 관련된 각종 시설, 장비, 시스템 등을 망라하여 지칭하고 있다.

항공정비산업은 좁게는 항공기의 안전운항과 성능향상 지원을 위한 정비·수리·분해조립·개조 작업(Maintenance, Repair & Overhaul)을 의미하지만, 광의의 개념에서 수리개조, 부품가공 및 이와 관련된 엔지니어링, 조업 등 지원서비스, 정비부품 물류, 리스, 금융과 같은 종합적인 개념으로 의미가 점차 확장하고 있다.

---

1 「항공우주산업개발 촉진법」 제3조(항공우주산업개발 기본 계획의 수립) 및 시행령 제3조에 따른 제3차 항공산업발전 기본계획(2021~2030)에서도 항공기 제조산업(항공기의 개발 및 생산 활동), 항공운송산업(항공기 이용 운송활동), MRO 산업(항공정비, 개조 · 개량 산업)으로 구분하고 있다.

02 항공산업의 특성

항공산업은 다른 산업에 비해 역사가 짧지만, 그만큼 첨단기술이 필요한 산업이다. 특히 항공기 제작 및 정비 산업 등은 첨단기술이 복합적·집약적으로 나타나는 시스템산업으로서 이를 통해 한 국가의 기술수준과 산업역량을 볼 수 있다.

세부적으로 볼 때 항공산업은 기계, 자동차, IT, 소재 등 기반산업과 연관도가 높다. 우리나라는 기반산업 경쟁력이 우수[2]하여 항공산업의 발전 잠재력이 충분하다고 볼 수 있다.

또한 항공산업은 높은 생산유발효과, 고부가가치, 고임금의 선진국형 지식기반 산업이며, 제품 개발주기가 길고 자본 및 기술측면의 진입장벽이 높으나 진입 성공 시에는 장기간의 안정적 수익을 창출[3]하므로, 큰 투자규모와 긴 투자회수기간으로 세계적으로 정부지원이 보편화되어 있는 전략적 지원산업이다.

항공산업의 역량은 국가방위력의 평가척도이며, 우주개발에 필요한 핵심기술과 생산기반을 제공할 수 있다. 앞으로 상업우주운송 시대가 열리고 우주산업의 중요성이 더 커질 것을 대비하여 항공의 관련분야 민수 기반이 필수적으로 이루어져야 할 것이다.

---

2 우리나라의 항공산업 세계 순위 : 기계 6위, 자동차 4위, 반도체/휴대폰 1위 등

3 완제기 판매 후 유지 보수 및 개조(MRO) 비용은 완제기 매출의 3배 이상으로 지속적인 수익 확보가 가능하다(제3차 항공산업발전 기본계획).

03 항공산업의 분류

「항공사업법」에서 정의하고 있는 항공사업은 국토교통부 장관의 면허, 허가 또는 인가를 받거나 장관에게 등록 또는 신고를 한 후 활동이 가능하며, 항공사업의 종류에는 항공운송사업[4], 항공기사용사업, 항공기정비업, 항공기취급업, 항공기대여업, 초경량비행장치사용사업, 항공레저스포츠사업, 상업서류송달업, 항공운송총대리점업, 도심공항터미널업 등이 있다.

「항공사업법」 제2조에 따른 항공사업의 정의

7. "항공운송사업"이란 국내 항공운송사업, 국제항공운송사업 및 소형항공운송사업을 말한다.

15. "항공기사용사업"이란 항공운송사업 외의 사업으로서 타인의 수요에 맞추어 항공기를 사용하여 유상으로 농약살포, 건설자재 등의 운반, 사진촬영 또는 항공기를 이용한 비행훈련 등 국토교통부령으로 정하는 업무를 하는 사업을 말한다.

17. "항공기정비업"이란 타인의 수요에 맞추어 다음 각 목의 어느 하나에 해당하는 업무를 하는 사업을 말한다.
    가. 항공기, 발동기, 프로펠러, 장비품 또는 부품을 정비 · 수리 또는 개조하는 업무
    나. 가목의 업무에 대한 기술관리 및 품질관리 등을 지원하는 업무

19. "항공기취급업"이란 타인의 수요에 맞추어 항공기에 대한 급유, 항공화물 또는 수하물의 하역과 그 밖에 국토교통부령으로 정하는 지상조업(地上操業)을 하는 사업을 말한다.

21. "항공기대여업"이란 타인의 수요에 맞추어 유상으로 항공기, 경량항공기 또는 초경량비행장치를 대여(貸與)하는 사업(제26호 나목의 사업은 제외한다)을 말한다.

23. "초경량비행장치사용사업"이란 타인의 수요에 맞추어 국토교통부령으로 정하는 초경량비행장치를 사용하여 유상으로 농약살포, 사진촬영 등 국토교통부령으로 정하는 업무를 하는 사업을 말한다.

26. "항공레저스포츠사업"이란 타인의 수요에 맞추어 유상으로 다음 각 목의 어느 하나에 해당하는 서비스를 제공하는 사업을 말한다.
    가. 항공기(비행선과 활공기에 한정한다), 경량항공기 또는 국토교통부령으로 정하는 초

[4] 자세한 내용은 「6장 항공운송론」 1. 항공운송사업 면허체계 참조

경량비행장치를 사용하여 조종교육, 체험 및 경관조망을 목적으로 사람을 태워 비행하는 서비스

나. 다음 중 어느 하나를 항공레저스포츠를 위하여 대여하는 서비스

1) 활공기 등 국토교통부령으로 정하는 항공기

2) 경량항공기

3) 초경량비행장치

다. 경량항공기 또는 초경량비행장치에 대한 정비, 수리 또는 개조서비스

28. "상업서류송달업"이란 타인의 수요에 맞추어 유상으로 「우편법」 제1조의2 제7호 단서에 해당하는 수출입 등에 관한 서류와 그에 딸린 견본품을 항공기를 이용하여 송달하는 사업을 말한다.

30. "항공운송총대리점업"이란 항공운송사업자를 위하여 유상으로 항공기를 이용한 여객 또는 화물의 국제운송계약 체결을 대리(代理)[사증(査證)을 받는 절차의 대행은 제외한다]하는 사업을 말한다.

32. "도심공항터미널업"이란 「공항시설법」 제2조 제4호에 따른 공항구역이 아닌 곳에서 항공여객 및 항공화물의 수송 및 처리에 관한 편의를 제공하기 위하여 이에 필요한 시설을 설치·운영하는 사업을 말한다.

▼ **항공사업 등록 및 신고 현황** (2022년 9월 기준)

사업명	등록/신고	업체수	사업명	등록/신고	업체수
항공기사용사업	등록	56	항공레저스포츠업	등록	141
항공기정비업	등록	68	상업서류송달업	신고	823
항공기취급업	등록	99	항공운송총대리점업	신고	198
항공기대여업	등록	41	도심공항터미널업	신고	2
초경량비행장치사용사업	등록	5,114			

한편, 「항공우주산업개발 촉진법」 제2조 제1호에 따라 항공우주산업은 항공기·우주비행체·관련부속기기류 또는 관련소재류를 생산하는 사업(제조·가공·조립·재생·개조 또는 수리하는 것을 포함하되 「항공안전법」 제2조 제1호에 따른 항공기의 정비·수리·개조 등 항공기사용자가 그 운항상의 필요로 행하는 작업을 제외한다)과 항공기·우주비행체를 산업통상자원부령이 정하는 바에 따라 이용하는 응용사업(「항공사업법」에 따른 항공운송사업 및 항공기사용사업은 제외한다)을 말한다고

되어 있고, 항공산업발전 기본계획에서는 실제 업체들의 특화된 형태에 따라 분류한 기준으로 제작부분이 세분화되어 있다.

항공산업발전 기본계획에서의 항공산업 분류

- 완제기 제작사 : 기체, 엔진, 부품을 제작/조립하여 항공기를 제작하는 업체
  (예: Boeing, Airbus, Lockheed Martin, KAI 등)
- 부품 제작사 : 기계 부품, 전자 부품 등을 제작하여 완제기 제작사에 공급
  (예: Raytheon, Thales, Spirit, 아스트, LIG넥스원 등)
- 엔진 제작사 : 엔진을 제작하여 완제기 제작사에 공급, 엔진 MRO 서비스 수행
  (예: GE, Rolls-Royce, P&W, Snecma, 한화에어로스페이스 등)
- MRO(정비)사 : 기체수리 및 정비서비스(Maintenance Repair and Overhaul) 제공
  (예: STaero, Lufthansa Technik, 대한항공, KAEMS, 샤프테크닉스 등)
- 항공기 운항사 : 항공운송서비스 (여객, 화물) 제공
  (예: 대한항공, 아시아나항공, FedEx 등)

우리나라의 산업분류 지표가 되는 한국표준산업분류 상 '항공'이라는 용어가 직접 작성된 항공산업은 크게 '제조업'과 '운수 및 창고업'으로 나눌 수 있고, 한국표준산업분류 10차(통계청 고시 제2017-13호) 기준으로 유인항공기, 항공우주선 및 보조장치 제조업, 무인항공기 및 무인비행장치 제조업, 항공기용 엔진제조업, 항공기용 부품제조업, 항공여객운송업, 항공화물운송업, 공항운영업, 기타 항공 운송지원 서비스업, 항공 및 육상 화물 취급업이 포함되어 있다. 추후 명확한 항공산업 업종과 실태 파악을 위해 항공표준산업 분류상 별도로 '항공산업'을 신설하기 위한 관계기관 협의가 진행 중이다.

한국표준산업 분류(10차)상 항공산업

C. 제조업
  31. 기타 운송장비 제조업
    313. 항공기, 우주선 및 부품 제조업
      3131. 항공기, 우주선 및 보조장치 제조업
      31311. 유인항공기, 항공우주선 및 보조장치 제조업 : 사람에 의해 조종되는 동력 · 비동력항공기, 비행선, 활공기구 및 우주선, 기타 우주비행체, 우주선 운반

용 로켓 등을 제조 · 재제조 및 개조하는 산업활동을 말한다. 여기에는 우주선 발진장치 및 갑판 착륙장치 또는 이와 유사한 장치, 지상 비행훈련 장치를 제조 · 재제조 및 개조하는 활동도 포함한다.

31312. 무인 항공기 및 무인 비행장치 제조업 : 조종사를 태우지 않고, 공기 역학적 힘에 의해 부양하여 자율적으로 또는 원격조종으로 시계 밖 비행이 가능하며, 각종 장비를 장착하여 통신, 정보 중계, 감시, 물품 이송 등에 사용하는 일회용 또는 재사용할 수 있는 동력항공기 및 비행장치를 제조하는 산업활동을 말한다. 스포츠 또는 취미용 비행목적으로만 사용하는 소형 무인 비행장치는 제외한다.

3132. 항공기용 엔진 및 부품 제조업

31321. 항공기용 엔진제조업 : 비행기 또는 우주 비행체용의 모터 및 엔진을 제조 · 개조하는 산업활동을 말한다. 각종 용도의 반동기관, 터보 프로펠러기관을 제조하는 산업활동도 포함한다.

31322. 항공기용 부품제조업 : 항공기 및 우주 비행체의 동체 및 그 부분품, 프로펠러, 회전 날개, 바퀴통 등의 항공기 전용부품, 우주선 및 우주선 운반 로켓의 전용부품 등을 제조하는 산업활동을 말한다.

H. 운수 및 창고업

51. 항공운송업

511. 항공여객운송업

51100. 항공여객운송업 : 항공기 또는 우주선 등에 의하여 국내 · 외 항공여객을 운송하는 산업활동을 말한다.

512. 항공화물 운송업

51200. 항공화물 운송업 : 항공기 또는 우주선 등에 의하여 국내 · 외 항공화물을 운송하는 산업활동을 말한다. 운전자가 딸린 항공기 임대활동도 포함한다.

52. 창고 및 운송관련 서비스업

529. 기타 운송관련 서비스업

5293. 항공운송 지원 서비스업

52931. 공항 운영업 : 비행기가 이 · 착륙하기 위한 시설을 운영하는 산업활동을 말한다.

52939. 기타 항공 운송지원 서비스업 : 기타 항공 운송지원 서비스를 제공하는 산업활동을 말한다.

5294. 화물 취급업

52941. 항공 및 육상 화물 취급업 : 항공 및 육상, 철도 운송장비에 화물을 적재 및 하역하는 산업활동을 말한다.

04 항공운송산업 현황

항공운송산업은 비행 조종 및 운항관리 기술 등 고급 기술을 요하는 산업이자 이용객의 편의를 극대화하는 운송서비스를 추구하여 '서비스업의 꽃'이라고 부를 수 있다. 우리나라의 항공운송산업은 국제적으로도 그 위상을 인정받는 높은 수준이며 대한항공, 아시아나항공 등 세계적인 운송업체를 배출하고 있다.

항공운송산업은 국제, 국내, 소형 또는 정기, 부정기 항공운송산업으로 나눌 수 있으며 이 절에서는 일정 노선을 정해진 스케줄대로 다니는 정기 국내·국제 항공운송사업을 다루고자 한다. 부정기항공운송산업이나 소형항공운송사업 등은 현황 집계가 어렵고, 불규칙하여 참고할 만한 내용만을 수록하였다.

가. 세계 항공운송산업 현황

세계적으로 항공운송산업을 통해 연간 45억 명과 61백만 톤의 수송이 이루어지며, 국제 무역의 약 35%(value 기준)의 재화를 수송한다. 또한 관련 일자리가 87.7백만 개이며, 직간접 유발효과를 고려할 때 4,600조 원(전 세계 GDP의 4.1%)에 이르는 규모[5]이다.

아래에서는 세계 항공운송산업의 현황을 우리나라 항공운송산업의 위상을 위주로 살펴본다.

▼ 2020년 주요 국가별 항공수송 실적[6]

구 분	톤킬로미터				여객킬로미터				화물톤킬로미터			
	국내+국제		국 제		국내+국제		국 제		국내+국제		국 제	
국 가	순위	실적	순위	실적	순위	실적	순위	실적	순위	실적	순위	실적
United States	1	97,187	1	33,787	2	608,724	1	120,069	1	40,793	1	22,548

5 Aviation Benefits Beyond Borders, ATAG, 2020. 9.

6 자료 : ICAO, Annual Report of the Council, 2021

구 분	톤킬로미터				여객킬로미터				화물톤킬로미터			
	국내+국제		국 제		국내+국제		국 제		국내+국제		국 제	
China주	2	76,403	2	16,931	1	629,669	5	43,424	2	19,264	2	12,884
United Arab Emirates	3	23,054	3	23,054	4	111,408	2	111,408	5	12,172	5	12,172
Qatar	4	18,876	4	18,876	13	57,173	6	57,173	3	13,544	3	13,544
Republic of Korea	5	16,536	5	15,700	19	41,115	13	33,059	4	12,457	4	12,427
Russian Federation	6	16,324	14	6,300	3	131,906	16	29,487	11	4,315	12	3,608
Japan	7	14,765	9	9,778	10	66,233	19	22,545	6	7,842	7	7,272
Turkey	8	14,421	6	12,739	8	73,686	7	56,019	8	6,870	8	6,849
Germany	9	10,908	8	10,634	15	53,329	8	50,919	9	5,455	9	5,423
United Kingdom	10	10,856	7	10,652	7	75,331	4	73,016	12	3,675	11	3,674
Netherlands	11	9,524	10	9,401	18	41,585	11	40,492	10	5,305	10	5,292
France	12	9,523	13	6,706	9	69,374	9	44,972	15	2,468	15	2,161
Canada	13	8,669	15	6,058	11	62,757	10	42,996	16	2,306	17	1,681
India	14	8,548	23	2,637	5	85,619	17	23,879	24	875	35	374
Luxembourg	15	7,446	11	7,446	79	1,008	77	1,008	7	7,345	6	7,345
Ireland	16	6,999	12	6,979	6	75,429	3	75,237	45	132	45	132
Brazil	17	6,123	32	1,826	12	58,124	30	11,167	21	1,210	27	754
Singapore	18	5,942	16	5,942	24	30,046	14	30,046	13	3,020	13	3,020
Mexico	19	5,826	26	2,411	16	50,926	22	17,660	29	733	29	644
Saudi Arabia	20	5,768	18	3,852	14	55,836	12	35,782	32	649	30	609
Australia	21	5,362	20	3,091	17	42,170	21	19,535	22	1,201	21	1,112
Ethiopia	22	4,548	17	4,507	30	16,407	26	16,001	14	2,897	14	2,897
Spain	23	4,481	19	3,437	20	39,851	15	29,530	34	494	31	482
Indonesia	24	4,474	42	898	21	37,789	41	6,073	31	675	37	280
Thailand	25	4,055	22	2,781	23	33,518	20	20,895	30	684	28	674
총합계		474,087		293,438		2,990,002		1,349,301		190,220		161,098

주 : 중국 실적에 홍콩, 마카오 운송실적은 제외

앞의 표에서 보는 바와 같이, 우리나라의 항공수송 실적은 인구에 비해[7] 매우 뛰어난 실적을 보이고 있다. 여객은 41,115백만 여객킬로[8]로 세계 수송실적의 1.4%를 차지하며 19위로 다소 낮으나, 화물은 톤킬로 기준 12,457백만 톤킬로로 세계 수송실적의 6.5%를 차지하며 세계 4위라는 높은 순위를 기록하고 있다. 미국은 국내+국제여객을 제외한 국제여객과 화물 모두에서 압도적인 세계 1위로서 ICAO 수송실적 중 약 20%에 수준의 실적을 올리고 있다. 세계 2위는 국내선 규모가 큰 중국이 2위를 기록하고 있다.

▼ 2021년 항공사별 국제선 실적 순위

순위	항공사	RPK
1	American Airlines	219,663
2	Delta Air Lines	194,849
3	United Airlines	178,084
4	Southwest Airlines	166,669
5	China Southern Airlines	110,644
6	China Eastern Airlines	88,545
7	Ryanair	86,138
8	Turkish Airlines	84,957
9	Qatar Airways	72,293
10	Emirates	69,384
11	Air China	67,474
12	JetBlue	66,243
13	Air France	62,347
…	…	…
87	**Korean Air**	8,589
…	…	…
119	**Asiana Airlines**	5,110

▲ 유상여객킬로미터 순위

순위	항공사	CTK
1	Federal Express	20,660
2	Qatar Airways	16,102
3	United Parcel Service	15,530
4	Emirates	11,842
5	**Korean Air**	10,430
6	Turkish Airlines	9,223
7	Cargolux	8,588
8	Atlas Air	8,442
9	Cathay Pacific Airways	8,215
10	China Southern Airlines	8,078
11	China Airlines	7,513
12	Air China	7,016
13	Kalitta Air	6,597
14	AeroLogic	6,245
15	AirBridgeCargo Airlines	5,541
…	…	…
21	**Asiana Airlines**	4,368

▲ 화물톤킬로미터 순위

7 대한민국 인구: 51,628,117명(2022년)으로 세계 29위 (0.6% 비중)

8 톤킬로: 수송한 화물의 중량(t)과 그 수송거리(km)와의 곱. 여객킬로: 여객 수에 수송거리(km)를 곱한 것.

세계 항공사들의 실적 순위를 살펴보자면, 여객실적은 87위, 119위 정도에 그치나 화물실적은 대한항공이 톤킬로 기준 세계 5위 실적을 기록하고 있으며, 아시아나항공은 21위에 있다. 이는 반도체 수출증가, 전자상거래 활성화 등의 영향도 있겠으나, 국적항공사의 글로벌 네트워크 확장 등 효율적인 화물기 운영이 이루어졌기에 가능한 성과일 것이다. 무역 규모가 우리보다 큰 국가의 항공사들에 비하여 높은 실적을 올리고 있음을 봐도 알 수 있는 사실이다.

나. 우리나라 항공운송산업 현황

1) 항공운송사업자 현황

앞서 분류한 바와 같이 항공 운송업은 국제항공운송사업, 국내 항공운송사업, 소형항공운송사업으로 나뉜다. 이 세 가지 유형의 사업자 모두 정기편 운항과 부정기편 운항이 가능하다.

현재 국내 항공운송사업자 및 국제 항공운송사업자로 면허를 받은 업체는 12개사로 국제화물 항공운송사업을 영위하는 에어인천을 제외하고는 모두 국제선과 국내선의 여객과 화물 운송 사업범위의 면허를 취득하였다. 2021년 기준 대한항공, 아시아나, 제주항공, 진에어, 티웨이, 에어부산, 에어서울, 플라이강원, 에어로케이, 에어프레미아, 에어인천 등 11개사의 매출액 합계는 약 14조 원이며, 각 항공사에 고용된 인력은 2022년 10월 기준 3.6만여 명에 달한다. 대한항공과 아시아나항공의 매출액 규모는 2021년 기준 92.9%에 달하는 등 국내 항공운송산업을 이끌고 있으나, 최근에는 저비용항공사[9]의 비중이 점차 커지고 있다. 2010년 저비용항공사의 매출액 비중은 단 3%에 불과했으나, COVID-19 위기가 발생하기 직전 2019년 저비용항공사의 매출액 비중은 전체의 20%를 차지했다.

한편, 소형항공운송사업에 등록한 업체는 총 11개사로, 8개사가 항공기사용사업을 겸업 중이며, 일정한 노선을 정하고 정기적인 운항계획에 따라 항공운송사업을 영위하는 업체는 2개사가 있다. 이 중 코리아익스프레스에어는 수익성 부족으로 휴업 상태이고, 하이에어만 실질적으로 사업을 영위하고 있다. 항공기사용사업자의 소형항공운송사업 겸업 등록은 대부분 VIP 전세운송, 관광비행 등을 목적으로 하고 있다.

다음은 국적 항공사별 현황을 살펴보고자 한다.

---

9 저비용항공사(LCC, Low Cost Carrier)는 일명 '저가항공사'로 불리며, 기내서비스와 인건비 등 운항 비용을 최소화하여 기존 대형항공사에 비하여 저가 전략으로 운영하는 항공사

가) ㈜대한항공[10]

1962년 6월 대한항공공사 설립 후 1969년 3월 국영에서 민영으로 전환된 이래 1988년에 이르기까지 우리나라 항공운송사업은 대한항공을 중심으로 이루어져 왔다. 대한항공은 짧은 기간 동안 장족의 발전을 거듭하여 1979년에는 국제선 수송실적을 기준으로 볼 때 세계 10위권, 1988년 당시 ICAO 145개 회원국 중 국제선 유상톤km 10위, 국제선 여객 15위, 국제선 화물 7위에 도달하는 성과를 이룩하기도 하였다[11]. 대한항공은 2000년에 탄생한 글로벌 얼라이언스 '스카이팀'의 창립 멤버이며, 항공기는 2022년 11월 말 기준 여객기 134대, 화물기 23대로 총 157대를 보유하고 있다.

2020년 11월 17일 대한항공은 아시아나항공의 주식 63.88%를 취득하는 계약을 체결하고 2021년 1월 14일 우리나라 공정거래위원회와 해외 13개국에 기업결합을 신고하였으며, 2022년 11월 말 기준 9개국(우리나라 · 튀르키예 · 대만 · 태국 · 베트남 · 필리핀 · 말레이 · 싱가포르 · 호주)이 기업결합을 승인하고 5개국(미국 · 영국 · EU · 중국 · 일본)이 심사 중이다.

▼ 대한항공 현황

항공사명	• ㈜대한항공
대표자	• 조원태 · 우기홍
주소	• 서울특별시 강서구 하늘길 260(공항동)
설립일	• 1969. 9. 19.
자본금	• 18,467억 원
최초운항일	• 1969. 3. 1.
사업범위	• 국내(여객 · 화물) / 국제(여객 · 화물) 항공운송사업
노선현황 (2019년 12월 말 기준)	• (국내선) 17개 노선 • (국제선) 41개국, 102개 도시, 131개 노선(여객 104개, 화물 37개)

10 항목에 별도 표기가 없는 경우 자료의 기준시점은 2022년 11월 말이며, 노선현황 · 운송실적은 COVID-19 팬데믹 발생 전인 2019년도 기준임

11 한국항공협회 항공역사 참조

12 출처 : 한국항공협회

13 출처 : 한국항공협회

항공기 보유	• 총 157대(여객기 134대, 화물기 23대) • B787-9 10대, B777-200ER/300/300ER 39대, B737-800/900/900ER/8 23대, B777F 12대, B747-400/8i/8F 22대, A380-800 10대, A330-200/300 30대, A321neo 1대, A220-300 10대
인원[12]	• 18,862명
운송실적[13] (2019년)	• (국내선) 운항 52,991편, 여객 7,556,336명, 탑승률 82%, 점유율 82% • (국제선) 운항 107,683편, 여객 20,053,621명, 탑승률 81%, 점유율 22%, 화물 1,501,645톤

나) 아시아나항공㈜

아시아나항공은 1988년 2월 17일 설립되어 2019년 말 기준 국내 여객 10개 도시 · 11개 노선, 국제여객 21개 국가 · 65개 도시 · 74개 노선, 국제화물 11개 국가 · 29개 도시 · 28개 노선을 정기적으로 운항하였다. All Nippon Airways(ANA), Air China, Singapore Airlines, United Airlines, Thai Airways, Air New Zealand 등 30개 항공사와 국제선 여객 Codeshare[14]를 운영 중이며, 세계 최대 항공사 동맹체인 'Star Alliance'를 통해 전 세계 195개국 1,300여 개 공항을 연결하는 글로벌 네트워크를 구축하고 있다.[15] 항공기는 2022년 11월 말 기준 여객기 65대, 화물기 11대로 총 76대를 보유하고 있다.

▼ 아시아나항공 현황

항공사명	• 아시아나항공㈜
대표자	• 정성권
주소	• 서울특별시 강서구 오쇠동 47번지 아시아나타운
설립일	• 1988. 2. 17.
자본금	• 3,721억 원
최초운항일	• 1988. 12. 23.
사업범위	• 국내(여객 · 화물) / 국제(여객 · 화물) 항공운송사업

14 공동운항 협약(Codeshare Agreement): 다른 항공사가 운항하는 항공편을 자사가 운항하는 항공편처럼 편명을 부여하여 항공권을 구성 · 판매할 수 있게 하는 항공사 간 계약

15 아시아나항공 2019년 사업보고서 참조

노선현황 (2019년 12월 말 기준)	• (국내선) 여객 10개 도시 · 11개 노선 • (국제선) 여객 21개 국가 · 65개 도시 · 74개 노선, 화물 11개 국가 · 29개 도시 · 28개 노선
항공기 보유	• 총 76대(여객기 65대, 화물기 11대) • A380-800 6대, B747-400/400F/400SF 9대, A350-900 13대, B777-200ER 9대, A330-300 15대, B767-300/300F 2대, A321-neo/200 20대, A320-200 1대, B767-300F 1대
인원	• 8,369명
운송실적 (2019년)	• (국내선) 운항 34,044편, 여객 6,356,570명, 탑승률 88%, 점유율 19% • (국제선) 운항 71,368편, 여객 13,797,620명, 탑승률 83%, 점유율 15%, 화물 851,420톤

다) ㈜제주항공

전 세계적으로 항공자유화 정책에 따른 국가 간 규제가 완화되면서 국내 항공운송산업도 2000년대 중반 이후 규제 완화를 통해 제주항공을 비롯한 다수의 신규 LCC(Low Cost Carrier, 저비용항공사)가 시장에 진입하였다. 제주항공은 2005년 1월 25일 애경그룹과 제주도가 각각 75%와 25%를 출자해 민관합작법인으로 설립된 저비용항공사이다. 2019년 국내선 6개 노선에서 총 27,491편 · 탑승객 487만여 명을 운송하여 국내선 점유율 15%이고, 국제선에서는 13개국 · 38개 도시 · 68개 노선에서 총54,364편 · 탑승객 860만여 명을 운송하여 국제선 점유율 9%를 기록하였다. 항공기는 2022년 11월 말 현재 여객기 37대, 화물기 1대로 총 38대를 보유하고 있다.

▼ **제주항공 현황**

항공사명	• ㈜제주항공
대표자	• 김이배
주소	• 제주특별자치도 제주시 신대로 64, 3층(연동, 건설공제회관)
설립일	• 2005. 1. 25.
자본금	• 770억 원
최초운항일	• 2006. 6. 5.
사업범위	• 국내(여객 · 화물) / 국제(여객 · 화물) 항공운송사업

노선현황 (2019년 12월 말 기준)	• (국내선) 6개 노선 • (국제선) 13개국, 38개 도시, 68개 노선(여객 68개)
항공기 보유	• 총 38대(B737-800 여객기 37대, 화물기 1대)
인원	• 2,749명
운송실적 (2019년)	• (국내선) 운항 27,418편, 여객 4,872,806명, 탑승률 94%, 점유율 15% • (국제선) 운항 52,825편, 여객 8,365,020명, 탑승률 84%, 점유율 9%

라) ㈜진에어

진에어는 대한항공이 100% 출자한 자회사로서 2008년 1월 25일 설립된 저비용 항공사이다. 2019년 말 현재 국내선 4개 노선에서 총18,559편, 탑승객 358만여 명을 운송하여 국내선 점유율 11%, 국제선에서는 30개 노선에서 총 54,364편·탑승객 508만여 명을 운송하여 국제선 점유율 6%를 기록하였다. 항공기는 2022년 11월 말 현재 여객기 26대를 보유하고 있다.

▼ 진에어 현황

항공사명	• ㈜진에어
대표자	• 박병률
주소	• 서울특별시 강서구 공항대로 453, 3층(등촌동, 대한항공교육훈련센터)
설립일	• 2008. 1. 23.
자본금	• 522억 원
최초운항일	• 2008. 7. 17.
사업범위	• 국내(여객 · 화물) / 국제(여객 · 화물) 항공운송사업
노선현황 (2019년 12월 말 기준)	• (국내선) 4개 노선 • (국제선) 11개국, 22개 도시, 30개 노선(여객 30개)
항공기 보유	• 총 26대(B737-800)
인원	• 1,761명
운송실적 (2019년)	• (국내선) 운항 18,559편, 여객 3,576,118명, 탑승률 92%, 점유율 11% • (국제선) 운항 27,911편, 여객 5,084,178명, 탑승률 83%, 점유율 6%

마) 에어부산㈜

에어부산은 아시아나항공이 대주주로 참여하여 2007년 8월 31일 부산을 기반으로 설립한 저비용항공사이다. 2019년 말 기준 국내선 6개, 국제선 28개 노선을 운영하여 2019년 연간 국내선 총 27,233편·여객 434만여 명, 국제선 총 22,441편·여객 349만여 명의 운송실적을 기록하였다. 항공기는 2022년 11월 말 기준 여객기 22대를 보유하고 있다.

▼ 에어부산 현황

항공사명	• 에어부산㈜
대표자	• 안병석
주소	• 부산광역시 강서구 유통단지1로57번가길 6(대저2동)
설립일	• 2007. 8. 31.
자본금	• 646억 원
최초운항일	• 2008. 10. 27.
사업범위	• 국내(여객 · 화물) / 국제(여객 · 화물) 항공운송사업
노선현황 (2019년 12월 말 기준)	• (국내선) 6개 노선 • (국제선) 13개국, 26개 도시, 28개 노선
항공기 보유	• 총 22대(A321-200/200 NEO)
인원	• 1,168명
운송실적 (2019년)	• (국내선) 운항 27,265편, 여객 4,341,884명, 탑승률 84%, 점유율 13% • (국제선) 운항 22,357편, 여객 3,454,673명, 탑승률 79%, 점유율 4%

바) 이스타항공㈜

수도권과 중부권 지역을 중심으로 하는 2007년 10월 23일 설립된 저비용항공사로서 2008년 10월 정기항공운송사업면허를 취득하여 2009년 1월에 '김포 - 제주' 국내선 정기편을 취항했고, 2010년 4월 '부산 - 오사카' 국제선에 취항했다. 2021년 1월 법원에 회생절차 개시 신청 후 2021년 11월 법원의 회생계획안 인가를 받아 ㈜성정이 인수하였다.

▼ 이스타항공 현황

항공사명	• 이스타항공㈜
대표자	• 김문권
주소	• 전라북도 군산시 옥서면 산동길 2, 군산공항터미널 1층
설립일	• 2007. 10. 23.
자본금	• 1,137억 원
최초운항일	• 2009. 1. 7.
사업범위	• 국내(여객 · 화물) / 국제(여객 · 화물) 항공운송사업
노선현황 (2019년 12월 말 기준)	• (국내선) 4개 노선 • (국제선) 9개국, 22개 도시, 29개 노선(여객 29개)
항공기 보유	• 총 3대(B737-800)
인원	• 511명
운송실적 (2019년)	• (국내선) 운항 17,209편, 여객 3,134,295명, 탑승률 93%, 점유율 10% • (국제선) 운항 20,433편, 여객 3,015,609명, 탑승률 78%, 점유율 33%

사) ㈜티웨이항공

티웨이항공은 2003년 국내 최초의 저비용항공사인 충청항공을 모태로 하고 한성항공을 거쳐 2010년 현재의 티웨이항공으로 출범하였다. 2010년 9월 '김포-제주' 국내선 정기편을 취항을 시작으로, 2011년 10월 '인천-방콕' 국제선 정기편을 취항한 이래 지속적으로 규모를 확장[16]해왔으며, 2022년 11월 말 기준 항공기 29대를 보유하고 있다.

▼ 티웨이항공 현황

항공사명	• ㈜티웨이항공
대표자	• 정홍근
주소	• 서울특별시 강서구 하늘길 210, 김포국제공항 화물 터미널 3층(공항동)
설립일	• 2003. 5. 19.
자본금	• 961억 원

16 출처 : 티웨이항공 사업보고서

최초운항일	• 2010. 9. 16.
사업범위	• 국내(여객 · 화물) / 국제(여객 · 화물) 항공운송사업
노선현황 (2019년 12월 말 기준)	• (국내선) 3개 노선 • (국제선) 10개국, 27개 도시, 44개 노선(여객 44개)
항공기 보유	• 총 29대(B737-800 26대, A330-300 3대)
인원	• 1,935명
운송실적 (2019년)	• (국내선) 운항 17,229편, 여객 3,030,457명, 탑승률 93%, 점유율 9% • (국제선) 운항 32,253편, 여객 4,907,189명, 탑승률 81%, 점유율 33%

아) 에어인천㈜

에어인천은 2012년 1월 18일에 설립된 국제화물전용 항공사로서 2013년 3월부터 상업운항을 개시하여 중·단거리 틈새시장을 타깃으로 중국, 일본, 몽골 노선을 운항하고 있다. 항공기는 B737-800 4대를 보유하고 있다.

▼ **에어인천 현황**

항공사명	• 에어인천㈜
대표자	• 박용광
주소	• 인천광역시 중구 영종대로 124, 6층 601호(운서동)
설립일	• 2012. 1. 18.
자본금	• 72억 원 원
최초운항일	• 2013. 3. 5.
사업범위	• 국제(화물) 항공운송사업
노선현황 (2019년 12월 말 기준)	• (국제선) 2개국, 4개 도시, 4개 노선
항공기 보유	• 총 4대(B737-800 화물기)
인원	• 157명
운송실적 (2019년)	• (국제선) 운항 1,268편, 화물 17,761톤

자) 에어서울㈜

에어서울은 수도권발 중·단거리 수요 노선을 운영하기 위해 아시아나항공이 100% 출자하여 2015년 4월 7일에 설립한 저비용항공사이다. 2019년 말 국내선 1개, 국제선 13개 노선을 운영하여 2019년 연간 국내선 총 460편·여객 9만여 명, 국제선 총 10,652편·여객 181만여 명을 운송하였다. 2019년 국제선 탑승률은 87%를 기록하여 국적 항공사 중 탑승률 1위를 달성하였다. 항공기는 2022년 11월 말 기준 A321-200 6대를 보유하고 있다.

▼ 에어서울 현황

항공사명	• 에어서울㈜
대표자	• 조진만
주소	• 인천광역시 중구 공항로 272, 2층 2090호(운서동, 인천국제공항여객터미널)
설립일	• 2015. 4. 7.
자본금	• 175억 원
최초운항일	• 2016. 7. 11.
사업범위	• 국내(여객·화물) / 국제(여객·화물) 항공운송사업
노선현황 (2019년 12월 말 기준)	• (국내선) 1개 노선 • (국제선) 8개국, 13개 도시, 13개 노선
항공기 보유	• 총 6대(A321-200)
인원	• 394명
운송실적 (2019년)	• (국내선) 운항 460편, 여객 90,750명, 탑승률 90%, 점유율 0.3% • (국제선) 운항 10,652편, 여객 1,812,418명, 탑승률 87%, 점유율 2%

차) 플라이강원㈜

플라이강원은 중국, 일본, 동남아를 강원도 양양으로 연결하여 양양국제공항을 활성화하고 강원도의 특화된 관광자원을 활용하여 관광 서비스를 제공하겠다는 사업전략을 내세우고 있다. 2019년 3월에 국내·국제 항공운송사업 면허를 취득한 신생 항공사 3곳(플라이강원, 에어프레미아, 에어로케이) 중 가장 먼저 운항을 시작하였다.

▼ 플라이강원 현황

항공사명	• 플라이강원㈜
대표자	• 주원석
주소	• 강원도 양양군 양양읍 조산리 388
설립일	• 2016. 4. 12.
자본금	• 158억 원
최초운항일	• 2019. 11. 22.
사업범위	• 국내(여객 · 화물) / 국제(여객 · 화물) 항공운송사업
노선현황 (2022년 11월 말 기준)	• (국내선) 4개 노선 • (국제선) 2개국, 2개 도시, 2개 노선(여객 2개)
항공기 보유	• 총 4대(B737-800 3대, A330-200 1대)
인원	• 331명
운송실적 (2021년)	• (국내선) 운항 1,299편, 여객 135,731명, 탑승률 56%, 점유율 0.4% • (국제선) 미운항

카) 에어프레미아㈜

에어프레미아는 인천공항을 기반으로 동남아 · 미국 · 캐나다 등 중 · 장거리 비행에 국내 최초로 FSC 비즈니스보다 저렴하고 이코노미보다 넓은 좌석(42~43인치)인 프리미엄 이코노미를 도입하겠다는 사업전략으로 2021년 8월 최초 취항한 이래 2022년 10월 LA 정기노선 취항을 시작하였다. 항공기는 중 · 장거리 운항이 가능한 B787-9 3대를 보유하고 있다.

▼ 에어프레미아 현황

항공사명	• 에어프레미아㈜
대표자	• 유명섭
주소	• 서울특별시 강서구 공항대로 248, 4층(마곡동)
설립일	• 2017. 7. 27.
자본금	• 1,468억 원
최초운항일	• 2021. 8. 11.
사업범위	• 국내(여객 · 화물) / 국제(여객 · 화물) 항공운송사업

노선현황 (2022년 11월 말 기준)	• (국내선) 미운항 • (국제선) 1개국, 1개 도시, 1개 노선(여객 1개)
항공기 보유	• 총 3대(B787-9)
인원	• 361명
운송실적 (2019년)	• (국내선) 운항 326편, 여객 81,091명, 탑승률 81%, 점유율 0.2% • (국제선) 운항 5편, 여객 366명, 탑승률 59%, 점유율 0.01%

타) 에어로케이항공㈜

에어로케이항공은 청주국제공항을 기점으로 하는 항공사로서 Ultra LCC(기내식 · 수하물에 비용청구 대신 초저가 운임 등)를 표방하며, 가격 경쟁력 등을 기반으로 경기남부 · 충청권의 중국 · 일본 · 동남아 아웃바운드 수요를 흡수하겠다는 사업전략으로 2021년 4월 최초 운항을 시작하였다. 항공기는 A320-200 1대를 보유하고 있다.

▼ 에어로케이항공 현황

항공사명	• ㈜에어로케이항공
대표자	• 강병호
주소	• 충청북도 청주시 흥덕구 오송읍 오송생명3로 154
설립일	• 2016. 5. 18.
자본금	• 485억 원
최초운항일	• 2021. 4. 15.
사업범위	• 국내(여객 · 화물) / 국제(여객 · 화물) 항공운송사업
노선현황 (2022년 11월 말 기준)	• (국내선) 1개 노선 • (국제선) 미운항
항공기 보유	• 총 1대(A320-200)
인원	• 159명
운송실적 (2019년)	• (국내선) 운항 1,417편, 여객 134,746명, 탑승률 53%, 점유율 0.4% • (국제선) 미운항

한편, 일정한 노선을 정하고 정기적인 운항계획에 따라 운항하고 있는 소형항공운송사업자인 하이에어는 ATR 72(50석) 3대를 보유하고 있으며, 2019년 12월 최초 취항한 이래 2020년도 3,037편 · 여객 84,205명, 2021년도 4,527편 · 여객 180,915명, 2022년도

는 11월 말까지 4,974편 · 여객 222,979명의 운송실적을 기록하여 여객 수가 크게 증가하고 있다.

2) 우리나라 항공수송실적 현황

▼ 우리나라 항공수송실적 요약

구분		연도별	2017년	2018년	2019년	2020년	2021년
국내선	여객	실적(천 명)	32,406	31,601	32,981	25,164	33,147
		전년 대비(%)	4.8	−2.5	4.4	−23.7	31.7
		5년 평균증가율	9.7	6.4	4.2	−5.0%	0.6%
		10년 평균증가율	7.4	6.4	5.6	2.0%	4.9%
	화물	실적(천 톤)	290	273	259	182	205
		전년 대비(%)	−0.9	−5.8	−5.3	−29.7	12.5
		5년 평균증가율	3.5	−0.9	−2.6	−11.2%	−8.4%
		10년 평균증가율	1.5	0.2	−0.1	−4.7%	−2.8%
	운항	실적(천 편)	197	194	195	172	213
		전년 대비(%)	2.9	−1.1	0.5	−11.8	23.4
		5년 평균증가율	5.0	3.4	1.7	−2.5%	2.0%
		10년 평균증가율	3.9	3.1	3.2	1.4%	3.5%
국제선	여객	실적(천 명)	76,956	85,925	90,386	14,240	3,209
		전년 대비(%)	5.4	11.7	5.2	−84.2	−77.5
		5년 평균증가율	10.8	10.9	10.1	−33.5%	−54.8%
		10년 평균증가율	9.0	11.0	9.5	−11.5%	−25.9%
	화물	실적(천 톤)	4,032	4,169	4,016	3,071	3,420
		전년 대비(%)	6.6	3.4	−3.7	−23.5	11.4
		5년 평균증가율	5.6	5.1	3.4	−5.1%	−4.0%
		10년 평균증가율	3.3	4.2	2.1	−0.6%	0.7%
	운항	실적(천 편)	457	497	528	167	131
		전년 대비(%)	4.2	8.7	6.3	−68.3	−21.4
		5년 평균증가율	7.8	7.9	8.0	−21.4%	−26.8%
		10년 평균증가율	6.9	8.8	8.3	−5.6%	−9.2%

주 : 여객은 유임, 화물은 순화물+우편+수하물, 국내선 출발, 국제선 출도착, T/S 포함 기준

우리나라는 지속적인 경제발전과 국민소득 증가 및 국제교류의 확대 등에 따라 항공수송량이 크게 증가해왔다. 1970년도만 하더라도 우리나라의 항공수송실적은 국내선 여객 91만 7천 명, 국제선 여객 39만 8천 명, 국내선 화물 5천톤, 국제선 화물 2만 6천 톤 수준에 불과하였다. 그러나 그 후 51년이 지난 2021년에는 국내선 여객 3,315만 명, 국제선 여객 321만 명, 국내선 화물 20만 톤, 국제선 화물 342만 톤 수준에 이르고 있다.

항공산업은 석유파동, 항공요금의 변동, 노선의 증감, 경기변동, 해외여행 자유화, 테러 및 전쟁, 전염병, 대체교통수단, 항공사 증대 등 여러 가지 대내외 사건의 영향을 받아왔다.

1970년대 초 꾸준히 성장하던 항공산업은 두 차례의 석유파동이 있었으나 1980년 이후 경제성장과 함께 1997년까지 17년간 지속적으로 성장하였다. 특히 1988년 '복수민항체제'와 1989년 '전 국민 해외여행 전면자유화 조치'로 인하여 1989년에는 국제선 여객 및 화물이 약 40%에 달하는 매우 높은 성장률을 보였다.

그러나 이러한 증가추이는 1997년 외환위기의 영향으로 1998년에는 국내선 및 국제선 여객과 화물 수송실적이 모두 크게 감소하였고 국내선 여객의 경우 2000년 이후로도 국내 도로 확충과 2004년 4월 고속철도 개통 등으로 인하여 상당부분 감소 추이를 보이다가 저비용항공사의 공급 확대, 공항접근개선 및 외국 관광객 국내선 이용증가 등의 영향으로 2019년까지 실적이 개선되었다. 그러나 COVID-19의 확산으로 인한 사회적 거리두기 등으로 인해 2020년 국내선 여객 수요가 전년 대비 23.7% 감소하였다. 2021년에는 COVID-19로 인해 해외여행을 기피하여 국내 여행 특히 제주도 여행 수요가 증가하면서 이전 최고치였던 2019년 3,298만 명을 넘어선 3,315만 명을 달성하였다.

국제선 여객의 경우 2001년 미국항공기 테러사건, 2003년 이라크전쟁과 SARS(중증급성호흡기증후군, Severe Acute Respiratory Syndrome) 등의 영향에도 불구하고 1997년 경제위기 이후 2007년까지 연평균 11.3%의 높은 성장속도를 보여왔다.

2008년 세계 금융위기의 영향으로 2008년과 2009년 실적이 감소하였으나 2010년 큰 폭으로 회복하였다.

2010년 이후는 2010년 유럽재정위기, 2011년 동일본대지진, 2015년 MERS 여파, 2017년 중국의 THAAD 제재조치 및 북핵 문제에도 불구하고, 항공자유화, 저비용항공사의 운항 및 노선 확대에 따른 성장, 한류로 인한 외국인 관광객 증가에 힘입어 2019년까지 뚜렷한 성장세를 보였다. 하지만 전 세계적으로 COVID-19가 대유행함에 따라 각국의 방역 정책과 입국규제로 인해 2020년과 2021년에는 각각 84.2%, 77.5%로 급감하였다.

2012년부터 2021년까지의 약 10년간 연평균 증가율은 국내선 여객은 4.9%, 국내선 화물은 −2.8%, 국제선 여객은 −25.9%, 국제선 화물은 0.7%로 나타났다.

2021년 기준으로 전년대비 증감률은 국내선 여객이 31.7%, 국제선 여객이 −77.5%, 국내선 화물이 12.5%, 국제선 화물이 11.4%로 나타났다.

▼ 항공운송실적 추이-여객

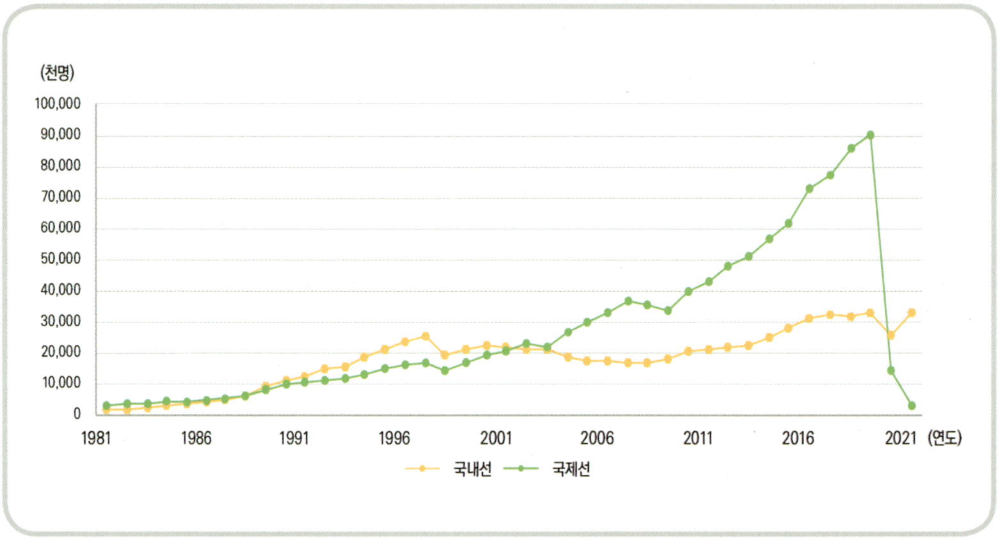

▼ 항공운송실적 추이-화물

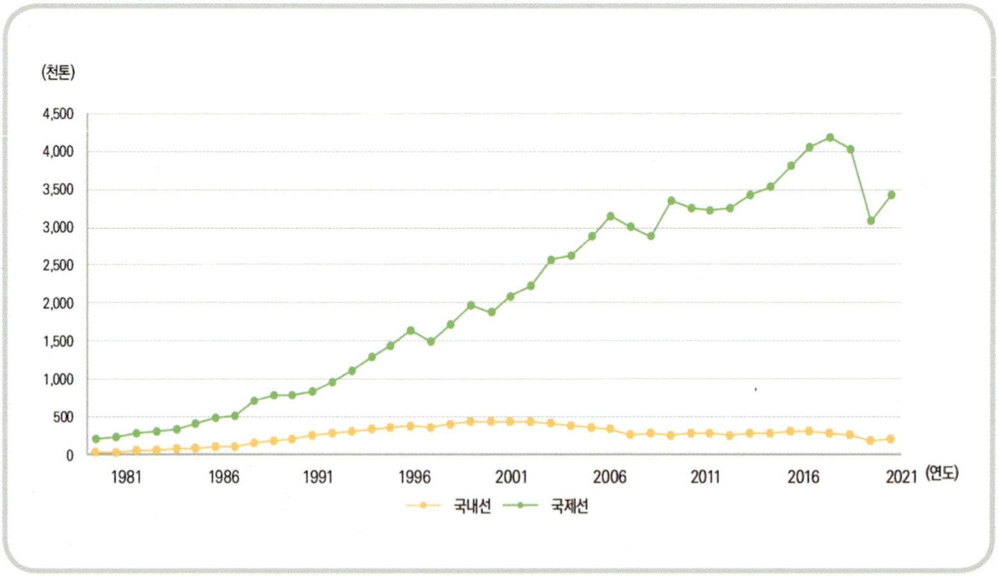

05 항공기 제작산업 현황

가. 우리나라 항공기 제작산업의 발전 과정

우리나라의 항공기 산업부문은 1970년대 중반 군용기 창정비를 중심으로 발전하여 1980년대 초반에는 500MD 헬기를 조립생산하고 제공호(F-5)를 면허 생산하였다. 1980년대 중후반에는 생산 공백기를 거쳤으나, 1990년대 들어서면서 F-16 전투기와 UH-60 헬기의 완제기 면허생산을 재개하는 등 완제기 면허생산을 수행하였다. 항공기 부문에 있어 실질적인 기술개발 활동이라 할 수 있는 항공기 설계개발은 1980년대 후반, 1990년대 초반에 들어서야 군수부문의 KTX-1, 군단급 정찰용무인기 등 중·저급 항공기를 중심으로 착수되었다. 실질적인 항공기 제작기술은 1997년 시작된 T-50 개발사업을 통해 이루어졌다. 군수용 완제기는 1990년대 후반 기본훈련기 KTX-1의 독자개발에 성공하였고 1999년 KTX-1을 근간으로 KT-1 양산사업을 착수하였다.

KTX-1은 1990년대 후반의 기본 훈련기 및 저속통제기의 공군 소요 충족과 국내 항공기 독자 설계능력의 기반을 구축하기 위하여 국내 최초로 독자 개발된 기본훈련기다. 설계에서 부품제작, 최종조립 등 전 과정이 국내에서 수행되었으며 대우중공업(현 한국항공우주산업, KAI)을 주계약업체로 하여 1999년부터 KT-1의 양산사업에 착수하였다. 한국항공우주산업은 2000년 11월부터 한국공군에 인도를 시작하였으며 2004년에 94대의 납품을 완료하였다. 2001년에는 KT-1에 무기를 장착한 KO-1 전술저속통제기의 개발에 착수하여 2005년 8월에 초도기가 납품되었으며 2008년까지 20대가 납품되었다. 2009년에는 수출용 KT-1C의 개발을 완료하였다. 수출성과로는 2001년에 인도네시아 공군에 7대 수출을 시작으로 2007년에는 추가 5대를 수출하였으며, 몇 달 뒤 2007년에는 튀르키예 공군에 55대, 약 5억 달러 규모를 수출하는 쾌거를 이루었다. 현재까지 KT-1 계열 항공기는 튀르키예를 비롯하여 인도네시아, 페루, 세네갈에 총 84대, 약 7억 달러 규모를 수출하였다.

KTX-1에 이어 공군의 고등비행훈련과 경공격 임무를 수행할 수 있는 초음속 고등 훈련기 T-50 Golden Eagle을 1992년 국방과학연구소 주관으로 탐색개발에 착수하고, 2001년 10월 시제1호기를 생산하였으며, 2002년 8월에 초도비행을 하였다.

KAI는 2003년 8월부터 양산을 개시하였으며, 2022년 기준 150여 대의 T-50 계열 항공기가 대한민국 공군에서 운영 중이다. 또한, 인도네시아, 이라크, 필리핀 등 해외 5개국에 총 120여 대, 약 61억 달러 규모를 수출하였으며, 최근 러시아-우크라이나 전쟁으로 인한 동유럽 안보 위기를 기회로 폴란드에 약 50여 대의 T-50 항공기의 수출계약을 체결하였다.

훈련기에 이어 초음속 전투기 KF-21 보라매를 2009년부터 2012년까지 약 550억 원 규모의 예산을 투입하여 탐색개발을 완료하였다. 본격적인 항공기 개발은 2015년부터 착수하여 2021년 4월 9일 시제기가 생산되어, 2022년 7월 19일 초도비행을 수행, 현재 비행시험을 진행하고 있다.

▲ KF-21 보라매

헬기 부문은 1980년대 대한항공이 휴즈사와 제작을 위한 계약(면허생산)을 통해 MD500 경공격 헬리콥터를 조립하기 시작하여 300대 이상 생산하였다. 대한항공은 1991년부터 시콜스키 UH-60P의 면허생산을 시작하여 1차 생산분 81대, 2차 생산분 57대를 생산하였다. 이후 1996년 10월 통산 100대를 한국육군에 납품했으며, 최종 비행기의 납품은 1999년에 이루어졌다. 2005년에는 KUH(Korean Utility Helicopter) 사업이 착수되어 KAI, 국방과학연구원, 한국항공우주연구원의 주관하에 체계개발 및 구성품 국산화 사업이 시작되었다. 같은 해 12월 개발파트너로 Eurocopter사를 선정, 2009년 7월 수리온으로 명명된 KUH의 시제1호기를 생산하였고 2012년부터 약 5조

원 규모로 대한민국 육군에 245대, 해병대에 약 30대를 순차적으로 납품하고 있다. 또한 경찰청, 산림청, 지자체 소방본부 등에서 수리온 헬리콥터를 개조하여 2022년 10월 기준 총 18대를 운용하고 있다.

▲ KUH 수리온

국산 무인기 개발은 1990년대부터 시작되었다. 국방과학연구소와 대우중공업(현 한국항공)이 군 용도의 저고도 단기 체공 전술 무인기를 1999년 개발하였다. 이후 RQ-101(군단급 무인기)이 개발되어 2001년부터 배치되었다. 또한 대한항공에서 2010년대에 개발한 KUS-FT(사단 정찰용 무인기)는 군 형식인증을 획득한 최초의 무인항공기로 약 30여 대를 군에 납품하였으며, 현재 중고도 장기체공(MALE, Medium Altitude Long Endurance) 무인기를 개발하고 있다. 우리나라의 항공산업 발전과정에서 군용기 부문을 제외하고는 논할 수 없을 만큼 그 영향이 지대하며, 우리나라의 항공 제작산업에 있어 최근까지 양산으로 연결된 모든 사업은 군수 사업이었다.

민간 소형 항공기 개발은 1980년대 중반 이후부터 시작되었다. 1988년부터 대한항공, 삼미특수강, 한국화이바로 구성된 항공우주연구조합이 과학기술정보통신부의 예산지원을 받아 5인승 항공기인 창공-91 개발을 시작하여, 1993년 8월 국산 민간 항공기 최초로 교통부(現 국토교통부)의 형식증명을 취득하였다. 하지만 당시 인증과정이 KC-100 형식증명 과정과 같이 미국과 동등수준의 인증 절차를 밟지는 못했다. 2인승 항공기인 까치호는 항공우주연구소와 동인산업이 공동으로 개발한 실험 및 연구개발용 항공기로 1993년 시범 비행을 수행하였다.

▲ 창공-91

▲ 까치호

1997년에는 8인승 쌍발 복합재료 항공기인 트윈비를 독자 개발해냈으며, 2001년에는 혁신적인 형상을 갖는 4인승 선미익 항공기인 반디호를 독자 개발하여 시험비행에 성공하였다. 쌍발 복합재료 항공기는 항공우주연구소와 삼성항공 및 한국화이바가 공동으로 개발한 항공기로 1997년 3월 시범비행에 성공하였으며, 순수 국내기술로 첨단의 복합재료를 적용해서 설계·개발했다는 점에서 의의가 크다. 또한, 동 항공기의 개발은 우리나라의 항공기 설계기술, 복합재료 항공 구조물 설계기술, 성형기술 등 수준이 한 단계 도약하는 계기를 제공하였다. 선미익 항공기인 반디호는 한국항공우주연구소가 자체 개발한 4인승 소형항공기로 2001년 7월 시범비행에 성공하였다. 2004년에는 미국인 탐험 조종사 거스 맥러드가 반디호를 타고 세계 최초로 단발항공기 남·북극 왕복 비행에 도전하기도 했다. 반디호는 연구개발 및 실험용 항공기로서 완제기를 해외에 수출할 수 없었기 때문에, 2006년 한국항공우주연구소와 신영중공업이 함께 수출산업화를 위한 조립키트(Kit Plane)를 개발하였으며, 미국의 항공기 제작·조립업체인 프록시 에비에이션사가 반디호를 개조하여 미 해군에 납품할 목적으로 반디호 5대를 구매하였다.

▲ 트윈비

▲ 반디호

전 세계적으로 중대형급 민수 완제기 제작 분야는 기술 진입 장벽이 매우 높아 미국, 유럽 등 항공 선진국이 대부분의 시장을 점유하고 있다. 우리나라도 1990년대부터 90인승 이상 중형항공기 국산화 개발에 도전했다. 1994~1996년, 2009~2013년 2차례 국제공동개발사업을 통해 중대형급 민수 완제기 개발을 추진했으나, 해외 파트너와의 공동개발 중단 등 산업적·정책적 여건 조성에 어려움으로 무산되었다.

우리나라의 민간항공교통정책을 수립하고 민간항공 제품에 대한 인증 기술기준을 수립 및 고시하며, 항공사고 예방과 항공 안전 기술을 연구개발 및 추진하고 항공 제품의 안전성 인증을 수행하는 기관은 국토교통부(항공정책실)이다.

국토교통부는 국가 민간항공기 완제기급의 제작·인증 인프라 개발을 통한 국산 항공제품의 수출기반을 구축하기 위하여, 국내 최초로 민간항공기의 인증용 시제기인 4인승 소형항공기(KC-100)를 2008년부터 항공 선진화 R&D 사업의 일환으로 개발하기 시작하였다. 2013년 3월과 12월에 국내 형식증명 및 제작증명을 각각 발행하였으며, 이는 미국과 동등한 수준의 인증절차를 이용한 첫 사례이다. 이 사례를 통해 미국과 2008년 2월 체결된 항공기 부품 수준의 상호항공안전협정(BASA[17]: Bilateral Aviation Safety Agreement)을 2014년 10월 소형항공기 급으로 격상시켰다.

▲ 한국항공우주산업㈜ KC-100 항공기 및 파생형 KT-100(군용훈련기)

17 상호항공안전협정(BASA : Bilateral Aviation Safety Agreement)이란 민간항공 제품의 수출입에서 상호 안전성 인증을 용이하게 하기 위한 정부 간 항공안전에 관한 협정이다. 미국은 1996년 이후 기존 BAA 체제를 BASA로 전환하여 항공기 인증 외에 정비 운항 환경 등 항공 전 분야의 인증을 포함하는 체제로 진행하고 있다. 우리나라는 2008년 2월 19일 TSO급 BASA가 체결된 바 있다.

▲ 2014년 항공안전협정(BASA) 확대 체결식

경량항공기의 국산화 개발은 2010년부터 시작되었다. 베셀에어로스페이스사가 2인승 민간 경량항공기 KLA-100을 2010년부터 개발하여 국산품 최초로 2017년 12월에 경량항공기 안전성 인증을 획득하였다.

▲ 베셀에어로스페이스의 KLA-100 항공기

무인비행선 부문에서는 한국항공우주연구원이 1993년 지상관측용 무인 비행선을 개발하여 1993년 대전 엑스포 기간 중 운용하였으며, 2003년에는 길이 50m의 초대형 무인 비행선의 성층권 시험비행에 성공하였다. 무인항공기의 경우 1980년대 RPV(Remote Piloted Vehicle)라 불리는 한국항공우주연구원의 수직 이착륙 스마트무인기가 2012년 개발 완료되었으며, 이후 '드론'이라는 별칭으로 통용되며 건설 · 교통 분야, 에너지 분야, 농 · 임업 분야, 방송 · 촬영 분야, 치안 및 방재 분야, 통신 분야, 보험 분야, 배송 분야로까지 그 영역을 확장하고 있다. 이러한 무인기 부문은 IT 기술에 강점이 있는 우리나라가 특화 기술을 통해 국제 경쟁력을 확보할 수 있는 분야로 지목되며 이를 적극적으로 활용하여 최근 도심항공교통(Urban Air Mobility) 실증으로까지 이어지고 있다.

▲ 무인비행선(2003)

▲ 무인기 수직 이착륙(2012)

항공 보기류 및 소재 분야도 국산화하고 있다. 대한항공은 회전익 항공기에 대한 항공탑재 전자장비인 탐색구조장치, 위성항법장치(GPS), 신형통신장비, 전자전 장비 등의 성능개량 장착개발을 수행한 바 있으며, 현대위아는 항공기 착륙장치를 개발하였다. 그 외 한화에어로스페이스, LIG넥스원, 퍼스텍, ANH 스트럭쳐 등 다수의 기업들이 유압작동기, 항공전자부품, 제너레이터 등 보기류 및 일부 정비용 부품 국산화에 참여하고 있다. 또한 한국화이바, 한국 카본, 효성, 코오롱, 국도화학 등이 복합재료 국산화에 참여하고 있다.

항공당국은 민간항공에 사용되는 부품에 대한 최소한의 성능 표준을 정하고 있으며, 이를 기술표준품 표준서(TSO, Technical Standard Order)라고 한다. 감항당국은 부품 제작자가 기술표준품 표준서에 따라 부품을 설계 및 제작하였을 경우 기술표준품 형식승인서(TSOA, Technical Standard Order Authorization)를 교부한다.

2007년 금호타이어 항공기용 타이어의 기술표준품 형식승인 획득을 시작으로 2012년 퍼스텍(대기자료컴퓨터), 2013년 LIG넥스원(다기능시현기), 2015년 LG CNS(통합비행정보시현기), 2019년 시울프마린(구명복)과 써브(항공용 팔레트), 2022년 써브(항공용 컨테이너)와 플라인텍(항공용 팔레트)이 기술표준품 형식승인을 획득했다.

나. 우리나라 항공기 제작산업의 현재

1) 수급현황

우리나라 항공기 제작산업의 생산규모는 47억 1천만 달러(2018년)에서 50억 3천만 달러(2021년) 수준으로 증가하여 연평균 2.2%의 증가율을 보이고 있다. 2022년의 경우, 글로벌 OEM의 생산 재개와 군수산업 순항으로 2021년 대비 생산액이 소폭 상승하였다. 국내 항공우주산업 규모는 2019년을 기점으로 COVID-19로 인한 전 세계 항공산업의 불황에 의해 다소 주춤하고 있으나, 2021년에는 2019년의 감소세에서 증가세로 돌아섰다. 반면 무역수지는 2021년 18억 달러 적자에 이어 2022년에도 20억 달러를 상회할 것으로 전망된다. 2022년 발발한 러시아-우크라이나 전쟁 등의 불안정한 상황으로 군수물자 수출이 늘어나 군용항공기 수출 증가가 예상된다.

▼ 수급 실적 및 전망

(단위 : 백만 달러)

구분		2018년		2019년		2020년		2021년		2022년(전망)	
		실적	증감(%)	실적	증감(%)	실적	증감(%)	실적	증감(%)	실적	증감(%)
공급	생산	4,714	18.8	6,028	27.9	4,903	−18.7	5,035	2.7	6,351	26.1
	수입	4,635	30.5	5,281	13.9	3,555	−32.7	3,522	−0.9	4,499	27.7
계		9,349	34.3	11,309	21.0	8,458	−25.2	8,557	1.2	10,850	26.8
수요	내수	6,732	23.8	8,487	26.1	6,826	−19.6	6,845	0.3	8,435	23.2
	수출	2,617	25.5	2,822	7.8	1,632	−42.2	1,712	4.9	2,415	41.1

자료 : 한국항공우주산업진흥협회

2) 품목별 생산실적

품목별로는 완제기(34%), 기체부품(28%), 엔진(19%), 전자(9%)순으로 구성되고 있다. 국내 완제기 분야는 군용기 생산주기에 따라 주력 생산기종이 바뀌는 형태를 지니고 있으며, 최근 수출 협상이 활발히 진행되고 있는 FA-50 경전투기의 선전과 LAH(소형무장헬기)와 KF-21(2026년) 양산 계획 등을 고려하면 완제기 분야에서는 지속적으로 성장율이 높아지고 이에 따른 엔진 및 부품 생산도 동반하여 성장할 것으로 전망된다.

▼ 품목별 생산실적 (단위 : 백만 달러)

구 분		2019년	2020년	2021년	점유율(%)	2022년(전망)
항공	완제기	1,738	1,825	1,688	33.5	1,797
	기체	2,111	1,770	1,425	28.3	2,062
	엔진	1,357	555	936	18.5	1,167
	전자	214	267	429	8.6	449
	보기	223	90	87	1.8	123
	소재	3	4	2	0.0	2
	기타	81	47	40	0.8	190
소계		5,727	4,558	4,607	91.5	5,790
우주	발사체	41	61	42	0.8	26
	위성체	238	266	251	5.0	312
	지상장비	22	18	135	2.7	223
소계		301	345	428	8.5	561
계		6,028	4,903	5,035	100	6,351

자료 : 한국항공우주산업진흥협회

3) 국내 생산제품의 수요처별 배분현황

COVID-19 여파로 2021년 민수부문 수요가 급감했으나, 군수부문의 경우 KF-21, FA-50 수출 등으로 지속적 증가가 전망된다. 그러나, 세계 항공산업 수요분포로 보면 민수 80%, 군수 20%로 구성되어 있어 민수분야를 더욱 성장시킬 필요가 있다. 타 국가의 경우, 군수비중은 미국 43%, 영국 39%, 프랑스 23%, 캐나다 20% 수준이다.

4) 항공기 제작산업 인력현황

항공우주산업 종사자 수는 약 17,000여 명으로 항공분야가 93%, 우주분야가 7%를 구성하고 있다. 타 산업 대비 연구개발 및 기술직의 비중이 약 41%로 매우 높은 수준으로 고학력 연구개발 인력 소요가 높다.

▼ 업계 인력 현황 (단위 : 명)

구 분	분야	2019년	2020년	2021년	점유율(%)	2022년(전망)
항공	일반관리	2,786	2,995	3,647	21.4	3,708
	연구개발	3,613	3,678	3,828	22.4	3,989
	기술직	2,249	2,107	2,356	13.8	2,467
	생산직	7,967	7,418	6,097	35.7	6,339
소계		16,615	16,198	15,928	93.3	16,503
우주	일반관리	161	194	180	1.1	190
	연구개발	639	654	699	4.1	763
	기술직	44	71	68	0.4	78
	생산직	115	166	193	1.1	198
소계		959	1,085	1,140	6.7	1,229
계		17,574	17,283	17,068	100	17,732

자료 : 한국항공우주산업진흥협회

5) 국내 항공기 제작산업의 수준

국내 항공산업 기술수준은 기체구조물, 항공전자/전기 등 선진국 기술 대비 80% 수준이나 유인 고정익기 체계기술 등은 다소 미약하다. 군수부문 항공기 국산화 개발은 성공하였으나, 민간 인증/설계/소재 부문의 기술경쟁력은 선진국 대비 낮은 실정으로 미국을 100%로 가정 시 유럽 97%, 일본 82%, 중국 76%, 한국 70%로 평가된다. 특히, 항공전자, 엔진 등 핵심기술과 부품의 자립도가 낮아 해외 의존이 지속되고 있다.

비교적 빠르게 항공기 제작산업이 발전하여 완제기의 독자개발 및 수출산업화, 민항기 국제 공동개발에 참여 가능한 중진국 대열에 진입했으며, 국내 주요기업은 KAI(완제기), 한화에어로스페이스(엔진), 대한항공(무인기)으로 3사 매출은 국내 전체 항공산업의 약 77%를 점유하고 있다. 앞으로도 국토교통부는 국내 업체가 개발하는 항공기 및 항공부품에 대한 안전성 인증을 지원하여, 국내 항공기 및 항공부품 제작산업 활성화를 견인할 예정이다.

06 항공정비산업 현황 및 전망

가. 항공정비산업 개요

항공정비산업은 단순하게는 항공기 운항 안전성을 유지하고 보증하기 위한 정비(Maintenance), 수리(Repair), 오버홀(Overhaul)을 의미하지만, 넓은 개념에서 수리 개조, 부품가공 및 이와 관련된 엔지니어링, 조업 등 지원서비스, 정비부품 물류, 리스, 금융과 같은 종합적인 개념으로 의미가 점차 확장되어 가고 있다.

이러한 항공정비산업은 항공기 유지기간(통상 20년 이상) 동안 반복적인 수요가 발생되어 항공기 구매비용의 3~4배의 매출이 발생되는 반면, 높은 초기 시설투자비 대비 손익분기점이 늦게 발생되고 정비기술 개발이나 국제인증 등 기술장벽이 높은 특성이 있다.

모든 산업이 마찬가지겠으나 항공정비산업 역시 초기부터 지금과 같은 전문화, 집적화된 형태를 가졌던 것은 아니다. 1980년대 이전까지는 항공기 운송사에 소속된 정비조직이 운항에서 발생하게 되는 기본적인 정비작업을 자체적으로 해결하는 것이 일반적이었다. 그러나 1980년대에 들어 전 세계적으로 전문정비업체가 출현하게 되는데 이는 기존의 운송사에 소속된 정비사업본부의 시설용량에 여유가 발생하여, 본격적으로 외주정비 시장의 가능성이 모색되었기 때문이다. 이러한 항공기 정비시장의 변화는 2000년대에 들어 다시 한 번 급격한 변화를 맞이하게 되는데, 9·11 이후 전 세계적으로 운송시장이 축소되는 상황을 맞이하여 운송업체의 경비절감을 위해 외주정비를 확대하고 전문정비업체의 인수, 합병을 통해 규모의 경제를 실현하고 있다.

항공기 및 부품의 제작기술 발전과 정비작업의 고도화·전문화로 항공정비시설 및 기술에 대한 지속적 투자가 요구되고 국제 표준에 맞는 정비 수행을 위한 투자가 부담되자, 글로벌 항공사의 비용절감 및 경영 효율을 위한 비주력 분야 정비 축소 및 항공기 정비의 외주화 추세가 나타났으며, 이러한 '운송-정비' 분업화는 가속화되고 있다.

▼ MRO 수행 주체 변화

1990년대 이전		1990년~2005년		2005년 이후	
주체	작업내용	주체	작업내용	주체	작업내용
항공사	Engineering & Planning 운항 정비 기체 중정비 엔진 정비 부품 정비	항공사	Engineering & Planning 운항 정비	독립 MRO	Engineering & Planning 운항 정비 기체 중정비 엔진 정비 부품 정비
		독립 MRO	기체 중정비 엔진 정비 부품 정비		

항공기정비업은 크게 기체정비(Airframe Heavy Maintenance), 엔진정비(Engine Overhaul), 부품정비(Component MRO), 운항정비(Line Maintenance)의 네 가지로 구분한다.

①운항정비	②기체정비	③부품정비	④엔진정비
• 일상 경정비 (오일 등 소모품교환) • 주기: 평균 600h(2달)	• 주기적 중정비 (동체, 날개, 배선 등) • 주기: 평균 6,000h(2년)	• 부품 분해조립, 재생 • 주기: 점검주기 도래시	• 엔진 분해조립 • 주기: 평균 27,000h(8년)
		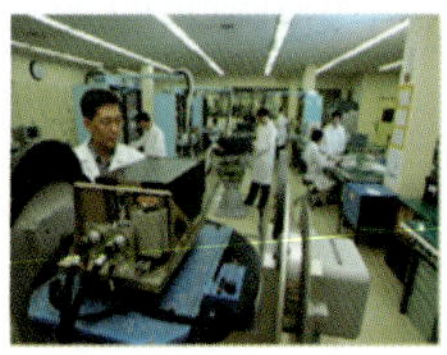	

기체정비는 부식방지 프로그램, 종합 구조검사, 기체 오버홀을 포함한 기체 및 부품에 대한 정비주기별 검사 및 상세검사를 포함한다. 정비주기는 제조사 및 항공당국이 정한 지침에 근거하며, 경우에 따라서 항공사가 더 세밀한 정비주기를 설정할 수도 있으나 일반적인 주기는 상용제트기의 경우 "A", "B", "C", "D" 네 등급으로 나눈다. "A" 및 "B" 체크는 오일 등 소모품 교환 등 일상 경정비로 보통 라인정비의 한 부분으로 간주되며, "C" 및 "D" 체크는 동체, 날개, 배선 등에 대한 주기적인 상세점검으로 중정비에 해당한다.

엔진정비는 날개에서 엔진을 탈거하여 엔진 제조사에서 정해놓은 지침에 따라 부품을 교체하거나 수리하여 설계된 운용조건으로 엔진을 복원하는 수리를 의미하며,

통상 엔진을 완전히 분해하여 비파괴검사를 실시하고 필요한 경우 부품을 수리, 교체하여 재조립한 후 성능테스트를 거치게 된다. 운송용 항공기 엔진의 경우 항공당국에서 정한 수명한정부품(LLP; life - limited parts) 교체를 제외하고 필요한 경우에만 실시하며, 비즈니스항공이나 일반항공의 엔진 중정비는 엔진 제조사가 정한 지침에 의거하여 주기적으로 시행하게 된다.

부품정비는 항공기 운항에 필수적인 유압장치(Hydraulic), 기계장치, 전기장치(Electrical), 전자장치(Electronic)로 구성된 종합적인 부분품의 정비를 말하며, 각 항공사의 신뢰성 프로그램에 따라 다양한 기법에 의해 분해(Overhaul), 작동점검(Bench Check), 재생(Rebuild), 기능점검(Function Check) 등을 수행한다. 전체 항공정비시장 부품별 분담비율(금액기준)은 다음 표와 같다.

▼ **부품정비 현황**

부품	정비 내용	분담비율 (금액기준)
바퀴 및 브레이크	브레이크 패드, 바퀴, 안티스키드, 서보밸브 등의 수리 교체 및 오버홀	17%(18.7억 달러)
항공전자(Avionics)	표시장치, 통신장비, 항법장비, 오토파일럿 등의 수리 교체 및 오버홀	15%(16.5억 달러)
보조동력유닛	보조동력유닛의 수리 교체 및 오버홀	13%(14.3억 달러)
연료계통	엔진연료조절 및 기체연료계통의 수리 교체 및 오버홀	8%(8.8억 달러)
유압계통	유압펌프 및 유압전달계통의 수리 교체 및 오버홀	4%(4.4억 달러)
비행조종계통	주 조종장치 및 보조 조종장치의 수리 교체 및 오버홀	8%(8.8억 달러)
추력반전기 (Thrust Reversers)	추력반전계통의 수리 교체 및 오버홀	5%(5.5억 달러)
착륙기어	착륙기어의 수리 교체 및 오버홀	4%(4.4억 달러)
전기계통	발전기 및 배전계통의 수리 교체 및 오버홀	4%(4.4억 달러)
기타	환경조절장치, 엔터테인먼트 장비, 안전장비, 수도설비, 공압계통 등의 수리 교체 및 오버홀	22%(24.2억 달러)

자료 : AeroStrategy/OAG Aviation

운항정비는 고장수리, 결함 수정, 철야 정비, 부품 교체 등 항공기 운항을 위해 실시하는 일상적인 경정비를 의미한다. 운항정비는 크게 중간지 점검(Transit Check),

일일/주단위 점검, A 체크 세 범주로 구분한다. B 체크도 운항정비 범주에 포함되었으나 요즘에는 거의 실시하지 않는다.

나. 해외 항공정비산업 시장전망

글로벌 항공정비시장은 2019년도 829억 달러에서 COVID-19 팬데믹으로 2020년 503억 달러로 급감하였다가 2022년도부터 점차 회복되어 2023년에 COVID-19 이전 수준으로 회복되어 2032년도에는 1,266억 달러까지 증가할 것으로 전망된다.

2022년부터 2024년까지 항공MRO 수요는 매년 12%씩 크게 증가하여 3년간 총 200억 달러가 증가할 것으로 전망된다. 특히, 엔진 MRO 수요의 경우 2031년과 2032년에 시장규모가 650억 달러를 상회하는 높은 성장을 보일 것이다. 이는 엔진의 수명 제한 부품(LLP) 등의 교체작업을 비롯한 고비용의 수리 작업이 시작되기 때문이다.

▼ 항공MRO 시장 전망(Oliver Wyman MRO forecast 2019~2032)

항공MRO 시장수요를 항공기 제작사별로 구분하여 보면 전통적으로 미국 보잉사 항공기의 시장점유율이 많아 보잉 항공기의 MRO 시장수요가 에어버스보다 많았으나, B737 MAX의 항공기 제작상의 문제점으로 인하여 중형기(NB) 항공기의 시장 주

도권이 B737에서 A320 계열항공기로 넘어감에 따라 2032년에는 에어버스사의 MRO 시장수요가 보잉을 능가할 것으로 예상된다.

이를 통해 우리나라같이 항공정비산업 활성화를 목표로 하는 국가에서는 어떤 항공기 기종의 정비능력을 우선적으로 개발해야 하는지 참고할 수 있다.

▼ 항공기 제작사별 MRO시장 변화 전망(Oliver Wyman MRO forecast 2022~2032)

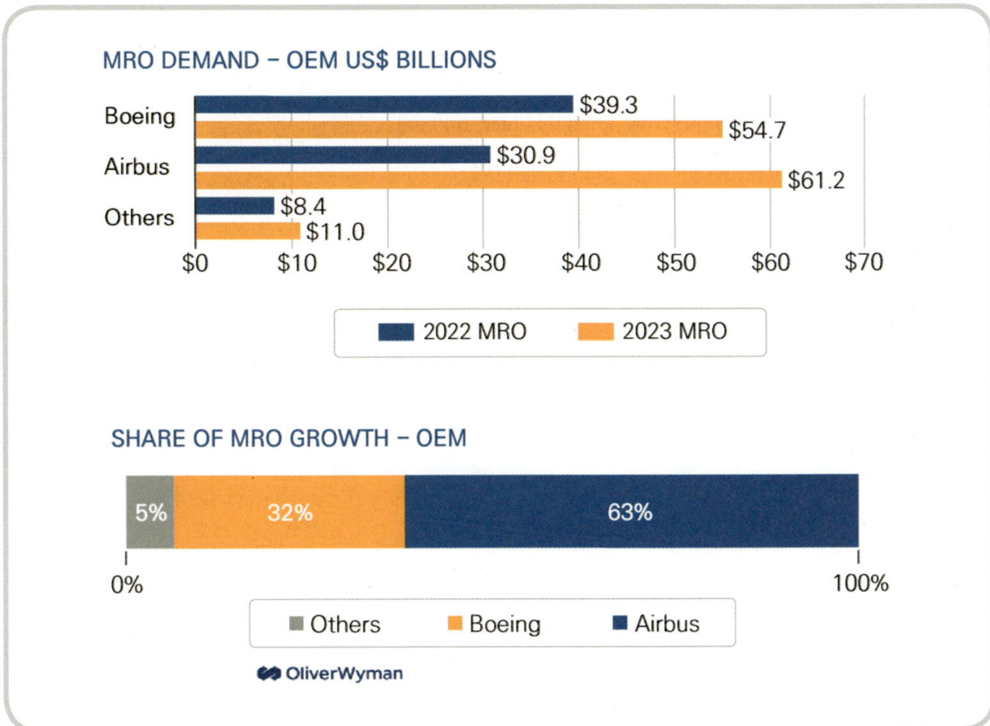

항공기정비 세부부문별 산업전망을 살펴보면, 기체정비 시장 성장율은 항공기 성능 향상으로 인한 점검주기 연장, 정비비용 감소 등으로 2032년까지 연평균 1% 수준으로 시장 성장폭이 높지 않으며, MRO 시장 점유율도 2022년 24%에서 2032년 17%로 감소할 전망이다.

엔진정비 수요는 2021년은 2019년 대비 38% 감소하였으며, 항공기 운항 재개에 따라 점차 회복되어 2024년에는 팬데믹 이전 수준으로 회복될 전망이다. 엔진분야는 2032년까지 연평균 7%의 높은 성장률을 보일 것으로 보이며, 주로 GENX, LEAP, PW1100G 등 신형 항공기 엔진 위주로 성장할 전망이다.

부품정비 시장은 2020년에 전년 대비 30% 이상 감소하였으나 2021년부터 점차 회복되기 시작하여 2023년에는 완전 회복, 2032년까지 연평균 4% 수준의 성장이 전망되고 있다. 브레이크, 보조 동력장치, 항공전자 장비에 대한 정비비용이 전체 비용의 40% 이상을 차지할 것으로 예상된다.

운항정비 시장의 경우 여전히 항공의 운항재개가 완전히 이루어지지 않아 2022년에는 2019년 대비 88% 수준, 2024년에야 팬데믹 이전 수준으로 회복되고 이후 2032년까지 연평균 5% 수준으로 성장할 것으로 전망된다. 운항정비는 운영 항공기 기단의 구성(Aircraft Type)과 규모(Fleet Size)에 밀접하게 연관되며, 2019년에 중형기(B737, A320등) 항공기는 전체 기단의 58%, 운항 정비시장 매출의 63%를 차지하였는데 2032년에는 중형기(NB)는 전체기단의 64%에 도달할 것으로 예상되며 운항정비시장 매출의 67%에 이를 것으로 전망된다.

▼ **분야별 시장변동 예측**(Oliver Wyman MRO forecast) 2022~2032)

연 도	기체정비	엔진정비	부품정비	운항정비
2022	185억 달러	341억 달러	144억 달러	116억 달러
2027	203억 달러	546억 달러	200억 달러	157억 달러
2032	212억 달러	654억 달러	212억 달러	183억 달러
연평균 증가율	1%	7%	4%	5%

다. 해외 주요 항공정비업체

해외 항공정비업체는 크게 제작사 기반, 운영자 기반, 독립항공정비업체로 구분한다. 제작사 기반의 업체는 항공기 제조업체인 보잉사, 에어버스사, 엔진 제조업체인 GE Aviation, Pratt & Whitney 등이 있으며, 운영자 기반의 업체는 Lufthansa Technik, AFI · KLM E&M, Delta OPS, 대한항공 등이 있고, 독립 항공정비업체는 미국의 AAR Corp, 싱가포르의 STEngineering, 중국의 Ameco Beijing, 스위스의 ST Technics 등이 있다.

GE Aviation은 1917년 GE사의 자회사로 설립된 엔진 생산 전문업체로 자사에서 생산되는 모든 엔진(GE, CFM)에 대한 오버홀 서비스를 제공하며 상업용 항공기 대상으로 True choice Material, Overhaul 등 수리, 정비, 관리를 위한 종합적인 서비스를 제공하고 있다.

Lufthansa Technik은 1995년 독일 함부르크 공항을 거점으로 Lufthansa 자회사로 설립되었으며 독일 내 프랑크푸르트, 뮌헨 등 4개 지역 및 해외 유럽 내 12곳, 유럽 이외 9곳에 정비소를 두고 있으며 항공기 기초정비, 엔지니어링, 개조, 부품공급, 원격정비서비스 업무를 제공하고 있다.

ST Engineering은 1975년 군수사업을 기반으로 시작하여 1990년대 민군의 전략적 제휴를 통해 민수부문까지 사업영역을 확대하였다. 아시아 태평양 지역을 시작으로 미주, 유럽 지역으로 사업영역을 확대하여 현재 전 세계 20여 개 이상의 지역에 정비시설을 두고 민수 및 군수 MRO, 항공기 구조 설계, 항공기 인테리어 사업, 화물기 개조, 객실 수리 등 여러 분야의 사업을 수행하고 있다.

AMECO 베이징은 1989년 에어차이나(60%)와 Lufthansa(40%)가 공동으로 출자하여 중국 베이징에 설립된 전문MRO업체로 주요 사업 분야는 보잉, 에어버스 계열 항공기 기체중정비, P&W 및 Rolls-Royce 계열 엔진 정비, 항공기 착륙장치 수리 및 항공기 부품, 기계 부품에 대한 판매 수리 서비스를 제공하고 있다.

Delta TechOps는 1929년 델타항공의 항공기 유지보수를 담당하다가 MRO 관련 부서가 미국 애틀라타 하츠필드-잭슨 국제공항에 본사를 두고 별도의 부서로 독립(자회사가 아닌, 별도의 정비부서 형태)하여 MRO사업을 수행하고 있으며, 항공기 기체, 엔진 정비뿐만 아니라 항공기 운영자에 대한 항공정비 기술 교육, 엔지니어링 지원 서비스를 제공하고 있다.

AAR Corp는 1951년 미국에서 설립된 회사로 항전장비에 대한 개발, 공급을 주 사업으로 성장하였으며, 이후 OEM 부품공급, MRO, 미 해군에 대한 정비분야 자문 제공 등으로 사업영역을 확대하였다. 주 사업영역은 항공기 중정비, 도색, 화물기 개조, 항공기 착륙장치·브레이크시스템 등 부품수리 뿐만 아니라 부품공급이나 미 정부의 통합정비 컨설팅을 하고 있다.

▼ 글로벌 MRO업체 현황

회사명	주요분야	본사	종사자수	매출액 (2019년도)	비 고
Lufthansa Technik	기체, 엔진, 부품, 인테리어 개조 등	독일 (함부르크)	21천 명	9.3조 원	항공사 자회사
AFI-KLM E&M	기체, 엔진, 부품, 인테리어 개조 등	프랑스 (파리)	14천 명	6.3조 원	항공사 자회사
ST ENG Airspace	기체, 엔진, 부품, 인테리어 개조 등	싱가포르 (셀레타)	8천 명	3조 원	전문MRO

회사명	주요분야	본사	종사자수	매출액 (2019년도)	비 고
Hongkong A/C ENG Co	기체, 엔진, 부품, 인테리어 개조 등	홍콩	16천 명	2.2조 원	전문MRO
AAR Co	기체, 부품, 엔진리스 등	미국 (일리노이)	6천 명	2.1조 원	전문MRO
SR Technics	기체, 엔진, 부품, 인테리어 개조 등	스위스 (취리히)	3천 명	1.7조 원 (2018년)	전문MRO
AMECO	기체, 부품, 엔진, 개조 등	중국 (베이징)	11천 명	1.23조 원 (2018년)	항공사 자회사
SIA ENG Co	기체, 엔진, 부품, 인테리어 개조 등	싱가포르 (창이)	6천 명	0.9조 원	항공사 자회사
Turkish Technics	기체, 엔진, 부품, 파트풀링 등	튀르키예 (이스탄불)	3천 명	0.8조 원	항공사 자회사
Fokker Technologies	기체, 부품	네덜란드	5천 명	1.1조 원 (2018년도)	전문MRO
Delta TechOPS	기체, 엔진, 부품 등	미국 (아틀란타)	10천 명	0.9조 원 (2018년도)	항공사 독립부서

라. 국내 항공정비산업 현황

우리나라 항공정비산업은 세계 5위의 항공운송산업 규모에 비해 열악한 상황이다. 해외 선진국의 경우 1980년대에 이미 전문화·집적화되었지만 우리나라는 국내 고임금 구조, 항공기 제작기술 부재 등으로 인해 가격, 품질 등에서 비교우위 확보가 어려워 산업으로 활성화되지 못하고 항공사의 자사 항공기 정비지원 위주로 성장해 왔다.

2000년대 후반 저비용항공사가 본격 운항하면서 국내 정비시설 부족 등으로 항공정비산업 육성 필요성이 대두되면서 2018년 7월 한국항공서비스(KAEMS)와 같은 전문 MRO 업체가 설립되었으며, 지역별로 MRO 클러스터가 조성되고 있다.

우리나라 국적항공사 기준 총 정비비용은 2009년 7.8천억 원에서 2019년도 2.7조 원으로 연평균 13.5%로 성장해왔으나, COVID-19 팬데믹으로 인해 2020년 1.7조 원으로 크게 감소하였다.

2021년 기준 전체 정비비용은 엔진정비 7.2천억 원(45%), 부품정비 3.2천억 원(20%), 운항정비 3.7천억 원(23%), 기체정비 1.9조 원(12%)으로 총 1.6조 원이다.

전체 정비비 중 8.6천억 원(53%)을 해외 외주정비를 하였으며, 특히 고부가가치 정비 부문인 엔진, 부품의 해외 외주정비 비율은 70% 이상으로 매우 높다.

업체별로는 대한항공은 충분한 정비시설과 항공기 엔진 뿐만 아니라 대부분의 보유기종에 대한 기체중정비 능력을 보유하고 있어 해외 외주정비 비율이 30% 수준이나 국적 저비용항공사의 경우는 운항정비를 제외한 대부분의 정비를 국내외 정비업체에 외주를 주고 있다.

▼ 2021년 국적항공사 정비비 현황

항공사	분야	자가정비 비용	외주정비 비용(비율)		합계
			국내	해외	
총합	기체정비	1,224(68%)	245(14%)	462(24%)	1,931
	엔진	1,276(19%)	269(4%)	5,637(78%)	7,182
	부품	771(24%)	192(6%)	2,241(70%)	3,204
	운항정비	3,366(90%)	163(4%)	220(6%)	3,749
	계	6,636(43%)	869(6%)	8,561(53%)	16,066

▼ 국적항공사 위탁정비 현황

구분	항공기		엔진	
	중정비	위탁정비	중정비	위탁정비
대한항공	자체수행	A380만 루프트한자 필리핀서 수행	일부 위탁	GP7270, GEnx(영국 GE) PW1500(미국 콜럼버스엔진센터)
아시아나	일부위탁	중국 GAMECO 대만 EGAT 필리핀 LTP	위탁	V2500(대만 EGAT, 일본 IHI, 독일 LHT) CF6(대만 EGAT, 독일 LHT, 미국CTS) PW4000(싱ESA, 한국 대한항공, 미국 United항공) TRENT 900(독일N3, 싱 SAESL) TRENT XWB(홍콩 HAESL, 싱 SAESL)
제주항공	위탁정비	한국 KAEMS, 샤프TK 대만 Air Asia 중국 STAG 중국 STAECO 대만 China Airlines 인도네시아 GMF	위탁	CFM56-7시리즈 (KLM, CFM, ST Aerospace, STATCO, Standard Aero, GE)

구분	항공기		엔진	
	중정비	위탁정비	중정비	위탁정비
진에어	위탁정비	한국 대한항공	위탁	CFM56-7(대한항공) PW4090(대한항공)
에어부산	위탁정비	한국 아시아나항공 중국 GAMECO 필리핀 LTP	위탁	아시아나항공 일괄 관리
이스타 항공	위탁정비	한국 KAEMS 중국 STAECO 대만 Air Asia 몽골 MIAT 인도네시아 GMF	위탁	CFM56(싱가포르 ST Aerospace, 독일 MTU)
티웨이 항공	위탁정비	한국 샤프테크닉스 대만 Air Asia 몽골 MIAT	위탁	CFM56-7(중국 STATCO, 싱 STAerospace, 캐나다 Standard Aero Ltd.)
에어서울	위탁정비	한국 아시아나항공 중국 GAMECO	위탁	V2500(아시아나,대만 EGAT, 일본 IHI, 독일 LHT)
에어인천	위탁정비	대만 Air Asia	위탁	중정비 기간 미도래 향후 업체선정 예정

마. 국내 항공정비업체

국내에서 항공정비사업을 하기 위해서는 「항공사업법」에 따른 항공기정비업을 등록하고, 항공안전법에 따라 정비조직인증(AMO)을 획득하여야 한다. 2023년 3월 기준 53개 업체가 정비조직인증을 보유하고 있다.

대부분의 업체가 헬기·훈련기 정비, 부품정비를 위한 업체로 국적항공사의 운송용항공기 기체중정비, 엔진정비가 가능한 정비인프라를 보유한 업체는 대한항공, 아시아나항공, 샤프 테크닉스케이, 한국항공서비스 4개 업체이다.

대한항공은 자사 및 계열사 항공기 정비를 위한 인프라를 구축하고 있으며 자체정비 수행율이 높다. 국내 주요공항(김포, 인천, 김해)에 항공기 및 부품 창정비 시설, 부천 엔진정비 공장에 자사에서 주로 운용하고 있는 항공기 엔진타입에 대한 오버홀 및 부품 수리시설을 보유하고 있으며 인천 영종도에는 세계에서 2번째로 큰 엔진 테스트장을 보유하고 있다. 향후 부천에 있는 엔진정비시설을 영종도로 확장 이전하고, 신형엔진정비 능력 확보 등을 통해 엔진분야를 특화 육성하여 자사 정비뿐만 아니라 외주 정비도 수행할 계획이다.

▼ 대한항공 정비시설 현황

구분	준공연도	규모 및 주요정비내용
김포공항	1997년	• 대형기 2.5Bay • B737, A220 중정비 및 부품수리
인천공항	2002년	• 대형기 2.5Bay • A380, B777 중정비 및 전 기종 운항정비
김해공항	1986년	• 대형기 2Bay, 도상 1Bay • B747, B777, A330 중정비 • 전자보기 부품수리, 항공기 도장

아시아나항공은 자사항공기 정비를 위해 김포(B767 1Bay), 인천공항(대형기 3Bay)에 정비인프라를 구축하고 있으며 대부분의 자사 보유 기종의 기체중정비 능력을 보유하고 있으나 엔진의 경우 일부 경정비만 수행하고 오버홀 능력은 없어 외부업체에 정비를 위탁하고 있다.

▼ 아시아나항공 정비범위

구분		인가 내용
운항정비		A320, A330, A350, A380, B737, B747, B767, B777
중정비		A320, A330, A350, A380, B747, B767, B777
엔진 & APU		전기용 Limited 인가
부품	기체수리	역추진장치, 복합소재
	보기수리	비상장구, 산소계통, Wheel, Tire & Brake, 유압계통
	전기전자	전가 & 전자부품
	기내수리	캐빈인테리어 & 시트류

한국항공서비스(KAEMS)는 정부의 항공정비산업 육성정책에 따라 정부지원 항공정비사업자로 지정되어 2018년 7월 경남 사천에 설립되었다. 중형기급 4 Bay 및 페인팅 격납고를 갖추고 있으며 민간항공기는 B737과 A320 항공기 기체 중정비, 도장

및 일부 부품정비를 수행하고 있으며 F16 전투기, 수리온 등 군용기 정비를 수행하고 있다.

샤프테크닉스케이(Sharp Technics K)는 지상조업사인 샤프에비에이션케이(Sharp Aviation K)가 국내 저비용항공사와 공동 출자를 통해 인천공항에 설립한 전문 MRO 업체다. 인천공항에 중형기급 2Bay 정비시설을 갖추고 있으며, 국내 저비용항공사의 기체 중정비를 시작으로 세계 최대화물항공사인 아틀라스항공의 기체정비(A체크)를 수행하고 있다. 최근 이스라엘 IAI사와 B777 화물기 개조사업, 아틀라스항공과 화물기 중정비 사업을 위한 합작법인을 설립하는 등 사업영역을 지속 확대하고 있다.

항공정비산업은 항공산업의 지속적인 발전으로 인해 미래 성장잠재력이 높으나 미국, 유럽 등의 항공기·부품 제작사는 제작기술을 바탕으로 사후관리를 포함 통합서비스 제공 등 사업범위를 확대 중이며, 중국, 인도네시아 등 동남아국가는 낮은 인건비를 기반으로 글로벌 정비업체와의 협력사업을 통해 항공정비산업을 확대해나가는 등 국제적인 경쟁이 치열해지고 있다.

후발주자인 국내 MRO산업을 육성하기 위해서는 우리나라의 군용기 제작, 국내 제조업 기반의 높은 기술력을 바탕으로 인건비가 상대적으로 높아도 경쟁우위를 점유할 수 있는 엔진, 부품, 개조 등 고부가가치 분야를 집중 육성하여야 한다. 그런 측면에서 볼 때 대한항공의 엔진정비시설 확장, 샤프 테크닉스K의 화물기 개조 합작법인 추진 등 국내업체의 고부가가치 정비분야 투자는 국내 항공정비산업 활성화에 매우 긍정적인 신호라 할 수 있다.

또한, 항공기는 300만개 이상의 부품으로 구성된 첨단 기술의 집합체로 항공기 정비뿐만 아니라, 소재·부품 업체, 부품 공급업체 등 다양한 분야의 시설과 서비스가 공급되는 원스톱 정비가 가능하여야 한다. 따라서 현재 추진 중인 MRO 클러스터에 여러 분야의 글로벌 업체 유치가 매우 중요하며 이를 위해 조세, 임대료 감면 등의 간접적인 지원뿐만 아니라 MRO지원센터, 교육훈련센터 등의 MRO클러스터 활성화를 위한 적극적인 정부 지원이 필요할 것이다.

쉬어가기

서울김포비즈니스항공센터(SGBAC)란 무엇일까?

국제 비즈니스 제트항공기용 FBO(Fixed Base Operation, 지원센터)란 국제공항에 위치하여 통관, 운항관리, 정비, 급유, 지상조업 등 종합적인 서비스를 제공하는 시설을 말한다.

우리나라에서는 도심접근성이 우수한 김포공항 내에 비즈니스항공기 및 그 이용자를 위한 운항지원 전용시설을 건립하여 국제행사 및 글로벌 기업인에게 신속하고 차별화된 시설 제공을 통해 국익 제고 및 항공산업 발전에 기여하고자 추진하게 되었다. 정확한 명칭은 서울김포비즈니스항공센터(SGBAC : Seoul Gimpo Business Aviation Center)이다.

주된 기능으로는 비즈니스항공기 및 그 이용자를 위하여 출입국, 정비, 격납, 운항지원 등의 서비스를 제공한다. 여기서 비즈니스항공기는 국내·외 기업, 개인, 국가기관 소유의 자가용항공기 및 자가이용 전세편 항공기로써 제트엔진을 추진장치로 사용하는 항공기를 말한다.

정부에서는 자가용 항공, 관광용 항공, 레저스포츠용 항공 등 일반항공에 대한 활성화 지원방안 마련을 위한 TF팀을 2010년 2월에 구성하여 2010년 11월 방안을 마련하였으며, 방안 중에 하나가 일반항공 지원 인프라 확충을 위한 비즈니스 제트항공기용 FBO 설치이다.

이에, 서울김포비즈니스항공센터(SGBAC)는 사업비 450억 원을 투입, 2014년 7월 14일에 착공하여 2016년 3월 21일에 준공하게 되었으며, 2016년 6월 16일에 정식 개소하였다. 위치는 김포공항 국제선터미널 옆이며, 시설로는 한국공항공사에서 운영하는 CIQ수속시설을 갖춘 여객터미널, 민간에서 운영하는 항공기 보관 및 정비서비스를 제공하는 공용격납고 및 정비격납고 각 1동이 있다.

공용격납고 및 정비격납고는 모두 에브제트아시아에서 운영 중이며 공용격납고는 당초 자가용항공기 격납고용이었으나, 운영활성화 차원에서 현재는 LCC 항공기 정비시설로 용도를 확대하였다.

쉬어가기

▲ 계류장에서 본 격납고 전면(좌 : 정비격납고, 우 : 공용격납고)

▲ 공용격납고(AvjetAsia 운영)

▲ 정비격납고(AvjetAsia 운영 : 정비와 격납 가능)

III

항공기의 분류 및 구조

01 개요

하늘을 날고자 했던 인류의 욕망으로 자체 동력장치를 이용한 비행기가 개발된 지 100여 년이 지난 지금, 항공기는 기능과 목적에 따라 다양한 형태로 눈부신 발전을 거듭하고 있다. 이 장은 우리나라 항공안전법과 국제민간항공기구(이하 'ICAO') 부속서에 따른 항공기 분류를 통해 각 분류별 항공기의 개발 역사, 비행과 설계 특성, 국내·외에서 운용 중인 항공기의 종류 등에 대해 알아보고자 한다.

우리나라에서 항공기는 항공안전법에 따라 공기의 반작용으로 뜰 수 있는 기기로 정의하며, 최대이륙중량, 좌석 수 등이 일정 규모 이상인 비행기, 회전익항공기(헬리콥터), 비행선, 활공기, 동력비행장치, 지구 대기권 내외를 비행할 수 있는 항공우주선으로 분류하고 있다. 최대이륙중량, 좌석 수 등 규모에 따라 항공기보다 작은 기기를 경량항공기, 더 작은 기기를 초경량비행장치로 구분한다.

ICAO에서는 항공기 종류, 운용방식, 특성에 따라 항공기를 분류하게 되며, 항공기 종류(Aircraft Category)를 비행기(Aeroplane), 헬리콥터(Helicopter), 활공기(Glider), 자유기구(Free Balloon) 등으로 구분하고 있다. 사람의 탑승 유무로 유인항공기와 무인항공기로도 분류하며, 무인항공기에 따른 분류체계는 명시하지 않고 있으나 무인항공기는 항공기 내부에 조종사가 없는 경우 무인(Unmanned)으로 간주하고 무인자유기구와 원격조종항공기(Remotely Piloted Aircraft)를 포함하고 있다. 항공기 종류별 정의와 항공기 분류는 부속서 7에 자세하게 기술되어 있다. 공기보다 가벼운 항공기(Lighter-than-air Aircraft) 또는 공기보다 무거운 항공기(Heavier-than-air Aircraft), 동력식과 비동력식으로 분류한다. 공기보다 가벼운 항공기(Lighter-than-air Aircraft: 공기역학적 힘에 의해 양력을 얻음)로 기구(계류기구 및 자유기구)와 비행선이 있고, 구조 및 기하학적으로 양력을 얻어 부양할 수 있는 공기보다 무거운 항공기(Heavier-than-air Aircraft)로는 비행기, 활공기, 회전익항공기(자이로플레인 및 헬리콥터), 날개치기 항공기(Ornithopter)가 있다.

▼ 항공기 분류

▲ 비행기

▲ 활공기

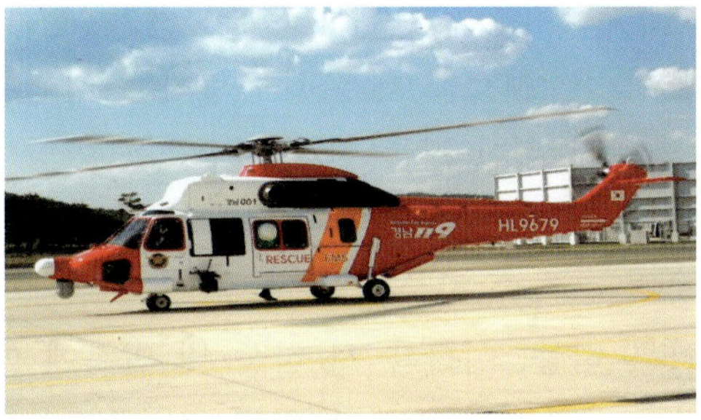

▲ 헬리콥터(회전익)

▲ 자이로플레인

▲ 기구류

▲ 날개치기 항공기

02 비행기

1903년 미국의 라이트 형제에 의해 항공 역사상 최초로 동력장치에 의한 비행기가 만들어지며, 비행기의 역사가 시작되었다. 비행기는 1, 2차 세계대전을 겪으며 다른 어떤 종류의 항공기보다 눈부신 발전을 거듭하여 현재 민간항공의 주요 운송수단이 되고 있다. 여객이나 화물의 운송 수단 등으로 다양하게 사용되고 있는 비행기는 고정된 날개에서 발생하는 양력과 엔진 추력으로 비행을 한다. 크게 동체, 주날개, 꼬리날개, 엔진과 착륙장치로 구성되어 있다. 많은 승객을 태우고 운항하는 비행기는 고고도 및 고속 비행에 따라 탑승객을 보호하기 위한 각종 안전 사항들을 반영하여 설계하여야 한다.

비행기의 기체는 비행 중 기체구조에 작용하는 각종 하중을 견딜 수 있게 설계되어야 한다. 공기역학적 하중, 객실 여압에 따른 하중, 이착륙 시 하중 및 반복에 따른 피로 하중 등으로 다양하다. 현대의 비행기는 무게를 줄이기 위해 가벼우면서도 강도가 높은 최첨단 복합소재의 사용이 늘어나고 있다.

국내외 운송사업용 항공기는 전 세계 대형기 시장을 양분하고 있는 미국 보잉(Boeing)사와 프랑스 등의 4개국 합작사인 에어버스(Airbus)사에서 주로 생산하고 있다. 중·단거리용으로는 B737, A320 등이 장거리용으로는 B747, B777, B787, A330, A340, A380 등이 주로 사용되고 있으며 약 120명~550명의 인원을 한번에 수송하고 있다.

그중 미국 보잉(Boeing)사 B747항공기는 1969년 초도비행을 시작으로 50년간 하늘의 여왕(Queen of the sky)이란 별명과 함께 장거리용 대형여객기로서 환태평양, 대서양 횡단 등을 통해 본격적인 제트기 시대를 열었으며 오늘날 국제여객운송 대중화로 글로벌 경제 성장의 일익을 담당했다. 에어버스(Airbus)사 A380 역시 2005년 최대 탑승인원 853명을 내세우며 세계 최대 항공기로 화려하게 첫선을 보였다. 그러나 항공기 생산 비용이 상승해 대형여객기 수요가 감소하는 등 항공산업 트렌드가 변화함에 따라 B747은 2022년, A380은 2019년에 각각 단종되었다.

▲ 장거리 운송용 비행기 대명사 B747-400

▲ KC-100

세계 3위의 민간항공기 제작사 브라질 엠브라에르(Embraer)사에서 생산하는 ERJ135, ERJ140, ERJ145, EMB-550, EMB-545 비행기는 4명~50명이 탑승할 수 있으며, E-170, E-175, E-190, E-195 비행기는 약 80명~146명의 승객이 탑승할 수 있다. 또한, 캐나다 봄바디어(Bombardier)사에서는 생산하는 CRJ100/200, CRJ700, CRJ800, CRJ900, CRJ1000 비행기는 50명~100명 승객이 탑승할 수 있다. 이밖에 비즈니스제트 비행기와 터보프롭 또는 피스톤 엔진을 장착한 소형비행기가 미국과 유럽을 중심으로 다양하게 생산되고 전 세계에서 운용되고 있다.

국산 민간 항공기로는 한국항공우주연구조합(대한항공, 삼선공업, 한국화이바)이 '창공-91' 5인승 경비행기를 국내 독자 기술로 개발하여 국내 최초로 제작하여 비행(1991년)하였으며, 이후 한국항공우주연구원을 중심으로 8인승 쌍발 복합재 'Twin Bee', 4인승 선미익 '반디호(2001년)'와 전진익 '보라호(2004년)' 등을 개발하였으나 양산되지 못하였다.

전기체 복합소재를 사용한 4인승 소형항공기 KC-100(나라온, 2011년)은 국제적 수준의 인증 기반을 확보하였으며, 국내 형식증명(2013년)을 획득하였다. 이뿐만 아니라 美연방항공청(Federal Aviation Administration)과 항공안전협정(Bilateral Aviation Safety Agreement)을 체결함으로써 민간 소형항공기를 수출할 수 있는 계기 또한 마련되었다.

국내에서 국제항공운송사업용 항공기는 2022년 11월 기준으로 Boeing사 232대, Airbus사 137대가 등록되어 있으며, 소형항공운송사업용으로는 Embraer사 항공기 1대가 등록되어 있다.

03 회전익항공기(헬리콥터)

회전익항공기(Rotorcraft)는 흔히 헬리콥터(Helicopter)로 불리며, 회전날개를 엔진으로 회전시켜 양력과 추진력으로 비행하는 항공기를 말한다. ICAO에서는 한 개 또는 그 이상의 로터(Rotor)에 의한 공기의 반작용력으로 비행하는 항공기로 정의한다. 회전익항공기는 회전날개를 회전시켜 양력을 얻기 때문에 날개가 고정된 비행기와 달리 수직 이착륙이 가능해 활주로가 필요 없고, 좌우비행, 공중 정지비행 등의 이점을 가지고 있다.

회전익항공기의 역사는 1490년 레오나르도 다빈치가 현재의 헬리콥터와 유사한 사람의 힘으로 회전날개를 돌리도록 고안된 비행체를 스케치한 것에서부터 시작된다고 볼 수 있다. 미국의 라이트 형제(Wright Brothers)가 세계 최초의 비행기로 비행을 하기 전에 러시아의 이고르 시콜스키(Igor Sikorsky)가 동축(Coaxial) 헬리콥터를 제작했다.

초기 헬리콥터 발명의 선구자들은 두 가지 중요한 점을 간과했다. 바로 양력의 본질과 구동 모터에 대한 실질적인 이해가 부족했던 것이다. 초기의 문제점들은 로터를 회전시킬 수 있는 내연기관의 발명과 비대칭 양력의 문제를 해결한 요동판(Swashplate) 발명으로 돌파구를 찾게 되었다. 1946년 5월 6일 시콜스키는 VS-300 헬리콥터 모델로 1시간 30여 분의 비행 기록을 항공 역사에 남기게 되었다.

현재까지 헬리콥터는 4가지 형태의 설계로 개발, 생산되고 있다. 첫 번째는 가장 대중적인 테일 로터(Tail rotor)를 장착한 단일 로터 설계 형태이다. 프랑스의 유로콥터(Eurocopter)사, 미국의 벨(Bell)사와 시콜스키(Sikorsky)사의 항공기들이 대표적이며 국내에서 대기업들의 비즈니스용 항공기로 주로 쓰이고 있다.

두 번째와 세번째는 항공기의 앞뒤(Tandem rotor design) 또는 좌우(Syncropter design)로 로터들이 배열된 설계로 제작되어 운영중인 모델들이다. 마지막으로 한 개의 회전축에 회전 방향이 반대인 두 개의 회전날개로 설계(Coaxial design)된 항공기로 러시아의 카모프(Kamov)사의 KA-32 항공기가 대표적이다. 국내에서는 산림청 등에서 산불진화와 중량물 운반용도 등으로 사용 중이며, 단일 기종으로는 국내 최다 보유 기종이다.

▲ 산림청의 Ka-32T 헬리콥터

국내에서 운용 중인 회전익항공기는 2022년 11월 기준으로 51가지 형식 약 215대가 있으며, 산림청과 지방자치단체 등의 국가기관이 82대를 운영하고 있다.

그중 러시아 카모프사의 KA-32 기종이 42대로 가장 많이 운영되고 있다. 그 밖에 에어버스 헬리콥터사의 AS350B1/B2, AS365N2/N3 항공기, Bell사의 Bell206L-3, Bell214B-1, Bell 430, 시콜스키사의 S-76 계열, 레오나르도사의 AW139, AW169 헬기 등이 국내에서 운영되고 있다.

또한 군용항공기로 개발한 수리온(KUH) 항공기를 민간에서 사용할 수 있도록 개조하여 운용하고 있다. 산림청 및 일부 지자체 소방본부에서 KUH-1FS, KUH-1EM, KUHC-1 항공기를 운용하고 있으며, 산불진화, 응급환자 수송, 인명구조, 중량물 운반, 물자/인원 수송, 방송 취재용 등 다양한 목적으로 활용 중이다.

▲ 경남소방 KUHC-1 헬리콥터

04 비행선

비행선(Airship)은 공기보다 가벼운 항공기로 구형 공간에 공기보다 가벼운 헬륨이나 수소 등의 기체를 채워서 부력을 이용하고 방향타와 프로펠러 또는 다른 추진력 기계장치를 사용하여 방향 전환과 추진 등의 비행을 한다.

내부 지지 골격의 유무에 따라 연식(Non-rigid), 반경식(Semi-rigid), 경식(Rigid)으로 분류된다. 연식 비행선은 골격이 없이 천으로 기낭을 만들고 공기보다 가벼운 기체를 넣어 만드는 형식이다. 반면에 경식 비행선은 알루미늄으로 유선형의 선체를 만들고, 그 속에 여러 개의 가스 기낭을 넣어 부력을 얻는다.

1670년경부터 비행선에 대한 이론적인 설계가 있었고, 많은 사람들이 모형 비행선을 제작하였다. 하지만 최초의 동력비행은 1852년 프랑스 앙리 지파르(Henri Giffard)가 증기기관을 이용하여 27km를 비행하였다.

비행선은 1940년대 이전까지는 동력비행이 가능하고 조종 가능한 항공기로서 폭넓게 사용되었으나, 비행기의 등장으로 사용이 감소되었다. 특히 1937년 대서양 횡단 비행 후 미국 뉴저지에 착륙하다 폭발한 힌덴부르크(Hindenburg) 비행선과 같이 대형사고가 잇따라 그 수요는 더욱 감소하게 되었다.

국내에서는 항공기기술기준(국토교통부 고시) Part 30의 기준에 따라 비행선을 제작하고 안전성에 대한 인증을 받을 수 있다. 오늘날 비행선은 무인비행선 형태로 연구, 감시, 광고, 관광, 스포츠 경기 중계를 지원하는 등의 용도로 다양하게 활용되고 있으며, 초경량비행장치급 소규모 비행선은 2022년 11월 기준 53대가 등록되어 있다.

▲ 한국항공우주연구원 비행선

05 활공기

활공기(Glider or sailplane)는 활공을 통한 레포츠 용도의 항공기로서 자체 동력을 사용하지 않는다. 일부 활공기는 동력을 사용하는데, 단지 활공을 위한 이륙 또는 비행을 연장하는 목적으로만 사용된다. 활공기는 이륙하기 위해 고무줄 사출방법, 자동차 등을 이용한 윈치 예항 및 비행기를 이용한 비행기 예항(Aerotow)의 방법들을 사용하고 있다.

활공기의 설계 특징은 양력 대비 항력을 최소화하도록 얇고 긴 날개와 협소한 조종실을 갖는 것에 있다. 이러한 형상은 상승 기류에서 효과적으로 상승할 수 있고 최소한의 고도 손실과 빠른 속도로 보다 먼 거리로 활공할 수 있다. 국내 활공기의 종류는 특수활공기, 상급활공기, 중급활공기 및 초급활공기로 구분할 수 있다.

활공기의 역사는 1880년경에 오토 릴리엔탈(Otto Lilienthal)이 조종가능한 활공기를 만든 것에서부터 시작된다. 활공기의 제작과 레포츠분야 사용은 제1차 세계대전 이후 독일과 미국에서 활기를 띠었다. 당시 독일은 법적으로 동력을 이용한 항공기의 제작과 비행이 금지되어 있어, 비행을 원하는 사람들은 활공기를 많이 사용했다. 그간 활공기의 성능이 개량되어 날씨만 적당하다면 수천 km를 활공할 수 있게 되었다.

▲ 한서대학교 활공기

현대의 활공기의 설계 특성 중 하나는 분사가 가능한 워터 밸러스트(Water ballast)를 날개나 수직안전판 내에 장착하고 있는 것이다. 과다한 양력이 발생할 경우 활공기 무게중심을 조정하는 용도로 사용된다.

오늘날 대부분의 활공기들은 유럽항공안전청(EASA)의 활공기 설계기준인 CS-22에 따라 유럽에서 제작된다. 국내에서는 항공기기술기준(국토교통부 고시) Part 22의 인증기준에 따라 활공기를 제작하고 안전성 인증을 받을 수 있다.

현재 국내에 한국소아링협회의 K-8B, 한국항공대의 L23, 학교법인 함주학원(한서대학교)이 소유한 ASK21 활공기 각각 1대씩 총 3대가 등록되어 있다.

06 항공우주선

우리나라 항공안전법에 따른 항공기의 범위에는 지구 대기권 내외를 비행할 수 있는 항공우주선이 포함되어 있다. 다른 용어로 흔히 우주왕복선(Space shuttle)이라고 불리며 미국 항공우주국에서 개발한 지구와 우주 사이의 운송수단이다. 지구 밖 우주공간에 우주정거장을 건설하기 위한 인원 및 물자를 반복해서 운반하는 데 필요한 비행체를 개발하게 된 것이다.

항공우주선은 다른 항공기들과 달리 대기권 내외를 비행하기 때문에 이륙 시 지구 중력을 극복해야 하고 대기권 통과 시 엄청난 온도에 견딜 수 있게 설계되어야 한다. 또한 무중력 및 진공 상태의 우주공간에서 탑승자가 조종할 수 있는 환경을 제공할 수 있어야 한다.

항공우주선의 개발역사는 로켓의 단일성 사용에 대해 여러 번 반복해서 사용할 수 있는 우주왕복선을 만들어보자는 것에 착안하여 미국의 R. 닉슨 대통령이 1972년에 계획을 승인하여 시작되었다. 1977년 엔터프라이즈호를 시작으로 디스커버리호, 아틀란티스호 및 챌린저호가 개발되었다.

항공우주선은 우주선이 거대한 로켓을 올라타고 있는 형상이다. 최종적으로 위성궤도에 도달하는 항공우주선, 액체수소와 액체산소로 채워져 액체연료를 공급하는 거대한 연료탱크 및 지구 중력을 극복하고 지상에서 쏘아 올리는 고체연료로켓으로 구성되어 있다. 고체연료 로켓은 발사 후 2분이 경과하면 분리되어 낙하산에 의해 바다로 떨어지며 이것은 다시 20회 이상 재사용할 수 있다.

▲ 버진 갤러틱사 유인우주선 스페이스십2 VSS유니티

또한 2021년 민간 우주관광을 위한 우주선 발사에 성공하면서 본격적인 민간 우주관광 산업의 발전 및 지속적인 성장이 이루어지고 있다. 2021년 7월 11일 버진 갤러틱은 유인 우주선 '스페이스십2 VSS 유니티'를 타고 첫 민간 유인 우주비행에 성공하였다.

이로부터 9일 후 블루오리진은 창업자 제프 베조스 등 4명이 탑승한 우주선 '뉴세퍼드' 또한 비행에 성공하였다. 2021년 9월 인스퍼레이션4(Inspiration4) 프로젝트로써, 스페이스X사가 개발한 우주선 크루드래곤을 실은 로켓 팰컨9이 미국 플로리다주 케이프커내버럴 케네디 우주센터에서 발사되었으며, 민간인 4명이 탑승한 우주선을 통해 3일 간 우주여행에 성공하였다.

07 경량항공기

경량항공기제도는 2009년 9월 10일부터 국내에 도입되었다. 과거 항공기 규모에는 미치지 못하나 초경량비행장치 범주를 벗어나는 기기를 제도권 내로 흡수하였다. 항공안전을 증진시키고 국민의 항공레저 수요를 충족시키고자 규모가 큰 초경량비행장치를 대상으로 제도를 시행하였으며, 미국의 스포츠항공기 제도(LSA, Light Sports Aircraft)를 벤치마킹하여 국내 실정에 적합하게 도입되었다.

항공안전법에 따른 경량항공기란 항공기 외에 비행할 수 있는 것으로 조종형비행기, 체중이동형비행기, 경량헬리콥터, 자이로플레인 및 동력패러슈트 중 다음 각 항에 적합한 것을 말한다.

- 자체중량이 115kg을 초과하고 최대이륙중량이 600kg(수상비행에 사용하는 경우에는 650kg) 이하
- 최대 실속속도 또는 최소 정상비행 속도가 45노트 이하
- 조종사 좌석을 포함한 탑승 좌석이 2개 이하
- 단발 왕복발동기 장착
- 조종석은 여압이 되지 않을 것
- 비행 중 프로펠러의 각도를 조정할 수 없을 것
- 고정된 착륙장치(수상비행에 사용하는 경우에는 고정된 착륙장치 외에 접을 수 있는 착륙장치 장착 가능)

2022년 11월 기준으로 국내에는 조종형비행기 195대, 체중이동형비행기 4대, 경량헬리콥터 7대, 자이로플레인 6대, 동력패러슈트 6대 총 218대의 경량항공기가 등록되어 있으며, 지속적으로 증가할 것으로 예상된다.

▼ 경량항공기의 종류

조종형비행기

경량항공기 중 형태가 다양하고 많이 운용됨. 구조가 일반 비행기와 비슷하여, 구조가 조종면, 동체, 엔진, 착륙장치의 4가지로 구성됨.

체중이동형비행기

행글라이더에 엔진을 부착하여 고도를 상승하면서 비행이 가능하며, 체중을 이동시켜 항공기의 방향을 조종함.

동력패러슈트

패러글라이더에 엔진과 조종석을 장착한 형태로서 패러글라이더가 높은 곳에서 평지로 뛰어내리는 것에 비해 고도 상승이 가능함.

자이로플레인

고정익과 회전익을 조합한 형태로서 위에서 회전하는 프로펠러에서 양력을 얻고 조종석 뒤의 수직 프로펠러에서 추진력을 얻어 비행함.

경량헬리콥터

일반 헬리콥터와 구조가 유사한 형태이나 소형임.

08 초경량 비행장치

초경량 비행장치는 동력비행장치, 행글라이더, 패러글라이더, 기구류 및 무인비행장치, 회전익비행장치, 동력패러글라이더, 낙하산류 등을 말하며 유형별로 기체 제한 범위가 규정되어 있다.

동력비행장치의 경우 좌석이 1개이고 자체중량이 115kg 이하이며, 행글라이더와 패러글라이더의 경우 탑승자 및 비상용 장비의 중량을 제외한 자체중량이 70kg 이하이다. 회전익비행장치의 경우 좌석이 1개, 자체중량이 115kg 이하인 초경량 자이로플레인 또는 초경량 헬리콥터가 범주에 포함된다.

무인비행장치의 경우 자체중량이 150kg 이하인 무인비행기, 무인헬리콥터 또는 무인멀티콥터의 무인동력비행장치와 자체중량이 180kg 이하이고 길이가 20m 이하인 무인비행선이 초경량비행장치에 포함된다. 소형 드론 대부분이 '드론 활용의 촉진 및 기반조성에 관한 법률(드론법)'에서 정하는 무인비행장치에 해당한다.

우리나라 초경량비행장치 제도는 1987년 항공법에 관련 조항이 제정되어 1988년 3월 5일부터 시행되었다. 이 당시에는 동력의 유무와 상관없이 사람이 탑승하는 것을 한정하여 초경량비행장치로 분류하였고, 등록(또는 신고)에 관한 의무규정은 포함시키지 않았다.

1991년 항공법 개정으로 초경량비행장치 등록 대상을 정하고, 동력을 이용하지 아니하는 비행장치, 계류식 기구류 및 낙하산류와 같은 초경량비행장치는 등록에서 제외토록 하였다. 특이사항은 기구류 중에 사람이 탑승하지 않는 계류식 기구가 초경량비행장치 범위에 포함된 것이다. 1997년에는 동력비행장치에 포함되어 있던 자이로플레인을 회전익 비행장치로 구분하여 자이로플레인과 초경량 헬리콥터로 세분화 되었다. 2003년 개정 항공법에 따라 초경량비행장치 세부기준 중 성능향상을 위해 발동기를 변경할 경우 무게기준을 1인 150kg 이하를 175kg 이하로, 2인 225kg 이하를 250kg 이하로 상향조정하였다.

현재의 초경량비행장치의 분류기준은 2009년 경량항공기 관련 제도가 도입되면서 초경량비행장치 분류기준이 제정되었으며, 국내에는 2022년 11월 기준으로 약 42,100여 대의 초경량비행장치가 신고되어 운용되고 있다.

▼ 초경량 비행장치의 종류

구분		
동력 비행장치		
	타면조종형	체중이동형
회전익 비행장치		
	자이로 플레인	초경량헬리콥터
기구류		
	열기구	가스기구
동력 패러 글라이더		
	동력패러글라이더 착륙장치 ×	동력패러글라이더 착륙장치 ○

구분		
무인 비행장치		
	무인비행기	무인헬리콥터

	무인멀티콥터	무인비행선
낙하산류		
	행글라이더	패러글라이더

▼ 항공기 분류체계

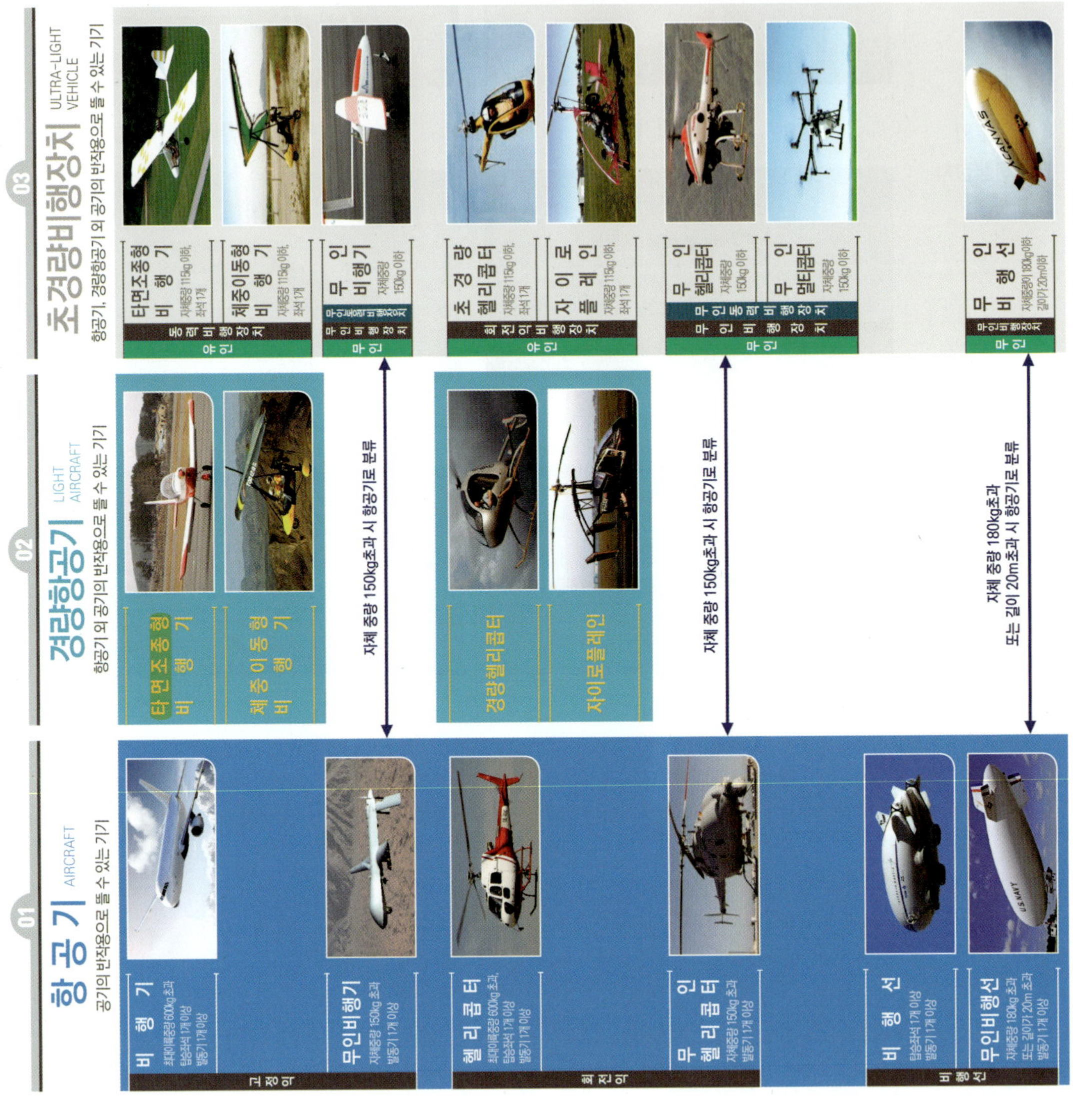
01 항공기 AIRCRAFT
공기의 반작용으로 뜰 수 있는 기기
고정익
비행기
최대이륙중량 600kg 초과
탑승좌석 1개 이상
발동기 1개 이상
무인비행기
자체중량 150kg 초과
발동기 1개 이상
회전익
헬리콥터
최대이륙중량 600kg 초과,
탑승좌석 1개 이상
발동기 1개 이상
무인 헬리콥터
자체중량 150kg 초과
발동기 1개 이상
비행선
비행선
탑승좌석 1개 이상
발동기 1개 이상
무인비행선
자체중량 180kg 초과
또는 길이가 20m 초과
발동기 1개 이상
02 경량항공기 LIGHT AIRCRAFT
항공기 외 공기의 반작용으로 뜰 수 있는 기기
타면조종형 비행기
체중이동형 비행기
경량헬리콥터
자이로플레인
03 초경량비행장치 ULTRA-LIGHT VEHICLE
항공기, 경량항공기 외 공기의 반작용으로 뜰 수 있는 기기
유인
동력비행장치
타면조종형 비행기
자체중량 115kg 이하,
좌석 1개
체중이동형 비행기
자체중량 115kg 이하,
좌석 1개
무인
무인비행장치
무인동력비행장치
무인 비행기
자체중량
150kg 이하
유인
회전익비행장치
초경량 헬리콥터
자체중량 115kg 이하,
좌석 1개
자이로플레인
자체중량 115kg 이하,
좌석 1개
무인
무인비행장치
무인동력비행장치
무인 헬리콥터
자체중량
150kg 이하
무인 멀티콥터
자체중량
150kg 이하
무인
무인비행장치
무인 비행선
자체중량이 180kg이하
길이가 20m이하
자체 중량 150kg초과 시 항공기로 분류
자체 중량 150kg초과 시 항공기로 분류
자체 중량 180kg초과
또는 길이 20m초과 시 항공기로 분류

활공기

활공기
자체중량 70kg 초과

대통령령으로 정하는 기기

항공우주선

최대이륙중량, 좌석 수, 속도 또는 자체중량 등이 국토교통부령으로 정하는 기준을 초과하는 기기

※ 경량항공기기준 (다음 기준 모두 충족)
- 최대이륙중량 600kg이하
- 실속속도 또는 정상비행속도 45knots 이하
- 조종사 좌석 포함 탑승 좌석 2개 이하
- 단발 왕복발동기 장착
- 조종석 여압 불가
- 비행 중 프로펠러 각도 조정 불가
- 고정된 착륙장치

동력패러슈트

기구류 (기체의 성질·온도차를 이용)

유인 — 유인 자유기구

유인·무인 — 계류식 기구

무인 — 무인 자유기구
(유부하 2kg이상 물건을 매달고 비행하는 경우 해당)

유인 — 행글라이더
자체중량 70kg 이하
체중이동, 타면 조종 등의 방법으로 조종

유인 — 패러글라이더
자체중량 70kg이하
날개에 부착된 줄을 이용하여 조종

유인·무인 — 낙하산
항력을 발생시켜 대기 중을 낙하하는 사람 또는 물체 속도를 느리게 하는 비행장치

동력패러글라이더

유인 — 착륙장치없음

유인 — 착륙장치있음
자체중량 115kg 이하, 좌석 1개

▼ 항공기 분류방식 (Classification of aircraft) ICAO 부속서 7(항공기국적 및 등록기호) 기준

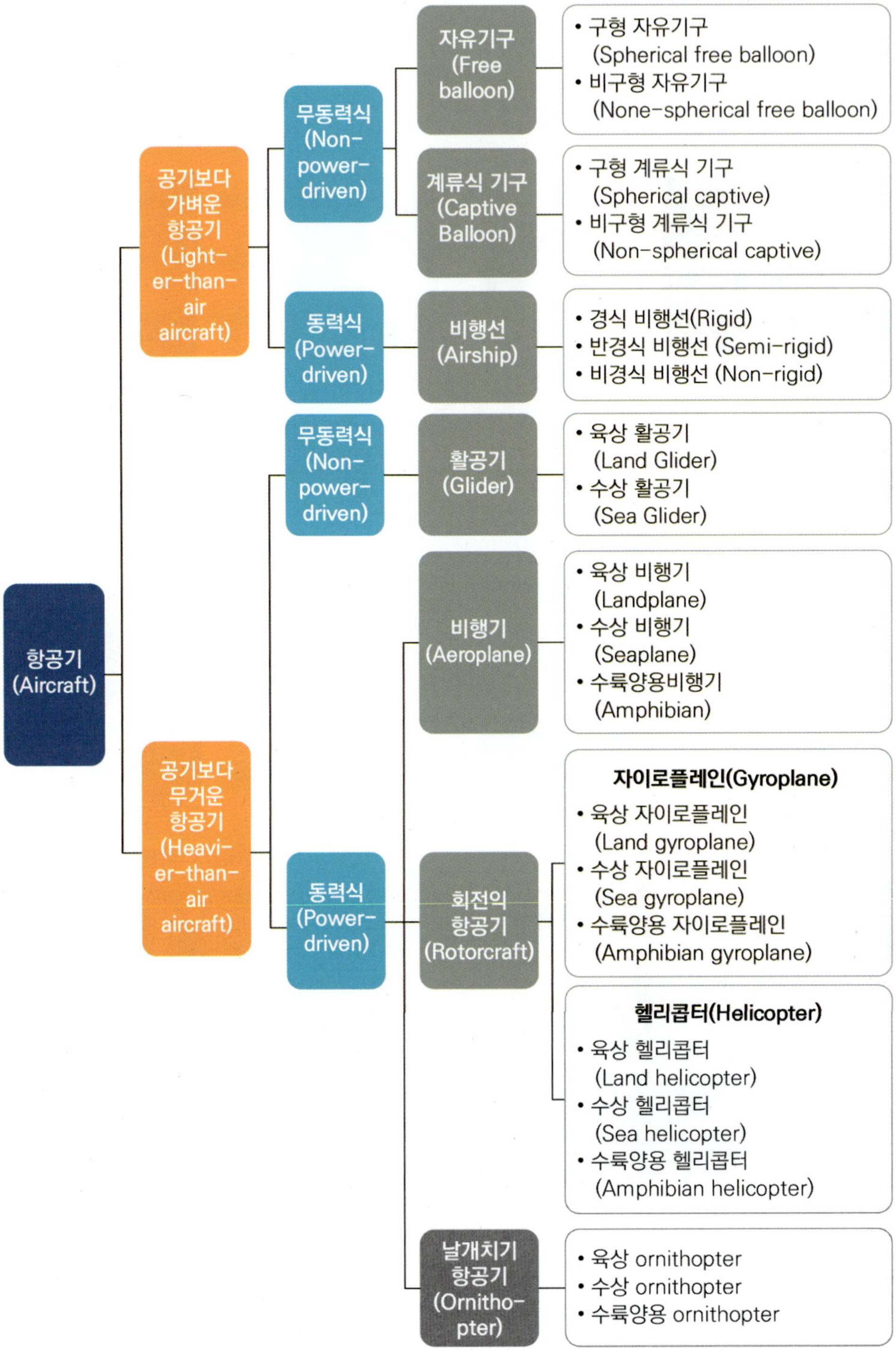

쉬어가기

항공기 등록부호 구성은 어떻게 하는 것일까?

비행기를 이용하다 보면 항공기 기체마다 서로 다른 식별번호를 발견할 수 있다. 영문과 숫자 조합으로 구성되는데, 이를 항공기 등록부호라 한다.

항공기 등록부호는 국적기호(Nationality Mark)와 등록기호(Registration Mark)로 구성된다. 먼저 국적기호는 국제전기통신연합(International Telecommunication Union)에서 지정한 무선통신 호출부호이며, 등록기호는 국적기호 다음에 개별 항공기를 나타내기 위한 것으로 알파벳, 아라비아 숫자 등으로 표시한다. 등록부호는 국적기호에 등록기호를 더한 것으로 우리나라는 HL0000으로 항공기 동체에 표시하고 있으며, 미국은 N, 일본은 JA, 러시아는 RA, 프랑스는 F, 영국은 G로 시작하며 영문 이니셜만으로 등록 국가를 알 수 있다.

▲ 국적항공사 등록부호

IV

항공법령

01 국내 항공법령 현황

국토교통부는 항공산업의 체계적인 성장과 건전한 발전을 위한 항공 분야의 주요 정책들을 제도화하고 안정적으로 관리하기 위해 항공사업, 항공안전 및 보안, 공항 및 환경 분야에 대한 12개의 법률과 그에 따른 하위법령을 운영하고 있다.

항공산업 및 사업 분야 관련 법률로는 '항공사업법', '드론 활용의 촉진 및 기반조성에 관한 법률', '국립항공박물관법'이 있다. '항공사업법'은 항공운송사업, 항공기사용사업, 항공기정비업 및 항공기취급업 등의 사업면허 또는 등록에 관한 사항과 항공교통이용자에 대한 보호와 항공사업의 진흥 및 육성 등에 관한 내용을 포함한다. '드론 활용의 촉진 및 기반조성에 관한 법률'은 드론산업 육성을 통한 국제경쟁력 확보를 위해 사업화 촉진 및 규제특례 도입, 우수기업 육성지원, 산업특구 조성 등에 대한 사항을 골자로 신산업의 발전을 도모하고자 마련된 법률이다. '국립항공박물관법'은 항공산업·문화 유산의 체계적인 관리 등을 위하여 국립항공박물관을 특수법인으로 설립·운영하기 위해 마련된 법률이다.

항공안전 분야에는 '항공안전법'과 '항공안전기술원법', '항공·철도사고조사에 관한 법률'이 있다. '항공안전법'은 항공종사자의 의무, 항공기 운항, 항공교통 및 공역의 관리 등에 대한 안전기준을 총망라하고 있으며 '항공안전기술원법'은 항공안전에 관한 인증·시험·연구·기술개발 등을 수행하는 전문기관인 항공안전기술원의 설립과 운영에 관한 내용을 담고 있다. '항공·철도사고조사에 관한 법률'은 독립적인 항공사고 조사기구의 설치와 사고조사의 객관성 확보에 관한 사항을 규정하고 있다.

항공보안에 대해서는 '항공보안법'이 있으며, 공항시설, 항행안전시설 및 항공기 내에서의 불법행위를 방지하고 민간항공의 보안을 확보하기 위한 기준·절차 및 의무사항 등을 규정하고 있다.

공항 및 환경 분야에 관한 법률로는 '공항시설법', '공항소음 방지 및 소음대책 지역 지원에 관한 법률', '인천국제공항공사법', '한국공항공사법'과 '가덕도신공항 건설을 위한 특별법'이 있다. '공항시설법'은 공항·비행장 및 항행안전시설의 설치 및 운영 등에 관한 사항을 정한 공항정책에 관한 기본법이며, '공항소음 방지 및 소음대책 지역 지원에 관한 법률'은 공항소음대책사업 및 소음부담금 부과 등 공항소음 전반에 대한 대책을 마련하고 있는 특별법이다. '인천국제공항공사법'과 '한국공항공사법'

은 각각 인천국제공항공사 및 한국공항공사의 설립 목적, 사업범위 및 운영 등에 관한 사항을 정하고 있으며, '가덕도신공항 건설을 위한 특별법'은 가덕도신공항의 신속한 건설에 필요한 사항을 정하기 위해 2021년도에 제정된 특별법이다.

국토교통부 소관의 법률은 아니나 항공에 관한 내용을 다루고 있는 법률로는 산업기술 연구개발 전반을 관장하는 산업통상자원부에서 운용 중인 '항공우주산업개발촉진법'이 있다. 이 법은 항공우주산업의 합리적 지원·육성 및 항공우주과학기술의 효율적 연구·개발을 위해 제정된 법률로 항공기, 무인항공기, 헬기 및 우주비행체 등에 대한 기술개발 사업 및 관련 정책의 추진체계 등에 대해 정하고 있다.

이 외에도 항공기상에 대한 사항을 정하고 있는 '기상법', 항공기의 수색·구조에 관한 사항을 규정하는 '재난 및 안전관리 기본법', 출입국 심사 및 입출항 항공기의 검색 등에 대한 내용을 정하는 '출입국관리법' 등도 항공기의 운항 및 공항의 운영과 밀접한 관계에 있는 사항을 다루고 있는 법률이다. 국방부에서도 군용항공기 및 군기지 운영에 대해 '군용항공기 운용 등에 관한 법률', '군사기지 및 군사시설보호법' 등 다수의 법률을 제정하여 운영하고 있으나 이 책에서는 관련 내용은 다루지 않겠다.

국내 항공법령의 현황과 주요 내용을 정리하면 다음 표와 같으며 다음 절에서는 법률별 제정목적과 연혁, 내용의 구성 등에 대해 다루겠다.

▼ 항공 관련 법률 현황

법률명	주요내용
1. 항공사업법 (2016. 3. 29. 제정)	• 항공운송사업의 면허, 운임 및 요금인가 • 항공기사용사업, 항공기 정비업 · 취급업 등에 관한 사항 • 항공교통이용자 보호사항 • 항공사업의 진흥 및 항공산업발전조합 등
2. 드론 활용의 촉진 및 기반조성에 관한 법률 (2019. 4. 30. 제정)	• 기본계획 수립과 협의체 운영 등 추진체계 정비 • 드론특별자유화구역 지정, 첨단기술 · 우수기업 지원 • 미래교통 대비 드론교통관리체계 구축 · 운영
3. 국립항공박물관법 (2019. 8. 20. 제정)	• 국립항공박물관의 주요사업 내용 및 정관 • 임원의 구성 및 임기 • 정부출연 근거 및 사업 · 결산 보고 등
4. 항공안전법 (2016. 3. 29. 제정)	• 항공기등록, 안전성인증, 항공종사자 자격 관리 • 항공사업자의 운항증명, 전문교육기관 교육훈련 • 공역관리 등 항공교통업무, 경량항공기 등 안전관리

법률명	주요내용
5. 항공안전기술원법 (2014. 5. 21. 제정)	• 항공안전기술원의 주요사업 내용 및 정관 • 임원의 구성 및 임기 • 항공안전기술원의 정부출연 근거 및 사업 · 결산 보고 등
6. 항공 · 철도사고 조사에 관한 법률 (2005. 11. 8. 제정)	• 항공 · 철도사고조사위원회의 업무 및 구성 • 사고조사의 수행을 위해 필요한 조치 • 항공 · 철도사고 등의 재발방지를 위한 안전권고
7. 항공보안법 (1974. 12. 26. 제정)	• 국가 책무, 공항운영자등 협조의무, 항공보안협의회 운영 등 • 불법행위 방지를 위한 공항시설 및 항공기 등의 보안 • 항공보안장비, 항공보안 위협대응, 벌칙 등
8. 공항시설법 (2016. 3. 29. 제정)	• 공항, 비행장의 개발에 관한 사항 • 공항 및 비행장의 관리 · 운영에 관한 사항 • 항행안전시설의 설치 · 관리 운영에 관한 사항
9. 공항소음 방지 및 소음 대책 지역 지원에 관한 법률 (2010. 3. 22. 제정)	• 소음대책지역 지정 · 고시 • 소음대책사업 및 주민지원사업 • 소음부담금 부과징수 등
10. 한국공항공사법 (2002. 1. 14. 제정)	• 자본 및 출자에 대한 근거 명시 • 공사의 사업 범위 규정 • 국유재산의 무상대부 및 전대 등에 관한 사항
11. 인천국제공항공사법 (1999. 1. 26. 제정)	• 자본 및 출자에 대한 근거 명시 • 공사의 사업 범위 규정 • 국유재산의 무상대부 및 전대 등에 관한 사항
12. 가덕도신공항 건설을 위한 특별법 (2021. 3. 16. 제정)	• 기본방향, 국가 및 지방자치단체의 책무 • 기본계획, 실시계획, 인허가 의제 등 • 주변지역 개발사업, 신공항 건립추진단, 재정지원 등

02 항공사업법

가. 제정 이유와 목적

「항공사업법」은 항공정책의 수립 및 항공사업에 관하여 필요한 사항을 정하여 대한민국 항공사업의 체계적인 성장과 경쟁력 강화 기반을 마련하는 한편, 항공사업의 질서유지 및 건전한 발전을 도모하고 이용자의 편의를 향상시켜 국민경제의 발전과 공공복리의 증진에 이바지함을 목적으로 2016년 3월 29일 제정되어 2017년 3월 30일부터 시행하게 되었다.

나. 연혁

우리나라는 1921년 제정되어 1927년부터 시행된 「일본항공법(구 항공법)」을 사용하다가 구 항공법을 폐지하고 새로운 우리나라 항공법을 제정해야 된다는 논의에 따라 1958년 미국 연방항공청(FAA)의 항공법 전문가를 초빙하여 초안을 작성하였다. 초안을 토대로 마련한 구 교통부 초안이 사전심사를 거쳐 1960년 11월 국무회의에서 의결되어 국회에 제출되었으며, 1961년 1월 11일 제38차 민의원 및 같은 해 2월 22일에 제17차 참의원 회의를 통과하여 1961년 3월 7일 정부에 의해 법률 제591호로 공포되었고 같은 해 6월 8일부터 시행되었다.

「항공법」은 「국제민간항공협약」의 규정과 동 협약의 부속서로서 채택된 표준과 방식에 따라 항공기 등이 안전하게 항행하기 위한 방법을 정하며 아울러 항공운송사업의 질서를 확립하여 항공의 발달을 도모하는 것을 목적으로 1961년 3월 7일 제정되었다. 이후 총 67차(일부개정 27, 전면개정 1, 타법개정 39)의 개정을 거치며 항공안전, 항공사업, 공항시설 등 항공관련 사항을 망라한 항공분야의 기본법 역할을 해왔으나 그 내용이 방대하여 국제 기준 변화에 신속히 대응하는 데 미흡한 측면이 있고, 여러 차례의 개정으로 법 체계가 복잡하여 국민이 이해하기 어렵다는 문제가 제기되었다. 이에 국토교통부는 국제기준 변화에 탄력적으로 대응하고, 업무추진 효율성 및 법령 수요자의 접근성을 제고하고자 항공 관련 법규의 체계와 내용을 알기 쉽도록 「항공법」을 「항공사업법」, 「항공안전법」 및 「공항시설법」으로 분법하는 작업을 추진하였고 2016년 3월 29일 각각의 법이 제정되고 2017년 3월 30일부터 시행되면서 항공법은 폐지되었다.

「항공사업법」은 기존 「항공법」 중 항공운송사업 등 항공사업에 관한 분야와 「항공운송사업 진흥법」을 통합하고, 경량항공기서비스업을 도입하며, 각 항공사업별로 과징금의 상한을 합리적으로 조정하고, 항공요금에 유류할증료 등을 포함한 총액요금으로 표시하도록 하는 등 기존 제도의 운영상 나타난 일부 미비점을 개선·보완하여 제정되었고 제정 이후 2022년 12월까지 총 10차(일부개정 9, 타법개정 1)에 걸쳐 개정되었으며, 이 중 주요 개정 내용은 다음과 같다.

2016년 12월 2일, 최대이륙중량이 25kg 이하인 무인비행장치만을 사용하여 초경량비행장치사용사업을 하는 경우는 초경량비행장치사용사업의 등록기준(자본금 또는 자산평가액이 3천만 원 이상으로서 대통령령으로 정하는 금액 이상을 갖출 것)의 예외를 둘 수 있도록 하는 내용으로 일부개정(법률 제14346호)하였다.

2017년 1월 17일, 항공기를 이용한 비행훈련 업무를 하는 항공기사용사업자가 교육생으로부터 고가의 교육비를 선납받은 후 경영악화를 겪거나 폐업을 하는 경우에 교육비의 환불조치가 원활하게 이루어질 수 있도록 하기 위하여 비행훈련업자에게 교육생의 손해를 배상할 것을 내용으로 하는 보증보험, 공제 또는 영업보증금에 가입하거나 예치하도록 하는 내용을 신설하고 항공운송 승객 및 제3자 등을 보호하고자 항공운송사업자 등의 보험가입 관련 자료제출 의무를 강화할 수 있도록 법률에 근거를 마련하고, 과태료 등 제재조항 신설을 통해 항공보험 관리체계를 개선하는 등의 내용으로 일부개정(법률 제14550호)하였다.

2019년 8월 27일, 국내 항공운송사업 또는 국제 항공운송사업의 신규 면허 취득 시 항공교통안전에 미치는 영향을 면밀히 검토할 수 있도록 면허기준 중 안전관련 요건을 구체화하고, 교통약자를 보호하고 교통약자의 이동권을 보장하기 위하여 국토교통부장관이 항공교통사업자가 준수하여야 하는 교통약자의 항공교통이용 편의기준을 정할 수 있도록 하는 한편, 부실한 항공운송사업자가 시장에서 퇴출될 수 있도록 사업개선 명령 후 2분의 1 이상 자본잠식이 3년 이상 지속되는 경우에 면허의 취소 등을 할 수 있도록 하던 것을, 자본잠식이 2년 이상 지속되는 경우로 행정처분의 요건을 완화하는 등 현행 제도의 운영상 나타난 일부 미비점을 개선·보완하는 내용으로 일부개정(법률 제16565호)하였다.

2019년 11월 26일, 국토교통부장관이 항공운송사업자의 신청을 받아 운항시각을 배분·조정할 수 있는 사유를 확대하고, 공공복리를 위하여 직권으로 운항시각을 배분·조정할 수 있도록 하는 한편, 항공기에 탑승 중인 승객을 장시간 기내에서 대기하도록 하는 문제를 개선하고자 이동지역에서의 지연 금지 등에 관한 사항을 정하는 등의 내용으로 일부개정(법률 제16642호)하였다.

2020년 6월 9일, 무인비행장치 등 초경량비행장치를 소유한 국가, 지방자치단체, 공공기관이 보험 또는 공제에 가입하도록 의무화함으로써 사고 발생 시 피해보상 등 사후 처리에 적극적으로 대비할 수 있도록 하는 내용으로 일부개정(법률 제17462호)하였다.

2021년 12월 7일, 초경량비행장치사용사업의 등록 및 변경신고, 양도·양수·합병·상속·휴업·폐업 등의 신고 및 사업개선 명령에 관한 업무를 한국교통안전공단이 위탁받아 수행하도록 하여 전국에 분포된 공단의 지역본부를 활용, 고객들의 서비스 접점을 증대시키는 등의 내용으로 일부개정(법률 제18565호)하였다.

2022년 1월 18일, COVID-19의 전 세계적 확산으로 항공산업의 위기가 장기화되고 있음에도 항공산업을 체계적으로 지원하고 육성하기 위한 금융시스템은 미흡한 상황이었다. 이에 대해 항공사업자 및 항공산업 발전을 위하여 필요하다고 인정되는 사업을 영위하는 자가 구성원이 되는 항공산업발전조합의 설립 근거를 마련하여, 항공산업의 발전을 위한 재원을 적립하고 이를 활용한 공적보증, 투자펀드 조성, 조합원에 대한 융자 등의 사업을 수행할 수 있도록 함으로써 항공산업의 자생적인 발전을 유도하고 경쟁력을 강화하는 등의 내용으로 일부개정(법률 제18788호)하였다.

다. 주요 조문 내용 요약 및 설명

「항공사업법」은 항공운송사업, 항공기사용사업 등 항공사업 관련 전반적인 사항을 규정하며 총칙(제1장), 항공운송사업(제2장), 항공기사용사업 등(제3장), 외국인국제항공운송사업(제4장), 항공교통이용자 보호(제5장), 항공사업의 진흥(제6장), 항공산업발전조합(제6장의 2), 보칙(제7장), 벌칙(제8장)의 총 8장, 95개의 조문으로 구성되어 있다. 「항공사업법」에서 위임된 사항과 그 시행에 필요한 사항을 규정한 하위법령인 「항공사업법 시행령」은 총 37개 조문으로 구성되어 있으며, 「항공사업법 시행규칙」은 총 82개 조문으로 구성되어 있다.

제1장 총칙(제1조~제6조)

「항공사업법」의 시작에 해당하는 총칙은 총 6개 조문으로 구성되어 있으며, 제1조는 이 법의 목적(항공정책의 수립 및 항공사업에 관하여 필요한 사항을 정하여 대한민국 항공사업의 체계적인 성장과 경쟁력 강화 기반을 마련하는 한편, 항공사업의 질서유지 및 건전한 발전을 도모하고 이용자의 편의를 향상시켜 국민경제의 발전과 공공복리의 증진에 이바지함)을 명시하고 있다.

제2조에서는 용어의 정의를 규정하고 있으며, 제3조는 항공정책기본계획의 수립, 제4조는 항공정책위원회의 설치 및 운영, 제5조는 항공기술개발계획의 수립, 제6조에서는 항공사업의 정보화에 관한 사항을 규정하고 있다.

제2장 항공운송사업(제7조~제29조)

여객 및 화물운송에 관한 내용을 규정한 제2장은 총 23개 조문으로 구성되어 있으며, 제7조부터 제9조까지는 국내 항공운송사업과 국제항공운송사업 면허의 기준 및 결격사유 등을, 제10조에서는 소형항공운송사업의 등록에 관한 사항을, 제11조부터 제19조까지는 항공기사고 시 지원계획서의 제출, 사업계획의 변경, 항공운송사업 운임 및 요금의 인가, 운수에 관한 협정체결의 인가, 국제항공 운수권·영공 통과이용권·항공기 운항시각의 배분 등 항공운송사업의 경영에 관한 사항을, 제20조부터 제26조까지는 항공운송사업 면허의 대여금지, 항공운송사업의 양도·양수, 법인의 합병 및 상속에 관한 사항, 항공운송사업의 휴업과 노선의 휴지, 항공운송사업의 폐업과 노선의 폐지 등에 관한 사항을, 제27조부터 제29조까지는 사업개선명령, 항공운송사업 면허의 취소 및 과징금 부과 등에 관한 사항을 규정하고 있다.

제3장 항공기사용사업 등(제30조~제53조)

항공운송사업 외 항공사업에 대한 사항을 규정한 제3장은 총 7개의 절 25개 조문으로 구성되어 있다. 제1절(제30조~제41조)은 항공기사용사업의 등록, 운항개시의 의무 및 사업계획의 변경, 명의대여 금지, 항공기사용사업의 양도·양수, 법인의 합병, 상속, 휴업, 폐업 및 사업개선 명령, 등록의 취소 및 과징금 부과 등에 관한 사항을 규정한 13개의 조문으로 구성되어 있다. 제2절에서 제6절까지(제42조~제51조)는 항공기정비업, 항공기취급업, 항공기대여업, 초경량비행장치사용사업 및 항공레저스포츠사업의 등록과 경영에 관한 사항을, 제7절(제52조~제53조)은 상업서류송달업 등의 신고와 경영에 관한 사항을 규정하고 있다.

제4장 외국인 국제항공운송사업(제54조~제60조)

대한민국 국민이 아닌 사람, 외국의 법인 또는 단체 등의 국제항공운송사업의 허가에 관한 사항, 외국 항공기의 유상운송, 외국인 국제항공운송사업의 휴업, 허가의 취소 및 군수품 수송의 금지 등에 관한 사항을 규정하는 총 7개의 조문으로 구성되어 있다.

제5장 항공교통이용자 보호(제61조~제64조)

항공교통이용자를 항공교통사업자의 운송 불이행 및 지연, 위탁수하물의 분실·파손, 항공권 초과판매 등의 피해로부터 보호하기 위해 항공교통사업자에게 피해구제 절차 및 처리계획을 수립하게 하는 등 항공교통이용자의 보호에 관한 사항, 이동지역에서의 지연 금지, 운송약관 등의 비치, 항공교통서비스평가 등에 관한 사항을 규정하는 총 5개의 조문으로 구성되어 있다.

제6장 항공사업의 진흥(제65조~제69조의2)

제65조부터 제67조까지는 항공사업자에 대한 재정지원, 항공기담보의 특례, 보조 또는 융자 자금의 목적 외 사용금지와 감독 등에 관한 사항을, 제68조에서는 한국항공협의 설립 근거를 규정하고 제69조부터 제69조의2에서는 항공 관련 기관·단체 및 항공산업의 육성, 무인항공 분야 항공산업의 안전증진 및 활성화에 관한 사항을 규정하는 총 6개의 조문으로 구성되어 있다.

제6장의2 항공산업발전조합(제69조의3~제69조의10)

항공사업자 및 항공산업 발전을 위하여 필요하다고 인정되는 사업을 영위하는 자가 항공산업의 발전과 원활한 경영활동의 수행을 도모하고 이에 필요한 각종 보증 및 자금의 융자 등을 위하여 항공산업발전조합을 설립할 수 있는 근거, 항공산업발전조합의 사업, 운영위원회, 기본재산의 조성 및 비용의 보조 등에 관한 사항을 규정하는 총 8개의 조문으로 구성되어 있다.

제7장 보칙(제70조~제76조)

제7장은 총 7개 조문으로 구성되어 있으며, 항공운송사업자, 항공기사용사업자 등의 항공보험 등의 가입의무, 각종 수수료 징수, 소속기관 또는 항공 관련 기관·단체에서 항공 관계 활동을 수행할 수 있는 권한을 부여하는 행정권한의 위임·위탁 근거 및 청문절차, 수수료 징수, 벌칙 적용에서 공무원 의제 등의 내용을 규정하고 있다.

제8장 벌칙(제77조~제84조)

제8장은 총 8개 조문으로 구성되어 있으며 항공사업법 준수의무를 강제하기 위해 형벌(벌금 부과 등) 및 행정처분(과태료 부과) 사항을 위반사안별, 위반자의 재정적 능력 등을 고려하여 처분 내용을 세분화·구체화하여 규정하고 있다.

03 드론 활용의 촉진 및 기반조성에 관한 법률 (약칭 : 드론법)

가. 제정 이유와 목적

4차 산업혁명 시대의 핵심 산업인 드론산업을 체계적이고 효율적으로 육성하기 위한 정책추진 체계의 구축 방안과 드론시스템의 기술개발, 실용화 및 사업화 등을 촉진하기 위해 각종 특례 및 지원 방안에 관한 법적 기반을 마련함으로써 글로벌 시장에서 드론산업의 경쟁력을 제고하고, 국가경제의 지속가능한 발전과 국민의 삶의 질 향상에 기여하기 위해 제정되었다.

나. 연혁

드론산업은 소재·부품·통신·항행·전문인력 등이 융합된 시스템산업으로 일관된 정부의 관리·지원이 필요하나, 「항공안전법」 및 「항공사업법」 체계하에서 산업육성을 지원하기에는 한계가 있다. 이에 국토교통부는 드론 활용에 선제적으로 대비하기 위한 종합적인 관리·지원체계를 마련하고자 2019년 4월 30일 법률 제16420호로 제정하였고 이후 2차에 걸쳐 개정되었다. 주요 내용은 다음과 같다.

2021년 12월 7일 법률 제18556호로 일부개정하였으며 드론산업의 빠른 성장을 지원하고자 국가 및 지방자치단체가 공공부분에서 드론을 다양하게 활용토록 규정하고, 드론교통관리시스템의 원활한 구축·운영을 위해 관계기관이 긴밀히 협력하도록 현행제도의 운영과정에서 나타난 일부 미비점을 개선·보완하였다.

다. 주요 조문 내용 요약 및 설명

총 26개 조항으로 이루어진 「드론법」은 드론산업의 발전을 위한 기본계획 수립부터 산업육성을 위한 연구·개발 지원, 실증과 상용화를 위한 특별자유화구역 및 시범사업구역의 지정, 안전한 드론 항행관리 등을 위해 경로설정·AI 관제·클라우드 등 드론전용 교통관리시스템의 구축·운영에 이르기까지 드론 산업의 발전의 전 생애주기를 지원할 수 있는 내용을 담고 있다.

04 국립항공박물관법

가. 제정 이유와 목적

「국립항공박물관법」은 항공문화의 진흥과 항공산업 발전에 이바지하기 위해 설립한 국립항공박물관 개관을 앞두고, 기관 운영의 효율성과 책임성 제고 등을 위하여 2019년 8월 20일 제정(법률 제16490호)되었다.

나. 연혁

2019년 8월 20일 법률 제16490호로 제정되어, 본문 25개 조항과 부칙 7개 조항으로 구성되어 있으며 개정 이력은 없다.

다. 주요 조문 내용 요약 및 설명

「국립항공박물관법」 제2조에서는 국립항공박물관을 법인으로 명시하고 있으며, 제5조는 박물관 자료의 수집·보존·관리 및 전시, 조사·연구를 비롯하여 박물관 자료에 관한 간행물의 제작 및 배포 등 박물관의 사업 수행범위를 정하고 있다.

제6조부터 제10조까지는 박물관 임원의 임기·직무와 이사회의 운영에 관하여 규정하고 있으며, 제11조에서는 박물관 사업 및 운영에 필요한 경비를 수입금 및 출연금·기부금으로 충당할 수 있는 근거를 마련하였다.

이 외에도 제15조는 국가 소유 박물관 자료의 전문적인 보존·연구를 위해 그 관리를 박물관에 위탁할 수 있도록 하고 있으며, 제21조는 동 법에 따른 기관 외에 국립항공박물관의 명칭을 사용할 수 없도록 금지하고 있다.

05 항공안전법

가. 제정 이유와 목적

앞서 「항공사업법」의 제정이유에서 서술한 바와 같이, 1961년 제정된 「항공법」은 항공사업, 항공안전, 공항시설 등 항공 관련 분야를 망라하고 있어 국제기준 변화에 신속히 대응하는 데 미흡한 측면이 있고, 여러 차례의 개정으로 법체계가 복잡했다. 이에 대한 대책으로 항공기의 등록·안전성인증, 항공기운항규칙 등 항공안전에 관한 사항만을 분리하여 「항공안전법」으로 제정함으로써 국제기준의 변화에 탄력적으로 대응하고, 국민들의 이해를 제고하고자 하였다. 아울러, 항공안전관리시스템의 도입 대상을 확대하는 등 현행 제도의 운영상 나타난 일부 미비점을 개선·보완하여 2016년 3월 29일 제정하고 2017년 3월 30일부터 시행하게 되었다.

나. 연혁

「항공안전법」은 2016년 3월 29일 제정 이후 2022년 11월 기준 총 14차(일부개정 12, 타법개정 2)에 걸쳐 개정되었으며, 주요 내용은 다음과 같다.

2017년 1월 17일 법률 제14551호로 일부개정하였으며 주요 개정사항은 아래와 같다.

① 최대이륙중량 600kg 초과 5,700kg 이하인 비행기에는 사고예방 및 안전운항에 필요한 장비를 추가로 설치할 수 있도록 함.

② 포장·용기검사기관의 지정 취소 또는 정지 사유로 포장·용기검사기관이 국토교통부장관이 고시한 포장 및 용기의 검사방법·합격기준 등을 위반하여 안전성검사를 한 경우를 추가함.

③ 항공기사용사업자가 법률을 위반할 경우 6개월 이하의 기간을 정하여 명하는 항공기 운항의 정지 처분의 세분기준 및 절차를 국토교통부령에서 정할 수 있도록 위임근거를 신설함.

④ 항공안전 연구·분석 업무에 대한 국토교통부장관의 권한을 항공안전기술원 등에 위탁할 수 있는 근거를 마련함.

⑤ 벌금액을 국민권익위원회의 권고안 및 국회사무처 법제예규의 기준인 징역 1년당 1천만 원의 비율로 개정함.

2019년 8월 27일 법률 제16566호로 일부개정하였으며 주요 개정사항은 아래와 같다.

① 국제민간항공기구 부속서의 개정사항을 반영하여 항공안전위해요인, 위험도, 항공안전데이터 및 항공안전정보에 관한 정의를 신설함.
② 항공정비사 자격의 경우 경량항공기의 종류에 따라 자격증명에 대한 한정을 할 수 있도록 하고, 한정된 종류의 경량항공기 외의 항공업무에 종사한 경우 자격증명 취소 등을 할 수 있는 근거를 마련함.
③ 항공안전프로그램에 따라 항공안전관리시스템을 마련해야 하는 대상을 모든 항공운송사업자에서 운항증명을 받은 항공운송사업자로 축소하는 등 항공안전관리시스템 구축 의무 관련 규제를 완화함.
④ 항공운송사업자 또는 레이더를 이용하여 항공교통관제업무를 수행하는 자는 수집한 자료와 그 분석결과를 항공기사고 등을 예방하고 항공안전을 확보할 목적으로만 사용하도록 함.
⑤ 국토교통부장관은 항공안전 의무보고를 통해 접수한 내용을 제3자에게 제공하거나 일반에게 공개하지 못하도록 하고, 누구든지 항공안전 의무보고를 한 사람에 대하여 해고·전보·징계 등 불이익한 조치를 취하지 못하도록 함.
⑥ 국토교통부장관은 항공안전의 증진을 위하여 항공안전데이터와 항공안전정보의 수집·저장·통합·분석 등의 업무를 전자적으로 처리하기 위한 통합항공안전데이터수집분석시스템을 구축·운영할 수 있도록 함.
⑦ 국가기관 등이 소유하거나 임차한 무인비행장치를 재해·재난 등으로 인한 수색·구조, 화재의 진화, 응급환자 후송 등의 공공목적으로 긴급히 비행하는 경우 해당 국가기관 등의 장이 사전에 그 사실을 국토교통부장관에게 알리면 비행승인을 받은 것으로 보도록 함.

2021년 12월 7일 법률 제18566호로 일부개정하였으며 주요 개정사항은 아래와 같다.

① 외국인, 외국의 법인 등이 법인의 주식이나 지분의 2분의 1 이상을 소유하거나 그 사업을 사실상 지배하는 법인일 경우에도 「항공사업법」 제2조제1호에 따른 항공사업의 목적으로 항공기를 등록하려는 경우에만 항공기 등록을 제한하도록 함.
② 항공종사자 등이 음주측정을 거부하는 경우 해당 자격증명등을 당연취소하도

록 함.

③ 국토교통부장관의 승인을 받지 아니하고 초경량비행장치 비행제한공역을 비행하거나 관제권에서 비행하여 비행장 운영에 지장을 초래한 사람을 500만 원 이하의 벌금에 처하도록 함.

④ 초경량비행장치사용사업에 대한 안전개선명령 업무 및 항공안전 활동에 관한 업무를 한국교통안전공단 등에 위탁할 수 있도록 함.

⑤ 초경량비행장치 조종자 증명을 받지 아니하고 초경량비행장치를 사용하여 비행한 사람은 400만 원 이하의 과태료를 부과하고, 국토교통부장관의 승인을 받지 아니하고 초경량비행장치를 사용하여 비행한 사람 등에 대하여는 300만 원 이하의 과태료를 부과하도록 함.

2022년 1월 18일 법률 제18789호로 일부개정하였으며 주요 개정사항은 아래와 같다.

① 항공신체검사증명이 항공업무의 범위 또는 유효기간을 한정하여 발급될 수 있다는 사실을 명시하고, 항공업무의 범위 또는 유효기간을 한정한 항공신체검사증명서를 발급받은 사람이 그 범위 또는 유효기간을 준수하도록 의무화하며, 이를 위반한 경우 항공종사자의 항공신체검사증명을 취소하거나 효력정지를 명할 수 있도록 함.

② 국토교통부장관, 항공교통업무증명을 받은 자, 항공운송사업자, 항공기사용사업자 또는 국외운항항공기 소유자등에게 건강증진활동계획 수립·시행을 할 것을 의무화하고, 이를 위반할 경우에 대한 과태료 부과 근거를 마련함.

③ 항공신체검사증명을 받은 운항승무원 및 항공교통관제사는 신체적·정신적 상태의 저하가 있는 경우 이를 항공전문의사의 소견서를 첨부하여 국토교통부장관에게 신고하도록 하고 항공업무에의 종사를 일정기간 정지하며, 국토교통부장관은 지체 없이 해당 상태가 항공신체검사증명의 기준에 적합한지 여부를 확인하여 그 결과를 당사자에게 통지하도록 하고, 이를 위반한 경우 자격증명 등의 취소나 효력정지 처분을 내릴 수 있도록 하며, 해당 신체적·정신적 상태의 저하 등에 대한 신고 접수 업무 등의 위탁근거를 마련함.

④ 항공기 조종연습허가서, 항공교통관제연습허가서 또는 항공신체검사증명서를 소지하지 않고 조종연습 또는 항공교통관제연습을 수행한 경우 연습허가 등의 취소 또는 효력정지를 할 수 있도록 함.

⑤ 자격증명·항공신체검사증명의 효력정지를 명할 때 상위 자격에 대한 효력정지를 할 경우 하위 자격을 포함하여 효력정지를 하도록 그 대상을 명확히 규정함.

⑥ 자격증명등의 시험에 응시하거나 심사를 받는 사람 또는 항공신체검사를 받는 사람이 부정행위를 한 경우 해당 시험이나 심사 또는 검사를 정지시키거나 무효로 하고 해당 처분을 받은 사람은 그 처분을 받은 날부터 2년간 시험 응시 등을 할 수 없도록 함.

⑦ 항공전문의사 지정 취소 처분을 받은 사람은 항공전문의사 지정 신청을 2년간 할 수 없도록 제한하고, 항공안전 활동을 위한 보고 또는 서류제출의 대상에 항공전문의사를 추가하며, 항공전문의사 지정의 효력정지 처분에 대한 청문 대상에서 항공전문의사 본인이 지정 취소를 요청한 경우를 제외함.

⑧ 항공종사자 자격증명 및 항공신체검사증명 업무 종사자에 대하여 비밀유지 의무를 신설하고, 이를 위반한 경우 3년 이하의 징역 또는 3천만 원 이하의 벌금에 처하도록 함(제136조의2 및 제163조의2 신설).

다. 주요 조문 내용 요약 및 설명

항공안전법은 총 186개 조문에 달하는 방대한 분량으로 제1장 총칙, 제2장 항공기 등록, 제3장 항공기기술기준 및 형식증명 등, 제4장 항공종사자 등, 제5장 항공기의 운항, 제6장 공역 및 항공교통업무 등, 제7장 항공운송사업자 등에 대한 안전관리(제1절 항공운송사업자에 대한 안전관리, 제2절 항공기사용사업자에 대한 안전관리, 제3절 항공기정비업자에 대한 안전관리), 제8장 외국 항공기, 제9장 경량항공기, 제10장 초경량비행장치, 제11장 보칙, 부칙으로 구성되어 있다.

* 항공안전법의 하위법령인 항공안전법 시행령은 총 33개 조문으로 구성되어 있으며, 항공안전법 시행규칙은 총 11장에 341개 조문으로 구성되어 있다.

제1장 총칙(제1조~제6조)

항공안전법령 전반에 공통적으로 적용되는 사항을 규정한 총칙은 총 6개 조문으로 구성되어 있으며, 「국제민간항공조약」 및 같은 협약의 부속서에서 채택된 표준과 권고되는 방식에 따라 항공기, 경량항공기 또는 초경량비행장치의 안전하고 효율적인 항행을 위한 방법과 국가, 항공사업자 및 항공종사자 등의 의무 등에 관한 사항을 규정함을 목적을 제1조로 명시하고 있다.

제2조에서는 항공안전법령에서 쓰고 있는 용어 중 개념상 중요한 용어이거나 일반적으로 쓰는 용어의 의미와 다른 의미로 사용되는 용어에 대해 법령 자체에서 그 의미를 명확하게 할 목적으로 두게 되는 용어의 정의 규정을 정하고 있으며, 항공기,

경량항공기, 초경량비행장치, 항공업무, 항공기사고 등의 용어를 정의하고 있다.

제3조 군용항공기 등의 적용 특례, 제4조 국가기관항공기의 적용 특례, 제5조 임대자 항공기의 운영에 대한 권한 및 의무 이양의 적용 특례, 제6조에서는 국가항공정책을 총괄하는 항공정책기본계획 등에 관한 사항을 규정하고 있다.

제2장 항공기 등록(제7조~제18조)

항공기 등록에 관한 내용을 총 12개 조문으로 구성되어 있으며, 제3조부터 제18조까지는 항공기 등록, 항공기 국적의 취득, 항공기 소유권, 항공기 등록의 제한, 항공기 등록사항, 항공기 등록증명서의 발급, 항공기 변경·이전·말소등록, 항공기 등록원부의 발급·열람, 항공기 등록기호표의 부착, 항공기 국적 등의 표시에 관한 사항을 규정하고 있다.

제3장 항공기기술기준 및 형식증명 등(제19조~33조)

항공기에 관한 내용이 총 15개 조문으로 구성되어 있다. 제19조부터 제24조까지는 항공기기술기준, 형식증명 등, 형식증명승인, 제작증명, 감항증명[1] 및 감항성 유지, 감항승인을 제25조부터 제28조까지는 소음기준적합증명, 항공기기술기준 변경에 따른 요구, 기술표준품 형식승인, 부품등제작자증명을 규정하고 제29조부터 제33조까지는 과징금의 부과, 수리·개조승인, 항공기등의 검사, 항공기등의 정비 등의 확인에 관한 사항을 규정하고 있다.

제4장 항공종사자 등(제34조~제50조)

항공기 운항과 관계되는 항공종사자 관련 사항을 총 23개 조문으로 구성되어 있다. 제34조부터 제38조까지 항공종사자 자격증명 시험의 실시 및 면제 등 자격증명에 대해 규정하고 있으며, 제39조부터 제39조의3에서는 모의비행장치를 이용한 자격증명 실기시험의 실시 등, 모의비행훈련장치의 지정 등, 항공종사자 자격증명서의 대여 등 금지를 규정하고 있다. 제40조부터 제43조까지는 항공신체검사증명, 항공신체검사명령, 항공업무 등에 종사 제한, 자격증명·항공신체검사증명의 취소 등을 규정하고 제44조 계기비행증명 및 조종교육증명, 제45조 항공영어구술능력증명, 제46조 항공기의 조종연습, 제47조 항공교통관제연습, 제48조부터 제50조까지 전문교육기관의 지정, 전문교육기관 지정의 취소, 전문교육기관 지정을 받은 자에 대한 과징

1 "감항증명"이란 항공기가 안전하게 비행할 수 있는 성능(감항성)이 있다는 증명을 말한다.

금 부과, 항공정문의사의 지정, 항공전문의사 지정의 최소 등을 규정하고 있다.

제5장 항공기의 운항(제51조~제77조)

안전인증을 통과한 항공기를 자격을 가진 자가 운항토록 규정하는 내용으로 총 30개 조문으로 구성되어 있다. 제51조부터 제54조까지는 무선설비 운용, 항공기의 연료, 항공기의 등불과 관련한 사항을 규정하고 있으며, 제55조부터 제77조까지는 운항승무원의 비행경험, 승무원 등의 피로관리, 주류등의 섭취·사용 제한, 항공기 내 흡연금지, 국가 항공안전프로그램 등, 항공안전 의무보고, 사실조사, 항공안전 자율보고, 항공안전데이터 등의 수집 및 처리시스템, 항공안전데이터등의 개인정보 보호, 기장의 권한, 기장 등의 운항자격, 모의비행장치를 이용한 운항자격 심사 등, 항공기 이륙·착륙의 장소, 항공기의 비행규칙, 항공기의 비행 중 금지행위 등, 긴급항공기의 지정 등, 위험물 운송 등, 위험물 포장 및 용기의 검사, 위험물취급에 관한 교육, 전자기기의 사용제한, 회항시간 연장운항의 승인, 수직분리축소공역 등에서의 항공기 운항승인, 승무원 등의 탑승 등, 항공기의 안전운항을 위한 운항기술기준 등 항공기 안전운항과 직접적으로 관련된 사항을 규정하고 있다.

제6장 공역 및 항공교통업무 등(제78조~제89조)

공역 및 항공교통업무에 관한 사항에 대한 총 12개 조문으로 구성되어 있다. 제78조부터 제82조까지 공역 등의 지정, 항공기의 비행제한 등, 공역위원회의 설치, 항공교통안전에 관한 관계 행정기관의 장의 협조, 전시 상황 등에서의 공역관리와 관련한 사항을 규정하고 있으며, 제83조부터 제89조까지 항공교통업무의 제공 등 항공교통업무에 관한 사항과 항공교통업무증명을 받은 자에 대한 과징금 부과 등 제재처분, 수색·구조 지원계획의 수립·시행, 항공정보의 제공 등에 관련된 사항을 규정하고 있다.

제7장 항공운송사업자 등에 대한 안전관리(제90조~제99조)

항공운송사업자, 항공기사용사업자 및 항공기정비업자에 대한 안전관리 사항을 총 3개의 절과 10개 조문으로 구성되어 있다.

제8장 외국 항공기(제100조~제107조)

외국 항공기의 국내 운항 허가 등과 관련된 사항으로 총 8개의 조문으로 구성되어 있으며, 외국 항공기의 항행, 국내사용, 증명서 등의 인정, 외국인 국제항공운송사업자에 대한 운항증명 승인, 외국인 국제항공운송사업의 준수사항 등, 외국인 국제항공운송사업자의 항공기 운항의 정지 등, 외국인 국제항공운송사업자에 대한 준용규정, 외국 항공기의 유상운송에 대한 운항안전성 검사를 규정하고 있다.

제9장 경량항공기(제108조~제121조)

경량항공기에 관한 사항을 총 15개 조문으로 구성되어 있으며 안전성 인증, 조종사 자격증명, 조종사 업무범위, 조종사 자격증명의 한정, 조종사 자격증명 시험의 실시 및 면제, 조종사 자격증명서의 대여 금지, 조종사의 항공신체검사증명, 조종사 자격증명·항공신체검사 증명의 취소 등, 조종교육증명, 조종연습, 전문교육기관의 지정 등, 경량항공기 이륙·착륙의 장소를 규정하고 있다.

제10장 초경량비행장치(제122조~제131조의2)

초경량비행장치에 관한 사항을 총 11개 조문으로 구성되어 있으며 신고, 변경신고 등, 안전성인증, 조종자 증명, 전문교육기관의 지정, 비행승인, 구조 지원 장비 장착, 조종자의 준수사항, 안전개선 명령, 준용규정, 무인비행장치의 적용 특례에 관한 사항을 규정하고 있다.

제11장 보칙(제132조~제137조)

총 8개 조문으로 구성되어 있다. 항공안전감독관의 안전활동을 보장하고 있는 항공안전 활동 및 항공운송사업자에 관한 안전도 정보의 공개, 안전투자의 공시, 타 부처 또는 소속기관, 민간에서 항공 관계 활동을 수행할 수 있는 권한을 부여하는 행정권한의 위임·위탁 근거 및 청문절차, 수수료 징수, 법칙 적용에서 공무원 의제 등의 내용을 규정하고 있다.

제12장 벌칙(138조~제167조)

항공안전법 준수의무를 강제하기 위해 형벌(벌금 부과 등) 및 행정처분(과태료 부과) 사항을 위반사안별, 위반자의 재정적 능력 등을 고려하여 처분 내용을 세분화·구체화하여 규정하고 있다.

06 항공안전기술원법

가. 제정 이유와 목적

항공안전 관련 인증과 항공사고 예방에 필요한 결함분석·국제표준화 기술 연구 등을 전문적으로 수행하는 항공안전기술원을 설립함으로써, 항공안전을 확보하고 항공산업 발전에 이바지하기 위하여 제정되었다.

나. 연혁

본문 23개 조항과 부칙 2개 조항으로 구성, 2014년 5월 21일 법률 제12654호로 제정된 이후 총 5차(일부개정 1, 타법개정 4)에 걸쳐 개정되었으며 2017년 11월 28일 일부 개정(법률 제15126호)은 제22조(벌칙)와 관련한 사항으로 제19조(비밀누설 금지등) 위반자에 대한 벌칙 기준을 징역형 대비 적정 벌금액 수준(징역형 1년당 벌금형 1천만 원)에 따라 "3년 이하의 징역 또는 2천만 원 이하의 벌금"에서 "2년 이하의 징역 또는 2천만 원 이하의 벌금"으로 조정한 것이다.

다. 주요 조문 내용 요약 및 설명

「항공안전기술원법」 제6조에서 효과적인 항공사고 예방기술의 확보를 위해 "항공기 구조 결함분석 및 개선방안 연구·지원"과 "항공기 등에 대한 증명, 승인, 인증 등 기술연구·지원", "항공기 등에 대한 국가공인 비행시험과 국가공인 비행시험 시설의 운영·관리", "항공사고 예방기술개발 및 항공안전 국제표준화 기술연구" 업무를 수행할 수 있는 근거를 마련하였다.

또한, 국가 및 지방자치단체 또는 공공기관 등으로부터 위탁받은 사업, 그밖에 항공안전과 관련한 대통령령으로 정하는 사업으로서 국토교통부 장관이 필요하다고 인정하는 사업을 수행할 수 있도록 함으로써 사업 영역의 확대기반도 마련하였다.

제7조에서는 기술원이 제6조의 사업들을 원활하게 수행할 수 있도록 국가와 국내외 연구기관, 전문단체 또는 산업체와 기술제휴를 하거나 기술용역을 위·수탁할 수

있도록 하였다.

제13조에서 국토교통부장관이 기술원의 설립 및 운영, 사업에 소요되는 경비 등을 출연할 수 있는 규정과 항공기 등의 국가공인 비행시험·지원을 원활하게 수행할 수 있도록 비행종합시험시설 및 설비 등을 구축하여 출연할 수 있도록 하였다.

또한, 제14조에서는 기술원이 국토교통부장관의 승인을 받아 제6조의 사업수행에 따른 수익자에게 필요한 비용을 부담할 수 있게 함으로써, 기관의 재정자립도를 높일 수 있도록 하였다.

07 항공 · 철도 사고조사에 관한 법률 (약칭: 항공철도사고조사법)

가. 제정 이유 및 목적

2000년 국제민간항공기구의 항공안전평가 결과, 항공안전 조직으로부터 독립된 별도의 항공사고 조사기구의 필요성이 제기되었다. 이에 항공·철도사고조사위원회를 설치하여 항공사고 및 철도사고 등에 대한 객관적이고 공정한 조사를 통하여, 사고 원인을 정확하게 규명함으로써 항공사고 및 철도사고 등의 예방과 안전 확보에 이바지하고자 항공철도사고조사법을 제정하였다.

나. 연혁

항공·철도 사고조사에 관한 법률은 2005년 12월 8일 제정(법률 제7692호)되어 2022년 12월 현재 총 10차에 걸쳐 개정되었다.

2009년 6월 9일 법률 제9781호로 일부개정하였으며 주요 개정사항은 항공·철도 사고등이 발생한 것을 알고도 정당한 사유 없이 통보를 하지 아니하거나 거짓으로 통보한 자에게 500만 원 이하의 벌금을 부과하는 사고발생 통보 위반의 죄를 신설한 것이다.

2013년 3월 22일 법률 제11646호로 일부개정하였으며 주요 개정사항은 아래와 같다.

① 국내에서 발생한 외국 항공기의 사고조사 위임근거 신설(해당 항공기의 소속 국가/지역사고조사기구에 사고조사를 위임)

② 안전권고 범위 확대(사고조사 외에 조사 및 연구활동 결과 필요하다고 인정되는 경우를 추가)

③ 항공·철도사고 등과 관계된 사람의 이름을 비공개

④ 국제법 적용 근거 신설(이 법에서 규정하지 아니한 사항은 「국제민간항공조약」과 같은 조약의 부속서(附屬書)에서 채택된 표준과 방식에 따라 실시)

2014년 5월 21일 법률 제12653호로 일부개정하였으며 주요 개정사항은 비밀누설의 죄에 대해 징역형 외에 선택형으로 벌금형 신설(2천만 원 이하)한 것이다.

2021년 5월 18일 법률 제18188호로 일부개정하였으며 주요 개정사항은 과태료 상한액을 1천만 원으로 단일하게 정하던 것을 가벌성이 유사한 행위별로 과태료 상한액을 각각 1천만 원, 500만 원 및 300만 원으로 세분화한 것이다.

다. 주요 조문 내용 요약 및 설명

제3조에서는 항공철도사고조사법의 적용 범위를 정의하였다. 이 법에서 다루는 사고란 대한민국 영역 안에서 발생한 항공·철도사고, 대한민국 영역 밖에서 발생한 항공사고 등으로서 「국제민간항공조약」에 의하여 대한민국을 관할권으로 하는 항공사고를 말한다.

제4조부터 16조에서는 위원회의 운영에 관한 사항을 기술하였다. 위원회의 설치, 위원회의 업무, 위원회의 구성, 위원의 자격, 사무국 설치·운영 등에 관한 내용이 포함되어 있다.

제17조부터 29조는 사고조사의 절차에 관한 내용으로, 주로 항공·철도사고등의 발생 통보 절차, 사고조사단의 구성·운영, 관계인의 의견청취 절차, 조사보고서의 작성, 안전권고 절차, 조사정보 공개금지 등의 내용으로 구성되어 있다.

제30조부터 33조 보칙에서는 독립적인 사고조사 수행 권한의 부여 및 보장에 관한 근거, 비밀누설 금지, 불이익의 금지에 관한 사항 등이 명시되어 있다.

제34조부터 38조에서는 사고조사방해의 죄, 비밀누설의 죄, 사고 발생 통보 위반의 죄, 과태료 부과기준 등이 포함되어 있다.

08 항공보안법

가. 제정 이유와 목적

항공기 납치 방치 및 기내 질서유지 등 항공기 안전운항을 위한 목적으로 1974년 제정된 「항공기운항안전법」을 「항공안전 및 보안에 관한 법률」로 제명을 변경하고, 그 내용을 전부 개정하여 항공보안에 관한 내용을 종합적이고 체계적으로 규율하였다. 이후 민간항공에 대한 불법방해행위에 신속하게 대응하기 위한 국가항공보안 우발계획의 수립 근거를 마련하는 등의 내용을 골자로 2013년 4월 5일에 「항공보안법」으로 그 명칭을 변경·개정하고 2014년 4월 6일 시행하게 되었다.

「항공보안법」은 「국제민간항공협약」 등 국제협약에 따라 공항시설, 항행안전시설 및 항공기 내에서의 불법행위를 방지하고 민간항공의 보안을 확보하기 위한 기준·절차 및 의무사항 등의 규정을 목적으로 하고 있다. 이를 위하여 공항 시설에 대한 보안, 보호구역의 출입허가, 승객 등의 검색, 항공기 내의 보안, 항공보안 위협에 대한 대응 등에 대한 사항을 담고 있다.

나. 연혁

「항공보안법」으로 법의 제명이 변경된 이후 2022년 11월 기준 총 14차에 걸쳐 개정되었으며, 이 중 타법개정을 제외하고 9차에 걸쳐 일부 개정된 주요 내용은 다음과 같다.

2016년 1월 19일 법률 제13811호로 일부개정하였으며 기내 소란행위에 대한 대책으로 운항 중인 항공기 내에서의 소란행위에 대하여 처벌을 강화하고, 기장 등의 업무를 위계 또는 위력으로써 방해하는 행위에 대하여 처벌하는 조항을 신설하는 한편, 승객의 협조의무 위반에 대한 처벌의 전제요건이던 기장의 사전경고 관련 내용을 삭제하여 승객의 협조의무 위반에 대한 처벌의 실효성을 확보하고자 하였다.

2017년 8월 9일 법률 제14870호로 일부개정하였으며 주요 내용은 상용화주의 화물은 예외적인 경우를 제외하고는 이중 보안검색 없이 항공기에 탑재하도록 함으로써 상용화주의 보안검색 책임을 명확히 하고, 항공기의 이륙 전에 승객의 협조의무를 영상물 상영 또는 방송 등을 통하여 안내하도록 하는 것 등이 포함되었다.

2017년 10월 24일 법률 제14954호로 일부개정하였으며 주요 내용은 항공보안장비 성능 인증제를 도입하여 국가인증을 의무화하고, 항공보안장비의 종류·운영·유지관리 등에 관한 기준을 국토교통부장관이 고시토록 하며, 항공보안장비 인증기관과 시험기관을 분리 운영하되, 인증·시험기관을 국토교통부장관이 지도·감독할 수 있도록 하는 것이다.

2020년 6월 9일 법률 제17461호로 일부개정하였으며 주요 내용은 항공보안 강화 및 이용객 편의 제고를 위하여 공항운영자 및 항공운송사업자가 생체정보를 활용하여 본인 일치여부를 확인할 수 있는 근거를 마련하고, 위해물품을 쉽게 확인하기 위한 위해물품 검색시스템 구축·운영 근거를 마련하는 한편, 항공기 내에서의 흡연은 예외 없이 금지되는 위법행위임을 분명히 하는 등 현행 제도의 운영상 나타난 일부 미비점을 개선·보완하는 것이다.

2021년 7월 27일 법률 제18354호로 일부개정하였으며 주요 내용은 승객의 신분증명서 소지와 제시 의무 등 본인 확인과 관련한 사항을 법률에 신설하고, 승객이 위조 또는 변조한 신분증명서를 제시하거나 다른 사람의 신분증명서를 부정하게 사용한 경우 처벌하도록 함으로써 입법적 미비를 해결하고, 제재규정의 실효성을 확보하는 것이다.

다. 주요 조문 내용 요약 및 설명

이 법은 제1조에서 「국제민간항공협약」 등 국제협약에 따라 공항시설, 항행안전시설 및 항공기 내에서의 불법행위를 방지하고 민간항공의 보안을 확보하기 위한 기준·절차 및 의무사항 등을 규정함을 목적으로 하고 있으며, 3조에서는 이 법에서 규정하는 사항 외에는 「항공기 내에서 범한 범죄 및 기타 행위에 관한 협약」, 「항공기의 불법납치 억제를 위한 협약」 등 항공보안에 관련된 국제협약을 따르도록 하고 있다.

또한, 법 9조에는 항공보안에 관한 기본계획을 5년마다 수립하고, 그 내용을 공항운영자, 항공운송사업자, 항공기취급업체, 항공기정비업체, 공항상주업체, 항공여객·화물터미널운영자, 그 밖에 국토교통부령으로 정하는 자에게 통보하여야 하며 10조에는 항공보안 업무를 수행하기 위하여 국가항공보안계획을 수립·시행하여야 한다고 정하고 있다.

제11조부터 13조까지는 공항운영자는 공항시설과 항행안전시설에 대하여 보안에 필요한 조치를 하여야 하고, 보안검색이 완료된 구역, 활주로, 계류장(繫留場) 등 공항시설의 보호를 위하여 필요한 구역을 국토교통부장관의 승인을 받아 보호구역으로 지정하고, 공항운영자의 허가를 받아 보호구역에 출입할 수 있도록 하고 있다.

법 22조에서는 기장이나 기장으로부터 권한을 위임받은 승무원 또는 승객의 항공기 탑승 관련 업무를 지원하는 항공운송사업자 소속 직원 중 기장의 지원요청을 받은 사람은 항공기의 보안을 해치는 행위, 인명이나 재산에 위해를 주는 행위, 항공기 내의 질서를 어지럽히거나 규율을 위반하는 행위를 하려는 사람에 대하여 그 행위를 저지하기 위해 필요한 조치를 할 수 있도록 하고 있다. 23조에서는 항공기 내에 있는 승객은 항공기와 승객의 안전한 운항과 여행을 위하여 폭언 및 고성방가 등 소란행위, 흡연, 술을 마시거나 약물을 복용하고 다른 사람에게 위해를 주는 행위 등을 하여서는 아니된다고 정하고 있다.

법 27조에서는 항공보안장비의 성능 인증을 위한 기준·방법·절차 및 장비운영자가 사용하는 항공보안장비의 성능 검사 등 운영에 필요한 사항은 국토교통부령으로 정하도록 하고, 제27조의3에는 인증업무의 전문성과 신뢰성을 확보하기 위하여 제27조에 따른 항공보안장비의 성능 인증 및 점검 업무를 대통령령으로 정하는 기관에 위탁할 수 있도록 하고 있다. 또한 제27조의4에는 성능 인증을 위하여 항공보안장비의 성능을 평가하는 시험을 실시하는 기관을 지정할 수 있도록 하고 있다.

법 33조에는 국토교통부장관은 소속 공무원을 항공보안 감독관으로 지정하여 항공보안에 관한 점검업무를 수행하게 하여야 하고, 33조의2에서는 민간항공의 보안을 해치거나 해칠 우려가 있는 사실로서 국토교통부령으로 정하는 사실을 안 사람은 국토교통부장관에게 그 사실을 신고할 수 있도록 하고 있다.

그 외, 항공기 파손죄, 항공기 납치죄, 항공시설 파손죄, 항공기 항로 변경죄 등에 대한 벌칙과 과태료 등을 규정하고 있다.

09 공항시설법

가. 제정 이유와 목적

1961년 제정된 「항공법」을 「항공사업법」, 「항공안전법」 및 「공항시설법」으로 분법하여 국제기준 변화에 탄력적으로 대응하고자 제정되었다. 국민이 이해하기 쉽도록 하는 한편, 「공항시설법」에서는 공항개발, 항행안전시설 설치 등 공항시설에 관한 분야와 「수도권신공항건설 촉진법」을 통합하고, 개발사업 시행자에 대한 재정지원 및 토지수용 근거를 마련하며, 비행장개발예정지역 내의 행위제한 근거를 마련하고, 개발사업 실시계획승인 시 관계 행정기관의 장과의 협의기간을 단축하는 등 현행 제도의 운영상 나타난 일부 미비점을 개선·보완하여 2016년 3월 제정하고 2017년 3월 시행하게 되었다.

나. 연혁

「공항시설법」은 2016년 3월 29일 제정 이후 2022년 11월 기준 총 13차(일부개정 7, 타법개정 6)에 걸쳐 개정되었다. 이 중 정부입법으로 추진하여 개정된 주요내용은 다음과 같다.

1차 개정은 항공장애 표시등 및 항공장애 주간(晝間) 표지를 설치하려는 경우에는 국토교통부장관과 협의하고, 설치·철거·변경한 경우 15일 이내에 신고하도록 함으로써 항공기의 안전운항을 도모하는 한편, 법령 규정에 따라 항공장애 표시등 및 항공장애 주간(晝間) 표지를 설치하지 아니하는 경우 이를 이행할 수 있도록 시정명령과 이행강제금 제도를 도입함으로써 제도의 실효성을 높이기 위해 항공장애 표시등의 설치 등(법 제36조), 이행강제금(법 제70조) 신설 등 관련조문을 2017년 8월 9일(법률 제14855호) 일부개정하였다.

2차 개정은 공항시설에서의 불법행위에 대한 제지 또는 불법행위자에 대한 퇴거명령 권한을 국가경찰과 자치경찰공무원에게도 부여한다. 이착륙장 설치공사 완료 후 국토교통부장관으로부터 준공확인증명서를 받기 전에는 이착륙장을 사용할 수 없도록 함으로써 이착륙장의 설치 및 이용 안전을 도모하는 한편, 공항시설의 유지·보수, 항공기에 대한 급유, 항공화물 또는 수하물의 하역 등 항공 관련 업무를 수행하는 사람은 안전사고의 예방과 차량 및 장비의 안전운행을 위하여 「항공보안법」 제12조에 따른 공항시설 보호구역에서 안전관리기준을 준수하도록 규정한다. 관계 행정기관의 장이 공항개발 기본계획의 고시 또는 실시계획의 고시 이후 건축물·구조물 등의 설치 또는 방치 허가 여부를 협의하는 대상에 공항시설 또는 비행장시설을 관리·운영하는 자가 포함되도록 이착륙장(법 제25조), 안전관리기준의 준수(법 제31조의2), 금지행위(법 제56조) 등 관련조문을 2017년 12월 26일(법률 제15310호)로 신설, 개정하였다.

3차 개정은 인천국제공항에 30여 개의 사설주차대행업체가 난립하면서 공항 이용객들이 사설주차대행업체를 이용하는 중에 물품도난, 차량 파손 등 피해를 겪는 사례가 발생하고 있으나, 현행법상 국토교통부장관, 사업시행자 등은 승인 없이 영업행위를 하거나 해당 시설을 무단으로 점유하는 행위를 하는 경우 이를 제지하거나 퇴거를 명할 수 있도록 제정하였다. 해당 명령을 따르지 아니한 자에게 500만 원 이하의 과태료를 부과할 수 있도록 규정하고 있으나 불법행위가 근절되지 않고 있는 실정으로, 이에 「사법경찰관리의 직무를 수행할 자와 그 직무범위에 관한 법률」에 공항공사의 소속 임직원에 대한 사법경찰권을 부여하도록 개정하려 함에 따라 국토교통부장관, 사업시행자 등의 승인 없이 영업행위 등을 하는 자에 대한 영업제지 또는 퇴거명령 등을 위반한 경우 벌금 등에 처하도록 하되, 범칙금 제도를 추가하여 경미한 위반에 대한 특례를 도입하기 위해 제7장(제71조부터 제74조까지)을 2018년 2월 21일 법률 제15399호로 신설하였다.

4차 개정은 국민생활 및 기업활동과 밀접하게 관련되어 있는 인허가 및 신고 민원의 처리절차를 법령에서 명확하게 규정함으로써 관련 민원의 투명하고 신속한 처리와 일선 행정기관의 적극행정을 유도하기 위하여 추진되었다. 공항개발사업 또는 비행장개발사업의 준공확인 전에 해당 개발사업으로 조성된 토지 등에 대한 사용허가 등의 신청을 받거나 공항시설 등의 사용료 설정 신고 등을 받은 경우 법령에서 정한 기간 내에 허가 또는 신고수리 여부를 신청인에게 통지하도록 하고, 그중 공항·비행장·항행안전시설의 사용료 신고, 사업시행자 등의 지위승계, 항행안전시설 사용료 신고 등은 그 기간 내에 허가 또는 신고수리 여부나 처리기간의 연장을 통지하지 아니한 경우에는 허가 또는 신고수리를 한 것으로 간주(看做)하는 제도를 도입하기 위해 준공확인(법 제20조), 사용료의 징수(법 제32조) 등 일부 조문을 2018년 12월 18일 법률 제15995호로 개정하였다.

5차 개정은 사우디아라비아의 주요 석유시설과 유전이 드론의 공격으로 심각한 파손을 입는 등 드론을 사용한 테러 등에 대한 우려와 공포감이 확산되고 있어, 이와 관련하여 드론의 불법 비행을 감지하고 이를 무력화하는 안티드론(anti-drone) 시스템의 구축을 위한 기술개발과 실증사업이 추진되었다. 하지만 현행법은 항공기, 경량항공기와 함께 초경량비행장치의 항행을 방해하는 행위를 모두 금지하고 있어 향후 안티드론 시스템의 운용에 제약이 되고 있는 상황으로 이에 국가 또는 지방자치단체, 공항운영자, 비행장시설을 관리·운영하는 자는 비행승인을 받지 아니한 초경량비행장치가 공항 또는 비행장에 접근·침입한 경우 퇴치·추락·포획 등 항공안전에 필요한 조치를 할 수 있도록 함으로써 불법적인 드론 사용에 의한 위협으로부터 국가와 국민을 보호하려는 것으로 금지행위(법 제56조) 중 일부조문을 2020년 12월 8일 법률 제17610호로 일부개정하였다.

6차 개정은 일반 국민이 법률을 보다 쉽게 이해할 수 있도록 일본식 표현인 “추월”을 국민의 일상적 언어생활과 가깝고 우리말 어법에 맞는 “앞지르기”로 순화하는 것으로 안전관리기준의 준수(법 제31조의2)중 일부조문을 2021년 12월 7일 법률 제18553호로 일부 개정하였다.

7차 개정은 공항개발사업 또는 비행장개발사업을 효율적으로 추진할 수 있도록 하기 위하여 해당 사업에 관한 실시계획 수립·승인 시 의제되는 인·허가의 종류에 「장사 등에 관한 법률」에 따른 무연분묘의 개장허가를 추가하는 한편, 차세대 항행안전시설의 안정적이고 효율적인 관리·운영을 위하여 해당 업무를 공항운영자나 항행안전시설 관련 전문기관 또는 단체에 위탁할 수 있는 근거를 마련하려는 것으로 권한의 위임(법 제61조) 일부 조문을 2022년 6월 10일 법률 제18938호로 일부 개정하였다.

다. 주요 조문 내용 요약 및 설명

공항시설법은 총 74개 조문으로 제1장 총칙, 제2장 공항 및 비행장의 개발, 제3장 공항 및 비행장의 관리·운영, 제4장 항행안전시설, 제5장 보칙, 제6장 벌칙으로 구성되어 있다.

제1장 총칙(제1조~제2조)

총칙은 총 2개 조문으로 구성되어 있으며, 제1조에 공항·비행장 및 항행안전시설의 설치 및 운영 등에 관한 사항을 정함으로써 항공산업의 발전과 공공복리의 증진에 이바지함을 공항시설법의 제정목적으로 명시하고 있다.

제2조에서는 공항, 비행장, 공항시설, 공행개발사업, 공항운영자 등 공항시설법에서 사용되고 있는 용어의 정의를 규정하고 있다.

제2장 공항 및 비행장의 개발(제3조~제25조)

공항 및 비행장의 개발에 관한 내용을 규정한 제2장은 총 25개 조문으로 구성되어 있으며, 제3조부터 제7조까지는 공항개발종합계획수립, 공항개발기술심의위원회, 기본계획·실시계획 수립, 사업시행자 지정 등을 규정하고 있다. 제8조부터 제20조까지는 행위 제한, 토지수용, 토지매수청구, 준공확인 등 개발사업을 위한 규정 등을 규정하고 있다. 제21조에는 준공 이후 시설물의 귀속, 사용·수익 등을 규정하고 있고, 제25조에는 이착륙장 설치를 위한 절차를 규정하고 있다.

제3장 공항 및 비행장의 관리 · 운영(제26조~42조)

준공 이후 공항 및 비행장시설의 관리·운영에 관련된 사항을 규정한 제3장은 총 18개 조문으로 구성되어 있다. 제26조부터 제30조까지는 공항·비행장을 사용하거나 이용하는 자로부터 사용료를 징수할 수 있는 권리 설정, 특례, 권리변동 등을 규정, 제34, 제35조는 기본계획 또는 실시계획 고시 이후 장애물 높이 제한에 관한 규정과 항공학적 검토위원회에 관련 사항을 규정, 제38조부터 제41조까지는 공항을 운영하려는 공항운영자가 받아야 할 공항운영증명, 공항운영규정, 공항운영 검사 등과 관련된 사항을 규정하고 있다.

제4장 항행안전시설(제43조~제54조)

제6조에 따른 개발사업으로 설치하는 항행안전시설 외의 항행안전시설을 설치를 규정한 제4장에서는 총 12개 조문으로 구성되어 있다. 제43조부터 제51조까지는 항행안전시설의 설치, 승인, 완성검사, 관리, 사용료, 지위승계에 대한 사항을 규정하고 있으며, 제52조는 기술기준에 맞게 제작되었다는 증명과 전문검사기관 지정에 관한 사항을 규정하고 있다.

제5장 보칙(제55조~제63조)

제5장은 총 9개 조문으로 구성되어 있으며, 출입검사 등을 위한 법적근거, 금지행위, 위반시 시정명령, 허가취소, 과징금 부과 등의 내용을 규정하고 있다.

제6장 벌칙~제7장 범칙행위에 관한 처리의 특례(제64조~제74조)

제6장에서는 공항시설법 준수의무를 강제하기 위해 형벌(벌금 부과 등) 및 행정처분(과태료 부과) 사항을 위반사안별 등을 고려하여 처분 내용을 세분화·구체화하여 규정하고 있고, 제7장에서는 통고처분, 범칙금 납부 등을 규정하고 있다.

10 공항소음 방지 및 소음대책지역 지원에 관한 법률 (약칭 : 공항소음방지법)

가. 제정 이유와 목적

공항소음 부분을 구 항공법에서 다루고 있었으나, 항공기 소음의 방지나 피해지역 주민들에 대한 지원사업 등의 일부 규정만으로는 공항소음의 체계적인 관리나 소음피해 주민들에 대한 주민지원사업 추진에 어려움이 있어 공항소음 전반에 대한 종합대책(소음방지, 소음대책지역을 지원 등)을 마련하고 있는 특별법으로써 2010년 3월 제정되었다.

주요 목적은 공항소음 피해 주민들에 대한 체계적이고 효율적인 대책사업 및 지원사업을 시행하기 위하여 공항소음 방지법을 제정함으로써 항공기 소음으로 인한 피해를 최소화하고, 재원을 확보하여 선진국 수준의 소음대책 사업을 지원하는 등 피해 주민들에게 보다 쾌적한 생활환경을 제공하고 복지를 증진하기 위함이다.

제정 시 주요골자로 ① 장래의 항공수요를 감안한 예상 소음영향도를 기준으로 공항주변의 소음대책지역을 제1종 구역, 제2종 구역 및 제3종 구역으로 지정 · 고시, ② 항공기의 안전확보와 소음에 민감한 주거시설 등이 소음대책지역에 지속적으로 설치되어 소음피해가 확산되는 것을 방지하기 위하여 소음대책지역에서의 시설물의 설치를 제한, ③ 공항소음대책사업 및 주민지원사업을 체계적으로 시행하기 위한 5년마다 중기계획의 수립, ④ 재원부족으로 소음대책사업이 시행되지 않은 지역 및 소음대책지역에서 제외된 지역에 대한 지원, ⑤ 소음대책지역 지정으로 인해 시설물 신축제한 등의 재산권 행사가 제한되는 토지에 대한 매수청구 도입, ⑥ 원인자 부담원칙에 따라 공항소음대책사업에 필요한 재원을 확보하기 위한 소음부담금 부과 · 징수, ⑦ 소음대책지역 및 인근지역 주민의 소득향상과 복지증진을 위하여 주민지원사업계획을 수립하는 등의 내용을 제도화하였다.

나. 연혁

「공항소음방지법」 법률 제10161호로 2010년 3월 22일자로 제정하였으며, 2023년 기준 10차에 걸쳐 일부개정하였다. 주요 개정내용으로 제2차 개정은 소음대책지역 지정의 공정성을 높이기 위하여 공항주변의 소음영향도 조사의 주체를 시설관리자에서 국토교통부장관으로 변경, 소음대책사업의 종류를 확대하고, 냉방시설 전기료 지원사업의 대상으로 기초생활수급권자에서 모든 주민으로 확대 등이 있다. 개정하는 법률 제13699호로 2015년 12월 31자로 일부개정하였다.

제3차 일부개정은 냉방시설 전기료 일부 지원사업 대상에 기존의 학교 및 주거용 시설 외에 제1종, 제2종근린생활시설 및 업무용시설 중 국토교통부령으로 정하는 주민 주거용 시설을 포함하도록 하는 내용이다. 개정하는 법률 제14537호로 2017년 1월 17일자로 일부개정하였다.

제7차 개정은 공항소음대책사업 중 전기료 지원 대상에 노유자 시설을 추가하는 내용이다. 개정하는 법률 제17226호로 2020년 4월 7일자로 일부개정하였다.

제8차 개정으로 매수대상토지가 농지법에 따른 농지인 경우 그 소유자는 국토교통부장관에게 해당 토지의 매수를 청구할 수 있도록 함으로써 소음대책지역 주민의 재산권 보장 및 공항 소음피해 감소에 기여하도록 하는 내용이다. 개정하는 법률 제17443호로 2020년 6월 9일자로 일부개정하였다.

제9차 개정으로 공항소음피해지역 주민들의 의견이 보다 많이 반영될 수 있도록 공항소음대책위원회의 기능을 심의기구화하여 그 역할을 강화하는 내용이다. 개정하는 법률 제17609호로 2020년 12월 8일자로 일부개정하였다.

제10차 개정으로 공상시설관리자 또는 공항개발사업시행자가 공사·물품·용역 등의 계약을 체결하는 경우 해당 소음대책지역 또는 소음대책 인근지역을 관할하는 지자체에 주된 영업소를 두고 있는 기업을 우대할 수 있도록 하는 내용이다. 개정하는 법률 제18184호로 2021년 5월 18일자로 일부개정하였다.

다. 주요 조문 내용 요약 및 설명

먼저, 제5조에서는 국토교통부장관은 장래의 항공수요를 고려한 예상 소음영향도를 기준으로 공항주변의 소음대책지역을 제1종 구역, 제2종 구역 및 제3종 구역으로 지정·고시하고, 이를 위해 공항소음으로 인한 소음영향도를 조사하도록 하였다.

제6조에서는 항공기의 안전 확보와 소음에 민감한 주거시설 등이 소음대책지역에 지속적으로 설치되어 소음피해가 확산되는 것을 방지하기 위하여 방음시설 설치 등 일정한 조건을 붙여 시설물 설치를 허용할 수 있는 예외사항을 제외하고는 소음영향도에 따라 시설물의 설치 및 용도를 제한하도록 하였다.

제7조에서는 국토교통부장관은 공항소음대책의 기본방향, 공항소음 저감방안, 공항소음대책사업, 주민지원사업, 재원조달 및 사업별 배분방안 및 토지이용계획 및 공간관리방향 등을 내용으로 한다. 공항소음 방지 및 주민지원에 관한 중기계획을 매 5년마다 수립하도록 하였다.

제8조에서는 시설관리자가 중기계획에 따라 방음시설 및 냉방시설 설치사업, 공영방송 수신료 지원사업, 냉방시설의 전기료 일부 지원사업, 자동소음측정망 설치사업, 손실보상 및 토지 등의 매수 등을 내용으로 하는 연차별 공항소음대책사업의 계획을 수립하도록 하였다.

제11조에서 제15조의2까지는 국토교통부령으로 정하는 구역(제3종 지구 이상)에 있던 건축물이나 토지의 소유자가 해당 건축물이나 토지의 정착물을 철거하는 경우 손실보상을 청구할 수 있도록 하고, 토지(농지 포함) 매수를 청구할 수 있도록 규정하였다.

제16조 및 제17조에서는 공항에 취항하는 항공기가 발생시키는 소음의 정도에 따라 항공기 소음등급을 설정하고, 소음대책지역으로 지정된 공항에 착륙하는 항공기의 소유자 등에게 소음등급에 따라 착륙료의 100분의 30을 넘지 아니하는 범위에서 소음부담금을 부과·징수할 수 있도록 하였다.

제18조 및 제19조에서는 시설관리자 또는 사업시행자가 중기계획의 범위에서 연차별 주민지원사업계획을 수립하도록 하고, 주민지원사업의 시행 주체, 주민지원사업 종류 및 사업비의 지원범위 등을 규정하였다.

제22조에서는 공항소음대책사업 및 주민지원사업 추진계획에 관한 사항, 시행방법 및 우선순위에 관한 사항 등을 심의하기 위하여 공항별 공항소음대책위원회를 두도록 하였다.

제23조에서는 공항소음대책사업 및 주민지원사업 등에 필요한 자금의 종류를 정부의 국고지원금, 소음부담금, 시설관리자 및 사업시행자가 부담하는 사업비로 규정하였다.

11 한국공항공사법

가. 제정 이유와 목적

「한국공항공사법」은 김포공항을 비롯한 전국 14개 공항을 효율적으로 관리·운영하기 위하여 한국공항공단을 폐지하는 대신 주식회사 형태의 한국공항공사를 설립하는 한편, 한국공항공사에 대한 경영자율성부여 및 책임경영체제를 확보하여 경쟁력 있는 공항운영체제를 구축하기 위하여 2002년 1월 14일 제정(법률 제6607호)되었다.

나. 연혁

「한국공항공사법」은 2002년 1월 14일 제정(법률 제6607호)되어, 2022년 11월 기준 총 16차에 걸쳐 개정되었으며, 타법개정을 제외한 일부개정의 주요 내용은 다음과 같다.

1차 개정은 공항시설 준공 이후 공사에 공항시설을 출자하기까지의 행정절차 등으로 1년 이상의 기간이 소요되어 효율적인 공항관리가 곤란하므로 공항시설의 준공 이후에도 국유재산을 무상대부하거나 사용·수익할 수 있도록 하는 근거를 마련하기 위하여 일부개정(2005년 5월 26일 법률 제7514호)하였다.

이후, 공항의 건설 및 관리·운영 등과 관련하여 공사가 연구개발한 장비의 제작·판매·수출과 공항컨설팅 및 운영사업 등의 국외 수주를 사업항목으로 추가하고, 유사명칭의 사용 금지 규정을 위반한 자에 대한 과태료를 100만 원 이하에서 500만 원 이하로 현실화하기 위하여 관련 조문을 일부개정(2008년 3월 28일 법률 제9067호)하였다.

또한, 2014년 3월 18일(법률 제12474호, 일부개정)에는 국내 조종인력 양성 시설·장비 부족 문제를 해소하고자 공사의 사업범위에 항공종사자 양성을 위한 교육훈련사업 및 훈련시설의 설치·운영사업을 추가하였으며, 더 나아가 2018년 2월 21일(법률 제15406, 일부개정)에는 훈련용 비행인프라 구축을 위해 비행장의 관리·운영 및 비행장시설의 신설·증설·개량 등에 관한 업무를 추가하였다.

다. 주요 조문 내용 요약 및 설명

법 제1조에서는 공항을 효율적으로 건설·관리·운영하도록 함으로써 항공수송을 원활하게 하고, 나아가 국가경제발전과 국민복지 증진에 이바지함을 목적으로 하고 있다. 법 4조에서는 한국공항공사의 자본을 주식으로 분할하도록 하고, 국가 또는 지방자치단체는 공사의 사업에 필요한 동산 또는 부동산을 현물로 출자할 수 있도록 하는 한편, 공항시설관리권을 출자할 수 있도록 하여 공사의 사업에 필요한 재원을 원활히 조달할 수 있도록 하고 있다.

법 제9조에서는 공사의 사업범위를 공항의 관 리·운영 및 이에 필요한 주변지역의 개발사업, 공항시설의 관리·운영사업, 공항개발사업, 복합교통시설의 설치 및 운영사업, 소음피해방지대책사업 중 방음시설 설치 등의 사업, 공항의 건설 및 관리·운영 등과 관련하여 공사가 연구개발한 장비의 제작·판매·수출과 공항 컨설팅 및 운영사업, 항공종사자 양성을 위한 교육훈련사업 및 훈련시설의 설치·운영사업 등으로 규정하여 공사의 사업범위를 규정하고 있다.

법 제10조 및 제11조에서는 국유재산의 무상대부 및 전대 등에 대하여 국가가 하는 공항개발사업 및 공사가 하는 제9조 제1항 각 호의 사업을 효율적으로 시행하기 위하여 국토교통부장관이 필요하다고 인정하면 「국유재산법」에도 불구하고 공사에 국유재산을 무상으로 대부하거나 사용·수익하게 할 수 있으며, 공사는 국토교통부장관의 승인을 받아 전대할 수 있도록 하고 있다.

법 제13조에서는 공사는 이사회의 의결을 거쳐 자본금과 적립금의 합계액의 4배의 범위안에서 사채를 발행할 수 있도록 하고, 공사가 발행한 사채의 원리금 상환을 정부가 보증할 수 있도록 하여 자금의 차입이 용이하도록 규정하고 있다.

법 제16조에서 공항운영의 공공성·공익성을 높이기 위하여 공사의 업무 중 공항시설의 보안 및 항공안전에 관한 사항과 공항시설 이용자의 편익 및 안전에 관한 사항을 국토교통부장관이 지도·감독할 수 있는 근거를 마련하고 있다.

그 외, 공사 임원 또는 직원이 직무상 알게 된 비밀에 대한 누설 금지, 다른 법률과의 관계, 벌칙, 과태료 등을 규정하고 있다.

12 인천국제공항공사법

가. 제정 이유와 목적

2001년 인천국제공항의 개항을 앞두고 기존의 수도권신공항건설공단을 주식회사형 공사인 인천국제공항공사로 전환함으로써 국내외 민간자본을 적극적으로 유치할 수 있게 하여 공항이 적기에 완공될 수 있도록 하는 한편, 공항의 관리·운영에 있어서 민간 경영기법의 도입을 용이하게 하여 첨단공항의 운영이 효율적으로 이루어지도록 하기 위하여 정부의 제안으로 제정되었다.

주요 목적은 인천국제공항공사를 설립하여 인천국제공항을 효율적으로 건설 및 관리·운영하도록 하고, 세계적인 공항전문기업으로 육성함으로써 원활한 항공 운송과 국민경제발전에 이바지함에 있다.

나. 연혁

1999년 1월 26일 법률 제5689호로 제정되어 본문 20개 조항과 부칙 10개 조항으로 구성되었다.

2007년 1월 19일 법률 제8253호로 법제명 변경 및 일부개정되었는데, 인천국제공항공사의 정관에만 근거를 두고 있는 공항업무와 관련한 전기통신사업과, 공항의 건설·운영 등과 관련한 컨설팅사업이 『인천국제공항공사법』 제10조(사업) 제1항 제5호의2와 제5호의3으로 각각 추가되었다.

2008년 3월 28일 법률 제9072호 일부개정되어 제19조(벌칙)와 관련하여 제9조(비밀누설금지 등) 위반자에 대한 벌금의 상한을 500만 원에서 1천만 원으로, 제20조(과태료) 제1항과 관련하여 제6조(유사명칭의 사용금지) 위반자에 대한 과태료 상한을 100만 원에서 500만 원으로 각 상향 조정되었다.

2009년 3월 25일 법률 제9546호 일부개정되어 「공공기관의 운영에 관한 법률」이 제정됨에 따라 이와 중복되는 제7조(사장의 대표권제한), 제18조(다른 법률과의 관계) 제1항을 삭제되었다. 또한 제1조(목적)에 '세계적인 공항전문기업으로 육성함'이 추가되고, 제10조(사업) 제1항 제8호에 해외공항의 건설 및 관리·운영과 그 주변지역의 개발사업이 추가되었으며, 제16조(지도 · 감독)의 내용이 구체화되었다.

다. 주요 조문 내용 요약 및 설명

법 제4조에서는 공사의 자본은 주식으로 분할할 수 있도록 하고, 국가 및 지방자치단체는 공사의 사업에 필요한 동산 및 부동산을 현물로 출자할 수 있도록 하여 공사의 사업재원 조달을 원활하게 하였다.

법 제10조에서는 기존의 수도권신공항건설공단의 사업범위인 신공항건설사업, 연구 · 기술개발 및 조사, 부대사업, 국가위탁사업 외에 공항시설의 관리 · 운영 및 유지 · 보수에 관한 사항, 공항업무와 관련된 전기통신사업을 추가하여 종합적인 공항관리 · 운영이 가능하게 하였다. 또한 주변지역개발사업을 규정하여 국제업무지역, 배후지원단지, 유보지 및 국제자유무역지역 등에 대한 개발 및 투자유치가 가능하도록 하였으며, 공항의 건설 · 운영 등과 관련한 컨설팅사업을 규정하여 공항건설 및 운영으로 축적된 노하우를 이용한 수익창출과 해외공항의 건설 및 관리 · 운영과 그 주변지역의 개발사업을 규정하여 해외사업 진출을 위한 법적근거를 마련하였다.

법 제11조에서는 공사의 사업을 효율적으로 시행하기 위하여 국유재산법의 규정에 불구하고 공사에 국유재산을 무상으로 대부하거나 사용 · 수익할 수 있도록 하고, 공사는 대부받거나 사용 · 수익을 허가받은 국유재산에 건물기타 영구시설물을 축조할 수 있도록 하였다.

라. 한국공항공사법과의 주요 내용 차이점

「인천국제공항공사법」에서는 토지 및 시설이 인천국제공항공사의 소유이므로 한국공항공사와 다르게 공항시설관리권 출자규정(한국공항공사법 제4조 제3항)과 공사가 징수하는 사용료 중 국내 여객 공항이용료를 공사의 수입으로 하는 규정(한국공항공사법 제15조) 등이 없다.

13 가덕도신공항 건설을 위한 특별법

가. 제정 이유와 목적

국내 항공이 활성화된 이래 동남권 지역발전을 위해 동남권을 아우르는 물류·여객 중심의 관문공항 건설의 필요성이 지속적으로 제기되고 있으나, 오랜 기간 신공항의 입지선정을 둘러싼 국가적·사회적 갈등과 논란이 지속되고 있는 상황이었다. 이에 국무총리실 산하 김해신공항 검증위원회가 동남권 관문공항으로서 김해신공항 건설은 근본적인 검토가 필요하다고 발표(2020년 11월)하였는 바, 김해신공항 건설 계획을 중단하고 부산 가덕도로 입지를 확정하여 신속하게 신공항 건설을 추진할 필요성이 제기되었다.

일반적으로 신공항 건설은 공항 개발사업의 절차를 규정한 「공항시설법」에 따라 추진되나, 이 경우 입지선정 등의 사전절차 이행으로 준공까지 소요시간이 장기화될 우려가 있으므로, 가덕도신공항 건설에 관한 절차, 국가의 행정적·재정적 지원, 예비타당성조사 면제, 신공항 건립추진단 신설 등을 규정하는 등 국토의 균형발전 및 국가 경쟁력 강화에 이바지하는 것을 목적으로 제정되었다.

나. 연혁

2020년 11월 17일, 국무총리실 산하 김해신공항 검증위원회는 동남권 신공항으로서 김해신공항의 적정성을 검증하고, '근본적인 검토'가 필요하다는 결과를 발표하였다. 이에 국민의힘 박수용 의원과 더불어민주당 한정애 의원은 제21대 제382회 회기에 신속하고 효율적인 신공항 건설을 위하여 「부산가덕도신공항 특별법안」(2020.11.20. 제안)과 「가덕도신공항 건설 촉진 특별법안」(2020.11.26. 제안)을 각각 제안하였다. 제384회 국회(임시회) 제4차 국토교통위원회(2021.2.19.)는 두 의원이 발의한 법률안을 심사하여 본회의에 부의하지 아니하기로 하고 국회법 제51조에 따라 위원회 대안으로 「가덕도신공항 건설을 위한 특별법」을 제안하기로 하였다. 대안은 2021년 2월 26일 국회 본회의를 통과하였고 2021년 2월 26일 정부가 법률 제17938호로 공포하였으며, 같은 해 9월 17일부터 시행되었다.

다. 주요 조문 내용 요약 및 설명

가덕도신공항 건설을 위한 특별법은 총 30개 조문으로, 제1장 총칙, 제2장 가덕도신공항 건설 및 지원 등, 제3장 보칙, 제4장 벌칙으로 구성되어 있다.

* 하위법령인 가덕도신공항 건설을 위한 특별법 시행령은 총 12개 조문으로 구성되었고, 가덕도신공항 건설을 위한 특별법 시행규칙은 5개 조문으로 구성되었다.

제1장 총칙(제1조~제6조)

가덕도신공항 건설을 위한 특별법 총칙은 6개 조문으로 구성되어 있다. 제1조는 가덕도신공항의 신속한 건설에 필요한 사항을 규정함으로써 국토의 균형발전 및 국가 경쟁력 강화에 이바지함을 목적으로 밝히고 있다.

제2조는 가덕도신공항 입지, 신공항 건설사업, 신공항건설예정지역 등 용어의 정의를 규정하고 있고, 제3조는 가덕도신공항 건설의 기본방향을 명시하고 있다.

제4조는 국가와 지자체가 신공항 건설 사업을 원활하고 효율적으로 추진하고, 성공적인 사업추진을 위하여 노력하여야 하며, 재원조달계획 등 필요한 재원 반영에 노력하도록 규정하고 있다.

제5조는 이 법이 다른 법률에 우선하여 적용하고, 공항시설법 제9조부터 제22조, 제24조, 제54조 제1항 및 제56조를 준용하도록 명시하고 있고, 제6조는 다른 계획과의 관계를 명시하고 있다.

제2장 가덕도신공항 건설 및 지원 등(제7조~제19조)

가덕도신공항 건설 및 지원 등에 관한 내용을 규정한 제2장은 13개 조문으로 구성되어 있다. 제7조는 예비타당성 실시에 관한 특례에 관한 사항, 제8조는 가덕도신공항 건설에 관한 기본계획수립에 관한 사항, 제9조는 사업시행자 지정에 관한 사항, 제10조는 실시계획의 수립·승인 등에 관한 사항 등을 규정하고 있다.

또한, 제11조는 인·허가 의제에 관한 사항, 제12조는 주변지역개발사업에 관한 사항, 제13조는 신공항 건립추진단 구성·운영에 관한 사항을 명시하고 있고, 제14조~제17조는 각각 재정지원에 관한 사항, 부담금 등의 감면에 관한 사항, 부담금 등의 감면에 관한 사항, 민간자본 유치에 관한 사항, 민간자본유치사업 지원에 관한 사항을 밝히고 있으며, 제18조는 지역기업 우대에 관한 사항, 제19조는 체육시설의 설치·이용 등에 관한 특례에 관한 사항을 명시하고 있다.

제3장 보칙(제20조~25조)

법령의 기본 규정을 보충하는 내용을 규정하는 제3장은 모두 5개 조항으로 구성되어 있다. 제20조는 국토교통부 장관의 권한을 소속기관의 장, 시도지사 등에게 위임할 수 있도록 정하고 있고, 제21조~제22조는 사업 현장에 대한 출입·검사, 시정명령 등에 관한 사항, 제23조~제25조는 각각 허가의 취소, 과징금의 부과, 청문 등에 관한 사항을 명시하고 있다.

제4장 벌칙(제26조~30조)

법령을 위반한 자에 대한 벌칙에 관한 내용을 규정하는 제4장은 5개 조항으로 구성되어 있다. 제26조~제29조는 명령 등의 위반 죄, 신공항건설사업에 따른 시설의 불법 사용 등의 죄, 업무방해 죄, 제지·퇴거명령에 대한 불이행의 죄 등에 관한 사항을 규정하고 있고, 제30조는 양벌 규정에 관한 사항을 밝히고 있다.

V

국내 · 국제 항공운송 정책

01 항공운송사업 면허체계

가. 항공운송사업 제도

「항공사업법」에 따라 항공운송사업자는 국내, 국제, 소형항공운송사업자로 분류된다. 과거 「항공법」상 항공운송사업 체계는 기존 정기항공운송사업과 부정기항공운송사업으로 구분되었으나, 정기와 부정기의 개념이 불명확하여 사업의 영역에 관하여 혼란이 있고 국제 항공운송 환경과 맞지 아니하는 등의 문제점이 있었다. 이에 따라 2009년 항공운송사업의 저변확대와 경쟁력 강화를 위해 「항공법」이 개정되어 항공운송사업을 국내항공운송사업 · 국제항공운송사업 · 소형항공운송사업으로 구분하였고, 국내 및 국제항공운송사업을 경영하려는 자는 국토교통부 장관의 면허를 취득하도록, 소형항공운송사업을 경영하려는 자는 국토교통부 장관에게 등록(지방항공청에 위임)하도록 하였다.

"국내항공운송사업"이란 「항공사업법」 제2조 제9호에 따라 타인의 수요에 맞추어 항공기를 사용하여 유상으로 여객이나 화물을 운송하는 사업으로서 국토교통부령으로 정하는 일정 규모 이상의 항공기를 이용하여 국내 정기편 또는 국내 부정기편 운항에 해당하는 운항을 하는 사업을 말한다. 여기에서 말하는 국내 정기편 운항은 국내공항과 국내공항 사이에 일정한 노선을 정하고 정기적인 운항계획에 따라 운항하는 항공기 운항을 말하며, 국내 부정기편 운항이란 국내에서 이루어지는 국내 정기편 운항 외의 항공기 운항을 말한다.

부정기편 운항의 구분(항공사업법 시행규칙 제3조)

1. 지점 간 운항 : 한 지점과 다른 지점 사이에 노선을 정하여 운항하는 것
2. 관광비행: 관광을 목적으로 한 지점을 이륙하여 중간에 착륙하지 아니하고 정해진 노선을 따라 출발지점에 착륙하기 위하여 운항하는 것
3. 전세운송 : 노선을 정하지 아니하고 사업자와 항공기를 독점하여 이용하려는 이용자 간의 1개의 항공운송계약에 따라 운항하는 것

"국제항공운송사업"이란 「항공사업법」 제2조 제11호에 따라 타인의 수요에 맞추어 항공기를 사용하여 유상으로 여객이나 화물을 운송하는 사업으로서, 국토교통부

령으로 정하는 일정 규모 이상의 항공기를 이용하여 국제 정기편 또는 국제 부정기편 운항에 해당하는 운항 사업을 말한다. 국제 정기편 운항은 국내공항과 외국공항 사이 또는 외국공항과 외국공항 사이에 일정한 노선을 정하고 정기적인 운항계획에 따라 운항하는 항공기 운항을 말하며, 국제 부정기편 운항은 국내에서 이루어지는 국제 정기편 운항 외의 항공기 운항을 말한다.

국제항공운송사업의 면허를 받은 경우에는 국내항공운송사업의 면허를 받은 것으로 본다. 국내 및 국제항공운송사업 면허기준은 다음과 같다.

국내 · 국제항공운송사업 면허의 기준(항공사업법 제8조)

1. 해당 사업이 항공기 안전, 운항승무원 등 인력확보 계획 등을 고려 시 항공교통의 안전에 지장을 줄 염려가 없을 것
2. 항공시장의 현황 및 전망을 고려하여 해당 사업이 이용자의 편의에 적합할 것
3. 면허를 받으려는 자는 일정 기간 동안의 운영비 등 대통령령으로 정하는 기준에 따라 해당 사업을 수행할 수 있는 재무능력을 갖출 것
4. 다음 각 목의 요건에 적합할 것
   가. 자본금 50억 원 이상으로서 대통령령으로 정하는 금액 이상일 것
   나. 항공기 1대 이상 등 대통령령으로 정하는 기준에 적합할 것
   다. 그 밖에 사업 수행에 필요한 요건으로서 국토교통부령으로 정하는 요건을 갖출 것

「항공사업법」의 위임에 따라, 「항공사업법」 시행령에서는 재무능력, 자본금 또는 자산평가액, 항공기 등 면허기준을 구체화하여 규정하고 있으며, 면허기준의 성격에 따라 필요한 경우 국내(여객) · 국내(화물) · 국제(화물)과 국제(여객)을 나누어 규정하고 있다.

▼ 국내 · 국제 항공운송사업의 면허기준(항공사업법 시행령 제12조 [별표 1])

구분	국내(여객) · 국내(화물) · 국제(화물)	국제(여객)
1. 재무능력	법 제19조 제1항에 따른 운항개시예정일(이하 "운항개시예정일"이라 한다)부터 3년 동안 법 제7조 제4항에 따른 사업운영계획서에 따라 항공운송사업을 운영하였을 경우에 예상되는 운영비 등의 비용을 충당할 수 있는 재무능력(해당 기간 동안 예상되는 영업수익 및 기타수익을 포함한다)을 갖출 것. 다만, 운항개시예정일부터 3개월 동안은 영업수익 및 기타수익을 제외하고도 해당 기간에 예상되는 운영비 등의 비용을 충당할 수 있는 재무능력을 갖추어야 한다.	
2. 자본금 또는 자산평가액	가. 법인: 납입자본금 50억 원 이상일 것 나. 개인: 자산평가액 75억 원 이상일 것	가. 법인: 납입자본금 150억 원 이상일 것 나. 개인: 자산평가액 200억 원 이상일 것

구분	국내(여객) · 국내(화물) · 국제(화물)	국제(여객)
3. 항공기	가. 항공기 대수: 1대 이상 나. 항공기 성능 1) 계기비행능력을 갖출 것 2) 쌍발(雙發) 이상의 항공기일 것 3) 여객을 운송하는 경우에는 항공기의 조종실과 객실이, 화물을 운송하는 경우에는 항공기의 조종실과 화물칸이 분리된 구조일 것 4) 항공기의 위치를 자동으로 확인할 수 있는 기능을 갖출 것 다. 승객의 좌석 수가 51석 이상일 것(여객을 운송하는 경우만 해당한다) 라. 항공기의 최대이륙중량이 25,000kg을 초과할 것(화물을 운송하는 경우만 해당한다)	가. 항공기 대수: 5대 이상(운항개시예정일부터 3년 이내에 도입할 것) 나. 항공기 성능 1) 계기비행능력을 갖출 것 2) 쌍발 이상의 항공기일 것 3) 항공기의 조종실과 객실이 분리된 구조일 것 4) 항공기의 위치를 자동으로 확인할 수 있는 기능을 갖출 것 다. 승객의 좌석 수가 51석 이상일 것

「항공사업법」 제2조 제13호에서 "소형항공운송사업"이란 타인의 수요에 맞추어 항공기를 사용하여 유상으로 여객이나 화물을 운송하는 사업으로서 국내항공운송사업 및 국제항공운송사업 외의 항공운송사업으로 정의하고 있다. 소형항공운송사업을 경영하려는 자는 「항공사업법」 제10조에 따라 국토교통부장관에게 등록하여야 하며, 등록에 필요한 인력, 자본금, 항공기 대수 및 항공기당 승객 좌석 수에 대한 등록기준은 다음과 같다.

소형항공운송사업 등록기준(항공사업법 제10조)

1. 자본금 또는 자산평가액이 7억 원 이상으로서 대통령령으로 정하는 금액 이상일 것
2. 항공기 1대 이상 등 대통령령으로 정하는 기준에 적합할 것
3. 그 밖에 사업 수행에 필요한 요건으로서 국토교통부령으로 정하는 요건을 갖출 것

▼ 소형항공운송사업 등록 요건(항공사업법 시행령 제13조 [별표 2])

구분	기준
1. 자본금 또는 자산평가액	가. 승객 좌석 수가 10석 이상 50석 이하의 항공기(화물운송전용의 경우 최대이륙중량이 5,700kg 초과 2만 5천kg 이하의 항공기) 1) 법인: 납입자본금 15억 원 이상 2) 개인: 자산평가액 22억 5천만 원 이상 나. 승객 좌석 수가 9석 이하의 항공기(화물운송전용의 경우 최대이륙중량이 5,700kg 이하의 항공기) 1) 법인: 납입자본금 7억 5천만 원 이상 2) 개인: 자산평가액 11억 2,500만 원 이상
2. 항공기 가. 대수 나. 능력	 1대 이상 1) 항공기의 위치를 자동으로 확인할 수 있는 기능을 갖출 것(해상비행 및 국제선 운항인 경우에만 해당한다) 2) 계기비행능력을 갖출 것. 다만, 헬리콥터를 이용해 주간시계비행 조건으로만 관광 또는 여객수송을 하는 경우는 제외한다.
3. 기술인력 가. 조종사 나. 정비사	 항공기 1대당 「항공안전법」에 따른 운송용 조종사(해당 항공기의 비행교범에 따라 1명의 조종사가 필요한 항공기인 경우와 비행선인 항공기의 경우에는 「항공안전법」에 따른 사업용 조종사를 말한다) 자격증명을 받은 사람 1명 이상 항공기 1대당 「항공안전법」에 따른 항공정비사 자격증명을 받은 사람 1명 이상. 다만, 보유 항공기에 대한 정비능력이 있는 항공기정비업자에게 항공기 정비업무 전체를 위탁하는 경우에는 정비사를 두지 않을 수 있다.
4. 대기실 등 이용객 편의시설	가. 대기실, 화장실, 세면장 등 이용객 편의시설(공항 또는 비행장의 대기실에 시설을 확보한 경우는 제외한다)을 갖출 것 나. 이용객 안내시설
5. 보험가입	보유 항공기마다 여객보험(화물운송 전용인 경우 여객보험은 제외한다), 기체보험, 화물보험, 전쟁보험(국제선 운항만 해당한다), 제3자보험 및 승무원보험. 다만, 여객보험, 기체보험, 화물보험 및 전쟁보험은 「항공안전법」 제90조에 따른 운항증명 완료 전까지 가입할 수 있다.

한편, 「항공사업법」 제9조에서는 국내항공운송사업과 국제항공운송사업 면허의 결격사유로서 외국인(법인)의 지분참여를 제한하고, 소형항공운송사업도 이를 준용토록 하고 있다. 항공운송사업에 대한 외국인 경영(소유) 제한은 배타적 영공 주권주의[1], 국가기간산업으로서 국방상의 이유 등 전 세계적으로 공통적인 것이다.

1 어느 국가의 항공기든 해당 국가의 허가 없이는 해당 국가의 영공을 통과하거나 해당 국가의 영토 내에 착륙

항공운송사업 면허 결격 사유 등

「항공사업법」 제9조(국내항공운송사업과 국제항공운송사업 면허의 결격사유 등) 국토교통부 장관은 다음 각 호의 어느 하나에 해당하는 자에게는 국내항공운송사업 또는 국제항공운송사업의 면허를 해서는 아니 된다.

1. 「항공안전법」 제10조 제1항 각 호의 어느 하나에 해당하는 자
2. 피성년후견인, 피한정후견인 또는 파산선고를 받고 복권되지 아니한 사람
3. 이 법, 「항공안전법」, 「공항시설법」, 「항공보안법」, 「항공 · 철도 사고조사에 관한 법률」을 위반하여 금고 이상의 실형을 선고받고 그 집행이 끝난 날 또는 집행을 받지 아니하기로 확정된 날부터 3년이 지나지 아니한 사람
4. 이 법, 「항공안전법」, 「공항시설법」, 「항공보안법」, 「항공 · 철도 사고조사에 관한 법률」을 위반하여 금고 이상의 형의 집행유예를 선고받고 그 유예기간 중에 있는 사람
5. 국내항공운송사업, 국제항공운송사업, 소형항공운송사업 또는 항공기사용사업의 면허 또는 등록의 취소처분을 받은 후 2년이 지나지 아니한 자. 다만, 제2호에 해당하여 제28조 제1항제4호 또는 제40조 제1항 제4호에 따라 면허 또는 등록이 취소된 경우는 제외한다.
6. 임원 중에 제1호부터 제5호까지의 어느 하나에 해당하는 사람이 있는 법인

「항공안전법」 제10조(항공기 등록의 제한) ① 다음 각 호의 어느 하나에 해당하는 자가 소유하거나 임차한 항공기는 등록할 수 없다. 다만, 대한민국의 국민 또는 법인이 임차하여 사용할 수 있는 권리가 있는 항공기는 그러하지 아니하다.

1. 대한민국 국민이 아닌 사람
2. 외국 정부 또는 외국의 공공단체
3. 외국의 법인 또는 단체
4. 제1호부터 제3호까지의 어느 하나에 해당하는 자가 주식이나 지분의 2분의 1 이상을 소유하거나 그 사업을 사실상 지배하는 법인(「항공사업법」 제2조 제1호에 따른 항공사업의 목적으로 항공기를 등록하려는 경우로 한정한다)
5. 외국인이 법인 등기사항증명서상의 대표자이거나 외국인이 법인 등기사항증명서상의 임원 수의 2분의 1 이상을 차지하는 법인

나. 면허 심사 및 사후관리

면허신청서가 제출되면 국토교통부는 면허 결격사유와 물적요건(자본금 · 항공기)을 우선 평가하고, 결격사유 · 물적요건 심사를 통과한 신청자를 대상으로 개별요건별 심사와 의견청취, 면허자문회의 등을 거친 후 세부기준 검토 및 의견수렴 결과, 면허자문회의의 최종 자문의견 등을 종합하여 면허 발급여부를 결정한다. 이후 사업계획

할 수 없음을 뜻함. 1944년 국제민간항공조약 제1조는 "체약국은 각국이 그 영역상의 공간에서 완전하고 배타적인 주권을 갖는다"고 규정하고 있고 이는 1919년 파리조약, 1926년 마드리드조약, 1928년 하바나조약 등 국제조약에서 확인되고 인정된 국제법 원칙임

서 · 면허조건 이행여부 등을 점검하여, 위반 시 면허취소 조치 등의 사후관리를 한다.

다. 항공운송사업자 현황

2023년 1월 기준 우리나라 국내 · 국제 항공운송사업자 면허를 취득한 사업자는 대한항공, 아시아나항공, 제주항공, 진에어, 에어부산, 이스타항공, 티웨이항공, 에어인천, 에어서울, 플라이강원, 에어프레미아, 에어로케이 등 12개이다.

▼ 국내 · 국제 항공운송사업자 현황

구분	대한항공	아시아나항공	제주항공	진에어	에어부산	이스타항공
대표자	조원태/우기홍	원유석	김이배	박병률	안병석	조중석
면허(등록)일	1962.11.30.	1988.02.24.	2005.08.25.	2008.04.05.	2008.06.11.	2009.10.30.
최초취항일	1969.03.01.	1988.12.23.	2006.06.05.	2008.07.17.	2008.10.27.	2009.01.07.
사업범위	국내 · 국제 (여객 · 화물)	국내 · 국제 (여객 · 화물)	국내 · 국제 (여객 · 화물)	국내 · 국제 (여객 · 화물)	국내 · 국제 (여객 · 화물)	국내 · 국제 (여객 · 화물)
항공기보유	156대	79대	38대	26대	24대	3대
자 본 금	18,467억	3,721억	498억	522억	1,166억	1,137억

구분	티웨이항공	에어인천	에어서울	플라이강원	에어프레미아	에어로케이
대표자	정홍근	이승환	조진만	주원석	유명섭	강병호
면허(등록)일	2011.04.01.	2012.05.22.	2015.12.28.	2019.03.06.	2019.03.06.	2019.03.06.
최초취항일	2011.10.14.	2013.03.05.	2016.07.11.	2019.11.22.	2021.08.11.	2021.04.15.
사업범위	국내 · 국제 (여객 · 화물)	국내 · 국제 (화물)	국내 · 국제 (여객 · 화물)	국내 · 국제 (여객 · 화물)	국내 · 국제 (여객 · 화물)	국내 · 국제 (여객 · 화물)
항공기보유	30대	4대	6대	3대	2대	1대
자 본 금	961억	72억	175억	158억	1,468억	485억

2023년 1월 기준 등록된 우리나라 소형항공운송사업자는 대한항공, 헬리코리아, 코리아익스프레스에어, 더스카이, 유아이헬리제트, 엔에프에어, 하이에어, 우리항공, 세진항공, 글로리아항공, 제트프라임항공 총 11개이다.

▼ 소형항공운송사업자 현황

구분	대한항공	헬리코리아	코리아익스프레스에어	더스카이	유아이헬리제트	엔에프에어
대표자	조원태/우기홍	민경조/민세홍	노승영	조재성	유인용	김문권
등록일	1994.9.27.	1996.9.17.	2007.7.4.	2014.5.23.	2015.3.27.	2018.1.19.
최초 취항일	2007.7.31.	2001.11.11.	2009.3.21.	2015.2.21.	–	2019.8.8.
사업 범위	전세운송	전세운송	지점 간 운항, 전세운송	전세운송, 관광비행	전세운송	관광비행
비고		사용사업 겸업	휴업	사용사업 겸업	사용사업 겸업	

구분	하이에어	우리항공	세진항공	글로리아항공	제트프라임항공
대표자	윤형관	이금자	김봉규	신대현	조헌
등록일	2018.12.20.	2019.3.25.	2019.4.2.	2020.6.26.	2022.6.28.
최초 취항일	2019.12.11.	–	–	–	–
사업 범위	지점 간 운항, 전세운송, 관광비행	전세운송	전세운송	전세운송	전세운송
비고		사용사업 겸업	사용사업 겸업	사용사업 겸업	사용사업 겸업

02 국내항공운송

가. 개요

국내항공운송이란 타인의 수요에 맞추어 항공기를 사용하여 유상으로 여객이나 화물을 운송하는 것을 말한다. 우리나라의 국내항공운송은 조선항공사업사(내국인 기준)가 1936년 5월 서울-이리-광주 간 정기 노선을 운항하며 시작하였다. 광복 후에는 1948년 대한국민항공사가 서울-부산, 서울-광주-제주 간 등을 국내선 면허를 받아 운송하며 국내 민간 항공 시대가 본격적으로 시작되었다.

국내항공운송사업은 국내공항과 국내공항 사이에 일정한 노선을 정하고 정기적인 운항계획에 따라 운항하는 정기편 운항과 국내에서 이루어지는 정기편 운항 외의 항공기 운항인 부정기편 운항으로 나뉜다.

나. 국내항공운송 인허가

국내항공운송사업을 경영하려는 자는 국토교통부장관의 면허를 받아야 하며, 면허를 받은 자가 정기편 운항을 하려면 노선별로 국토교통부장관의 정기편 노선허가를 받아야 한다. 부정기편을 운항하기 위해서는 국토교통부장관으로부터 부정기편 운항허가를 받아야 한다.

국토교통부장관으로부터 정기편 노선허가를 받으려는 자는 정기편 운항으로 해당 노선의 안전에 지장을 줄 염려가 없고 이용자 편의에 적합하다는 것을 증명하는 서류와 해당 노선 운항의 기점·기항지 및 종점 등이 포함된 사업계획서를 제출하여야 한다. 국토교통부장관 또는 지방항공청장은 해당 노선에 대하여 적합 여부를 심사한 후 적합하다고 인정하는 경우 신청인에게 노선 허가증을 발급 및 통지한다.

다. 항공기 운항시각 조정 · 배분(하계/동계 시즌)

국토교통부장관은 공항의 효율적인 운영과 항공기의 원활한 운항, 항공교통의 안전 확보, 항공교통이용자 보호 및 항공교통서비스의 개선 등을 위하여 항공기의 운항시각(출발 또는 도착시각)을 항공운송사업자의 신청을 받아 배분 또는 조정할 수 있다.

운항시각의 조정·배분을 위해서는 선제적으로 공항시설 및 세관, 출입국관리, 검역 등 분야별 수용능력 등을 고려하여 산출된 공항 수용능력의 범위에서 운항시각 총량을 정해야 하며, 공항의 효율적 운영 및 항공교통의 안전 확보 등을 위해 필요한 경우에는 운항시각 총량 범위에서 운항시각의 상한을 정하거나 운항시각을 제한할 수 있다.

운항시각 조정·배분을 위한 단위로 운항기간을 구분하고 있다. 매년 3월 마지막 주 일요일부터 10월 마지막 주 토요일까지의 기간을 하계기간으로 정하고 있으며, 10월 마지막 주 일요일부터 3월 마지막 주 토요일까지의 기간을 동계기간으로 정하여 조정·배분하고 있다.

운항시각은 정기편, 부정기편 및 그밖의 운항편의 순서로 조정·배분한다. 정기편에 대한 운항시각은 전년도 하계기간 또는 동계기간에 8주 이상 연속으로 운항시각을 배분받아 국내 정기편 또는 정기성 전세편을 운항하던 자가 국내 정기편의 운항을 위하여 전년도와 같은 운항 기간에 전년도와 같은 운항시각을 신청한 경우에는 해당 국내 정기편 운항시각에 우선 조정·배분하고 있다. 단, 전년도에 배분받은 운항시각을 100분의 80 이상 운항하지 않은 경우에는 전체 운항시각을 조정·배분하지 않고 있으며, 연속하여 5주 이상 운항하지 않은 경우에는 우선 조정·배분하는 운항시각에서 제외하고 있다.

조정·배분된 이후에 남은 운항시각이 있을 경우, 남은 운항시각의 100분의 50 범위에서 전년도 같은 운항기간에 정기편 운항이 없었던 신규 노선 정기편에 배분하되, 8주 이상 연속으로 운항한 정기편을 연속하여 다음 운항기간에 정기편 신규 노선 운항시각으로 신청하는 경우에는 신규노선 정기편에 우선 배분한다.

우선순위가 같은 운항편에 대한 운항시각 배분은 운송사업자와의 협의를 거쳐 조정·배분하되, 협의가 성립되지 않은 경우에는 국토교통부장관이 정하는 기준에 따라 배분한다.

라. 항공운송사업 운임 및 요금

국제항공운송사업자의 경우에는 해당 국제항공노선에 관련된 항공협정에서 정하는 바에 따라 국제항공노선의 여객 또는 화물의 운임 및 요금의 종류·금액과 그 산출근거 등을 첨부하여 국토교통부장관에게 제출하여 인가를 받거나 신고하여야 한다. 국토교통부장관은 해당 사업의 적정한 경비 및 이윤을 포함한 범위를 초과하지 않고, 특정한 여객 또는 화물운송 의뢰인에 대하여 불합리하게 차별하지 않으며, 다른 항공운송사업자와의 부당한 경쟁을 일으킬 우려가 없는지 등을 검토하여 항공운임과 요금을 인가한다.

국내항공운송사업자의 경우에는 국내 항공 노선의 여객 또는 화물의 운임 및 요금을 정하거나 변경하려는 경우에는 20일 이상 예고하여 운임과 요금을 정할 수 있다.

마. 소형항공운송사업(국내)

소형항공운송사업은 납입자본금(15억 원 이상), 항공기(1대 이상), 필요 항공인력 구비 등 일정 요건을 갖추어 지방항공청에 등록하고, 운항·정비인력, 장비, 시설 등 안전체계 충족여부를 검사받은 후 운항증명을 발급받아 운항하는 50석 이하의 소규모 항공운송사업이다.

소형항공운송사업은 대형 항공사 및 LCC와 노선·기종 등이 상이하여 경쟁 대상이 아니며 적은 항공 수요로 대형 항공사가 취항하지 않는 소규모 노선에 적합하다.

대형항공사의 철수로 단항된 사천공항은 2020년 9월부터 소형항공운송사업자(하이에어)가 취항하면서 운항이 재개되었고, 2021년에는 소형항공운송사업자(하이에어)만 운항하여 여객 8.9만 명이 이용하였다.

▼ 2021년 사천공항 운항실적

노선	운항(편)			여객(명)		
	도착	출발	계	도착	출발	계
제주 – 사천	205	204	409	7,831	7,347	15,178
김포 – 사천	813	815	1,628	37,393	36,868	74,261
합계	1,018	1,019	2,037	45,224	44,215	89,439

• 운항 2,037편, 여객 8.9만 명 / 일평균 5.6편, 여객 245명(탑승률 87.8%)

코로나로 운영되지 않는 무안공항도 2021년 6월부터 소형항공운송사업자(하이에어)가 국내 부정기편 운항을 재개하였고, 2021년 1.2만 명의 여객이 이용하는 등 항공운송 네트워크에서 소외된 지역에 항공운송서비스가 제공되어 국민편익이 증가되었다.

- 2022년 소형항공운송사업(50석) 노선현황
  - 정기 노선 : 김포 - 제주, 김포 - 울산, 김포 - 사천
  - 부정기 노선 : 김포 - 무안, 제주 - 무안, 제주 - 울산, 제주 - 사천,

건설 중인 울릉공항(2025년 완공 예정)과 건설을 계획 중인 흑산도, 백령도 공항은 활주로 1,200미터 이하의 소형 공항으로, 개항 시 소형항공운송사업자가 소형항공기를 운항하기 적합할 것으로 예상된다.

03 국제항공운송

가. 개요

국제항공운송이란 국가 간에 항공기를 이용하여 여객 및 화물을 수송하는 것을 의미한다. 항공 기술이 발전하기 이전, 여객과 화물의 수송은 육상 및 해상 운송을 통해 주로 이루어져 왔다. 그러나 항공분야 기술이 점점 발달해갈수록 항공운송의 신속하고 효율적인 장점에 기반하여, 항공운송은 국가 간 여객 운송의 주요 수단으로 성장해왔다. 또한, 반도체 등 고부가가치 첨단 산업 분야의 성장에 따라, 화물 수송 분야에 있어서도 항공운송의 역할 또한 점차 증가해가고 있다. 이처럼, 국제항공운송산업은 국가 간 여객 및 화물의 운송을 담당하는 산업으로서 인적·물적 교류증진을 통한 양국 간 우호관계 증진에 매우 중요한 역할을 하고 있다.

국제항공운송은 해운, 철도 등 다른 운송에 비해 가장 역사가 짧다고 할 수 있으며, 역사적으로 세계 각국은 국제항공운송을 유치산업으로 간주하여 정책적으로 육성해왔다. 특히, 국제항공운송은 외국의 영공을 비행하게 됨으로써 국가안보에 직결되는 것으로 인식하고 다른 운송산업보다 엄격하게 규제하여 왔다. 이러한 이유로 국제항공운송은 WTO 체제에서도 예외로 인정되는 각국의 배타적 권리로서 각국은 양자 간 항공 협정 체결을 통해 운송의 권리를 규제하고 있다. 또한, 항공운송산업은 막대한 수요와 자본, 고도의 기술과 안전 확보 등이 필요하여 진입 장벽이 매우 높다. 이렇듯 국제 항공운송산업은 경제적, 기술적인 진입의 제약, 국가별 상이한 정책에 따른 제약 등으로 규제가 많은 분야이다.

이러한 역사적 배경을 바탕으로 세계 각국은 항공사의 국유화 등 자국의 항공운송산업에 대한 규제적 정책을 취해왔다. 그러나 미국을 주도로 한 항공산업의 자유화 추세가 전 세계적으로 확대되어 왔고, 세계 각국은 자국의 상황과 여건에 따라 항공운송산업에 대해 자유화, 블록화 등의 정책을 추진하고 있다. 1978년 미국의 규제 완화 이후 EU 역내 규제 완화가 진행되고, 1990년대 이후에는 미국의 양자 간 항공자유화 추진, 유럽의 역내 자유화, 중남미, 아프리카 등의 지역블록화 등으로 발전되었다. 이러한 규제 완화와 자유화로 인하여 운임 하락, 수요증가, Low Cost Carrier (Southwest, Ryan Air 등) 출현 등 항공산업의 변화가 나타나기 시작했다.

일본, 유럽, 중국, 러시아 등 대부분의 국가에서는 국유화된 항공사를 민영화하기 시작했다. 이를 통해 영국 British Air, 호주 Qantas, 독일 Lufthansa 등이 대형 항공사로 변신하였다. 우리나라의 경우에도 1969년 국영기업 대한항공공사를 한진그룹 산하 민간기업인 대한항공으로 민영화하며 세계적으로 경쟁력 있는 항공사로 육성하여 성공적인 사례로 손꼽히고 있다. 이러한 민영화와 규제 완화 영향으로 델타항공과 노스웨스트항공 합병(2008년), 아메리칸항공과 US에어웨이즈 합병(2013년) 등 공격적인 합병을 통해 전 세계를 아우르는 거대 항공사가 등장했다.

하지만, 2019년 말부터 시작된 COVID-19 확산으로 이동제한, 국경폐쇄 등 극단적인 정책이 시행되면서 항공산업은 이제까지 경험해보지 못했던 충격을 받게 되었다. 수요 급감에 따른 시장상황 악화로 국내에서는 대한항공과 아시아나항공 합병과 같이 항공시장 재편이 이뤄지고 있으며, 국외의 경우에도 알이탈리아항공, 체코항공 등 파산하거나 파산 보호신청을 하는 항공사가 생겨났다. 팬데믹 장기화로 인해 각 항공사의 수익성 악화가 지속되는 가운데 카타르항공, 에미레이트항공, 에티하드항공, 튀르키예항공, 핀에어 등 정부의 직·간접적 지원을 받을 수 있는 주요 국영항공사들은 시장 점유율 확대를 위한 공급력 증대 전략을 적극적으로 추진하면서 위기에 대응하고 있다.

나. 항공협정의 역사

1903년 미국의 라이트 형제가 노스캐롤라이나주에서 인류 역사상 최초로 동력항공기에 의한 비행에 성공한 이래, 두 차례 세계대전을 치르면서 항공기술은 비약적으로 발전해왔다. 기술발전에 따라 공역에 대한 국제적인 법적 규제가 절실히 필요하게 되었고, 1919년 파리 국제항공협약(Convention for the Regulation of Aerial Navigation)과 1944년 국제민간항공협약(Convention on International Civil Aviation, 이하 "시카고협약")이 채택되었으며, 이를 바탕으로 양자 간 항공협정이 체결되었다. 시카고협약은 '공역자유의 확립', '국제민간항공협약의 제정', '국제민간항공기구의 설치를 위한 논의'를 위해 1944년 11월 개최된 국제민간항공회의(이하 '시카고회의')에서 채택된 협약이다. 시카고 회의를 주도한 미국은 애초 공역자유에 관한 국제적 합의를 이끌어내기 위해 회의를 개최하였다.

하지만, 타국의 영토 상공에는 영토국가의 관할권이 미치기 때문에 항공 자유화에 대한 영토국의 반대가 완강하였고, 결국 시카고협약은 영국, 캐나다 등이 제안한 통제된 자유체제를 채택하게 되었다. 대신 민간항공의 자유에 관한 두 가지의 보충협정이 채택되었는데, 국제항공업무통과협정(International Air Services Transit Agreement)과 국제항공운송협정(International Air Transport Agreement)이 그것이다. 통상 전자는 '두 개의 자유협정' 또는 통과협정으로 불리우며, 후자는 '다섯 개의 자유협정' 또는 운송협정으로 불린다.

이 중 통과협정은 민간항공기의 비상업적 운항에 관한 권리를 규정하는데, 이는 착륙하지 않고 통과하는 권리(1자유)와 비상업적 착륙을 할 수 있는 권리(stop for non-Traffic purposes, 2자유)를 의미한다. 시카고 협약 제96조에 따르면 비상업적 착륙이란 여객·화물·우편물 운송 목적이 아닌 착륙을 의미하는데, 예를 들면 연료를 넣기 위한 착륙 등 기술적 착륙(technical landing)을 말한다. 동 통과협정은 1945년 발효하였다.

반면 운송협정은 상기 두 가지 기본 자유 외에 민간항공기의 상업적 운항에 관한 세 가지 권리에 관한 협정이다. 이 세 가지 권리는 상업적 운송을 수행하는 국가가 여객·화물·우편물을 다른 나라에 운송하여 내릴 권리(3자유), 다른 나라에서 여객·화물·우편물을 싣고 자기 나라로 운송하여 올 권리(4자유), 여객·화물·우편물을 다른 나라에서 또 다른 나라로 운반하여 내릴 권리(5자유, 이를 통상 이원권이라고 부른다)를 의미한다. 세 가지 권리는 정기민간항공의 운항을 위해 필요한데, 대부분의 국가들이 자국 영공에 대한 관할권과 자유 항공 산업에 대한 보호와 규제를 선호하기 때문에 운송협정은 아직까지 발효되지 않았다. 따라서 양국 간 정기항공노선의 개설 및 운영은 양자 간 체제에서 규율될 수밖에 없고, 이를 위해 양자 간 항공협정이 체결된다.

따라서, 양국 간 항공노선이 개설되기 위해서는 우선 양국 간 항공운송에 관한 기본적인 질서와 조건을 규율하는 항공협정이 체결되어야 한다. 항공협정의 세부적인 내용에 대해서는 양국 항공당국의 소관이나, 국가 간 조약이라는 항공협정의 특성상 양국 외교 당국에서 관할하고 있다. 양자 간 항공협정은 그 유형에 따라 내용에 차이가 있기는 하지만, 대개 항공사지정, 노선설정, 운항횟수, 항공운임 등에 관해 규정함으로써 양국 간 정기민간항공 노선 개설과 운영을 보장하여 국가 간 교류의 요건을 성립하게 된다.

양국 간 체결된 항공협정을 기반으로 양국 항공당국 간은 항공운송을 위한 세부적 조건을 마련하기 위해 항공회담을 개최하게 된다. 항공회담을 통해 합의한 사항은 양국 간 양해각서 또는 합의 의사록 체결을 통해 공식화된다. 양국 간 항공협정의 체결 또는 항공회담을 통해 합의된 항공운송 기본 조건을 기반으로, 양국은 자국

항공사들이 상대국 간의 항공운송을 할 수 있는 권리를 부여하게 된다. 우선 자국 항공사를 상대국과의 정기 항공운송을 할 수 있는 항공사로 지정하여 상대국에 통보하고, 양국 간 합의된 노선 구조 및 운항 횟수에 따라 운항할 수 있는 권리인 운수권을 자국 지정항공사에 배분한다. 지정항공사로 지정되고 운수권을 배분받은 항공사는 양국 간 운항 계획을 수립하고 양국 항공당국의 동 사업계획에 대한 허가를 받게 된다.

다. 국제항공운수권의 종류 : 하늘의 자유

국가 영공주권의 원칙에 의하여 국가 간 비행이나 항공 운송은 사전에 상호 간 합의 또는 허가가 되지 않고서는 허용되지 않는다. 이에 따라, 국가 간 상호 간에 비행이나 항공 운송을 어느 정도까지 허용할 수 있는가에 대한 논의가 진행되어왔다. '하늘의 자유'라고도 불리는 '국제항공운수권'의 종류는 통상 제1~9자유로 구분하게 한다.

제1자유(first freedom of the air)는 일명 영공통과의 권리(fly-over right)라고도 하며, 외국 항공기에게 정기적 또는 부정기적으로 자국에 착륙하지 않고 자국의 영공을 통과 비행하도록 허용된 권리이다.

제2자유(second freedom of the air)는 일명 기술착륙의 권리(technical landing right)라고도 하며, 국가가 외국에게 정기적 또는 부정기적으로 급유, 예기치 못한 정비, 비상시 착륙 등 비운송목적으로 자국의 영역 내에 착륙하도록 허용된 권리이다.

제3자유(third freedom of the air)는 정기국제항공서비스와 관련, 자국 항공기가 자국 내에서 여객, 화물, 우편물을 싣고 상대국의 영역 내에 내리도록 상대국이 허용하는 권리이다.

제4자유(fourth freedom of the air)는 이와 반대로 상대국의 항공기가 여객, 화물, 우편물을 상대국의 영역 내에서 싣고 자국 영역 내에 내리도록 상대국에 허용하는 권리이다.

제5자유(fifth freedom of the air)는 정기국제항공서비스와 관련, 항공사가 자국에서 출발 또는 도착하는 비행 중에 상대국 또는 제3국을 경유하며, 자국·상대국·제3국 간 여객, 화물, 우편물을 운송할 수 있는 권리이다.

제6자유(sixth freedom of the air)는 제3자유와 제4자유가 결합된 형태로, 정기국제항공서비스와 관련 항공사가 자국을 경유하여 두 개의 다른 국가 사이에서 이동하는 여객, 화물 우편물을 운송하는 권리이다.

제7자유(seventh freedom of the air)는 정기국제항공서비스와 관련 항공사가 자국을 거치지 않고, 상대국과 제3국 사이에서 여객, 화물, 우편물을 운송할 수 있는 권리이다.

국내선 운송업무를 할 수 있는 권리(cabotage)는 통상 자국 항공사에게만 부여하나, 제8자유(eighth freedom of the air), 제9자유(ninth freedom of the air)는 이를 외국 항공사에게도 이를 허용하는 형태이다. 제8자유는 자국에서 출발하여 상대국 국내 영역 간을 운송할 수 있는 권리를 의미하며, 제9자유는 자국에서 출발 없이 전적으로 상대국 국내 영역 내를 운송할 수 있는 권리를 의미한다.

국제항공업무통과협정(International Air Services Transit Agreement)에서는 제1자유 및 제2자유까지 규정하고 있으며, 일반적인 양국 간 항공협정에서는 제1자유에서 제5자유 운수권의 교환에 대해 규정하고 있다. 그러나, 예외적으로 제6자유 및 제7자유 운수권의 교환까지 허용하고 있는 사례도 있다. 우리나라의 경우, 2008년 캐나다와의 자유화 협정 체결을 통해 여객부분에서는 제6자유, 화물부분에서는 제7자유까지 허용하였다. 그러나, 제8자유, 제9자유, 즉 카보타주의 경우에는 영공주권, 안보 및 국내 수송안전성 확보, 자국 항공산업 보호 등을 이유로 국제민간항공협약 및 우리나라 항공사업법령(「항공사업법」 제56조, 외국 항공기의 국내 각 지역간 운송업 금지)에서 제한하고 있다.

구 분	내용
제1자유 (영공통과)	일국의 항공사가 타국의 영토 위를 무착륙으로 비행할 수 있는 권리(fly-over right)
제2자유 (기술착륙)	운송 이외의 급유, 정비와 같은 기술적 목적을 위해 상대국에 착륙할 수 있는 자유(technical landing right)
제3자유	자국 영토 내에서 실은 여객과 화물을 상대국으로 운송할 수 있는 자유(set-down right) 
제4자유	상대국의 영토 내에서 여객과 화물을 탑승하고 자국으로 운송할 수 있는 자유(bring-back right) 

구분	내용
제5자유	자국에서 출발하거나 도착하는 비행중에 상대국과 제3국 간의 여객과 화물을 운송할 수 있는 권리(beyond right) 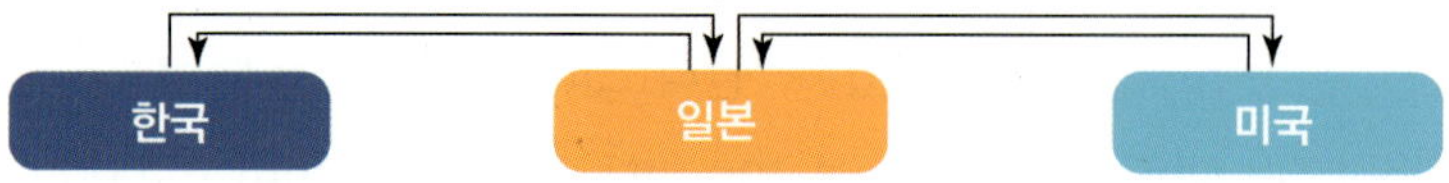
제6자유	항공사가 자국을 경유하여 두 외국 사이에서 운송할 수 있는 권리(제3자유+제4자유의 결합) 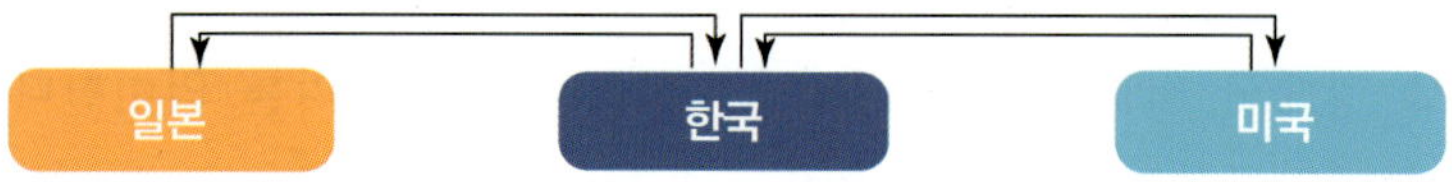
제7자유	일국의 항공사가 두 외국 간에 운송하는 서비스를 전적으로 외국에서 독립적으로 제공하는 권리
제8자유	자국에서 출발하여, 외국 내의 국내 지점 간을 운송할 수 있는 권리("consecutive" cabotage)
제9자유	자국에서 출발 없이, 외국 내의 국내 지점만을 운송할 수 있는 권리("stand alone" cabotage)

04 항공협정의 종류와 현황

가. 양자 간 항공협정

양자 간 항공협정은 양국 간 항공사 서비스 수행을 위한 허용범위와 조건을 규정하는 것이다. 양자 간 항공협정은 그 유형에 따라 내용에 차이가 있기는 하나, 통상 양국 간 운항 횟수, 운항할 항공사 및 노선, 항공운임 등에 관해 규정함으로써 양국 간 정기 민간항공 노선 개설과 운영을 보장한다. 항공 협정 체결 시 각국은 양자 간에 "공정하고 균등한 기회 및 상호주의"의 원칙에 따라 운항 항공사 수, 노선, 운항 횟수 등 운송의 권리를 합의하게 된다.

양자 간 항공협정은 항공서비스에 관한 사항을 항공사가 시장경제원리에 의하여 결정하는 '자유형'과 영토국가가 운항과 관련한 세부사항까지 철저히 규제하는 '개입형'의 양극단 사이에서 여러 가지 유형으로 나타난다. 후자(개입형)가 현재 양자 간 항공협정에서 보편적인 것으로서 "버뮤다(Bermuda)타입"으로 불리고 있는데, 1946년 버뮤다에서 체결한 미국 및 영국 간 협정이 그 효시이다. 그 이후에 체결된 대다수 양자 간 항공협정이 동 협정 유형을 채택함으로써 일반화되었다. 버뮤다 타입은 당사국 정부가 항공기 기종, 운항 회수, 운임 등 공급력에 관한 세부적인 사항을 일일이 규제하는 것을 특징으로 한다.

반면 1944년 개최된 시카고회의는 항공서비스에 관한 기본적인 사항만을 국가가 규제하고, 나머지를 대부분 시장에 맡기는 "시카고(Chicago) 타입"을 만들어 다자간 항공협약 체결 이전의 과도기 형태로서 제시하였다. 비록 보편화되지는 않았지만, 동 유형의 협정은 노선, 운수권 등 기본적 사항만을 규정하고 공급력 및 운임 규제에 대한 내용은 제외하여 시장주체들이 직접 결정하도록 하고 있다.

1970년대 이래 소비자의 다양한 욕구증대, 국가의 규제 필요성 감소, 시장원리에 의한 산업 활동 필요성 증대 등의 추세를 반영한 국제항공서비스에 대한 규제 완화를 배경으로 "항공자유화(Open Skies) 타입"의 협정이 등장하였다. 동 유형은 1990년대에 본격적으로 나타나기 시작하였는데, 항공서비스 시장에 있어서의 자유경쟁을 기본원리로 하여 운수권·공급력·운임 등에 대하여는 정부 간섭을 배제하는 대신, 항공안전(Aviation Safety), 항공보안(Aviation Security) 등에 정부역할을 한정하는 것을 내용으로 한다.

우리나라는 2022년 12월 기준 미국, 일본, 영국, 독일 등 94개국과 항공협정을 체결하였는데, 동 협정의 대부분은 버뮤다 타입과 시카고 타입의 중간 형태로서 운항노선 및 운항횟수 등 공급력과 관련한 기본사항은 규정을 하고 있으나, 운임 등의 세부사항은 별다른 규정 없이 시장원리에 맡기고 있다. 항공협정 본문에서는 운항권 부여, 공정기회 부여조항, 항공보안 등 원칙적인 사항들만 규정하고, 협정 부속서에서는 잦은 개정을 필요로 하는 공급력 관련 조항을 규정하고 있다. 이는 개정절차가 용이한 부속서에 동 조항들을 규정함으로써 항공협정의 신축성을 보장하여 수시로 변화하는 항공시장 수요에 탄력적으로 대처하기 위함이다.

나. 다자간 항공협정

1903년 유럽의 19개 국가가 참여하여 국경을 넘는 항공편의 형태를 협의한 것이 국제항공에 대한 최초의 다자간 협의라고 볼 수 있다. 이후 1919년 파리협약, 1926년 마드리드협약, 1928년 하바나협약 등 국제항공규제를 정한 다자간 협약이 성립되었으나 전 세계를 포괄하는 의미 있는 다자간 협약으로서는 역할을 하지 못했다.

1944년 시카고협약에서 최초로 다자간 운수권 교환을 협의하였으나 유상운송권리에 대한 다자간 해결방식에 대한 합의는 실패하였다. 1946년 "유상운송권리에 관한 다자 협약안"이 임시국제민간항공기구(PICAO:Provisional International Civil Aviation Organization)에 의해 총회에 제출되었으나 거부당하고, 1947년도에 국제민간항공기구(ICAO, 이하 'ICAO') 창설 이후 2차안을 시도하였으나 합의를 도출하지 못하였다.

국가 간 합의 도출에 실패한 주요 원인으로는 공급력, 시장접근 및 분쟁 해결방법에 대한 이견을 들 수 있다. ICAO는 1953년 제7차 총회에서 "전 세계적인 다자협정 체결 가능성은 현재로서는 없다"고 결론지었고, 이후 ICAO가 여러 차례 재시도하였으나 체결에 성공하지 못하고 있다. 다자적 차원에서 공급력 설정 내지 자유화 시도는 각국의 항공산업 경쟁력, 지리적 특성에 따른 항공운송 형태 등의 반영이 어려워 합의점을 찾기 어렵기 때문이다.

이러한 전 세계적 단일화된 다자협정 체결은 각국의 첨예한 이해관계 대립으로 인해 실질적인 진전을 도출하지 못하고 있는 반면, 각 지역 블록을 통한 단일화된 다자간 항공협정 체결을 위한 노력은 상대적으로 활발하게 이루어지고 있다.

EU의 경우 국제항공운송시장에서의 대외 경쟁력을 확보하기 위해 1986년 로마조약에 근거하여 회원국 간 '공동항공운송정책'을 채택하고 1997년까지 단계적으로 3차에 걸친 항공자유화 조치를 추진하여 EU 단일 항공시장을 구축하였다. ASEAN의 경우, 2008년 11월 ASEAN 10개 회원국(인도네시아, 태국, 말레이시아, 싱가포르, 필리핀, 브루나이, 베트남, 미얀마, 캄보디아, 라오스) 간 2015년 단일화된 항공시장 구축을 목표로 항공운항과 항공운송 서비스에 대한 규제를 철폐하는 다자간 항공협정에 합의하였다. 이 외에도 APEC 6개 회원국(미국, 싱가포르, 뉴질랜드, 칠레, 부르나이, 페루)간 체결된 '다자간 국제항공 자유화 협정'(MALIAT : Multilateral Agreement on the Liberalization of International Air Transport) 또한 아시아·태평양 지역 일부 국가를 주도로 한 다자간 항공협정의 예로 들 수 있다.

다. 양자 협정주의 대 다자 협정주의

다자협정 주창자들은 양자협정의 결점을 설명하면서 다자협정의 불가피성을 주장하고 있다. 양자협정은 국제항공여건 변화를 효율적으로 수용할 수 없으며, 해당 국가가 받아들일 수 있는 최소한의 수준으로 합의되기 때문에 항공운송산업에 제한이 많다는 점을 지적하고 있다. 또한, 항공운송산업은 더 이상 특별산업이 아니므로 무역, 서비스업과 동일시해야 하며 양자협정과 이로 인한 정부규제는 이용자, 공항, 타 산업의 이익을 저해하므로 다자협정 체제로의 전환이 필요함을 역설하고 있다.

이에 대하여 양자협정주의자들은 다음과 같이 반대논리를 제시하며 양자협정 체제의 불가피함을 주장하고 있다. 양자협정은 점진적으로 변화를 수용(미국의 Open Skies Agreement)하며, 거대항공사로부터 약소항공사를 보호할 수 있으며 국가 간 항공시장의 상호 이익 균형 달성이 가능하다는 점을 제시하고 있다. 또한, 각국은 자국이익을 고려하기 때문에 다자협정 개념은 비현실적이라는 점을 지적하고 있다.

그 외에도 경제적 효율성, 정부규제 등 여러 측면에서 양측 논리가 많으나 현재로서는 다자협정주의자들의 논리가 양자협정주의자들의 논리를 충분히 설득하기에는 불충분한 것으로 보여지며, 여전히 양자협정이 국가 간 항공질서를 규율하는 기본 체제로 논의되고 있다.

라. 항공협정 전망

나라마다 여건, 정책추구 목표, 이해관계가 다르므로 단시일 내 국제항공 운수권 교환을 다자협상에 의하여 결정하는 체제로의 전환은 곤란할 것으로 전망되며, 앞으로 상당기간 동안 국제항공운수권의 교환에 대한 전 세계적 차원의 다자협의 접근은 실현가능성이 희박할 것으로 예상된다. 특히, 지역그룹에 속하지 않은 우리나라의 경우 양자협정 체제에 의존할 수밖에 없을 것으로 보인다.

다만, 미국과 EU 간 항공자유화 협정이 체결되었고 앞으로 협정의 확산이 예상되고 있어, 아-태지역, 중남미, 아프리카 등 지역을 단위로 협정을 체결 및 운항하는 지역주의도 동시에 진행될 것으로 예상된다.

마. 우리나라의 항공협정 체결 현황

항공협정 체결은 향후 양국 간 항공노선이 개설될 수 있는 기반을 마련하는 측면에서 상대국과의 인적·물적 교류를 촉진하고 우리 기업의 해외 진출을 지원하는 등 국가 경제 전반 측면에서 중요성을 가진다. 우리나라는 1966년 말레이시아와의 항공협정 체결을 시작으로 일본(1967), 태국(1966) 등 동북아, 동남아 국가들과 더불어 네덜란드(1969), 프랑스(1973) 등 유럽 주요 국가들과의 항공협정을 체결해왔다

또한, 1990년대 들어 체코(1990), 폴란드(1991), 그리스(1995), 독일(1995), 핀란드(1966) 등 다수의 유럽 국가는 물론 베트남(1993), 중국(1994), 인도(1992) 등 아시아 국가와 호주(1992), 뉴질랜드(1993) 등 대양주 국가들과 항공협정 체결을 적극적으로 진행해 왔다.

최근에는 아시아, 유럽 등 주요 교역 대상지역 외에, 풍부한 천연자원 등을 바탕으로 우리나라의 전략적 진출이 필요한 지역으로의 항공노선 확충을 위한 노력을 기울이고 있다. 아프리카, 남미, CIS지역 등 경제 발전을 위한 에너지 자원의 안정적 공급, 신흥 관광국으로 부상하고 있는 지역들에 대한 신규노선 개발 및 운항 요구가 증대되고 있으나, 낮은 지리적 접근성, 부족한 항공수요 등으로 인해 운항이 이루어지고 있지 않은 상황이다. 이를 개선하기 위해 5대양 6대주를 운항하는 글로벌 항공네트워크 및 통합항공운송시장 달성 추진을 목표로 아프리카, 남미, CIS 국가 등과의 항공협정 체결 및 항공네트워크 확대를 추진하고 있다. 최근에는 풍부한 자원을 보유한 중남미, 아프리카 국가와의 경제적 협력 촉진을 지원하기 위해 르완다(2020.

11.), 파라과이(2021. 5.)와의 항공협정을 체결하여 2022년 12월 기준, 총 94개 국가와 항공협정을 체결하였다.

▼ 우리나라 항공협정 체결 현황 (2022년 12월 기준)

순번	지역 (체결국 수)	국가	체결(서명)일자	발효일자	비고
1	동북아시아 (6)	일본	1967.5.16.	1967.8.30.	
2		몽골	1991.10.23.	1991.11.28.	
3		중국	1994.10.31.	1994.10.31.	
4		홍콩	1996.3.29.	1996.7.9.	
5		마카오	1997.4.3.	1997.4.10.	
6		대만	2004.9.1.	2004.9.1.	
7	동남아시아 (10)	말레이시아	1967.3.2.	1967.6.29.	
8		태국	1967.7.7.	1968.3.5.	
9		필리핀	1969.7.22.	1969.8.11.	
10		싱가포르	1972.2.2.	1972.2.2.	
11		미얀마	1978.1.28.	1978.1.28.	
12		인도네시아	1989.9.27.	1989.9.27.	
13		브루나이	1992.8.5.	2003.7.30.	
14		베트남	1993.5.13.	1993.6.14.	
15		캄보디아	2001.4.10.	2001.5.10.	
16		라오스	2010.4.13.	2010.6.16.	
17	서남아시아 (6)	방글라데시	1979.2.13.	1979.3.12.	
18		스리랑카	1978.1.20.	1978.1.20.	
19		몰디브	1990.6.27.	1990.8.20.	
20		인도	1992.3.16.	1992.3.16.	
21		파키스탄	1996.7.22.	1996.8.7.	
22		네팔	2004.9.21.	2005.3.18.	
23	러시아 · CIS (9가서명1)	우즈베키스탄	1994.6.6.	1994.6.6.	
24		우크라이나	1996.12.16.	2003.3.6.	

순번	지역 (체결국 수)	국가	체결(서명)일자	발효일자	비고
25		벨라루스	2002.11.5.	2008.11.13.	
26		러시아	2003.3.13.	2003.5.21.	
27		아제르바이잔	2006.5.11.	2006.12.7.	
28		키르기즈스탄	2006.7.11.	2007.6.26.	
29		투르크메니스탄	2008.11.6.	2009.1.5.	
30		타지키스탄	2015.5.12.	2015.8.27.	
31		카자흐스탄			가서명(1998.11.12.), MOU체결(2007.4.11.)
32		조지아	2019.7.10.	2021.5.16.	
33	아프리카 (10가서명8)	남아프리카공화국	1995.7.7.	1995.7.7.	
34		라이베리아	1978.6.13.	1978.9.27.	
35		케냐	1981.1.13.	1981.1.13.	
36		튀니지	1994.11.24.	1995.2.6.	
37		모로코	2000.6.1.	2003.4.10.	
38		알제리	2005.1.18.	2009.7.13.	
39		에티오피아	2016.5.26.	2017.11.06	
40		가봉	1984.9.22.	미발효	
41		세이셸	2016.11.19.	2022.12.12	
42		르완다	2020.11.27	미발효	
43		지부티			가서명(1979.6.12.)
44		나이지리아			가서명(1985.7.24.)
45		수단			가서명(1991.10.25.)
46		짐바브웨			가서명(2015.10.19.)
47		잠비아			가서명(2019.12.4.), 미발효
48		기니			가서명(2016.12.5.), 미발효
49		카보베르데			가서명(2016.12.6.), 미발효
50		모리셔스			가서명(2016.12.7.), 미발효
51	미주 (10가서명3)	칠레	1979.8.14.	1980.10.24.	
52		파나마	1979.12.28.	1982.10.14.	
53		멕시코	1988.7.21.	1989.11.9.	

순번	지역 (체결국 수)	국가	체결(서명)일자	발효일자	비고
54		브라질	1992.8.11.	1995.5.31.	
55		아르헨티나	1996.9.9.	2004.1.15.	
56		미국	1998.6.9.	1998.6.9.	
57		캐나다	1989.9.20.	1989.9.20.	
58		에콰도르	2012.12.17.	2015.11.23.	
59		페루	2011.11.12.	미발효	
60		파라과이	2021.5.19.	2022.8.9.	
61		가이아나			가서명(2016.12.8.), 미발효
62		바하마			가서명(2016.12.8.), 미발효
63		과테말라			가서명(2019.12.4.), 미발효
64	유럽 (25가서명5)	네덜란드	1970.6.24.	1970.12.30.	
65		프랑스	1974.6.7.	1974.7.16.	
66		벨기에	1975.10.20.	1975.10.20.	
67		스위스	1975.12.15.	1976.11.20.	
68		오스트리아	1979.5.15.	1979.7.14.	
69		영국	1984.3.5.	1984.3.5.	
70		스페인	1989.6.21.	1991.1.14.	
71		헝가리	1989.11.22.	1990.5.19.	
72		체코	1990.10.26.	1990.10.26.	
73		슬로바키아	1990.10.26.	1990.10.26.	
74		유고슬라비아	1990.11.10.	1991.5.31.	
75		폴란드	1991.10.14.	1992.4.3.	
76		루마니아	1994.3.10.	1997.7.15.	
77		불가리아	1994.8.19.	1995.2.23.	
78		그리스	1995.1.25.	1996.4.9.	
79		독일	1995.3.7.	1998.7.19.	
80		핀란드	1996.11.12.	1997.2.1.	
81		몰타	1997.3.25.	1997.5.22.	
82		룩셈부르크	2000.9.27.	2003.5.21.	

순번	지역 (체결국 수)	국가	체결(서명)일자	발효일자	비고
83		크로아티아	2015.12.30.	2016.9.15.	
84		세르비아	2016.2.24.	2016.11.25.	
85		포르투갈	2018.5.25.	2019.12.12.	
86		라트비아	2018.9.28.	2019.2.27.	
87		이탈리아	2018.10.17.	2022.1.8.	
88		유럽연합(HA)	2020.6.25.	2021.11.1.	
89 ~ 91		북구3국(노르웨이 /스웨덴/덴마크)			가서명(1995.9.5.)
92		아이슬란드			가서명(2002.11.25.).
93		사이프러스			가서명(2019.12.13.)
94	대양주 (5)	호주	1992.2.26.	1992.4.9.	
95		뉴질랜드	1993.5.10.	1993.8.20.	
96		피지	1994.10.28.	1994.10.28.	
97		팔라우	2009.7.30.	2009.8.29.	
98		파푸아뉴기니	2015.11.13	2016.11.1.	
99	중동 (11가서명1)	튀르키예	1976.6.17.	1979.10.16.	
100		사우디아라비아	1976.11.12.	1984.1.21.	
101		요르단	1978.5.14.	1978.7.23.	
102		이집트	1979.7.30.	1988.6.1.	
103		쿠웨이트	1981.10.13.	1982.1.12.	
104		오만	1983.5.5.	1987.2.1.	
105		이라크	1985.5.29.	1986.1.29.	
106		이스라엘	1994.12.15.	1997.7.22.	
107		이란	1998.10.31.	2001.3.12.	
108		아랍에미리트	2005.11.22.	2010.7.4.	
109		카타르	2005.11.27.	2009.2.15.	
110		바레인			가서명(2017.2.23.)

바. 항공협정의 주요 내용

항공협정은 국가 간 항공운송관계를 공동으로 규율하기 위해 국가 간에 가장 빈번하게 사용되는 기본문서로서, 서문, 조항, 서명 등 본문과 부속서, 기타 첨부물 및 합의된 개정문 등으로 구성된다. 양해각서(Memorandum of Understanding)는 항공협정에 비해 덜 공식적인 성격의 합의이나, 서명시 공식 협정과 동일한 구속력을 가지고 있으며, 항공협정의 상세 내용은 아래와 같다.

1) 전문

체약당사국, 협정체결 목적 등을 명시하며 협정의 체약당사국이 본문의 내용에 합의하였음을 선언한다.

2) 본문

가) 정의 조항

협정문에서 사용되는 용어의 의미를 명확히 하기 위한 조항인데, 지정항공사, 수송력, 영역, 항공당국, 비운수적 목적 착륙, 항공당국 등 협정문에 등장하는 주요 용어의 개념을 정의하고 있다.

- 지정항공사 : 일방 체약당사국이 타방 체약당사국에게 서면통보를 통해 지정하고, 이에 대하여 타방당사국이 적절한 운항허가를 부여한 항공사
- 수송력 : 항공기와 관련한 수송력은 노선의 전부 또는 일부에서의 동 항공기의 적재 가능량을 의미하는 반면, 합의된 업무와 관련한 수송력은 동 업무에 사용되는 항공기의 수송력에 일정 기간 및 노선의 전부 또는 일부에 운항되는 동 항공기의 운항횟수를 곱한 것

나) 권리부여 조항

일방 당사국이 타방 당사국에게 국제항공업무를 개설하고 운영할 수 있는 권리를 부여함을 표명하며, 동 권리의 상세한 내용인 운항노선, 운항횟수 등 사항은 대개 부속서에 명시한다.

다) 항공사 지정/허가 조항

일방 당사국에 합의된 항공서비스를 제공하는 단수 또는 복수의 항공사를 지정하는 권리를 부여하는 한편, 타방 당사국에게는 상기 지정항공사들에게 국제항공업무 운영관련 법령에 규정된 조건들의 이행능력 입증을 요구하거나 기타 운항에 필요하다고 간주되는 조건을 부과할 수 있는 권리를 부여한다. 동 조항은 또한 상기 조건을 충족한 항공사들은 언제라도 합의된 업무의 운영을 개시할 수 있음을 규정한다.

라) 운항허가 취소 또는 정지 조항

타방 당사국의 지정항공사가 운항허가와 관련된 조건들을 충족하지 못하는 경우, 일방 당사국에 기존의 운항허가를 취소, 정지 또는 권리행사에 필요하다고 간주되는 조건을 부과할 수 있는 권리를 부여한다. 다만 일방당사국은 즉각적 조치가 필요 불가결하지 않은 이상, 타방 체약당사국과 협의한 후에만 상기 권리를 행사할 수 있음을 규정한다.

마) 공급력 조항

체약당사국의 지정항공사는 특정 노선상 합의된 업무를 수행함에 있어서 공정하고 균등한 기회를 가지는 반면, 타방 체약당사국의 이익고려, 항공수요에 합당한 공급력 유지 및 제3, 제4자유 운수권을 우선시할 의무가 있음을 규정한다.

바) 운임 조항

합의된 업무에 관한 운임은 운영비, 합리적 이익 등 모든 관련요소를 고려, 합리적 수준에서 결정되어야 한다는 운임 결정 원칙 및 실제 운임 결정 절차를 규정한다.

사) 증명서 및 면허증 상호 인정 조항

각 당사국은 감항증명서, 자격증명서 및 면허증 등을 상호 인정할 수 있으나, 타방 당사국이 자국 국민에게 부여한 증명서 및 면허증은 인정하지 아니할 수도 있음을 규정한다.

아) 적용 법령 조항

지정항공사에 항공기의 출입국 또는 운항과 관련한 타방 당사국의 법령을 준수할 의무를 부여하며, 동 법령은 항공기에 의하여 운송되는 여객, 승무원, 화물 또는 우편물에도 적용됨을 규정한다.

자) 종료 조항

각 당사국은 언제든지 협정 종료 의사를 타방 당사국에 통보할 수 있으며, 통보접수로부터 일정기간 경과 후 협정은 종료됨을 규정한다.

차) 등록 조항

시카고협약 제81조 및 제83조에 따라 양국 간 체결한 항공협정을 국제민간항공기구(ICAO)에 등록하여야 함을 규정한다.

카) 발효 조항

협정의 발효 절차 및 시기를 규정하며, 통상 외교각서 교환으로 협정은 발효된다.

3) 후문

협정 서명의 일시, 장소 및 사용언어를 명시하고 있으며, 이견이 있는 경우 특정 언어본이 우선함을 규정한다.

4) 부속서

부속서는 협정 체결의 주목적인 항공운송 증진을 위한 노선구조, 운항횟수 등 공급력 관련 조항을 규정하고 있어 사실상 항공협정의 핵심이라고 할 수 있다. 다만, 동 조항들은 항공시장에서의 수요에 탄력적으로 대응하기 위하여 잦은 개정을 필요로 하는 관계로 부속서에 별도로 규정되어 있으며, 실제로도 항공당국 간 회담에서 수시로 개정된다.

▼ 항공협정문 주요 내용

구 성	조항	내용	비고
제 목		• 대한민국과 타방체약국 간 항공운수협정	
전 문		• 국제민간항공협약의 당사국으로서 항공협정 체결에 합의	
본 문	• 운수권	• 타방체약국의 지정항공사에 권리부여 – 영공 통과, 비운수목적 착륙, 협정상 명시된 지점 간 운수권행사 – 타방체약국의 국내 지점 간 운수권행사 금지	
	• 항공사지정	• 서면으로 지정항공사 통보 • 타방체약국 지정항공사에 국내법규 및 국제 민간항공협약 준수 요구	
	• 운항허가의 취소.정지	• 지정항공사의 협정, 법규 위반 시	
	• 법규의 적용	• 항공기 운항관련 상대방 국내관계법규의 적용	
	• 공급규제	• 양지정항공사 간 공평하고 평등한 기회부여 • 양국 간 제3, 제4 자유 수요 기본, 제5 자유 수요 보완적 운영	
	• 관세 및 부과금 면제	• 국제항공운송에 사용되는 항공기, 장비, 부품, 연료 및 윤활유등 면세	
	• 운임	• 운영비,이윤,서비스등을 고려 적정수준 설정 • 국제항공운송기구(IATA)의 운임결정절차를 거쳐 지정항공사 간 합의후 항공당국의 인가	
	• 허가장, 면장의 인정	• 체약국이 인증한 서류의 상호인정	
	• 항공사 지점 설치	• 국내법에 따라 타방체약국 지정항공사 지점 설치 가능	
	• 과실송금	• 수입발생 체약당사국의 법규에 따름	
	• 통계의 교환	• 항공당국 간 공급 및 수송실적에 관한 통계 교환	
	• 협의 및 분쟁 해결	• 협정이행, 개정 등 제반사항에 대해 항공당국 간 협의 • 분쟁발생 시 1차적으로 항공당국 간 교섭 • 교섭실패 시 중재위원회에 회부,결정에 따름	
	• 협정개정 및 종료	• 외교각서 교환으로 협정개정 발효 • 별도규정 없으면 폐기통고후 1년에 협정 종료	
	• 발효 및 등록	• 서명으로 협정발효, 협정 및 개정사항을 국제민간항공기구에 등록	
부속서	• 노선구조	• 출발지점/중간지점/도착지점/이원지점	

AGREEMENT BETWEEN THE GOVERNMENT OF THE REPUBLIC OF KOREA AND THE GOVERNMENT OF ______________ FOR AIR SERVICES BETWEEN AND BEYOND THEIR RESPECTIVE TERRITORIES

The Government of the Republic of Korea and the Government of the ________________ (hereinafter referred to as "the Contracting Parties"),

Being parties to the Convention on International Civil Aviation opened for signature at Chicago on the seventh day of December, 1944, and,

Desiring to conclude an Agreement for the purpose of establishing air services between and beyond their respective territories,

Have agreed as follows:

ARTICLE 1
DEFINITIONS

For the purpose of this Agreement, unless the context otherwise requires:

(a) the term "the Convention" means the Convention on International Civil Aviation opened for signature at Chicago on the seventh day of December 1944, and includes any annex adopted under Article 90 of that Convention and any amendment of the annexes or Convention under Article 90 and 94 thereof so far as these annexes and amendments have become effective for or been ratified by both Contracting Parties;

(b) the term "aeronautical authorities" means, in the case of the Republic of Korea, the Minister of Construction and Transportation and any person or body authorized to perform any functions at present exercised or which may be exercised in the future by the said Minister or similar functions, and in the case of ________________ ;

(c) the term "designated airline" means any airline which one Contracting Party has designated, by written notification to the other Contracting Party, for the operation of air services on the routes specified in the Annex, and to which the appropriate operating permission has been given by that other Contracting Party, in accordance with Article 3 of this Agreement;

- 중 략 -

ARTICLE 21
ENTRY INTO FORCE

This Agreement shall enter into force on the date when both Contracting Parties, through diplomatic channels, notify each other that they have completed internal legal procedures necessary for its entry into force.

IN WITNESS WHEREOF, the undersigned, being duly authorized by their respective Governments have signed this Agreement.

Done at ________ on this __ day of ________, 200_ in duplicate in the Korean and English languages, both texts being equally authentic. In case of any divergence of interpretation, the English text shall prevail.

FOR THE GOVERNMENT OF FOR THE GOVERNMENT
THE REPUBLIC OF KOREA THE ______________

05 항공자유화 동향

가. 항공자유화 개요

일반적으로 국제항공노선 개설을 위하여는 해당국 정부와 취항도시, 운항노선, 운항횟수 등에 관하여 규정하는 양자 간 항공협정을 먼저 체결해야 한다. 이러한 양자 간 항공협정에서는 영공주권, 안보 및 국적항공사 보호 등을 위하여 운항조건을 엄격히 제한하게 된다.

이러한 전통적인 항공협정에서 엄격히 제한하고 있는 운항횟수, 양국 간 및 이원지점 등 운항조건을 완전히 철폐하여 항공사가 시장상황에 따라 자율적으로 운항하도록 허용하는 것을 '항공 자유화'라고 한다.

'항공 자유화'를 간혹 'Open Skies Agreement'라고도 하는데 이는 공식명칭이 아니며, 항공 자유화를 가장 주도적으로 추진한 미국이 1994년 이후 각국과 추진한 자유화 규정 위주의 항공협정에 대한 별칭이다.

▼ 항공자유화 협정과 전통적 항공협정의 비교

구 분	Open Skies 협정	전통적 협정
• 노선구조	제한없음	양국 정부간 합의(제한적)
• 운항횟수	제한없음	〃
• 운수권 교환	3, 4, 5자유 무제한	〃
• 운임	자유설정 (신고제)	인가제
• 영업협력	일국, 양국, 3국 간 허용	양국 정부 간 합의
• 지정항공사	복수제	단수 또는 복수제

* 3, 4자유는 양국 간 직항운항, 5자유는 이원운항을 의미

나. 항공자유화 등 협정 동향

1946년 미국과 영국 간 항공협정(버뮤다 I)을 모델로 시작된 각 국가별 양자 간 항공협정은 1970년대 후반 미국이 대내 항공운송 규제 완화와 대외 경쟁적인 정책

을 채택함에 따라 급변하게 된다. 1946년의 미·영 간 항공협정(버뮤다 I)은 공급결정방식이 사후심사제였던 반면, 1978년 미국과 영국 간 항공협정 개정(버뮤다 II)은 공급력 등의 사전결정방식을 채택하여 더 제한적이었다. 미국은 이에 대한 반발로 항공규제 완화 정책을 채택하게 되고 항공운송 자유화를 위해 미국의 우월적 지위와 상대국의 입장을 고려한 항공협정을 체결하기 시작하여 중소규모 국가인 벨기에, 네덜란드, 싱가포르 등과 우선 자유화 협정을 체결하게 된다.

미국은 이러한 규제 완화 정책 시행 이후 현재까지 유럽의 네덜란드, 독일, 아시아의 싱가포르, 대만, 한국, 북미의 캐나다 등 세계 120여 개국과 항공 자유화 협정을 체결하였다. 한편, 유럽은 EU를 중심으로 역내 자유화 및 역외 공동대응을 위한 EU 단일항공시장 및 항공자유화를 실현하였으며, ASEAN의 경우 2008년 ASEAN 항공서비스 협정 서명을 하는 등 역내 자유화를 추진했다.

그러나, 세계 모든 국가는 자국의 항공경쟁력, 항공사 간 전략적 제휴, 지정학적 위치 등에 따라 자국 항공이익의 극대화 전략을 추구함으로써 항공자유화에는 적극, 소극, 반대 등 각국 입장이 상이하게 나타나게 된다.

항공사의 경쟁력이 강하거나 지리적으로 변방에 위치하여 항공자유화에 실익이 큰 국가들의 경우에는 항공자유화를 적극적으로 희망하고 있으며, 미국, 네덜란드, 싱가포르, 뉴질랜드, 브루나이, 칠레 등이 이에 해당한다

최근 중동(UAE, 카타르, 튀르키예 등)계 항공사들은 유럽과 아시아 가교로서의 지리적 이점을 활용하여 우리나라에서 유럽으로 가는 승객 수요를 자국에서 환승하여 연결시키는 전략으로 우리나라에 공급력 증대를 지속적으로 요구하고 있으며, 우리나라는 국적사의 유럽 직항노선 경쟁력 유지에 부정적 영향이 큰 점을 감안하여 매우 신중하게 검토하고 있다. 이와 같은 요구는 우리나라 승객들이 선호하는 서유럽의 길목에 있는 폴란드, 핀란드 등 국가에서도 꾸준히 제기하고 있으며, 우리나라는 상대국의 공급력 증대 요청에 대하여 양국 상호 호혜성이 필요함을 강조하며 적절한 협상 전략을 마련하여 대응하고 있다.

이와 반대로 항공 수요는 많으나 국적 항공사의 경쟁력이 낮은 국가의 경우에는 공급력 증대나 항공자유화에 소극적으로 대응하고 있으며, 중국, 몽골, 인도네시아 등이 대표적이라 할 수 있다.

한편, 대부분의 국가들은 상대국가의 항공경쟁력 및 항공수요 등에 따라 선별적으로 항공자유화를 추진 중에 있으며, 대만, 홍콩, 인도, 영국, 프랑스, 독일, 이탈리아, 캐나다, 브라질이 이에 해당한다.

다. 항공자유화 추진 효과

항공자유화는 항공수요와 국가 간의 무역을 증진시키고, 경제성장의 밑받침이 될 수 있는 기회를 가져다주는 등 많은 긍정적인 효과를 가지고 있다. 일반적으로, 항공자유화는 항공사들에게 취항지점과 운항횟수 등에 대한 제한을 철폐함으로써 항공사들의 영업활동의 유연성을 가져다주게 된다. 항공자유화를 통해 항공사들의 자율적인 판단에 따른 폭넓은 항공 서비스 제공이 가능해짐에 따라 양국 국민들에게 더 많은 편익을 줄 수 있게 된다. 또한, 자국 항공사의 국제 경쟁력 강화 및 항공 산업 발전을 도모할 수 있게 된다.

다만, 항공자유화는 당사국 간의 항공산업 경쟁력이 불균형한 경우 상대적으로 항공산업 경쟁력이 약한 국가의 국적 항공사를 고사시킬 우려도 있으며, 이 경우 중장기적 관점에서 자국민의 편익이 줄어들 수도 있는 만큼 항공자유화로 인한 공급 활성화와 국적사의 존속 가능성 등을 종합적으로 고려할 필요가 있을 것이다.

라. 우리의 정책 방향

우리나라의 경우에는 동북아 물류 중심 및 인천국제공항 허브화를 위해 점진적·선택적 항공자유화 정책을 추진 중에 있다. 동북아 주요국가 및 지역별 핵심국가로서 항공수요가 많고 우리 국적사의 경쟁력을 높이고 여행객의 편익이 증가할 것으로 예상되는 국가와는 선별적으로 항공자유화를 추진하고, 여객 부문에서 항공 자유화 합의가 어려울 경우 화물 부문 자유화부터 우선적으로 추진하고 있다. 항공 자유화를 위한 상대국과의 협상과 병행하여 국제항공노선 증대, 운임자유화, 항공사 간 협력 등 가능한 범위 내에서의 항공자유화 환경을 조성하기 위해 노력하고 있다.

이러한 정책 방향을 바탕으로 1986년 몰디브와 최초로 항공 자유화 협정을 체결한 이래 2019년 11월 브루나이, 싱가포르, 2020년 6월 팔라우와의 항공 자유화에 합의하는 등 2022년 12월 기준 여객 부문 38개국, 화물 부문 46개국과 항공 자유화 협정을 체결하였다.

특히, 몰디브에 이어 우리나라가 두 번째로 체결한 항공자유화 협정인 1998년 미국과의 항공자유화 협정은 당시 미국에 비해 열세인 우리 항공산업이 미국에게 잠식당할 것이라는 우려와는 달리, 우리 국적사의 미국 노선이 확대되고 경쟁력도 강화되는 긍정적 기회로 작용하였다.

이러한 영향으로 태국, 베트남(2006), 말레이시아(2007) 등 동남아 국가와의 자유화 협정 체결을 통해 우리 국민들의 동남아로의 여행길이 더욱 확대되었고, 동북아 통합항공시장 구축을 위한 노력의 일환으로 2006년에는 중국과 산동성, 해남성 지역, 그리고 2007년 일본과 도쿄(하네다)를 제외한 전 지역, 2012년 홍콩과 여객부문 대한 자유화에 합의하였다.

▼ **항공자유화 협정 체결 현황(여객 38개국, 화물 46개국)**

지역	국 가	여 객			화물			비 고
		체결 여부	범위 (자유)	체결일	체결 여부	범위 (자유)	체결일	
동북아	대만	○	3~4 (타오위안 제외)	2004.9.1	–	–	–	타이베이 (타오위안) 제외
	마카오	○	3~4	2011.11.23	○	3~4	2008.2.27	
	일본	○	3~4 (하네다제외)	2007.8.2	○	3~4 (하네다제외)	2007.8.2	
	중국	○	3~4 (산동성 · 해남성)	2006.6.19	○	3~4 (산동성 · 해남성)	2006.6.19	일부지역 (산동 · 해남성)
	홍콩	○	3~4	2012.11.21	–	–	–	
동남아	라오스	○	3~4	2011.9.1	○	3~4	2011.9.1	
	말레이시아	○	3~4	2007.1.12	○	3~5	2007.1.12	
	미얀마	○	3~4	2006.9.8	○	3~5	2006.9.8	
	베트남	○	3~4	2006.4.13	○	3~4	2006.4.13	
	브루나이	○	3~4	2019.11.24	○	3~4	2019.11.24	
	싱가포르	○	3~4	2019.11.26	○	3~4	2019.11.26	
	캄보디아	○	3~4	2006.9.4	○	3~5	2006.9.4	
	태국	○	3~4	2006.5.23	○	3~4	2004.4.29	
	필리핀	○	3~4 (마닐라제외)	2017.11.8	–	–	–	
서남아	스리랑카	○	3~4	2007.7.25	○	3~4	1997.2.26	
	인도	–	–	–	○	3~5	1991.3.27	
	파키스탄	–	–	–	○	3~4	2010.2.24	

지역	국 가	여 객			화물			비 고
		체결 여부	범위 (자유)	체결일	체결 여부	범위 (자유)	체결일	
러시아·CIS	러시아	○	3~4 (블라디)	2012.5.11	○	3~4 (블라디)	2012.5.11	하바롭은 일방자유화
			3~4 (하바롭)	2017.11.24		3~4 (하바롭)	2017.11.24	
	벨라루스	○	3~4	2009.5.27	○	3~4	2009.5.27	
	아제르바이잔	○	3~4	2006.12.22	○	3~4	2006.12.22	
	우즈베키스탄	–	–	–	○	3~4 (타슈켄트공항)	2008.5.1	
						3~5 (나보이공항)		
	우크라이나	○	3~4	2006.11.22	○	3~5	2006.11.22	
아프리카	남아공	–	–	–	○	3~5	2008.4.24	
	케냐	○	3~4	2007.4.27	○	3~5	2005.11.24	
	튀니지	○	3~4	2009.5.12	○	3~4	2009.5.12	
미주	가이아나	○	3~5	2016.12.8	○	3~5, 7	2016.12.8	
	멕시코	○	3~4	2008.6.27	○	3~4	2008.6.27	
	미국	○	3~5	1998.4.23	○	3~5	1998.4.23	
	바하마	○	3~5	2016.12.8	○	3~5, 7	2016.12.8	
	브라질	○	3~5	2010.6.29	○	3~5	2010.6.29	
	아르헨티나	–	–	–	○	3~4	2013.4.25	
	에콰도르	○	3~5	2011.9.6	○	3~5	2011.9.6	
	칠레	○	3~5	2001.5.11	○	3~5	2001.5.11	
	캐나다	○	3~6	2008.11.19	○	3~7	2008.11.19	
	파나마	○	3~5	2012.6.20	○	3~5	2012.6.20	
	파라과이	○	3~5	2012.5.22	○	3~5, 7	2012.5.22	
	페루	○	3~4	2011.11.13	○	3~5	2011.11.13	
유럽	그리스	–	–	–	○	3~5	2007.5.3	
	독일	–	–	–	○	3~4	2001.8.24	

<table>
<tr><th rowspan="2">지역</th><th rowspan="2">국 가</th><th colspan="3">여 객</th><th colspan="3">화물</th><th rowspan="2">비 고</th></tr>
<tr><th>체결 여부</th><th>범위 (자유)</th><th>체결일</th><th>체결 여부</th><th>범위 (자유)</th><th>체결일</th></tr>
<tr><td rowspan="6"></td><td>북유럽3국 (스웨덴, 노르웨이, 덴마크)</td><td>–</td><td>–</td><td>–</td><td>○</td><td>3~4</td><td>2000.7.8</td><td></td></tr>
<tr><td>스페인</td><td>○</td><td>3~4</td><td>2011.5.4</td><td>○</td><td>3~5</td><td>2014.11.18</td><td></td></tr>
<tr><td>영국</td><td>○</td><td>3~4 (히드로, 개트윅제외</td><td>2001.6.14</td><td>○</td><td>3~4 (히드로, 개트윅제외)</td><td>2001.6.14</td><td></td></tr>
<tr><td>오스트리아</td><td>○</td><td>3~4</td><td>2015.10.20</td><td>○</td><td>3~4</td><td>1996.3.12</td><td></td></tr>
<tr><td>포르투갈</td><td>–</td><td>–</td><td>–</td><td>○</td><td>3~4</td><td>2016.5.20</td><td></td></tr>
<tr><td>핀란드</td><td>–</td><td>–</td><td>–</td><td>○</td><td>3~4</td><td>2006.11.9</td><td></td></tr>
<tr><td rowspan="4">대양주</td><td>몰디브</td><td>○</td><td>3~4</td><td>1986.10.22</td><td>○</td><td>3~4</td><td>1986.10.22</td><td></td></tr>
<tr><td>팔라우</td><td>○</td><td>3~4</td><td>2020.6.26</td><td>–</td><td>–</td><td>–</td><td></td></tr>
<tr><td rowspan="2">호주</td><td rowspan="2">○</td><td rowspan="2">3~4 (시드니 등 4개지점 제외)</td><td rowspan="2">2004.3.4</td><td rowspan="2">○</td><td>3~4</td><td>1998.12.15</td><td rowspan="2">시드니, 멜버른, 브리즈번, 퍼스 제외</td></tr>
<tr><td>5</td><td>2007.8.23</td></tr>
</table>

* 서한접수 · MOU체결 · 협정가서명 국가 포함, 북유럽 3국(스웨덴, 노르웨이, 덴마크)은 각각 집계

우리나라는 EU, ASEAN 등 지역 블록 차원의 항공 자유화 시장 형성에 전략적으로 대응하여 우리 항공산업의 경쟁력을 확보하고 국가 간 경제적 교류 활성화를 지원하기 위한 항공분야 협력을 추진 중에 있다. 특히, 한-EU 수평적 항공협정이 발효(2021년 11월)되어 우리나라와 EU 국가 간 운항노선이 확대되어 양측의 인적·물적 교류 증진에 기여할 것으로 기대된다.

일반적으로 양자 항공협정은 협정 당사국 간 자국 국적 항공사만 운항이 가능하나, 한-EU 수평적 항공협정 발효를 통해 그간 우리나라와 EU 회원국 간 체결한 항공협정(22개국) 중 지정 항공사 요건이 완화됨에 따라 EU 회원국 항공사가 우리나라와 다른 EU 회원국 노선에서도 운항이 가능하게 되었다.

마. 항공사 간 협력의 확대

항공산업은 무역, 관광, 투자 촉진 및 고용창출 등 국가경제 전반에 큰 영향을 미치는 전략산업인 반면, 항공운송산업은 국제여행과 관광, 국제무역과 국제 비즈니스에 대하여 중요한 산업이지만 양자 간 항공서비스 협정 등과 같은 복잡한 시스템에 의해 필요 이상으로 통제되어 왔다.

특히 항공산업은 대부분의 국가들이 양자 항공협정에서 규정하고 있는 운수권 및 양국 간의 유상운송을 상대방 국가의 항공사가 실질적 소유 및 실효적 지배의 원칙(substantial ownership and effective control)을 갖춘 경우에만 행사할 수 있도록 항공협정 및 관련 법령에 정하고 있기에, 시장 확보가 어려운 지역에 대한 네트워크 확장 등을 위해서 타국 항공사와의 제휴 등 협력이 활발하다.

이러한 항공사들은 전략적인 제휴를 통해 국제적인 경쟁력을 갖추기 위해 노력하고 있으며, 세계화(Globalization), 자유화(Liberalization), 민영화(Privatization), 지역블록화 등으로 대별되는 세계 항공업계의 변화 추세에 부응하고 누적되는 적자와 재정난을 극복하기 위해서 다양한 방법을 강구하고 있다.

항공사 간 협력체계 단계로는 편명공유, 공동마케팅, 지상조업 협조 등 제휴동맹체(Global Alliance)와 가격·좌석 공동관리, 네트워크 전면 제공, 수입과 비용까지 공유하여 제휴동맹보다 항공사 간 협력단계가 높은 제휴협력(Joint Venture)으로 구분할 수 있다. 범세계적인 제휴동맹체(Global Alliance)로는 아메리칸항공 중심의 원월드(Oneworld), 유나이티드항공 중심의 스타얼라이언스(Star Alliance), 델타항공 중심의 스카이팀(Skyteam)과 같이 대형항공사(FSC) 간 동맹이 있으며, 밸류얼라이언스(Value Alliance), 유플라이얼라이언스(U FLY Alliance) 등 저가항공사(LCC) 간의 제휴동맹체도 결성되어 있다.

제휴동맹보다 항공사 간 협력단계가 높은 제휴협력(Joint Venture) 체계도 있다. 이 체계는 2인 또는 2개 회사 이상이 이익을 목적으로 상호 투자하여 공동으로 하나의 특정한 사업을 실현하기로 하는 일반적인 제휴협력과는 달리 항공분야에서는 특정노선에 대한 제휴협력을 뜻한다. 항공사는 이를 통해 수익을 공유하고 운수권이 없는 지역 또는 운항할 수 없는 지역까지 네트워크 확장이 가능하며, 새로운 노선을 추가하는 데 발생하는 경제적 위험을 감소시키는 효과가 있다. 대표적인 사례로는 2011년 아메리칸항공과 일본항공(JAL), 유나이티드항공과 전일본공수(ANA)가 있으며, 우리나라의 경우 대한항공과 미국 델타항공이 2018년부터 양국 정부의 인가를 받아 운영하고 있다.

▼ Global Alliance 구성 현황

명칭	참여항공사	협력 사항
Star Alliance (1997.5)	에게항공, 에어캐나다, 중국국제항공, 에어인디아, 에어뉴질랜드, 전일본공수, 아시아나항공, 오스트리아항공, 아비앙카항공, 브뤼셀항공, 코파항공, 크로아티아에어, 이집트항공, 에티오피아항공, 에바항공, LOT폴란드항공, 루프트한자, 스칸디나비아항공, 선전항공, 싱가포르항공, 남아프리카항공, 스위스항공, TAP포르투갈항공, 타이항공, 튀르키예항공, 유나이티드(26개사) * 커넥팅 파트너: 길상항공, 타이스마일항공 2개사	※ 전면적인 code-sharing 보다는 스케쥴 연계, 예약시스템 호환, 상용고객우대제도 공유, 공동 홍보 및 마케팅, 공항 라운지 공유, 지상 조업 상호지원, one-stop check-in 지원 등 중심으로 협력
oneworld (1998.9)	알래스카항공, 아메리칸항공, 영국항공, 캐세이퍼시픽, 핀에어, 이베리아항공, 일본항공, 말레이시아항공, 콴타스, 카타르항공, 로열에어모로코, 로열요르단항공, S7항공, 스리랑카항공(14개사) * 원월드커넥트 파트너십: 피지항공 1개사	
SkyTeam (2000.6)	아르헨티나항공, 아에로플로트, 아에로멕시코, 에어유로파, 에어프랑스, 알이탈리아, 중화항공,중국동방항공, 체코항공, 델타항공, 가루다인도네시아항공, 케냐항공, KLM네덜란드항공, 대한항공, 중동항공, 사우디아항공, TAROM, 베트남항공, 샤먼항공(19개사)	
Value Alliance (2016.5)	세부퍼시픽, 제주항공, 녹에어, 세브고, 스쿠트항공(5개사)	
U FLY Alliance (2016.1)	럭키에어, 중국서부항공, 홍콩익스프레스, 우루무치에어, 이스타항공(5개사) ※ LCC최초 동맹체, COVID-19 팬데믹으로 2020년 이후 와해	

쉬어가기

국제선 취항의 모든 것

국제선은 어떤 과정을 통해 취항되는 걸까? 우리나라 국적 항공사 기준으로 정기편, 부정기편의 취항 과정을 살펴보자.

1) 우리나라 국적 항공사 정기편

우리나라 국적 항공사 정기편의 경우, 가장 먼저 우리나라와 외국 간 항공회담 등에서의 항공협정 등 상호 합의를 통해 양 국가 간 항공편을 운항할 수 있는 권리(이하 '공급력')가 설정되어야 한다. 회담 등을 통해 공급력이 설정되면, 운수권이 필요한 국가 노선의 경우 국토부가 주관해 항공교통심의위원회를 거쳐 항공사에게 운수권을 배분하는 '운수권 배분'의 과정이 진행된다. 이후 국토부는 항공사의 정기편 노선 허가신청서를 바탕으로 항공협정 합치 여부, 안전성 등 관련 사항을 면밀히 검토해 정기 노선을 허가하고, 항공 협정이 정하는 바에 따라 '운임 및 요금을 인가하거나 신고 수리처리'를 한다. 신규 노선 신청의 경우 '안전운항체계 변경 검사'를 진행해 취항 신청 항공사의 새로운 노선에 대한 안전운항 확보 능력을 검사한다. 이 모든 과정을 통과한 항공사는 비로소 해당 공항의 운항시각을 배정받아 운항할 수 있게 된다.

2) 우리나라 국적 항공사 부정기편

우리나라 국적 항공사가 부정기편을 운행하기 위해서는 가장 먼저 국토부에 부정기편 운항 허가 신청서를 제출해야 한다. 운항 허가 신청서가 제출되면, 국제항공과는 안전성, 이용자 편의, 사업계획서 등을 검토한다. 그 다음, 정기편과 마찬가지로 항공운항과 주도로 안전운항체계 변경 검사를 시행한다. 다만, 부정기편의 경우에서의 안전운항체계 변경 검사는 해당 노선을 최초로 운항하는 공항이거나 총 8회(16편) 이상 운항하는 경우에만 적용된다. 안전운항체계 변경 검사를 거치고 나면 관련 법령에서 정하는 요건에 적합한지를 추가적으로 확인해 최종적으로 부정기편을 허가하며, 대상공항의 운항시각을 배정받아 항공사가 부정기편을 운항하게 된다.

VI

항공안전 관리 정책

01 국가항공안전관리

가. 국제기준과 항공안전평가

국제민간항공기구(ICAO)는 1944년 12월 7일 시카고에서 조인된 국제민간항공협약에 의해서 창설되었다. 창설 이래 민간항공부문에서 가장 중요한 국제기구로 활동하고 있는 범세계적인 정부 간 조직체로 국제항공운송을 위하여 필요한 각종 국제기준 및 규칙을 정하고 있다. 이 기구에 속한 193개 체약국(2022년 11월 기준)들이 민간항공의 모든 분야에서 협조할 수 있도록 하는 중재자의 역할을 수행한다.

ICAO는 국제민간항공협약 제44조[1]에 기구의 설립목적을 국제 항공 운항의 원칙과 기술을 개발하고 항공운송의 계획과 발전을 도모하는 것을 목적으로 하며, 이를 실현하기 위해 항공안전, 항행 수용량 및 효율성, 항공보안 및 출입국 간소화, 항공운송의 발전, 환경보호 등 5개의 전략 목표를 세워 추진하고 있다. 이 중에서 ICAO는 항공안전을 최우선 목표로 삼고 있다.

ICAO는 체약국이 준수해야 하는 안전기준을 19개의 부속서로 마련하였으며 이는 전 세계 국제민간항공 안전기준의 근간이 된다. 다음 표는 국제민간항공협약의 부속서의 목록으로 항공종사자의 자격증명, 항공규칙, 항공기 운항 및 감항, 항행서비스(항공교통관리, 항공통신 · 항법 · 감시, 항공정보, 항공기상, 수색구조 등), 비행장, 환경보호, 위험물 안전운송 등 항공안전과 관련된 모든 분야를 다루고 있으며 전체 조항의 수도 1만 2천여 개에 달한다. 즉, 항공 분야의 국제기준은 ICAO가 각국에

---

1 Convention on International Civil Aviation(Doc7300/9) Article 44 (Objectives) The aims and objectives of the Organization are to develop the principles and techniques of international air navigation and to foster the planning and development of international air transport so as to: a) Insure the safe and orderly growth of international civil aviation throughout the world; b) Encourage the arts of aircraft design and operation for peaceful purposes; c) Encourage the development of airways, airports, and air navigation facilities for international civil aviation; d) Meet the needs of peoples of the world for safe, regular, efficient and economical air transport; e) Prevent economic waste caused by unreasonable competition; f) Insure that the rights of contracting States are fully respected and that every contracting States has a fair opportunity to operate international airlines; g) Avoid discrimination between contracting States; h) Promote safety of flight in international air navigation; I) Promote generally the development of all aspects of international civil aeronautics.

적용될 국제기준을 제·개정하면 전 세계 193개 회원국은 이를 자국의 법령에 의무적으로 반영하는 방식으로 운영되고 있다. 체약국이 처한 환경에 따라 국제기준을 준수하지 못하거나 어느 특정 분야에 있어서 상이한 규칙을 적용하여야 할 경우에는 그 차이점을 ICAO에 통보하여야 하며 이를 자국의 항공정보간행물(AIP)에 등재하여 알리고 있다.

▼ **국제민간항공협약 부속서(Annex)**

Annex 1	항공종사자 면허(Personnel Licensing)
Annex 2	항공 규칙(Rules of the Air)
Annex 3	항공기상업무(Meteorological Service for International Air Navigation)
Annex 4	항공지도(Aeronautical Charts)
Annex 5	공지 측정단위(Units of Measurement to be Used in Air and Ground Operations)
Annex 6	항공기 운항(Operation of Aircraft)
Annex 7	항공기 국적 및 등록부호(Aircraft Nationality and Registration Marks)
Annex 8	항공기 감항성 (Airworthiness of Aircraft)
Annex 9	출입국 간소화(Facilitation)
Annex 10	항공통신업무(Aeronautical Telecommunications)
Annex 11	항공교통업무(Air Traffic Services)
Annex 12	수색구조업무(Search and Rescue)
Annex 13	항공기 사고조사(Aircraft Accident and Incident Investigation)
Annex 14	비행장(Aerodromes)
Annex 15	항공정보업무(Aeronautical Information Services)
Annex 16	환경보호(Environmental Protection)
Annex 17	항공보안(Security)
Annex 18	위험물 항공운송(The Safe Transport of Dangerous Goods by Air)
Annex 19	안전관리(Safety Management)

1990년대까지는 국제기준을 이행할 수 없는 회원국은 ICAO에 이를 통보할 의무가 있음에도 불구하고 통보를 하지 않더라도 별다른 제재를 받지 않았다. ICAO가 회원국의 국제기준 이행 여부를 일일이 파악할 수 있는 체계도 없었기에 얼마나 많은 나라가 얼마만큼의 국제기준(SARPs[2])을 이행하고 있는지 알지 못했다.

이에 따라 1995년 ICAO는 체약국의 국제표준 및 권고(SARPs) 준수에 관하여 평가하고, 그 준수가 불충분한 국가를 지원하기 위해 희망하는 국가에 한하여 체약국들의 항공안전평가 활동을 수행하기 시작했다. 1999년에는 모든 체약국이 참여하는 의무평가로 전환한 항공안전평가(USOAP, Universal Safety Oversight Audit Programme)으로 대체되었다. 초기의 항공안전평가는 ICAO 체약국의 부속서 1, 6 및 8의 준수 여부를 평가하였다. 2005년 이후에는 운항, 감항, 종사자 자격관리, 관제, 공항, 사고조사 등 모든 항공안전관련 조항에 대한 종합평가 방식으로 확대되었는데, ICAO는 이 항공안전종합평가(USOAP – CSA, Comprehensive System Approach)를 통하여 국가별 항공안전 국제기준 이행실태와 국가항공안전감독시스템의 취약분야를 파악하고 글로벌 정책을 수립하는 데 유용한 데이터를 축적할 수 있게 되었다. USOAP – CSA는 2010년 종료되었고, 2013년부터 보다 체계적인 방식으로 회원국들의 안전정보를 현행화하면서 국가별 리스크에 따라 필요한 조치를 하는 개념[3]의 항공안전상시평가(USOAP – CMA, Continuous Monitoring Approach) 제도가 도입되었다. 이를 통해 정보중심적이고 위험기반적이며 결과지향적인 접근법을 사용하여 각 회원국의 항공안전 관련 관리, 감독능력을 지속적으로 지켜볼 수 있게 되었다.

ICAO의 항공안전평가는 국가안전감독체계의 8개의 핵심요소(CEs, Critical Elements)를 활용하는 방법론에 기초하고 있으며, ICAO의 안전관련 표준, 정책 및 절차의 준수와 효과적인 구현을 기반으로 진행된다. 이 8개의 핵심요소는 다음과 같다.

- CE – 1 기본 법령
- CE – 2 세부 규칙
- CE – 3 항공조직 및 항공안전감독 기능
- CE – 4 자격 및 훈련
- CE – 5 기술지침, 도구 및 안전정보의 제공
- CE – 6 면허, 인증 및 자격증명

2 SARPs란 Standards And Recommended Practices(국제표준 및 권고사항)의 약자임

3 ICAO 국제항공안전정책 패러다임의 변화 분석과 우리나라 신국제항공안전정책 검토(장만희, 황호원)

• CE – 7 감시활동
• CE – 8 안전상 문제점의 해소

나. 국가항공안전프로그램(SSP, State Safety Programme)

첨단장비의 개발, 항공종사자의 교육훈련 개선 등의 노력, ICAO의 회원국 국제기준 이행실태 점검과 국가 항공안전감독체계의 효율성 평가 같은 노력에도 불구하고, 항공사고는 감소하지 않고 지속해서 발생하였다. 이는 기존의 안전관리 방식이 한계에 달했으며, 사고를 예방할 새로운 안전관리체계가 필요하게 되었다는 것을 의미했다. 이에 따라 ICAO는 국제기준 이행, 안전감독과 사고조사 등의 사후적 안전관리 방식을 벗어나, 항공 현장에 잠재한 안전 위해요인들을 발굴하여 이에 대한 경감대책을 수립하고 이행하는 리스크 기반의 사전 예방적인 안전관리 방식으로의 전환을 위해 '항공안전관리시스템' 이행을 국제적으로 의무화하였다. ICAO는 국가항공안전프로그램(SSP), 항공안전관리시스템(SMS), 항공안전감독시스템, 안전정보의 수집·공유 및 보호 정책에 대한 내용을 포함한 부속서 19권 안전관리(Safety Management)의 국제표준 및 권고를 채택하였고, 이는 2013년부로 적용되었다.

국가항공안전프로그램(SSP)은 국가의 항공안전 증진을 목적으로 정부의 규정과 활동을 통합적으로 관리하는 일련의 활동 체계를 의미한다. 전통적인 사고의 사후조치 중심의 국가의 항공안전감독체계에 사고에 대한 예방관리 기능을 추가한 국가 차원의 안전관리 방식이다. 국가항공안전프로그램은 국가의 안전 정책·목표 및 조직체계, 국가 항공안전 위험도의 관리, 국가 항공안전 보증과 국가 항공안전관리 활성화 등 네 가지 요소로 구성되어 있다.

1) 국가의 안전정책, 목표 및 조직체계

국가는 국제민간항공협약에 따라 자국의 항공안전을 관리, 감독하기 위한 법률과 세부 규칙을 제정하고 이에 대한 이행지침을 제공하며, 안전활동을 수행하기 위한 조직을 유지할 수 있는 적정수준의 재원을 확보해야 한다. 또한, 국가는 항공안전프로그램이 운영되기 위한 국가의 안전정책과 안전목표를 수립하여야 하며, 안전활동을 수행할 수 있게 인력을 확보하고 인력의 전문성이 유지될 수 있도록 교육, 훈련 활동을 하여야 한다.

2) 국가 항공안전 위험도의 관리

국가는 항공종사자, 항공사, 공항운영자 등에게 안전면허를 발급하고, 이들이 항공안전관리시스템을 추가로 운영하도록 의무화한다. 우리나라 항공안전법에서는 항공사, 공항운영자, 정비조직, 지정전문교육기관, 관제기관, 항공기 제작기관, 국제운항을 하는 자가용항공기 운영자 등에게 항공안전관리시스템을 마련하여 운영하도록 의무를 부과하고 있다. 또한, 항공안전 위험도 관리 활동의 일환으로 항공기 사고 및 준사고 조사를 실시하며, 수집된 안전데이터에서 항공현장에 잠재한 위해요인을 발굴하고 발굴된 위해요인의 위험도를 측정하며 안전문제를 해소하는 절차를 마련하고 운영하는 기능을 갖춘다. 이때, 안전데이터는 안전보고제도 운영, 업무 중 생성된 정보의 DB화 등의 방법으로 수집한다.

3) 국가 항공안전 보증

국가가 안전관리를 얼마나 효과적으로 잘했는지를 검증하고 부족한 것을 시스템으로 개선하는 기능으로, 운항현장을 지속적으로 감시하는 안전점검, 감사 등 국가의 감시기능과 안전목표를 세우고 이 달성여부를 감시하는 국가의 안전성과 측정기능으로 구성된다.

4) 국가 항공안전관리의 활성화

국가는 안전관리 활동을 통해 생산된 안전정보 등을 내·외부 관계자와 공유하여 해당 정보가 안전증진을 위해 활용되도록 해야 한다. 정부 내부적으로 직원 간 안전정보를 공유하고, 정부가 운항현장을 직접 운영하는 항공 서비스제공자들에게도 안전정보를 적시적소에 공유하여야 궁극적으로 국가의 항공안전관리 증진을 지원하게 된다.

다. 항공안전관리시스템(SMS, Safety Management System)

항공안전관리시스템(SMS)은 국가항공안전프로그램에 근거하여 서비스제공자가 마련하여 운영해야 하는 것으로, 목적은 서비스제공자가 안전관리에 대한 체계적인 접근을 하도록 하는 데에 있다. 항공안전관리시스템은 항공안전데이터·정보의 수집 및 분석, 안전 위험에 대한 지속적인 평가를 통해 안전성과를 향상시키도록 설계되었다. 항공안전관리시스템은 항공 사고·준사고 및 항공안전장애와 같은 안전 이벤트가 발생하기 이전에 안전 위험을 예방적으로 경감하는 것을 핵심 기능으로 한다. 항공안전관리시스템(SMS)은 국가항공안전프로그램과 유사한 네 가지 구성요소로 이루어진다. 이는 항공안전에 관한 정책 및 달성목표, 항공안전 위험도의 관리, 항공안전 보증, 항공안전관리 활성화 등이다.

1) 항공안전에 관한 정책 및 달성목표

안전에 관한 정책이란 조직이 바라는 안전 목표를 달성하기 위한 기본적인 방향성을 말하는데, 이 안전정책을 수립할 때는 고위관리자와 분야별 핵심 안전 관계 직원 간 협의를 통해 마련하여야 한다. 또한 안전정책을 공표할 때에는 안전관리시스템 운영자의 최고경영자가 조직에 긍정적인 안전 문화를 조성하고 조직 내 모든 직원에게 공유되는 기본원칙과 철학을 바탕으로 공표해야 한다. 특히, 안전정책의 공표에 일반적으로 조직의 전반적인 안전목표, 고위 경영진이 효과적인 안전관리에 필요한 자원을 제공하겠다는 약속, 조직의 모든 수준에서 안전에 대한 책임과 책임에 관한 진술, 조직의 전반적인 안전 문화의 일부인 '긍정적인 안전 문화'에 대한 경영진의 명시적 지원에 대한 내용이 포함되어야 한다.

2) 항공안전 위험도의 관리

'위험도의 관리'는 위해요인을 식별한 후 위험도 평가를 실시하고 위험 경감조치를 취하는 절차를 통해 이루어진다. '위해요인의 식별'은 항공기, 장비, 재산, 인명 또는 조직에 대한 위해요인을 식별하는 단계로, 사후적, 사전적, 예측적 측면에서 각각 식별된다. '사후적 정보'는 사고 및 준사고에 대한 조사, 항공안전장애, 자율보고제도를 통해 얻어지고, '사전적 정보'는 개방된 위해요인 보고제도, 안전 조사 및 안전 평가 등을 통해 얻어지며, '예측적 정보'들은 비행자료 모니터링, LOSA(정상운항 상태에서 인적과실을 분석하는 비행안전프로그램; Line Operations Safety Audit)와 같은 정상적 운영을 평가하는 수단을 통해 얻어진다. '위험도의 평가'는 위해요인으로 인해 위험상황이 발생할 경우 그 결과로 인한 피해정도를 산출, 즉 심각도와 위해요인이 발생할 가능성을 곱한 결과 값을 구하게 된다. 그 후 위해요인으로 인한 위험도가 안전수용범위 내에 있는가를 판단하여 안전 수용범위 밖일 경우 위험경감 조치를 취해야 한다.

3) 항공안전 보증

항공안전관리시스템이 효과적으로 운영되고 있는지를 확인하는 과정으로, 이는 안전성과 모니터링, 측정 및 검토, 변화 관리, SMS의 지속적인 개선으로 구성된다. 안전성과를 모니터링하고 측정할 수 있는 수단으로는 자체 안전감사, 자체 안전보고, 자체 안전조사, 안전설문조사, 안전 연구, 경향 분석을 포함한 안전 검토 등이 있다. 또한, 안전관리시스템에서는 여러 가지 변화적인 요소들이 발생할 경우 이에 대처하기 위해 위험도 평가를 실시하여 변화를 관리하여야 한다.

4) 항공안전관리 활성화

안전관리를 활성화하기 위한 중요한 수단으로서, 안전관리 업무 수행 및 안전문화의 조성을 위해 안전 교육 및 훈련 프로그램을 수립하여 시행해야 한다. 안전 교육 및 훈련은 전 임직원을 대상으로 하며, 초기교육 뿐만 아니라 정기적으로 보수교육도 이루어져야 한다. 또한 안전관리를 위해 안전정보 소통을 활성화하는 방법도 있다. 주요 안전정보를 전달하고, 특정 조치가 취해지거나 안전절차가 도입·변경될 경우 이를 설명하고, 안전보고를 한 보고자에게 적시에 피드백을 제공하는 등의 방법을 통해 모든 임직원이 SMS가 무엇인지, 그 절차가 무엇인지를 알도록 하는 것이다. 이러한 소통을 위한 수단은 안전정책, 안전게시판, 안전 알림, 포스터, 뉴스레터, 브리핑 및 세미나, 보수교육, 이메일, 웹사이트 등 다양한 것들이 있으며, 안전 정보 소통에 있어 가장 중요한 핵심은 양방향 소통이 이뤄져야 한다는 것과 주요 위해요인을 직원들이 인지할 수 있도록 하는 것이라고 할 수 있다.

ICAO에서 정의한 국가항공안전프로그램(SSP)은 항공안전관리시스템(SMS)에 대한 개념을 국가의 항공안전관리체계에 접목한 것이다. 항공안전관리시스템은 항공서비스 제공자들이 자체적으로 구축하여야 하는 일련의 안전관리체계이고 이들이 모여 국가항공안전프로그램으로 구현될 수 있다. 이 두 개념의 접근 방법은 동일하며, 수립과 운영주체에 차이가 있다.

라. 항공안전 데이터의 수집 및 처리

앞서 이야기한 국가항공안전프로그램과 항공안전관리시스템은 과학적이고 시스템적인 관리와 이행을 목표로 하므로, 안전데이터의 수집, 분석 및 전반적인 관리 역량의 효율성에 크게 좌우된다. 안전관리는 데이터 중심의 의사결정이 기본이기 때문에 안전데이터 및 정보의 견고한 수집 기반을 확보하는 것은 필수적이다. 따라서 ICAO에서는 회원국에게 항공안전데이터 및 항공안전정보 등의 수집, 통합 분석을 통하여 안전 위해요인을 사전에 발굴하고 제거하는 예방형 안전관리체계를 수립하여 운영하도록 제시하고 있다. 우리나라는 이 국제기준에 따라 통합항공안전데이터 수집분석 시스템을 마련하여 국가의 항공안전을 증진하는 활동에 활용하고 있다.

안전데이터를 수집할 수 있는 수단에는 안전보고제도(Safety reporting systems), 안전 점검(Inspections, Audits), 안전성 평가(Safety reviews), 안전 설문(Safety surveys), 조사 활동(Investigations) 등 여러 가지가 있는데, 이 중에서 안전보고제도는 안전데이터 수집의 가장 필수적이고 기본이 되는 수단이라고 할 수 있다. 그 이유는 다른 수단에 비해 단시간에 위해요인에 대한 다량의 정보를 수집할 수 있기 때문이다. 안전보고제도는 '의무보고'와 '자율보고' 두 가지 형태가 있다. 우리나라는 항공안전법 제59조에 의해 항공안전의무보고 제도를 운영하고 있다. 우리나라의 의무보고는 일반적으로 항공기 사고, 항공기 준사고 및 이로 발전될 수 있는 것으로 확인된 항공안전장애 일부 등이 보고의 대상이 된다. 또한 항공안전법 제61조에 의해 항공안전자율보고 제도를 운영하고 있는데, 이는 의무보고를 통해 수집되지 않는 모든 안전문제를 수집할 수 있는 수단이다. 예를 들어 평상시 잘못된 운항 습관, 인지하지 못한 시설문제, COVID-19 등으로 인해 새롭게 출현한 안전문제까지도 보고가 가능하다.

항공안전보고 등 안전데이터가 수집이 되면, 데이터를 적절하게 저장, 분류하고 표준화하여 데이터베이스화하는 등 데이터를 처리하는 절차를 거친다. 처리된 안전데이터는 기초통계 산출, 경향성 분석, 위해요인 발굴 및 국가항공안전지표의 분석 및 모니터링 등의 자료로 활용되어 안전활동에 쓰인다. 안전활동은 구체적인 개선활동, 안전정보 전파 등의 다양한 방식으로 실시할 수 있다.

수집된 항공안전데이터는 적절하게 보호되어야 한다. ICAO 부속서 19에 따르면 항공안전분야에 있어 데이터보호는 다음과 같다. 첫째, 목적 외 용도로의 활용이 제한되어야 한다. 둘째, 보고자의 신변 또는 보고내용에 포함된 개인정보는 비공개되어야 한다. 셋째, 보고자 또는 보고내용에 관련된 개인, 조직 등에 대한 처벌이 제한되어야 한다. 이는 핵심 위해요인 정보가 누락되지 않게 하기 위한 보고자에 대한 보호장치이다. 우리나라는 항공안전법 제58조부터 61조의3까지에 걸쳐 데이터 보호를 위한 사항을 명시하고 있다.

02 운항안전

가. 운항안전

사전에서는 운항(運航)을 "배나 비행기가 항로를 따라 다님"으로, 안전(安全)을 "위험이 생기거나 사고가 날 위험이 없음 또는 그런 상태"라고 정의하고 있다. 이렇게 보면 운항안전이란 항공기가 사고가 날 위험이 없이 운항하는 것이다. 그러나 실제 항공기가 운항하는 한 사전적 의미의 완전한 안전은 있을 수 없으며 '끊임없는 위험요인의 분석과 리스크 관리를 통해 손실이나 위해의 위험이 허용 가능한 수준으로 제한된 상태[4]'라는 상대적인 개념으로 이해할 수 있겠다.

또한 항공분야에서는 일반적으로 안전(Safety)에 대한 위험요인을 항공산업 내부의 종사자가 관련 업무를 수행하는 과정에서 발생하는 것으로 한정하고 있으며 제3자(항공종사자 이외, 탑승객 혹은 탑승하고자 하는 자 포함)가 항공운송산업의 영위를 의도적으로 방해하고자 하는 위험으로부터의 보호는 보안(Security)이라는 용어를 사용하고 있다[5].

4 ICAO Document 9859, Safety Management Manual

5 『항공안전위기관리론』 27page, 홍석진

1) 항공기의 운항체계

항공기의 운항체계는 항공기, 항공기를 운항하는 승무원 및 운항 전반을 관리하는 운항관리 등으로 구성되는 기본체계와 항공기가 비행하는 항로·공역, 관련 항행안전시설, 공항 및 항공교통업무 등으로 구성되는 지원체계로 구분할 수 있다. 여기서는 항공기 운항과 직접 관련되는 기본체계에 대해서 다루겠다.

가) 항공기

안전한 운항은 항공기로부터 시작된다. 항공기가 안전하게 비행할 수 있는 능력을 보유하고 있다는 것을 감항성(Airworthiness)이 확보되었다고 하며 이는 항공기의 등록국가로부터 감항증명서를 받음으로써 인정되고 이후 자격을 갖춘 항공정비사로부터 또는 인가된 정비기관(AMO[6])에서 정비를 받음으로써 유지된다. 감항성을 확보했다는 것은 우선 항공기가 설계단계에서의 규격조건에 일치하는 상태라는 조건을 만족한다는 것이며 이후 기계적, 전기적, 구조적인 측면에서 기체나 부품이 정상적인 상태로 유지되어 있다는 것을 의미한다.

항공기가 운항을 하기 위해서는 감항증명서 발행에 필요한 엔진, 프로펠러 및 최소장비에 추가하여 해당 운항에 투입되는 항공기 및 운항의 종류, 노선 등의 운항상황에 적합한 계기, 항법장비 및 비행서류 등을 장착하거나 탑재하여야 한다. 항공안전법 시행규칙 제107조에 의하여 설치·운용하여야 하는 무선설비는 비행 중 항공교통관제기관과 교신할 수 있는 초단파(VHF[7]) 또는 극초단파(UHF[8]) 무선 전화 송·수신기, 기압고도에 관한 정보를 제공하는 2차 감시 항공교통관제 레이더용 트랜스폰더, 비상위치지시용 무선표지설비(ELT[9])이며 항공운송사업에 사용되는 항공기는 자동방향탐지기(ADF[10]), 계기착륙시설(ILS[11]) 수신기, 전방향표지시설(VOR[12]) 수신기,

---

6 Approved Maintenance Organization: 항공기등 · 장비품 또는 부품에 대한 정비 등의 업무를 하기 위한 인력, 설비 및 검사체계 등이 국가가 정한 기준에 충족하여 국가로부터 인증을 받은 정비기관

7 Very High Frequency: 30MHz에서 300MHz 사이의 주파수

8 Ultra High Frequency: 300MHz에서 3,000MHz 사이의 주파수

9 Emergency Locator Transmitter: 비상시 상황을 감지하여 지정된 주파수(406MHz)로 특수 신호를 송신하는 장비

10 Automatic Direction Finder: 지상의 무선비컨 송신소를 향한 방향을 감지하고 지시하는 항공기 무선 항법 장치

11 Instrument Landing System: 무선 전파를 이용하여 착륙하는 항공기에게 활주로 중심선 정보와 착륙각도 정보를 조종사에게 제공하여 자동으로 착륙할 수 있도록 유도해주는 시설

12 VHF Omni-directional Radio-range: 지상에 설치되어 360° 모든 방향으로 전파를 송신하여 수신하는 항공

거리측정시설(DME[13]) 수신기를 설치하여야 한다. 국제선 항공운송사업에 사용되는 항공기는 비행 중 뇌우 또는 잠재적인 위험한 기상조건을 탐지할 수 있는 기상레이더 또는 악기상 탐지장비도 설치하여야 한다.

또한 속도계, 기수방향지시계 등의 계기와 야간비행을 위한 조명설비, 구명동의, 음성신호발생기, 구명보트, 불꽃조난신호장비, 휴대용 소화기, 도끼, 메가폰, 구급의료용품 등의 구급용구, 낙하산, 산소 저장 및 분배장치 등도 탑재되어야 한다. 이 외에도 항공일지, 운항규정, 각종 증명서 등의 서류와 사고예방 및 사고조사를 위하여 조건에 따라 공중충돌경고장치(ACAS[14]), 항공기가 지표면에 근접하여 잠재적인 위험 상태에 있을 경우 적시에 명확한 경고를 운항승무원에게 자동으로 제공하고 전방의 지형지물을 회피할 수 있는 기능을 가진 지상접근경고장치(GPWS[15]), 디지털방식으로 자료를 기록할 수 있는 비행자료기록장치(FDR[16]) 및 조종실음성기록장치

기에게 VOR을 기준으로한 방위각 정보를 제공하는 시설

13 Distance Measuring Equipment: 항공기와 지상에 설치된 장비간의 거리가 조종석의 계기판에 숫자(해상마일 : Nautical Mail)로 제공되는 장치

14 Airborne Collision Avoidance System: 항공기간 충돌 방지를 위하여 항공기에 장착된 경보시스템으로 상대 항공기와 충돌이 예상되는 지점으로부터 35~45초전에 충돌경보(Traffic advisories)를 제공하며, 25초~35초전이 되면 회피경보(Resolution advisories)를 발부

15 Ground Proximity Warning System: 항공기가 지표면이나 산악지형물 등에 접근하고 있음을 점멸등과 인공음성으로 경고하는 장치

16 Flight Data Recorder: 항공기의 비행고도, 기수방향, 대기속도, 수직가속도 및 시간 등이 기록되는 탑재장비

(CVR[17]) 등이 갖추어져야 한다. 이 모든 장비는 항공정비사 자격증명을 가진 사람으로부터 그 항공기등·장비품 또는 부품이 기술기준에 적합하다는 확인을 받지 아니하면 이를 항공에 사용할 수 없다.

나) 운항승무원

항공기에 탑승하여 항공업무에 종사하는 사람을 운항승무원이라 하며 운항승무원은 해당업무에 대하여 국가에서 부여한 자격증명을 보유하고 있어야 한다. 국내 항공안전법상에 운항승무원은 조종사(운송용, 사업용, 자가용), 부조종사, 항공사, 항공기관사가 있으며 조종사, 부조종사 또는 항공기관사의 자격은 항공기의 종류·등급 또는 형식에 따라 자격증명을 한정하며 자격증명의 한정을 받은 운항승무원은 그 한정된 항공기의 종류·등급 또는 형식 외의 항공기나 한정된 업무범위 외의 항공업무에 종사하여서는 아니 된다.

자격증명을 받은 운항승무원은 자격증명별로 정해진 신체검사기준에 적합하다는 항공신체검사증명을 받아야 한다. 신체검사증명은 정부가 지정한 의료기관의 항공전문의사에 의해 호흡기, 순환기, 운동기, 정신계 등 14가지 카테고리의 80여 개 검사항목을 검사받은 후 발급된다. 신체검사증명은 자격의 종류와 나이에 따라 유효기간

17 Cockpit Voice Recorder: 운항승무원간의 대화, 관제기관 등과의 무선교신 및 객실승무원과의 통화내용 등 조종실 내의 음성대화에 대한 내용을 녹음하는 장치

이 차별적으로 적용되며 운송용 조종사의 경우 유효기간은 12개월이며 60세 이상인 경우에는 6개월이다. 또한 운항승무원은 항공업무에 종사하는 동안에는 주정음료나 마약류 등을 섭취하거나 사용하여서는 아니 된다.

두 나라 이상의 영공(領空)을 운항하는 항공기를 조종하는 조종사, 즉 국제선 운항을 하는 조종사는 항공영어구술능력증명을 보유하고 있어야 한다. 항공영어구술능력은 발음, 문법, 어휘력, 유창성, 이해력, 응대능력을 종합하여 1~6등급으로 평가되고 국제선 운항을 위해서는 4등급 이상이 필요하다. 유효기간은 4등급은 3년, 5등급은 6년, 6등급은 영구적이다.

여기에 더하여 조종사가 계기비행을 하기 위해서 필요한 계기비행증명과 조종연습을 위한 조종교육증명이 있다. 조종교육증명은 "자격증명을 받지 아니한 사람이 항공기에 탑승하여 하는 조종연습" 및 "자격증명 한정을 받은 종류 외의 항공기에 탑승하여 하는 조종연습"에 대하여 조종교육을 하려는 사람이 받아야 하는 증명이다.

상기 증명들을 보유한 운항승무원이 운항업무를 하기 위해서는 정해진 기준을 충족하는 비행경험을 바탕으로 운항자격 인정을 받아야 한다. 우선 비행경험조건을 보면 계기비행을 하기 위해 조종사는 계기비행을 하려는 날부터 계산하여 그 이전 6개월까지의 사이에 6회 이상의 계기접근과 6시간 이상의 계기비행(모의계기비행을 포함한다)을 한 경험이 있어야 한다. 또한 항공운송사업 및 항공기사용사업에 사용되는 항공기의 운항업무에 종사하고자 하는 조종사와 국외비행에 사용되는 비행기 중 중량(5,700kg 초과), 좌석 수(9인 이상) 등의 기준에 따라 해당하는 비행기를 조종하는 조종사는 해당 항공기를 조종하고자 하는 날부터 기산하여 그 이전 90일까지의 사이에 조종하려는 항공기와 같은 형식의 항공기에 탑승하여 이륙 및 착륙을 각각 3회 이상 행한 비행경험이 있어야 한다. 야간비행시에는 전술한 비행경험중 적어도 야간에 1회의 이륙 및 착륙을 행한 비행경험이 있어야 한다. 상기 비행경험증명을 보유한 조종사는 운항하려는 지역, 노선 및 공항에 대하여 해당 형식의 항공기에 대한 정상 상태에서의 조종기술과 비정상 상태에서의 조종기술 및 비상절차 수행능력의 보유여부에 대한 심사를 받고 자격이 인정되어야 운항업무를 수행할 수 있다.

이러한 유자격 운항승무원들이 안전하게 비행할 수 있도록 항공운송사업 또는 항공기사용사업에 종사하는 운항승무원 및 객실승무원의 승무시간[18], 비행 근무시간[19]

18 "승무시간"이란 운항승무원이 비행임무를 수행하기 위하여 항공기에 탑승하여 이륙을 목적으로 항공기가 최초로 움직이기 시작한 시각부터 비행이 종료되어 최종적으로 항공기가 정지한 시각까지의 총 시간을 말한다.

19 "비행근무시간"이란 운항승무원이 비행임무를 수행하기 위하여 항공운송사업자 또는 항공기사용사업자가 지

등을 제한하는데 기장 1명 및 기장 외의 조종사 1명으로 운항승무원이 편성되는 경우 연속되는 24시간 동안 최대승무시간은 12시간, 비행근무시간은 13시간이며 연속되는 30일에는 최대승무시간 100시간, 연속되는 90일에는 280시간, 1년에는 1,000시간을 적용한다.

다) 운항관리

일반적으로 운항관리업무는 항공기운항을 위한 비행계획, 비행 중 모든 과정의 모니터링 및 비정상 상황에 대처하는 운항통제 등으로 구성되며 항공안전법에서는 항공운송사업에 사용되는 항공기의 운항에 필요한 ① 비행계획의 작성 및 변경, ② 항공기 연료 소비량의 산출, ③ 항공기 운항의 통제 및 감시에 대한 사항을 확인하는 행위라고 정의하고 있다. 또한 비행기를 포함한 3대 이상의 항공기를 보유한 법인 또는 단체, 최대이륙중량 5,700kg을 초과하는 항공기, 1개 이상의 터빈발동기를 장착한 비행기 및 승객 좌석 수가 9석 이상인 비행기를 운항하려는 법인 또는 단체가 국가 간 비행을 하는 경우 운항관리사를 두어 동 업무를 수행하도록 하고 있다.

항공기가 안전하게 운항하기 위해서는 비행에 필요한 모든 자료를 종합적으로 검토하여 체계적인 비행계획서를 작성해야 한다. 비행계획서는 항공사가 비행을 시작하기 전에 항공교통업무기관에 제출하기 위해 운항에 대한 기본정보(항공기 식별부

정한 장소에 출두한 시각부터 1개 또는 연속되는 2개 구간 이상의 비행을 종료한 후 디브리핑 시각까지의 비행준비시간, 승무시간, 지상 또는 기내 휴식시간을 포함한 총시간을 말한다.

호, 항공기 형식, 출발비행장 및 예정시간, 항로, 착륙예정비행장 및 예상 비행시간 등)를 포함하여 작성하는 비행계획서(Flight Plan)와 기장에게 제공하기 위해 법정연료량[20], 항로상 운항성능, 목적지 비행장 및 교체비행장을 결정하는데 사용된 항공고시보(NOTAM[21]), 기상자료 및 기타 승객 및 화물의 탑재정보 등이 첨부된 운항비행계획서(Operational Flight Plan)가 있다. 전자는 항공교통관제 및 수색구조업무에 활용되기 위한 것으로 반복비행계획서의 형식으로 일정기간을 주기로 제출되며 후자는 매 비행편마다 운항하는 노선이나 투입되는 항공기 기종의 특성에 따른 제한사항과 항로상에서 예상되는 조건 등을 확인하여 출발지에서 목적지까지 비행하는 데 필요한 모든 정보를 포함하여 작성하는 것으로 작성 후 운항관리사가 서명하여 기장에게 제공되고 기장의 합의 서명 후 효력을 발생한다.

비행계획서가 작성되어 기장과 운항관리사가 동 내용에 대하여 합의하고 비행이 개시되면서 항공기의 운항에 대한 모니터링이 시작된다. 관제통신주파수를 청취하여 비행진행사항에 대한 정보를 얻기도 하고 필요시 항공사의 통신망을 통해 조종사와 운항관리사 간에 교신을 하기도 한다. 항공교통업무기관으로부터 제공받는 레이더 항적 및 ACARS[22] 위치보고 정보 등을 활용하여 항공기의 실시간 위치를 파악한다. 비행 중 기상악화 및 항공기의 운항에 영향을 미치는 사건이 발생하는 경우 관련 정보를 입수하여 기장에게 제공하고 상황에 대처하며 기장과 합의하여 비행계획을 변경하기도 한다. 기장은 비행을 마친 후 비행의 경위 및 항공기의 상태, 기상 상태, 비행계획과 실제 비행의 차이점, 비행안전의 저해요소 등 비행 중 발생한 중요 정보를 운항관리사에게 설명하게 되는데 이를 디브리핑(debriefing)이라고 하며 그 내용은 추후 비행계획의 수립에 참고자료가 된다.

항공기 운항 중 비상상황이 발생하는 경우 정해진 절차에 따라 조치를 취하고 대

---

20 「항공안전법」에서 정한 '항공기에 실어야 할 연료 및 오일의 양'으로 운송사업용 터빈발동기 장착 항공기의 경우는 ① 최초 착륙예정 비행장까지 비행하여 한 번의 접근과 실패접근을 하는 데 필요한 양에 ② 최초 착륙예정 비행장에서 순항속도로 교체비행장까지 비행하는데 필요한 양, ③ 교체비행장에서 표준기온으로 450미터의 상공에서 30분간 체공하는 데 필요한 양에 그 비행장에 접근하여 착륙하는 데 필요한 양을 더한 양, ④ 이상사태 발생 시 연료소모가 증가할 것에 대비하여 추가한 양을 합한 양을 말하며 세부내용은 항공안전법 시행규칙 별표 23에 명시되어 있다.

21 Notice To Airmen: 항공시설, 업무, 절차 또는 장애요소 및 항공기 운항에 관련된 업무를 수행하는 자가 필수적으로 적시에 숙지해야 할 사항이 신설되거나 상태가 변경된 것에 대한 정보 등 긴급히 공지해야할 사항을 수록하여 통신수단을 통해 배포되는 공고문

22 Aircraft Communication and Addressing & Reporting System: 항공기와 항공사 간 항공기 비행 상태, 연료정보, 운항정보 및 기상정보 등을 주고받는 데이터통신시스템

처한다 해도 지연운항이 불가피할 수 있다. 이러한 경우에는 후속편에도 영향을 미쳐 운항 스케줄의 변경 조치가 필요하게 되며 운항 스케줄의 변경은 여객의 처리, 운항승무원의 편성 등 여러 시스템에 영향을 미친다. 이와 같이 지연운항, 항로 변경 등 비정상 운항상황에 따른 문제를 항공기 상태, 승무원 가용현황, 운항조건, 화물 및 여객 현황 등을 파악하여 신속하고 효과적으로 대응하도록 조치하는 것을 '운항통제'라 한다.

2) 운항분야 안전증명 제도

가) 항공운송사업운항증명(AOC, Air Operator Certificate)

항공운송사업운항증명(이하 운항증명이라 한다.)이란 항공운송사업자가 안전운항을 지속적으로 수행할 수 있다고 판단하는 경우 정부가 사업자에게 교부하는 증명으로 사업자의 인력, 장비, 시설, 운항관리지원 및 정비관리지원 등 안전운항체계가 검증되어 운항을 허가하는 것이다. 모든 항공운송사업자는 운항증명을 받아야 항공기 운항 개시가 가능하다. 정부는 운항증명을 발급한 후에도 항공사가 안전운항체계를 적절히 유지하는지에 대하여 지속적으로 감독하며 운항증명 발급 후 안전관리가 부실한 항공사에 대하여는 증명취소, 운항정지, 항공종사자의 업무정지 명령 등의 제재를 취한다.

운항증명서는 사업자명, 국제·국내·소형으로 구분되는 사업형태, 발행일 및 유효기간 등이 명시된 증명서로 교부 시 사업자가 안전운항을 위해 준수해야 할 운항조건 및 제한사항을 명시한 운영기준(Operation Specifications)이 함께 발행된다. 운항증명의 발급은 ① 신청(Application by the operator), ② 예비평가(Preliminary assessment of the application), ③ 서류 및 현장검사(Document Compliance, Demonstration and Inspection), ④ 운항증명 교부결정 및 교부(Decision on application and award of AOC), ⑤ 지속감독(Continuing surveillance and inspection)의 5단계를 거쳐 진행된다.

예비평가란 사업자가 제출한 운항증명 신청서에 필요한 자료를 정확하게 기록하였는지와 관련 첨부서류가 적절히 제출되었는지를 확인하는 것으로 예비평가 후 정부는 사업자에게 서류검사와 현장검사를 포함한 운항증명 검사계획을 통보한다. 서류검사에서는 사업자가 계획된 운항에 대한 적절한 관리를 이행할 수 있는지를 확인하며 조직구조, 인력구성, 운항·정비 규정 및 종사자 훈련계획 등을 평가한다. 이후 현장검사에서는 안전운항체계유지를 위해 사업자가 제출한 각종 규정, 규범 및 서류 등에서 기술된 대로 제반 업무가 효과적으로 수행되는 지를 평가한다. 서류 및 현장검사의 기준은 다음 표와 같다. 서류 및 현장검사의 결과를 종합하여 사업자의 계획된 운항의 범위, 조직과 자원의 적합성, 규정 및 절차의 적합성 및 유효성, 사업자의 항공관련 법규의 이행에 관한 능력 등을 판단하고 운항증명서 및 운영기준을 함께 교부한다. 운항증명이 발급된 이후에도 정부는 사업자를 정기 또는 수시로 감독한다.

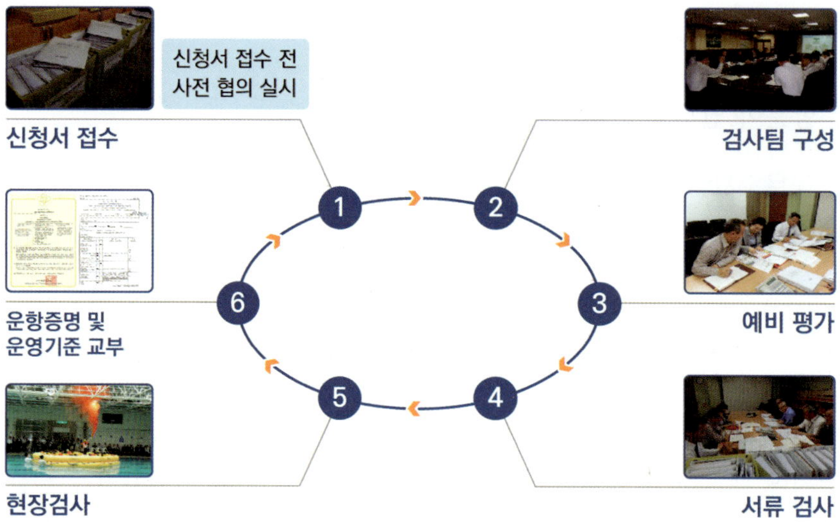

▼ 운항증명의 검사항목 및 기준

1. 서류검사 기준
검사 항목 및 검사 기준

가. 「항공사업법」 제7조제4항 또는 제10조제4항에 따라 제출한 사업계획서 내용의 추진일정
국토교통부장관 또는 지방항공청장이 운항증명을 위한 검사를 시작하기 전에 완료되어야 하는 항목, 활동 내용 및 항공기등의 시설물 구매에 관한 내용이 정확한 예정일 순서에 따라 이치에 맞게 수립되어 있을 것

나. 조직 · 인력의 구성, 업무분장 및 책임
신청자가 인가받으려는 운항을 하기에 적합한 조직체계와 충분한 인력을 확보하고 업무분장을 명확하게 유지할 것

다. 항공법규 준수의 이행 서류와 이를 증명하는 서류(Regulations Compliance Statement)
항공운송사업자 또는 항공기사용사업자에게 적용되는 항공법규의 준수방법을 논리적으로 진술하거나 또는 증명서류로 확인시킬 수 있을 것

라. 항공기 또는 운항 · 정비와 관련된 시설 · 장비 등의 구매 · 계약 또는 임차 서류
신청자가 제시한 운항을 하는 데 필요한 항공기, 시설 및 업무 준비를 마쳤음을 증명할 수 있을 것

마. 종사자 훈련 교과목 운영계획
기초훈련, 비상절차훈련, 지상운항절차훈련, 비행훈련, 정기훈련(Recurrent Training), 전환 및 승격훈련(Transition and Upgrade Training), 항공기차이점훈련(Differences Training), 보안훈련, 위험물취급훈련, 검열운항승무원/비행교관훈련, 객실승무원훈련, 운항관리사훈련 및 정비인력훈련을 포함한 종사자에 대한

훈련계획이 적절히 수립되어 있을 것

바. 별표 36에서 정한 내용이 포함되도록 구성된 다음의 구분에 따른 교범

1) 운항일반교범(Policy and Administration Manual)
2) 항공기운영교범(Aircraft Operating Manual)
3) 최소장비목록 및 외형변경목록(MEL/CDL)
4) 훈련교범(Training Manual)
5) 항공기성능교범(Aircraft Performance Manual)
6) 노선지침서(Route Guide)
7) 비상탈출절차교범(Emergency Evacuation Procedures Manual)
8) 위험물교범(Dangerous Goods Manual)
9) 사고절차교범(Accident Procedures Manual)
10) 보안업무교범(Security Manual)
11) 항공기 탑재 및 처리교범(Aircraft Loading and Handling Manual)
12) 객실승무원업무교범(Cabin Attendant Manual)
13) 비행교범(Airplane Flight Manual)
14) 지속감항정비프로그램(Continuous Airworthiness Maintenance Program)
15) 지상조업 협정 및 절차

사. 승객 브리핑카드(Passenger Briefing Cards)

운항승무원 및 객실승무원이 도울 수 없는 비상상황에서 승객이 필요로 하는 기능과 승객의 재착석절차 등이 적절하게 정해져 있을 것

아. 급유 · 재급유 · 배유절차

연료 주입과 배유 시 처리절차 및 안전조치가 적절하게 정해져 있을 것

자. 비상구열 좌석(Exit Row Seating)절차

비상상황 발생 시 객실승무원의 객실안전업무를 보조하도록 하기 위한 비상구열좌석의 배정방법 등의 절차가 적절하게 정해져 있을 것

차. 약물 및 주류 등 통제절차

항공기 안전운항을 해칠 수 있는 승무원의 약물 또는 주류등의 섭취를 방지할 대책이 적절히 마련되어 있을 것

카. 운영기준에 포함될 자료

운항하려는 항로 · 공항 및 항공기 정비방법 등에 관한 기초자료가 적절히 작성되어 있을 것

타. 비상탈출 시현계획(Emergency Evacuation Demonstration Plan)

비상상황에서 운항승무원 및 객실승무원이 취해야 할 조치능력을 모의로 시현할 수 있는 시나리오 및 일정 등이 적절히 짜여져 있을 것

파. 항공기 운항 검사계획(Flight Operations Inspection Plan)

항공법규를 준수하면서 모든 운항업무를 수행할 수 있음을 시범 보일 수 있는 시나리오 및 일정 등 계획이 적절히 짜여져 있을 것

하. 환경영향평가서(Environmental Assessment)

자체적으로 또는 외부기관으로부터 환경영향평가에 관한 종합적 분석자료가 준비되어 있을 것

거. 훈련계약에 관한 사항

종사자 훈련에 관한 아웃소싱 등 해당 사유가 있는 경우 훈련방식과 조건 등 적절한 훈련여건을 갖추고 있음을 증명할 수 있을 것

너. 정비규정

별표 37에서 정한 사항에 대한 모든 절차 등이 적절하게 정해져 있을 것

더. 그 밖에 국토교통부장관이 정하는 사항

2. 현장검사 기준

검사 항목 및 검사 기준

가. 지상의 고정 및 이동시설 · 장비 검사
주 운항기지, 주 정비기지, 국내외 취항공항 및 교체공항(국토교통부장관 또는 지방항공청장이 지정하는 곳만 해당한다)의 지상시설 · 장비, 인력 및 훈련프로그램 등이 신청자가 인가받으려는 운항을 하기에 적합하게 갖추어져 있을 것

나. 운항통제조직의 운영
운항통제, 운항 감독방법, 운항관리사의 배치와 임무 배정 등이 안전운항을 위하여 적절하게 이루어지고 있을 것

다. 정비검사시스템의 운영
정비방법 · 기준 및 검사절차 등이 적합하게 갖추어져 있을 것

라. 항공종사자 자격증명 검사
조종사 · 항공기관사 · 운항관리사 및 정비사의 자격증명 소지 등 자격관리가 적절히 이루어지고 있을 것

마. 훈련프로그램 평가
1) 훈련시설, 훈련스케줄 및 교과목 등이 적절히 짜여져 있고 실행되고 있음을 증명할 것
2) 운항승무원에 대한 훈련과정이 기초훈련, 비상절차훈련, 지상훈련, 비행훈련 및 항공기차이점훈련을 포함하여 효과적으로 짜여져 있고 자격을 갖춘 교관이 훈련시키고 있음을 증명할 것
3) 검열운항승무원 및 비행교관 훈련과정이 적절하게 짜여져 있고 그대로 실행하고 있을 것
4) 객실승무원 훈련과정이 기초훈련, 비상절차훈련 및 지상훈련을 포함하여 적절하게 짜여져 있고 그대로 실행하고 있음을 증명할 것. 다만, 화물기 및 소형항공운송사업의 경우에는 적용하지 않는다.
5) 운항관리사의 훈련과정이 적절하게 짜여져 있고 그대로 실행되고 있음을 증명할 것
6) 위험물취급훈련 및 보안훈련과정이 적절하게 짜여져 있고 그대로 실행되고 있음을 증명할 것
7) 정비훈련과정이 적절하게 짜여져 있고 그대로 실행되고 있음을 증명할 것

바. 비상탈출 시현
비상상황에서 비상탈출 및 구명장비의 사용 등 운항승무원 및 객실승무원이 취해야 할 조치를 적절하게 할 수 있음을 시범 보일 것

사. 비상착수 시현
수면 위로 비행하게 될 항공기의 기종과 모델별로 비상착수 시 비상장비의 사용 등 필요한 조치를 적절하게 할 수 있음을 시범 보일 것

아. 기록 유지 · 관리 검사
1) 운항승무원 훈련, 비행시간 · 휴식시간, 자격관리 등 운항 관련 기록이 적절하게 유지 및 관리되고 있을 것
2) 항공기기록, 직원훈련, 자격관리 및 근무시간 제한 등 정비 관련 기록이 적절하게 관리 · 유지되고 있을 것
3) 비행기록(Flight Records)이 적절하게 유지되고 있을 것

자. 항공기 운항검사(Flight Operations Inspection)
비행 전(Pre-flight), 비행 중(In-flight) 및 비행 후(Post-flight)의 모든 운항절차가 적절하게 이루어지고 있음을 시범 보일 것

차. 객실승무원 직무능력 평가
비행 중 객실 내 안전업무를 수행하기에 적절한 능력을 보유하고 있음을 시범 보일 것

카. 항공기 적합성 검사(Aircraft Conformity Inspection)
항공기가 안전하게 비행할 수 있는 성능을 유지하고 있음을 증명할 것

타. 주요 간부직원에 대한 직무지식에 관한 인터뷰
검사관이 실시하는 주요 보직자에 대한 무작위 인터뷰 시 해당직무에 대한 이해와 필요한 지식을 보유하고 있음을 증명할 것

나) 운영기준(Operation Specifications)

운영기준이란 항공사가 안전운항을 위하여 준수하여야 할 운항에 대한 제한사항 및 조건이 설정된 서류로서 운항증명에 명시된 사업의 종류에 따라 내용이 설정된다. 항공사의 보유기종, 노선구조 및 운항형태 등 운항의 범위 및 성격을 고려하여 수록내용을 결정하며 필요시 변경 신청할 수 있다.

운영기준의 내용은 총 8개의 파트로 구분되어 수록되며 일반적인 개념으로는 아래의 사항을 포함한다.

(1) Part A – 일반사항

사용이 허가된 항공기의 종류와 형식, 인가된 최대승객좌석 수, 승인된 기내휴대품 프로그램, 무선통신 및 항행장비, 위험물 운송 및 다른 부분에 포함되지 않는 기타 일반적인 허가 또는 제한 사항을 명시한다.

(2) Part B – 항로사용허가 및 제한사항

운항증명 신청자에 의하여 사용될 항로 또는 항로의 일부, 항로로부터의 이탈이 허가되는 조건, 최저 고도, 시계비행이 인가되는 조건, 필수항행요건(MNPS) 공역에서의 운항을 명시한다.

(3) Part C – 공항사용허가 및 제한사항 – 고정익항공기

사용이 허가된 목적공항 및 교체공항, 계기착륙절차, 이륙을 포함한 허가된 공항 최저운영기상치 및 관련 최저기상치에서의 특수한 운항제한을 명시한다.

(4) Part D – 정비

정밀검사, 분해검사, 구성요소 재구성의 모든 특별한 허가를 명시한다.

(5) Part E – 중량배분

표준 중량과 중량배분 관리의 모든 허가를 명시한다.

(6) Part F – 항공기부품교환

항공사업자 간의 인가된 항공기 교환, 사용될 장비 형식, 승무원, 항로 및 공항, 운항규정, 항공기 운용규정과 적용될 공항 운용조건을 명시한다.

(7) Part G – 항공기 임차운항

임차의 종류(포괄임차 또는 단순임차 등), 여기에 운영자가 2명 포함된 경우 운항통제에 대한 운항 통제 책임, 항로, 운항지역 및 공항(헬리포트) 포함, 항공기 종류 및 등록기호 포함, 정비책임 부분, 임차에 관련 정부의 승인/명령들로부터 계약의 당사자 및 기간을 명시한다.

(8) Part H – 공항사용허가 및 제한사항–회전익항공기

회전익항공기의 터미널 계기절차, 공항허가 및 제한사항을 명시한다.

3) 항공안전감독제도

항공운송사업자가 운항증명(AOC)을 받은 후 운항을 개시하면, 해당 항공사는 연중 지속적으로 수행되는 항공안전감독의 대상이 된다. 항공안전감독활동은 시스템적인 점검방식을 적용하고 불안전한 요소들은 반복, 중점적으로 관리하기 위하여 연간 안전점검활동을 3가지로 구분하여 적용하고 있다. 3가지 점검활동이란 ① 상시점검, ② 집중점검, ③ 잠재위험점검을 의미하며, 각각의 점검에서는 현장점검수행, 문제점의 분석 및 확인, 대책 마련의 3단계 점검방식을 적용한다. 집중점검 또는 잠재위험점검을 하고자 하는 경우에는 점검 목적, 일정 및 점검 분야 등이 포함된 점검계획을 사전에 통보하며, 불시점검 이외의 모든 점검은 해당 사업자와 사전에 협의하여 진행된다. 점검결과 도출된 지적사항이 적절히 개선되었는지에 대한 확인 작업도 포함된다.

가) 상시점검

사전 계획을 수립하여 주기적으로 수행하는 필수점검활동 및 계획점검활동을 말한다. 상시점검은 정해진 분야별 점검표에 의해 매월 세부 감독계획을 수립하여 실시하며, 국제 또는 국내운송사업자에 대한 점검항목은 93개, 소형항공운송 및 사용사업자에 대한 점검항목은 48개 항목으로 운영한다. 운항통제, 운항승무원, 객실승무원, 매뉴얼 등 크게 16가지 점검 대상 분류마다 다른 점검주기를 적용한다.

나) 집중점검

상시점검 결과에 대한 분석·평가를 통해 보다 집중적이고 광범위한 확인이 필요하거나 유사분야에서 반복 지적되는 분야에 대하여 별도의 점검계획에 의해 시행하는 점검을 말한다. 집중점검은 별도의 팀을 구성하여 점검을 실시하고 그 결과를 분석하여 대책을 강구하는 방식으로 진행된다.

다) 잠재위험점검

잦은 결항 또는 고장, 준사고 등 발생현황, 운영실태, 추세 등을 분석하여 항공사의 안전관리 체계에 종합적인 점검이 필요할 경우, 잠재위험요인을 도출하고 항공사의 개선방안을 권고하는 별도 계획으로 시행하는 점검을 말한다.

03 위험물 운송

가. 위험물 항공운송의 국제규정

위험물 항공안전운송을 위한 국제기준은 『국제민간항공협약(Chicago Convention, The Convention on International Civil Aviation)』의 『부속서 18(Annex 18, The Safe Transport of Dangerous Goods by Air)』와 부속서의 세부지침인 『위험물 항공안전운송 기술지침서(Doc 9284, Technical Instructions for the Safe Transport of Dangerous Goods by Air)』이다.[23]

부속서 18과 기술지침서는 국제민간항공기구(ICAO, International Civil Aviation Organization)의 위험물패널회의[24]를 통하여 2년마다 개정하여 발간되지만, 항공운송에 관한 특이한 내용을 제외한 모든 운송수단에 공통적으로 적용되는 일반적인 내용은 국제민간항공기구의 위험물패널회의에서 개정되지 아니하고 유엔(UN)이 발간하는 『위험물 운송에 관한 권고(Recommendations on the Transport of Dangerous Goods - Model Regulations)』에 따라 개정된다.

국제민간항공협약 부속서 18은 위험물(Dangerous goods)이라 함은 「항공위험물 운송기술기준」의 위험물 목록에 지정되어 있거나, 기술기준의 원칙과 절차에 따라 분류된 건강과 안전, 재화와 환경에 위해를 줄 수 있는 물질이나 물품으로 정의하고 있다. 즉, 위험물은 어느 특정 물질 또는 물품이 내포하는 속성 때문에 항공운송도중 일어나는 기압, 온도의 변화 및 진동에 따라 항공기 운송 중 생명, 재산, 또는 환경과 관련된 위험을 가할 수 있는 물질 또는 물품이다.

---

23 국제민간항공기구는 국제적인 단일체계와 강력한 집행체계를 구축하기 위하여 국제민간항공협약 부속서18과 세부지침인 항공위험물 안전운송 기술지침서를 1982년 9월 협약의 일부로 채택하여 1983년부터 시행되고 있다.

24 2022년 11월 기준 ICAO 회원국 중 위험물패널은 19개국(한국, 중국, 일본, 러시아, 이탈리아, 벨기에, 네덜란드, 프랑스, 독일, 스페인, 캐나다, 미국, 아르헨티나, 호주, 브라질, 인도, 카타르, 남아프리카, 아랍에미레이트)과 3개 협회 〔국제항공운송협회(IATA), 국제조종사협회(IFALPA), 국제항공우주산업협회조정이사회(ICCAIA)〕 이며 위험물 패널회의(Dangerous Goods Panel Meeting)는 ICAO 부속서18 및 기슬지침서의 개정사항 등을 결정하는 회의로 2년마다 1회 개최되고 있다. 위험물패널 실무자회의(Dangerous Goods Panel Working Group)는 기술지침서의 세부 개정사항 등 논의 및 발굴하기 위하여 연 1회 개최되고 있다.

위험물 항공운송 관련 업무를 담당하는 항공사, 화주업체, 위험물포장업체, 전문교육기관 등이 보편적으로 사용하는 위험물항공운송 규정집은 국제항공운송협회(IATA, International Air Transport Association)가 발간하는 『위험물규정(Dangerous Goods Regulations)』이다. 전 세계 항공사가 위험물 안전운송 참고서 형식으로 사용하고 있는 IATA 『위험물규정』은 정기적으로 개정되는 국제민간항공기구의 「위험물 기술지침서(Doc 9284)」의 내용을 포함하여 매년 개정 · 발간되고 있다.

기술의 발전과 새로운 위험물질이나 상품의 개발에 따라 각 운송수단별 위험물운송 관련 규정이나 안전체계를 개발하고 그 규정을 개정할 책임이 있는 국제기구나 각 체약국은 세계적으로 통일된 규정을 마련하기 위하여 위험물운송에 대한 유엔(UN)권고(Recommendations on the Transportation of Dangerous Goods)에서 제공하는 표준규정(Model Regulations)의 원칙을 준수할 것을 요구받고 있다.

유엔의 위험물운송 표준규정은 위험물 국제운송을 위한 모델을 제시하고 있으며, 항공운송과 관련한 국제기구 혹은 각국의 규정도 유엔의 표준규정이 제시하고 있는 원칙에 따라 제정 · 개정되고 있다.

나. 위험물 항공운송의 국내규정

우리나라는 위험물 항공안전운송을 위하여 국제민간항공기구(ICAO) 부속서 18의 국제기준을 도입, 항공안전법을 개정 · 공포(2005.11.8.)하여 제59조(위험물 운송 등), 제60조(위험물 포장 및 용기의 검사), 제61조(위험물취급에 관한 교육 등) 등 법적근거를 마련하였으며, ICAO 기술지침서(Doc9284)에서 제시하는 위험물의 분류 · 포장 · 용기 기준, 교육훈련 등 세부적인 기준을 수록한 「항공위험물운송기술기준」[25]을 제정(2006.8.23.)하여 항공위험물 운송관련 업무 시 이를 준수토록 하고 있다.

아울러 「항공안전법」 및 「항공위험물운송기술기준」에 따라 항공위험물 포장 · 용기의 안전성을 검사하고 인증하는 전문검사기관을 지정(2006.9.28.)하였고, 위험물취급 전문교육기관 5곳을 지정(2006~2009)하여 위험물 취급자에 대한 위험물 항공안

25 「항공위험물운송기술기준」은 국제민간항공기구 기술지침서(Doc 9284)의 내용을 포함하여 본문은 제1장(총칙), 제2장(위험물의 분류), 제3장(위험물목록 및 소량 운송의 면제), 제4장(위험물 포장지침), 제5장(화주의 책임사항), 제6장(포장용기 명명법, 표시, 요구사항 및 시험), 제7장(항공사의 의무), 제8장(승객 및 승무원에 관한 규정)으로 제1조에서 제210조로 구성되어 있다. 별표 1~별표 22에는 위험물 목록, 특별조항, 제1류(폭발성물질)~제9류(기타 유해성물질)에 대한 위험물포장명세, 위험물 표찰 · 표기와 미신고 위험물 보고 및 위험물 사고 · 준사고 보고 양식 등 세부적인 기준을 제시하고 있다. 이 기술기준은 현재 6차에 걸쳐 개정 발간되었다.

전 의식 고취 및 전문성 향상을 위한 기반을 마련하였다.

또한 「항공위험물감독관 업무규정」[26]을 제정(2007.7.27.)하여 항공위험물감독관이 화주, 위험물포장업체, 항공운송사업자, 위험물취급 전문교육기관 및 위험물포장·용기 검사기관 등에 대해 국제기준과 항공위험물운송기술기준 이행에 대한 지도·감독 업무를 효율적으로 수행할 수 있도록 하였으며, 정기·수시 점검을 통하여 위험물에 대한 항공안전운송 확보에 만전을 기하고 있다.

다. 위험물 항공운송 절차

위험물의 항공안전운송 확보는 무엇보다도 위험물을 분류, 포장, 표찰 부착 및 화주신고서를 작성하여 항공운송을 의뢰하는 화주(화주 및 포장업체 등)로부터 시작되며, 화주의 위험물 분류, 포장 등 기술기준에서 정한 책임사항을 성실하게 준수하는 데 있다.

화주의 책임사항을 성실하게 준수하는 것은 일반화물로 운송되어지는 위험물을 사전에 방지할 수 있는 최선의 방법이며, 이러한 미신고·미인지 위험물 항공운송방지를 위하여 ICAO 기술지침서(Doc 9284) 및 「항공위험물운송기술기준」은 화주가 일반화물을 항공운송사업자에게 항공운송 의뢰 시 화주신고서에 위험물이 포함되어 있지 않다는 구두설명과 확인서명을 하도록 규정하고 있다. 또한 일반화물을 접수하는 항공운송사업자도 접수하는 일반화물에 위험물 포함여부를 반드시 화주에게 구두로 설명, 확인하여 서명하도록 규정하고 있다.

이러한 안전장치는 화물의 안전한 항공운송을 위한 필수적인 절차로서, 화주는 위험물의 분류, 포장, 표기 및 성실하고 책임 있는 화주신고서 작성 등 기술기준에서 정한 화주의 책임사항 준수를 통하여 항공운송사업자에게 위험물 항공운송을 의뢰하여야 한다. 해당 위험물을 접수하는 항공운송사업자는 위험물 접수 체크리스트에 의하여 화주의 책임사항 준수 여부를 서류와 육안검사(위험물포장의 파손, 누출 등)로 확인 후 이상이 없을 경우에 위험물을 접수하여야 하며, 항공기에 탑재 전에 기술기준에서 정한 대로 위험물의 특성(냉동보관, 햇볕차단, 적재제한 등)을 고려하여 화물

26 「항공위험물감독관업무규정」은 항공위험물감독관이 항공안전법에서 정한 바대로 위험물 항공안전운송 확보를 위하여 위험물취급 전문교육기관, 위험물포장 · 용기 검사기관, 화주 및 항공사 등의 책임 준수사항을 효율적으로 지도 · 감독 업무를 수행할 수 있도록 세부적인 점검표(운항규정, 위험물 교육훈련, 위험물포장 · 용기 검사, 위험물 운송서류, 기장통보서 주기장점검, 여객터미널 및 화물터미널내의 위험물 접수, 보관, 탑재 등)로 구성되어 있다.

창고 내 지정장소에 보관하여야 한다. 또한 단위적재용기(ULD) 등에 적재하여 항공기에 탑재 시에도 기술기준에서 정한 적재·탑재규정을 반드시 준수하여야 한다.

위험물을 운송하는 항공운송사업자는 위험물 탑재정보를 항공기 기장에게 제공하는 기장통보서(NOTOC)[27]를 2부 작성하여 해당 항공기 기장에게 확인시켜주고 기장의 서명을 받은 후, 1부는 기장에게 전달하여 최종 목적지 공항까지 동반하도록 하고, 1부는 출발지 공항의 해당 항공운송사업자가 1년간 보관한다. 위험물 항공운송과 관련된 서류(화주신고서, 운송장, 기장보고서, 위험물취급자의 교육기록 등)의 보관은 향후 해당 위험물의 안전운송 여부를 알 수 있는 귀중한 자료이며 항공운송사업자의 중요한 책임사항이라 할 수 있다.

위험물의 항공운송절차는 다음과 같다.

▼ 위험물 항공운송절차

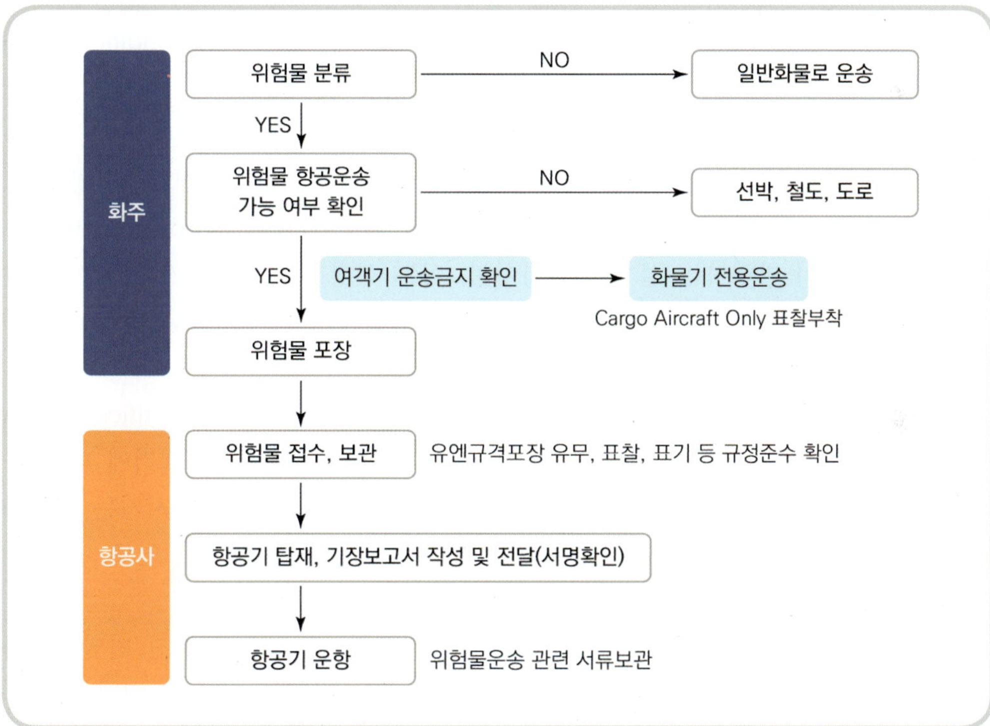

27 기장통보서(NOTOC, Notification to Captain)에 포함되는 내용은 해당 위험물의 항공운송장 번호, UN 위험물 적정운송명칭(Proper shipping name, UN number), 위험물류, 군(Class, Division), 포장그룹(Packing Group), 화물기 전용 운송(Cargo aircraft only) 여부, 위험물 포장 수량, 순중량(Net weight), 출발지, 경유지, 최종 도착공항명, 비상대응절차(Emergency response guidance) 등이 포함된다.

04 항공기 · 부품 안전성 인증

가. 항공기 설계 · 제작 · 정비 분야 인증제도

1) 형식증명(TC, Type Certificate)

형식증명(TC)은 항공당국이 항공기, 엔진, 프로펠러(이하 '항공기등'이라 한다)의 설계자에게 발행하는 증명서로 특정 형식의 항공기(예를 들어 보잉 787-8, 에어버스 350, Cessna-172, AW169 항공기) 또는 특정 형식의 엔진(예를 들어 General Electric 사의 CF34 계열 엔진) 또는 Rolls-Royce사의 Trent 1000 계열 엔진, 또는 특정 형식의 프로펠러의 설계(design)가 모든 정상적으로 예측할 수 있는 조건(conditions)하에서 안전기준을 충족시켰을 때 발행되며 보통 군용 항공기는 제외된다. 형식증명을 받은 항공기에 대하여는 표준 감항증명서를 발급할 수 있다.

형식증명은 민간 감항당국, 우리나라의 경우 국토교통부, 미국은 연방항공청(FAA, Federal Aviation Administration), 유럽은 유럽항공안전청(EASA, European Aviation Safety Agency)이 발행하는 설계 승인서이며, 이는 신청자인 설계자가 자신이 개발한 항공기, 엔진, 프로펠러가 적용되는 법적 요건들을 따른다(comply)는 것을 입증(demonstrate)할 경우에 발행된다.

형식증명서가 발행될 때 부속서와 같은 형식증명자료집(Type Certificate Data Sheet)이 함께 발행된다. 형식증명자료집은 해당 항공기, 엔진, 프로펠러에 대한 공식적인 사양서라고 할 수 있으며 항공기 등이 그 감항성 요건을 충족시키는 조건과 제한사항(limitations)을 규정한다. 항공기의 경우 장착이 가능한 엔진, 연료, 속도 및 무게의 한계 등 여러 가지 내용들을 규정한다.

형식증명서는 일종의 설계 특허로 타인에게 양도할 수 있으며 자진 반납하거나 감항당국으로부터 취소, 정지가 되지 않는 한 유효기간이 영구적이다. 만약 형식증명서 보유자가 파산하여 더이상 운용 중인 항공기의 감항성 유지를 위한 활동을 할 수 없게 되는 경우 형식증명서를 발행한 국가가 형식증명서에 대한 소유권을 가지고 감항성 유지의 책임을 담당하게 된다. 형식증명은 제작증명(Production Certificate)과 감항증명(Airworthiness Certificate)의 기초가 된다.

형식증명을 위한 감항성 기준은 전 세계적으로 미국 연방항공청(FAA)의 기준을 사용하는 경우가 대부분이다. FAA는 항공기와 그 부품의 인증과 관련한 절차 규정은 14 CFR[28] Part 21에서 규정하고 있다. 개별 대상별 감항성 기준은 Part 23~36로 나누어서 상세하게 규정하고 있는데 그 상세는 아래와 같다.

Part No.	제목
23	감항분류가 보통(Normal)인 비행기의 감항성 기준
25	감항분류가 수송(Transport)류인 비행기의 감항성 기준
26	수송(Transport)류 비행기에 대한 감항성 유지 및 안전성 향상 기준
27	감항분류가 보통(Normal)인 회전익항공기의 감항성 기준
29	감항분류가 수송(Transport)류인 회전익항공기의 감항성 기준
31	유인 자유기구의 감항성 기준
33	엔진의 감항성 기준
34	연료, 배기가스 배출기준
35	프로펠러의 감항성 기준
36	항공기 소음 기준

이 중 Part 34와 36은 항공기 엔진의 배출가스와 소음에 대한 기준으로 감항성기준이 아닌 환경기준이라고 부르며 이에 대한 증명도 항공기 형식증명의 한 분야로 포함시켜서 이루어질 수 있도록 하고 있다.

유럽항공안전청(EASA[29])에서는 이 기준을 Certification Specification(CS, 인증규격)이라고 부르고 있으며 Part별 분류나 각 섹션 번호가 미국의 감항성 기준과 거의 동일하게 규정하고 있다. 우리나라의 경우 국토교통부 고시로 규정하여 항공기기술기준으로 부르고 있으며 그 내용은 FAA의 감항성 기준과 거의 동일하다. 이와 같이 감항성기준을 전 세계가 거의 통일된 기준을 사용하게 된 것은 항공기 설계, 제작 및 인증분야에 있어서 미국의 영향력이 절대적인 것이기 때문이라고 할 수 있다. 특히 외국의 항공기를 미국 내로 수입하기 위해서는 수출국가가 미국과 동등한 인증시

28 CFR : Code of Federal Regulation – 미국 연방규칙, 50개로 나누어져 있고 이중 14번째 CFR이 항공우주에 관한 규칙임.

29 EASA : European Aviation Safety Agency 독일 쾰른에 본부, 유럽 영내 31개 회원국이 있고 항공기 안전을 전담하며 유럽연합집행위원회(European Commission)의 통제를 받는다.

스템을 갖추어야 한다는 정책을 시행함으로써 자신들의 감항성 기준을 수출국가가 사용하도록 하고 있는 것이 현실이다. 이러한 항공기 설계 및 제작 기준의 통일성 확보는 항공기가 가지는 국제성을 감안할 때 꼭 필요한 것이기도 하기에 미국의 항공안전협정(Bilateral Aviation Safety Agreement) 요구와 독점적 감항성 기준의 전세계적 적용이 강대국의 횡포라고 할 수는 없다.

형식증명 신청자가 항공기를 개발하여 증명받고자 할 경우 신청자는 자신이 증명받고자 하는 감항성 기준에 적합함(compliance)을 입증하여야 하는데, 이는 각 Part에 포함된 전체 요건들 중에서 자신의 항공기에 적용하여야 할 조항을 감항당국과의 협의를 거쳐서 정하게 되며 이를 인증기준(certification basis)라고 부른다. 인증기준이 정해지면 모든 인증 기준별로 대상 항공기가 적합하다는 이행 방법을 제시하고 입증하여야 하는데 이를 적합성 이행방법(Means Of Compliance)라고 부르고 형식증명에 있어서 핵심적인 사항이 된다.

또한 항공기 형식증명과정에서 해당 항공기의 설계가 특이하여 기존의 감항성 기준을 적용할 수 없는 경우에는 특별한 조건을 인정하여 유사한 기준을 적용하여 증명을 해주는데 이 조건을 특별조건(Special Condition)이라고 규정하고 형식증명위원회의 승인을 거쳐서 하나의 기준으로서 역할을 한다.

형식증명의 개략적인 프로세스를 살펴보면 개념설계 단계(conceptional design phase), 법적 요건 정의 단계(requirements definition phase), 적합성 계획 단계(compliance planning phase), 이행단계(implementation phase), 인증 사후단계(post certification phase) 등 5개 단계로 나눌 수 있다.

이행 단계에서 신청자는 분야별 각종 요건에 대한 적합성을 입증하여야 하는데 최종적으로 비행시험을 통하여 검증한다. 우선은 신청자 자신이 비행시험을 통하여 각 분야별 테스트를 하여 검증을 한 후, 인증당국의 비행시험 조종사에 의한 인증비행시험이 이루어진다. 비행시험 조종사가 되기 위해서는 비행시험에 대한 전문 교육을 우선 받아야 하고 비행 기량을 유지하기 위해 정기적으로 비행해야 하는 등 까다로운 자격 유지 요건을 충족시켜야 한다.

국내의 경우 1993년 8월 창공-91호(ATC93-01)와 2013년 3월에 4인승 소형항공기 KC-100(TCA201301)이 형식증명을 획득하였다.

2) 부가형식증명(STC, Supplemental Type Certificate)

부가형식증명(STC)은 주로 해당 항공기 형식증명서 보유자가 아닌 자가 형식증명을 받은 바 있는 항공기등의 설계를 변경하고자 할 경우 감항당국으로부터 해당 항공기등의 설계 변경한 부분에 대하여 승인받는 제도를 말한다. 항공기등의 설계 변경 사유는 기체구조의 변경, 새로운 장비품의 장착이나 변형, 전자장비품의 업그레이드 등 상당히 다양하다. 또한 부가형식증명은 형식증명 보유자가 경제적인 이유 등으로 개조를 거부하거나 일부 항공기 소유자들의 요구를 충족시키기 위하여 이루어질 수 있으며, 생산이 중단된 항공기의 업그레이드를 위해서도 이루어진다.

보잉 747-400 여객기를 화물기로 개조하거나 객실 내부의 기내 엔터테인먼트를 포함하여 전자장비를 신형 장비로 교환하여 개조하는 것도 부가형식증명의 대표적인 사례라고 할 수 있다. 한편 형식증명보유자가 자신이 보유하고 있는 어떤 형식의 항공기 등에 대하여 주요한(major) 설계 변경을 하여 감항당국으로부터 승인을 받을 경우 이를 개정형식증명(Amended TC)이라고 부른다.

부가형식증명은 항공기 등의 설계를 변경함으로써 그 성능을 향상시키는 경우가 대부분으로 일종의 기술특허품이 되고 개발자인 부가형식증명 보유자의 지적 자산이 된다. 따라서 미국과 같이 항공기 제작산업이 발전한 국가의 경우 부가형식증명만을 전문적으로 하는 업체가 많아 국가의 중요 산업으로 자리잡고 있다. 부가형식증명서에는 항공기 등의 설계 변경 내용을 명시하고, 개조 작업이 기존의 형식 설계에 어떤 영향을 주는지를 서술한다.

국내의 경우, '한국항공우주산업㈜'에서 2016년부터 2022년까지 EC155B1 헬리콥터에 6개의 그룹으로 나눠 국내 개발 구성품 등 총 59종을 장착하는 부가형식증명 프로그램을 수행하였고 각각 부가형식 증명서를 발급하였다.

▲ EC155B1 헬리콥터

3) 제한형식증명(RTC, Restricted Type Certificate)

제한형식증명(RTC)은 감항분류가 제한분류인 항공기에 대한 형식증명을 말한다. 해당 항공기는 설계적인 측면에서 항공기기술기준을 일부 만족하지는 않을 수 있으나 특정목적에 한하여 운용하는 것은 가능하다.

국내도 미국(FAA)과 유럽(EASA)에서와 마찬가지로 항공기의 설계가 신청인이 제시한 운용범위에서 안전하게 운항할 수 있음을 입증한 경우에 항공기의 운용이 가능하다. 또한 국토교통부령(항공안전법 시행규칙 제20조 제2항)으로 정하는 특정한 업무(산불 진화 및 응급한좌 수송 등)를 위해 운용할 수 있다.

제한형식증명을 받을 수 있는 항공기는 민간 파생 항공기 또는 군 파생 항공기로 나뉠 수 있다. 민간 파생 항공기는 감항당국로부터 형식증명 또는 형식증명승인을 받은 항공기 또는 이러한 항공기를 기반으로 특정한 업무만을 수행할 수 있도록 신규 또는 개조 개발한 항공기를 의미한다. 군 파생 항공기는 해당국가 군 감항당국의 인증을 받아 제작된 항공기 또는 이러한 항공기를 기반으로 특정한 업무만을 수행할 수 있도록 개조한 항공기를 의미한다.

2022년 11월 기준 국내에서 제한형식증명을 받은 항공기는 수리온(KUHC－1) 항공기가 유일하며, 이 항공기는 수리온 경찰청 파생형(KUH－1P－C) 모델을 기반으로 (1) 재난·재해 등으로 인해 수색·구조, (2) 산불의 진화 및 예방, (3) 응급환자의 수송 등 구조·구급활동에 사용할 목적으로 제한형식증명이 발행되었다.

▲ 수리온 헬리콥터

4) 형식증명승인(TCV, Type Certificate Validation)

외국 정부로부터 형식증명을 받은 바 있는 항공기, 엔진, 프로펠러가 수입될 경우, 수입국가가 그 형식이 자국의 감항기술기준에 적합한지 여부를 검증하여 승인하는 제도이다. 형식증명승인(TCV)을 통하여 수입국은 새로이 도입되는 항공기의 형식을 이해할 수 있고 감항성과 관련된 주요한 정보를 습득하고 감항증명을 위한 설계상의 요건을 충족했음을 확인하게 된다.

항공기등의 크기와 적용된 기술의 고유한 특성이나 신기술의 적용 여부에 따라 기술 검증 범위가 변화될 수 있고 필요한 경우 항공기 제작사를 직접 방문하여 검증 활동을 한다. 이와 같은 형식 설계에 대한 사전 검증은 대부분의 국가에서 정도의 차이는 있어도 자국민 생명과 재산의 보호를 위해 시행되고 있는 것이 현실이다. 뒤에서 설명될 양국 간의 항공안전협정을 체결한 국가로부터 항공기를 도입할 경우 대상 항공기의 최대이륙중량 등에 따라서 그 검사의 범위와 방법을 간소화하여 시행하기도 한다. 형식증명승인의 절차가 완료되면 형식증명승인서가 교부되고, 그 소지자가 포기하거나 국토교통부장관이 취소하지 않는 한 계속 유효하다.

5) 제작증명(PC, Production Certificate)

항공기 제작자가 형식증명 또는 제한형식증명을 받은 항공기를 양산하고자 할 경우, 항공기 제작자의 생산시설과 그 품질관리시스템이 형식증명을 받은 항공기를 제작하기에 적합한지 여부를 판단하여 국가가 증명해주는 제도이다. 즉, 생산되는 제품이 승인을 받은 형식설계와 합치(conform)하게 하도록 품질관리를 할 수 있는지 여부를 증명하는 것이다.

제작증명을 받기 위해서는 품질관리 시스템을 갖추어야 하는데 여기에는 설계 데이터와 각종 문서의 관리, 부품 공급자에 대한 관리, 공정의 관리, 검사 및 시험 능력, 부품의 저장 능력, 품질기록을 관리할 수 있는 능력을 구비했음을 입증하여야 한다. 제작증명서를 발행할 때는 부속서로 생산승인지정서(Production Limitation Record)가 첨부되어 해당 제작사에서 생산할 수 있는 항공기 등의 형식이 목록으로 기재된다. 예를 들어 보잉사의 생산승인지정서에는 보잉사가 보유한 모든 항공기의 형식증명서 번호가 리스트되고 이어서 이 형식증명서에 기재된 항공기 모델이 리스트되고 마지막으로 생산이 허가된 일자들이 기록되어 있다.

제작증명서는 자진하여 반납하거나 감항당국에 의하여 정지, 취소되지 않는 한 영구적이다. 또한 제작증명서는 제작자의 공장에 대한 증명서로서 타인에게 양도할 수 없다. 제작증명서 보유자는 미국의 경우 양산된 항공기에 대한 감항증명서를 자체적으로 발행할 수 있는 특권이 부여된다.

국내의 경우 한국항공우주산업㈜이 KC-100 항공기 개발 과정을 통해 2013년 12월 국내 최초로 제작증명을 발급받았으며, 이후 2016년 개정형식증명이 발행된 KC-100AF 및 2022년 제한형식증명이 발행된 KUHC-1 모델이 추가되었다.

소지자	제작증명 번호	형식증명번호 (제한형식증명 포함)	모델명	제작증명서 교부일자	비고
한국항공 우주산업 (KAI)	PC201301	TCA201301	KC-100	2013.12.17.	최초 발행
		TCA201301	KC-100AF (KT-100)	2016.03.02.	개정 (모델 추가)
		RTCA202201	KUHC-1	2022.07.01.	개정 (모델 추가)

6) 감항증명(AC, Airworthiness Certificate)

감항증명(AC)은 형식증명(TC)이나 제작증명(PC)과는 달리 제작사에서 양산되는 개별 항공기 하나 하나에 대하여 그 설계가 형식증명을 받았을 때의 형식설계에 합치하고 안전한 운항을 하기 위한 상태에 있는지를 감항당국으로부터 판정을 받는 증명이다. 감항증명은 표준감항증명과 특별감항증명으로 구분되며, 형식증명을 받은 형식의 항공기의 경우 표준감항증명서가, 형식증명을 받지 않은 항공기의 경우 특별감항증명서가 발행되는 것이 일반적이다.

표준 감항증명서의 유효기간은 국가마다 다르다. 우리나라는 1년으로 규정하고 있지만 정비프로그램이나 검사 프로그램을 적용하여 유지할 경우 영구적으로 유효기간을 인정하고 있으며 미국이나 유럽의 경우 유효기간을 영구적으로 부여하고 있다. 미국의 경우 감항증명의 유효기간이 영구적이라고 하지만 정기항공사의 경우 정비프로그램에 따른 감항성 유지를 위한 행위를 지속적으로 하여야 하고 일반항공에서 사용되는 소형기의 경우 FAA로부터 검사 권한(Inspection Authorization) 증명을 받은 자나 인가된 정비기관(repair station)으로부터 연간 감항성 검사를 받아야 한다.

특별 감항증명서는 제한분류(Restricted), 실험분류(Experimental) 및 특별비행허가(Special Flight Permit)로 구분된다. 연구개발을 위한 비행시험, 수리 개조를 한 후 성능 점검을 위한 비행, 새로이 제작된 항공기의 비행시험, 태풍과 같은 임박한 위험으로부터 도피하기 위한 비행 등 여러 가지 경우에 따라서 발급될 수 있고 형식증명을 받지 못한 항공기에 대해서도 발행된다. 그 유효기간은 비행시험 기간이나 감항당국에서 정하는 기간으로 제한되는 것이 일반적이다. 특별 감항증명서를 받은 항공기의 경우 그 목적에만 충실하여야 하고 보수를 받고 인원을 수송하는 것과 같은 유상비행을 할 수 없는 경우가 대부분이다.

7) 부품등제작자증명(PMA, Part Manufacturer Approval)

위에서 언급한 형식증명과 감항증명의 대상품은 항공기, 엔진, 프로펠러인데 이와 같은 항공기에 장착되는 각종 장비품과 부품에 대해서는 부품등제작자증명(PMA)과 기술표준품 형식승인(TSOA, Technical Standard Order Authorization) 제도가 있어 그 안전성을 사용 전에 검증을 받게 된다.

장비품이나 부품의 제작을 위하여 반드시 PMA나 TSOA를 받을 필요는 없다. 형식증명이나 제작증명을 받은 자의 경우 형식증명이나 제작증명을 받은 상태에서 자신의 항공기에 장착될 장비품과 부품을 직접 설계하고 제작하거나 협력업체를 통해서 제작하여 장착하면 PMA나 TSOA를 받을 필요는 없게 된다. 이 경우 해당 장비품과 부품은 형식증명서에 따라서 설계 제작되었다고 말할 수 있다.

PMA의 제도는 미국 FAA가 운용하고 있는 제도로 그 유래는 원천 장비 제작사가 더 이상 부품을 공급하지 않는 민간용으로 전환된 군용 항공기에 대한 교환부품을 공급하기 위한 FAA 인증프로그램으로 1950년대에 시작되었다. PMA 제도는 항공기 등(항공기, 엔진, 프로펠러)에 장착하기 위하여 최초 형식증명(TC) 시 승인된 부품과 해당 교체 또는 개조용 부품이 동등하거나 감항성이 있음을 FAA가 승인하는 제도이다. 따라서 부품등제작자증명 제도에 의한 부품 승인을 받기 위해서, 해당 부품은 장착될 항공기 등(항공기, 엔진, 프로펠러)에 적용되는 감항성 기준의 요구조건에 대한 설계승인과 FAA가 규정한 품질시스템 요건에 대한 제작시설의 생산승인을 받아야 한다.

PMA는 항공기 제작사가 해당 기존의 항공기 생산을 중단하였거나 기존은 부품 납품을 했던 협력업체 또는 제3자를 통해서 정비용 부품을 공급하고자 할 목적으로 이루어지는 경우가 대부분이다. 한편 원제작사와는 무관하게 제3자가 해당 부품을 설계, 제작하여 판매하는 경우도 PMA에 해당된다. PMA는 미국(FAA)의 부품 증명 제도의 하나인데 유럽에서는 유럽항공안전청(EASA)이 유럽부품승인(EPA: European Parts Approval) 제도로 운용되고 있다.

PMA 증명에 있어서 핵심적인 사항은 형식증명을 받았을 때의 원 부품의 형식설계와 동일함(Identicality)을 PMA 신청자가 입증하는 것이다. 즉 이전에 개발된 어떤 부품과 설계나 성능을 동일하게 설계하고 제작할 수 있는 능력을 입증해야 한다.

부품 전문 제작사들은 PMA 제도를 통해 동등한 품질의 제품을 보다 저렴하게 항공기 운영자에게 공급할 수 있기에 미국을 중심으로 많이 활용되고 있다. 국내의 경우 부품등제작자증명서가 2022년 4월 최초로 발행되었다. ANH Structure사에서 인증받은 '기내용 컵홀더'는 부품등제작자증명(PMA)을 획득하고 국내 항공사에 납품되었다.

8) 기술표준품 형식승인

기술표준품이란 여러 형식의 항공기나 엔진, 프로펠러 등에 공통적으로 사용될 수 있는 장비품 중에서 감항당국이 지정하여 고시한 품목을 말하며, 기술표준품 표준서(Technical Standard Order)란 이러한 품목에 대하여 감항당국이 규정한 최소한의 성능표준(minimum performance standards)을 의미한다.

국제적으로 민간항공기용 기술표준품 표준서는 미국 FAA가 규정한 TSO를 주로 사용하고 있고 FAA TSO 품목의 수는 157종이다. 유럽(EASA)에서도 미국과 마찬가지로 기술표준품 표준서(ETSO)를 사용하고 있고 품목의 수는 161종이다. 국내의 경우(KTSO)에는 약 80여 종의 기술표준품 표준서가 있다.

TSO 승인 제도는 2차 세계 대전 동안 미국의 항공기 제작산업이 급속하게 팽창한 것에서 시작된다. 대전 후 군용 수송기들의 민간 항공기 전환과 대전 중에 엄청난 규모로 발달하게 된 항공기 제작산업의 영향으로 전후 민간 항공기의 수가 급격하게 늘어났고 필연적으로 항공기의 안전 확보를 위한 감항당국에 의한 안전 인증을 위한 검사 수요도 크게 늘어나면서 감항당국의 인증을 위한 검사 업무 부하가 크게 증가할 수밖에 없었다. 즉 감항당국의 인증 검사인력은 한정되어 있는데 검사량이 크게 늘어나면서 검사 지연으로 인한 상당한 기회 손실 비용이 발생하게 되었다. 이에 따라서 감항당국은 새로운 제도를 고안하게 되었는데 그 대표적인 것이 민간의 전문기술자를 이용하여 감항당국을 대신하여 기술검증업무를 수행하도록 하는 전문가 위임제도(designee system)와 기술표준품 형식승인제도였다.

기술표준품 형식승인제도의 핵심은 정부가 모든 양산되는 하나하나의 TSO 품목에 대한 안전성인증(증명)을 위한 검사에 참여하지 않는다는 것이다. 즉 감항당국은 항공기, 엔진, 프로펠러와 같은 형식증명 대상품에 대해서만 인증업무를 직접 담당하는 반면, 기술표준품과 같은 비교적 작은 제품에 대해서는 기술표준품 형식승인서

(TSOA)를 업체에 발행하여 해당 업체가 자체적으로 해당 TSOA하에서 양산되는 제품에 대하여 증명할 수 있도록 한 것이다. 물론 처음 개발되는 기술표준품에 대해서는 사전 승인을 감항당국이 하지만 일단 승인서가 발행되어 양산이 되면 해당 공장은 자체적으로 해당 제품에 대한 증명서를 발행할 수 있게 되는 것이다. 이러한 위임제도를 시행하여 민간의 전문 기술 인력을 활용할 수 있도록 하면서 자율적인 품질관리를 할 수 있도록 한 것이다.

기술표준품에 대한 형식승인(TSOA)을 받기 위해서는 각 품목별로 지정된 최소성능표준에 명시된 요건에 따른 설계 적합성을 입증하여야 하고 이를 생산하는 공장에 대한 생산승인도 평가를 받아야 한다. 기술표준품 표준서에 명시된 최소성능표준에는 RTCA[30], SAE[31] 등과 같은 국제적으로 인정되고 있는 산업규격(industrial specification)이 사용되는 경우가 대부분이다.

TSOA를 받은 부품의 경우 한 가지 형식의 항공기에만 국한되어 사용되는 것이 아니라 공통적으로 여러 항공기 등에 사용될 수 있다. 특정 형식의 항공기에 해당 부품이 장착될 경우 형식증명을 받은 항공기 등의 설계가 변경되기 때문에 항공기 차원에서 그 설계의 변경에 대하여 감항당국으로부터 개정형식증명 또는 부가형식증명을 받아야 한다. 즉 TSOA는 해당 부품 자체에 대한 안전성 인증이며, 이 부품이 장착되는 항공기의 설계 변경까지 자동으로 인정되는 것은 아니다. 항공기 차원에서의 설계 변경은 반드시 위에서 말한 별도의 장착에 대한 증명(주로 STC)을 받아야 한다.

이러한 기술표준품 형식인증(TSOA) 제도를 바탕으로 국내에서도 기술표준품에 대한 꾸준한 인증 활동이 진행되어왔다. 2022년 10월까지 기술표준품 형식승인서가 총 10건 발행되었으며 그중 '써브'사에서 인증받은 팔레트는 2022년 6월 국내 항공사에 최초로 납품되어 기술표준품이 상용화된 좋은 사례가 되었다. 국내에서 승인된 기술표준품 인증현황은 다음과 같다.

30 Radio Technical Commission for Aeronautics의 약자 – 항공 무선 기술 위원회

31 Society of Automotive Engineers의 약자 – 미국 자동차공학회

구분	TSO번호	신청자	승인일자	비고
B737-400 Main tire	KTSO-C62d	금호타이어	2007.07.01.	
B737-400 Nose Tire	KTSO-62e	금호타이어	2009.01.14.	
대기자료 컴퓨터	KTSO-C106	퍼스텍	2012.05.25.	
Multi-functional Display	KTSO-C113	LIG 넥스원	2013.10.05.	
Integrated Flight Display System	KTSO-C113a	LG CNS	2015.12.29.	
구명복	KTSO-C13f	시울프마린	2019.07.31.	
ULD Type 2 팔레트(PMC)	KTSO-C90d	써브	2019.07.31.	
ULD Type 2 팔레트(PAG)	KTSO-C90d	써브	2019.07.31.	
ULD Type 2 컨테이너	KTSO-C90d	써브	2022.07.06.	
ULD Type 2 팔레트(PMC)	KTSO-C90d	플라인텍	2022.10.18.	

9) 경량항공기/초경량비행장치 안전성인증

(Light Sports Aircraft/ Ultralight Vehicles Safety Certification)

경량항공기는 항공안전법 제108조 및 같은법 시행규칙 제284조, 초경량비행장치는 항공안전법 제124조 및 같은법 시행규칙 제305조에 따라 국토교통부 장관이 정하여 고시하는 비행안전을 위한 기술상의 기준에 적합하다는 안전성인증을 받고 비행하여야 한다. 안전성인증을 통해 경량항공기 및 초경량비행장치의 제작, 비행, 성능, 정비 등의 상태를 해당 기술기준에 따라 검사하여 비행안전을 확보하고 사고를 사전 예방한다.

급격히 증가하는 무인동력비행장치의 안전성인증 수요에 대비하고 특히 상업용 무인멀티콥터의 경쟁력 확보를 지원하기 위하여 드론 시스템(비행체, 지상통제장치, 임무탑재체, 데이터링크) 인증 인프라 및 인증체계를 구축하며, 국내 드론 산업의 국제 경쟁력을 확보하기 위해 국제적 상호 인정(KOLAS)이 가능한 인증 인프라 및 기술기준을 개발하는 추세가 이어지고 있다.

나. 감항성의 개요

항공기의 감항성(Airworthiness)이란 항공기가 예상되는 비행 조건하에서 안전한 비행을 할 수 있는 능력을 표현하기 위하여 사용되는 용어이다. 항공기의 감항성은 등록국가의 감항증명서를 통해 인정되고 이후 자격을 갖춘 항공정비사 또는 인가된 정비기관(Approved Maintenance Organization)에 의하여 요구되는 정비 행위를 통해 계속 유지된다.

항공기가 감항증명서를 받기 위해서는 기본적으로 2가지 조건이 필요하다. 하나는 항공기가 해당 형식설계에 합치(conform)하여야 하고 다른 하나는 안전한 운항을 하기 위한 상태에 있어야 한다는 조건이다. 항공기가 그 형식설계에 대하여 합치하기 위해서는 항공기의 도면과 규격(specification) 등 형식증명을 받았을 당시의 조건에 합치하여야 함을 의미한다. 안전한 운항을 위한 상태에 있다는 것은 현재 항공기 기체나 그 부품이 깨짐, 변형, 부식, 유류의 누설, 마모, 들뜸과 같은 불완전한 상태가 없는 정상적인 상태에 있다는 것을 의미하고 이와 같은 2가지 조건이 충족될 경우 감항성이 있다고 얘기할 수 있다.

다. 감항성 관련 국제기준의 역사와 내용

항공기 감항성에 대한 국제기준은 1919년 파리협약으로 거슬러 올라갈 수 있다. 파리협약의 유래를 살펴보면 1903년 12월 17일 미국의 라이트 형제가 공기보다 무거운 항공기의 동력 비행에 성공하고 이후 1907년 프랑스의 루이 블래리오가 영불해협을 비행하는 데 성공하여 항공기가 하늘을 이용하여 외국으로 쉽게 이동할 수 있는 국제성을 지녔음을 법학자들이 인식하고 이를 계기로 항공법국제위원회를 설립하는 것에서 시작된다.

또한 1914년에서 1918년까지 제1차 세계대전 중에는 항공기가 군용으로나 민간용으로 크게 활용될 수 있다는 가치를 인식하는 계기가 되었으며 전쟁 중이었던 1916년 2월 16일 독일의 체펠린 비행선이 네덜란드 상공에서 피격되어 자국 영공에 대한 배타적 주권의 인정 등 공역에 대한 국제적 규제의 필요성이 크게 대두되면서 파리 국제회의를 개최하게 된다.

1차 세계대전 직후인 1919년 1월 18일에 개최된 파리 국제회의에는 일본을 포함하여 32개국이 참여하였고, 같은 해 10월 13일에는 이 중 27개국이 서명하여 세계 최초의 항공분야의 성문화된 국제협약인 파리협약이 탄생하게 되었다.

파리협약이 맺어진 것은 1차 세계대전 후 항공기가 다양한 방면에 사용될 수 있다는 것을 인식한 결과라고 말할 수 있으며 이 협약은 국제항공을 위한 국제적인 통일 공법(公法: Public International Air Law)으로서 국제항공법의 효시가 되었다. 이를 토대로 세계 각국은 자국의 항공법을 제정하게 되었고 우리나라 항공법의 모태라고 할 수 있는 최초의 일본 항공법도 이 협약을 근거로 1921년 4월에 제정되었다. 파리 협약은 1944년 시카고협약(Chicago Convention)의 모델이 되었고 국제민간항공운송의 발달에 크게 기여했다는 평가를 받고 있다.

파리협약의 제11조는 항공기의 감항증명을 의무화했다. 즉 항공기가 국제 운항을 하기 위해서는 그 안전성에 대하여 등록국가로부터 증명을 받아야 한다고 규정한 것이다. 파리협약의 항공기 감항증명 의무화는 1944년 채택된 시카고협약에도 그대로 규정되어 오늘에 이르고 있다.

1944년 채택된 시카고협약 제31조는 모든 국제항공에 이용되는 항공기는 등록국가가 발급했거나 유효하다고 인정한 감항증명서(certificate of airworthiness)를 비치하여야 한다고 규정하고 있는데 이 협약에는 '국제항공에 이용되는' 항공기를 대상으로 하므로 국제항공에 이용되는 항공기에 대하여 감항증명서를 비치하도록 강제하고 있다. 오늘날 대부분의 국가들은 초경량비행장치와 같은 일부 특수한 항공기를 제외한 모든 항공기에 대하여 감항증명서를 비치하도록 강제하고 있다.

라. 항공안전협정(BASA)

항공안전협정(Bilateral Aviation Safety Agreement)은 민간항공제품의 수출입에 있어서 항공기와 그 부품의 안전성 인증(감항성 증명)을 용이하게 하기 위한 양국가 간의 협정을 말한다. 수출 국가에서 제작된 제품에 대하여 수출국이 발행한 증명서를 수입국가가 인정하고 수입국의 인증 절차를 생략 또는 간소화하여 중복되는 절차를 줄여 효율적으로 업무를 수행할 수 있고, 또한 수입 항공제품의 안전성을 보장하는 방법으로 활용되고 있다.

원래 BASA는 미국에서 시작되어, 1990년대 이전까지는 BAA(Bilateral Airworthiness Agreement)라는 이름으로 운영되었다. BAA가 1929년 미국–캐나다 간에 최초로 맺어진 이래, 1970년대 이후 민간항공이 급속도로 발전하고 항공기 생산량이 증가하여 협정 업무가 폭주하면서 항공안전관리를 위한 새로운 국가 간 협정제도가 필요하게 되었다. 1996년 이전까지 총 27개국이 미국과 BAA를 체결하였는데 1996년 이후부터는 항공안전협정(BASA)으로 전환하여 항공기의 설계·생산에 국한되었던 협정 대상 분야를 운항·관제·항공시설 등 항공안전에 관한 포괄적인 분야로 확대 적용해 가고 있고 항공기술 후진국에 대한 유상 기술지원 제도를 도입 운영하고 있다.

미국의 경우 외국에서 BASA 체결을 신청할 경우 해당국과의 BASA 체결이 미국의 국익에 도움이 되는지를 미국 교통부를 중심으로 국무부, 상무부, 국방부, 및 교통안전위원회(NTSB)가 협의하여 결정을 하게 된다. 만약 이러한 BASA의 체결이 미국의 국익에 도움이 된다고 판단하면 FAA가 해당 국가의 인증 시스템이 미국의 인증시스템과 동등한 수준인지와 그 인증능력을 판단하기 위한 FAA 평가를 실시한다. 이러한 평가를 기술평가(technical assessment)라고 부르며 상대국의 특정 인증 프로그램에 참관자로 참여하는 것을 시범 인증프로그램(shadow certification program)이라고 부른다.

기술평가는 BASA 체결을 위한 진행과정에서 가장 중요한 절차이며 기술평가를 통해 상대국의 인증시스템이 자신의 시스템과 동등한 것으로 판단함은 물론 양 항공당국 간의 파트너십을 구축하고 경험을 공유하며 상호 신뢰를 쌓는 기회가 된다. 평가의 결과 인증시스템이 동등한 것으로 판단한 경우 BASA 협정 문안에 대한 협상을 하게 된다.

BASA는 양국 간의 외교 협정서인 행정협정서(EA, Executive Agreement)가 본 협정서에 해당하고 세부적인 기술적인 사항에 대해서는 부속서 격인 이행절차서(IP, Implementation Procedure)가 있다. 행정협정서의 형식과 내용은 민간항공의 안전에 대한 규제 당국의 활동을 포괄적으로 규정하며 대부분의 국가와의 협정 내용이 유사하고 기술적인 상세 내용은 포함하지 않고 있다. 행정협정(EA)은 외교 경로를 통해 이루어지는데 미국 국무부와 상대국의 외교 당국, 우리나라의 경우 외교부가 담당한다. 물론 이 협정서의 초안 작성은 항공당국인 미국의 FAA와 우리나라의 국토교통부 항공정책실이 담당한다.

부속서에 해당되는 이행절차서(IP)는 5가지 세부 분야로 다시 나누어진다. 즉 ① 민간 항공제품의 감항성승인 분야, ② 환경테스트와 승인 분야, ③ 정비시설의 승인과 모니터링 분야, ④ 정비사/조종사/운항에 대한 승인과 모니터링 분야, ⑤ 비행 시뮬레이터에 대한 승인과 모니터링 분야이다.

이들 이행절차서 중 가장 많이 체결되어 활용되고 있는 감항성분야 이행절차서(Implementation Procedures for Airworthiness)의 경우 항공기 인증을 담당하는 감항당국의 대표가 서명하여 체결되며 이는 수입을 하는 국가가 해당 제품에 대한 검증(validation)을 함에 있어서 수출을 하는 당국의 인증시스템을 최대한 활용하기 위한 것이다. IPA에서 가장 중요한 부분은 양국 간의 수입을 할 수 있는 항공제품의 범위를 구분하여 규정하고 있다. 항공기의 경우 수송류 대형기에서부터 보통류의 비행기까지 구분되고 부품 단위에는 부품등제작자증명 부품과 기술표준품까지 다양하게 구분, 정의하고 있다. 2022년 11월 기준 우리나라가 미국에 수출할 수 있는 부품은 기술표준품(TSO) 품목 및 Part 23급(소형비행기)이고 미국은 우리나라 모든 감항류의 항공기와 부품들을 수출할 수 있게 규정되어 있다. 향후 우리나라는 BASA IPA의 범위를 확대하는 방안을 계획하고 있다.

▲ 2008년 부품급 한 · 미 항공안전협정 체결식

국가 간 항공안전 및 인증에 대한 협약 사례로는 항공안전협정(BASA) 이외에도 업무약정(WA, Working Agreement), 특별약정(SA, Special Arrangment), 양해각서(MoU, Memorandum of Understanding) 등이 있다. 우리나라는 미국과의 BASA 외에도 최근 유럽(EASA)과 유럽의 EC155B1 헬리콥터를 한국에서 전량 생산하는 내용을 담은 생산분야 업무약정(WA)을 체결한 사례가 있다. 국토교통부는 지속하여 설계분야 업무약정 추진 및 타 국가와의 항공안전협정을 적극 추진 및 확대하기 위해 노력하고 있다.

마. 정비분야 감항성 유지 제도

1) 운항증명

운항증명의 국제법적 근거는 ICAO 협약 부속서 6, Part 1의 제4장에서 찾아볼 수 있다. 즉 상업 항공 운송사업자는 등록국가로부터 운항증명(Air operator certificate)을 받도록 하고 항공사가 준수하여야 할 제한사항과 인가사항은 운영기준(operations specifications)에 기록하도록 규정하고 있다.

운항증명을 받기 위해서는 적절한 조직, 운항 관리 및 감독 방법, 종사자 훈련 프로그램과 정비 관리 등에 대하여 검증을 받아야 한다. 운항증명에 있어서 항공기 감항성과 관련되는 사항은 운영기준 Part D 정비(Maintenance)에 수록된다. Part D의 핵심적인 내용이라고 할 수 있는 지속 감항정비 프로그램(Continuous Airworthiness Maintenance Program)은 항공사가 운용하는 항공기 기종별로 어떤 방식으로 정비를 할 것인지를 규정하며 항공당국은 이러한 내용의 적합성을 확인 후 운영기준 개정을 통하여 정비 프로그램을 승인한다.

2) 정비프로그램

항공운송사업자 정비 프로그램은 운용하는 항공기의 모든 부분이 의도된 기능을 발휘할 수 있도록 하고 항공운송을 함에 있어서 최고의 가능한 안전도를 제공하기 위하여 4가지의 세부 목표를 반영하도록 하고 있다. 첫째, 항공운송에 필요한 운용을 위하여 정비된 모든 항공기가 감항성이 있고 적절하게 유지되도록 한다. 둘째, 항공운송사업자가 수행하거나 다른 사람이 항공운송사업자를 대신하여 수행하는 정비 및 개조는 항공운송사업자의 정비매뉴얼(국내의 경우 정비규정)에 따라서 수행되도록 한다. 셋째, 적합한 시설과 장비를 갖추고 자격있는 종사자가 항공기를 정비 및 개조를 한다. 넷째 항공운송사업자 정비 프로그램의 모든 부분들이 효과적이고 또한 항공운송사업자의 매뉴얼에 따라서 수행되도록 보장하기 위하여 지속적인 감독, 조사, 자료 수집, 분석 및 수정조치를 모니터하는 시스템을 구축하도록 한다.

정비 프로그램을 승인받아 적용하는 항공사는 자신이 운영하는 항공기에 대한 감항성 유지를 스스로 책임지도록 하고 정부에서 실시하는 연간 감항검사를 생략하게 된다. 정비 프로그램 승인방식을 대부분의 국가들이 사용하는 이유는 복잡화·전문화된 현대 항공기와 항공사의 모든 업무를 일일이 통제·감독하기가 곤란해지며 항공안전업무를 민간에 위임하는 추세가 이어지자 이를 반영하고, 공사가 자신의 운항 환경에 맞게 최적화된 정비 프로그램을 개발하여 적용하기 위한 것이다. 따라서 동일한 기종의 항공기를 운용하더라도 항공기 정비 주기는 항공사마다 상이할 수 있으며 개별 항공기의 정비 주기는 정비 신뢰성에 대한 분석 결과를 토대로 항공사가 자율적으로 조절할 수 있도록 하고 있다.

항공기 제작사가 항공기 형식증명을 받을 때부터 설계국가로부터 승인받는 항공기 정비 심사위원회보고서(Maintenance Review Board Report)를 기본으로 하여 항공사의 정비 프로그램이 작성되고 이 MRBR은 해당 항공기를 운용하는 전 세계 항공사의 운항 경험 자료를 근거로 하여 항공기 수명 기한 동안 지속적으로 개정하게 된다. 각 항공사는 자신들의 정비 프로그램을 개발하는 데 있어서 기본적인 참조 자료로 MRBR을 사용하고 자신들의 운항 경험이나 정비 경험에 근거한 신뢰성 분석자료를 근거로 자신들의 정비 프로그램을 개발하고 이를 감항당국으로부터 승인받아 적용하게 된다. 승인해준 감독기관은 항공사가 승인해준 정비 프로그램에 따라서 정비행위를 하는지를 지속적으로 감독하게 된다.

3) 정비조직인증(Approval of Maintenance Organization)

항공기와 부품의 감항성을 유지하는 데 있어서 정비조직인증 제도가 전 세계적으로 활용되고 있는데, 이는 항공기 정비를 전문적으로 하는 업체에 대하여 그 능력을 국가가 인정하여 항공기와 그 부품을 전문적으로 정비할 수 있도록 하는 제도이다. 미국은 repair station, 유럽연합은 Maintenance Organization Approval을 정비조직 인증 제도로서 운용하고 있다.

미국의 경우 운항증명을 받은 항공사는 지속 감항성 정비 프로그램을 FAA로부터 승인을 받고 자체적인 정비 인력과 시설, 공구 등을 갖추어 운용할 경우 별도의 repair station 인가를 받을 필요가 없는 반면, 유럽항공안전청(EASA)의 경우 항공사는 운항증명 과정의 일부로 항공기 감항 인증 유효성을 보증하고 확인하는 지속감항유지조직(Continuing Airworthiness Management Organization)[32]으로 인가받아야 되며, 또한 자체적인 인력과 시설을 갖추고 운영하기 위해서는 정비조직인증을 추가로 받아야 하는 등 차이가 있다. 우리나라의 경우 미국 FAA 방식으로 채택하여 항공사의 경우 정비조직인증를 받지 않고도 운항증명을 받은 경우 자체적인 정비를 할 수 있는 방식을 채택하고 있다.

정비조직인증서를 발급할 때 운영기준(OPeration SPECification) 및 정비조직절차교범(AMOPM)을 함께 승인하게 되며, 여기에는 정비업체에 대한 상세 인가사항과 운영에 관한 조건들이 규정된다. 정비업체에서 정비할 수 있는 장비품이나 부품이 많은 경우에는 별도로 부품 목록(capability list)을 작성하여 활용한다.

바. 감항성 개선지시서(Airworthiness Directive)

항공기를 운용하다 보면, 애초에 형식증명 단계에서 예상되었거나 발견되지 않았던 항공기 안전을 위태롭게 하는 결함이나 징후들을 발견할 수 있다. 이러한 경우 감항당국은 감항성 개선지시서를 형식증명서 보유자와 모든 항공기 소유자들에게 발행하여 항공기에 대한 감항성이 개선되도록 조치한다. 감항성 개선지시서의 발행에 대한 국제법 기준은 ICAO 협약 부속서 8, Part II, 제4장에 규정되어 있고 감항성 개선지시서의 발행을 설계국가의 책임으로 규정하고 있다. 즉 항공기 형식증명을 했던 설계국가는 해당 항공기의 안전 운항을 위하여 필요로 하는 필수적인 감항성 유지에 대한 정보를 항공기 등록국가에 통보하도록 강제하고 이러한 필수적인 감항성 유지 정보에는 부품의 개조, 교환 또는 항공기에 대한 검사나 운용 한계와 절차를 개정하는 것과 같은 필수적인 요건들을 포함시키도록 했다.

이러한 필수적인 감항성 유지 정보의 대표적인 것이 감항성 개선지시서이고 전세계적으로 Airworthiness Directive라고 불리고 있다. 감항성 개선지시서를 접수한 등록 국가의 감항 당국은 자국의 감항성 개선지시서 번호를 부여하여 강제하거나 설계국가의 감항성 개선지시서를 자국의 항공기 소유자가 그대로 준수하도록 법으로

32 CAMO(Continuing Airworthiness Management Organisation): 항공기 소유자 및 운영자 등을 대신하여 항공기 지 감항성을 유지하기 위한 정비관리 및 품질관리 업무를 수행하는 조직으로 정비조직(AMO) 등에서 수행한 작업의 적절성을 확인하고 해당 항공기에 대해 airworthiness review certificate를 발행함.

강제한다. 감항성 개선지시서는 지역적이거나 전 세계적인 항공안전 관련 법과 요건의 변경을 가져올 수도 있다. 2001년 9·11사건 이후 모든 항공사로 하여금 조종실 출입문을 방탄문으로 개조하도록 한 것이 대표적인 사례이다.

설계국가가 감항성 개선지시서를 발행하기 위해서는 항공기 안전 운항에 영향을 주거나 줄 수 있는 어떤 결함, 고장, 사건, 또는 징후에 대하여 항공기 형식증명서 보유자(대개는 항공기 제작사)로 보고를 받아야 가능한데 형식증명서 보유자는 항공기 운영자로부터 고장 보고를 받음으로써 이것이 이루어진다. 항공기 제작사는 항공사로부터 접수한 각종 고장 보고를 접수하여 분석하고 안전에 영향을 미치는 사안으로 판단할 경우 대개 정비개선을 위한 기술회보(Service Bulletin)를 발행하게 되며 설계 국가는 이러한 기술회보 중에서 법적으로 강제하여야 할 것들은 감항성 개선지시서를 발행하게 된다.

감항성 개선지시서를 접수한 항공기 소유자 또는 운영자는 지시서에서 정한 시한 이내에 또는 주기가 정해진 경우 그 해당 주기에 항공기 제작사에서 발행한 기술회보에서 정한 항공기의 검사, 부품의 교환 또는 개조, 또는 운용한계의 개정이나 절차의 수정 등을 수행하여야 한다.

감항성 개선지시서는 법적인 강제성이 있는 문서로 항공기 감항성 유지에 필수적인 것이므로 감항성 개선지시 수행 현황 목록과 수행 기록 자료와 같은 서류는 항공기가 양도될 때는 새로운 소유자에게 반드시 이관되어야 할 서류로 간주되고 있다.

사. 감항성 유지를 위한 지침서(Instruction for Continuing Airworthiness)

감항성 유지를 위한 지침서란 항공기의 감항성 유지에 필수적인 정비, 검사, 고장 탐구, 수리 등에 대한 절차서라고 할 수 있다. 항공기 형식증명 신청자는 ICA를 갖추어야 하는데, 이는 항공기 인도 또는 첫 감항증명서가 발행되기 이전에 지침서가 완성될 수 있다면 항공기 형식증명서를 받을 때에는 완성되지 않아도 된다. ICA에는 여러 가지가 있을 수 있는데 첫째로 항공기 정비 매뉴얼(aircraft maintenance manual)이 있다. 정비 매뉴얼은 항공기 특징에 대한 설명과 각종 정비를 위한 필요한 사항들이 포함되고, 항공기의 각종 시스템과 엔진, 프로펠러 및 장비품의 장착 방법에 대한 설명이 포함되어야 한다. 또한 시스템들과 구성품들이 어떻게 조절이 되고 작동이 되는지에 대한 설명도 포함되어야 한다.

둘째는 엔진, 보조동력장치, 프로펠러, 액세서리, 계기, 장비품 및 부품에 대한 정비지침서(maintenance instruction)가 있다. 대상품들의 정비 일정에 대한 정보, 고장탐구 방법과 수정 작업에 대한 사항이 있어야 하고 부품을 교환하기 위한 장/탈착 방법, 지상 시운전 방법, 무게 측정 및 중심위치 결정, 점검창에 대한 위치도, 특수 검사(초음파, 방사선 등)에 대한 사항, 특수 공구에 대한 사항 등이 포함되어야 한다.

ICA에는 감항성 한계 섹션(Airworthiness Limitation Section)이 포함되어야 한다. 이는 별도의 섹션으로 작성되어야 하고 의무적으로 교환해야 할 시한, 구조부 검사 주기, 및 관련된 구조부의 검사 절차들이 포함되어야 한다.

항공기를 대수리·대개조와 같이 설계를 변경하고자 할 경우 이 설계의 변경에 따른 부가형식증명과 같은 설계 승인을 받아야 하는데 이때 설계 변경에 따른 항공기등의 정비 방법에 대한 사항을 ICA를 작성하여 승인받아야 한다. 만약 항공기의 설계 변경을 항공기 제작사가 제공한 기술회보(Service Bulletin)를 수행하였을 경우 항공기 정비교범(Maintenance Manual)이나 관련 매뉴얼들이 후속적으로 개정되게 된다.

위에서 살펴본 바와 같이 항공기의 감항성에 대한 법적 규제는 항공기가 처음 설계되고 제작되는 단계에서 시작하여 운용되는 동안의 감항성 유지를 위한 정비 단계, 그리고 운항을 중지하고 폐기되기까지 항공기 수명기간 동안 모든 단계에서 광범하게 이루어지며, 그 대상도 조그마한 부품부터 시작하여 완성 항공기 전체에까지 미친다. 항공 안전의 시작은 안전한 항공기에서부터 시작된다는 사실에 입각하여 국토교통부 항공정책실은 이러한 항공기 감항성 분야에 대한 인증 당국 기능을 담당하고 있으며 국내 개발 4인승 국산 소형비행기의 형식증명 프로그램으로 시작하여 EC155B1 헬리콥터 부가형식증명 및 KUHC-1 헬리콥터 제한형식증명 프로그램을 통해 보다 선진화된 감항당국으로 발전하고 있다.

05 항공교통업무(Air Traffic Services: ATS)

가. 항공교통업무(ATS)의 개요

1) 항공교통업무(ATS)에 대한 이해

항공교통업무(ATS)라 함은 다음의 목적을 위해 제공되는 업무를 말한다.

항공교통업무(ATS)의 목적

- 항공기간의 충돌방지(To prevent collision between aircraft)
- 기동지역 내 항공기와 장애물간의 충돌방지(To prevent collisions between aircraft on the maneuvering area and obstruction on that area)
- 항공교통의 신속한 처리와 질서 있는 흐름유지(To expedite and maintain an orderly flow of air traffic)
- 안전하고 효율적인 비행에 유용한 조언 및 정보의 제공(To provide advice and information useful for the safe and efficient conduct of flight)
- 수색 및 구조를 필요로 하는 항공기에 대한 지원(To notify appropriate organizations regarding aircraft in need of search and rescue aid, and assist such organization as required)

항공교통업무(ATS)보다 포괄적인 의미를 지닌 "항행업무(ANS)[33]"라 하면 "국제민간항공협약(시카코협약) 제28조"에서 각 체약국이 국제항행을 용이하게 하기위해 제공하여야 할 항행시설 및 표준체계(Air navigation facilities and standard systems)로 다음과 같이 기술한다.

국제민간항공협약 제28조(항행시설 및 표준체계)

각 체약국은 본 협약에 의하여 수시 권고 또는 설정되는 표준과 방식에 따라 다음을 이행하여야 함.
(1) 국제항행이 용이하도록 자국 영토 내에 공항, 항공무선, 기상정보 및 항행시설을 제공
(2) 통신절차, 부호, 기호, 신호, 조명 등의 적절한 표준체계와 기타 운용절차를 채택하고 운영
(3) 항공지도와 도표 간행을 확실하게 하기 위한 국제적 조치에 협력

33 ANS : Air Navigation Service

이 절에서 다룰 항공교통업무(ATS)는 각 체약국이 항행을 용이하게 하기 위해 제공하여야 할 항행업무(ANS)의 틀에서 그 하부업무로 이해하여야 하며, 국제민간항공기구(ICAO)는 항공안전종합평가(USOAP)[34] 시 평가관질문서(Audit Protocol)에서 "항행업무(ANS)"를 다음과 같이 7가지 분야로 분류하여 사용하고 있으며,

(1) 항공교통관리(ATM)

(2) 계기비행절차설계(PANS - OPS)

(3) 항공정보업무(AIS)

(4) 항공지도(Aeronautical Chart)

(5) 항공통신(CNS)

(6) 기상업무(MET)

(7) 수색구조(SAR)

그리고 보다 구체적으로, 항공교통업무(ATS)의 수행체계와 주체는 다음 표와 같다.

▼ 항공교통업무(ATS)의 체계

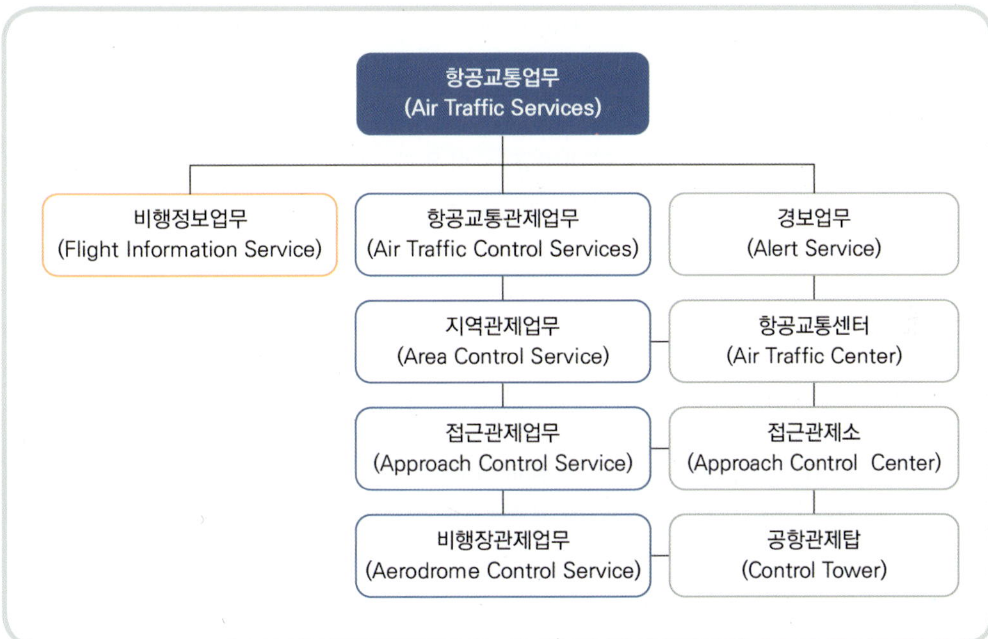

34 USOAP : Universal Safety Oversight Audit Programme

2) 항공교통업무(ATS)의 국내외 법적근거

항공교통업무(ATS)는 항공기의 안전한 운항을 보장하기 위해서 항공기의 운항에 필요한 각종 항공교통관제 허가와 지시를 발부하고, 조언과 정보를 제공하여 항공기 운항을 통제하거나 항공기운항자의 의도를 조정한다. 이는 강제적일 수도 있고 항공기운항자의 의도나 이익에 반하는 행위일 수도 있다. 타인을 강제할 수 있는 것은 법률에 근거한 합법적인 행위가 아니면 소기의 목적을 달성할 수 없을 뿐만 아니라 타인의 이익을 침해할 때는 불법적인 행위가 될 수도 있다. 이는 국가 간에도 마찬가지로 국제적인 항공교통업무의 통일적 적용을 위한 강제력에도 국제법적인 근거가 필요함을 뜻한다.

이를 위하여 국제민간항공기구(ICAO)에서는 국제민간항공협약 체약국의 협약준수 의무에 따라 국제민간항공기구가 정한 기준과 절차를 준수하도록 의무화하고 있으며 구체적인 규정으로 국제민간항공협약 부속서(ANNEX)와 각종 하위규정(Document)들을 제정하여 국제적인 법적 기준으로 적용하고 있다. 항공교통업무(ATS)에 관한 기준은 '부속서 11 – 항공교통업무(Air Traffic Services)'와 이 부속서의 편람인 'Doc4444 – Air Traffic Management'가 중심이 되며 여러 가지 하위규정들이 국제적인 법적기준이 된다.

항공교통업무(ATS)와 관련한 국내법규는 다음과 같이 '항공안전법 제83조(항공교통업무의 제공 등)'와, 같은 법 시행규칙 제225조부터 제246조가 해당한다.

항공안전법 제83조(항공교통업무의 제공 등)

① 국토교통부장관 또는 항공교통업무증명을 받은 자는 비행장, 공항, 관제권 또는 관제구에서 항공기 또는 경량항공기 등에 항공교통관제 업무를 제공할 수 있다.

② 국토교통부장관 또는 항공교통업무증명을 받은 자는 비행정보구역에서 항공기 또는 경량항공기의 안전하고 효율적인 운항을 위하여 비행장, 공항 및 항행안전시설의 운용 상태 등 항공기 또는 경량항공기의 운항과 관련된 조언 및 정보를 조종사 또는 관련 기관 등에 제공할 수 있다.

③ 국토교통부장관 또는 항공교통업무증명을 받은 자는 비행정보구역에서 수색 · 구조가 필요한 항공기 또는 경량항공기에 관한 정보를 조종사 또는 관련 기관 등에 제공할 수 있다. 〈개정 2020. 6. 9.〉

④ 제1항부터 제3항까지의 규정에 따라 국토교통부장관 또는 항공교통업무증명을 받은 자가 하는 업무(이하 "항공교통업무"라 한다)의 제공 영역, 대상, 내용, 절차 등에 필요한 사항은 국토교통부령으로 정한다.

위의 항공안전법 제83조에서 보는바와 같이 항공교통업무(ATS)는 국토교통부장관과 항공교통업무증명을 받은 자가 수행할 수 있는 업무이다. 국토교통부 그 소속기관 직제상 지방항공청장과 항공교통본부장에게 항공교통업무(ATS)의 권한을 위임하고 있다.

또한 "행정권한의 위임 및 위탁에 관한 규정(대통령령)"에서 항공교통업무(ATS)의 수행권한을 국방부장관이 관할하는 공역에서는 국방부장관에게 위탁하고, 오산접근관제구역과 군산공항과 같이 주한미군이 관할하는 공역에 대해서는 주한미군에게 그 권한을 위탁하고 있다. 그리고 동 규정에서 제주에 위치한 정석비행장과 같이 민간이 관할하는 공역에 대해서도 국토교통부 장관이 지정하는 비행장설치자에게 그 권한을 위탁하고 있으며, 특히 인천공항과 김포공항의 계류장지역에 대한 항공교통의 지시를 인천국제공항공사과 한국공항공사 사장에게 위탁하고 있다.

또한 그밖에 항공교통업무(ATS)와 관련한 자세한 사항은 '항공교통관제절차(국토교통부 고시)' 등 다수의 국토교통부 고시·훈령·예규 등에서 규정하고 있다.

나. 항공교통관제업무(Air Traffic Control Services: ATCS)

1) 항공교통관제(ATC) 일반

항공교통관제업무(ATCS)는 항공기가 비행장의 지상에서 출발을 시작하여 활주로에 도달하기까지의 비행장 내의 기동과 이륙하여 목적 비행장에 도착하여 정지하기까지의 전 비행과정을 통하여 항공기 상호 간 또는 지상 장애물과의 충돌을 방지하고, 항공교통의 질서적인 흐름을 촉진시키고 유지하는 것을 목적으로 하는 업무로 다음 그림과 같이 비행장관제업무(Aerodrome Control Service), 접근관제업무(Approach Control Service), 지역관제업무(Area Control Service)의 업무를 말한다.

▼ 항공교통관제업무(Air Traffic Control Services: ATCS) 흐름도

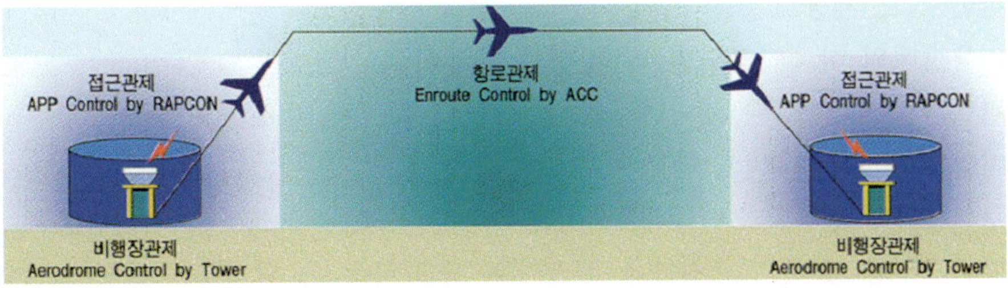

이는 항공운송의 안전성과 경제성을 보장하는 핵심적인 활동으로서 항공교통관제업무는 항공교통업무(ATS)뿐만 아니라 항공교통관리업무(ATM)의 중심적인 업무이다.

또한 항공기의 비행은 한 국가 내에서만 이루어지는 것이 아니라 국가 간의 비행이 보편화되어 있으므로 항공교통관제업무는 전 세계적 차원에서 항공기 운항의 안정성을 보장하고자 하는 국제적인 업무이기도 하다. 따라서 국제민간항공기구(ICAO)에서는 국제적인 민간항공의 안전과 발전을 위하여 국제적으로 표준화된 기준과 절차에 의한 국제적으로 통일된 방법에 의하여 항공교통관제업무가 이루어질 수 있도록 각종 기준과 절차를 제정하여 체약국들이 준수하도록 하고 있다.

2) 비행장관제업무(Aerodrome Control Service)

비행장관제업무는 비행장 내의 이동지역 및 비행장 주위의 공역(통상 관제권이라 함)에서 운항하는 모든 항공기와 비행장내의 지상에서 이동하는 차량, 장비 및 사람들에 대하여 비행장 관제탑의 관제사에 의해 제공되어지는 관제업무이다. 주요업무로는 비행장 지상이동지역의 감시 및 통제, 이·착륙 항공기와 관제권 통과 항공기에 대한 비행허가 발부, 항공교통관제허가(ATC Clearance)의 중계(Delivery) 등이 포함되며, 비행장관제업무에서 수행되는 업무의 내용은 다음과 같다.

- 항공기, 차량, 장비, 상호 간 및 지상장애물과의 충돌방지를 위한 분리(Separation) 및 이와 관련되는 허가, 지시, 조언, 정보의 제공
- 항공기의 이·착륙 및 지상주행(Taxi)에 대한 허가(ATC Clearance)의 발부 및 다른 관제기관에서 발부한 허가의 전달
- 항공교통관제업무의 수행에 필요한 관제지시
- 비행장 내에서 이동하는 차량, 장비, 사람에 대한 이동 및 진입에 관한 지시
- 항공기의 이·착륙 및 지상주행에 필요한 정보 및 조언의 제공
- 항공기 항행에 필요한 기상정보, 항행안전시설 및 비행장 운영 상태 및 이용에 관한 정보 제공
- 비행장내의 항행안전시설 및 비행장 등화시설의 운용
- 관련되는 항공교통관제기관과의 비행정보 통보 및 수신
- 비행장 내 또는 주변의 항공기 사고에 대한 정보수집 및 처리에 필요한 정보 제공
- 수색 및 구조에 필요한 정보를 항공교통센터 또는 구조조정센터에 통보
- 항공기운항 및 비행장운영에 관련되는 기관(항공사, 비행장운영자, 기상대, 정부기관, 군 등)과의 업무 협조

비행장관제업무는 비행장 또는 공항관제탑(Aerodrome Control Tower)에서 수행된다. 관제탑에서 접근관제업무가 동시에 수행되는 경우에는 접근관제탑(Approach Control Tower)이라고 명명되며 관제탑은 비행장의 명칭이나 비행장이 위치한 지역명을 따라 명칭이 부여된다. 예를 들어 인천국제공항의 관제탑은 인천관제탑이며, 김포국제공항은 김포관제탑이라고 호칭한다.

관제탑에서는 비행장관제업무를 효율적으로 수행하기 위하여 업무의 특성에 따라 다음과 같은 관제석(Control Position)으로 나누어지며, 각각의 관제석에 1명 또는 복수의 관제사(Controller)가 배치되어 임무를 수행한다. 이런 관제석의 구성이나 관제사의 배치는 모든 비행장이 동일한 것은 아니고 비행장의 규모 및 활주로의 배치, 교통량 또는 충원된 관제사의 수에 따라 독립적으로 운영되거나 통합되어 운영되며 관제사들도 기능이 통합되거나 복수로 배치되는 등 탄력적으로 운영된다.

3) 접근관제업무

접근관제업무는 공항지역이나 접근관제구역 내에서 비행하는 계기비행항공기(IFR)에게 제공되는 항공교통관제업무를 말한다. 계기비행 항공기가 공항을 출발하여 관제탑과 접근관제소 간의 협정에 따라 지정된 고도나 지점(Fix)에 도착하면 접근관제업무가 시작되며 계속 상승하여 항공교통센터에서 관할하는 항공로나 지정된 지점에 도착할 때까지 접근관제업무가 제공되고 그 이후의 비행에 대해서는 다음 단계인 지역관제업무가 시작된다. 반대로 항공로상을 비행한 항공기가 목적공항 부근에 도착하며 항공교통센터의 관제업무가 종료되고 접근관제업무를 받으면서 강하하여 조종사가 시각으로 비행장을 볼 수 있거나, 미리 협정에 의하여 지정된 상황에 도달하면 접근관제업무가 종료되고 비행장관제업무를 받으면서 착륙하게 된다.

접근관제업무에서 수행되는 주요한 업무를 살펴보면 다음과 같다.

- 접근관제공역내의 항공기 상호 간 및 지상 장애물과의 충돌방지를 위한 분리(Separation) 및 이와 관련되는 허가, 지시, 조언, 정보의 제공
- 계기비행항공기의 접근관제허가(ATC Clearance)의 발부 및 다른 관제기관에서 발부한 허가의 전달
- 항공교통관제업무의 수행에 필요한 관제지시
- 항공기 착륙에 필요한 정보 및 조언의 제공
- 항공기 항행에 필요한 기상정보, 항행안전시설 및 비행장 운영 상태 및 이용에 관한 정보 제공

• 관련되는 항공교통관제기관과의 비행정보 통보 및 수신
• 관할 공역 내의 항공기 사고에 대한 정보수집 및 처리에 필요한 정보제공
• 수색 및 구조에 필요한 정보를 항공교통센터 또는 구조조정본부에 통보
• 접근관제업무 운영에 관련되는 기관(항공사, 비행장운영자, 기상대, 정부기관, 군 등)과의 업무 협조

▲ 서울접근관제소

접근관제업무는 해당 접근관제공역(Approach Control Area)내의 항공교통관제업무를 제공하도록 지정된 접근관제소(Approach Control Center)에서 수행된다. 하나의 접근관제소에서는 관할하는 공역 내에 위치하는 계기비행항공기가 이·착륙하는 모든 비행장에 대하여 접근관제업무를 제공한다. 우리나라에는 14개의 접근관제공역이 있으며 14개의 접근관제소가 있다. 접근관제소는 접근관제소가 위치한 비행장이나 지역 또는 접근관제공역의 명칭을 이용하여 관제소의 명칭을 부여한다.

접근관제소에서는 공역의 구조와 항공교통량에 따라 효율적으로 업무를 수행하기 위하여 해당 접근관제구역을 섹터(Sector)로 분할하여 섹터별로 관제업무를 수행하거나 출발관제(Depaeture Control) 또는 도착관제(Arrival Control)와 같이 기능별로 나누어 업무를 수행하며, 대부분의 국가에서 레이더(Rader)를 이용하여 관제업무를 수행한다. 접근관제소를 구성하는 관제석과 관제사는 다음과 같으나 일률적으로 적용되는 것이 아니고 공역의 크기 및 특성, 항공교통량에 따라 탄력적으로 조직하여 운영한다.

접근관제구역은 일반적으로 공항감시레이더(Airport Surveillance Radar: ASR)의 유효거리인 60NM 이내의 범위에서 지역관제소(ACC)와의 협정에 의해 공역을 위임

받아 설정된다. 수직범위는 지상으로부터 대략 1,000피트 ~ 22,000피트 이하이나 역시 지역관제소(ACC)와의 협정에 의해 공역을 위임받아 설정된다.

4) 지역관제업무(Area Control Service)

지역관제업무는 비행정보구역(Flight Information Region: FIR) 내의 항공로 및 비행장·접근관제구역 외의 공역에서 계기비행항공기에게 제공되는 항공교통관제업무를 말한다. 우리나라는 하나의 FIR(인천FIR)로 구성되어 있으며, 항공교통본부 소속 대구지역관제센터(Daegu Area Control Center) 및 인천지역관제센터(Incheon Area Control Center)가 인천FIR을 동·서로 양분하여 지역관제업무를 수행한다.

항공로 관제업무에서 수행되는 주요한 업무를 살펴보면 다음과 같다.

- 비행정보구역 내의 모든 항공기에게 비행정보 및 경보업무 제공
- 항공로상의 항공기 상호 간 및 지상 장애물과의 충돌방지를 위한 분리(Separation) 및 이와 관련되는 허가, 지시, 조언, 정보의 제공
- 계기비행항공기의 항공교통관제허가(ATC Clearance)의 발부
- 항공교통관제업무의 수행에 필요한 관제지시
- 항공기 착륙에 필요한 정보 및 조언의 제공
- 항공기 항행에 필요한 기상정보, 항행안전시설 및 비행장 운영 상태 및 이용에 관한 정보 제공
- 관련되는 항공교통관제기관과의 비행정보 통보 및 수신
- 관할 공역 내의 항공기 사고에 대한 정보수집 및 처리에 필요한 정보제공
- 수색 및 구조에 필요한 정보를 수집하여 구조조정본부에 통보
- 지역관제업무 운영에 관련되는 기관(항공사, 비행장운영자, 기상대, 정부기관, 군 등)과의 업무 협조
- 공역운영 및 항공교통흐름관리업무
- 인접 비행정보구역 운영기관(국내 또는 국외)과 항공교통운영을 위한 협조 등

지역관제업무는 해당 비행정보구역 내의 항공교통업무(ATS)와 항공로상의 항공교통관제업무를 제공하도록 지정된 항공교통본부 대구지역관제센터(Daegu Area Center)와 인천항공교통관제소 인천지역관제센터(Incheon Area Center)에서 수행된다. 관제센터에서는 넓은 공역에 대하여 항공교통업무를 제공하기 때문에 공역의 구조나 항공교통량에 따라 효율적으로 업무를 수행하기 위하여 해당 관제구역을 섹터(Sector)로

분할하여 섹터별로 관제업무를 수행한다. 대부분의 국가에서는 레이더(Radar)를 이용하여 관제업무를 수행하며, 대구 · 인천지역관제센터의 섹터를 구성하는 관제석은 다음과 같으나 일률적으로 적용되는 것이 아니고 공역의 크기 및 특성, 항공교통량, 관제사의 수에 따라 탄력적으로 조직하여 운영한다.

- 서해북부섹터: 서울접근관제소 일부가 포함된 관제공역을 담당하며, 인천, 김포공항과 서울, 수색비행장을 관할한다.
- 서해남부섹터: 서울접근관제소와 오산접근관제소 일부가 포함된 관제공역을 담당하며, 수원비행장을 관할한다.
- 동해지역섹터: 인천FIR 동쪽 관제공역을 담당한다.
- 강릉지역섹터: 예천접근관제소, 포항접근관제소 일부와 원주접근관제소 및 강릉접근관제소의 관할 공역을 포함하며, 양양, 원주, 강릉공항 및 울진비행장을 관할한다.
- 포항지역섹터: 중원접근관제소, 예천접근관제소, 포항접근관제소 일부가 포함된 공역을 포함하며, 포항경주, 울산공항 및 중원, 예천비행장을 관할한다.
- 대구지역섹터: 오산접근관제소와 중원접근관제소 일부, 대구접근관제소 및 김해접근관제소가 관할하는 관제공역을 포함하며, 김해, 대구, 청주비행장을 관할한다.
- 군산동부섹터: 오산접근관제소와 군산접근관제소 일부를 포함한 관제공역을 담당하며, 오산 및 평택비행장을 관할한다.
- 군산서부섹터: 오산접근관제소, 해미접근관제소, 군산접근관제소 일부를 포함한 관제공역을 담당하며, 군산공항 및 해미, 태안비행장을 관할한다.
- 광주동부섹터: 광주접근관제공역 일부를 포함하며, 광주공항 등을 관할한다.
- 광주서부섹터: 광주접근관제공역 일부를 포함하며, 무안공항 등을 관할한다.
- 제주북부섹터: 제주접근관제공역을 포함하며, 제주공항, 정석비행장을 관할한다.
- 제주남부고고도섹터: 제주접근관제공역 남단 공역 내 고도 33,500피트~60,000피트를 포함한다.
- 제주남부저고도섹터: 제주남부고고도섹터와 관할구역 수평적 범위는 같으며, 고도 5,500피트~33,500피트를 포함한다.
- 남해지역섹터: 사천접근관제공역 및 사천접근관제공역 남단 공역을 포함하며, 사천, 여수공항을 관할한다.
- 특별시계비행 전담석(CVFR Sector): 인천FIR 내 미 공군작전 비행경로(PACK, MUSTANG route)를 관할한다.

다. 비행정보업무(Flight Information Service)

비행정보업무는 안전하고 효율적인 비행을 위하여 동 정보에 의하여 영향을 받을 가능성이 있는 항공교통관제업무를 제공받는 항공기, 또는 관련 항공교통업무기관이 달리 알고 있는 항공기 및 모든 항공기에게 제공하는 업무를 말한다. 항공교통업무기관이 비행정보업무 및 항공교통관제업무를 모두 제공하는 곳에서는 필요할 경우 언제든지 비행정보업무의 제공에 우선하여 항공교통관제업무를 제공하여야 하며, 국제민간항공기구 부속서 11의 제4장에서 명기하고 있는 필수 비행정보업무는 다음과 같으며, 항공안전법 시행규칙 제255조(항공정보)에 법제화 되어 있다.

- SIGMET와 AIRMET 정보
- 화산활동, 화산폭발, 그리고 화산재구름에 관한 정보
- 방사선물질 또는 독성 화학물질의 대기중 방출에 관한 정보
- 항행안전시설의 실용성 변경에 관한 정보
- 비행장 이동지역의 상태
- 무인자유기구에 관한 정보 및 안전에 영향을 미칠 가능성이 있는 기타 정보
- 출발, 도착비행장 및 교체비행장의 기상 상태 및 예보
- 공역 등급 C, D, E, F, G에서 비행하는 항공기에 대한 충돌 위험
- 공해상을 비행하는 항공기에 대해, 조종사가 요구할 때, 또는 제공이 가능할 때 항해 중인 선박의 무선호출부호, 위치, 진로, 속도 등의 제공

비행정보업무는 경보업무와 마찬가지로 비행정보구역 내에서 업무 제공책임이 적절한 항공교통관제기관에 지정되지 않은 경우 비행정보센터(FIC)에서 제공한다. 관제구역 내 및 비행장에서는 관련 항공교통관제기관에 의해서 제공된다.

비행정보에 포함되는 기상정보와 항행안전시설 및 비행장에 관련한 비행정보는 가능한 종합적인 형태로 제공하여야 하며, 종합된 비행정보를 항공기에게 방송할 경우, 여러 가지 비행단계에 적절한 내용을 지정된 순서대로 방송하여야 한다. 비행정보방송은 여러 가지 비행단계에 적절한 실용요소 및 기상요소에 관한 종합된 정보로 구성하여야 하며, 이러한 방송에는 HF, VHF 및 ATIS 등 세 종류가 있다.

라. 경보업무(Alerting Service)

항공경보업무는 수색이나 구조를 필요로 하는 항공기에 대하여 필요한 도움을 줄 수 있는 관계기관에 통보하거나 요구에 응하며, 당해 기관을 지원하는 업무를 말한다. 경보업무는 항공교통관제업무를 제공받거나, 항공교통업무기관에서 비행계획이나 다른 방법으로 파악하고 있는 항공기뿐만 아니라 불법간섭(공중납치 등)을 받고 있거나 여겨지는 항공기에게도 제공된다. 따라서 비행정보센터(FIC)나 항공교통본부에 관한 정보를 수집하여 관련되는 구조조정센터로 통보하여야 하며, 비행장 관제탑이나 접근관제소에서도 관할하에 있는 공역 내의 비상상황에 처한 항공기에 관한 정보를 수집하여 비행정보센터나 항공교통센터에 통보하여야 한다. 그러나 사태가 긴박할 때에는 관제탑이나 접근관제소에서는 비상상황에 관한 정보를 구조조정센터에 먼저 통보하고 그 후에 비행정보실이나 항공교통본부에 통보할 수 있다.

비상상황은 상황의 심각성을 고려하여 불확실단계(Uncertainty phase), 경보단계(Alert phase), 조난단계(Distress phase)의 3단계로 구분되나 그때의 상황에 따라 해당되는 단계로 지정되며 단계별 상황은 다음과 같다.

1) 불확실단계(Uncertainty phase)

- 항공기로부터 연락이 있어야 할 시간 또는 그 항공기와의 첫 번째 교신시도에 실패한 시간 중 더 이른 시간부터 30분 이내에 연락이 없을 경우
- 항공기가 마지막으로 통보한 도착 예정시간 또는 항공교통업무기관이 예상한 도착 예정시간 중 더 늦은 시간부터 30분 이내에 도착하지 아니할 경우. 다만, 항공기 및 탑승객의 안전이 의심되지 아니하는 경우는 제외한다.

2) 경보단계(Alert phase)

- 불확실상황에서의 항공기와의 교신시도 또는 관계 부서의 조회로도 해당 항공기의 위치를 확인하기 곤란한 경우
- 항공기가 착륙허가를 받고도 착륙 예정시간부터 5분 이내에 착륙하지 아니한 상태에서 그 항공기와의 무선교신이 되지 아니할 경우
- 항공기의 비행능력이 상실되었으나 불시착할 가능성이 없음을 나타내는 정보를 입수한 경우. 다만, 항공기 및 탑승자의 안전에 우려가 없다는 명백한 증거가 있는 경우는 제외한다.

• 항공기가 요격·테러 등 불법간섭을 받는 것으로 인지된 경우

3) 조난단계(Distress phase)

• 경보상황에서 항공기와의 교신시도를 실패하고, 여러 관계 부서와의 조회 결과 항공기가 조난당하였을 가능성이 있는 경우
• 항공기 탑재연료가 고갈되어 항공기의 안전을 유지하기가 곤란한 경우
• 항공기의 비행능력이 상실되어 불시착하였을 가능성이 있음을 나타내는 정보가 입수되는 경우
• 항공기가 불시착중이거나 불시착하였다는 정보사항이 정확한 정보로 판단되는 경우. 다만, 항공기 및 탑승자가 중대하고 긴박한 위험에 처하여 있지 아니하며, 긴급한 도움이 필요하지 아니하다는 명백한 증거가 있는 경우는 제외한다.

비상상황에 처한 항공기에 관한 정보를 관계기관에게 통보할 때에는 다음의 순서에 따라 통보하여야 한다.

• 불확실상황(INCERFA/Uncertainly phase), 경보상황(ALERFA/Alert phase) 또는 조난상황(DETRESFA /Distress phase)의 비상상황별 용어
• 통보하는 기관의 명칭 및 통보자의 성명
• 비상상황의 내용
• 비행계획의 중요 사항
• 최종 교신 관제기관, 시간 및 사용주파수
• 최종 위치보고 지점
• 항공기의 색상 및 특징
• 위험물의 탑재사항
• 통보기관의 조치사항
• 그 밖에 수색 및 구조활동에 참고가 될 사항

비상상황을 통보한 후에도 비상상황과 관련된 조사를 계속하여야 하며, 비상상황이 악화되면 그에 관한 정보를, 비상상황이 종료되면 그 종료 사실을 수색 및 구조업무를 수행하는 기관에 지체 없이 통보하여야 하며 필요한 경우 비상상황에 처한 항공기와 무선교신을 시도하는 등 이용할 수 있는 모든 통신시설을 이용하여 해당 항공기에 대한 정보를 획득하기 위하여 노력하여야 한다.

06 공역체계 및 관리

가. 공역의 개요

일반적으로 하늘이라는 공간을 우리는 공역(空域, Airspace)이라고 말하며, 한 국가의 영토 및 영해 상공을 말하는 '영공'과 어느 특정 국가의 주권이 미치지 않는 '공해'로 나눌 수 있으며 백과사전[35]에서는 '영공'을 "특정 국가의 영토 또는 영해상의 당해 국가가 통제하는 대기상의 3차원적인 한 부분"으로 정의하고 있다. 국제법상 영공의 정의는 영해와 같이, 그 국가의 해안선으로부터 12해리 떨어진 지점의 상공으로 되어 있다. 영공 밖의 공역은 공해(公海)로 국제적인 동의에 의해 특정 국가에 국제적 공역의 관리가 위탁되고 있다. 예를 들면, 미국은 국제적인 공역인 태평양의 큰 공역에 ATC 서비스를 제공하고 있다. 공역은 민간과 군 항공활동은 물론 항공분야에서의 국제협력을 위해 활용되고 국가자원으로서의 가치를 보유하고 있으며 항행안전관리와 국가주권·안보관리 목적으로 대별된다.

1) 항행안전관리공역

공역은 항행안전과 효율적인 관리를 위하여 공역의 사용목적 등 특성에 따라 세분·운영된다. 국제민간항공의 항행지원을 위해 공역은 매우 중요한 의미를 가지고 있다. 국제민간항공기구(ICAO)는 항공기가 안전하고 신속하게 비행할 수 있도록 전 세계를 북미(NAM), 카리브(CAR), 남미(SAM), 유럽(EUR), 북대서양(NAT), 아프리카/인도양(AFI), 중동/아시아(MID/ASIA)의 8개 주요 권역으로 나누었으며, 한국은 중동/아시아(MID/AISA)에 속한다. 각 권역은 국가별 영토 및 항행지원능력 등을 고려하여 다시 비행정보구역(FIR : Flight Information Region)[36]으로 세분화하였다.

---

35 Wikipedia : Airspace means the portion of the atmosphere controlled by a country above its territory, including its territorial waters or, more generally, any specific three-dimensional portion of the atmosphere.

36 비행정보구역(FIR)은 ICAO의 지역항공회의에서 결정하며 시카고협약 부속서 2 및 11에서 정한 기준에 의거 당사국들은 관할 공역의 등급을 지정하고 항공교통업무를 제공하도록 규정하고 있음

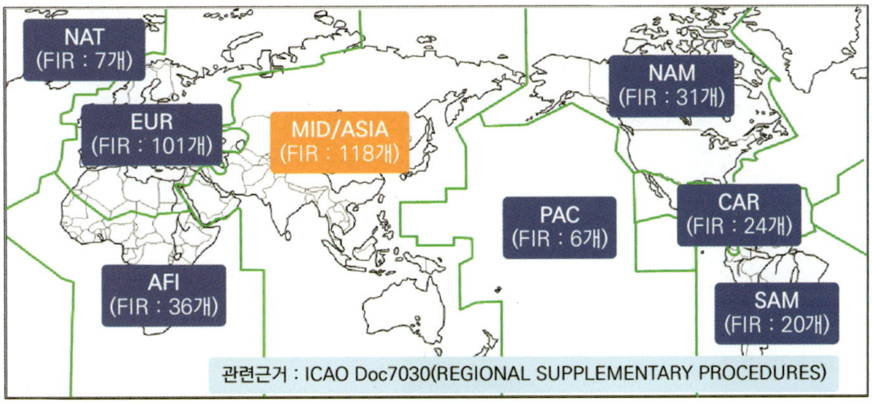

▲ ICAO의 8개 권역

나. 공역의 분류

1) 비행정보구역(Flight Information Region)

비행정보구역(FIR)은 지역항공항행협정(Regional Air Navigation Agreement)[37]을 통해 결정되는데 한국의 경우에는 아시아태평양(ASIA/PAC)지역에 속하며 지역사무소는 방콕에 위치하고 있다.

한국이나 북한처럼 국토의 크기가 상대적으로 작은 나라는 보통 1개의 비행정보구역이 설정되어 있으나, 중국, 러시아같이 국토의 규모가 큰 나라는 비행정보구역이 여러 개[38]로 이루어져 있으며, 해당 국가의 영토와 일치하지 않는 경우가 많다.

공해상의 경우에는 지역항공항행협정(Regional Air Navigation Agreement)에서 정해진 구역을 관할하게 되어, 태평양 같은 광활한 대양주 공역(Oceanic Airspace)에 대해서는 이와 인접하고 있는 국가에 구역을 할당하고 이를 대양주정보구역(Oceanic Information Region, OIR)으로 정한다. 세계에서 가장 넓은 비행정보구역은 미국서부에서 태평양 지역을 관할하는 오클랜드 비행정보구역이다.

장거리를 비행하는 항공기는 끊김 없이 이어지는(SEAMLESS) 각 국가의 비행정보구역을 통과하면서 비행하게 되며, 비행 중에는 전 세계의 어느 곳을 비행하더라도 해당지역을 관할하고 있는 항공항행서비스제공자로부터 안전한 항행에 필요한 항공교통관제, 비행정보 업무와 사고 시에는 수색구조업무를 제공받을 수 있게 된다.

---

37 ICAO의 8개 권역별로 항공기의 안전한 항행을 위한 각종 절차와 합의사항

38 일본(2), 중국(10), 러시아(67)

한국의 비행정보구역은 1963년 대구비행정보구역(Daegu FIR)으로 지정되었고 2001년에 인천비행정보구역(Incheon FIR)으로 명칭이 바뀌었는데, 이는 당시 우리나라 비행정보구역을 관할하는 지역관제소(ACC: Area Control Center)가 대구에서 인천으로 이전하였기 때문이다.

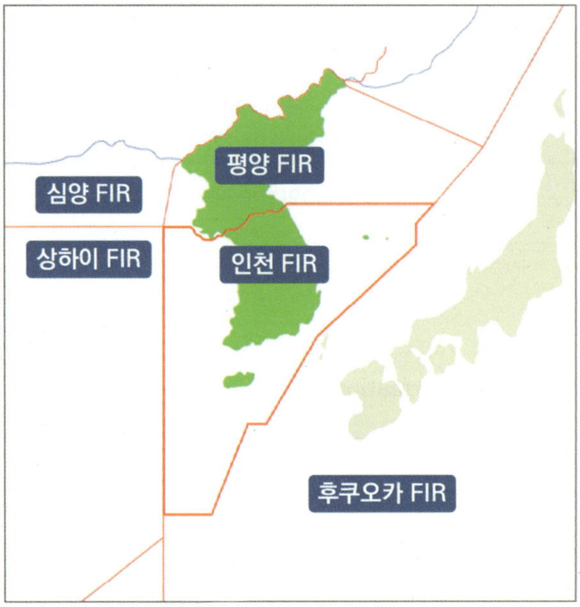

▲ 한국과 인접 비행정보구역(FIR)

2) 관제공역(Controlled Airspace)과 비관제공역(Uncontrolled Airspace)

비행정보구역 내에서 앞서 언급한 비행정보제공과 수색구조 등의 기본 업무를 포함하여 추가 서비스를 제공하고자 한다면 이제는 이를 다시 목적과 용도에 맞게 다시 분할하게 된다.

우선 교통량이나 교통의 특성, 공항의 위치 등을 고려하여 항공항행업무를 제공하는 정도에 따라 국가가 항공기의 안전한 분리를 책임지는 항공교통관제업무를 제공하는 경우에는 관제공역(Controlled Airspace)으로 지정하며, 관제업무 제공이 어렵거나 불가능한 경우에는 비관제공역(Uncontrolled Airspace)으로 지정하게 된다.

즉 비관제공역 내에서 비행할 때에는 관제기관의 항공기간 충돌방지를 위한 항공기 분리업무, 감시업무 등을 제공받지 못하므로 항공기 충돌방지에 대한 전적인 책임은 조종사에게 있다.

관제공역을 다시 구역별로 구분하는데 공항을 입출항하는 계기비행항공기의 안전한 분리와 비행을 위해 관제권(Control Zone)을 지정하고, 일정고도 이상에서 이착륙이 아닌 통과비행, 순항, 항로비행 등의 항공기를 위해서 넓은 지역에 대한 관제업무를 제공하는 구역을 관제구(Control Area)라 한다.

관제권은 통상적으로 공항중심으로 반경 5마일(9.26km)과 계기비행항공기의 입출항로를 보호하도록 지정하며, 수직적으로 상방의 관제구역 하한고도까지 지정하는데 통상적으로 2,500~5,000피트로 정하게 된다.

관제권으로 지정한다는 것은 해당 구역 내에서 항공기간 충돌방지와 안전한 운항을 확보할 수 있어야 하므로 관제사, 관제장비, 이착륙장비, 기상지원 등 다양한 요건을 갖추어야 관제권 지정이 가능하다.

우리나라는 항공안전법 시행규칙에 공역을 그 사용목적에 따라 다음과 같이 구분하고 있다.

구분		내용
관제공역	관제권	「항공안전법」 제2조 제25호에 따른 공역으로서 비행정보구역 내의 B, C 또는 D등급 공역 중에서 시계 및 계기비행을 하는 항공기에 대하여 항공교통관제업무를 제공하는 공역
	관제구	「항공안전법」 제2조 제26호에 따른 공역(항공로 및 접근관제구역을 포함한다)으로서 비행정보구역 내의 A, B, C, D 및 E등급 공역에서 시계 및 계기비행을 하는 항공기에 대하여 항공교통관제업무를 제공하는 공역
	비행장 교통구역	「항공안전법」 제2조 제25호에 따른 공역 외의 공역으로서 비행정보구역 내의 D등급에서 시계비행을 하는 항공기 간에 교통정보를 제공하는 공역
비관제공역	조언구역	항공교통조언업무가 제공되도록 지정된 비관제공역
	정보구역	비행정보업무가 제공되도록 지정된 비관제공역
통제공역	비행금지구역	안전, 국방상, 그 밖의 이유로 항공기의 비행을 금지하는 공역
	비행제한구역	항공사격·대공사격 등으로 인한 위험으로부터 항공기의 안전을 보호하거나 그 밖의 이유로 비행허가를 받지 않은 항공기의 비행을 제한하는 공역
	초경량비행장치 비행제한구역	초경량비행장치의 비행안전을 확보하기 위하여 초경량비행장치의 비행활동에 대한 제한이 필요한 공역
주의공역	훈련구역	민간항공기의 훈련공역으로서 계기비행항공기로부터 분리를 유지할 필요가 있는 공역

구분		내용
	군작전구역	군사작전을 위하여 설정된 공역으로서 계기비행항공기로부터 분리를 유지할 필요가 있는 공역
	위험구역	항공기의 비행시 항공기 또는 지상시설물에 대한 위험이 예상되는 공역
	경계구역	대규모 조종사의 훈련이나 비정상 형태의 항공활동이 수행되는 공역
	초경량비행장치 비행구역	초경량비행장치의 비행활동이 수행되는 공역으로 그 주변을 비행하는 자의 주의가 필요한 공역

관제구는 관제권과 연결하여 출발항공기가 관제권으로부터 타 지역으로 비행하는 동안 그리고 도착 항공기가 관제권으로 진입 시까지 항공교통관제업무를 제공할 수 있도록 설정하게 된다.

일반적으로 저고도 관제구 중에서 교통량이 많은 인천공항과 같이 주요한 공항 주변은 다시 접근관제구역(TMA, Terminal Control Area)으로 지정하고 고고도 관제구는 주로 민간 운송용 항공기 등이 고고도로 항로 비행을 할 수 있도록 관제구로 지정하게 된다.

한국의 경우에는 일반적으로 지표면 1,000피트에서 18,000~22,000피트까지 접근관제구역으로 지정하며, 더 높은 구역은 항로관제용으로 사용한다. 과거 관제구는 레이더 없이 관제하였으나 교통량이 지속적으로 증가하여 항공교통환경이 복잡해짐에 따라 레이더를 이용하여 관제하는 것이 일반화되었다.

앞서의 관제권과 관제권을 설정하는 것은 항공로를 구성하는 무선표지시설(예; VOR, VORTAC, VOR/DME 등), 안전한 이착륙을 위한 정밀착륙장치, 관제사와 조종사 간 교신을 위한 무선통신시설, 항공기의 위치 감시 및 항공기간 분리 등을 위한 레이더 장비, 관제시설 및 건물, 관제인력확보 및 교육 등 많은 재원이 필요하다. 따라서 관제공역을 설정하기 위해서는 공항의 위치, 항공교통량, 교통특성, 밀집시간대, 안전취약요소, 관제시설 및 인력 등을 면밀히 분석하고 고려하여 결정하게 된다.

3) 통제공역과 주의공역

전 세계의 국가는 다양한 정치·경제·사회·종교적인 특수성이 존재하고 있다. 각 국가의 통제공역과 주의공역의 설정형태를 보면 그 국가가 처하고 있는 정치사회적 상황과 형태를 추정할 수 있다. 우선 우리나라를 예로 든다면, 남북이 분단된 현실에서 국방은 매우 중요한 부분을 차지한다. 즉 공역의 설정과 사용에 있어서 군의 각종 훈련, 작전 등 군의 항공활동의 보장은 국가 안보와 관련되는 일로 매우 중요한 의미를 지닌다.

이러한 특별한 목적을 위한 공역 사용 요구를 충족시키기 위해 특별사용공역을 설정하여 운영하게 되며, 여기서의 특별사용공역(Special Use Airspace)이란 해당 공역 내에서 운용 중인 사용자 이외의 사용자에게는 사용이 제한되는 공역을 의미한다. ICAO가 제시하는 공역사용 제한의 가장 전형적인 형태는 위험구역(Danger Area), 제한구역(Restricted Area), 금지구역(Prohibited Area)이 있다.

가) 위험구역(Danger Area)

해당 구역 내의 활동에 참여하지 않는 비참여항공기가 그 위험을 알고 그 구역 내에서 발생할 수 있는 위험을 감수할 것인가 말 것인가를 결정하여 위험하지 않다고 판단한다면 비행할 수 있는 것이 위험구역이다. 이러한 판단이 가능하도록 위험구역 설정 시 그 사유를 반드시 함께 고시해야 한다. 또한 공해상에 위험구역을 설정하는 경우 국가는 위험구역 설정이 불가피하다는 점을 판단할 도덕적 책임을 가지며, 설정한 경우 상세한 데이터를 제공해야 한다.

나) 제한구역(Restricted Area)

조종사가 해당 구역 내에서 발생되는 위험을 감수할 것인지의 여부를 스스로 결정할 수 없을 정도의 위험도인 경우 제한구역을 설정하여 해당 구역이 특정 목적으로 사용되는 시간 동안에는 타 항공기의 비행을 금지하는 것이다.

제한구역의 가장 전형적인 사용목적은 주로 공대지, 공대공 사격 등을 들 수 있다. 제한 구역은 타 공역사용자의 비행에 많은 영향을 미치는 경우가 대부분이므로 이러한 공역을 설정할 예정이거나 설정한 후에도 그 필요성과 실제 운용시간에 대하여 면밀한 검토, 조사 및 감시가 필요하다.

다) 금지구역(Prohibited Area)

앞서의 제한구역은 특정 시간 동안 제한적인 비행통제가 이루어지지만, 비행금지구역은 비행을 전면적으로 금지한다는 점에서 가장 제한도가 높은 공역제한의 한 형태이다. 따라서 국가는 국민생활에 지대한 영향과 항공활동을 제한하는 비행금지구역의 설정 시 엄격한 요건을 적용하여야 하며, 국가 안보와 직결되는 주요 사안에 한하여 설정을 가능한 최소범위로 제한하여야 한다.

또한, 국제규정상 공해상(High Sea)에는 비행제한 또는 금지구역을 설정할 수 없다. 그 이유는 비행제한 또는 금지란 말의 의미가 한 국가의 주권이 미치는 것으로 해석되기 때문이다.

한국은 휴전선을 따라 3개(P518, P518W, P518E), 수도권에 1개(P73)의 비행금지구역이 설정되어 있다. 선진국과 비교 시 가장 큰 차이점은 한국의 비행금지구역은 수직적 한계가 무한대라는 점이다. 백악관이 4,500미터(15,000피트)라는 점과 비교한다면 큰 차이를 알 수 있을 것이다.

다. 공역 등급

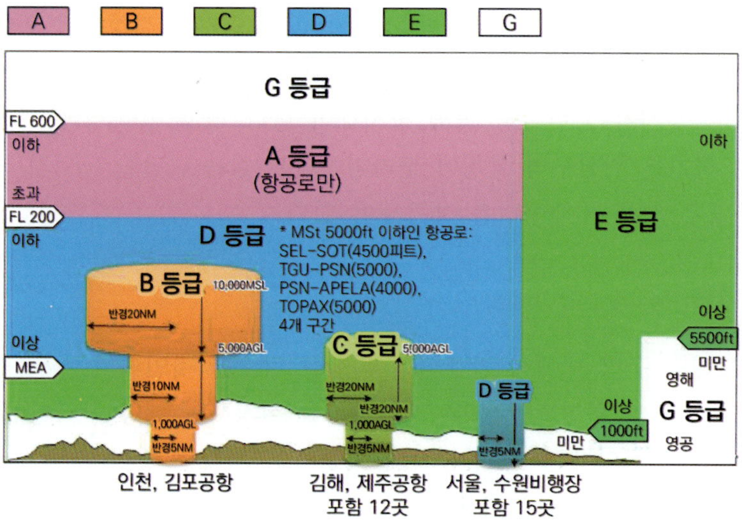

▲ 공역 등급화도

관제권과 관제구와 같은 관제공역을 지정한다고 해서 모든 항공기가 동일한 항공교통관제업무를 제공받을 수 있는 것은 아니다.

가장 중요한 결정 기준은 관제능력과 교통량이다. 인천공항과 같은 대형공항은 항공기 운항횟수가 매우 많고 주변에 김포공항을 비롯하여 많은 군기지가 위치하고 있다. 이러한 공항에서는 좀 더 많은 항공기를 안전하고 효과적으로 비행할 수 있도록 하기 위해 공역의 등급을 매우 높게 지정한다. 즉 해당 공역 내에 들어오는 모든 항공기에 대하여 충돌방지를 위한 분리업무, 감시업무를 제공한다.

하지만 교통량이 적은 경우 굳이 많은 돈을 투자하여 항공교통관제업무를 제공할 필요는 없다. 즉 항공분야도 모든 기획을 할 때에는 안전성과 경제성을 잘 조절(Balancing)하는 것이 기본이므로 투자비용 대비 효율성을 매우 중요하게 생각한다.

이렇게 각 관제구역별로 항공교통량의 복잡도와 밀도, 비행특성, 요구 안전도, 국가 또는 공공 이익, 관제 및 항행업무제공 능력 등을 고려하여, 해당 공역 내에서의 비행 자격, 비행규칙, 항공기 성능 등을 차등화하여 지정하는 것을 공역등급화(Airspace Classification)라고 하며, ICAO는 1990년 3월 12일 이를 채택하여 각 체약국에 적용하였다. 한국은 2001년부터 우리나라 전역에 대하여 공역등급을 지정하여 시행하고 있다.

관제공역은 일반적으로 A 등급에서 E 등급까지 지정하며, 비관제공역은 F와 G로 구분한다.

등급	비행방식	분리 제공	제공업무	속도제한	무선통신 요건	ATC 허가
A	IFR only	모든 항공기	항공교통관제업무	미적용	양방향 무선통신	필요
B	IFR	모든 항공기	항공교통관제업무	3,050m(10,000ft) 미만에서 250노트	양방향 무선통신	필요
	VFR	모든 항공기	항공교통관제업무	3,050m(10,000ft) 미만에서 250노트	양방향 무선통신	필요
C	IFR	계기로부터 계기 시계로부터 계기	항공교통관제업무	3,050m(10,000ft) 미만에서 250노트	양방향 무선통신	필요
	VFR	계기로부터 시계	1) IFR로부터 분리를 위한 항공교통관제업무 2) VFR/VFR 교통정보 (요청시 교통회피 조언)	3,050m(10,000ft) 미만에서 250노트	양방향 무선통신	필요
D	IFR	계기로부터 계기	항공교통관제업무, 시계비행에 대한 교통정보 (요청시 교통회피 조언)	3,050m(10,000ft) 미만에서 250노트	양방향 무선통신	필요
	VFR	미제공	IFR/VFR, VFR/VFR 교통정보 (요청시 교통회피 조언)	3,050m(10,000ft) 미만에서 250노트	양방향 무선통신	필요
E	IFR	계기로부터 계기	항공교통관제업무, 가능한 경우 시계비행에 대한 교통정보	3,050m(10,000ft) 미만에서 250노트	양방향 무선통신	필요

등급	비행방식	분리 제공	제공업무	속도제한	무선통신 요건	ATC 허가
	VFR	미제공	가능한 경우 교통정보	3,050m(10,000ft) 미만에서 250노트	필요없음	불필요
F	IFR	가능한 경우 계기로부터 계기	항공교통조언업무; 비행정보업무	3,050m(10,000ft) 미만에서 250노트	양방향 무선통신	불필요
	VFR	미제공	비행정보업무	3,050m(10,000ft) 미만에서 250노트	필요없음	불필요
G	IFR	미제공	비행정보업무	3,050m(10,000ft) 미만에서 250노트	양방향 무선통신	불필요
	VFR	미제공	비행정보업무	3,050m(10,000ft) 미만에서 250노트	필요없음	불필요

라. 한국의 공역 설정 · 관리 현황

1) 공역의 설정

한국의 공역설정은 미공군사령관 관할하에 있다가 1960년 2월 24일 주한 미공군사령관 주관하에 교통부, 국방부 및 각 군을 대표로 구성, 주한 미 공군사령관이 의장으로 한국공역관리위원회라는 명칭의 협의회가 구성되면서부터 한국이 참여하는 공역의 설정이 시작되었다고 볼 수 있다. 한국정부가 동 위원회를 인수한 것은 1965년 3월 17일로, 이후 1977년 1월 1일에 대한민국 공역위원회 설치에 관한 협정서가 교통부 항공국장, 국방부 제3국장, 주한 미 공군 사령부 제314사단장의 서명하에 체결되었다.

위원회는 공역의 이용, 관제공역의 설정, 항행안전무선시설의 설치와 운영, 운항에 필요한 절차, 지시 및 규정의 제정 그리고 비행장 및 항공교통관제시설 등의 설치 등의 사항을 협의하고 의결하였으며, 회의는 교통부(현 국토교통부) 주관하에 매 2개월마다(연 6회) 정기적으로 개최하였다. 그 후 한국공역위원회의 설치를 법적으로 근거를 부여하는 항공법 개정이 이루어져 2023년 이래까지 유지되고 있다(항공안전법 제80조).

공역위원회의 구성, 운영 및 기능 등에 관한 사항은 항공안전법 시행령(대통령령) 제10조에 규정되어 있으며, 이 위원회를 보좌하는 실무 조직으로서 국토교통부 항공교통본부장을 위원장으로 하는 공역실무위원회를 항공교통본부에 두고 있다. 공역실무위원회의 특징은 항공에 관련된 민·군 실무기구의 중간 실무책임자급 대표자로 구성되어 공역위원회로부터 위임받은 안건 등에 대하여 실무 수준의 논의를 할 수 있는 점에서 실질적인 민·군 협의체라고 할 수 있다.

국토교통부장관은 공고된 비행정보구역을 보다 체계적이고 효율적으로 관리하기 위하여 필요시는 공역을 관제공역, 비관제공역, 통제공역, 주의공역으로 구분하여 지정하고(항공안전법 제78조 1), 이러한 공역은 필요시 다시 세분하여 지정하여야 하며(항공안전법 제78조 2), 각 공역의 설정 또는 지정 등에 관하여 필요한 사항은 국토교통부령으로 정한다(항공안전법 제78조 3)고 규정되어 있다. 이러한 일련의 모든 행위는 곧 공역관리 행위이다.

공역관리는 같은 국가공역을 이용해야 하는 군 항공업무와 불가분의 관계에 있기 때문에 민 항공에 소요되는 공역의 확보와 군 항공에 소요되는 공역의 확보라는 양측의 주장은 서로 대립할 수밖에 없으므로 이를 조정하기 위한 공역위원회가 운영되고 있다(항공안전법 제80조). 따라서 한국공역위원회는 한국공역의 설정 및 관리에 관한 사항을 심의하는 기능뿐 아니라, 민 군 사이의 이견에 대한 실질적인 중앙 조정 역할을 수행하는 기구라 볼 수 있다.

공역의 신설, 조정 및 폐쇄 권한은 영구공역의 경우 항공정책실장이 인천 FIR 내 공역 지정 시 관련기관의 검토결과 및 "공역실무위원회(항공교통본부장 소관)"의 심의·의결 결과에 따라 공역 지정의 승인 여부를 최종 결정한다.

임시사용공역은 3개월 미만의 임시적인 공역사용을 위한 지정행위로 항공교통본부장이 결정하며, 공역사용협조가 필요한 경우 관련기관 간 사전 협의하여 결정한다.

2) 공역 운영 원칙

가) 주권 존중의 원칙

시카고협약 제1조에 보면 각국의 관할 영역상의 공간에 대하여 완전하고도 배타적인 주권을 갖는 것을 승인한다고 명시하여 각국의 주권을 존중하고 있다.

또한 제2조에서 각 국가의 영역이라 함은 그 국가의 주권, 종주권, 보호지, 위임통치지 및 이상 열거한 것들에 인접하는 영해를 지칭한다고 정의하고, 각 국가의 영공이라 함은 그 국가의 해외 영토나 식민지 등을 포함하는 영토와 영해 상공임을 분명히 하고 있다.

나) 통일된 기준과 절차의 적용

국제민간항공기구(ICAO)는 항공 종사자의 자격, 항공기 운항, 항공기 감항 증명, 통신, 기상 등의 항공과 관련한 모든 영역에 걸친 국제표준 및 권고(Standard and Recommended Practices: SARPS)를 제정하고 있다.

체약국은 ICAO에서 정한 국제표준 및 권고를 따를 것을 원칙으로 하되, 만약 자국의 사정상 부득이 달리 적용하여야 할 경우에는 그 상이 기준과 절차(Differences)를 반드시 ICAO에 통보하도록 하고 있다.

다) 공역 이용의 공평한 기회 보장

오늘날 모든 공역의 운용은 무제한적으로 개방되는 것이 아니고, 일정한 범위로 한정하여 관리되며, 비행에 적합하도록 어떤 통제를 통한 안전 조치가 취해진다고 전술하였다.

그러나 이로 인하여 하늘을 이용하고자 하는 모든 수요자에게 공역 이용의 공평한 기회 부여가 제약을 받게 되거나, 특정 부분의 공역 독점으로 인한 장기간의 공역 공동화현상이 발생되지 않도록 하여야 한다.

또한 모든 국가는 자국의 안보와 주권 보호와 같은 국익 실현의 차원은 물론 비행안전을 위하여, 특정 항공기의 비행을 금지하거나 제한하는 공역을 설정할 수도 있지만, 어떤 공간에 대하여 비행 금지, 제한, 또는 특별한 주의를 요하는 일정 범위의 공역으로 설정·운영할 경우에는 그 유효시간과 조건, 이용 및 통제기관 등에 관한 정보를 고시하는 등의 조치를 취해야 하고, 그러한 공역들은 특수사용공역(Special Use Airspace: SUA)으로 분류하여 특별 관리하여야 한다.

그리고 비행금지나 비행제한은 항공기의 국적에 관계 없이 모든 항공기에게 동일하게 적용되어야 하며, 모든 항공기가 가능한 빠르고 안전하고, 질서 있게 비행할 수 있도록 하면서, 공역을 이용하는 데 불편부당함이 없이 최대한의 공평성과 공공성이 보장받을 수 있도록 하여야 한다.

라) 위임 공역에 대한 자치적 관할권의 인정

ICAO는 어떤 국가 또는 지역에 비행정보구역의 관리를 위임해 주었거나 해당 국가의 주권 행사권한을 지닌 공역에 대하여 자치적 권한으로 해당 구역의 공역 세분화를 포함하여, 공역 관리에 관한 일체의 권한을 행사하도록 하고 있다. 또한 각 공역의 관리를 책임질 관리 주체를 정하고, 규제 또는 서비스 제공 범위 등의 설정도 각국의 자치적 권한으로 행사하도록 하고 있다.

3) 한국 공역의 변천사

가) 인천 비행정보구역(FIR)의 변천사

한국이 ICAO로부터 위임받아 관할하고 있는 비행정보구역[39]은 “인천 비행정보구역(FIR)”이다. 인천 비행정보구역(FIR)2) 설정에 관한 국제 간의 공식적인 논의는 1955년 10월 필리핀 마닐라에서 개최된 제1차 ICAO 태평양지역 항공항행회의에서 시작되었다. 당시에는 우리나라에서 광역관제기관에 해당하는 지역관제소(ACC: Area Control Center)를 운영하고 있지 않은 상태였기에 한국 일원에 대한 항공교통업무(ATS) 제공을 위한 공역은 동경 비행정보구역(FIR) 안에 포함되어 설정되는 것으로 국제 간 합의가 이루어졌다.

▲ 1955년 최초 비행정보구역 및 현행 비행정보구역

1958년 1월 한국공군은 미 공군에서 운영해오던 대구 중앙항로관제소를 인수하여 운영함에 따라 우리나라도 지역관제소를 운영하는 국가가 되었다. 그리하여 1년 후인 1959년 5월 태국 방콕에서 열린 ICAO 태평양지역 항행안전회의에 동경 FIR로부터 대구 FIR을 독립하자는 의제가 상정되었다.

39 항공안전법 제2조 제11호에 “비행정보구역이란 항공기, 경량항공기 또는 초경량비행장치의 안전하고 효율적인 비행과 수색 또는 구조에 필요한 정보제공을 위한 공역으로서,「국제민간항공협약」 및 동 협약 부속서에 따라 국토교통부장관이 그 명칭, 수직 및 수평범위를 지정 · 공고한 공역을 말한다.”라고 규정하고 있다. 또한 항공안전법 제78조 제1항에 “국토교통부장관은 공역의 체계적이고 효율적인 관리를 위하여 필요하다고 인정하는 때에는 비행정보구역을 관제, 비관제제, 통제, 또는 주의공역으로 구분하여 지정 · 공고할 수 있다”. 라고 규정하고 있다.

이 의제는 3년 이상 관련국 간의 협의 과정을 거쳤지만 쉽게 합의에 이르지 못하다가, 1962년 9월 싱가포르에서 개최된 ICAO 태평양지역 항공항행회의에서 투표까지 가는 난산 끝에 가결을 보게 되었다. 그러나 가결된 투표 결과에 대한 일본 측의 강력한 반대로 ICAO의 중재를 통해 투표 가결 후 1년이 경과한 1963년 4월 ICAO 이사회 승인을 받아 같은 해 5월 9일부로 대구 FIR을 최초로 발효하게 되었다.

그 후 1988년 1월 1일에 대구 FIR의 북부 경계선을 남북한 휴전선과 일치하는 내용으로 하는 일부 수정이 있었으며, 1995년 3월에는 대구 중앙항로관제소(ARTCC: Air Route Traffic Control Center)[40]의 운영권이 한국공군으로부터 교통부(현재의 국토교통부)로 이관되었고, 2001년 8월에는 지역관제소(ICAO 공식 호칭으로는 ACC, Area Control Center)가 대구에서 인천으로 이전되어 2002년 9월 1일부터는 종전에 "대구 FIR"이란 칭하던 구역의 명칭도 "인천 FIR"로 개칭되어 유지되고 있다.

▼ 인천 비행정보구역 변천사 요약

일자	내용	비고
1952. 7.	주한 미 공군이 방공 및 군수 지원 목적으로 관제업무 개시	
1955. 10.	제1차 태평양지역 항공항행회의에서 우리나라 공역을 포함한 동경 비행정보구역설정	필리핀 마닐라
1958. 1.	한국공군이 주한 미 공군으로부터 항로관제업무 인수	
1959. 5.	대구 비행정보구역 신설 제안 태평양지역 항공항행회의	태국 방콕
1962. 9.	제2차 태평양지역 항공항행회의에서 대구 FIR 신설(안) 투표 가결	싱가포르
1962~1963	반대 의견을 제시한 일본 측과 ICAO 중재로 협의	
1963. 4.	대구 FIR ICAO 이사회 승인	
1963. 5. 9.	대구 FIR 발효	
1998. 1. 1.	대구 FIR 북부경계선 조정	
2002. 9. 1.	대구 FIR을 인천 FIR로 명칭 개정 (대구 ACC가 인천 ACC로 이전, 명칭 변경 운영)	

40 "중앙항로관제소"란 항공로교통 관제 업무를 수행하는 관제기구로서 미 FAA에서는 이 기구의 명칭을 ARTCC(Air Route Traffic Control Center)라 칭하며, ICAO 공식 호칭인 ACC와 같은 업무를 수행하는 기관이다.

나) 공역구성

(1) 인천 비행정보구역(FIR)

인천 FIR의 총 면적은 약 43만 Km^2이며 수직범위는 지표 또는 수면으로부터 무한대까지이다. 동쪽으로는 일본 후쿠오카 FIR, 서쪽으로는 중국 상해 FIR, 북서쪽으로는 중국 심양 FIR, 북쪽으로는 평양 FIR과 연접하고 있다. 인천 FIR의 수평 범위의 크기를 인접 FIR의 크기와 비교해 보면, 그림과 같이, 북한, 대만, 홍콩 FIR보다는 약간 크지만, 중국 및 일본 FIR의 크기에 비교하면 약 21분의 1 정도의 규모이다. 인천 FIR은 국토교통부 항공교통본부 내의 지역관제업무 제공 조직인 대구지역관제센터(대구 Area Control Center, ACC)와 인천지역관제센터(인천 Area Control Center, ACC)가 관리하고 있다.

항공안전법 제78조에 따른 공역현황을 보면, 항공로 52개(국내 41개, 국제 11개)와 31개 관제권 등 111개의 관제공역, 수도권 비행금지구역 등 96개의 통제공역, 그리고 민간 훈련구역, 군작전구역 등 110개의 주의 공역이 설정되어 있다.

비행거리별로 보면 『서울 - 오산(송탄) - 광주 - 제주 - 동남아』로 연결되는 B576 항공로가 458NM으로 가장 길며, 비행속도 450노트를 기준으로 하면, 약 60분의 비행시간이 소요되는 거리이다.

국내 운항노선의 경우에는 인천, 김포, 제주, 김해 등 거점 공항을 중심으로 운영되고 있어서, 비행시간은 통상 50분 내외에 불과하고, 단거리 비행구간으로 인하여 순항고도로 수평 비행을 하는 거리는 짧고 상승과 강하 구간이 대부분을 차지하는 현상으로 나타나고 있다.

(2) 접근관제구역(Terminal Control Area, TMA)

대형 공항을 중심으로 인천FIR 내에는 14개의 중고도를 관할하는 접근관제소와 이들 접근관제소에 위임된 접근관제구역이 있다.

접근관제는 비행장이나 공항주변의 항공기를 관제하는 관제권과 고고도 항공기를 관제하는 지역관제소(Area Control Center)의 중간 고도를 담당하며 위임된 공역의 상한고도는 10,500ft~FL225[41]이다.

---

41 비행고도는 항공기가 비행하는 수직 높이를 말하지만, 그 수직 높이를 측정한 기준면에 따라 Altitude와 Flight Level로 엄격히 구분하여 사용하도록 되어있다. 해수면(MSL)으로부터 측정된 높이로 표시하는 경우는 Altitude라 하며 우리나라에서는 Feet 단위의 수직 높이로 표현하도록 규정되어 있다. Altitude로 비행하는 항공기 조종사는 자기 항공기의 기압계를 그 지역의 당시 해수면 기압 값에 맞추어야 한다. 그리하면 기압계에 나타나는 값

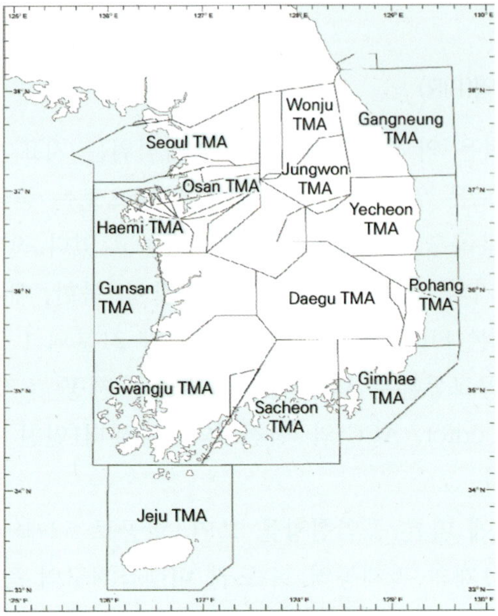

▲ 접근관제구역도

▼ 접근관제구역 현황

명칭	범위	운영기관	명칭	범위	운영기관
서울	1,000~18,500피트	국토교통부	사천	1,000~19,500피트	공군
제주	1,000~16,500피트	국토교통부	원주	1,000~17,500피트	공군
김해	1,000~22,500피트	국토교통부/공군	해미	1,000~14,500피트	공군
광주	1,000~22,500피트	공군	중원	1,000~17,500피트	공군
강릉	1,000~22,500피트	공군	포항	1,000~10,500피트	해군
예천	1,000~22,500피트	공군	오산	1,000~14,500피트	미 공군
대구	1,000~22,500피트	공군	군산	1,000~14,500피트 ~22,500피트	미 공군

은 해수면을 기준면으로 하는 수직높이인 Altitude가 된다. 만약에 항공기 기압계를 표준대기 기압 값인 29.92 인치에 맞추게 되면 29.92 기압 면으로부터의 수직높이를 얻게 되며, 그 수직 높이를 "Altitude"와 구별하기 위하여 Flight Level(약어 FL)라 하고, 고도계에 나타나는 수직높이를 100으로 나눈 100단위 값으로 표현하도록 규정되어 있다. 우리나라에서는 해수면으로부터의 수직높이로 13,500ft를 초과하는 고도로 비행할 경우에는 반드시 FL로 비행하도록 규정하고 있다. 따라서 10,500ft라 함은 해수면으로부터 측정된 수직높이(Altitude) 10,500ft란 의미이고, FL225란 29.92 QNH 높이로 22,500ft(∵ 225×100=22,500)라는 의미이다.

수평적인 한계는 통상적으로 공항감시레이더(Airport Surveillance Radar: ASR)의 유효거리 인 60~70NM 이내의 범위에서 지역관제소(ACC)와의 협정에 의해 공역을 위임받아 설정된다.

접근관제소는 국토교통부가 수도권 지역의 주요공항인 인천국제공항과 김포국제공항 그리고 공군 서울기지를 담당하는 서울접근관제소와 제주공항, 대한항공의 정석비행장 등을 관할하는 제주접근관제구역 2곳을 담당하고 있으며, 국방부 공군이 원주, 강릉, 중원, 예천, 대구, 김해, 사천, 광주, 해미 9곳을, 해군이 포항을, 미태평양사령부 7공군이 오산과 군산 2곳을 운영하고 있다.

(3) 관제권(Control Zone)

각 공항 또는 비행장의 교통량과 교통특성, 계기비행 입·출항절차, 관제사 및 관제장비 확보, 기상제공 등의 여건을 고려하여 관제권을 설정하게 된다.

앞서도 언급하였지만 관제권은 운영하는 것 자체가 항공교통에 대한 안전확보를 위한 분리를 관제사가 책임져야 하는 곳임을 의미하며 비행하고자 하는 자에게는 그 자체가 규제와 제한이 될 수 있다. 따라서, 관제권을 설정함과 동시에 해당 관제기관은 항공기에 대한 제한과 규제로써 항공기간 안전과 원활한 소통을 확보하여야 하는 책임이 있음과 동시에 사고 시의 법적인 책임을 부담할 수 있는 능력이 있어야 한다. 이러한 조건과 법적인 요건을 감안하여 전국에는 2022년 기준 31개의 관제권이 지정되어 운영되고 있다.

▼ **관제권 현황**

구 분	민(CIVIL)		군(MILITARY)				비 고
	국토교통부	항공사	공군(AIRFORCE)	해군	육군	미공군	
관제탑 (TOWER)	인천, 김포 양양, 제주 여수, 울산 무안, 울진	정석	서울, 수원, 강릉 원주, 청주, 중원 해미, 예천, 광주 사천, 김해, 대구, 성무	목포 포항 진해	이천 논산 속초	오산 군산 평택	31
	8	1	13	3	3	3	

마. 공역기획과 발전방향

1) 공역의 기획

공역과 관련되는 기획 또는 관리 업무를 흔히들 단순한 공역의 신설, 조정, 폐지만으로 이해하기 쉽다. 그러나, 모든 항공항행업무(Air Navigation Service)를 제공하기 위해서 가장 먼저 행해져야 하는 것이 바로 공역에 대한 기획이다. 이를 ICAO는 Airspace Concept으로 명명하고 있다.

공역소요가 발생하면 제일 먼저 안전성(Safety), 수용능력(Capacity), 효율성(Efficiency), 환경(Environment), 사용 가능성(Access)에 대한 기존 자원의 활용 가능성과 추가로 필요한 자원을 모두 검토하여 새로운 소요에 대응할 검토결과와 향후 추진을 위한 계획을 세우게 된다. 이 계획이 바로 소요발생에 대한 공역개념(Airspace Concept)라 하겠다.

▼ 공역 기획

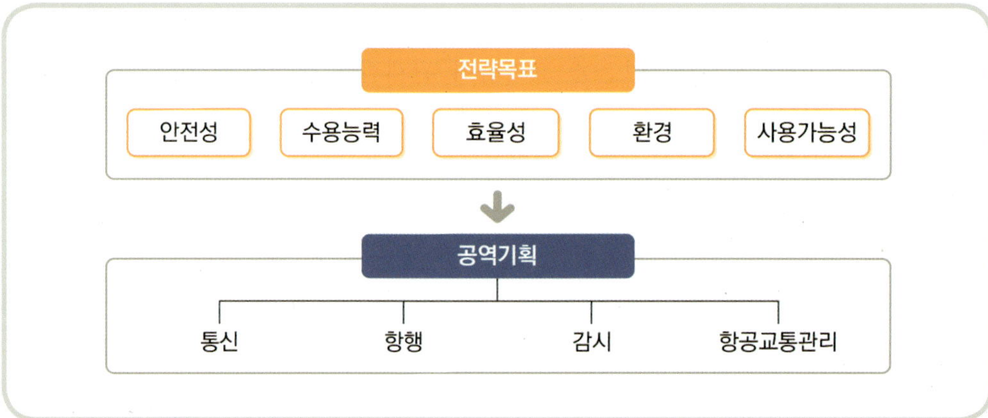

즉 앞서의 5개 전략목표를 기준으로 향후의 목표로 하는 수용능력에 따라 공역의 범위와 등급이 결정되며, 여기에서 필요로 하는 활주로의 수, 방향, 간격, 적용가능 항법과 이에 따른 필요 항행안전시설과 관제시설의 범위 등이 결정된다.

예를 들어 중부권 신공항의 필요성이 대두되었다고 생각해보자. 우선 주변 도시, 배후 인구, 교통 여건 등 다양한 조건을 살펴보는 사회경제적 검토와 더불어 입지타당성조사에 가장 먼저 적용되어야 하는 것이 바로 공역이다. 이 단계에서 대부분의 사람들은 공항입지상의 장애물 제한표면, 계기비행절차 운용을 위한 장애물 저촉 여부, 주변 공항과의 관계만을 생각하는 지엽적인 공역분야 기술검토만이 공역 담당자가 하는 업무라고 생각한다. 공역은 바로 공항의 입지타당성 조사 단계에서부터 공항의 장기적인 건설목표를 기준으로 그에 합당한 수용능력을 확보하기 위해 필요로 하는 항공기 운항을 위한 모든 사항을 검토하게 된다.

주로 신공항의 미래를 결정짓는 데 가장 결정적인 요소는 항행분야에 있어서는 공항과 공역의 수용능력이다. 공역업무에서 기술적인 검토를 통해 검증해내고 공항 건설이 결정되면, 검증결과를 토대로 하여 향후의 항공항행업무제공을 어떻게 제공할 것인가 하는 공역조정, 항로배치, 관제업무 등급과 그에 수반되는 투입되는 관제인력의 규모가 결정되고, 적용하는 항행방법과 요건에 따라 항행안전시설과 관제시설이 결정된다. 이러한 과정이 순서에 따라 적절하게 적용되지 못하면 많은 시행착오와 예산의 과도한 투자 또는 중복투자로 국민의 혈세를 낭비하게 되고, 항공항행 분야의 서비스 질을 크게 저하시켜 결과적으로는 안전에 위해요소로서 그 뿌리를 내리게 된다.

2) 발전방향

교통량의 비약적인 증가에 따라 공역은 이제 국가의 소중한 자산이 되었다. 인천공항이 국제적으로 경쟁력이 있는가 하는 것은 바로 가용 공역을 어떻게 효율적으로 활용하고 첨단기술을 접목하여 분단에서 초래되는 장애와 제한을 극복하는가의 여부에 달려 있다고 해도 과언이 아닐 정도로 공역은 중요하다.

이러한 소중한 자원인 공역을 사용함에 있어 가장 우선시되어야 할 것은 역시 국가의 안전보장과 항공안전이다.

그러나 국가의 안전보장과 항공안전이라는 명제로 '수용량 증대'라는 또 하나의 명제를 포기해서는 안 된다. 국가안보와 항공안전과 공역의 운용효율성은 항상 적절한 균형을 이루어야 하며, 시기에 따라 그 중요성을 조절할 수 있어야 한다. 국가 안보 없이 국민은 있을 수 없고, 국가 경제발전이 없이는 국가의 안보 또한 있을 수 없다는 전제하에 항상 국가안보와 항공안전과 경제발전은 균형을 이루어야 할 것이다.

또한 공역은 모든 사용자에게 공평한 권리가 있는 만큼, 국가 안보를 위한 훈련도 잘 수행될 수 있도록 하면서도 일반항공과 레저활동도 보장 될 수 있는 방향으로 발전하여야 한다. 이를 위해서 공역의 소유적 이용개념을 반드시 탈피하여야만 할 것이다. 모든 공역은 고착화된 공역이 아닌 교통량과 각종 여건을 고려하여 탄력적인 운영이 가능한 다이내믹 공역운영이 되어야만 한정된 공역 여건에서도 많은 사용자가 합리적으로 사용함으로 공역부족을 극복할 수 있다.

07 항공정보

현대사회는 정보통신기술의 발달로 모든 분야에 있어서 정보가 뒷받침이 되지 않으면 생존할 수 없는 이른바 정보기반사회인 정보화사회로 그 패러다임이 변화해나가고 있다. 이러한 패러다임의 변화 속에서 항공분야 또한 중요한 발전의 전환점을 맞고 있다. 항공분야는 과거부터 모든 첨단기술이 복합적으로 집약되어 운용되어온 최첨단 분야이지만 발전의 초점이 첨단장비의 개발 및 도입 등에만 맞춰져 있었다.

이와 같은 사항은 21세기에 들어서 점차적으로 변화하여 첨단장비의 개발 및 도입만으로는 안전한 항공기 운항을 도모할 수 없다는 인식이 국제사회로부터 제기되기 시작하였다. 즉 아무리 첨단장비가 개발되어 운용된다 하더라도 동 장비에 적용되는 기초 정보가 잘못된 정보일 경우 첨단장비 도입 원래의 목표인 항공안전을 달성할 수 없다는 장비개발 중심체계의 한계점이 드러난 것이다. 이러한 인식의 전환에 힘입어 항공정보의 중요성이 국제사회는 물론 우리나라에도 점차 대두하였다.

이와 같은 시점에서 나날이 발전하고 변모하고 있는 항공정보의 기초를 이해함으로써 앞으로의 변화에 적극적으로 대응하고 항공정보분야의 인적 인프라 구축에 도움이 되고자 항공정보의 기본이 되는 사항들을 중점으로 살펴보기로 하겠다.

가. 항공정보의 개요

“항공정보란 무엇인가?”라는 질문에 답하기 위해서는 일반적으로 단어가 가진 의미 그대로 “항공에 관한 정보”라고 막연히 일반적으로 정의하기보다는 좀 더 전문적으로 그 의미를 정의내릴 필요성이 있다. 또한 구체적으로 항공정보를 정의하기 위해서는 항공자료(Aeronautical data) 및 항공정보업무(Aeronautical Information Service)의 정의 및 이들이 갖는 상관관계에 대해서도 살펴보아야 그 의미를 명확하게 이해할 수 있을 것이다. 따라서 여기서는 먼저 국제민간항공협약 부속서 15(Annex 15 to the Convention on International Civil Aviation)에 규정된 각각의 정의를 살펴보기로 하겠다.

국제민간항공협약 부속서 15 제2장 “용어의 정의”에 따르면 다음과 같이 항공자료, 항공정보, 항공정보업무를 정의하고 있다. 먼저 항공자료(Aeronautical data)는

“통신, 해석 또는 처리에 적합하도록 일정한 형식을 갖춘 항공과 관련된 사실, 개념 또는 설명에 대한 표현”으로 정의되어 있으며 두 번째로 항공정보(Aeronautical information)는 “항공자료의 조합, 분석 및 구조화를 통하여 생성되는 정보”를 말한다. 마지막으로 항공정보업무는 지정 관할 구역 내에서 항공항행의 안전, 질서 및 효율을 위해 필요한 항공정보 및 자료를 제공하는 업무로 정의되고 있다.

즉, 이들을 종합하여 항공정보의 의미를 살펴보자면 항공항행의 안전성, 정규성 및 효율성을 위해 필요한 항공과 관련된 사항등을 조합, 분석 및 구조화시켜 사용자에게 제공할 수 있도록 형태로 만든 기초정보라고 정의내릴 수 있다.

나. 역사적 배경

항공정보의 구체적인 사항을 살펴보기에 앞서 항공정보업무가 국제표준으로 제정된 역사적 배경을 살펴보겠다.

지금으로부터 약 반세기 전에 항공정보는 항공에 있어 하나의 전문분야로 구체적으로 자리잡게 되었다. 국제민간항공협약 제37조에 규정에 따라 1953년 5월 15일에 국제민간항공기구 이사회(ICAO Council)에 의하여 항공정보업무에 대한 국제표준 및 권고사항이 채택되어 부속서 제15권으로 지정되었다.

이와 같은 항공정보에 관한 국제표준이 채택된 배경을 살펴보자면 국제민간항공기구 항행위원회(ICAO Air Navigation Committee)는 지역항행회의의 권고사항을 받아들여 1947년 1월에 ‘항공종사자에 대한 국제적인 공고절차(Procedures for International Notices to Airmen, PANS-NOTAM, PICAO Doc 2713)’를 제정하였으며 1949년에 특별 항공고시보 회의에서 이를 검토한 후 1951년 8월 1일부로 발효되는 항공항행업무절차(Procedures for Air Navigation Services (PANS-AIS, Doc 7106)로 제정하였다. 그리고 생산물 중심의 항공정보업무(AIS)를 데이터 중심의 항공정보관리(AIM)으로 전환하기 위해 AIS-AIMSG를 설립되었으며, 2018년『항공항행업무절차-항공정보관리(PANS-AIM, Doc 10066)』초판을 발행하였다.

1952년에 항공정보분과회의에서 동 절차를 검토하여 이후 모든 국제민간항공협약 체약국가들의 검토를 거쳐 앞에서 미리 언급하였던 1953년 5월 15일에 국제표준으로 채택되었으며 1954년 4월 1일부로 적용되었다.

▼ 항공정보에 관한 국제표준 변천사

연도	내용
1947년	항공고시보 국제 공고절차(Procedures for International Notices to Airmen, PANS-NOTAM, PICAO Doc 2713) 제정
1949년	항공항행업무절차(Procedures for Air Navigation Services (PANS-AIS, Doc 7106) 제정
1951년 8월 1일	항공항행업무절차(Procedures for Air Navigation Services (PANS-AIS, Doc 7106) 발효
1952년	항공정보분과회의 검토
1953년 5월 15일	국제민간항공협약 부속서 15(항공정보업무) 채택
1954년 4월 1일	국제민간항공협약 부속서 15(항공정보업무) 발효
1955년~	제1차 수정판 채택(1955년)~제16판 발행(2018년)

다. 항공정보 관련규정

본 절에서는 항공정보와 관련되어 국내 및 국제규정에 대하여 다루어보겠다. 우선 국내규정으로는 항공법, 항공법 시행규칙 등이 있는데 항공정보와 관련된 구체적인 사항은 항공안전법 제89조 제1항에 다음과 같이 규정되어 있다.

"국토교통부장관은 항공기 운항의 안전성·정규성 및 효율성을 확보하기 위하여 필요한 정보(이하 "항공정보"라 한다)를 비행정보구역에서 비행하는 사람 등에게 제공하여야 한다."

항공안전법

제89조(항공정보의 제공 등)

① 국토교통부장관은 항공기 운항의 안전성 · 정규성 및 효율성을 확보하기 위하여 필요한 정보(이하 "항공정보"라 한다)를 비행정보구역에서 비행하는 사람 등에게 제공하여야 한다.

② 국토교통부장관은 항공로, 항행안전시설, 비행장, 공항, 관제권 등 항공기 운항에 필요한 정보가 표시된 지도(이하 "항공지도"라 한다)를 발간(發刊)하여야 한다.

③ 제1항 및 제2항에서 규정한 사항 외에 항공정보 또는 항공지도의 내용, 제공방법, 측정단위 등에 필요한 사항은 국토교통부령으로 정한다.

제255조 (항공정보)
① 법 제89조제1항에 따른 항공정보의 내용은 다음 각 호와 같다.
1. 비행장과 항행안전시설의 공용의 개시, 휴지, 재개(再開) 및 폐지에 관한 사항
2. 비행장과 항행안전시설의 중요한 변경 및 운용에 관한 사항
3. 비행장을 이용할 때에 있어 항공기의 운항에 장애가 되는 사항
4. 비행의 방법, 결심고도, 최저강하고도, 비행장 이륙 · 착륙 기상 최저치 등의 설정과 변경에 관한 사항
5. 항공교통업무에 관한 사항
6. 다음 각 목의 공역에서 하는 로켓 · 불꽃 · 레이저광선 또는 그 밖의 물건의 발사, 무인기구(기상관측용 및 완구용은 제외한다)의 계류 · 부양 및 낙하산 강하에 관한 사항
가. 진입표면 · 수평표면 · 원추표면 또는 전이표면을 초과하는 높이의 공역
나. 항공로 안의 높이 150미터 이상인 공역
다. 그 밖에 높이 250미터 이상인 공역
7. 그 밖에 항공기의 운항에 도움이 될 수 있는 사항
② 제1항에 따른 항공정보는 다음 각 호의 어느 하나의 방법으로 제공한다.
1. 항공정보간행물(AIP)
2. 항공고시보(NOTAM)
3. 항공정보회람(AIC)
4. 비행 전 · 후 정보(Pre-Flight and Post-Flight Information)를 적은 자료
③~⑤ 생략

대표적인 국제규정으로는 국제민간항공협약 부속서 제15권(항공정보업무) 및 지침 8126(항공정보업무지침 Doc 8126)이 있다.

또한 항공정보업무는 항공전반에 걸친 사항을 다루는 업무이기 때문에 ICAO 항공정보업무지침에는 항공정보업무를 수행하면서 참고하여야 할 국제규정들에 대하여 수록하고 있다.

라. 항공정보의 제공형태

앞서 항공정보의 정의편에서 살펴보았듯이 항공정보는 항공과 관련된 사항등을 조합, 분석 및 구조화시켜 사용자에게 제공할 수 있도록 형태로 만든 기초정보이다. 이와 같은 정의를 바탕으로 항공정보는 특정 형식으로 구조화되어 제공되어야 한다.

항공정보는 국제민간항공협약 부속서 15 2.2.2항에 의하면 항공정보생산물 형태로 제공되어야 한다고 규정하고 있다. 항공정보생산물이란 항공자료 및 항공정보를

디지털자료, 종이 또는 전자적 매체등을 통하여 표준화된 형태로 제공되는 것을 말하며, 항공정보간행물 수정판(AIP amendment service) 및 항공정보간행물 보충판(AIP Supplements)을 포함한 항공정보간행물(AIP), 항공정보회람(AIC), 항공지도, 항공고시보(NOTAM) 및 디지털데이터를 포함한다.

마. 항공정보간행물(Aeronautical Information Publication, AIP)

항공정보간행물은 항공항행에 필수적이고 영구적인 성격의 항공정보를 수록한 책자형태의 간행물로서 일반사항(GEN), 항행(ENR), 비행장(AD) 편으로 구성되어 있다.

일반사항(GEN)에는 항공정보간행물에 수록되어 있는 항행시설, 업무 또는 절차에 대한 소관 기관의 설명, 업무 또는 시설의 국제적인 사용에 필요한 일반적인 조건, 국내규정과 국제규정의 중요 차이점 등이 수록되어 있다. 항행(ENR)에는 비행정보구역, 항공로 현황, 비행제한구역 등 항행에 필요한 정보가 수록되어 있으며, 비행장(AD)에는 공항에 대한 일반정보, 활주로 제원, 공항 출도착 비행절차 등이 수록되어 있다.

▲ 항공정보간행물(AIP) 책자 및 CD형태

항공정보간행물은 기본 책자로서 인쇄물 형태와 CD 형태로 제공되며 두 가지 형태의 또 다른 항공정보형태, 즉 수정판(Amendment) 및 보충판(Supplement)으로서 그 수록내용이 수정 또는 보완된다. 수정판(Amendment)은 항공정보에 수록된 내용 중에서 영구적으로 변경되는 사항을 수록하여 발간되며, 보충판(Supplement)은 항공정보간행물에 수록된 정보가 일시적인 변경되는 사항을 수록하여 발간된다.

1) 항공정보간행물 수정판

항공정보간행물 수정판은 정기(Regular) 수정판과 항공정보관리절차(AIRAC) 수정판으로 구분할 수 있다. 정기 수정판은 정기적인 간격으로 발간되는 수정판으로서 우리나라에서는 변경사항이 있을 경우 28일 주기로 발간된다. 항공정보관리절차(AIRAC)에 대해서는 이후 좀더 구체적으로 설명하겠지만 여기서 간략하게 설명하자면 항공에 있어서 중요한 정보가 발효되기 이전에 미리 발간하여 제공함으로써 사용자들이 변경에 대해 미리 분석하고 필요조치 등을 취할 수 있도록 하기 위한 수정판을 의미한다.

국제적으로 통일된 규정은 없으나, 대부분의 국가가 두 가지 수정판을 육안으로 용이하게 구분할수 있도록 정기수정판은 그 표지의 색깔을 연한 파랑색을 사용하고 항공정보관리절차 수정판의 표지는 연한 분홍색을 사용하여 구분한다. 수정판 구분에 있어서 주의해야 할 사항은 정기수정판은 받는 즉시 항공정보간행물 기본판에 가제하면 되고 항공정보관리절차 수정판은 수정판 표지에 명기된 발효일자에 가제하여야 한다는 것이다.

2) 항공정보간행물 보충판

항공정보간행물 보충판도 수정판과 마찬가지로 정기(Regular) 및 항공정보관리절차(AIRAC) 보충판으로 구분된다. 보충판은 앞서 설명하였듯이 기본적으로 정보가 일시적으로 변경되는 사항에 대하여 발간되는 간행물이다. 여기서 일시적이라 함은 일시적이나 3개월 이상 변경되는 사항을 말한다.

보충판은 용지를 전체적으로 노란색을 사용하여 다른 간행물과 구분될 수 있도록 하지만 정기판과 항공정보관리절차판은 색깔로 구분하지는 않지만, 항공정보관리절차판에는 표지에 'AIRAC'이라는 약어를 명기하여 구분한다.

3) 항공고시보(Notice to Airmen, NOTAM)

항공고시보는 항공시설, 업무, 절차 또는 장애요소, 항공기 운항관련자가 필수적으로 적시에 숙지해야 할 사항의 신설, 상태 또는 변경에 관한 정보 등 긴급히 공지해야할 사항을 수록하여 통신수단을 통해 배포되는 공고문을 말한다.

원칙적으로 항공고시보는 전 세계적으로 연결되어 있는 항공고정통신망(AFTN, Aeronautical fixed telecommunication network)을 통하여 전문형태로 제공되어야 한다. 그러나 정보통신기술의 발달과 인터넷 사용이 전 세계적으로 확산됨에 따라 인터넷 웹사이트에 항공고시보를 등재하는 방식도 점차 늘어나는 추세이다.

4) 항공정보회람(Aeronautical Information Circular, AIC)

항공정보회람은 비행안전·항행·기술·행정·규정개정 등에 관한 내용으로써 항공고시보 또는 항공정보간행물에 의한 전파의 대상이 되지 않는 정보를 수록한 공고문으로서 녹색, 황색, 백색, 분홍색, 자주색의 용지를 사용하여 수록내용을 구분한다.

행정적인 사항에 대해서는 백색(white), 항공교통관제 관련사항은 황색(yellow), 안전관련사항은 분홍색(pink), 위험구역 지도는 자주색(mauve) 그리고 지도 및 차트에 관한 사항은 녹색(green) 용지를 각각 사용한다.

5) 비행전정보게시(Preflight Information Bulletin, PIB)

비행 전에 운영상 중요한 유효 항공고시보 정보들을 취합하여 요약한 공고문으로서 오늘날 대부분의 경우 시스템을 사용하여 자동으로 확인할 수 있는 방법으로 제공된다.

바. 항공정보관리절차(AIRAC)

지금까지 항공정보가 제공되는 방식에 대하여 간략히 살펴보았다. 지금부터는 항공정보 제공방식중 수정판 및 보충판 부분에서 다루었던 항공정보관리절차에 대하여 좀 더 깊이 있게 살펴보겠다. 항공정보관리절차는 영어로는 'Aeronautical Information Regulation and Control'로서 통상적으로 AIRAC이라는 약어로 표현된다. 우리말로는 항공정보관리절차로 번역하여 사용하고 있지만 그대로 직역한다면 "항공정보의 통제 및 관리" 정도로 해석할 수 있다. 즉 수없이 많이 발생하는 항공정보에 대하여 통제 및 관리를 통하여 사용자들이 용이하게 항공정보를 획득할 수 있도록 사전에 조정하는 절차를 의미한다.

국제민간항공협약 부속서 15에 규정된 바에 의하며 항공정보관리절차(AIRAC)는 "운영방식에 대한 중요한 변경을 필요로 하는 상황을 국제적으로 합의된 공통의 발효일자를 기준으로 하여 사전에 통보하기 위해 수립된 체제"를 말한다.

이와 같은 정의에서 나타나 있듯이 항공정보관리절차(AIRAC)에서 중요시되는 개념은 두 가지로 구분할 수 있는데, 첫 번째가 "국제적으로 합의된 공통의 발효일자"

이며 두 번째가 "사전 통보"의 개념이다. 항공수요가 급증함에 따라 항공산업의 발전, 새로운 기준의 체제의 도입 등 항공분야는 끊임없이 변화하고 있다. 이에 따라 항공과 관련된 중요사항의 신설, 변경 또는 폐지가 전 세계적으로 빈번히 발생하고 있다. 이와 같은 상황에서 각 국가가 저마다 중요사항들이 발효되는 날짜를 달리 사용한다면, 조종사, 항공기 운영자 등은 혼란을 겪을 것이 자명하다.

예를 들어 인천공항에서 영국 히드로 공항으로 운항하는 항공기 조종사는 출발공항인 인천공항, 항공기가 통과하는 비행경로(중국, 유럽, 영국), 목적공항인 런던 히드로 공항과 관련된 항공정보를 숙지하고 있어야 하는데, 이와 같은 항공정보들이 발효되는 일자가 국가마다 다를 경우 이를 파악해야 하는 조종사, 항공기 운영자 등은 매일 해당국의 항공정보를 파악하여야 하는 엄청난 부담에 시달릴 것이고 이는 곧 인적오류 발생가능성을 높여 종국에는 항공안전운항에 저해가 될 것이다.

이와 같은 안전저해요소를 방지하고자 1964년에 국제민간항공기구는 항공과 관련된 중요사항은 전 세계적으로 공통된 발효일자에 발효시키는 체제를 도입하였으며, 1964년 11월 19일부터 28일 간격으로 1년에 13개의 발효일자를 지정하였다.

또한 1953년에 국제민간항공기구는 "사전통보" 개념을 도입하였는데 사전에 계획된 중요사항의 신설, 변경 등에 관한 사항은 발효일전에 미리 충분한 시간을 두고 항공정보를 통보하여야 한다는 것이다. 사전에 항공정보를 제공함으로써 조종사, 항공기 운영자들은 항공기 장비 업데이트를 적시에 시행할 수 있고, 종사자에 대한 교육훈련 또한 충분히 실시할 수 있어 중요변경에 효과적으로 대응할 수 있다.

AIRAC 발행 대상

1. 다음에 적용되는 제한치(수평 및 수직), 규정 및 절차:
   가. 비행 정보 구역
   나. 관제구
   다. 관제권
   라. 조언구역
   마. 항공교통업무(ATS) 항공로
   바. 영구적인 위험구역, 금지구역 및 제한구역(알려진 활동 유형 및 기간 포함) 및 방공식별구역(ADIZ)
   라. 요격 가능성이 있는 영구적인 구역 또는 항공로 또는 그 일부
2. 항행안전무선시설, 통신 및 감시시설의 위치, 주파수, 호출부호, 식별자, 알려진 불규칙성 및 예방정비 기간
3. 체공 및 접근 절차, 도착 및 출발 절차, 소음 방지 절차 및 기타 관련 ATS 절차
4. 전이레벨, 전이고도 및 섹터최저고도
5. 기상 시설(방송 포함) 및 절차

6. 활주로 및 정지로
7. 유도로 및 주기장
8. 비행장 지상 운영 절차(저시정 절차 포함)
9. 접근등 및 활주로 등
10. 국가가 고시한 공항 운영 최저치

사. 국제동향 및 우리나라 현황

현대사회의 모든 분야에서 정보 관리의 중요성이 대두되고 있는 가운데, 항공분야에서도 항공정보의 중요성 및 필요성에 대한 인식이 점점 더 높아지고 있다. 국제민간항공기구(ICAO)의 주도하에 북미, 유럽, 일본 등 항공선진국을 중심으로 궤적기반운영(TBO)을 목표로 기존 정보체계를 유기적이고 조화롭게 운용하기 위한 글로벌 항공정보종합관리망(SWIM) 상용화를 위해 항공정보업무(AIS)에서 항공정보관리(AIM)으로 획기적인 전환을 추진하고 있다.

국제민간항공기구는 제36차 총회(2007년 9월)에서 「전자항공정보관리체계」* 구축을 국제기준으로 채택하여 2016년 이후 ICAO가 정한 표준전자양식으로 작성된 항공정보의 제공을 목표로 로드맵을 수립하여 체약국가들이 이에 대하여 적극적으로 참여하도록 독려하고 있다.

전자항공정보관리체계에 대하여 간략히 살펴보자면 항공기 안전운항에 필요한 항공정보간행물, 항공고시보, 비행전정보게시, 공항지도, 장애물/지형, 항공기상 등 여러 분야의 항공정보에 대하여 통합 전자 생산·관리프로그램을 구축하고 조종사 등 항공정보 이용자에게 온라인 등을 통해 제공하는 체계를 말한다.

우리나라도 2009년부터 디지털체계 전환을 위해 전자항공정보관리체계 구축을 위한 로드맵을 수립하여 각 분야별로 대하여 국제표준을 충족하는 전자 항공정보제공체계를 구축하였고, 2018년부터 구축한 전자항공정보관리체계를 지속적으로 유지보수하고 있다.

아. 항공정보의 의의

앞에서 살펴보았듯이 항공정보는 항공기 안전운항에 필요한 여러 가지 필수적인 정보를 국제적으로 합의된 표준화된 형태로 구조화한 정보를 말한다. 이와 같은 구조화된 표준 항공정보는 별도의 재처리 없이 항공기 운항환경에 바로 사용하게 되므로 항공기 안전과는 필수 불가결한 정보이다.

과거의 항공기 운항환경은 대부분이 수동으로 처리되어 인적오류 발생가능성이 높고 정보처리에 많은 시간이 소요되는 등 불합리적인 구조였다. 그러나 지금에 와서는 환경자체가 사람에만 의존하여서는 처리될 수 없는 환경으로 급속히 변화하고 있다. 항공기 장비가 첨단화됨에 따라 필요한 정보의 양이 방대해지고 점점 더 정밀한 자료를 필요로 하고 있다.

이와 같은 시대적 요구에 따라 항공분야에 있어서 차지하고 있는 항공정보의 역할 및 위상이 점점 더 높아지고 있는 것은 두말할 나위가 없다. 따라서 우리도 항공정보의 필요성 및 중요성 등을 간과하여서는 항공선진국으로 도약할 수 없음을 재인식하여 세계 속의 항공정보강국으로 변모를 준비해나가야 할 것이다.

08 항공기 수색구조 지원업무

가. 수색구조 개요

항공기 수색구조 지원업무는 항공안전법 제88조, 국제민간항공협약 부속서 11(항공교통업무) 및 부속서 12(수색구조)의 규정에 따라 항공기가 조난되거나 조난이 의심되는 경우 항공기 수색구조를 지원하는 업무이다. 항공교통업무기관의 경보업무를 제공하기 위해 항공교통본부에 항공수색구조지원센터(ASCA)를 운영하며 항공기 비행계획정보, 탑승인원 등 수색구조기관(소방, 해경)이 구조계획을 수립하고 업무를 수행하는 데 필요한 항공기 수색구조업무를 지원하고 있다.

나. 조직 및 임무

우리나라 수색구조구역 내에서 항공기 조난 시 수색구조 활동에 필요한 정보를 수집, 분석, 전달 및 관련기관과 협조를 담당하는 기관으로 육상은 재난 및 안전관리 기본법에 따라 소방청이, 해상은 수난구호법에 따라 해양경찰청에서 담당하고 있다. 국토교통부는 항공안전법 제88조 및 같은 법 시행령 제20조에 따라 「항공기 수색구조지원계획」을 수립 운영하고 있으며, 수색·구조 지원체계의 구성, 운영에 관한 사항, 항공기 수색구조지원센터(ASAC) 등 항공교통업무기관의 임무와 역할 등을 명시하고 있다.

다. 수색구조 지원체계

1) 항공 수색구조 지원센터(ASAC: Aeronautical SAR Assistance Center)

국제민간항공기구 부속서 11(항공교통업무)에 따라 국토교통부는 경보업무를 총괄하는 시설로서 항공교통본부(항공교통통제센터)를 항공 수색구조지원센터(ASAC)로 지정하여 우리나라 비행정보구역 내에서 항공기에 대한 경보, 감시, 수색구조 지원 등의 업무를 24시간 제공하고 있다. 처음 항공기 비상상황 발생을 인지한 항공수색구조지원센터 또는 경보소의 장은 상황에 따른 적정한 비상단계를 선포하고, 관계기관 통보 등 비상단계별 조치를 취한다.

항공수색구조지원센터는 경보소로부터 비상위치지시용 무선표지설비(ELT)의 정보를 접수한 경우에는 구조조정본부 상황실에 ELT 발신 사실을 통보하여 세부 정보를 파악하고 실제 사고 발생 여부를 확인한다. 또한 경보소를 통해 접수된 항공기 조난(의심)정보를 인근 구조조정본부에 신속히 통보하고 조치현황을 상황종료 시까지 주기적으로 확인한다. 이 밖에도 레이더, 통신장비 및 사용 가능한 수단을 이용하여 조난 항공기의 항적추정, 정보수집 · 분석, 수색구조 활동의 안전성 확보를 위한 항공교통 조언(통달범위 내), 항공기상 등의 정보제공 및 항공고시보(NOTAM) 발행 등 각 구조조정본부의 수색구조활동을 지원한다.

2) 경보소(Alerting Post)

실종 또는 조난항공기에 대한 신속한 정보획득을 위하여 항공교통업무기관(인천 · 김포 · 제주 · 양양 · 여수 · 울산 · 무안 · 정석 공항/비행장 관제탑, 대구 · 인천ACC · 서울 · 제주 접근관제소, 대구 · 인천 FIC, 인천 · 김포 · 제주 · 양양 · 여수 · 울산 · 무안공항 항공정보실)을 경보소로 지정하고 있다. 경보소의 장은 항공기 조난 인지 시 적절한 비상단계를 선포하고 신속히 항공수색구조지원센터 및 구조보조센터(인근 시 · 도소방, 지방 해경서)에 선포사실 및 관련 정보를 통보하고 비상단계별 조치(레이더, 통신장비 및 가용가능한 수단을 이용하여 조난항공기 항적 등의 관련정보 수집)를 실시한다. 그 밖에 비상위치지시용 무선표지설비(ELT)을 수신하였거나 정보를 접수한 경우에는 항공수색구조지원센터에 통보해야 한다.

라. 비상단계별 조치내용

경보소는 항공기가 비상상황에 처했다는 정보를 접수한 때에는 상황에 따른 비상단계를 결정 · 선포하고, 항공수색구조지원센터는 다음 각 호와 같이 비상단계별 조치를 수행하여야 한다.

1) 불확실단계

불확실단계가 접수되었을 경우 제출한 비행계획서를 토대로 항공기 조종사, 운항사, 관할 관제기관 등에 유선 등을 통해 착륙 사실을 확인한다. 비상용 공지통신주파수를 이용하여 통신수색을 실시하고 항공기의 실제 항로와 계획된 항로를 도식한다. 항공기의 비행계획서, 예정항로 등을 토대로 정보를 분석·평가하고 유관기관으로부터 획득한 정보 등을 구조조정본부에 지속 전달한다. 항공기가 안전하다는 상태가 확인되면 즉시 상황을 종료·전파하고, 아닌 경우 최초 불확실 상황을 선포한 경보소에서 단계 격상 통보 시 경보 단계 조치를 실시한다.

2) 경보단계

항공수색구지원센터에서 경보단계 선포(격상) 사실을 접수한 경우 관련 기관에 선포(격상)되었음을 통보하고 비상상황에 처해 있는 항공기의 정보를 수집한다. 레이더시설, 방향탐지국, 공항 등으로부터 정보 수집하고 도식하고 새로운 정보의 신속한 평가 및 대처를 위하여 관련 구조조정본부와 긴밀한 연락체제를 유지한다. 또한, 항공기의 계획된 항로, 기상, 지형, 가능한 통신지연, 최종확인지점, 무선교신 및 조종사 자격 등의 전반적 평가를 실시하고 연료고갈 시간을 추정한다. 마지막으로 항공기 위치 확인이 안 되었거나 연료고갈, 항공기와 탑승자가 심각한 위험에 처한 것으로 판단되면 조난단계로 진행한다. 다만, 항공기가 경보상황에 있지 않다는 정보를 입수했을 때는 상황을 종료하고 관련기관에 전파한다.

3) 조난단계

조난단계가 선포되면, 신속히 구조조정본부에 항공기 조난상황을 통보하고 수색구조를 요청한다. 항공기의 최종확인지점, 수집된 정보 및 상황을 근거로 수색할 구역의 범위를 수색구조대에 조언할 수 있으며, 항공기 비상에 관한 정보가 항공교통업무기관이 아닌 곳으로부터 접수되었을 경우, 사고 발생 지점 관할 기관에 통보한다. 필요한 경우 인접국가 지역관제센터(ACC)에 통보하고 수색구조활동에 필요한 정보 및 자료를 수색구조대에 통보한다. 외국 국적 항공기의 경우 항공기 등록국에 통보하고 항공·철도사고조사위원회에도 신속히 통보한다. 효율적인 수색구조를 위하여 필요한 경우 적절한 항공기 또는 선박을 통제하는 기관에게 조난항공기, 생존무선장비 또는 비상위치지시용 무선표지설비(ELT)로부터의 송신을 수신하였는지 확인을 요청할 수 있다.

4) 수색구조 활동의 종료와 중지

항공수색구조지원센터의 장은 조난항공기가 안전하다는 사실을 통보받거나 확인된 경우 비상단계를 해제하고 관련 기관에 통보하여야 한다. 또한, 수색구조대로부터 수색구조활동이 종료되었음을 통보받은 경우 관련 기관에 상황종료에 대하여 신속히 통보하여야 한다.

마. 국가 간 협조

외국 수색구조항공기가 신속한 수색구조활동을 위하여 우리나라 수색구조구역(SRR) 상공으로의 진입허가를 요청한 때에는 항공수색구조지원센터는 구조조정본부장에게 협의하고 그 결과에 따라 진입 비행허가를 통보해야 한다. 항공수색구조지원센터는 인접국 항공구조조정본부에서 우리나라의 항공기, 인원 또는 장비 등에 대한 지원요청이 있을 경우 구조조정본부와 협의하고 그 결과를 신속히 통보하여야 한다. 한편, 인접 비행정보구역에서 발생한 항공기의 추락·실종 등 정보를 입수한 때에는 구조조정본부 또는 인접 국가의 지역관제센터(ACC)에 신속히 통보하여야 하고, 구조조정본부로부터 요청이 있을 시 관련국 항공구조조정본부에 우리나라 수색구조대의 진입허가를 요청하여야 한다. 마지막으로, 항공수색구조지원센터는 인접국 수색구조관련기관에 수색구조지원업무 발전 및 협력체계구축 등을 위한 국제교류를 위하여 노력하여야 한다.

09 항행안전시설

가. 항행안전시설의 개념

1) 항행안전시설

항행안전시설이란 공항시설법 제2조(정의) 제15호에 “유선통신, 무선통신, 불빛, 색채 또는 형상을 이용하여 항공기의 항행을 돕기 위한 시설로서 국토해양부령으로 정하는 시설을 말한다”라 정의되어 있다. 항행안전시설은 크게 전파를 이용하여 항공기의 항행을 돕기 위한 “항행안전무선시설”, 불빛을 이용하여 항공기 항행을 돕기 위한 시설인 “항공등화시설”, 통신을 이용하여 항공교통업무에 필요한 정보를 제공 · 교환하기 위한 “항공정보통신시설”로 분류된다.

또한, 국제적으로는 항행안전시설 역할과 기능에 따라 “통신(Communication)”, “항법(Navigation)”, “감시(Surveillance)” 체계로 분류하여 관련 표준기술을 개발하고 제정하며 ICAO 부속서 10의 제1, 2, 3, 4, 5, 6권이 해당되며 부속서 중 가장 많은 전체의 약 34% 조항이 해당된다.

▼ 항행안전시설의 분류에 따른 역할과 개념

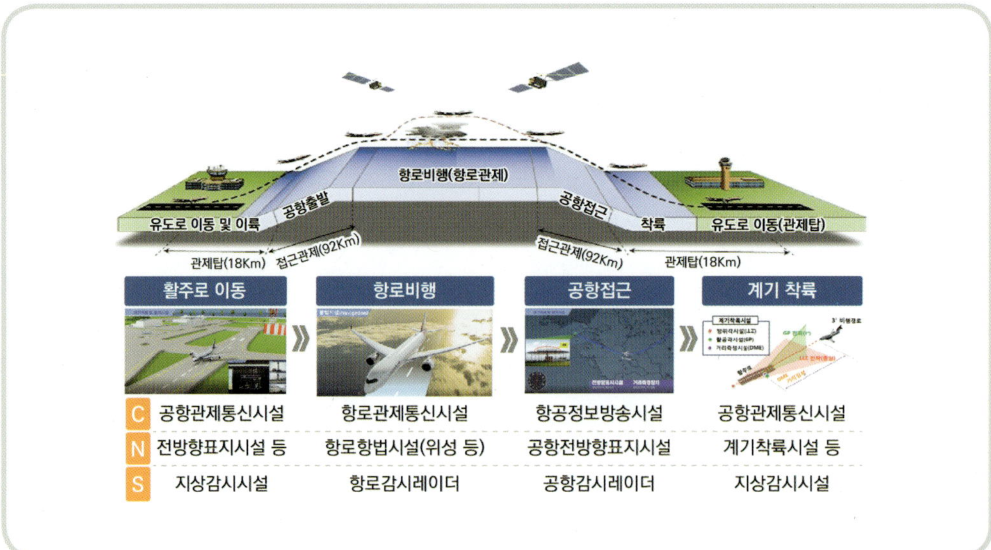

2) 항행안전시설의 분류

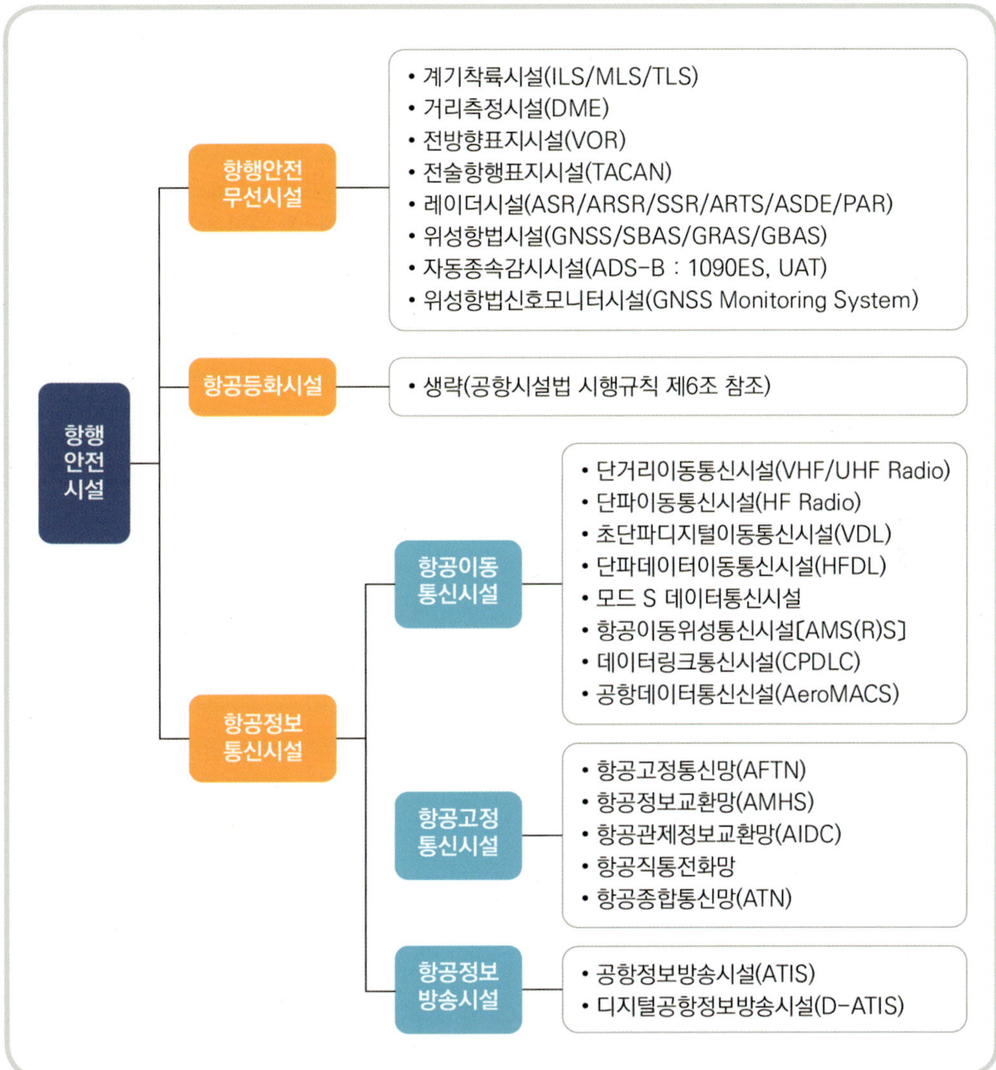

3) 항행안전시설의 역사와 항공교통산업에 미치는 영향

최초 횃불을 이용한 항공기 안내에서 시작하여 1927년 미국을 중심으로 무선 전파를 이용한 항로표지시설(LF Radio Range)을 개발한 것이 최초의 "항행안전시설(Air Navigation Facilities)"이며 이를 통해 항공로를 구성하게 되었다.

ICAO는 미국의 주도하에 국제민간항공의 장려를 위한 "항공로 및 항행안전시설의 발전을 목적"으로 하는 시카고협약(1944. 12. 조인, 제44조 3항)을 제정하게 되었고, 대한민국도 1969년 최초 항로무선표지시설을 운영하면서 "교통부" 항공국 內 통신전자과를 신설, 현 자동화관제 · 위성항법 · 계기착륙 등 시설로 발전하게 되었다.

이후 무선전파를 이용한 항행기술은 지상과 위성에서 항공기와 끊임없이 통신하며, 수용증대와 자동비행(Auto - Pilot)하게 하는 기술로 발전하게 되었다. 수용증대를 위해 항공기 수평 · 수직분리 간극은 짧게, 계기에 의한 자동화 착륙 등 항공교통량 증대로 전 세계, 국내 항공수송량은 10년마다 약 1.8배 증가하게 되는 주요 역할을 항공기 발전과 함께 수행하게 되었다.

▼ 항공교통수용 증대 개념

발전	초창기(1920년~1950년)	발전기(1951~2000년)	중흥기(2001~)
교통수요		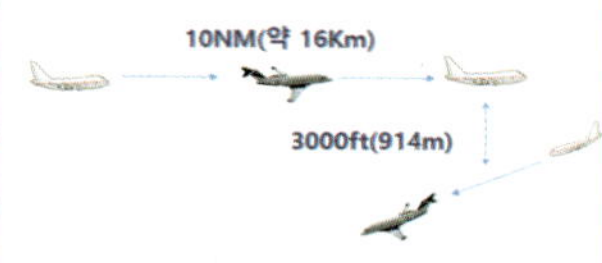	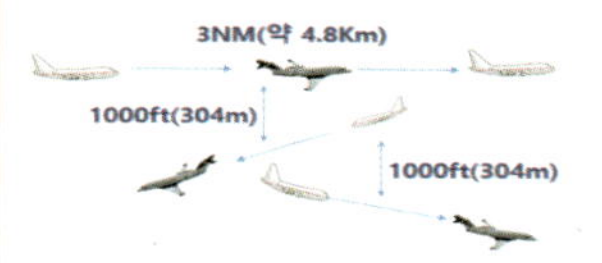
탑재장비	• 시계에 의한 항법기술 • 장파무선장비 보조	• 관성항법장비, 계기수신	• 비행관리시스템, 충돌회피
항행시설	• 장파무선장비(LF), • 무지향표지시설(NDB)	• 무선표지시설, 계기착륙시설 • 레이더감시시설	• 위성항법장치(GPS/SBAS), 고성능 계기착륙시설 등 • 감시센서 자동화 처리방송

4) 항행안전무선시설

가) 계기착륙시설(ILS : Instrument Landing System)

무선 전파를 이용하여 착륙하는 항공기에게 활주로 중심선 정보와 착륙각도 정보를 조종사에게 제공하여 자동으로 착륙할 수 있도록 유도해주는 시설로서 다음의 장치로 구성된다.

계기착륙시설이란?

안개, 폭우, 눈 등 기상에 의해 **조종사가 활주로가 보이지 않아도 자동**(Auto-pilot)으로 **착륙**(Auto pilot)**할 수 있도록 지상에서 항공기에 정보를 제공**

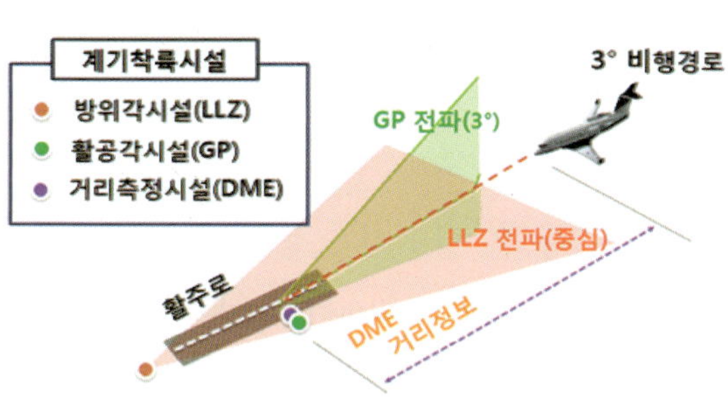

계기착륙시설은 현존하는 최고의 활주로 정밀운영등급(CAT : CATegory)을 유지할 수 있도록 구성할 수 있는 시설이며, 활주로 운영등급은 활주로는 방향마다 안개 등 기상악화에도 착륙할 수 있도록 지상시설* 또는 위성서비스 조건에 따라 등급을 정하여 운영하고 있다.

▼ 활주로 운영등급 구분

비정밀	APV-I, LPV-200, APV-II(준정밀)	CAT-I, CAT-II, CAT-III (정밀)
	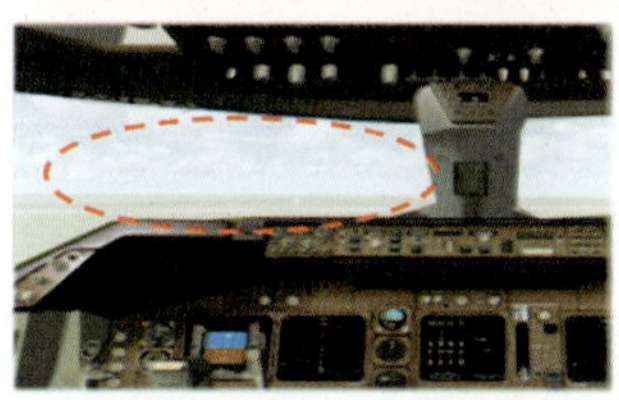	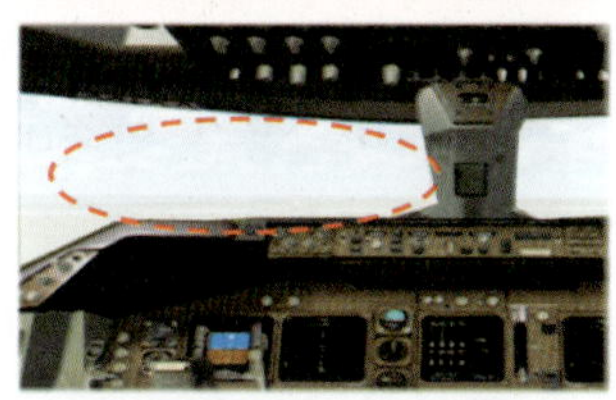

(1) 방위각장치(LOC : Localizer)

활주로 말단에서 중심선 연장선상 약 300m 지점에 설치되며, 착륙하는 항공기에게 활주로 중심 연장선 정보를 제공하는 장치이다. 조종사는 조종석에 설치된 ILS 수신기의 계기판을 통해 항공기가 활주로 중심선으로부터 좌·우로 얼마나 벗어났는지 또는 일치되었는지를 확인할 수 있다.

(2) 활공각장치(GP : Glide Path)

활주로 말단으로부터 내측으로 약 300m 지점(착륙지점), 활주로 중심선으로부터 약 150m 이격된 지점에 설치되며, 착륙하는 항공기에게 착륙각도(3°) 정보를 제공하는 장치로서 조종사는 ILS 수신기 계기판을 통해 항공기가 착륙각도를 유지하는지 여부를 확인할 수 있다.

(3) 마커시설(Marker)

항공기 착륙로상의 특정지점(결심고도 등)을 항공기 조종석에 설치된 램프 및 가청음으로 알려주는 시설로서 내측 마크(I/M : Inner Marker), 중방마크(M/M : Middle Marker), 외방마크(Outer Marker)가 있으며, 근래에는 DME로 기능이 대체되어 M/M, O/M는 사용되지 않고 I/M만 CAT-Ⅱ/Ⅲ급에서만 사용한다.

나) 거리측정시설(DME : Distance Measuring Equipment)

DME로부터 항공기까지의 거리정보를 항공기 조종석의 계기판에 숫자(해상마일 : Nautical Mail)로 제공하여 조종사가 착륙지점까지의 거리를 알 수 있도록 해주는 시설로서 ILS의 경우 GP와 병설하고 전방향표지시설과도 병설되어 운영된다.

다) 전방향표지시설(VOR : VHF Omni-directional Radio Range)

무선 전파를 이용 항행 중인 항공기에 VOR을 기준으로 한 방위각 정보를 제공하는 시설로서 DME와 병치하여 항공로용 또는 공항 터미널용으로 사용된다.

공항 터미널용은 약 50NM 밖에서부터 항공기가 자북을 중심으로 방위를 제공하여 목적지 공항을 찾을 수 있도록 유도해주고, 거리측정장치(DME)와 병행설치되어 항공기 자신의 위치에서부터 목적지까지 거리를 동시에 확인할 수 있게 되며, 항공기 비행관리시스템(FMS)에 의해 자동으로 비행할 수 있도록 정보를 제공하는 역할도 하게 된다. 항로용 VOR은 대부분 고지대 산 등에 설치되어 바다 위의 나침반처럼 항로를 구성하는 역할을 하여 항공기가 정해진 항로로 비행하도록 유도해주는 역할을 한다.

▼ VOR을 이용한 공항접근 개념

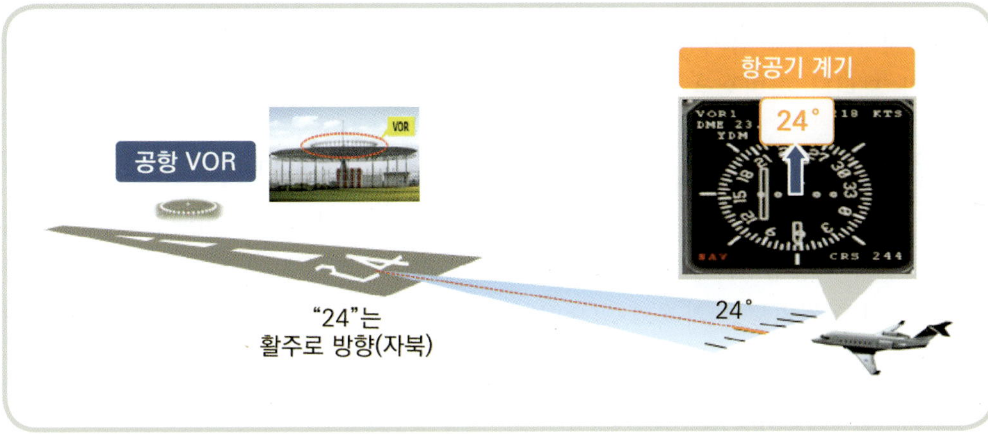

라) 전술항행표지시설(TACAN : Tactical Air Navigation)

UHF대 주파수를 이용, 항행 중인 군용항공기에 방위각 정보와 거리측정정보를 제공하는 시설로서 VOR과 같은 기능을 하며 VOR과 병치하여 항공로용으로 사용된다.

마) 레이더시설(Radar)

레이더는 항공관제업무 제공을 위해 관제사에게 정보를 제공하는 시설로서 용도에 따라 항로용(ARSR), 접근관제용(ASR), 비행장관제용(ASDE), 착륙지원용(PAR) 등으로 구분된다.

(1) 항로감시레이더(ARSR : Air-Route Surveillance Radar)

1차 감시레이더(PSR : Primary Surveillance Radar) 및 2차 감시레이더(SSR : Secondary Surveillance Radar)로 구성되며, 우리나라 전 공역의 항공기를 탐지하여 항공기의 위치, 고도, 속도, 편명 등의 정보를 항로관제사에게 제공하여 항공기가 정해진 항로로 비행하는지 여부를 감시(항공교통센터)하는 데에 사용된다.

(2) 공항감시레이더(ASR : Airport Surveillance Radar)

PSR 및 SSR로 구성되며 접근관제구역 내의 항공기를 탐지하여 항공기의 위치, 고도, 속도, 편명 등의 정보를 접근관제사에게 제공하여 항공기가 관제사가 지정한 경로로 비행하는지 여부를 감시(접근관제소)하는 데에 사용된다.

(3) 레이더 데이터 자동처리장치(ARTS : Automatic Radar Terminal System)

PSR 및 ASR에서 탐지한 레이더 자료와 비행정보자료, 기상자료 등을 종합하여 관제사가 모니터 화면으로 볼 수 있도록 해주는 데에 사용된다.

(4) 지상감시레이더(ASDE : Airport Surface Detection Equipment)

공항구역 내에 이동하는 물체 즉 항공기, 차량 등을 탐지하여 비행장 관제사에게 항공기 속도, 이동방향, 이격거리 등의 정보를 제공하며 충돌위험경보, 위험지역 침입경보 등의 안전기능을 가지고 있으며, 우리나라에는 인천, 김포, 김해, 제주공항에만 설치되어 있다.

(5) 정밀접근레이더(PAR : Precision Approach Radar)

ILS와 유사한 기능을 가지고 있으며, 착륙 중인 항공기의 위치, 고도 등을 탐지하여 관제사에게 제공하고 관제사는 항공기가 활주로 중심 연장선과 착륙각도를 벗어나면 조종사에게 무선통신을 이용하여 벗어난 정도를 실시간으로 알려주어 착륙로를 따라 안전하게 착륙하도록 유도해 주는 데에 사용된다. PAR은 주로 지형적인 여건상 ILS를 설치할 수 없는 공항의 활주로에 설치하여 운영한다. ILS가 활주로 중심 연장선과 착륙각도 정보를 항공기 조종석에 설치된 계기판에 나타나도록 제공하여 조종사가 자동 또는 수동으로 조정하여 착륙하도록 하는 데에 비해 PAR은 접근관제실 레이더 모니터 화면을 통해 관제사가 항공기가 활주로 중심 연장선과 착륙각도에 일치되는지 여부를 확인하여 무선통신기기를 이용, 조종사에게 알려주어 조종사가 활주로 중심선과 착륙각도를 유지하도록 유도해주는 차이가 있다.

5) 항공정보통신시설

가) 항공이동통신시설

항공이동통신시설은 항공교통관제업무를 지원하는 기본적인 시설로서 관제사와 조종사 간 음성통신 또는 데이터 통신을 제공한다. 사용용도에 따라 UHF, VHF, HF 대역의 주파수를 사용하며, 각기 다른 주파수를 가진 다수의 송수신기와 음성통신제어장치(VCCS), 그리고 녹음시설, 비상송수신기 등 주변장치들로 구성되어 있다.

일반적으로 UHF/VHF 대역의 주파수는 전파의 감쇄가 크기 때문에 단거리 통신에 사용되며, UHF 대역의 주파수는 군항공기 또는 헬리콥터와 같은 특수 항공기와의 통신에 사용하는 반면, 민항기와의 통신에는 VHF 대역의 주파수를 사용하는데 국제민간항공기구에서 사용 주파수 대역을 지정한다.

음성통신제어장치(VCCS)는 관제소(TWR, APP 그리고 ACC 등)에서 항공기 이, 착륙 및 항로 관제를 하기 위하여 필요한 음성 정보를 쉽고 편리하게 이용할 수 있도록 다양한 통신장치를 통합 수용한 유/무선 교환기이다. 관제 송수신기가 원격으로 제어되고 관제탑과 통신실, 이동통신 시설의 장비실 등에 포지션이 원격으로 연결되어 있다.

▼ 공항의 VCCS 운영개념

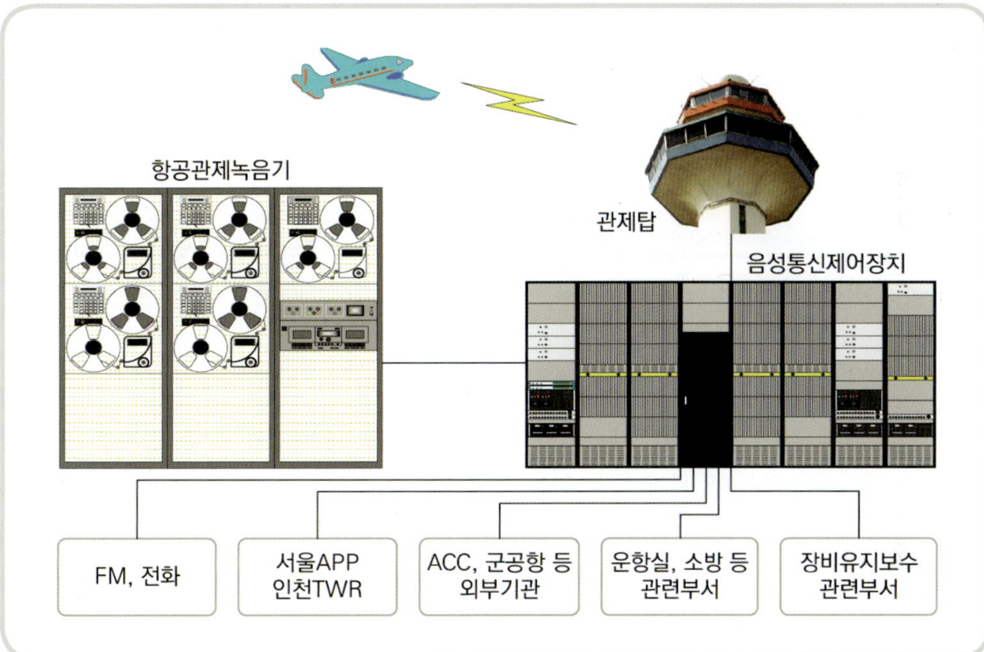

또한, 관제통신녹음기는 항공기 사고발생 대비 관제사의 모든 대화 내용을 24시간 녹음하며 관제용 주파수, 관제석 교신, 공항 내 항공관련 부서, 외부의 항공관련 기관 등과의 통신내용을 녹음한다. 항공기 사고발생 시 사고원인 분석자료를 제공한다.

통신이론 측면에서 보면, 같은 주파수 대역을 사용하여 통신하면 혼신이 발생하므로, 관제업무에 사용하는 주파수는 관제사의 업무에 따라 다르게 배정한다. 즉, 비행허가 중계석, 지상 관제석, 국지 관제석, 접근 관제소별로 다른 주파수를 배정한다는 의미이다. 또한 관제업무에 있어 통신은 가장 중요한 부분이므로 예비 주파수를 배정하고 있어, 주 주파수에 혼신 등의 문제가 발생하여 사용하지 못하게 되었을 때 예비 주파수를 사용하게 되어 있다.

▼ 공항의 주파수 배정 운영개념

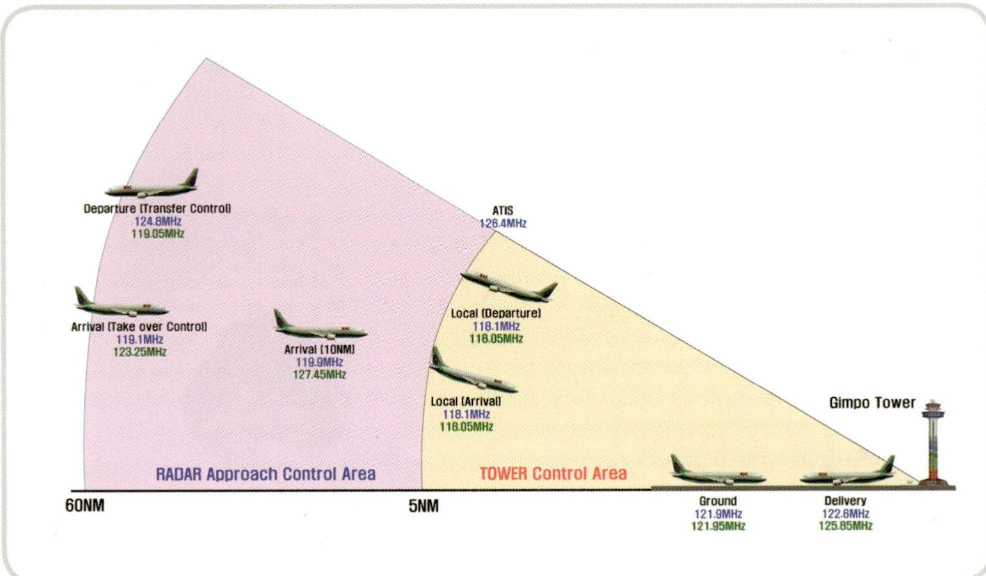

출발과 도착 절차에는 UHF와 VHF 대역의 전파를 사용하여 직접 전파를 송수신하는 방식을 사용하는데 관제소별 관제영역을 살펴보면, 공항관제탑의 관제범위는 시각으로 항공기를 확인할 수 있는 보편적 거리인 5NM이며, 공항레이더시설을 통해서 항공기를 식별하는 접근관제소의 관제범위는 60NM이다. 그러나, 계기착륙시설(ILS)이 거의 모든 공항에 설치되어 운용되면서부터 계기착륙시설을 이용하여 접근(10NM 전후)하는 항공기는 공항관제탑의 관제를 받게 된다.

나) 항공고정통신시설

(1) 항공고정통신망(AFTN : Aeronautical Fixed Telecommunication Network)

전 세계 국제민간항공기구(ICAO) 회원국(가입자) 간 항공기 운항업무지원과 안전운항을 위한 형식화된 항공정보를 교환하기 위해 지상국 간 구성된 항공고정통신망으로 우리나라의 경우, 국제간에는 한-일 및 한-중 회선이 있다.

국내는 인천 항공정보통신센터를 중심으로 항공교통센터, 전국 각 공항 및 항공기상대 등 항공 관련기관, 군, 항공사 등과 연결되어 있다.

※ 항공정보 : 비행계획, NOTAM, 항공기상, 조난, 긴급, 수색, 구조 정보 등
※ 항공고정통신업무 : 특정지점 사이에 항공고정통신망(AFTN) 또는 항공정보처리시설(AMHS) 등을 이용하여 항공정보를 제공하거나 교환하는 업무

(2) 항공정보교환망(AMHS : Aeronautical Message Handling System)

ICAO 및 국제 기술기준(ISO, ITU 등)에 표준화된 시스템으로, AFTN을 통해 수신된 항공정보의 자동식별, 저장, 오류감지, 배달 등을 수행하는 AFTN의 주 시스템(서버)으로 목적지 주소를 식별하여 미리 설정된 라우팅 테이블에 의거하여 해당 메시지(전문, 항공정보)를 전달하는 일종의 메시지 교환장치로, 기존의 텍스트 기반의 AMS에 비해 파일첨부, 멀티미디어 정보전송 등 다양하고 진화된 기능을 제공한다.

(3) 차세대 항공종합통신망(ATN, Aeronautical Telecommunication Network)

항공용 지對지(Ground to Ground), 공對지(Air to Ground) 통신을 위해 ICAO에 의해 정의된 국제 기간 데이터 통신망으로 기존의 항공고정통신망을 대체할 차세대 항공종합통신망을 의미한다. 기존의 항공고정통신망과 ATN을 비교한 내용은 아래 표와 같다.

▼ AFTN과 ATN 비교

구 분	기존 AFTN	ATN
연결 시스템(G/G)	AMS	• AMHS(ATS – Message Handling System) • AIDC(ATS Inter-facility Data Communication)
연결 시스템(A/G)		• CM(Context Management) • ADS(Automatic Dependent Surveillance) • CPDLC(Controller Pilot Data Link Communication) • FIS(Flight Information Services)

다) 항공무선데이터통신시설

(1) 출발허가시스템(PDC 또는 DCL : Departure CLearance System)

미국, 캐나다, 뉴질랜드, 호주, 홍콩, 한국 등에서 'PDC' 라 불리우는 DCL 시설은 출발절차에 관련된 항공정보를 관제사와 조종사 간에 교환하기 위한 문자 메시지 기

반의 시스템이다. VDL 기술기준에 따라 VHF 대역의 주파수를 사용한다.

조종사가 출발허가를 요구하면, 관제사는 PDC 시설을 이용하여 DCL 데이터를 전송하고 조종사는 화면 또는 프린터를 통해 출력되는 데이터를 확인할 수 있어 음성신호 교환에 의한 오류를 최소화할 수 있다. 항공기에 ACARS(Aircraft Communication Addressing and Reporting System) 장치가 장착되어 있어야 하고, 또한 항공사가 항공통신사(SITA 또는 ARINC)에 회원사로 가입되어야 이용 가능한 서비스이다.

(2) D-ATIS(Digital(or DataLink) Automatic Terminal Information Service)

음성으로 제공하던 ATIS(항공정보)를 문자기반의 데이터로 전송하는 서비스이며 시설의 구성은 PDC 시스템과 같다.

(3) ACARS(Aircraft Communications Addressing and Reporting System)

ACARS는 지상무선국 또는 위성을 이용하여, 비교적 짧고 간단한 메시지를 항공기와 지상국 간에 교환하기 위해 항공기에 장착되어지는 디지털 데이터링크 장치이다. ARINC사에서 1978년에 VHF 음성서비스를 대체하기 위해 텍스트 기반으로 개발한 프로토콜에서 유래된 이름이다. 후에 SITA사에서 범세계적인 데이터망으로 확장하였으며, ACARS 통신망은 Airborne System, Service Provider Ground Network, 항공사 운항센터로 구성된다.

6) 차세대 항행안전시설

가) 위성항법시설(GNSS : Global Navigation Satellite System)

위성을 이용하여 위치를 결정할 수 있는 항법시스템으로 지상기반 항법시스템의 통달거리 등의 한계를 극복하기 위해 개발된 시스템으로서 위성을 이용한 위치탐지 시스템과 위치 오차를 보정해주는 위성항법보정시스템이 있다.

▼ 기능과 역할 등에 따른 위성항법시스템 분류

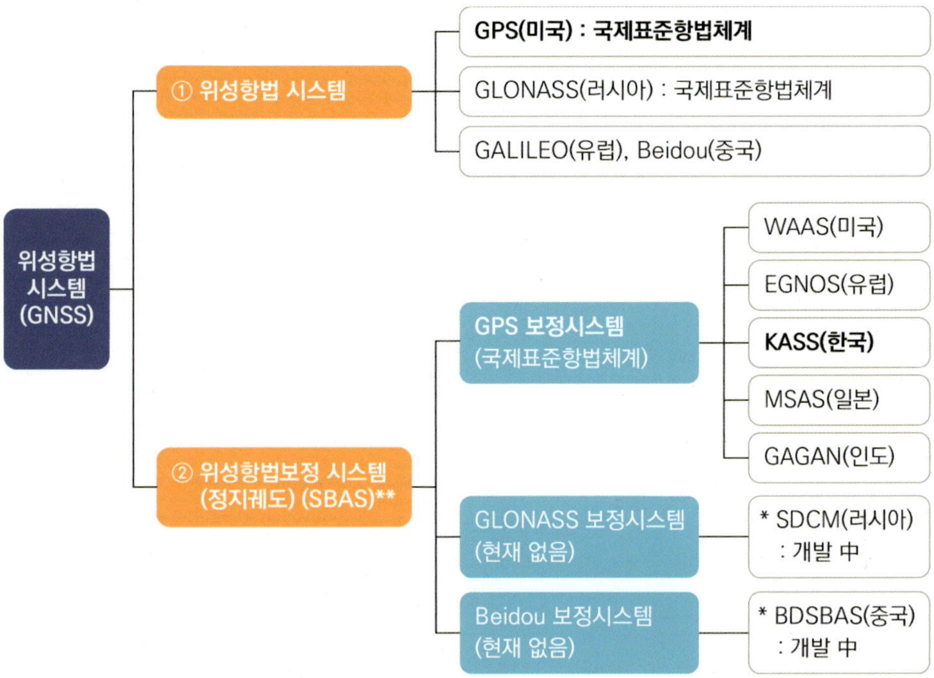

1) WAAS : Wide Area Augmentation System
2) EGNOS : European Geostationary Navigation Overlay Service
3) KASS : Korea Augmentation Satellite System
4) MSAS : Michibiki Satellite-based Augmentation Service
5) GAGAN : GPS Aided GEO Augmented Navigation
6) SDCM : System of Differential Correction and Monitoring

(1) GPS(Global Positioning System)

위성위치탐지시스템은 국제민간항공기구(ICAO)가 인정하고 있는 미국의 GPS가 대표적이며, 현재 항공용은 물론 육상, 해상 등 다른 목적으로도 전 세계적으로 널리 사용하고 있다. 유럽의 GALILEO, 러시아의 GLONASS 등도 이에 해당한다. GPS의 각 위성은 두 가지의 다른 주파수의 신호를 동시에 발생시키는데 L1 반송파라고 알려진 1.57542GHz 주파수와 L2 반송파라고 불리는 1.2276GHz 주파수의 신호로 구성되어 있다. 이러한 반송파에 중첩되는 정보는 PRN(Pseudo-Random Noise) 부호와 항법메시지(Navigation Message)로 이루어진다. PRN 부호는 각 위성마다 유일하도록 서로 다른 이진 부호로 구성되는데 매우 길고 복잡하기 때문에 신호 자체만 보았을 때는 의미를 파악할 수 없다. 사실상 PRN 부호는 어떠한 정보를 담고 있는 것이 아니라 이름에서 알 수 있듯이(Random Noise) 어떠한 규칙에 의해 만들어지는 불규칙한 이진 수열로써 위성까지의 거리를 측정하는 데 사용된다.

▼ 전 세계 위성항법시스템 구축 운용현황

구분		미국	유럽	러시아	중국	인도	일본	한국
1 위성항법 시스템	범지구 위성항법시스템 (GNSS)	GPS	Galileo	GLONASS	Beidou	–	–	–
	지역위성항법시스템 (RNSS)	–	–	–	–	NaViC	QZSS	KPS
	항공표준(ICAO)	O	X	O	X	X	X	X
	구축연도	1995년 완성	2024년 완성 예정	1995년 완성	2020년 완성	2018년 완성	2023년 완성 예정	2035년 완성 예정
	운영중인 위성수 (최종완성)	30	24 (30)	25	30	7	5 (7)	– (8)
2 위성항법 보정 시스템	위성항법 보정시스템 (SBAS)	WAAS	EGNOS	SDCM	BDSBAS	GAGAN	MSAS	KASS
	구축연도	2003년 운영	2011년 운영	시험 중	2022년 운영 예정	2013년 운영	2007년 운영	2023년 운영 예정
	운영중인 정지궤도위성수	3	2	시험 중	시험 중	3	1	1 (1)
	보정기반 위성항법신호	GPS	GPS	–	–	GPS	GPS	GPS

(2) 위성항법보정시스템(SBAS, GBAS)

GPS 등의 위성을 이용하는 항법시스템은 위성위치 오차, 위성시계 오차, 전리층 지연, 대류층 지연 등으로 인해 항공기의 위치가 약 30m 이상의 오차가 발생함에 따라 이 오차를 줄여주고 GPS 등을 항공항법 적용에 요구되는 시스템의 무결성 보장 등을 위해 보정시스템이 필요하며 제공 범위에 따라 위성기반(SBAS) 또는 지상기반(GBAS)시스템으로 구분된다.

▼ 항공용 위성항법 보정시스템 비교

구분	정보제공방법	서비스범위	용 도
GBAS	공항 내 기준국 한개 지상데이터 링크	공항주변 (100km)	공항접근 정밀이착륙
SBAS	서비스 내 여러 기준국 별도 정지궤도 위성	지구의 1/3	준계기정밀착륙

(가) 위성기반항법보정시스템(SBAS : Satellite Based Argumentation System)

GPS 등 위성항법시스템의 오차(위성 단독 사용할 경우 10~30m 발생)를 줄이기 위한 위치오차 보정시스템 중 위성을 이용하여 보정정보를 제공해주는 시스템으로 정보제공 범위가 가장 넓다.

▼ 위성항법보정시스템(SBAS) 개념도

(나) 지상기반보정시스템(GBAS : Ground Based Argumentation System)

지상에 설치된 GPS 등의 위성으로부터 위치신호를 수신하고 지상에 설치된 기준국 신호와 비교하여 보정신호를 생성하여 기준국에서 보정신호를 방송해주는 시스템으로 각 공항에 설치되어 항공기 정밀 이착륙용으로 사용된다.

(3) 위성항법신호 모니터링시설(GNSS Monitoring System)

위성항법시스템의 GPS 위치 정확성 및 무결성, 수신기 신호수신 상태 등을 감시하여 GPS 장애가 예상되는 경우 RAIM 오류정보 항공고시보(NOTAM)을 생성하여 관련 관제기관과 항공사 등에 사전에 정보를 제공해주는 시스템으로 다음과 같은 주요 기능이 있다.

(가) 지역감시(LAM : Local Area Monitoring)기능 : GPS 위치에 대한 정확성 및 무결성 감시

(나) 광역감시기능(WAM : Wide Area Monitoring) : 광역 실시간 모니터링, 광역 오류 탐지서비스

(다) GNSS 수신기 모니터링 기능 : 수신기 주파수 상태, 신호 대 잡음 비율 등

(라) RAIM 오류정보 NOTAM 생성 기능

* RAIM : Receiver Autonomous Integrity Monitoring(GPS 수신기 자동 무결성 감시)

나) 자동종속감시시스템(ADS-B : Automatic Dependance Surveillance-Broadcast)

항공교통 감시방법은 1차 감시레이더(ASR) 및 2차 감시레이더(SSR)의 Mode A/C 및 Mode - S를 이용한 직접적인 감시방법과 HF/VHF 무선통신장치를 이용한 조종사의 음성보고에 의한 간접적인 감시가 있다. 레이더 및 VHF 무선통신은 항공로, 공항 접근구역에서 사용되고 대양지역에서는 HF 무선통신을 이용한 간접적인 감시방법을 이용한다. 그러나 레이더, HF/VHF 무선통신장치는 무선전파의 특성상 지형지물에 의한 통달거리의 한계와 전파불감지대 발생 등으로 정보제공의 신뢰성을 저하시킨다. 이러한 문제점을 극복하기 위해 항공기 국제민간항공기구(ICAO)에서는 1983년부터 자동으로 위치정보의 송출이 가능한 ADS시스템(Automatic Dependent Surveillance)을 개발하게 되었다. ADS는 레이더와 같은 정확하고 효율적인 감시수단이 없는 지역에서 항공교통 감시시스템으로 개발되고 있으며, ADS 정보를 이용하면 항공교통관제시스템이 대양지역이나 레이더감시가 불가능한 대양지역에서도 신뢰성 있는 감시가 가능하게 된다.

(1) ADS의 개요

ADS는 항공기의 위치정보 및 식별정보 등의 정보를 조종사의 관여 없이 데이터화하여 항공기로부터 직접 또는 인공위성 데이터링크를 경유하여 지상관제시설로 전달되는 시스템이다. 항공기의 위치정보는 관성항법시스템 또는 GPS 등과 같은 위

성항행시스템을 이용하는 항공기탑재 항법장비에 의해 취득된다. 항공기 항법장치로 취득한 3차원 위치정보와 시간, 항공기 편명 등의 정보를 인공위성 등을 이용하여 지상의 항공관제시스템으로 전송하고 관제시스템은 이를 관제사가 볼 수 있도록 처리하여 항공교통 관제업무를 수행할 수 있도록 한다.

(2) ADS-B

ADS-B(Automatic Dependent Surveillance-Broadcast)는 일반적으로 항공기 또는 지상차량에 장착된 GNSS 수신기 및 GPS로부터 얻어진 자신의 위치정보 및 기타 정보를 데이터 링크를 통해 규정된 시간간격에 따라 지상/공중에 방송한다. 주변에 있는 항공기가 GNSS 수신기 등으로 부터 얻어진 자신의 위치정보와 ADS-B 방송을 수신하고 프로세스하면 주위에 있는 모든 항공기 및 차량의 위치를 알게 되는 새로운 항공감시 개념이다.

(3) ADS-B 데이터 통신방식

항공기는 통신범위 내에 위치한 여러 개의 GNSS 위성으로부터 신호를 받아 이를 분석하여 자신의 위치를 결정한다. 이러한 위치정보는 항공기의 비행관리시스템에서 처리되며 이 정보를 데이터 링크 방송 형식으로 전달한다. 현재 민간 항공분야에서 연구되고 있는 ADS-B 데이터 통신 방식은 다음과 같이 3가지가 있다.

(가) VDL(VHF data link) – MODE 4

항공기가 취득한 위치 및 기타 정보를 VHF 데이터 링크로 방송하는 시스템이며 주파수특성상 타 항공기 시스템으로부터의 간섭에 민감하다.

(나) UAT(universal access transceiver)

UAT는 DME 주파수(978MHz) 대역이며 미국에서 저고도 경항공기를 대상으로 운송용 항공기와 분리하여 ADS-B 서비스를 제공하기 위해 개발되어 있다. 우리나라에서도 시범적으로 운용하고 있으나 확대 적용을 위해서는 탑재장비의 우선 확대가 선행되어야 할 것으로 판단하고 있다.

(다) 2차 감시레이더 Mode-S

기존의 2차 감시레이더 주파수(1090MHz)를 사용하여 Mode-S 방식으로 방송하는 시스템이다. Mode-S 데이터 링크 메시지(50개 FORMAT) 중 항공기충돌시스템인 ACAS 감시용으로 사용하려던 Broadcast(방송) 메시지를 추가, ADS-B에 적용하여 개발하였고 ICAO도 승인하여 상용화되어 있다. 미국은 2020년부터 법적으로 미국 본토 영공을 취항하는 항공기의 ADS-B 장착을 의무화하여 현재 약 550개소 이상의 지상국을 설치하여 운영하고 있으며 우리나라도 2021년부터 항로지역 11개소에 지상국을 설치하여 레이더와 연동운영하고 있다.

나. 항행안전시설의 발전 기본계획(2021~2026)

1) 개요

"제1차 항행안전시설의 발전 기본계획"은 공항시설법 제40조의 제1항에 의한 국토부 고시(항행안전시설의 관리 및 운영)에 의해 최초로 수립되었다. 관련법령에 의한 "항공정책위원회"에 정식 의제로 상정하여 국토부 장관 및 관계 7개 부처 차관급, 민간위원 등 17명의 심의(2021. 10.)를 거쳐 정식으로 공포되었다.

2) 계획 수립 기간

"제1차 항행안전시설의 발전 기본계획"은 2021년부터 2025년까지 5개년 계획이며 총 4,776억여 원을 투입하는 사업이다.

3) 계획 수립의 배경

세계 각국은 항공 수요 유치를 위해 경쟁 중으로 항행안전시설의 경쟁력 확보는 공항과 항공산업의 경쟁력을 좌우한다. 공항 경쟁력 향상과 항공산업 각 부문에 대한 발전, 연계성 강화 등을 위한 체계적인 기본계획 로드맵 마련을 위해 "항행안전시설의 발전 방향 전략"을 우선 수립하고 항행안전시설 발전 기본계획 수립을 추진하였다.

4) 국내 현황

인천국제공항은 아시아 최초 세계최고등급*(CAT-IIIb)을 획득하였으며, 전 세계 공항 최초로 "15만 시간(2018년) 무중단 달성" 항행안전 서비스 만족도 6년 연속 1위를 달성한 바 있다.

▼ 17만 시간 무중단 운영 및 서비스 만족도

17만시간 달성 비행검사 합격	항행안전서비스 6년 연속 1위	달성기념 행사

우리나라의 항공교통은 ICAO 세계항행계획서(GANP)에서 인용한 항공운송이행그룹(ATAG) 평가에서 전 세계에서 가장 많이 운항하는 국내 왕복구간으로 제주 ↔ 김포공항이 2017년 기준 약 65천 회로 1위를 기록한 바 있으며 인천공항은 국제선 여객운송 7위(61.5백만 명)와 화물운송 4위(2.9백만 톤)를 기록한 바 있다. 하지만 국제선과 국내선을 합한 여객운송 공항에는 모두 순위 밖을 기록하였다.

우리나라의 국가 여객운송(영공 통과 제외)과 국제여행객 수요는 각각 2027년과 2036년까지 약 2배 이상 증가할 것으로 예측하고 있으며, 국내공항의 접근성에 대하여는 거의 만점(99.8%)에 가깝지만 공항 전체적인 시설과 품질 등은 7점 만점에 4.3점(캐나다 6.8, 미국 6.0, 영국 5.2, 일본 4.6, 중국 4.3)으로 평가*되고 있다.

그동안 전량 해외에서 수입했던 항행안전시설은 국내 연구개발에 힘입어 국산화에 성공하면서 계기착륙시설 등은 수입대체(272식 456억 원)와 튀르키예와 이란, 동남아 등 13개국에 수출(약 1,258억 원, 1억 달러), 컨설팅 등 부가 수익을 창출(2009년~)하고 있다.

5) 해외 현황

ICAO는 전 세계 항공 운항의 단절 없는 조화로운 흐름(Harmonization)을 위한 차세대 항행시스템 표준화와 개발구축을 권고하여 글로벌 항행계획을 수립*(제6판, 2019), 전 세계 항공정보의 표준모델에 의한 중단 없는 공유체계, 위성을 통한 정밀위치 서비스 등을 추진하고 있다.

▼ ICAO GANP 요약 내용

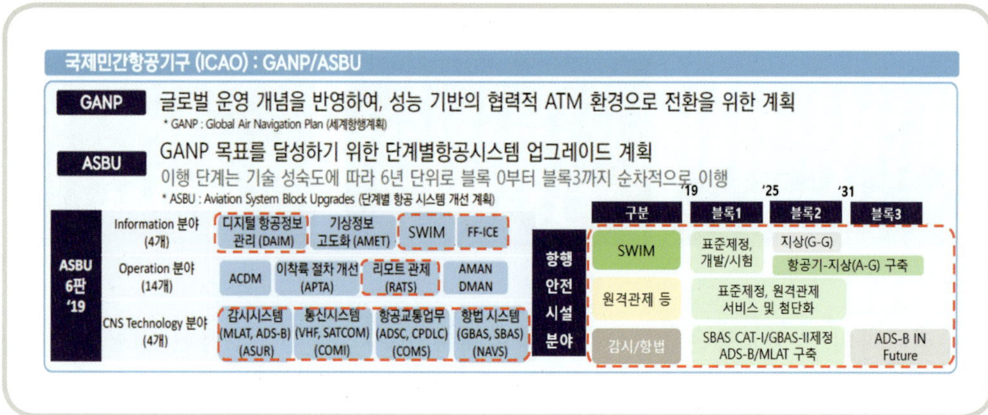

美 · 유럽은 국제적 최고 수준의 항공경쟁력을 확보하기 위해 첨단 항행안전시설을 개발하고 기술표준을 선점하기 위해 많은 노력을 기울이고 있다. 개별 항공시스템 연계에서 탈피하여, 다른 종류의 시스템간 상호 유 · 무선(통신 · 항 · 법위성 등 운용)으로 고속 연결(초연결)하고, 정밀위치 정보 등 끊임없이 분배 · 수집된 데이터를 분석(지능화 : Flight Management System - 항공기 탑재, 수집 데이터 분석 · 처리, 자동비행 등 총괄 관리) 활용하여 신뢰성과 안전성을 향상하기 위한 인공지능(IIoT : 산업용의 사물인터넷 기술, Industrial Internet of Things)으로의 발전을 꾀하고 있다.

▼ ICAO 및 미국과 유럽의 발전계획

구분	(ICAO)	(미국)	(유럽)
기본계획	• 세계항행시스템 이행계획 (GANP, 2013~2042, 제6판)	• 차세대항행체계 구축 (NextGen, 2010~2025)	• 유럽공역단일화 계획 (SESAR, 2008~2027 →2040)
시스템	• 전 세계 정보교환, 항행 시스템 발전	• 차세대 감시/항공정보 공유	• 차세대 감시/항공정보 공유
경제효과	• 7.5조 $, 220억 명 승객	• 70억 달러 경제효과	• 항공교통량 170% 증대

6) "항행안전시설 발전 기본계획"의 추진배경 및 주요내용

항행안전시설은 통신, 인공위성, 불빛, 전파 등을 이용하여 항공기이착륙 등 운항에 필요한 안전정보를 제공하는 핵심안전 시설로서, 항공교통량 증대(10년간 1.8배 증가)대응을 위해 항공기 간격 단축, 자동착륙(Auto-Pilot) 등을 위한 첨단기능 제공(총 32종 2,761대 운영 중)하고 있다. 주요국은 항행안전시설을 고도화하는 한편, 세계 표준을 선점하기 위해 우리나라도 기술경쟁에 앞서기 위한 노력이 필요하다. 특히 2024년경 세계 항공수요는 코로나 이전 수준을 회복할 전망(IATA)으로, 항공수요 급증에 대비한 선제적인 준비체제 구축이 필요한 시점이다.

항행안전시설은 다양한 과학·통신기술이 복합적으로 적용되므로 개별노력보다는 정·산·학·연 One-team 추진 체계가 무엇보다 긴요하게 된다. 그러나 그간 정부·공공기관·민간 등의 유기적이며 예측 가능한 역할분담체계 부재가 이어지고 있었기에 급속한 변화에 대응하는 과정에서 업무중복 우려가 있다.

아울러, 시설개선·R&D 등에 年 1천억 원 이상 투자(정부·공항공사 등) 중이나 중장기 로드맵 부재로 투자목적·우선순위 공유 및 관리 미흡한 실정에 따라 다양한 기관이 폭 넓게 참여하는 중장기 기본계획을 통해 비전·목표를 공유하고, 기관별 역할분담 등 추진체계 효율화 필요가 있다.

"항행안전시설 발전 기본계획"의 요약 내용은 아래 설명과 같으며 세부내용은 국토교통부 홈페이지("제1차 항행안전시설 발전 기본계획(2021)")에서 확인할 수 있다.

항행안전시설 발전 기본계획 총괄 요약

- **주요내용** 첨단 항행시스템 개발구축, 항행안전시설 확충 · 현대화 등 4대 전략, 16개 단위 과제, 105개 세부 사업 추진
- **기간/총사업비** 2021～2025(5년) / 4,766억 원(국토부/공항공사)
- **기대효과** ① 항공기 1백만 대(1,056천 대*) 운항이 가능한 항행안전 환경 조성 ② 유 · 무인기 조화로운 항행기반 마련 ③ 첨단 항행시설 개발 · 수출(0.7억 달러) 지원
  * IATA 항공운송 회복(2023) 후 2025년 2019년 대비 20%↑(제주남단 17% 증)

쉬어가기

비행 중 머리가 아파요... 승무원에게 두통약을 요청해도 될까?

항공기에 탑재되어 있는 의료용품은 어떤 것이 있을까?

많은 승객들이 탑승하는 여객기에는 환자가 발생하거나 각종 응급상황이 발생할 것에 대비하여 여러 의료용품과 구급용구를 비치하여야 한다.

국제민간항공기구(ICAO)는 항공기에 실어야 하는 의료지원용구의 종류와 수량을 국제 항공안전표준으로 정하고 있으며, 그 종류는 다음과 같다.

종류	품목
구급 의료용품	멸균면봉, 일회용 밴드, 거즈 붕대, 삼각건, 안전핀, 멸균거즈, 압박(탄력) 붕대, 소독포, 반창고, 상처봉합용 테이프, 손 세정제 또는 물수건, 안대 또는 눈을 보호할 수 있는 테이프, 가위, 수술용 접착테이프, 핀셋, 일회용 의료장갑, 체온계, 인공호흡 마스크, 복용약품(진통제, 구토억제제, 코 충혈완화제, 제산제, 항히스타민제)
감염예방 의료용구	액체응고제(파우더), 살균제, 피부 세척을 위한 수건, 얼굴 · 눈 보호대, 일회용 의료장갑, 보호용 압치마, 흡착용 대형타올, 오물 처리를 위한 주걱 및 위생봉투
비상 의료용구	**장비류** 청진기, 혈압계, 인공기도, 주사기, 주사 바늘, 정맥주사용 도관, 항균 소독포, 일회용 의료장갑, 주사바늘 폐기함, 도뇨관, 정맥 혈류기, 지혈대, 스폰지 거즈, 접착테이프, 외과용 마스크, 탯줄 집게, 체온계, 기본 인명구조술 지침서, 인공호흡용 백밸브 마스크, 손전등 **약품류** 아드레날린제 또는 에피네프린, 항히스타민제(주사용), 정맥주사용 포도당, 니트로글리세린 정제, 진통제, 항경련제(주사용), 기관지 확장제(흡입식), 아트로핀, 부신피질스테로이드(주사제), 이뇨제(주사용), 자궁수축제, 주사용생리식염수, 아스피린(경구용) 등

구급의료용품(First-aid kit)의 경우, 항공기별 좌석 수에 따라 100석마다 1세트씩 최대 6세트까지 탑재해야 한다. 감염예방 의료용구(Universal Precaution Kit)는 승객 좌석 수에 따라 250석마다 1세트씩 최대 3세트까지 탑재해야 하며, 비상의료용구(Emergency Medical Kit)는 좌석 수에 관계 없이 1세트를 탑재해야 한다.

COVID-19 방역지침이 강화된 기간 중에는 승객과 승무원들을 감염으로부터 보호하기 위해 승무원들에게 보호복과 마스크, 일회용 장갑, 기내용 손 소독제 등을 별도로 제공하기도 하였다.

쉬어가기

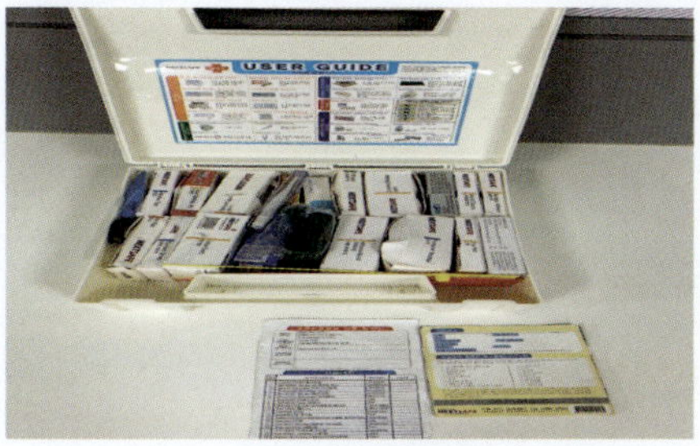

▲ 구급의료용품

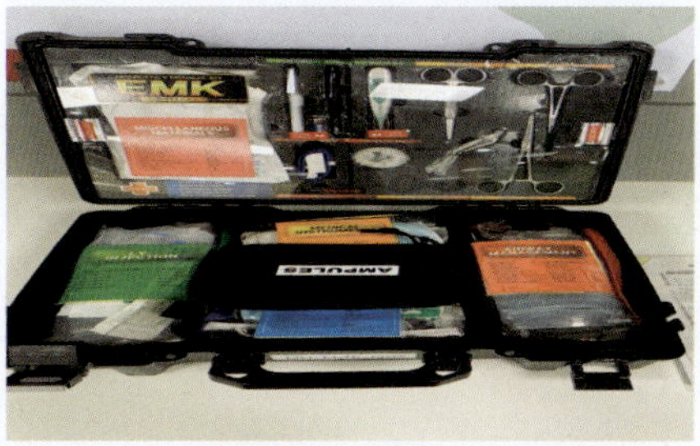

▲ 비상의료용구

사용연한이 정해진 약품 등의 경우 시한이 초과되기 전에 항공사들이 해당 약품을 폐기하고 새 제품으로 교체하는 등 관리를 철저히 하고 있다. 비행 중에 약품 등을 사용했거나 다 써서 소진된 경우에는 객실승무원들이 일지에 그 사항을 꼼꼼히 기록하여 다음 비행이 시작되기 전 해당 약품을 반드시 탑재한 뒤 항공기가 출발할 수 있도록 한다. 만약 의료용품이 규정대로 탑재되지 못하면 항공기 지연출발이 발생하기도 한다.

비행 중 경미한 증상이 있는 승객이 있을 경우 객실승무원이 반창고나 두통약 등의 간단한 구급의료용품을 제공할 수 있지만, 중증 환자가 발생할 경우는 응급환자 대응절차에 따라 승객 처치가 이뤄진다. 응급환자가 발생하면 객실승무원은 기내에 의사나 의료인이 탑승해 있는지 확인 후 응급처치를 요청하고 이들에게 기내에 탑재된 의료장비와 약품을 제공한다.

특히 비상의료용구의 경우는 가급적 의료인이 사용할 수 있도록 하여야 하며, 부득이한 경우에는 기내 통신수단을 사용해서 본사 의료팀 등 전문가의 도움을 받아서 사용해야 한다. 상황에 따라서 환자를 병원으로 수송할 수 있도록 기장은 가장 가까운 공항에 긴급 착륙을 결정하기도 한다.

항공기 여행 중 아프다면 객실 승무원에게 도움을 적극적으로 요청하는 것이 좋겠다. 다만, 여행 시간이 짧은 구간에서는 비행 후 몸 상태를 확인하고 약을 복용하는 것이 더 좋을 수 있으니 참고해서 편안하고 안전한 여행을 하길 바란다.

VII

공항 건설과 운영 정책

01 공항의 개념 및 특성

가. 개요

현대사회에서 공항은 국가 간, 지역 간 여객 운송과 항공 화물을 처리하는 핵심 인프라로서, 지역 경제활동과 관광산업을 촉진한다. 아울러, 그 나라의 처음과 마지막 인상을 책임지는 얼굴과 같은 역할을 한다. 12년 연속(2005~2016년) 국제공항협의회(ACI)의 "세계 공항서비스평가(ASQ)"를 휩쓸고, 세계에서 유일하게 "ACI 고객경험인증제 최고단계 5등급"을 획득(2022년 9월)한 인천국제공항 사례에서 볼 수 있듯이, 공항은 세계 속에서 대한민국의 브랜드 가치를 높이는 무형의 역할도 훌륭하게 수행하고 있다.

현재 우리나라에는 15개 공항이 운영 중이다. 국제노선이 취항하는 공항은 8개이며, 국내선 전용으로 운영되는 공항은 7개이다. 아울러, 8개 공항에서는 민간과 군이 활주로 등의 시설을 공용으로 사용하고 있다.

▼ 우리나라 공항 현황(2022년 기준)

구분		공항명
기능별 (15)	국제 (8)	인천, 김포, 김해, 제주, 대구, 청주, 무안, 양양
	국내 (7)	광주, 울산, 여수, 포항, 군산, 사천, 원주
소유 주체별 (15)	민간 (7)	인천, 김포, 제주, 울산, 여수, 무안, 양양
	민 · 군 겸용 (8)	김해, 광주, 청주, 대구, 포항, 군산, 사천, 원주

나. 공항의 개념

공항은 일반적으로 여객 또는 화물의 운송에 필요한 시설을 갖추고 있다는 점에서 단순 비행장[1]과 구별된다. 우리나라도 「공항시설법」 제2조 제3호에서 "공항"이란 공항시설을 갖춘 공공용 비행장으로서 국토교통부장관이 그 명칭·위치 및 구역을 지정·고시한 것으로 정의하고, "공항시설"을 항공기의 이·착륙 및 항행을 위한 시설, 여객과 화물의 운송을 위한 시설, 그 부대시설 및 지원시설로서 공항구역 안에 있는 시설과 공항구역 밖에 있는 시설로 정의함으로써 공항의 요건으로 공공성과 여객·화물 운송 기능을 명시하고 있다. 구체적인 공항시설의 종류는 아래와 같다.

1) 기본시설

가) 활주로(滑走路 runway), 유도로(誘導路 taxiway), 계류장(繫留場 apron), 착륙대(着陸臺 Runway strip) 등 항공기의 이·착륙시설

나) 여객터미널, 화물터미널 등 여객시설 및 화물처리시설

다) 항행안전시설

라) 관제소, 송·수신소, 통신소 등의 통신시설

마) 기상관측시설

바) 공항 이용객을 위한 주차시설 및 경비·보안시설

사) 이용객에 대한 홍보시설 및 안내시설

2) 지원시설

가) 항공기 및 지상조업장비 점검·정비 등을 위한 시설

나) 운항관리시설, 의료시설, 교육훈련시설, 소방시설, 기내식 제조·공급 시설

다) 공항의 운영 및 유지·보수를 위한 공항 운영·관리시설

라) 공항 이용객 편의시설 및 공항 근무자 후생복지시설

마) 공항 이용객을 위한 업무·숙박·판매·위락·운동·전시 및 관람집회 시설

바) 공항교통시설 및 조경시설, 방음벽, 공해배출 방지시설 등 환경보호시설

사) 공항과 관련된 상하수도 시설 및 전력·통신·냉난방 시설

---

1 「공항시설법」상 "비행장"은 항공기·경량항공기·초경량비행장치의 이·착륙(수)을 위해 사용되는 육지 또는 수면의 일정한 구역으로서 육상·수상비행장, 육상·수상·옥상·선상헬기장 등으로 정의된다.

아) 항공기 급유시설 및 유류의 저장·관리 시설
자) 항공화물을 보관하기 위한 창고시설
차) 공항의 운영 및 관리와 항공운송사업 및 관련 사업에 필요한 건축물의 부속 시설

3) 기타시설

가) 도심공항터미널(City Air Terminal)
나) 헬기장에 있는 여객시설, 화물처리시설 및 운항지원시설
다) 공항구역 내에 있는 「자유무역지역의 지정 및 운영에 관한 법률」 제4조에 따라 지정된 자유무역지역에 설치하려는 시설로서 공항의 원활한 운영을 위하여 필요하다고 인정하여 국토교통부장관이 지정·고시하는 시설
라) 기타 공항의 운영 및 관리에 필요하다고 인정되는 시설

다. 공항의 특성

공항은 도로, 철도, 항만 등 다른 교통시설과 어떻게 다를까? 공항정책을 수립할 때에는 공항의 개념을 명확히 이해하고, 다른 교통수단과 비교하여 공항이 가진 장점과 단점을 제대로 인식하는 것이 중요하다.

1) 지점 간 연결 개념의 인프라

공항은 지점과 지점을 잇는 개념(Point to Point)의 사회기반시설로서 선(線)의 개념이 강한 도로·철도 등과 구별된다. 도로·철도보다 상대적으로 저렴한 비용에 최소한의 면적으로 건설이 가능[2]한 친환경적인 교통 인프라이며, 고속 교통수단이라는 항공교통의 특성과 결합하여 고속철도 등 육상 교통수단으로는 극복할 수 없는 1천km 이상의 거리에서는 선택의 여지가 없는 필수 인프라이기도 하다. 아울러, 공항이 있는 곳에서는 세계 어디에나 접근이 가능하므로, 공항이 늘어날수록 다양한 노

2 km당 건설비는 고속도로는 약 340억 원, 일반철도는 380억 원, 고속철도는 490억 원에 달하는 반면, 호남지역의 중심 공항인 무안국제공항은 연간 500만 명 처리가 가능한 국제공항이지만 건설비는 약 3천억 원 수준이다. 물론 공항도 지형 여건에 따라 건설비가 급증할 수 있고 무안국제공항은 공항건설 여건이 우수한 편에 속하지만, 고속도로나 철도 10km 규모 건설비용으로 세계 어디서나 접근이 가능한 공항을 건설할 수 있다는 점은 공항만이 가진 장점이다.

선 개발이 가능해지고, 이에 따라 추가적인 시설투자를 최소화하며 효용을 극대화[3]할 수 있다.

2) 최고의 속도를 자랑하는 항공교통 제공

앞에서도 언급하였듯이 일반적인 운송용 항공기는 터보프롭(Turbo-Prop)기의 경우 시속 500km 내외, 제트기의 경우 시속 800km 이상으로 고속 운항하므로 사실상 국가 간 여객의 이동에 있어서 공항은 독보적 위치를 점하고 있다. 또한 화물 운송에 있어서도 반도체나 LCD를 비롯한 작고 가벼운 소량의 고부가가치 상품의 수출입을 통해 국가 경제에 크게 이바지하고 있다.

3) 수요 의존성이 강한 인프라

공항은 건설 후 자동차, 열차 등이 바로 운행할 수 있는 도로나 철도와 달리 제대로 기능하기 위해 반드시 항공사가 취항해야 한다. 다만, 민간 항공사는 철저하게 항공수요를 근거로 취항 여부를 결정하므로 잠재 항공수요의 크기가 공항의 항공 노선망을 결정짓는 핵심요소가 된다. 실제로 우리나라는 미국과 항공자유화(1998년 4월)를 통해 원칙적으로 국제공항에서는 어디든 노선을 개설할 수 있으나, 인천국제공항을 제외하고는 미주 노선이 없는 상황을 예시로 볼 수 있다.

4) 주변지역에 미치는 영향이 큰 인프라

공항은 개발면적은 작지만 건설과 운영에 있어서 매우 광범위한 면적에 영향을 주고 받는다. 예를 들어 공항을 건설할 때는 관련 규정에 따라 장애물 제한표면을 확보하기 위해 공항을 중심으로 활주로 방향으로 전후 각각 15km까지 진입표면을 확보하여야 하고, 활주로 좌우로는 최대 4km까지 고도 45m의 수평표면을 확보하여야 한다. 이러한 장애물 제한표면이 투영되는 면적은 실제 공항이 건설되는 부지보다 최소 20~30배 이상 넓기 때문에 우리나라같이 높은 산지가 많은 곳에서는 의외로 공항 건설 후보지가 귀해지는 현상이 발생하기도 한다.

또한, 공항이 운영되면 항공기가 이·착륙할 때 발생하는 소음으로 인해 공항 주변에 거주하는 사람과 동물은 물론 건물 등에도 소음피해가 발생할 수 있다. 실제로

---

3 공항이 신설되면 기존공항 수만큼의 노선이 신설될 수 있다. 예를 들면, 4개의 공항이 있을 때는 6개의 노선만 존재하지만 1개만 추가되면 4개의 노선이 추가되어 10개의 노선이 가능해진다.

우리나라를 포함하여 세계 많은 나라에서 도시의 팽창 또는 공항 인근의 거주지 개발로 인한 소음 민원은 공항 운영에 주된 제약요소로 작용하고 있다. 이러한 소음피해를 줄이고자 심야 운항제한시간(Curfew time)을 두거나 소음피해가 발생하지 않도록 해상공항의 건설이 추진되기도 한다.

라. 공항의 구성요소

공항은 활주로, 계류장, 터미널 등 기본시설과 급유시설, 유지보수시설, 편의시설 등 다양한 지원시설들이 한 곳에 모여 하나의 조화로운 시스템으로 작동한다. 이러한 공항 시스템은 일반적으로 크게 두 가지로 분류하여 설명할 수 있다. 하나는 비행기의 이·착륙과 주기를 담당하는 항공기 이동지역(Airside), 다른 하나는 여객 및 화물의 출도착에 관한 수속을 제공해 주는 공항터미널, 공항접근도로 및 주차장을 포함하는 일반업무 관리지역(Landside)이다.

1) 항공기 이동지역(Airside)의 구성

가) 활주로(runways)

활주로는 항공기가 이·착륙을 하기 위해 비행장에 설치된 구역을 의미하며, 쉽게 말해 항공기가 뜨거나 내릴 때 이용하는 도로를 말한다. 활주로는 공항 또는 비행장을 설치하려고 할 때 가장 먼저 결정해야 하는 시설로, 해당 지역의 기상조건을 분석하여 바람이 주로 부는 방향에 따라 그 방향이 결정된다. 항공기는 맞바람이 불 때 이·착륙이 가장 유리하며, 옆에서 부는 바람인 측풍에는 이·착륙이 방해를 받는다. 우리나라는 주로 겨울철에 북풍이 불고 여름철에는 남풍이 불기 때문에 대부분의 활주로는 남북방향으로 설치되어 있다[4]. 활주로의 길이는 취항하는 항공기의 성능, 운항 중량, 기후조건, 경사도, 비행장 고도 등을 종합적으로 검토하여 결정된다. 아울러, 운항하는 항공기의 안전 확보를 위해 활주로 주변에는 착륙대(Runway strip)를 설치하여야 하며, 활주로와 착륙대 규격, 활주로 경사도, 포장 강도 등 다양한 사항이 규정화되어 관리되고 있다.

---

4 제주공항의 경우 한라산으로 인해 낮은 고도에서 동서 방향으로 바람이 부는 날이 많기 때문에 동서 방향의 활주로가 설치되어 주활주로로 사용되고 있다.

▲ 활주로

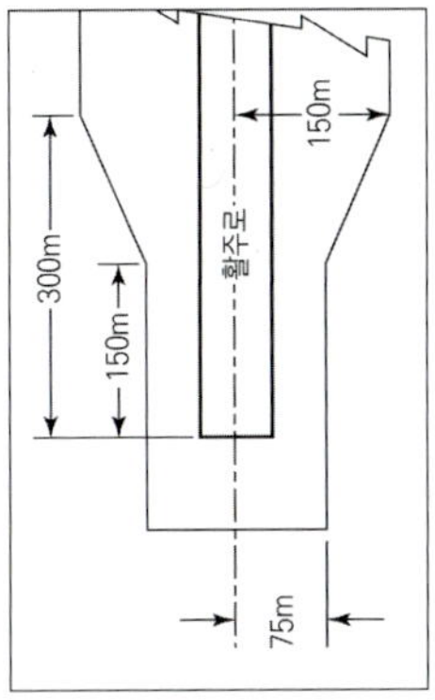

▲ 착륙대의 규격

나) 유도로(taxiways)

유도로는 지상에서의 항공기의 통행과 비행장 내에서 구역 간 연결을 위해 설치한 통로를 말한다. 작은 공항은 유도로가 없이 활주로로 내린 항공기가 유턴하여 다시 활주로를 이용하여 계류장으로 들어오는 경우도 있으나, 공항 운영상의 효율을 위해 대부분의 공항은 유도로를 설치하여 항공기가 이동할 수 있도록 하고 있다. 특히, 대형 공항에서는 항공기가 활주로를 점유하는 시간을 최소화하기 위하여 착륙 항공기가 신속하게 활주로를 이탈할 수 있도록 고속탈출 유도로를 설치하는 경우도 있는 만큼, 유도로는 활주로의 수용능력과 직결되는 중요한 시설이라고 할 수 있다.

다) 계류장(apron)

계류장(주기장)은 항공기가 착륙 후 활주로로부터 유도되어 공항에서 정차(주기)할 수 있도록 마련된 공간을 의미하며, 생긴 모양새가 앞치마와 비슷하여 Apron이라 부르게 된 것이라 추측된다. 계류장에서는 여객의 항공기 탑승 및 하기뿐만 아니라 화물과 우편물의 적재 및 적하, 급유 등 일반적인 지상 조업이 이루어진다. 이 외에도 항공기의 얼음 제거 등을 위한 제·방빙 작업, 폭발물 발견 등의 비상상황 시 대처를 위한 격리 등 다양한 목적으로 활용되는 계류장도 있다.

▲ 여객터미널 계류장

▲ 화물터미널 계류장

▲ 경항공기 계류장

라) 항행안전시설(air navigation facilities)

항행안전시설이란 유·무선통신, 불빛, 색채, 전파 등을 이용해 항공기의 안전한 항행을 돕기 위한 시설로, ① 전파를 이용하여 항공기의 항행을 돕기 위한 "항행안전무선시설", ② 불빛을 이용하여 항공기의 항행을 돕기 위한 "항공등화시설", ③ 통신을 이용하여 항공교통업무에 필요한 정보를 제공 또는 교환하도록 하는 "항공정보통신시설"로 분류된다.

항공기가 출발지 공항을 출발하여 목적지 공항에 도착하기 위해서는 항공교통 절차와 규정에 따라 비행하여야 한다. 이 절차는 크게 공항 계류장에서 출발하여 활주로를 통해 이륙하는 단계, 목적지 공항까지 항공로를 비행하는 단계, 목적지 공항에 착륙하는 3단계 절차로 구분할 수 있다. 이 과정에서 항공기가 정해진 절차에 따라 안전하게 비행하도록 유도하고 감시하도록 도와주는 시설이 항행안전시설이다. 항행안전시설에 대한 자세한 내용은 별도의 장에서 다루기로 한다.

마) 항공교통 관제시스템(air traffic control system)

항공교통 관제는 항공기를 안전하게 목적지까지 유도하여 착륙시키고, 하늘의 교통흐름을 조절하는 업무이다. 항공교통 관제 업무는 관제 서비스를 제공하는 구역에 따라 비행장 관제, 접근 관제, 항로 관제로 구분할 수 있다. 공항 내에는 관제 업무를 수행하는 공간으로 관제탑이 설치되어 있으며, 인천공항같이 공항 규모 등에 따라 추가로 관제탑을 설치하거나, 계류장 내에서 관제 서비스를 제공하기 위해 별도의 계류장 관제탑을 설치하는 경우도 있다.

▲ 인천공항 주 관제탑

▲ 김포공항 관제탑

▲ 인천공항 계류장관제탑

바) 수하물처리시설(BHS : Baggage Handling System)

수하물처리시설은 공항 운영 분야에서 핵심적인 시설로 여객의 위탁수하물을 신속하고 정확하게 분류하여 운송하는 시설이다. 자동화된 수하물처리시스템은 수하물에 달린 태그를 자동으로 인식하여 항공편별로 분류하고 운송하는 출발 시스템과 수하물을 도착수하물 수취대까지 운송하는 도착 시스템으로 구성된 첨단 복합 자동물류 처리 시스템으로 분류된다. 대표적 허브공항인 인천국제공항에 설치된 수하물처리시스템의 총 연장은 인천공항에서 충주까지의 거리인 약 141km 규모에 달한다. 시스템은 체크인카운터에서 게이트까지 거미줄처럼 연결되었으며, 특히 여객터미널과 탑승동 간에는 국내 최초로 도입된 고속시스템이 적용되어 상용속도 7m/sec 이내로 수하물의 운송처리가 가능하게 구축·운용되고 있다.

사) 탑승교 시설(PBB : Passenger Boarding Bridge)

탑승교란 항공기 이용객이 안전하고 편리하게 탑승하고 내릴 수 있도록 여객터미널과 항공기를 연결하는 통로 형태의 기계시설을 말한다. 탑승교가 없을 경우 항공기 이용객은 항공기에 탑승하기 위하여 공항 내 계류장을 직접 도보로 이동하거나, 계류장 내 램프버스를 이용하여 이동하여야 한다. 이 과정에서 무거운 짐을 손수 옮기거나 비를 맞는 상황이 발생하는 등 승객의 불편이 발생할 우려가 있고, 이동하는 과정에서 안전사고가 발생할 수도 있다. 이처럼 여객 서비스를 증진하고, 보다 안전하게 공항을 운영하기 위해서는 탑승교의 설치가 필요하다. 현재 국내공항에는 인천공항 197대를 비롯하여 총 270개의 탑승교가 설치되어 운영 중이다.

▲ 인천공항 내 탑승교

▲ 김포공항 내 탑승교

아) 자동여객수송시설(IAT : Intra Airport Transit)

인천국제공항에는 여객터미널과 별도로 탑승동이 설치되어 있다. 제1여객터미널이나 제2여객터미널을 이용하는 승객은 터미널에서 바로 항공기에 탑승할 수 있으나, 탑승동을 이용하는 승객은 터미널에서 바로 항공기에 탑승할 수 없기에 별도로 탑승동까지 이동할 수단이 필요하다. 이를 위해 인천국제공항에서는 각 여객터미널과 탑승동을 이어주는 무인 자동여객수송시설(Intra Airport Transit), 즉 셔틀트레인을

2008월 5월 27일부터 지하 전용 선로를 이용하여 운행하고 있다. 셔틀트레인은 국내에 최초로 도입된 완전 무인자동운전을 구현한 고무차륜형 경량전철로, 인천국제공항 출·입국 및 환승여객을 수송하기 위해 제1여객터미널과 탑승동 간 지하터널 약 0.9km 구간, 탑승동과 제2여객터미널 간 지하터널 약 1.5km 구간을 운행하고 있다.

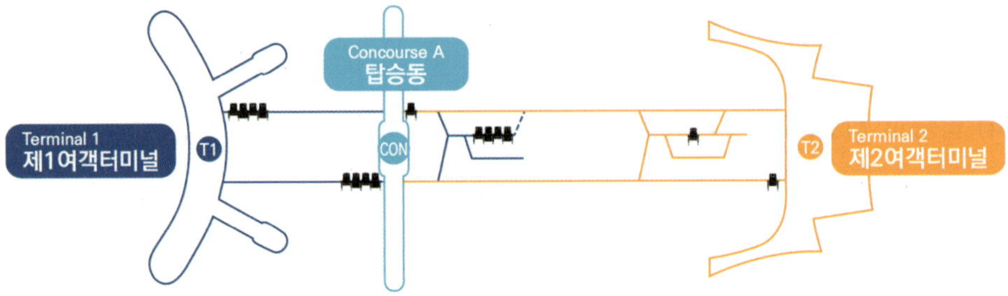

2) 일반업무 관리지역(Landside)의 구성

가) 여객터미널

여객터미널은 공항을 이용하는 여객이 가장 먼저 마주하는 시설로, 체크인과 출입국 수속을 비롯해 항공기에 탑승하기까지의 모든 활동이 이루어지는 시설이다. 여객터미널의 시설은 크게 ① 항공기 탑승 수속, 보안검사, 수하물 처리 등이 이루어지는 여객처리시설(processing service facilities), ② 출도착 대합실과 탑승 라운지, 환승 라운지 등의 대기시설(holding/waiting facilities), ③ 여객이 교통수단을 타고 내리는 차량 승하차대(curbside), 터미널 안의 복도, 계단 등 이동/환승시설(circulation/mode transfer facilities) 등 3가지로 나뉜다. 여객터미널은 공항 이용객이 대부분의 시간을 보내는 공간이므로, 체크인과 보안검색의 처리용량, 시간당 항공기 수 등 다양한 요소를 고려하여 적정한 규모로 설치할 필요가 있다.

나) 기타 : 주차장, 공항 내 각종 인적/물적 이동 체계(도로, 휴식공간 등)

여객터미널 외에 공항의 일반업무 관리지역(Landside)은 주로 공항에 접근하기 위해 필요한 다양한 시설들이 배치되어 있다. 인천국제공항의 예를 들면 주차장 시설, 공항철도역 등의 교통시설이 여객터미널 전면에 배치되어 있으며, 교통시설 내에는 여객들이 다양한 편의를 즐길 수 있도록 휴식공간이 마련되어 있다.

▼ 전국 공항시설 현황

구분	공항명	인 천		김 포		김 해 (군)	
		국내	국제	국내	국제	국내	국제
시설현황	소재지	인천시 중구 운서동		서울 강서 하늘길 112		부산 강서 공항진입로 108	
	부 지(㎡)	56,668,000		8,440,923		3,697,435	
	활주로(m)	3,750×60, 3,750×60, 4,000×60, 3,750×60		3,600×45, 3,200×60		2,743×46, 3,200×60	
	계류장(㎡)	5,497,249		1,215,527		404,782	
	여객터미널(㎡)	507,330(T1) / 167,197(Con) / 387,620(T2)		167,628		109,974	
		16,000	491,330(T1) / 167,197(Con) / 387,620(T2)	88,443	79,185	37,935	72,039
	주차장(㎡)	1,233,573		351,089		190,262	
	화물터미널(㎡)	311,902		119,551		28,063	
		–	311,902	30,363	89,188	9,685	18,378
	항행안전시설	15R/33L, 15L/33R 16R/34L, 16L/34R ILS(CAT–IIIb)		14R: ILS(CAT–IIIb) 14L/32R/32L: ILS(CAT–I)		36R: ILS(CAT–II) 36L: ILS(CAT–I)	

구분	공항명	제 주		대 구 (군)		청 주 (군)	
		국내	국제	국내	국제	국내	국제
시설현황	소재지	제주 제주시 공항로 2		대구 동구 공항로 221		충북 청주시 청원구 내수읍 오창대로 980	
	부 지(㎡)	3,497,380		171,308		1,909,645	
	활주로(m)	3,180×45 1,900×45		2,755×45 2,743×45		2,744×60 2,744×45	
	계류장(㎡)	449,393		51,182		120,390	
	여객터미널(㎡)	125,867		27,178		29,926	
		75,900	49,967	12,038	15,140	13,644	16,282
	주차장(㎡)	142,184		44,145		155,575	
	화물터미널(㎡)	17,830		844		2,257	
		15,908	1,922			1,667	590
	항행안전시설	07: ILS(CAT–II) 25: ILS(CAT–I)		31L: ILS 13R: ILS(CAT–I) 31R: LLZ/DME(CAT–I)		24R/06L: ILS(CAT–I) 24L/06R: PAR	

<table>
<tr><th colspan="2">구분 \ 공항명</th><th colspan="2">양 양</th><th colspan="2">무 안</th><th rowspan="2">광주 (군)</th><th rowspan="2">여 수</th></tr>
<tr><th colspan="2"></th><th>국내</th><th>국제</th><th>국내</th><th>국제</th></tr>
<tr><td rowspan="9">시설현황</td><td>소재지</td><td colspan="2">강원 양양
손양 공항로 201</td><td colspan="2">전남 무안 망운
공항로 970-260</td><td>광주 광산
상무대로
420-25</td><td>전남 여수 율촌
여순로 386</td></tr>
<tr><td>부 지(㎡)</td><td colspan="2">2,488,500</td><td colspan="2">2,747,000</td><td>150,599</td><td>1,330,930</td></tr>
<tr><td>활주로(m)</td><td colspan="2">2,500×45</td><td colspan="2">2,800×45</td><td>2,835×45
2,835×45</td><td>2,100×45</td></tr>
<tr><td>계류장(㎡)</td><td colspan="2">72,385</td><td colspan="2">113,094</td><td>38,300</td><td>41,868</td></tr>
<tr><td rowspan="2">여객터미널
(㎡)</td><td colspan="2">26,130</td><td colspan="2">29,106</td><td rowspan="2">10,561</td><td rowspan="2">13,328</td></tr>
<tr><td>10,083</td><td>16,047</td><td>20,000</td><td>9,106</td></tr>
<tr><td>주차장(㎡)</td><td colspan="2">14,734</td><td colspan="2">94,890</td><td>38,300</td><td>30,867</td></tr>
<tr><td>화물터미널 (㎡)</td><td colspan="2">–</td><td colspan="2">3,112</td><td>2,765</td><td>–</td></tr>
<tr><td>항행안전
시설</td><td colspan="2">33:ILS(CAT-I)</td><td colspan="2">01/19: ILS</td><td>04R: ILS(CAT-I)
22L: LOC/DME
04L/22R: PAR</td><td>17/35:
ILS(CAT-I)</td></tr>
</table>

<table>
<tr><th colspan="2">구분 \ 공항명</th><th>울 산</th><th>포 항 (군)</th><th>사 천 (군)</th><th>군 산 (군)</th><th>원 주 (군)</th></tr>
<tr><td rowspan="8">시설현황</td><td>소재지</td><td>울산 북구
산업로 1103</td><td>포항 남구 동해면
일월로 18</td><td>사천시 · 읍
사천대로 1971</td><td>군산시
옥서면
산동길 2</td><td>강원
횡성군 · 읍
횡성로 38</td></tr>
<tr><td>부 지(㎡)</td><td>919,977</td><td>2,479,009</td><td>45,299(*)</td><td>142,803(*)</td><td>16,429(*)</td></tr>
<tr><td>활주로(m)</td><td>2,000×45</td><td>2,133×46</td><td>2,744×46
2,744×46</td><td>2,745×45
2,454×23</td><td>2,743×45</td></tr>
<tr><td>계류장(㎡)</td><td>33,480</td><td>32,617</td><td>13,140</td><td>13,758</td><td>6,590</td></tr>
<tr><td>여객
터미널(㎡)</td><td>8,886</td><td>11,707</td><td>4,712</td><td>3,014</td><td>1,671</td></tr>
<tr><td>주차장(㎡)</td><td>26,530</td><td>17,327</td><td>9,893</td><td>10,421</td><td>4,412</td></tr>
<tr><td>화물터미널(㎡)</td><td>–</td><td>–</td><td>–</td><td>–</td><td>–</td></tr>
<tr><td>항행안전
시설</td><td>36: ILS
18: VOR/DME</td><td>10: PAR(CAT-I)
28: VOR/TAC</td><td>24R: ILS
06L: LOC/DME
24L/06R: PAR</td><td>18/36:
ILS(CAT-I)</td><td>03/21:
PAR</td></tr>
</table>

02 공항정책의 현 주소와 나아갈 길

가. 공항정책의 개념 및 목적

공항정책은 보다 상위의 개념인 항공정책의 목표를 실현하기 위한 하나의 과정이다. 항공정책이 공항을 비롯하여 항로, 항공사, 항공기, 일반항공 등의 다양한 요소들을 조화·발전시켜 국민의 삶에 이바지하며 보다 상위의 개념인 국가 교통·산업정책의 목표를 실현한다면, 공항정책은 항공정책의 일부로서 항공의 핵심 인프라인 공항들의 기능을 조화시켜 효율적인 하나의 시스템을 만들어 항공정책의 성공을 뒷받침하는 것을 목표로 한다. 따라서, 공항정책은 항공정책 전반의 방향과 부합하여야 하며, 이는 반대로 항공정책의 올바른 방향 설정이 효과적인 공항정책 수립의 전제조건임을 의미한다.

공항 건설에 앞서 공항 주변 환경, 철도·도로 등 교통망 연계, 지역 수요 등 다양한 요소를 종합적으로 고려하여야 하며, 인천공항이 우리나라 허브 공항을 목표로 하여 조기에 세계 최고의 공항으로 자리매김한 사례는 항공정책과 공항정책 간의 유기적인 공조의 중요성을 잘 보여주는 사례라고 할 수 있다.

나. 공항정책의 위계

공항정책은 크게 시스템 계획(System planning), 총괄계획(Master planning), 사업계획(Project planning)의 3단계 위계로 구분할 수 있다. 「공항시설법」상 공항개발계획체계도 이에 따라 국가 단위의 종합계획, 개별 공항의 기본계획 및 실시계획의 3단계 구조로 이루어져 있다.

효율적인 공항시스템을 구축하기 위해서는 먼저 항공정책의 방향에 따라 공항 전체의 시스템 계획을 수립한 이후 개별 공항의 총괄계획과 사업계획을 세우는 Top-Down 방식의 계획 수립이 필요하다.

▼ 공항 시스템계획과 총괄계획의 차이점

구분	주요내용
시스템 계획 System Planning	• 한 지역 또는 국가 차원에서 복수의 공항들에 대해 계획을 수립하는 상위개념 • 항공수요에 적합한 공항별 시설 수준과 각 공항간 효율적인 역할 분담을 도모 • 국토 · 교통 등의 관련 상위계획과 지역별 개발계획에 부합되도록 수립
총괄계획 Master Planning	• 시스템 계획의 틀 안에서 개별공항에 대한 계획을 수립 • 대상 공항의 항공수요에 부합하는 서비스를 제공하기 위한 시설계획 • 경제성 및 환경영향에 대한 심층 분석

1) 시스템 계획(Airport System Planning)

시스템 계획은 일반적으로 특정 국가나 지역에 복수의 공항 간의 역할 분담 등 전체 공항 시스템을 어떻게 개발하고 확장할 것인가에 대해 항공수요의 예측과 분석을 토대로 수립하는 상위계획을 말한다. 우리나라의 경우, 「공항시설법」 제3조에 의해 5년마다 수립되는 공항개발 종합계획이 공항 분야의 법정 최상위 계획으로서 시스템 계획에 해당하며, 다음 사항을 포함하고 있다.

가) 항공수요의 전망

나) 권역별 공항 및 일정 규모 이상의 비행장[5] 개발에 관한 계획

다) 투자 소요 및 재원조달방안

라) 그 밖에 공항 개발과 운영 등에 관한 사항

공항개발 종합계획은 「항공사업법」에 따른 항공정책 기본계획, 「국가통합교통체계효율화법」에 따른 국가기간교통망계획 및 중기 교통시설투자계획과 조화를 이루도록 수립하여야 하며, 계획을 수립하거나 변경할 때는 관할 지방자치단체장의 의견을 들은 후 관계 중앙행정기관의 장과 협의하여야 한다. 가장 최근에 수립된 제6차 공항개발 종합계획(2021~2025)에서는 기존에 수립된 계획의 평가와 정책환경 분석을 바탕으로 수립한 4대 추진전략을 토대로 하여 16개의 핵심과제를 선정하였다. 아울러, 2050년까지 시나리오별 여객·화물의 항공수요, 전국 공항 분포, 공항별 개발 방향, 투자소요 및 재원조달 방안 등에 대한 내용이 포함되어 있다. 제6차 계획의 비전과 과제는 아래의 표에 제시되어 있으며, 각 과제에 대한 보다 자세한 내용은 후술하는 공항정책의 추진 방향에서 확인할 수 있다.

---

5 국가의 재정지원 규모가 300억 원 이상이면서 총사업비가 1천억 원 이상인 비행장 개발 또는 비행장개발예정지역의 면적이 20만 제곱미터 이상인 육상비행장의 개발

▼ 제6차 공항개발 종합계획 주요내용(2021년 9월 고시)

구분				
정책 비전	포용과 혁신으로 도약하는 사람 중심 공항 구현			
추진 전략	[1] 포용적 공항 생태계 조성	[2] 국가와 지역경제 성장 견인	[3] 혁신성장 동력 확보로 미래 대비	[4] 안전을 최우선으로 공항을 관리
핵심 과제	① 지속가능한 친환경 탄소중립 공항 조성 ② 탄소중립 시설·운영기법 개발 ③ 공항소음의 체계적 관리와 고도 제한의 효율적 운영 ④ 사람 중심의 공항 접근교통체계 확보	① 지역과 함께 발전하는 공항 생태계 조성 ② 해외공항 수출 경쟁력 확보로 새로운 시장 개척 ③ 인천공항 개발을 통한 국토 경쟁력 강화 ④ 신공항 개발로 지역 균형발전 지원	① 미래 공항 이슈를 반영한 공항정책 장기비전 마련 ② 스마트 공항 구축으로 공항 서비스 개선 및 신산업 육성 ③ 미래 수요에 대비한 항공 인프라 확신 ④ 차세대 공항기술의 선제적 확보 추진	① KASS 등 정밀위치 제공으로 최고수준의 안전 확보 ② 노후 항행안전시설 현대화 ③ 안심할 수 있는 공항 이용·근로 환경 조성 ④ 공항시설의 체계적인 유지관리·성능개선 추진

2) 총괄계획(Master Planning)

총괄계획은 특정 개별공항에 대한 개발이나 확장사업을 위한 최종단계의 개발개념을 의미하며, 공항 주변의 토지이용계획을 포함한다. 이 단계에서는 상위계획인 시스템 계획의 범위 내에서 개별 공항의 항공수요 예측에 기반한 경제적 타당성에 대한 검토가 포함되며, 사업우선순위에 따른 단계별 개발계획과 재정계획이 함께 수립되므로 주변 환경, 타 교통수단 등의 계획 수립 시에 상호 양립 가능 여부를 검토할 수 있는 지침이 된다. 「공항시설법」 제4조에 따른 공항개발 기본계획이 이에 해당하며 다음 내용을 포함한다.

가) 공항 또는 비행장의 현황 분석
나) 공항 또는 비행장의 수요전망
다) 공항 또는 비행장개발예정지역 및 장애물 제한표면
라) 공항 또는 비행장의 규모 및 배치
마) 건설 및 운영계획
바) 재원조달계획
사) 환경관리계획
아) 그 밖에 개발 및 운영에 필요한 사항

3) 실행계획(Project Planning)

실행계획은 총괄계획상의 특정 공항개발사업을 실행하기 위한 구체적인 계획으로 설계와 예산 및 공정계획이 포함된다. 「공항시설법」 제7조에 따른 실시계획이 이에 해당되며, 실시계획의 수립 또는 승인 시에는 관계 법령의 각종 인·허가 사항이 의제되고 사업에 필요한 토지는 「공익사업을 위한 토지 등의 취득 및 보상에 관한 법률」에 따라 수용이 가능해진다. 실시계획에는 다음 사항이 포함된다.

가) 사업시행에 필요한 설계도서

나) 자금조달계획(자금계획서)

다) 사업 시행기간(공사예정표)

라) 그 밖에 국토교통부령으로 정한 사항

① 위치도와 허가구역을 표시한 평면도

② 수용하거나 사용할 토지·물건 또는 권리의 소재지·지번·지목 및 면적, 소유권 및 소유권 외 권리의 명세와 그 소유자 및 권리자의 성명·주소

③ 사업시행지역에 있는 토지 등의 매수·보상계획 및 주민 이주대책 서류

④ 계획평면도·단면도 및 공사설명서 등 설계도서

⑤ 공사예정표

⑥ 자금계획서(연차별 자금투자계획 및 재원조달계획 포함)

⑦ 환경영향평가서, 교통영향평가서, 문화재 현황조사 결과 등

다. 현재의 공항정책 방향

앞서 살펴본 바와 같이 공항정책은 보다 상위의 개념인 항공정책의 일부로서 항공 분야의 핵심 인프라인 공항의 기능을 조화시켜 효율적인 공항 시스템을 만들어 항공정책의 성공을 뒷받침한다. 우리나라는 앞서 언급한 바와 같이 공항 분야 시스템 계획으로서 「공항시설법」에 따라 5년마다 "공항개발 종합계획"을 수립하고 있으며, 현재는 2021년부터 2025년까지의 제6차 공항개발 종합계획이 수립되어 있다. 제6차 공항개발 종합계획 내용을 중심으로 현재 추진 중인 공항정책의 주요 내용들을 살펴보기로 한다.

1) 정책목표와 추진전략

제6차 계획에서는 제3차 항공정책 기본계획 등 상위계획, 국민참여단 활동을 통한 대국민 인식조사 등을 바탕으로 "포용과 혁신으로 도약하는 사람 중심 공항 구현"이라는 정책비전을 수립하였다. 항공교통에서 최우선으로 삼아야 할 가치인 '안전'을 기본으로 하고, 이에 더해 보다 '포용'적이고 공정한 사회 구현과 글로벌 경쟁력 강화를 위한 '성장'과 '혁신'이라는 가치를 담은 비전을 설정하였다.

정책 비전을 실현하기 위한 추진전략으로는 ① 포용적 공항 생태계 조성, ② 국가와 지역경제 성장 견인, ③ 혁신성장 동력 확보로 미래 대비, ④ 안전을 최우선으로 공항을 관리한다는 4개의 전략을 제시하였다. 각각의 전략들은 공항을 개발하고 운영할 때 추구해야 하는 방향성을 제시한 것으로, 전략별로 4개씩 총 16개의 세부적인 추진전략을 제시하여 앞으로 5년간 추진해 나갈 공항정책의 방향을 제시하였다. 각 전략별 세부적인 정책방향은 다음과 같다.

2) 포용적 공항 생태계의 조성

가) 지속가능한 친환경 탄소중립 공항 조성

최근 공항과 관련하여, 특히 신공항 건설과 관련하여 환경에 대한 이슈가 지속적으로 제기되고 있다. 또한 전 세계적으로는 기후위기 대응을 위해 각 분야별로 탄소중립 실천에 대한 요구가 지속되고 있는 상황으로, ICAO에서는 항공기 탄소배출 저감을 위해 국제항공 탄소상쇄·감축제도(CORSIA)를 시행하고 있다. 이에 공항 분야에서도 환경 이슈에 체계적이고 효율적으로 대응하기 위해 "탄소중립 공항 2050 로드맵"을 마련할 계획이다. 아울러, 전기·수소·하이브리드 등 친환경 항공기 개발 기술을 고려하여 관련된 공항 인프라의 확대를 검토할 계획이다.

나) 탄소중립 시설 · 운영기법의 개발

탄소중립 공항 로드맵 마련과 함께 공항시설 및 운영 측면에서의 탄소중립을 위해 단기적으로는 공항별로 친환경 시설과 환경친화적 운영기법을 단계적으로 확대하고, 중장기적으로 환경관리 목표의 수립과 이행을 추진할 계획이다. 특히, 현재 추진 중인 인천공항 4단계 건설사업과 연계하여 인천국제공항을 세계 최고수준의 친환경 공항으로 조성하여 전 세계에 선보일 수 있는 친환경 공항의 표준모델로 만들어 나갈 계획이다.

다) 공항소음의 체계적 관리와 고도제한의 효율적 운영

항공기 운항으로 인해 발생하는 공항소음 피해의 완화를 위해 선제적인 항공기 소음관리 목표를 제시하고, 지역주민들의 수요에 맞는 맞춤형 대책의 추진, 소음정보의 투명한 공개 등 "제3차 공항소음 방지 및 주민지원에 관한 중기계획"에서 제시한 과제를 차질 없이 추진할 계획이다. 아울러, 공항 주변에서 실시하고 있는 고도제한 제도의 국제기준 개정에 선제적으로 대응하여 항공기의 성능개선, 공간활용의 제약 등을 고려한 국내 적용방안 등을 마련할 계획이다.

라) 사람 중심의 공항 접근교통체계 확보

공항과 주변 생활권역 간 효율적인 접근을 위해 셔틀버스, 도로, 철도 등 현재 공항 접근교통체계를 점검하고, 타 인프라 개발계획과 연계한 중장기 개선계획을 수립할 계획이다. 이 과정에서 지자체와의 협업을 통해 대중교통의 연계를 보다 강화하고, 공항운영자가 주변 여건 변화를 반영하여 접근성을 개선할 수 있도록 주도적인 역할을 부여하는 방안을 검토할 계획이다.

3) 국가와 지역경제 성장 견인

가) 지역과 함께 발전하는 공항 생태계의 조성

공항 주변은 소음피해와 고도제한 등으로 인해 다른 교통시설 주변과 비교하여 상대적으로 낙후되어가고 있다. 이를 개선하기 위해 여객과 화물의 지역 간 연결 구심점이라는 공항의 특성을 활용하여 공항과 주변지역의 유기적인 연계개발을 추진하여, 주민들의 삶의 질을 개선하고 공항을 지역경제의 거점으로 조성할 계획이다. 아울러, 공항과 지역사회가 상생할 수 있는 기반을 마련하기 위해 공항이 지역사회에 기여하는 정도가 공항을 평가하는 과정에 반영될 수 있도록 환류 체계를 도입하는 방안도 검토되고 있다.

나) 해외공항 수출 경쟁력 확보로 새로운 항공시장 개척

코로나 팬데믹 이후 글로벌 시장현황과 사업 여건 분석 등을 토대로 우리나라의 해외공항 시장에서의 경쟁력을 진단하고, 공항운영자와 민간 부문이 해외공항 시장에 원활히 진출할 수 있는 다양한 추진전략과 지원계획을 수립할 계획이다. 양자 협력체계의 구축과 전략외교 등 단기적인 지원방안과 함께 금융, 설계, 운영 등 분야별 해외공항 전문인력의 육성 등 중장기 지원방안도 검토 중이다.

다) 인천국제공항 개발을 통한 국토 경쟁력 강화

국제허브 공항인 인천국제공항은 장래 연 1억 명 수용이 가능하도록 제2여객터미널을 확장하고, 제4활주로를 신설하는 등 국제경쟁력 강화를 위한 인프라 확충을 통해 세계 TOP3 허브 공항으로 개발할 계획이다. 공항 주변의 복합 관광단지 개발과 업무, 숙박, 상업 등이 연계된 공항복합도시 개발을 통해 추가적인 관광객과 환승객도 유치하도록 할 것이다.

라) 신공항 개발로 지역 균형발전 지원

늘어나는 항공수요의 원활한 처리와 공항 안전성 확보 등을 위해 8개의 신공항 건설을 추진하고 있다. 신공항 개발계획을 수립할 때는 지역기업을 우대하거나, 주변지역을 개발하는 등 공항이 지역경제에 기여할 수 있는 방안을 종합적으로 검토할 계획이다.

4) 혁신성장 동력 확보로 미래를 대비

가) 미래 공항 이슈를 반영한 공항정책 장기비전 마련

공항의 미래에 대한 고찰과 미래공항의 구현을 위한 정책 추진방향 마련 등 공항정책에 대한 장기비전을 마련할 계획이다. 이를 위해 기후변화, 고령화 등 장기적인 사회 트렌드 변화요인을 분석하고, 이러한 변화요인 중 공항에 영향을 미칠 것으로 예상되는 요인으로 인한 미래 공항의 모습을 도출한 후 이의 실현을 위해 어떤 정책의 추진이 필요한지에 대한 중장기적 비전을 마련할 계획이다.

나) 스마트 공항 구축으로 공항 서비스의 개선 및 신산업 육성

생체 정보를 활용한 비대면 출입국 수속의 확대, Off-Airport와 같은 공항 외에서의 수속체계의 도입 등 빅데이터와 AI 등을 활용한 첨단 공항 서비스를 제공할 계획이다. 또한 증강현실 등 정보통신기술을 활용한 원격관제, 무인원격조종 등에 대한 국제적인 기술표준을 선도하여 공항 분야에서의 신산업 육성도 적극 추진할 계획이다.

다) 미래 수요에 대비한 항공 인프라 혁신

드론, 무인기, UAM 등 새로운 모빌리티 수단의 등장으로 인한 항공 교통수단 변화에 대비하여 도심형 비행장에 대한 개념과 규모, 설치기준의 마련을 추진할 계획이다. 또한, 항공교통 수요를 보다 면밀하게 분석하고 신뢰성을 높일 수 있는 다양한 방안을 검토하는 등 항공교통 혁신을 위한 지원방안을 추진할 계획이다.

라) 차세대 공항기술의 선제적 확보 추진

공항 분야의 다양한 기술 연구개발 과제를 도출하고 평가하여 성장 잠재력이 높은 핵심과제를 중심으로 체계적인 지원 및 관리방안을 마련할 계획이다. 특히, 드론택시, 도심형 공항 등 미래항공 교통관리의 핵심기술을 중점적으로 개발하여 상용화할 수 있도록 다양한 지원방안을 검토하고 있다.

5) 안전을 최우선으로 하는 공항 관리

가) KASS 등 정밀위치 제공으로 최고 수준의 안전 확보

드론, UAM, 자율주행차량 등 새로운 모빌리티 산업의 상용화를 위해서는 국가차원의 보다 정밀한 위치정보 제공이 반드시 필요하다. 이를 위해 세계 7번째로 한국형 항공위성서비스(KASS)를 구축하여 기존 GPS 위치정보의 오차를 개선한 정밀위치정보를 전국에 제공할 계획이다. 아울러, 차세대 항행안전시설의 도입 등을 통해 항공기 감시 능력을 향상하는 등 세계 최고 수준의 항공 안전을 확보하기 위한 다양한 인프라 투자를 계획 중이다.

나) 노후 항행안전시설의 현대화 및 종합 관리체계 구축

전국 공항에 대용량의 고속 전송이 가능한 항공통신 인프라를 단계적으로 도입하고, 항공교통량에 따라 공항별 활주로 운영 등급을 선별적으로 고도화하는 등 항행안전시설의 현대화를 추진할 계획이다. 또한 첨단 항행시설의 개발과 노후 항행시설의 정비, 미래 무인항공기와의 조화로운 운항환경을 조성하는 등의 항행안전시설 분야에 대한 중장기 계획을 수립하여 종합적인 관리체계를 구축해나갈 예정이다.

다) 안심할 수 있는 공항 이용 및 근로환경 조성

감염병 등 비상상황에서도 중단 없이 항공기에게 위치와 방위정보를 제공할 수 있도록 무선 표지소를 단계적으로 무인 원격운영할 계획이며, 팬데믹에 대비하여 공항 내에서의 新방역체계를 설계·운영단계에서 적용할 수 있도록 할 계획이다. 이 외에도 안전한 근로환경을 조성할 수 있도록 공항 내에서의 안전관리를 강화하고 지상조업 근로자들의 편의를 개선하는 등 다양한 노력도 추진 중이다.

라) 공항시설의 체계적인 유지관리 및 성능개선 추진

활주로, 여객터미널, 항행시설 등 공항 내에 다양한 시설별로 노후도와 성능을 종합적으로 검토할 수 있도록 실태조사를 통해 공항시설 운영 전반에 대한 데이터베이스를 구축할 계획이다. 데이터에 기반한 체계적 시설관리와 성능 확보를 위해 공항시설 성능개선에 관한 중장기 계획을 수립하여 추진해나갈 계획이다.

라. 앞으로 공항정책이 나아가야 할 방향

1) 스마트 공항 구현

항공수요의 급증으로 전 세계 공항들은 혼잡 문제에 직면하고 있으며, 단순 시설 확장만으로는 항공수요 증가에 대응하기가 어려운 상황이다. 이에 각국에서는 신공항 건설 외에도 스마트 공항의 개발과 운영을 통해 혼잡도를 개선하고 운영 효율성을 극대화하는 전략을 추진 중이다. 국제항공운송협회(IATA)는 Fast Travel(여객 프로세스 자동화), One ID(단일의 신분확인 방식)을 도입하여 신분 검사 절차의 간소화와 여객 대기시간을 최소화하기 위한 가이드라인을 제시하였다. 또한, 국제공항협의회(ACI)는 항공산업 혁신과 기술개발 지원을 통해 보안을 강화하고, 운영을 효율화하며, 승객 체험을 제고하는 것을 목표로 하고 있다.

세계 주요 공항들은 ICT, AI, IoT 등을 접목한 공항 프로세스 효율화 중심의 스마트 서비스 도입을 준비하고 있다. 두바이 공항은 IoT 센서를 이용해 여객의 흐름을 분석하고 있고, 히드로 공항에서는 공항운영에 빅데이터 분석을 활용하고 있으며, 첵랍콕 공항에서는 AI챗봇을 이용한 여객 서비스의 효율화를 추진하고 있다. 우리나라는 세계 최초로 김포-제주 노선에 신원확인을 위한 정맥 인증 서비스를 도입하여 운영하고 있으며, 인천공항에서는 생체정보를 이용하여 탑승 수속 시 신원 확인을 비대면으로 추진하기 위한 '인천공항 스마트 패스 시스템' 시범도입하고 확대 사업을

2025년까지 추진할 계획이다. 또한 ICT를 활용한 미래형 스마트 안내서비스 구현 및 스마트 공항 실현을 위한 로봇·자율주행 차량을 시범 도입하여 운행 중이다.

▼ 인천국제공항의 스마트 패스 프로세스

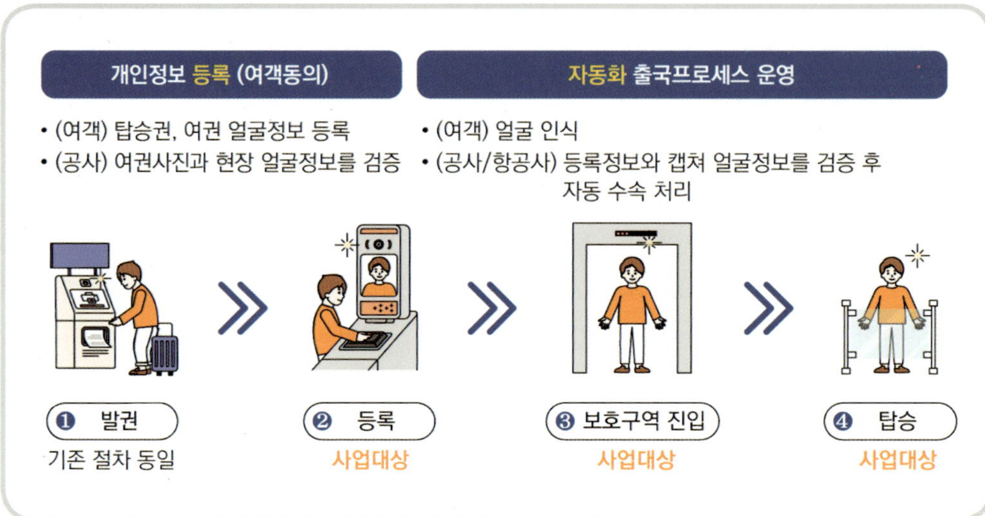

2) 지자체 등 다양한 주체의 공항사업 참여

현재 우리나라는 15개 공항을 모두 국가가 건설한 후 2개의 국가 공기업(인천국제공항공사, 한국공항공사)이 운영하는 시스템으로, 사실상 국가가 전담하여 공항을 건설·운영 중이다. 이는 국가 주도로 공항사업을 추진하여 공항을 신속하게 건설하고, 전국적으로 통일되고 체계화한 운영관리가 가능하다는 장점이 있다. 반면, 지역의 교통, 문화, 지리 등의 여건을 잘 아는 지자체의 참여가 많지 않아 공항계획과 지역의 발전계획이 체계적으로 연계되지 못하고, 소음대책사업이나 연계교통체계 구축 등에 지자체 참여가 제한되는 문제가 있어 왔다. 특히, 최근에는 국가균형발전 측면에서 공항이 단순한 교통인프라가 아닌 지역경제 성장의 거점 역할을 수행해야 하는 상황으로, 지자체의 적극적인 사업 참여를 통해 사업 초기부터 공항계획과 지역계획을 효과적으로 연계해나갈 필요가 있다.

해외에서는 이미 지자체나 민간기업 등이 공항 운영뿐 아니라 공항 건설 초기 단계부터 참여하는 사례가 많다. 네덜란드의 대표적 관문 공항인 스키폴 공항은 네덜란드 중앙정부, 암스테르담 지방정부, 로테르담 지방정부, 민간기업이 지분을 공동투자하고, 지자체가 실제 운영에도 참여하여 중앙정부 - 지방정부 간 협력적 거버넌스 체계를 구축하고 있다. 중앙정부는 공역 및 항공흐름을 관리하는 한편 신규 공항시설을 개발하는 역할을 수행하고 있으며, 지방정부는 소음대책, 환경개선, 지역인재 취업지원, 공항 주변지역 개발 등과 같은 사업을 맡고 있다. 스키폴 공항의 경우 중요한 의사결정은 감독이사회를 거치는데, 감독이사회는 중앙정부, 지방정부, 민간기업에서 선임한 이사로 구성되어 있다.

미국의 경우에도 지방정부 주도로 공항개발사업이 추진되는 경우가 많다. 또한, 일본은 특정지방관리공항과 지방관리공항을 지자체가 주도적으로 건설·운영하여 지역사회가 보다 중추적인 역할을 수행하고 있다. 우리나라도 앞으로 지자체 등 다양한 사업주체가 공항 건설·운영에 참여할 수 있도록 사회적 논의를 시작하고, 제도적 기반 등을 검토해나갈 필요가 있다.

3) Airport City 개념으로의 변화

경제활동의 글로벌화, 첨단산업 중심으로의 산업구조 개편 등 여건의 변화에 따라 공항의 기능과 역할이 크게 변화하고 있으며, 공항 주변에 형성된 도시는 단순한 여객·화물운송의 거점에서 물류단지, 리조트 등의 복합단지를 거쳐 점차 경제활동의 거점으로 변화하고 있다. 현대의 공항은 하나의 도시 안에 또 다른 도시로 인식되면서 '공항도시(Airport City)', '공항복합도시(Aerotropolis)' 등 개념으로 확장되고 있다. 해외 주요국은 항공허브 기능은 물론, 공항을 중심으로 첨단산업과 물류, 업무와 관광·문화 등을 융합한 경제권 개념을 도입하고 있으며, 우리나라의 경우에도 인천공항 국제업무지구를 중심으로 공항 기능의 효율 극대화를 통한 공항과 주변 도시의 활력 제고를 위해 물류, 상업, 숙박, 관광, 컨벤션 등 복합개발 사업을 구상하고 있다.

4) UAM, 드론, 무인기 등 새로운 교통수단 등장에 대비

전 세계적으로 UAM, 드론 등 신개념 항공교통 수단이 개발되고 있으며, 점차 시범적으로 운용되고 있다. 세계 드론시장은 연 29%씩 성장하여 2026년까지 820억 달러 규모로 성장할 것으로 전망되고 있으며, 최근에는 도시지역의 인구집중과 지상교통 한계에 따라 UAM(Urban Air Mobility: 도심항공교통)이 활발하게 개발되고 있다. UAM의 경우 기존 여객기와 비교하여 활주로가 필요 없으며, 소음이 적고 배출가스가 없어 친환경 항공 교통수단으로 기대를 모으고 있다. UAM을 통한 항공운송 서비스는 다양하게 활용될 수 있을 것으로 전망되며, UAM 시장의 발전 가능성에 주목한 다양한 업계의 도전과 경쟁이 확대되고 있다.

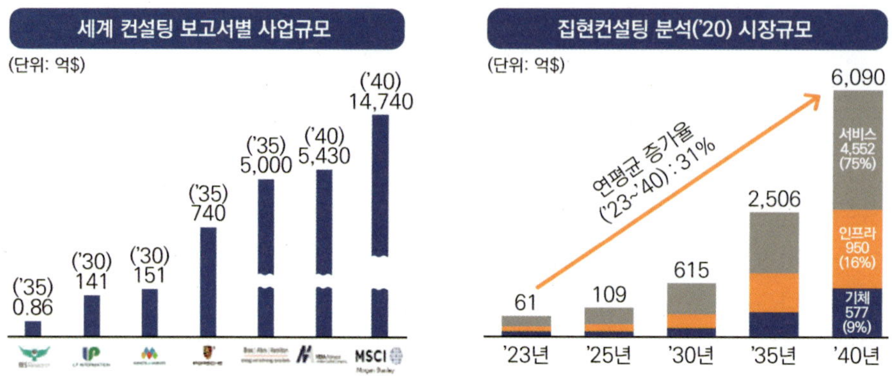

우리나라도 국토교통부 내 UAM 업무를 담당하는 조직을 신설하고 2020년 5월 관계 부처 합동으로 도심항공교통(K-UAM) 로드맵을 발표하였으며, 2024년까지 비행 실증, 2025년 상용화 시작, 2030년 본격 상용화를 목표로 정책 추진 중이다. 이에 따라 UAM의 거점으로서의 공항의 역할 정립이 필요할 것으로 전망된다. 해외에서는 대중교통과 신교통수단이 조화롭게 활용될 수 있도록 종합환승센터로서 버티포트(Vertiport)의 개념이 정립되고 있으며, 2020년에 발표된 K-UAM 로드맵에서도 초기 UAM은 비즈니스 이용자를 대상으로 하는 공항 셔틀로 활용될 것이라 전망했다. 공항은 대량의 여객이 수송되고 다양한 교통수단이 교차하는 거점으로 기능하는 만큼, 공항이 UAM 상용화를 위한 초기 거점으로의 역할을 수행할 필요가 있으며, 공항을 활용한 초기 공항 셔틀의 운영성과를 토대로 도시교통 이용 형태 다양화를 가속화할 수 있을 것으로 전망된다. 아울러, UAM 활성화 정도에 따라 현재 국내선 중심으로 운영 중인 지방 공항의 역할과 기능의 재편 필요성에 대해서도 다각적인 고민이 필요할 것으로 보인다.

▼ **현대차 비전**(Smart Mobility Solution Provider for Human Centered Cities)

Vertiport를 교통 환승센터이자 의료 · 문화 등도 가능한 복합공간으로 구축하는 비전 제시

5) 해외 공항시장으로의 적극 진출

항공여객의 증가로 우리나라에서는 가덕도신공항, 제주 제2공항 등 8개 신공항 건설 사업이 추진되고 있으며, 전 세계적으로도 다양한 신공항 개발사업이 진행 중이다. 전 세계 항공 정보를 제공하는 CAPA에서는 2020년 기준 대륙별로 아태지역 1,369억 달러, 유럽 295억 달러, 아프리카 197억 달러, 라틴아메리카 109억 달러, 중동 64억 달러, 북미 34억 달러 규모의 공항개발 사업이 진행되고 있는 것으로 추산하였다.

국제적인 공항개발사업의 확대와 우리나라의 공항운영 등 노하우 축적에 따라 우리나라에서는 국내공항운영자를 중심으로 해외 공항시장 진출을 추진하고 있다. 2007년 이후 우리나라는 총 45건, 4.3억 달러의 해외공항 사업을 수주하였다. 대표적으로 한국공항공사는 2019년 세계문화유산인 페루 마추픽추의 관문공항을 건설하는 친체로 신공항 건설사업의 사업총괄관리(PMO) 사업을 한국-페루 정부 간 계약(G2G)으로 수주하였고, 인천국제공항공사는 2020년 폴란드 바르샤바에 중동부 유럽 최대의 허브공항을 건설하는 복합운송허브(STH) 건설 사업의 전략적 자문 용역을 수주한 바 있다. 이후 친체로 신공항의 부지조성 공사와 본 공사를 국내 기업인 현대건설에서 수주하는 등 해외공항 건설사업의 수주가 우리 기업의 추가적인 해외진출의 교두보 역할을 하는 성과로 이어지고 있다.

▲ 페루 친체로 신공항 조감도

▲ 폴란드 바르샤바 신공항 조감도

코로나 이후 항공수요가 급격히 회복되면서 향후 10년간 아시아-태평양 지역의 신흥국가를 중심으로 공항개발 수요가 대폭 증가할 것으로 예상되며, 대규모의 자본력과 노하우를 바탕으로 독일의 Fraport, 프랑스의 ADP 등 유수 해외공항 운영사의 시장 지배력이 지속될 것으로 전망된다. 우리나라는 전 세계적으로 그 수준을 인정받고 있는 인천국제공항을 운영하고 있고 다양한 신공항을 건설해온 경험이 있으므로, 세계 최고 수준의 공항 운영·건설 노하우, IT강국으로의 강점을 바탕으로 신규시장의 선점을 본격화해나가야 할 것이다.

6) 친환경 공항 개발 및 운영

전 세계적으로 지속 가능한 발전을 위한 환경 측면의 중요성이 점점 커지고 있으며, 공항 분야에서도 환경 친화적인 공항개발, 공항 건설 시 환경 훼손 최소화, 저탄소·신재생에너지의 활용 등 다양한 정책이 추진되고 있다.

▼ 해외 친환경 공항개발 사례

공항	내용
창이 공항	• 친환경 터미널로 건축한 제4터미널에는 2만여 종의 식물로 둘러싸인 녹색벽(green wall)을 개발, 공항주변 공기질 개선과 온도 저하에 기여
오슬로 공항	• 2017년 확장 공사 시 화산재가 혼합된 콘크리트를 사용하는 등 장수명으로 이용할 수 있는 친환경적 재료로 건설
브리즈번 공항	• 공항 환경전략에 지속가능성장을 반영한 최초의 공항 중 하나로, 태양광 발전시설 건립, 에너지 효율을 높이는 조명기구의 설치, 난방 · 환기 · 냉방 등이 통합된 공기조화 시스템(HVAC)을 도입
다싱 공항	• 친환경 공항을 표방하여 활주로 전체에 에너지 절감형 LED 광원을 채택, 태양광 발전과 지열 활용 시스템으로 전략소비를 절감

국내에서도 인천국제공항은 국제공항협의회(ACI)가 제공하는 공항탄소 인증제도(ACA)에서 최상위 수준인 레벨3을 유지 중이며, 환경경영시스템(ISO14001), 에너지경영시스템(ISO50001), 글로벌 탄소경영 인증(CTS) 취득 외에도 2022년 아시아 공항 최초로 글로벌 RE100에 가입하는 등 친환경 가치의 구현을 위해 노력하고 있다. 또한, 한국공항공사가 운영하는 14개 공항은 친환경 공항을 위해 온실가스 목표관리제를 실시하고 있으며, 8년 연속으로 초과 달성하는 등의 성과를 보이고 있다.

환경 이슈는 앞으로 더욱 중요해질 것으로 전망된다. 정부에서도 공항개발 및 운영 단계에서의 친환경 가치 구현을 위해 '제6차 공항개발 종합계획'의 핵심과제로 "탄소중립 공항 2050 로드맵"의 마련을 제시하고, 「환경친화적 공항 건설 지침」의 제정을 추진하는 등 지속 가능한 친환경 탄소중립 공항의 모델을 제시하기 위해 노력하고 있다. 특히, 신공항 건설사업 추진과정에서 환경 훼손 문제가 지역주민, 환경단체 등이 반대하는 주요 요인으로 지적되고 있는 만큼, 정부에서도 공항계획 단계부터 부정적 환경요인을 최소화하기 위한 다양한 정책대안들을 검토한다.

03 신공항 건설 현황과 계획

가. 신공항 건설사업 단계별 업무절차

신공항 건설사업은 「공항시설법」과 관계 법령에 따라 추진되며, 세부 절차는 ① 기획단계, ② 설계 및 인허가 단계, ③ 시공 단계, ④ 준공(개항) 단계로 구성된다. 첫 번째로 기획단계에는 공항개발 종합계획 수립, 사전타당성조사, 예비타당성조사, 타당성평가 및 기본계획 수립·고시 등의 절차가 진행되며, 두 번째로 설계 및 인허가 단계에서는 대형공사 입찰방법 심의, 기본설계, 실시설계, 실시계획 승인·고시 등이 진행된다. 세 번째로 시공단계에서는 보상, 공사발주, 착공 등이 진행되며, 마지막으로 공항운영증명, 공항명칭 지정, 종합시운전 등이 포함되는 준공(개항) 단계를 거쳐 신공항 건설사업이 마무리된다.

▼ 신공항 건설사업 추진과정 ① : 기획단계

구분	추진절차	주요내용 및 근거
기획 단계	공항개발 종합계획 수립 (국토교통부)	• 공항시설법 제3조(공항개발 종합계획 수립) – 5년 단위 공항개발 종합계획 수립 · 고시
	⬇ 사전타당성 조사 (국토교통부)	• 예비타당성조사 운용지침 제27조(사업 간 우선순위 검토 및 사업계획 구체성 확보) – 예비타당성조사 요구 이전 사전용역을 통해 사업의 목표, 규모, 소요예산, 운영주체 등 구체화 필요
	⬇ 예비타당성 조사 (기획재정부)	• 국가재정법 제38조(예비타당성조사) – 총사업비 500억 원 이상, 국가 재정지원 300억 이상 신규 사업
	⬇ 타당성평가 및 기본계획 수립 · 고시 (국토교통부)	• 국가통합교통체계효율화법 제18조(타당성 평가) • 건설기술진흥법 제47조(건설공사의 타당성 조사) • 공항시설법 제4조(공항개발 기본계획의 수립)

	전략환경영향평가	• 환경영향평가법 제9조(전략환경영향평가 대상)
	재해영향성 검토	• 자연재해대책법 제4조(재해영향평가등의 협의), 제5조(재해영향평가등의 협의대상)
	문화재 지표조사	• 매장문화재 보호 및 조사에 관한 법률 제6조(매장문화재 지표조사)
	항공정책위원회 심의	• 항공사업법 제4조(항공정책위원회 설치 및 운영 등)
	총사업비 협의	• 총사업비 관리지침 제14조(기본계획의 수립) – 기본계획 고시 이전 사업규모, 총사업비, 사업기간 협의
	지자체 의견수렴	• 공항시설법 제4조(공항개발 기본계획 수립) – 지자체 의견수렴(장애물 존치 협의 포함) – 고시 후 14일 이상 주민공람
	집행기본계획서 작성	• 국가를 당사자로 하는 계약에 관한 법률 시행령 제80조 – 대형공사 입찰방식 심의를 위한 집행기본계획서 작성

▼ **신공항 건설사업 추진과정 ② : 설계 및 인허가 단계**

구분	추진절차	주요내용 및 근거
설계 및 인허가 단계	대형공사 입찰방법 심의	• 국가를 당사자로 하는 계약에 관한 법률 시행령 제80조 • 300억 이상 대형공사 턴키, 기술제안, 대안 입찰방식 심의
	기본안전보건대장 작성	• 산업안전보건법 제67조(건설공사 발주자의 산업재해 예방조치)
	사업계획 사전검토 (건축시설 해당)	• 건축서비스산업진흥법 제23조(공공건축 사업계획에 대한 사전검토 등)
	공공건축심의위원회 (건축시설 해당)	• 건축서비스산업진흥법 제22조의3(공공건축심의위원회)
	기본설계	• 건설기술진흥법 시행령 제67조(건설공사의 시행과정), 제71조(기본설계)
	측량 및 지반조사	• 건설기술진흥법 시행령 제74조(측량 및 지반조사)
	기본설계 VE	• 건설기술진흥법 시행령 제75조(설계의 경제성 검토 등)
	경관심의	• 경관법 제26조(사회기반시설 사업의 경관심의), 제27조(개발사업의 경관심의), 제28조(건축물의 경관심의) • 지자체별 경관 조례
	총사업비 협의	• 총사업비 관리지침 제4절 기본설계 단계
	관계기관 협의	• 공항개발사업 시행허가 신청 전 관계기관 협의

단계	근거
공항개발사업 시행허가	• 공항시설법 제6조(개발사업의 시행자) • 공항시설법 시행규칙 제9조(개발사업의 시행허가)
↓	
실시설계	• 건설기술진흥법 시행령 제67조(건설공사의 시행과정), 제73조(실시설계)
실시설계 VE	• 건설기술진흥법 시행령 제75조(설계의 경제성 검토등)
설계안전성 검토	• 건설기술진흥법 시행령 제75조의2(설계의 안전성 검토)
환경영향평가	• 환경영향평가법 제22조(환경영향평가 대상)
재해영향평가	• 자연재해대책법 제4조(재해영향평가등의 협의), 제5조(재해영향평가등의 협의대상)
교통영향평가	• 도시교통정비촉진법 제15조(교통영향평가의 실시대상 지역 및 사업)
교통시설안전진단	• 교통안전법 시행령 제22조(교통시설안전진단을 받아야 하는 교통시설 등)
해상교통안전진단	• 해사안전법 제15조(해상교통안전진단) * 공유수면 매립시
문화재 표본 · 시굴조사 및 현상변경	• 매장문화재 보호 및 조사에 관한법률 제9조(지표조사에 따른 보존조치의 지시등) 및 문화재보호법 제35조
인증(건축물)	• 녹색건축물 조성지원법 제17조(건축물의 에너지효율 인증 및 제로에너지 건축물 인증) • 장애인 · 노인 · 임산부 등의 편의증진 보장에 관한 법률 제7조
총사업비 협의	• 총사업비 관리지침 제5절 실시설계 단계
설계안전보건대장 작성	• 산업안전보건법 제67조(건설공사 발주자의 산업재해 예방조치)
에너지사용계획 수립	• 에너지이용합리화법 제10조(에너지사용계획의 협의)
소방 성능위주설계 심의	• 화재예방 소방시설 설치유지 및 안전관리에 관한 법률 제9조의3(성능위주설계)
지하안전영향평가	• 지하안전관리에관한특별법 제14조(지하안전영향평가의 실시 등)
기술자문위원회 심의	• 건설기술진흥법 제6조 및 시행령 제19조
산지전용 타당성조사	• 산지관리법 제18조의2(산지전용타당성조사 등)
건설기술용역평가	• 건설기술진흥법 제50조(건설기술용역 및 시공 평가 등)
공항운영규정심사 위원회 심사 (필요시)	• 공항시설법 제35조 의거 장애물제한표면 저촉사항 심의
공역위원회 심의	• 항공안전법 제80조 의거 공역 설정 · 조정 관련 심의
관계기관 의제사항 사전협의	• 공항개발사업 실시계획 승인 · 수립 전 관계기관 협의
공사기간 산정 · 심의	• 건설기술진흥법 제45조의2(공사기간의 산정기준)
↓	
실시계획 승인 · 고시	• 공항시설법 제7조(실시계획의 수립 · 승인 등)
공항개발기술심의위원회	• 공항시설법 시행령 제10조(공항개발기술심의위원회의 기능)

▼ 신공항 건설사업 추진과정 ③ : 시공단계

구분	추진절차	주요내용
시공단계	보상	• 공익사업을 위한 토지 등의 취득 및 보상에 관한 법률 제20조 (사업인정) • 공항시설법 제12조(토지등의 수용)
	⬇	
	건설사업관리자 선정	• 건설기술진흥법 제39조(건설사업관리 등의 시행)
	건설공사 발주	• 대형공사 입찰방식 심의결과에 따른 건설공사 발주
	공사착공	• 착공신고서 제출 등 공사 착공 시 주요업무
	⬇	
	공사에 따른 용역발주	• 공사에 따른 사후환경영향조사용역 등 용역 발주
	사후환경영향조사용역	• 환경영향평가법 제36조(사후환경영향조사)
	폐기물처리용역	• 건설폐기물법 제15조(건설폐기물 처리용역의 발주)
	공사손해보험	• 국가계약법 제53조(손해보험의 가입)
	사후지하안전영향평가	• 환경영향평가법 제36조(사후환경영향조사)
	⬇	
	공사시행	• 공사에 따른 시공, 품질, 안전관리 시행
	안전관리	• 건설기술진흥법 및 산업안전보건법에 따른 안전관리 사항
	품질관리	• 건설기술진흥법에 따른 품질관리 사항
	시공관리	• 임금직불제, 근로자 전자카드제 등 시공관리 사항
	⬇	
	계약금액조정	• 기본(실시) 계획의 변경 및 계약금액의 변경 사항
	설계변경	• 공사계약일반조건 제19조(설계변경) 등에 설계변경 사항
	계약금액 조정	• 국가계약법 및 공사계약일반조건에 따른 계약금액조정 사항
	총사업비 조정	• 총사업비 자율조정 및 협의조정 절차에 관한 사항
	⬇	
	기본계획/실시계획 변경	• 공항개발사업의 기본계획 및 실시계획의 변경에 관한 사항
	⬇	
	준 공	• 공항개발사업 준공 시 주요업무 사항
	예비준공검사, 준공검사	• 건설기술진흥법에 따른 준공검사에 관한 사항
	준공확인	• 공항시설법에 따른 공항개발사업 준공확인에 관한 사항
	보안측정	• 보안업무규정에 따른 국가보안시설 보안측정에 관한 사항
	건축물 사용승인	• 건축물 사용개시를 위한 사용승인에 관한 사항
	⬇	
	사후평가	• 건설기술진흥법 제52조(건설공사의 사후평가)에 관한 사항

▼ 신공항 건설사업 추진과정④ :준공(개항)단계

구분	추진절차	주요내용 및 근거
준공 (개항) 단계	공항운영증명	• 공항시설법 제38조에 따른 공항운영규정 인가 및 공항운영증명
	공항명칭 지정	• 공항명칭 관리지침에 따라 준공확인 고시 1년 전 공항명칭 심의
	공항코드 확정	• ICAO 4-letter code, IATA 3-letter code 확정
	종합시운전	• 신공항 종합시운전 및 시험운영에 관한 사항
	항공정보간행물 발간	• 신공항 개항 관련 항공정보간행물 발간에 관한 사항
	공항사용료 신고	• 신공항 공항사용료 신고에 관한 사항
	국제항 지정	• 관세법에 의거 국제선 항공기 운항을 위한 국제항 지정

나. 신공항 건설 현황 및 계획

2022년 11월 기준 신공항 건설사업은 제5차 국토종합계획(2020~2040)과 제2차 국가기간교통망계획(2021~2040), 제3차 항공정책 기본계획(2020~2024)과 연계된 제6차 공항개발 종합계획(2021~2025)에 근거하여 울릉, 흑산, 새만금, 제주 제2, 가덕도 신공항, 대구경북통합신공항, 백령도, 서산 소형공항 등 8개의 공항개발사업이 추진 중이다. 본문에서는 그중 2023년 기준 건설 중인 울릉공항을 예시로 제시하였다.

1) 울릉공항 건설사업

가) 추진 연혁

울릉공항 건설은 울릉도, 독도에 대한 이동성과 접근성 향상을 비롯해 울릉도 주민들의 정주 여건을 개선하며, 주민들의 응급구호와 해양영토 관리 지원을 위해 추진 중인 사업이다. 또한, 울릉도 방문객에게 교통편의를 제공하여 관광산업 등 지역경제를 활성화하고, 소형항공운송사업 시장 확대로 항공산업 활성화에 기여할 것으로 기대된다. 1994년 울릉도 경비행장 건설계획이 최초로 제1차 공항개발 중장기 기본계획에 반영된 이후 여러 차례 타당성 조사를 거쳐 2013년 '울릉도 소형공항 건설사업'이 기획재정부 예비타당성조사를 통과하여 추진되고 있다.

울릉공항 건설사업 추진 연혁

- 1994년 : 울릉도 경비행기 건설 계획 제1차 공항개발 중장기 기본계획 반영(교통부)
- 1998년 : 울릉도 공항건설 타당성 조사연구(건교부, B/C=0.16)
- 2009년 : 울릉도 경비행장 건설 타당성조사(교통연, B/C=0.89)
- 2010년 : 울릉도 경비행장 건설 예타조사(KDI, B/C=0.77, AHP=0.430)
- 2011년 : 울릉도 공항건설 타당성 재검토(교통연, B/C=1.10)
- 2013년 : 울릉도 공항건설 예타조사(KDI, B/C=1.19, AHP=0.655)
- 2015년 : 기본계획 수립 완료
- 2016년 : 턴키 입찰 공고
  * 2회유찰 : 공사비 부족(암석 유용량 기본계획 352만㎥ → 기본설계 80만㎥, 272만㎥부족)
- 2018년 : 기본설계완료 및 사업계획 적정성 검토
- 2019년 : 기본설계 기술제안 입찰 및 적격자 선정(대림산업 컨소시엄)
- 2020년 10월 : 실시설계 및 환평 본안협의 완료
- 2020년 11월 : 공사 착수

나) 사업 개요

경상북도 울릉군 울릉읍 사동리 일원에 건설 예정인 울릉도 소형공항 건설은 소형항공기가 취항 가능한 1,200m 활주로와 여객터미널 등을 건설하는 사업이며, 2050년 항공수요는 약 111만 명으로 예측된다. 사업기간은 2014년부터 2025년까지이며, 총사업비 7,508억 원이 투입될 예정이다.

▲ 울릉공항 위치도

▲ 울릉공항 평면도

본격적인 건설공사는 2020년 11월에 시작되었고, 공사의 첫 단계로 울릉공항의 부지조성공사가 진행되었다. Airside 공사 중 가장 중요한 부분인 방파호안 공사를 위해 포항 영일만 제작장에서 사석경사제와 케이슨을 제작하여 울릉도로 운반하고 있다. 케이슨이란 방파제 역할을 하는 해상 구조물로 1개 함의 최대규모가 12층 아파트 3개 동과 같으며, 중량은 약 1만 6천톤에 달한다. 본 공사에서는 총 30함의 케이슨을 제작하여 운반할 예정이며, 2022년 5월 첫 함을 운반하여 거치하였다. 호안 공사와 더불어 가두봉을 절취하여 해양을 매립하는 공사를 통해 공항의 기반을 다지고 나면, Landside 공사를 거쳐 공항시설들이 구축된다. 현재 2025년 완공을 목표로 공사가 진행 중이며, 2026년 개항을 통해 전국 어디서나 울릉도를 당일 왕복으로 다녀오는 것이 가능하게 될 것이다.

중량 **16,000**톤
최고높이 **27.5m**
아파트 12층, 3개동 규모
총 30함 제작 31개월 동안 제작

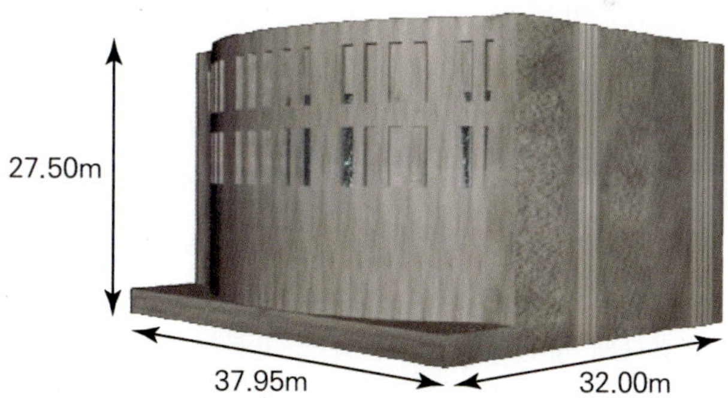

▲ 케이슨 모형도 및 규격

▼ 케이슨 제작과정

포항영일만항 케이슨 제작

케이슨 진수

케이슨 운반

울릉공항 예정지 케이슨 설치

다) 사업 특징

울릉공항은 국내 최초의 소형 도서공항이자 국내 최대규모의 케이슨 공법을 적용하는 국내 최대 규모의 해양매립 공항이다. 2013년 울릉 사동항 공사에 14천톤급의 케이슨이 투입된 이후 최대 규모의 케이슨이자 공항 건설에 최초로 도입되는 케이슨 공사이다. 본 사업에서는 30함의 케이슨이 포항에서 제작, 울릉까지 운반 후 설치되며, 약 210km의 거리를 3Knot(5.6km/h)이하로 운행하여 약 52시간이 소요된다.

울릉공항은 최대 파고가 발생하는 구간과 대수심 구간에 케이슨이 적용되고, 사석 경사제 구간에는 100톤급 소파블록을 적용하여 안정성을 강화하도록 설계되었다. 또한, 활주로 높이는 23m, 울릉공항 부지 외곽의 방파호안 높이는 24m로 계획되어 200년 빈도 이상의 파랑에도 안전한 공항이 건설될 전망이다. 울릉공항 건설사업은 안전하고 품질 좋은 공항을 건설하기 위해 시공 단계에서부터 해저작업 수중드론, 비탈면 자동화 계측, 열화상감지 드론 등 스마트기술을 적극적으로 도입하고 있다.

아울러, 야외공원 조성, 울릉도의 지형을 형상화한 공항설계, 실내 친환경 자재 사용, 자원순환 자재 및 고효율 기자재 사용, 신재생에너지 도입 등 자연친화적인 공항 조성을 위한 계획이 추진되고 있다.

울릉공항이 건설되면 획기적인 교통시간 단축으로 울릉도에서 전국 어디서나 당일 왕복이 가능하게 될 것으로 예상된다. 이를 통해 그동안 긴 소요시간과 배멀미 등으로 울릉도를 찾아가기 힘들었던 방문객들이 보다 쉽게 방문함으로써 관광이 활성화되고, 지역경제도 활기를 띠게 될 것으로 전망된다.

라) 향후 계획

울릉공항 건설사업은 계획대로 공사가 진행되면 2025년 완공될 예정이다.

▲ 울릉공항 조감도

2) 흑산공항 건설사업

가) 추진 연혁

흑산공항 건설사업은 흑산도 인근 도서지역에 대한 이동성과 접근성을 개선하고 지역주민들의 정주 여건을 개선하며, 주민의 응급구호와 해양영토 관리를 지원하는 데에 그 목적이 있다. 또한, 흑산도를 방문하는 방문객에게 교통편의를 제공하여 관광산업 등 지역 경제를 활성화하고, 소형항공운송사업의 미래시장 확대로 항공산업 활성화에 기여할 것으로도 기대된다. 본 사업은 2002년 경비행장 개발방안 조사연구를 시작으로 2011년 '흑산도 소형공항건설사업'이 제4차 공항개발 중장기 종합계획에 반영되어 2013년 기획재정부 예비타당성조사, 2015년 기본계획 고시를 거쳐 현재 설계 단계로, 세부 추진연혁은 다음과 같다.

흑산공항 건설사업 추진 연혁

- 2002년 : 경비행장 개발방안 조사연구(건교부)
- 2009년 : 흑산도 경비행장 건설 타당성조사(교통연)
- 2011년 : 제4차 공항개발 중장기 종합계획(2011~2015) 반영
- 2013년 : 흑산도 공항건설 예타조사(KDI, B/C=4.38, AHP=0.814)
- 2015년 : 기본계획 수립 완료
- 2016년 : 턴키 입찰 공고 * 3회유찰 : 금호건설 컨소시엄 단독 입찰
- 2017년 : 턴키 수의계약방식 추진 및 기본설계 완료
- 2018년 : 공원위 심의(결과:중단)
- 2020년 : 신안군은 흑산공항 예정지를 국립공원 구역에서 해제하고 인근 갯벌을 대체부지로 제시
  * (해제) 흑산공항 사업부지 1.21㎢, (대체부지-갯벌) 선도 5.3㎢(흑산도 ↔ 선도 약 80km)
  ** 2021.6 지역협의회 통과 → 2021.6 총괄협의회 안건(명사십리) 제출 → 2021.7.23 총괄협의회 통과
- 현재 : 공원위 심의 지연으로 실시설계 중지 중

나) 사업 개요

흑산도 소형공항 건설사업은 전라남도 신안군 흑산면 예리 일원에 소형항공기가 취항 가능한 1,200m 활주로와 여객터미널 등을 건설하는 사업이며, 2050년의 항공수요는 약 108만 명으로 예측된다. 사업기간은 2014년부터 2027년까지이며 총사업비 1,833억 원 규모의 건설공사이다.

▲ 흑산공항 평면도

다) 사업 특징

흑산공항은 공항 부지가 다도해해상국립공원 구역에 해당되나, 2011년 9월 「자연공원법 시행령」이 개정됨에 따라 섬 지역 국립공원 내 소형공항 건설이 가능하도록 그 근거가 마련되었다. 국립공원구역 내에 공항을 건설하기 위해서는 국립공원위원회 심의를 거쳐야 한다는 환경부의 전략환경영향평가 협의 의견에 따라 2016년부터 환경부에서 실시하는 국립공원위원회의 심의를 진행하였으나, 환경 · 경제성 · 안정성 분야 등에 대한 쟁점들로 인해 2018년 심의가 중단되었고 2022년 기준 실시설계가 중지된 상태이다.

사업 진행을 위하여 신안군에서 2020년 10월 공항부지의 국립공원 해제를 위한 대체부지(안)으로 비금도 명사십리 해변구역을 제시하였고, 2021년 총괄협의회를 통과하여 2022년 11월 기준 국립공원계획의 변경(안)에 대한 환경부의 종합적인 심의를 앞두고 있다. 국립공원위원회 심의를 통과하게 되면 실시설계 재착수 등 본격적인 사업이 추진될 예정이다.

▲ 흑산공항 공항예정지 및 대체부지(안) 현황

환경에 대한 이슈가 많은 사업인 만큼 동·식물 및 해양환경 훼손을 최소화하고 자연과 함께 호흡하는 친환경 공항으로 건설될 예정이다. 따라서 국립공원 환경훼손을 최소화하면서 항공기의 운항 안정성을 최대화한 공항시설이 배치될 계획이며, 기초지반 침하대책 마련, 강화된 설계기준 적용을 통해 공항부지 안정성도 확보될 예정이다. 또한, 도서공항의 특성을 고려하여 항공기 안전을 최우선으로 하는 항행안전시설을 구축하되 공항건설에 따른 조류충돌 가능성을 최소화하기 위해 전문가 현장조사 및 자문, 문헌조사 등을 통해 철새와 공존할 수 있는 방안이 검토되고 있다.

▲ 흑산공항 조감도

3) 새만금국제공항 건설사업

가) 추진 연혁

제5차 공항개발 중장기 종합계획(2016～2020)에 새만금 지역의 신공항 건설이 최초 반영됨에 따라 항공수요 조사 완료(2017. 12.) 후 공항 건설에 대한 사전타당성 조사가 착수(2018. 7.)되었다. 이듬해인 2019년 1월 새만금 신공항 건설사업이 "국가균형발전 프로젝트"에 포함되어 「국가재정법」 제38조에 따라 국무회의에서 예비타당성조사 면제 사업으로 확정·의결된 후 기획재정부에서 사업계획 적정성 검토가 완료(2019. 11.)되었다. 이후 환경부 전략환경영향평가 협의(2022. 2.), 지자체 등 관계기관 협의(2022. 6.) 등을 거쳐 20022년 6월 30일 "새만금국제공항 개발사업" 기본계획이 고시되었으며, 세부 추진연혁은 다음과 같다.

새만금국제공항 건설사업 추진 연혁

- 2016년 : 제5차 공항개발 중장기 종합계획 반영
- 2017년 : 항공수요 조사 완료
- 2019년 : 사전타당성조사 용역 완료
- 2019년 : 국가균형발전 프로젝트 예타 면제사업 선정
- 2019년 : 사업계획적정성 검토
- 2022년 : 전략환경영향평가 협의
- 2022년 : 기본계획 고시
- 2022년 : 대형공사 입찰방법 심의 완료

나) 사업 개요

새만금국제공항은 전라북도 군산시 새만금 지역 일원 공유수면에 약 100만 평 규모로 건설될 계획이며, 현 군산공항과는 서쪽으로 1.35km 떨어져 있다. 활주로(2,500m) 1본, 여객터미널, 항행안전시설(CAT I), 항공기 5대를 주기할 수 있는 계류장 등이 설치되며 2020년부터 2028년까지 약 8천억 원의 총사업비가 투입될 예정이다. 기본계획 기준 예상 항공수요는 개항년도인 2029년에 74만 명이며, 목표연도인 2058년에 105만 명이다. 취항가능 노선은 제주 등 국내공항을 포함하여 중국, 일본, 필리핀 등 근거리 국제선 취항도 예상된다. 아울러, 향후 대형 항공기 취항을 고려하여 활주로를 연장할 수 있도록 부지가 확보될 예정이다.

▲ 새만금국제공항 평면도

다) 사업 특징

기존 군산공항은 미군기지 활주로로 운영됨에 따라 국내선 증편 및 국제선의 취항 불가 등 여러 제약을 받아왔다. 하지만 새만금국제공항이 개항하는 2029년부터는 앞선 제약들이 해소될 전망이다. 이를 위해 새만금국제공항과 군산공항 간 활주로가 충분히 이격(1,350m)되어 상호 독립적으로 운영되도록 국제기준(ICAO 1,035m, FAA 1,311m)을 준수하여 기본계획을 수립하였다. 새만금국제공항 개항을 통해 새만금 지역의 민간 투자 유치 촉진 등 전북권의 경제를 활성화하고 일본, 중국, 동남아 등과의 접근성을 향상하여 새만금의 글로벌 비즈니스 중심지로서의 경쟁력이 강화될 것으로 보인다.

▲ 새만금국제공항 조감도

4) 제주 제2공항 건설사업

가) 추진 연혁

정부는 1990년 처음 제주 신공항 건설을 검토하였으나 국가 재정 여건상 보류되었다. 1992년에는 제주도의회가 건설부와 교통부(현 국토교통부)에 제주국제공항 조기이설을 건의하였고, 2012년에는 제주도가 자체적으로 '제주공항 개발구상 연구'를 시행하여 정부에 제주공항 인프라 확충 조기추진을 요청하였다. 이에 국토교통부는 제주 항공수요 조사 결과(2014)에 따라 사전타당성 조사를 하여 제주 내 31개 후보지 중 성산읍 일원을 제2공항 입지로 발표하게 되었다(2015.11). 이어서 2016년 제5차 공항개발 중장기 종합계획에 "제주 제2공항 건설"이 반영되었으며, 예비타당성조사(2016.12)를 거쳐 사업타당성이 확보(B/C 1.23, AHP 0.664)되었다. 2018년부터 기본계획 수립 단계가 진행 중으로, 예타 이후 지역에서 제기되는 공항 입지선정 등과 관련한 쟁점을 해소하고자 2018년 6월부터 11월까지 '제주 제2공항 입지선정 타당성재조사'가 실시되었고 입지선정 타당성재조사의 진행과정을 모니터링하기 위해 2018년 9월부터 2019년 6월까지 민·관 합동의 '제주 제2공항 입지선정 타당성재조사 검토위원회'가 구성되어 14차례 위원회가 운영되었다.

아울러 국토교통부는 제주도민을 대상으로 사업의 설명을 위해 2020년 4월부터 10월까지 3차례 비공개토론회, 6차례 공개토론회 등 연속토론회를 개최하였고, 2021년 2월에는 제주특별자치도와 제주도의회 주관으로 제주도민 약 2천 명을 대상으로 제주 제2공항 건설 찬·반 여론조사를 실시하였다. 여론조사 결과, 제주 제2공항 건설에 대하여 제주도민 전체에서 반대의견이 더 높게 나타난 반면, 공항 예정지 성산읍 인근에서는 찬성이 높은 것으로 나타났다. 제주특별자치도에서는 이와 같은 여론조사 결과를 국토교통부에 제출하면서, 공항 인근지역 주민들의 찬성이 높고 제주공항 포화 문제를 해결할 필요성이 있으므로 제주 제2공항 건설 사업을 당초 계획대로 추진해야 한다는 의견을 제출하였다.

한편 국토교통부는 2019년 6월부터 제주 제2공항 기본계획 수립 과정에 필요한 관계기관 협의 절차 중 하나인 전략환경영향평가 협의를 환경부와 진행하였다. 협의 과정에서 수 차례의 보완 요구와 보완서 제출이 있었으며, 환경부는 2021년 7월에 반려의견을 회신하였다. 이에 따라 국토교통부는 환경영향평가서를 보완하여 2023년 1월에 환경부와의 협의를 재개하였다.

제주제2공항 건설사업 추진 연혁

- 2015년 : 사업타당성조사를 통해 성산읍 일원 입지발표
- 2016년 : 제주 제2공항건설 예타조사(KDI, B/C=1.23, AHP=0.664)
- 2018년 : 입지선정 타당성 재조사
- 2019년 : 전략환경영향평가 본안 제출(→ 환경부)
- 2021년 : 제주도 및 도의회 주관 여론조사 실시 및 여론조사결과에 대한 제주도 성명 발표(추진 필요)
- 2021년 : 전략환경영향평가 환경부 반려
- 2022년 : 전환평 반려 사유 보완가능성 검토 연구용역(2021.12~2022.10)
- 2013년 1월 : 전략환경영향평가 협의 추진(→ 환경부)

나) 사업 특징

제주공항은 전 세계적으로 가장 혼잡한 공항으로, 2019년도에는 제5차 공항개발 종합계획 상의 활주로 용량 17.2만 회를 초과하여 17.5만 회를 운행하였고, 3,132만 명의 여객수요를 처리하는 등 이미 포화 상태에 이르러 여객 처리가 어려운 실정이다. 아울러, 제주공항은 잦은 급변풍 등 기상 여건으로 인해 숙련된 조종사도 이·착륙 시 상당한 주의를 필요로 하는 등 항공기 안전사고의 위험성이 상존하고 있다. 제주 제2공항 건설을 통해 장래 항공수요 증가에 대응하고, 현 제주공항 혼잡으로 야기되는 공항 이용객의 불편을 해소하며 항공 서비스의 안전성과 편리성이 향상될 것으로 기대된다. 아울러, 제주 제2공항은 친환경 공항 및 주변 지역과의 연계 발전을 고려한 공항으로 계획되고 있어 제주지역의 지속 가능하고 균형 있는 발전과 일자리 창출, 항공·환경 등 산업 분야의 경쟁력 제고, 지역경제 활성화 등에 기여할 것으로 예상된다.

5) 가덕도 신공항 건설사업

2020년 4월 김해국제공항에 접근 중이던 중국 국적 항공기가 공항 인근 돗대산에 추락한 사고(사망 130명, 부상 36명)가 발생한 후 현 김해공항을 대체할 수 있는 새로운 물류·여객 중심 공항의 건설 필요성이 지속적으로 제기되어 왔으나, 오랜 기간 신공항 입지 선정을 둘러싼 국가적·사회적 갈등과 논란이 지속되었다.

2020년 말 국무총리실 산하 김해신공항 검증위원회에서 김해신공항 건설 계획이 중단되었고, 이후 2021년 2월「가덕도신공항 건설을 위한 특별법」제정안이 국회에서 의결되면서 가덕도 신공항 건설사업이 본격적으로 탄력을 받기 시작하였다.

일반적으로 신공항 건설은 공항 개발사업 절차를 규정한 「공항시설법」에 따라 추진되나, 이 경우 입지선정 등 사전절차 이행으로 준공까지 소요 시간이 장기화될 우려가 있다. 이에 따라 가덕도 신공항 건설에 관한 절차, 국가의 행정·재정적 지원, 예비타당성조사 면제, 신공항 건립추진단 신설 등을 규정하는 등 국토 균형발전 등을 목적으로 한 「가덕도신공항 건설을 위한 특별법」이 제정(2021.3)되어 가덕도신공항 건립을 위한 법적 근거가 마련되었다. 이후, 사전타당성 조사 연구용역(2021.5~2022.4), 예비타당성조사 면제(2022.4)를 거쳐 2022년 8월부터는 기본계획 수립을 위한 용역이 시행되고 있다.

가덕도 신공항 건설사업 추진 연혁

- 2021년 2월 : 「가덕도신공항 건설을 위한 특별법」 제정
- 2021년 5월~2022년 4월 : 사전타당성조사 용역 시행
- 2021년 9월 : 가덕도신공항건립추진단 출범
- 2022년 4월 : 예비타당성 조사 면제(기획재정부 재정사업평가위원회)
- 2022년 8월~ : 가덕도신공항 건설사업 타당성조사 및 기본계획 수립 용역 및 가덕도신공항 건설사업 전략환경영향평가 대행용역 착수

6) 대구경북 통합신공항 건설사업

국무조정실 주관의 대구공항 통합이전 TF 회의를 통해 현재의 K-2 대구 공군 기지와 대구국제공항을 통합 이전하는 것으로 사업방식이 결정되었다(2016.8). 이에 따라 국방부가 예비 이전후보지를 군위군 소보면 + 의성군 비안면과 군위군 우보면 2곳으로 발표하고, 주민투표(2020.1)를 거쳐 최종적인 이전 장소를 공동후보지인 군위군 소보면과 의성군 비안면으로 확정(2020.8)하였다.

이후 K-2 대구 군 공항의 종전 부지가 소재한 광역지방자치단체장인 대구시장이 군 공항 이전에 대한 기본계획을 수립(2022.8)하였으며, 국토교통부에서는 활주로 연장, 터미널, 계류장 등 민간공항 건설을 위한 사전타당성 조사 용역을 착수(2020.10)하여 2023년 완료 예정으로 시행하고 있다.

대구경북 통합신공항 건설사업 추진 연혁

- 2016년 8월 : 대구공항 통합이전 사업방식 결정(대구공항 통합이전 TF)
- 2017년 2월 : 예비이전후보지 2곳 발표(국방부) ⇒ 군위+의성/군위
- 2018년 3월 : 국방부가 이전후보지 선정(군위군 우보, 군위곤 소보+의성군 비안)
- 2019년 6월 : 이전주변지역 지원방안, 종전부지 활용방안 심의 · 의결
- 2019년 11월 : 주민투표 및 부지선정 방식 결정(주민투표 찬성률+투표참여율)
- 2020년 1월 : 대구공항 통합이전 부지 선정을 위한 주민투표
- 2020년 8월 : 이전부지로 공동후보지(군위 소보+의성 비안) 확정(국방부)
- 2020년 10월 : 사전타당성조사 용역 착수(4억 원, 아주대컨소시엄)

7) 백령공항 건설사업

백령도 소형공항 건설사업은 도서지역 사업의 특성들과 마찬가지로 도서지역에 대한 교통여건 개선으로 옹진군 지역주민들의 정주여건을 개선하고 교통복지를 증진하며, 주민 응급구호와 해양영토 수호 등에 기여함에 그 목적이 있다. 또한, 백령도와 대청·소청도를 방문하는 방문객에게 교통편의를 제공하여 관광수요의 증대를 통한 지역 경제 활성화와 소형항공운송사업의 미래시장 확대로 항공산업 활성화에 기여하고자 하는 데에도 그 목적이 있다고 할 것이다.

백령공항 건설사업 추진 연혁

- 2016년 : 제5차 공항개발 중장기 종합계획(2016~2020)에 반영
- 2017년 : 백령도 소형공항 건설 사전타당성 검토 연구 시행
- 2020년 : 기재부에 예비타당성조사 신청(2020.2, 2020.11)하였으나 미선정
- 2021년 : 2021년 3차 재정사업평가위원회 심의, 예타대상 선정
- 2022년 : 예비타당성조사 완료(KDI), 사업 선정

2016년 도서지역의 접근 불편 해소를 위해 백령도 소형공항 건설 타당성 검토 필요성이 제5차 공항개발 중장기 종합계획에 반영되었으며, 2017년 백령도 소형공항 건설 사전타당성 연구용역이 시행되었다. 이후 사업 규모와 타당성을 조사하여 2020년 기획재정부에 예비타당성조사를 두 차례 신청하였으나 항공수요와 지방공항 수익성 등을 이유로 미선정되었다. 이를 보완하여 2021년 예비타당성조사 대상 사업으로 선정되었고, 2022년 12월 예비타당성조사를 통과하였다.

▲ 백령공항 위치도

나) 사업 특징

백령도는 인천항에서 북서쪽으로 약 178km가량 떨어진 서해 최북단 섬으로, 연륙도서를 제외하면 우리나라에서 다섯 번째로 큰 섬이다. 인천에서는 약 222km 떨어져 있고, 북한 황해도 장연군과는 직선거리가 약 10km, 장산곶과는 약 15km 떨어져 있을 만큼 북한과 인접하다. 지리적으로 북한과 인접함에 따라 군사 전략적으로 매우 중요한 도서이며, 대한민국 해군이 주둔해 있다.

백령도는 인천연안 여객터미널을 통해서만 육지와의 접근이 가능하기 때문에, 백령공항의 건설은 백령도 주민들은 물론 인근지역의 대청·소청도 지역주민들의 교통여건도 크게 개선할 것으로 보이며, 응급상황 시 지체시간 감소 등 주민들의 복지서비스도 증진될 것으로 전망된다. 백령도에서 전국 주요 도시까지 5~9시간 소요되던 이동시간이 1~2시간 이내로 가능함에 따라 전국 1일 생활권의 실현이 가능하게 될 것이고 접근이 어려워 관광을 망설였던 방문객들에게도 교통편의를 제공함에 따라 관광수요가 증가하여 지역경제 활성화로 이어질 것으로 예상된다.

8) 서산공항 건설사업

서산공항 건설사업은 제5차 공항개발 중장기 종합계획(2016~2020) 반영 후 2017년 12월 사전타당성조사가 완료되었다. 2020년 8월 기획재정부에 예비타당성조사 대상사업으로 신청되었으나 공항수요 불확실 등의 사유로 미선정되었다. 이듬해인 2021년 9월 예비타당성조사 대상 사업에 재신청 후 선정되어 2021년 12월부터 한국개발연구원(KDI)에서 예비타당성조사를 진행 중이다.

04 우리나라 공항안전 관리체계

가. 우리나라 공항운영체계 개요

앞서 정의한 바와 같이 "공항"이란 공항시설을 갖춘 공공용 비행장으로서 국토교통부장관이 그 명칭·위치 및 구역을 지정·고시한 것[6]을 말한다. 즉, 공항시설법령에서 정한 일정 수준의 공항시설[7]을 갖추고 일반 국민이 이용할 수 있도록 정한 공공용 비행장을 공항이라 한다.

우리나라 공항은 소유권을 국가(중앙정부)가 가지고 있으나, 2개 공항공사가 공항의 운영 및 관리를 책임지는 공기업 형태로 운영된다. 인천국제공항은 인천국제공항공사법에 의해 설립된 인천국제공항공사가 운영을 담당하고 있으며, 김포공항을 비롯한 나머지 14개 공항은 한국공항공사가 관리·운영하고 있다. 국토교통부는 ICAO 국제표준(Standard) 및 「공항시설법」 제38조에 따라 2003년 11월부터 인천국제공항을 비롯한 9개 공항에 대하여, 2012년 1월부터 여수공항에 대하여 "공항운영증명제도"를 시행하고 있다. 이는 1972년 미국에서 최초 시행된 이후 ICAO 부속서 14(비행장) 개정을 통해 2003년 11월부터는 ICAO에 가입되어 있는 모든 체약국들이 국제노선을 운영하는 공항에 대해 시행하는 제도이다. 안전하고 효율적인 공항운영체계의 확보를 위해 공항운영자로 하여금 자국 정부로부터 공항안전체계에 대한 인증을 받도록 하는 제도로 현재 우리나라에서 운영증명을 받은 공항은 인천, 김포, 김해, 제주, 대구, 광주, 청주, 양양, 무안, 여수[8] 10개이다.

---

6 공항시설법 제2조 제3호

7 공항시설법 제2조 제7호 및 시행령 제3조(공항시설의 구분)

8 여수공항은 국내선 전용으로 사용되는 공항이나, 2012년에 여수 엑스포가 개최되어 일시적으로 국제선 노선이 취항함에 따라 2012년부터 공항운영증명을 받아 운영 중임

나. 공항안전관리체계의 요소

1) 법적 체계

우리나라의 공항 안전체계와 관련한 공항시설 법령을 살펴보면 상위 공항시설법령에 「공항시설법」, 「같은 법 시행령」, 「같은 법 시행규칙」이 있으며, 하위 행정규칙으로 국토교통부 고시·훈령·예규가 있다. 최상위 법령인 「공항시설법(이하 공항정책론 장에서는 "법"이라고 한다.)」에서는 비행장 및 공항에 관해서 다루고 있으며, 법 제24조부터 제34조까지는 비행장의 설치·변경·관리 및 장애물의 제한 등에 대한 내용을 담고 있다. 법 제3조에서 제23조까지는 주로 공항개발 종합계획, 공항개발사업, 실시계획 및 인허가사항 등 공항의 개발 및 건설에 필요한 사항을 다루고 있으며, 제38조에서 제41조까지는 이 장에서 다루고 있는 공항운영증명 및 운영증명을 위하여 필요한 공항운영규정의 신청·인가·변경 및 지속적 공항안전체계 감시를 위한 공항안전검사, 공항운영증명 관련 벌칙 조항 등을 담고 있다.

하위 행정규칙으로는 공항 및 비행장의 계획, 건설, 운영 및 안전관리체계 확보를 위하여 세부적인 규칙을 수립하고 있다. 이는 ICAO 부속서14(비행장) 및 아래 표의 공항 및 비행장분야 ICAO 하위 매뉴얼을 기초로 하여 수립되었다.

▼ ICAO 공항분야 국제기준 현황

구 분	ICAO 비행장 및 공항분야 국제기준
상위 국제기준	국제민간항공조약 (Convention on International Civil Aviation)
	부속서14 (비행장), Volume I (비행장설계 및 운영)
	부속서14 (비행장), Volume II (헬기장)
ICAO 하위 매뉴얼	Doc 9157 (비행장설계매뉴얼) Part 1 (활주로)
	Doc 9157 (비행장설계매뉴얼) Part 2 (유도로,계류장, 대기지역)
	Doc 9157 (비행장설계매뉴얼) Part 3 (포장면)
	Doc 9157 (비행장설계매뉴얼) Part 4 (시각보조시설)
	Doc 9157 (비행장설계매뉴얼) Part 5 (전기시스템)
	Doc 9157 (비행장설계매뉴얼) Part 6 (부러지기 쉬운 구조)
	Doc 9137 (공항업무매뉴얼) Part 1 (구조 및 소방)
	Doc 9137 (공항업무매뉴얼) Part 2 (포장면관리)

구 분	ICAO 비행장 및 공항분야 국제기준
	Doc 9137 (공항업무매뉴얼) Part 3 (조류통제 및 감소)
	Doc 9137 (공항업무매뉴얼) Part 5 (기동불능항공기처리)
	Doc 9137 (공항업무매뉴얼) Part 6 (장애물관리)
	Doc 9137 (공항업무매뉴얼) Part 8 (공항운영업무)
	Doc 9137 (공항업무매뉴얼) Part 9 (공항유지보수)
	Doc 9184 (공항설계매뉴얼) Part 1 (공항종합계획)
	Doc 9184 (공항설계매뉴얼) Part 2 (토지이용 및 환경관리)
	Doc 9184 (공항설계매뉴얼) Part 3 (건설 및 자문운영)
	Doc 9150 (STOLPORT 매뉴얼)
	Doc 9261 (헬기장 매뉴얼)
	Doc 9332 (ICAO 조류충돌정보시스템 매뉴얼)
	Doc 9476 (지상이동안내 및 통제시스템 매뉴얼)
	Doc 9774 (비행장인증매뉴얼)
	Doc 9859 (안전관리시스템매뉴얼)
	Doc 9683 (인적요소훈련매뉴얼)

ICAO 부속서14에서 다루고 있는 공항 및 비행장의 설치, 운영, 관리에 관한 규정은 「공항·비행장시설 및 이착륙장 설치기준」(국토교통부 고시), 「항공등화 설치 및 관리기준」(국토교통부 고시) 및 「공항안전운영기준」(국토교통부 고시)의 3개의 기준으로 대표되며, 이 외에도 「조류 등 야생동물 충돌위험감소에 관한 기준」(국토교통부 고시), 「공항안전운영을 위한 공항운영검사 등의 업무지침」(국토교통부 훈령) 등 공항시설의 관리 운영 및 공항안전 감독 등에 관한 세부 하위 행정규칙을 수립하고 있다.

▼ 공항분야 국내 행정규칙 현황

구 분	공항분야 국내 행정규칙 현황
국토교통부 고시	공항 · 비행장시설 및 이착륙장 설치기준
	공항 · 비행장시설 및 이착륙장 관리기준
	항공등화설치 및 관리기준
	공항안전운영기준
	항공장애물 관리 및 비행안전 확인 기준
	공항소음 관리 및 피해지원 등에 관한 기준
	조류 등 야생동물 충돌위험 감소에 관한 기준
	공항 환경관리 기준
	공항 내진 설계기준
	공항시설 최소유지관리기준
	공항시설 성능개선 기준
훈령	공항안전운영을 위한 공항운영검사 등의 업무지침
예규	공항 · 비행장시설 설계 세부지침
	공항 · 비행장시설 포장 업무지침
	공항 비상계획 세부지침
	공항에서의 구조 및 소방 세부지침
	공항안전운영 세부지침
	항공장애물 관리 세부지침

2) 안전감독 체계

국토교통부 항공정책실은 인증 공항에 대하여 연 1회의 정기검사를 실시하고 있으며, 주요시설이나 운영절차의 변경이 있거나, 기타 추가검사가 필요한 경우 수시검사를 실시하여 지속적으로 공항안전운영체계를 확인 및 점검하고 있다. 안전감독은 아래의 과정으로 진행된다. 이 중 라)의 공항안전검사는 검사공지, 사전브리핑, 서류 검사, 공항시설 검사, 구조소방 검사, 야간 검사, 사후브리핑의 절차에 따라 체계적으로 수행되며, 약 1,000여 개 항목의 점검표를 이용하고 수행된다.

가) 연간 공항안전검사계획 수립
나) 각 공항에 대한 공항안전검사 이행계획 수립
다) 공항운영자에게 공항안전검사 계획 통보
라) 공항안전검사 수행
마) 검사결과 보고 및 공항운영자에게 시정조치 필요사항 통보
바) 공항운영자는 시정요구사항에 대한 조치 또는 개선계획 수립 및 보고
사) 국토교통부는 개선조치사항 확인 또는 추가 보완 필요시 보완요구
아) 검사보고서 및 검사결과에 대한 기록유지 및 시스템 관리

다. 공항안전 확보를 위한 공항비상계획 및 구조 · 소방

1) 공항 비상계획

항공기 사고의 대다수는 이착륙 과정 또는 지상에서 발생하고 있다. ICAO의 통계자료에 의하면 1980년부터 2002년 사이 운송사업용 항공기의 사고 가운데 7,142건이 공항 인근에서 발생하였으며, 120,214명의 승객이 위험에 노출되었으며 105,572명이 생존하였고 14,692명이 사망하였다. 생존자 가운데서도 3,883명은 중상이었으며, 기종별로 다소 차이가 있긴 하지만 공항 또는 공항 인근에서 발생한 항공기 사고에서의 평균 생존율은 약 88%로 나타나고 있다.

신속한 비상대처 능력은 인명구조 능력과 직결된다. 즉, 공항 인근에서 발생하는 항공기 사고에 대한 처리 절차는 사상자를 줄이는 데 제일 중요한 과제이므로 보다 체계적이고 종합적인 공항 비상계획의 수립이 공항안전의 핵심과제다. 다만, 이러한 공항 비상계획의 수립에 더해 평소 훈련을 통해 유관부서 간 긴밀한 협조체계를 유지하는 등 최상의 비상대응 능력을 확보하는 것 또한 중요하다.

공항 비상계획 관련 국제기준 및 절차와 지침은 ICAO 부속서14에서 관련기준(Emergencies and other Services)과 절차(Doc9137 - AN/898 Airport Services Manual)를 정하고 있으며, 우리나라에서도 공항안전운영기준(AOS) 및 공항 비상계획 업무매뉴얼을 제정하여 전국 공항에 적용하고 있다. 공항 비상계획(AEP)이란 다음과 같은 문서이며, 공항 비상사태는 인명구조 및 공중보건과 재산의 보호 조치를 취해야 하는 모든 종류의 자연적, 인위적 사건이나 사고를 말한다.

- 비상사태에 대처할 때, 계획된 시간과 장소에서 구체적인 조치를 취할 책임을 개인별/조직별로 할당
- 명령 계통과 조직 관계를 확립하고, 모든 조치를 어떻게 통합할 것인지 기록
- 비상사태 및 재난 시 인명과 재산을 보호할 방법을 설명
- 대처 및 복구 작업에 사용하기 위해 지역사회로부터, 또는 공항 내에서 조달할 수 있는 직원, 장비, 시설, 보급품, 기타 자원 등을 밝힘
- 공문서로서, 그 법적 기준을 인용하고 목표를 기술하며 전제조건을 명시
- 대처 및 단기 복구 과정을 용이하게 하여 성공적인 장기 복구를 위한 발판을 마련

공항 비상계획의 유형은 공항 내의 항공기 사고, 공항 밖에서의 항공기 사고, 비행 중인 항공기의 고장 등(완전 비상사태 및 준비상사태), 시설물 화재, 항공기 및 공항 시설물 포함한 폭파위협, 항공기에 대한 불법적 행위, 자연재해, 위험물(dangerous goods) 관련사고, 수상의 항공기 사고 등이다.

공항 비상계획의 내용에는 비상사태의 유형, 공항 비상계획에 포함되는 기관과 업체, 각 비상 유형별 비상운영센터, 지휘본부, 각 기관 및 업체의 역할과 책임, 비상사태 발생 시 연락망, 공항 격자지도(Grid map) 등이 포함되어 있다. 인천국제공항 등 15개 국제공항에서는 비상계획을 수립하여 국토교통부로부터 인가를 받았으며, 비상상황에 대한 대응능력을 향상하기 위해 2년에 1회의 종합훈련과 부분훈련 및 도상훈련을 실시하고 있다.

2) 공항 구조 · 소방

전 세계 모든 공항에서 항공기 비상상황, 건물화재, 가연성/독성 액체의 유출, 폭탄 위협 및 테러 등의 각종 비상사태가 발생할 수 있으며 이 중에서도 항공기 비상상황은 항공 분야에 특수한 상황으로 대규모의 인명손실을 야기할 수 있다.

ICAO는 구조 · 소방에 필요한 항공기 비상상황을 3가지 범주로 구분하고 있다. ① 첫째는 "항공기 사고"로 공항이나 공항 근처에서 사고가 발생했을 때 공항관제소는 소방대에 공항 구조와 사고 발생시간, 위치, 항공기 종류 등의 사고내용을 통보하고 경보를 발령하여야 하며, 공항 비상계획에 따라 지역 소방대 등 관계기관에 통보하여야 한다. ② 둘째는 초비상(Full Emergency)으로, 공항에 접근하는 항공기가 사고위험에 처해 있거나 사고 위험이 예상될 때 구조 및 소방대는 접근 활주로의 사전 예정위치에 대기해야 한다. 이때에는 항공기 기종, 승객 수, 사고 종류, 사용예정 활

주로, 착륙 예정시간, 위험물의 적재 위치 및 수량 등에 관한 상세한 내용이 소방대에 통보되어야 하며, 비상계획에 규정된 절차대로 지역 소방대 등의 관계기관에도 경보가 발령되어야 한다. ③ 셋째는 대기 비상(Local Stand - by)으로 항공기에 결함이 있는지 예상되지만 그 결함이 착륙에 장애를 유발할 정도로 심각하지 않을 때 구조 및 소방대는 접근 활주로의 예정된 위치에 대기하도록 준비가 요청되며, 관제소에 의해 모든 필요한 내용이 통보된다.

구조 · 소방차량은 양호한 시계 및 도로조건 하에서 어떤 이동지역으로든지 2분 이내에 출동할 수 있어야 하며 3분을 초과해서는 안 된다. 그 예로 1975년 미국 JFK 공항에서 이스턴 항공의 보잉 747 항공기가 추락하였을 당시 공항의 첫 구조대는 경보발령 후 2분, 항공기 추락 후 3분 만에 도착하였으며 초기 진화에 2분, 완전 진화에 3분이 소요되었다. 이 사고에서는 107명의 승객과 6명의 승무원이 사망하고 11명이 구조되었다. 뉴욕시 소방대에는 추락 4분 이내에 연락되었으며 첫 구조대가 8분 만에 도착하였다.

우리나라에서도 공항의 구조 및 소방의 국제표준이라고 할 수 있는 ICAO Service Manual Documentation 9137을 준용하여 국내 여건에 적합한 "공항안전운영기준(AOS, 국토교통부 고시)"과 "공항 구조 · 소방 업무 매뉴얼"을 제정하여 전 공항에 적용하고 있다. 공항안전운영기준에서 구조 · 소방과 관련된 세부규정은 고시 제4장 제15절(제121조에서 제138조까지)에 포함되어 있다. 규정에서는 공항 내 또는 그 주변에서 항공기 사고 및 준사고가 발생하는 경우 신속히 대응할 수 있도록 구조 및 소방 업무 체계를 갖추고, 소방 등급에 적절한 설비를 구비하도록 하며, 기타 구조 · 소방에 관한 일반사항에 대한 기준을 명시하고 있다. 우리나라의 공항을 운영하고 있는 인천국제공항공사와 한국공항공사는 안전한 공항의 운영을 위해 이러한 기준을 충족하여 구조 및 소방업무를 수행하고 있다.

라. 항공기-조류충돌 방지대책

1) 항공기-조류충돌(Bird-Strike) 현황

최초의 항공기와 조류의 충돌(Bird - Strike)은 1912년부터로 알려져 있다. 저속의 프로펠러 항공기가 주로 운항하던 1900년대 이전에는 조류가 항공기를 피할 수 있는 시간적 여유가 있어 조류충돌 사고 사례는 찾아보기 어려웠다. 그러나 점차 항공기술이 발달하면서 제트엔진을 장착한 항공기가 운항하게 되고, 운항횟수가 증가하면서 조류충돌이 항공기의 안전한 운항에 위험 요인으로 대두됨에 따라 각국에서는 조류충돌을 줄이기 위해 많은 노력을 기울이고 있다.

조류충돌로 인한 피해는 대부분 경미하지만 대형 조류가 엔진에 빨려 들어갈 경우에는 대형사고로 이어질 수도 있다. 가장 많은 희생자를 낸 사고는 1960년 10월 4일 미국 동부의 보스턴 로건국제공항에서 발생한 사고이다. 사고 발생시간은 17시 40분경으로, 이스턴 항공 소속의 필라델피아행 록히드 L-188 항공기가 이륙한 지 수 초 후 지나가던 새(찌르레기)떼와 만나 새들이 엔진에 흡입되면서 첫 번째 엔진이 순식간에 동력을 잃었다가 곧 회복되었으나, 추진력의 부족으로 승객 67명과 승무원 5명이 탑승하고 있던 여객기가 바다 위로 추락하였다. 사망자는 승객 59명과 승무원 3명으로 모두 62명이었다고 한다.

전 세계적으로 가장 잘 알려진 조류충돌 사고는 미국 뉴욕 라과디아 공항에서 발생한 사고일 것이다. 2009년 1월 15일 오후 3시 30분경 노스캐롤라이나 샬럿 더글라스 국제공항으로 향하던 US 에어웨이즈 항공사 소속 A320 항공기가 이륙 직후 새(캐나다기러기)와의 충돌로 양쪽 엔진이 모두 정지되었다. 다행히 기장은 동력을 잃은 항공기를 글라이더처럼 활공시켜 인근 허드슨강에 비상 착수시켰고 기적적으로 승무원과 승객 모두 무사하였다. 이 사건은 이후 2016년 9월 "설리: 허드슨강의 기적"이라는 이름으로 영화화되기도 하였다.

2) 조류충돌 감소를 위한 국가 정책

국제민간항공기구(ICAO)에서는 항공기와 조류 간 충돌 정보를 공유하고 국제적인 차원에서 다루기 위해 조류충돌 정보시스템(IBIS : International Bird Strike Information System)을 구축하여 세계 각국에서 발생하는 조류충돌 정보를 수집하고 관련 데이터베이스를 구축하고 있다. 또한 국제민간항공기구에서는 1969년 국제민간항공조약 부속서14(ICAO Annex 14) 개정을 통해 항공기 운항에 위험이 되는 공항 및 그 주변에서 조류퇴치를 위한 적절한 조치를 취하도록 각 체약국에 권고하고 있다.

우리나라 역시 항공기-조류충돌을 항공기 안전 운항에 중대한 영향을 미칠 수 있는 잠재적 위험요소로 규정하고 1993년부터 항공법령(현 공항시설법령)에 공항운영자로 하여금 조직, 인원, 장비를 갖추고 조류충돌 방지를 위한 제반 조치를 취하도록 의무규정을 신설하여 운영하고 있다. 또한, 공항 주변에 조류가 모이지 않도록 하기 위하여 국제민간항공조약 부속서 14에서 정하는 바에 따라 공항으로부터 반경 13km 이내에는 조류를 유인할 수 있는 쓰레기 매립장의 설치를 제한하고, 8km 이내에는 조류 보호시설 등의 설치를 금지하고 있다. 국토교통부 고시 「조류 등 야생동물 충돌위험 감소에 관한 기준」 제26조는 "관할 행정기관의 장은 공항주변 13km 내에는 쓰레기 매립장이 설치되지 않도록" 하고, 제28조에서는 "조류 유인을 예방하기 위하여 야생동물 보호구역 등 설치 제한 방법을 고려하도록" 규정하는 등 조류 유인요소 제거에도 노력을 기울이고 있다.

3) 조류퇴치 방법

우리나라에서 자주 볼 수 있는 조류는 텃새인 참새, 오리, 꿩, 까치, 매, 까마귀 등과 철새인 제비, 도요새, 종달새, 뜸부기, 백로, 물새, 왜가리, 가랑호리, 독수리, 부엉이, 두루미, 바다새, 말똥가리, 뻐꾸기, 쏙독새 등이다. 이 중 공항 주변에서 자주 발견되는 새는 백로, 오리, 왜가리, 까치 등이 있다.

▲ 백로

▲ 오리

▲ 왜가리

조류퇴치 방법은 직접 방식과 간접 방식으로 나눌 수 있다. 직접 방식은 포획이나 살상에 의한 방법, 간접 방식은 폭음기를 이용하여 놀라게 하거나, 맹금류의 소리 및 새의 비명소리를 송출하여 퇴치하는 방법 등이 있다. 최근에는 포획이나 살상 등 직접적인 퇴치 방법은 불가피한 경우 이외에는 가급적 사용하지 않고 있는데, 조류퇴치 기법을 좀 더 자세히 살펴보면 다음과 같다.

가) 폭음기

폭음기는 가스압력을 이용하여 일정시간마다 폭발음(총소리)을 발생해 조류가 모여들지 않도록 하는 방법이다. 그러나 이러한 방법은 조류의 학습효과로 인해 짧게는 일주일, 길어도 한달 정도만 지나면 그 효과가 급격히 감소되는 것으로 조사되어 주기적으로 이동배치하는 등 활용 효과를 높이기 위해 노력하고 있다.

나) 음향발생기

음향발생기는 위급한 상황에 처한 새가 내는 소리를 사용하는 것으로 캐나다, 독일, 프랑스, 영국, 미국 같은 국가에서 확보하고 있는 소리를 구하여 사용하고 있다. 폭음기와 마찬가지로 조류의 학습효과로 인해 고정하여 사용하는 방법은 효과가 적어 일반적으로 차량에 설치하여 이동하면서 사용한다.

다) Scary Man

사람 모형의 장비로서 조류가 주로 출현하는 지역에 설치하여 불규칙하게 움직이면서 음향 발생을 하는 장비이다.

라) Spike needle

뾰족한 형태의 침을 새들이 앉을 수 있는 장비 또는 건물 등에 설치해서 새가 앉지 못하도록 하는 것으로 주로 항행안전시설 장비에 많이 설치한다.

▲ 폭음기

▲ 총포

▲ 스파이크 니들

조류충돌 방지를 위한 기법은 위에서 소개한 것 이외에도 지속적으로 연구개발되고 있다. 최근에는 마이크로파에 의한 방법, 레이저를 이용한 방법, 반자율로봇을 개발하여 활용하는 방법 등 첨단 기술을 이용한 다양한 장비들이 개발되고 있으며, 이들 장비의 효과가 입증되면 우리나라에서도 도입하여 사용할 계획이다.

05 공항과 주변지역의 상생

가. 공항 주변 항공기 소음피해 대책

1) 항공기 소음의 특성

항공기소음은 활주, 이륙, 비행(선회 포함), 착륙 시 항공기에서 발생하는 소음으로 크게 엔진에서 발생하는 소음(aircraft engine noise)과 공기를 통과하면서 발생하는 공기역학적 소음(airframe noise)으로 구분한다. 엔진에 의한 소음은 엔진의 각 부분에서 발생하는 소음과 압축된 배출가스에서 발생하는 exhaust jet noise가 대표적이며 항공기 동체에서 발생하는 소음은 landing gear와 날개의 flap & slat의 마찰에 의하여 발생한다.

대표적인 민간항공기 기종인 A-320(180인승, 평균 88.3EPNdB)에 대한 소음도 연구에 따르면 이륙 및 착륙에 따라 소음원별 항공기 소음발생 효과는 상이하여, 착륙 시에는 항공기 프레임이 엔진보다 더 큰 소음발생 원인이지만, 이륙 시에는 엔진이 절대적인 소음발생 원인으로 작용한다.

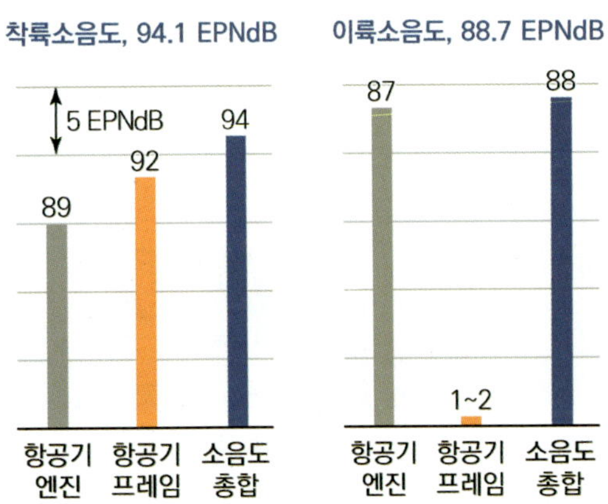

▲ A320 소음원에 따른 소음도 분석

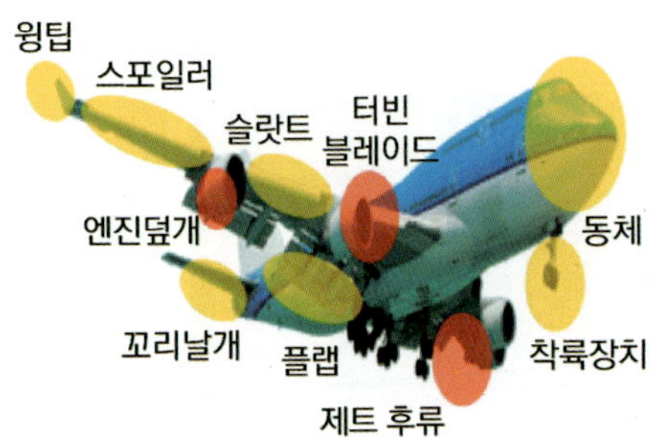

▲ 항공기 소음원 구성요소

※ 출처 : Vilanueva, R. Y. et al. (2019), "Investigation of Jet-Flap Interaction Noise through Numerical Simulation based on the Lattice Bolzmann Method", 25th International Congress of Mechanical Engineering

항공기에서 발생하는 음은 고주파와 저주파로 구분할 수 있다. 항공기의 여러 장소에서 발생한 소음의 각 주파수는 발생된 후 지상의 수음자(민원인)에게 전달되는 과정에서 공기 중의 흡음 특성에 의하여 다른 소리로 느껴진다. 고주파 성분은 저주파 성분보다 10배 정도 공기 중의 흡음률이 크기 때문에 항공기가 먼 곳에서 통과할 때 들리는 소리는 비교적 낮은 저주파음으로 구분되지만 착륙할 때와 같이 항공기가 가까운 곳에서 통과할 때는 날카로운 기계음과 같은 고주파음이 들리게 된다. 일반적으로 항공기 소음의 특징은 고주파음이 많이 포함되어 있고 음향출력이 크며 지향성이 매우 강하며, 운항경로에 따라 영향지역이 광범위하게 분포되며 일반적인 소음 저감대책의 수립이 곤란한 것으로 알려져 있다.

따라서, 항공기 제작사에서는 소음이 비교적 적게 발생하는 엔진을 개발하고 있으며 그 결과 상당한 소음 저감이 이루어져 왔고, 국제민간항공기구의 소음증명제도 기준을 충족하는 최신형 저소음항공기의 경우 50년 전 항공기에 비해 25dB 이상 소음이 감소하였으나, 기술적 한계로 인하여 추가적인 소음 저감은 기술발전의 속도보다 더디게 진행될 것으로 보인다.

▼ 항공기 기종에 따른 소음도 발전 (출처: FAA, Advisory Circular 14)

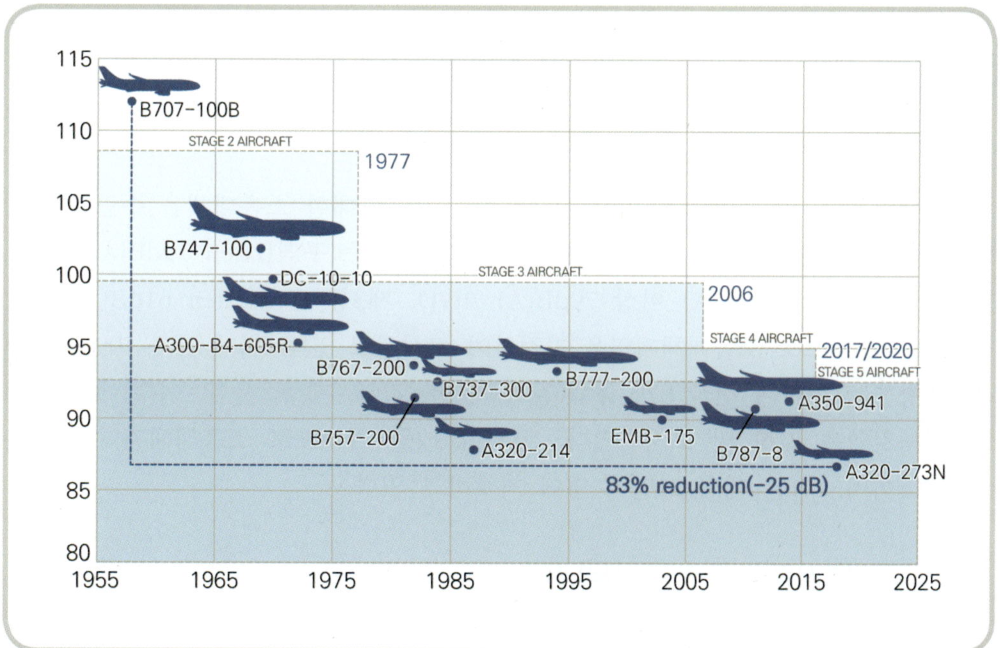

국제사회에서 항공기 소음이 문제시되기 시작하면서 1969년부터 국제민간항공기구에서 소음증명제도를 도입하였으며, 시카고 조약 제37조 규정에 따라 1971년 4월 2일 처음으로 항공기 소음에 대한 표준 및 권고 지침서가 채택되어 부속서 16을 통하여 소음등급에 따라 항공기를 Chapter 3, Chapter 4 및 Chapter 14로 분류하고 있다. 2017년 이후 제작되는 모든 항공기는 국제민간항공기구 부속서 16권에 따른 Chapter 14 소음적합기준을 반드시 충족하여야 함에 따라, 최신의 항공기 기종이 도입될수록 공항 주변에서의 소음은 줄어들 것으로 보인다.

2) 항공기 소음피해 대책 추진현황

우리나라의 항공기 소음피해 대책은 1987년부터 심야시간(23:00~06:00)에 대한 운항 규제를 시작으로 1988년 고소음 항공기에 대한 운항 규제(B707, DC-8)가 시행되었다. 1993년에는 「항공법」에 항공기에 의한 소음의 피해를 방지 또는 저감시킬 필요가 있을 경우 소음피해방지대책을 수립하도록 하는 법적인 근거를 마련하여 본격적으로 시행하였다. 2010년에는 「항공법」 특성상 다루기 어려운 부분을 포함하고 공항소음 전반에 대한 종합대책(소음방지, 소음대책사업, 주민지원사업 등)을 마련하기 위하여 특별법으로 「공항소음 방지 및 소음대책지역 지원에 관한 법률(약칭 : 공항소음방지법)」을 제정하여 공항소음에 대한 전반적인 정책을 시행하고 있다.

가) 항공기 소음대책지역 지정 · 고시

「공항소음방지법」 제5조에 따라 공항 주변지역에 대한 소음대책을 수립하기 위해 항공기 소음영향도에 따라 지역을 구분하여 제1종 구역(Lden 79dB(A) 이상), 제2종 구역(Lden 75dB(A) 이상 79dB(A) 미만), 제3종 구역(Lden 61dB(A) 이상 75dB(A) 미만)으로 소음대책지역을 지정하여 고시하고 있다. 이에 따라 1993년부터 김포공항을 포함하여 전국 6개 공항(김포, 인천, 김해, 제주, 울산, 여수)에 대하여 소음대책지역을 지정 및 고시하였다. 2022년 12월 기준으로 소음대책지역 면적은 100.72㎢이며, 8.1만 세대 21만여 명이 거주하고 있다.

나) 소음대책사업 및 주민지원사업 시행

소음대책지역(Lden 61dB(A) 이상)에 대해 실시하는 소음대책사업은 「공항소음방지법」 제8조에 따라 실시하고 있다. 직접적인 소음 피해를 줄이고 보다 쾌적한 생활이 가능하도록 하기 위해 주택과 학교에 대해서는 방음시설과 냉방시설을 설치하고 있으며, 냉방시설의 전기료를 지원(학교, 주거용도, 노유자 시설 등)하고 있다. 이외에도 소음이 극심한 일부 지역에 대해서는 토지매수 제도를 실시하고 있으며, 주민지원사업을 지원하고 있다. 또한, 소음대책 인근지역(Lden 57dB(A) 이상 61dB(A) 미만)에 대해서는 주민들의 복지증진과 소득증대 등을 위하여 복지시설, 체육시설의 설치 지원과 같은 주민지원사업을 실시하고 있다.

<table>
<tr><th colspan="3">7구역</th><th>소음영향도
(LdendB)</th><th colspan="2">소음대책사업</th><th>비고</th></tr>
<tr><td rowspan="5">소음
대책
지역</td><td colspan="2">제1종구역</td><td>79 이상</td><td rowspan="5">▸ 주택 방음 · 냉방시설
▸ 학교 방음 · 냉방시설
▸ 공영방송수신료 지원
▸ 전기료(학교, 주거용도)
▸ 주민지원사업 지원</td><td rowspan="3">▸ 손실보상,
토지 매수 청구</td><td></td></tr>
<tr><td colspan="2">제2종구역</td><td>75~79 미만</td><td rowspan="2"></td></tr>
<tr><td rowspan="3">제3종
구역</td><td>"가" 지구</td><td>70~75 미만</td></tr>
<tr><td>"나" 지구</td><td>66~70 미만</td><td rowspan="2"></td><td rowspan="2"></td></tr>
<tr><td>"다" 지구</td><td>61~66 미만</td></tr>
<tr><td colspan="3">소음대책 인근지역</td><td>57~61 미만</td><td>▸ 주민지원사업 지원</td><td></td><td></td></tr>
</table>

▲ 냉방시설 설치

▲ 방음시설 설치

▲ 주민지원사업

아울러, 소음대책사업 외에도 소음대책지역과 소음대책 인근지역에 거주하는 주민들의 복지를 증진하고, 소득을 향상하는 등 소음피해 주민들을 지원하기 위하여 매년 100억 원 수준으로 주민지원사업을 시행하고 있다. 주민지원사업은 ① 도서관 등의 공동이용시설 설치를 지원하는 주민복지사업, ② 공동작업장 또는 공동영농시설의 설치 등 소득증대사업, ③ 그 밖에 지역주민들의 복지 향상이나 소득증대에 기여할 수 있도록 지자체 조례로 정하는 다양한 사업으로 구성되어 있다. 주민지원사업은 해당 시장·군수·구청장 및 교육감이 시행하고 있으며, 공항운영자는 사업비의 75% 범위 내에서 사업비를 지원하고 있다.

다) 소음대책지역 내 시설물의 설치 및 용도 제한

소음대책지역 내로의 새로운 인구의 유입 등으로 인한 소음피해의 확산을 방지하기 위해 「공항소음방지법」 제6조에 따라 주거용 시설, 교육 및 의료시설, 공공시설 등에 대해 시설물의 설치를 제한하거나 용도를 제한할 수 있도록 규정하고 있다. 제1종·제2종 구역 및 제3종 가 지구에 대하여는 신축을 금지하고, 방음시설 시공을 조건으로 증·개축을 허가하고 있으며, 제3종 나·다 지구에 대하여는 방음시설 시공을 조건으로 신축 및 증·개축을 허가하고 있다.

▼ 시설물의 설치 및 용도 제한

구분	소음대책지역		
소음영향도[LdendB(A)] / 대상시설	제1종	제2종 및 제3종 가 지구	제3종 나 지구 및 다 지구
	79 이상	70 이상 79 미만	61 이상 70 미만
주거용 시설	신축 및 증축·개축 금지	1. 신축 금지 2. 방음시설 시공조건으로 증축·개축 허가	방음시설 시공조건으로 신축 및 증축·개축 허가
교육 및 의료시설	신축 및 증축·개축 금지	1. 신축 금지 2. 방음시설 시공조건으로 증축·개축 허가	방음시설 시공조건으로 신축 및 증축·개축 허가
공공시설	신축 및 증축·개축 금지	1. 신축 금지 2. 방음시설 시공조건으로 증축·개축 허가	방음시설 시공조건으로 신축 및 증축·개축 허가
그 밖의 공장, 창고 및 운송시설	공항운영에 관련된 시설물 설치 허가	항공기 소음과 무관한 시설물의 신축 및 증축·개축 허가	

3) 향후 항공기 소음피해에 대한 정책 추진방향

항공기 소음피해 완화를 위한 소음대책사업은 1994년 최초로 시작되었다. 그간 공항 인근 주거지역에서 주민들이 보다 정온하고 쾌적한 삶을 살 수 있도록 하기 위해 방음시설과 냉방시설을 설치하고, 냉방시설의 전기료 등을 직접 지원하는 소음대책사업을 추진하여 왔다. 그러나 30여 년간의 다양한 사업 추진에도 불구하고 소음대책사업에 대한 주민들의 만족도는 여전히 높지 않은 상황이다. 이에 따라 앞으로는 정책의 수요자인 주민들의 요구에 맞는 맞춤형 대책사업으로 전환하여 주민들의 체감도를 증진할 필요가 있다.

가) 국제기구의 소음대책 동향

국제민간항공기구(ICAO)는 부속서 16(환경 보호)에서 항공기 소음 문제에 대해 '균형적 접근법(Balanced Approach)'을 통해 개별 공항에서 비용 대비 가장 효율적인 방법으로 환경 편익을 달성토록 권고하고 있다. 균형적 접근법은 공항소음을 효과적으로 관리하기 위해 제시하는 4가지의 수단으로 이루어져 있는데, ① 소음원 감소(Reduction of noise source), ② 토지이용 계획 및 관리(Land-use planning and management), ③ 소음저감 운항절차(Noise abatement operation procedures), ④ 운항제한(Operation restrictions)의 4가지로 이루어져 있다.

▼ 균형적 접근법의 4가지 주요 요소

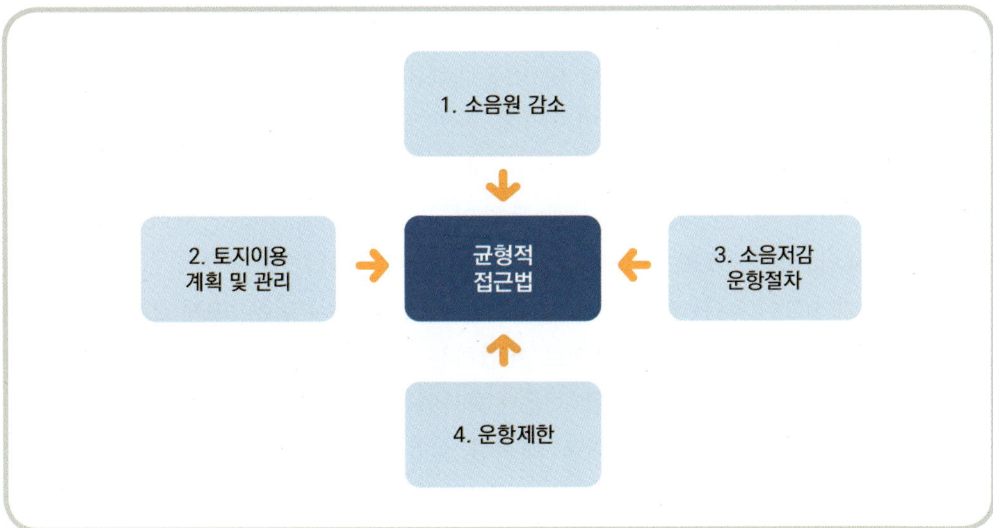

이 중 가장 중요한 요소인 소음원의 감소를 위해 항공기 소음표준을 권고하고 있으며, 현재 2017년 이후 신형 항공기에 대해서는 부속서 16 제1권의 Chapter 14 기준을 적용하고 있다. 이는 2017년 이후 형식증명을 받은 항공기에 적용하는 기준으

로 기존의 Chapter 4 대비 7dB, Chapter 3 대비 17dB 가량 낮은 기준이다. ICAO에서는 Chapter 14 기준 시행을 통해 2020년부터 2036년까지 항공기 소음 영향을 받는 인구가 약 100만 명 이상 감소할 것으로 예상하고 있다. 이 외에도 공항 주변에서 토지이용 구역제를 통해 소음영향을 받는 인구를 최소화하고, 안전을 최우선으로 고려한 저소음 운항절차의 개발 및 표준화 등 운영절차 개선을 실시하고, 불가피한 경우 항공기의 Chapter 단계별 제한, 심야시간 운항제한(Curfew), 소음 할당제(Quota) 등의 운영제한 제도를 통해 소음피해를 줄일 것을 권고하고 있다.

아울러, 항공수요가 증가하더라도 엔진기술 발달, 보다 공기역학적인 동체형상 개발 등 소음저감 기술 발전을 통해 소음에 노출되는 인구나 면적은 점차 감소할 것으로 전망된다. ICAO는 첨단 항공기 기술, 운영절차의 개선 등을 통해 2015년 대비 2050년의 항공기 소음에 노출되는 면적을 최대 1배 정도로 유지할 것으로 전망하고 있다. 유럽항공안전청(EASA)은 2017년부터 2040년까지 항공기 운항은 연평균 0.2~2.3% 증가할 것으로 예상하지만, 기술발달 등을 통해 항공기 소음에 노출되는 인구는 최대 1백만 명가량 감소가 가능할 것으로 전망하고 있다.

나) 제3차 공항소음 방지 및 주민지원에 관한 중기계획(2021~2025)

우리나라에서는 ICAO 균형적 접근법 등 공항소음에 관한 정책을 보다 효율적으로 추진하기 위하여 「공항소음 방지 및 소음대책지역 지원에 관한 법률」 제7조에 따라 5년마다 '공항소음 방지 및 주민지원에 관한 중기계획'을 수립하여 운영하고 있다. 최신의 계획은 2020년 12월에 발표된 제3차 계획으로, 제1·2차 중기계획의 평가, 대내·외 여건 및 전망과 소음정책 동향의 분석을 통해 2021년부터 2025년까지 5년간의 정책의 비전, 목표, 정책 방향 등을 수립하였다.

제3차 중기계획이 이전의 중기계획과 가장 차별화되는 점은 크게 2가지이다. 첫 번째는 소음원에 대해 보다 적극적으로 개입하는 '선제적 소음관리'의 개념을 도입하는 것이다. 기존의 공항소음 정책이 소음대책사업 등 사후적 피해 보상에 보다 치중해온 한계를 보완하여, 주민들이 더욱 쾌적한 삶을 누릴 수 있도록 하기 위해 ICAO 균형적 접근법을 활용한 선제적 소음원 저감 정책을 추진할 계획이다. 두 번째는 수요자 맞춤형 소음대책사업으로의 개편이다. 그간 기관 주도의 경직된 사업 추진으로 인해 주민들의 만족도가 낮다는 한계점을 보완하기 위해 주민들의 선택권을 보장할 수 있도록 하고, 주민들의 사업 참여를 확대하는 다양한 개편 방식을 추진할 계획이다.

추진과제	추진내용
① 국가 차원의 공항별 소음 관리목표 설정	• 국내공항소음 관리목표의 설정 • 향후 공항소음 관리지표의 추가적 개발
② 저소음 항공기 도입 목표 설정 및 도입 촉진	• 저소음 항공기 도입 목표 설정 • 저소음 항공기 도입 촉진 방안 검토
③ 소음저감을 위한 공항 · 항공기 운영절차 개선	• 심야시간대 고소음 항공기 운영제한 방안 마련 • 공항별 실정에 맞는 저소음 운항절차 개선
④ 상시 모니터링 · 홍보 강화 등 제도개선 추진	• 소음측정망 DB 고도화를 통한 모니터링 • 정책 모니터링단 운영 및 백서발간 등 홍보 강화
⑤ 주민들이 선호하는 직접 지원 사업의 확대	• 시설물 설치사업의 완료 목표연도 제시 • 사업 추진방식 개편 검토 • 지역경제 활력 제고를 위한 제도개선 추진
⑥ 주민지원사업 점진적 확대 및 다양화	• 사업 지원규모의 점진적 확대 및 사업종류 다양화 • 주민 주도의 주민지원사업 추진체계 정착
⑦ 상향식 소음정책 수립을 위한 주민 소통체계 마련	• 소음대책사업 추진실태에 대한 주기적 모니터링
⑧ 도시재생 등과 연계한 공항주변 상생발전 추진	• 공항주변 상생발전 모델 마련 • 지자체와의 협업 및 피드백 강화
⑨ 토지매수 활성화를 통한 이전 촉진 및 소음지역 활용도 제고	• 토지매수 활성화를 통한 이전 촉진 • 매입된 토지에 대한 다양한 활용방안 모색
⑩ 완충녹지 조성을 통한 소음 완화 시범사업 추진	• 소음 완충을 위한 녹지대 조성

이 외에도 복잡한 항공기 소음 측정 단위를 이해하기 쉽도록 하기 위해 현재의 웨클(WECPNL)[9]을 2023년부터 도로·철도 등 다른 교통수단에서 사용하는 소음 단위인 데시벨(dB) 기반 단위(LdendB(A)[10])로 변경하였다. 이를 통해 항공기 소음 수준을 다른 교통수단이나 생활소음 수준과 쉽게 비교할 수 있으며, 소음 크기가 어느 정도인지 보다 쉽게 이해할 수 있다. 아울러, 소음의 최고치만 반영하는 웨클에 비해 발생한 Lden은 전체 소음 에너지 양을 반영하는 만큼, 소음도 수준에 실제 주민들의 피해 정도를 보다 잘 반영할 수 있을 것으로 기대된다.

9 Weighted Equivalent Continuous Perceived Noise Level(가중등가지속 감각소음도). ICAO에서 권고하는 항공기 소음의 측정단위로, 항공기 통과 시 측정된 최고소음도에 야간, 심야시간의 운항횟수 가중치(야간 3배, 심야 10배)를 적용하여 하루 평균 최고소음도를 계산하는 단위

10 항공기 통과 시 발생하는 소음을 연속 측정하여 소음에너지의 합을 구하고, 야간, 심야시간의 소음도를 가중(야간 +5dB, 심야 +10dB)하여 하루평균 등가소음도를 계산하는 단위

다양한 정책의 추진만큼 중요한 것은 정보의 투명한 공개와 접근성일 것이다. 특히 소음은 주관적 영역으로 개인에 따라 느끼는 소음의 수준에 큰 차이가 있을 수 있어, 정부에서 발표하는 소음측정 결과값에 대해 주민들이 공감하지 못하는 경우가 발생할 수 있다. 이러한 한계를 극복하기 위해 국토부와 환경부가 각각 보유하여 운영 중인 항공기 소음측정망 데이터를 통합 운영하여 소음측정 결과의 신뢰도를 높이고, 항공기 운항 정보와 항적 정보 등을 주민들에게 투명하게 공개하여 공항소음 정책의 투명성을 높여나갈 계획이다.

▲ 공항소음포털 내 소음지도(예시 : 김포공항)

나. 공항과 장애물 제한표면

1) 고도제한 제도의 개요

공항 주변 고도제한 제도는 항공기 이·착륙, 선회 및 시계비행 시 항공기 운항 안전을 확보하기 위해 국제민간항공기구(ICAO)의 국제기준에 따라 장애물 제한표면을 설정하여 공항주변 장애물(항공기의 안전한 운항을 방해하는 지형, 지물, 식물 등)의 설치·방치·재배 등을 제한하는 제도를 말한다.

가) **장애물 제한표면** : 항공기의 안전운항을 위해 공항주변에 장애물의 설치 등이 제한된 일정 높이의 표면

나) **자연장애물** : 자연적으로 생겨난 산악, 구릉, 수목 등

다) **인공장애물** : 인공적으로 만들어진 건축물, 구조물, 크레인 등

2) 고도제한 제도의 근거

공항 주변에서의 고도제한을 하는 제도적인 근거로 국제법적인 근거는 ICAO 부속서에 두고 있으며, 국내법적인 근거는 「공항시설법」이다. ICAO 부속서 14 제4장(장애물의 제한 및 제거)과 ICAO의 공항업무 매뉴얼(Doc 9137, 제6장 장애물 관리), 「공항시설법」 제2조(정의) 제14호 및 제34조(장애물의 제한 등), 「같은 법 시행령」 제5조(장애물 제한표면의 구분), 「같은 법 시행규칙」 제4조(장애물 제한표면의 기준) 등에 따라 공항 주변에서 항공기의 안전한 운항에 지장을 주는 장애물의 설치 등을 제한하고 있다.

다만, 「공항시설법」 제34조(장애물의 제한 등) 제1항 제1호와 「같은 법 시행규칙」 제22조(장애물의 제한에 관한 협의)의 비행안전 확인과 「공항시설법」 제34조(장애물의 제한 등) 제1항 제2호, 「같은 법 시행규칙」 제23조(항공학적 검토 기준 및 방법)에서 항공학적 검토를 통한 예외를 두고 있으나, 항공학적 검토는 현재 마련 중인 ICAO 고도제한 국제기준 개정 후에 시행이 가능하다.

3) 장애물 제한표면 종류

가) 진입표면

이·착륙하는 항공기를 보호하기 위한 착륙대 끝(시점, 폭 300m)에서 수평거리 15km(종점, 폭 4.8km)까지 일정한 상방 경사도(처음 3km : 1/50, 3km 이후 1/40)를 갖는 사다리꼴 표면이다.

나) 전이표면

착륙 복행하는 항공기를 보호하기 위한 착륙대 양변에서 외측 상방으로 45m 높이(수평표면)까지 1/7 경사도로 형성되는 표면이다.

다) 수평표면

선회접근 및 시계비행 항공기를 보호하기 위한 착륙대 양 끝 중앙에서 반경 4km 원호를 그려 형성되고, 높이가 45m인 수평한 표면이다.

라) 원추표면

선회접근(고속) 및 시계비행 항공기를 보호하기 위한 수평표면 외측 변에서 수평거리 1.1km까지 상방 1/20 경사도로 형성되는 표면이다.

▼ 장애물 제한표면의 평면도

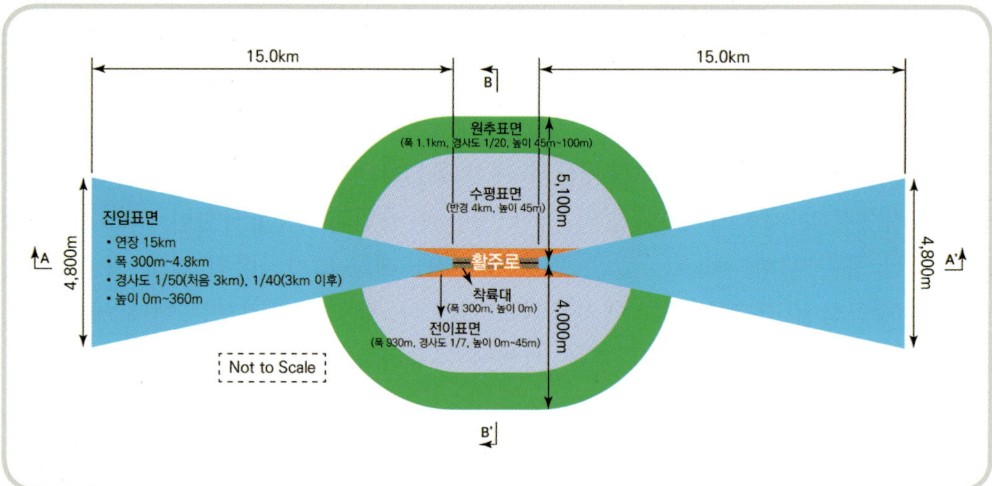

▼ 장애물 제한표면의 측면도

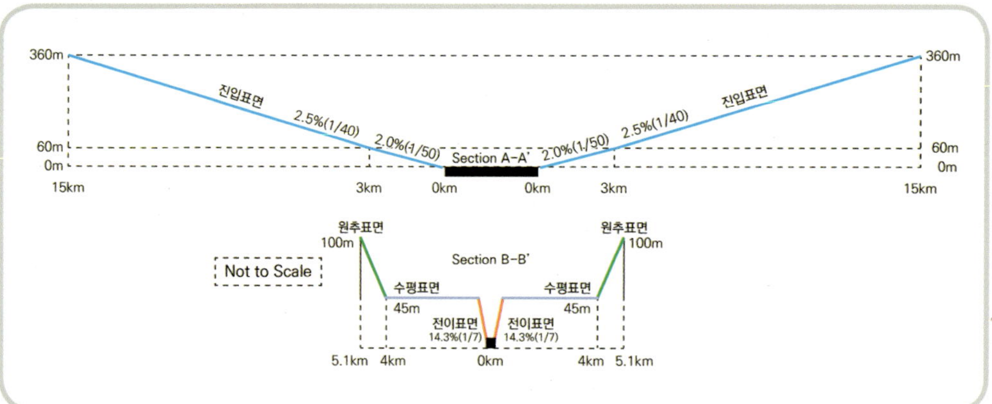

4) 고도제한 제도 현황

국제민간항공기구에서는 항공기의 안전운항과 사고 예방을 위하여 고도제한을 국제기준(ANNEX 14)으로 정하고 체약국(193개국)이 이를 준수토록 하고 있다. 우리나라도 국제민간항공기구의 체약국으로서 국제기준에 따라 공항시설법령에서 공항 주변에 장애물 제한표면 높이 이상의 건축물 등을 제한하고 있다.

▼ 국제기준 및 주요 국가별 장애물 제한표면

국제기준 및 주요 국가	장애물 제한표면별 거리/최고높이				
	진입표면	전이표면	수평표면	원추표면 (수평표면 이후 반경)	외부수평표면 (원추표면 이후 반경)
ICAO	0~6.6km/150m 6.6km~15km/150m	0~465m /45m	465m~4km /45m	4km~6km /145m	6km~15km /145m
한국	0~3km/60m 3km~15km/360m	0~465m /45m	465m~4km /45m	4km~5.1km /100m	–
미국	0~3km/60m 3km~15km/360m	0~465m /45m	465m~3km /45m	4km~5.2km /105m	–
일본	0~15km/300m	0~465m /45m	465m~4km /45m	4km~16.5km /295m	16.5km~24km /295m
영국	0~6.6km/60m 6.6km~15km/150m	0~465m /45m	465m~4km /45m	4km~6.1km /150m	6.1km~24km /150m
호주	0~6.6km/60m 6.6km~15km/150m	0~465m /45m	465m~4km /45m	4km~6km /145m	6.1km~24km /150m

5) 장애물 제한표면의 고시

국토교통부장관은 7개 민간공항(인천, 김포, 제주, 무안, 양양, 여수, 울산)에 대하여 「공항시설법」 제4조에 따라 공항개발 기본계획을 수립하거나 변경하는 경우에 장애물 제한표면을 포함하여 고시한다. 나머지 8개 군 공항(김해, 광주, 청주, 원주, 포항, 군산, 사천, 대구)은 「군사기지 및 군사시설 보호법」에 따라 국방부장관이 비행안전구역을 지정·고시한다.

6) 장애물 제한표면 면적 현황

민간공항(인천, 김포, 양양, 여수, 무안, 울산, 제주) 주변 총 36개 시·군·구에, 약 818㎢ 면적으로 설정(여의도 면적(2.9㎢)의 약 280배)되어 있다.

(단위 : ㎢, 바다부분 제외)

표면 \ 공항		인천	김포	양양	무안	여수	울산	제주	계
진입표면		20.5	88.2	62.3	15.4	56.1	73.4	40.2	356.1
전이표면		12.1	3.9	3.0	2.8	1.9	2.8	21.8	48.3
수평표면		67.9	77.3	35.5	45.5	24.6	37.5	21.1	309.5
원추표면		14.4	40.2	19.6	21.0	14.9	20.5	16.9	147.3
착륙대		5.9	2.1	0.8	0.9	0.7	0.6	1.2	12.1
중복	수평/진입	10.2	10.3	5.7	1.8	2.3	4.5	5.3	40.1
	원추/진입	1.0	4.5	3.3	1.1	1.2	2.1	2.0	15.2
총 면적		109.3	196.8	112.2	82.8	94.6	128.4	93.9	817.9

7) 공항별 장애물 현황

(단위 : 개소, 2022년 12월 기준)

구분	전체	공항별						
		인천	김포	양양	울산	여수	무안	제주
자연장애물	362	46	86	91	68	52	17	2
인공장애물	3,647	146	1,824	60	1,112	477	7	21
계	4,009	192	1,910	151	1,180	529	24	23

8) 고도제한의 예외 사항

「공항시설법」 제34조 제1항의 각 호와 같은 법 시행규칙 제22조 제1항에서는 장애물 제한표면 높이 이상의 건축물·구조물·식물 등 장애물 설치 제한의 예외를 규정하고 있다. 구체적으로는 「건축법」에 따른 가설건축물 및 피뢰설비, 건축물 옥상에 설치되어 있는 7미터 미만의 안테나(유사 구조물 포함), 공항시설 또는 비행장시설로서 공항 또는 비행장 운영에 필요한 시설, 지형적 특성으로 인해 인위적으로 제거하기 곤란한 산악 및 구릉, 같은 법 시행규칙 별표 6에서 정하는 비행장 설치자와 협의하여 설치할 수 있는 장애물의 기준에 적합한 건축물이나 구조물(차폐) 등 국토교통부령으로 정하는 장애물은 장애물 제한표면 높이 이상이라 할지라도 지자체가 공항공사와 협의하여 설치 등이 가능하다.

9) ICAO 고도제한 국제기준 개정 배경 및 동향

국제민간항공기구(ICAO)는 공항 주변에서의 공항 안전과 공항 주변지역의 개발 간에 조화를 이루기 위하여 고도제한 제도(장애물 제한표면, 항공학적 검토 등)의 국제기준(부속서 14 등) 개정을 추진 중이다. 이에 따라 2015년부터 각국의 공항 및 비행절차 분야의 전문가 등이 참여하여 장애물 제한표면 전담반(TF)을 구성하고, 이 회의에서 구체적인 실행방안을 논의하고 있다. 우리나라도 TF에 속해 있으며, 고도제한 관련 국제기준 개정에 우리나라 입장을 반영하기 위해 노력하고 있다.

현재 TF에서는 현행 장애물 제한표면의 공간적 범위에 대해 ① 장애물이 허용되지 않는 '장애물금지표면(OFS, Obstacle Free Surface)'과 ② 항공학적 검토를 통해 장애물 허용 여부를 평가하는 '장애물평가표면(Obstacle Evaluation Surface)' 2개로 이원화하는 방안으로 논의 중이다. 향후 TF에서의 추가적인 논의, ICAO 항행위원회 심의, 193개의 체약국의 의견조회, ICAO 이사회 승인 등의 절차를 거쳐야 하며, 이 과정에서 장애물 제한표면 범위와 규격이 결정되고, 항공학적 검토 수행지침 등이 논의될 예정이다.

쉬어가기

인천공항은 이렇게 태어났다!

인천공항의 어제, 오늘, 그리고 내일

2001년 3월 29일 오전 4시46분, 방콕을 출발한 아시아나항공 3423편이 새롭게 뻗은 활주로에 사뿐히 내려앉은 바로 그 순간, 우리나라 항공운송산업의 역사에서 거대한 변화가 시작되고 있었다. 지난 1958년 이후 우리나라의 대표적인 국제공항으로 자리 잡았던 김포공항의 40여 년 역사가 막을 내리고 새로운 인천국제공항의 시대가 그 서막을 연 것이다.

이후 인천국제공항은 개항 4년째인 2005년 처음으로 ASQ 세계 최고 공항상을 수상했으며, 이후 2016년까지 12년 연속으로 종합부문 1위를 차지했다. 특히 2011년에는 ACI가 처음 제정한 '명예의 전당' 프로그램에 최초로 '세계 최우수 공항'으로 등재되었고, 2022년에는 세계 최초로 ACI 고객경험인증 프로그램 최고단계인 5단계를 인증하며 우리 대한민국 항공산업의 미래를 개척해 나가고 있다.

■ 동북아 허브공항 도약을 위한 마스터플랜 (최초계획)

• 수도권 신공항 건설 추진계획

우리나라에 처음 공항이 생긴 것은 1916년 일제강점기 때다. 일제는 당시 경기도 고양군 용강면, 현재 서울시 여의도에 비행장(여의도공항)을 건립해 전쟁 물자 운송에 활용했다. 여의도공항은 해방 이후 우리 군의 공군기지로 사용됐으며, 1971년 경기도 성남시에 새로운 공군기지(서울공항)를 조성하면서 폐쇄됐다.

일제는 1939년 당시 경기도 김포군 양서면, 현재 서울시 강서구에도 비행장(김포비행장)을 건립했다. 김포비행장은 해방 이후 미 공군이 사용했으나 1958년 우리 정부에 관리권을 이양했다. 당시 민간공항의 필요성이 대두됨에 따라 보수 및 확장공사를 거쳐 지금의 김포국제공항으로 전환되었고 1980년대에 접어들면서 국내외 수요가 폭발적으로 증가했다. 1986년 아시안게임 개최를 전후로 국제선 수송 실적이 세계 10위권을 기록했고, 서울올림픽이 개최된 1988년에는 국제선 승객 수가 전년 대비 100만 명 급증했다.(1980년 148만 986명)

특히 1989년 해외여행 자유화 정책이 시행되면서 연평균 국제여객은 13%, 국내여객은 30% 이상 증가하며 급격한 성장률을 보였다. 당시 세계 항공시장의 성장률이 약 7% 수준인 것을 고려하면 세계 최고 수준의 항공수요 증가율을 기록한 것이다.

쉬어가기

이에 따라 김포국제공항은 꾸준히 확장공사를 실시했지만 급증하는 여객수요를 따라잡기에는 역부족이었다. 설상가상으로 서울 및 수도권의 팽창에 따른 도심화와 인근 주민들의 항공기 소음피해 호소가 이어졌고 이에 정부는 1989년 수도권 지역에 김포공항을 대신할 새로운 공항을 건설하기로 방침을 정했다.

• 신공항 건설 책임질 전담조직을 만들다

인천국제공항 건설사업은 정부가 이전에 경험하지 못한 초대형 공공 건설사업이었다. 토목·건축·기계·전기·정보통신·수하물처리 등 모든 건설 공정을 총망라한 것은 물론, 기술적인 난이도도 최상급에 달했다. 사업비는 무려 5조 6,000억 원 이상이 투입됐고, 공사 기간도 1992년부터 2001년까지 8년 4개월이나 소요됐다.

이에 정부는 인천국제공항 건설사업을 체계적이고 효율적으로 수행하기 위한 전담조직이 필요하다는 판단에 따라 1990년 6월 21일 교통부(현 국토교통부) 산하에 '신공항건설기획단'을 설치했다. 신공항건설기획단은 인천국제공항 건설을 위한 기본계획을 수립하고, 건설사업과 관련한 주요 정책을 결정하는 업무를 수행했으며, 1994년 8월 「수도권신공항건설공단법」 제정을 통해 1994년 9월 1일 '수도권신공항건설공단'이 정식 출범했다.

이후 신공항의 건설과 운영의 연계성을 유지하고 공항 운영의 효율성과 서비스 수준을 높이기 위해 한국공항공단과 별개로 독립된 공항공사 체제로 전환을 추진하였으며, 1999년 2월 1일 인천국제공항공사를 설립하여 인천국제공항의 건설과 운영 주체를 일원화하였다.

• 동북아 허브공항이라는 새로운 비전을 세우다

1990년을 전후해 세계는 급격한 시장 개방과 범세계화(Globalization)의 시대로 나아갔다. 동서냉전의 종식으로 정치적인 장벽이 허물어졌고, 우루과이라운드(UR) 타결을 시작으로 세계무역기구(WTO)·유럽연합(EU)·북미자유무역협정(NAFTA)·아시아태평양경제 협의회(APEC) 등 다양한 국제협력 기구들이 탄생했다.

이를 통해 국경을 넘나드는 인적·물적 교류가 활발해졌고, 세계 각국은 교류의 중심인 공항에 역량을 집중하기 시작했다. 우리나라도 세계적 변화에 발맞춰 거시적인 안목으로 신공항 건설을 바라보기 시작했다. 신공항 건설을 결정했을 당시만 해도 급증하는 항공수요를 해결하기 위한 방안에 지나지 않았지만, 이후 계획을 구체화하는 과정에서 국제 물류 선점을 위한 '동북아 허브공항' 건설이라는 새로운 목표를 수립했다. 이에 우리 정부는 아시아 지역 어느 공항들과 비교해도 뛰어난 조건을 갖춘 허브공항을 건설할 수

쉬어가기

있도록 신공항 후보지 선정에 심혈을 기울였다.

왜 영종도인가?

최초 인천공항의 입지선정 단계에서 22개의 후보지가 물망에 올랐지만, 시화지역 2개소와 영종도 지역으로 압축되었고 최종적으로 영종도가 선택되었다. 왜 영종도에 첫 삽을 뜨게 되었을까?

첫째, 저렴한 부지확보 비용. 인천공항은 영종도와 용유도 사이의 수심이 얕은 간석지를 매립하여 건설되었다. 즉 섬과 섬 양단을 막아 광활한 부지를 조성할 수 있었다. 또한 영종도 주변에는 지반 조성용으로 사용할 해사와 토석을 채취할 수 있는 석산도 충분하였다.

둘째, 무한한 확장 가능성. 공항건설부지는 영종도와 용유도 사이의 간석지 및 일부 육지를 포함한 지역으로서 개발가능 지역은 약 1,700만 평에 이른다.

셋째, Noise-free. 항공기의 소음은 주로 활주로의 양쪽 끝에서 발생한다. 영종도는 활주로 양단이 바다를 향하고 있어서 소음 피해를 최소화할 수 있다.

넷째, 비교적 가까운 도심과의 거리. 영종도와 서울 도심과의 거리는 52km로서 외국의 주요 공항이 도심에서 약 40km 이내라는 점을 감안하며 다소 먼 거리에 위치하고 있지만, 공항 전용 고속도로 외에 2007년 3월에 개통된 전용철도로 접근시간 측면에서 외국공항보다 유리하다.

다섯째, 공역간섭이 적음. 영종도는 김포공항과 33km, 수원 공군기지와는 56km 지점에 위치해 있어 주변 비행장에서 이착륙하는 항공기와의 공역간섭이 적다. 또한 항공기 이착륙 구간에 높은 산이 없어 항공기 운항에 지장이 없다.

여섯째, 동북아시아의 중심. 영종도는 3.5시간의 비행거리 내에 백만 명 이상의 인구를 지닌 50여 개의 도시가 위치해 있어 풍부한 시장 잠재력을 갖고 있다.

▲ 1994.10 : 방조제 공사 완공(17.3km)

쉬어가기

▲ 인천국제공항 개항(2001년 3월)

■ **인천국제공항 1단계 건설 그리고 성공적 개항 (1단계 사업)**

• **김포공항을 대신할 수도권 신공항 건설 추진**

1990년 6월 14일, 영종도가 신공항 건설입지로 최종 확정됨에 따라 인천국제공항 건설을 위한 준비가 본격적으로 추진되었다. 1990년 11월부터 1991년 12월 24일까지 기본설계를 완료한 후 “미래 동북아시아 항공운송의 중심기지”라는 원대한 청사진과 함께 1992년 11월부터 본격적인 공항건설이 시작되었으며, 2001년 3월 역사적인 개항에 이르기까지는 무려 100개월이란 시간과 5조 6천억 원의 예산이 투입되었다. 8년 4개월이라는 시간만큼 단군 이래 최대의 국책사업으로 불리는 인천국제공항 건설에 투입된 인원, 장비, 자재의 규모는 가히 천문학적이었다.

투입된 인력은 하루 평균 1만 4천여 명으로 총 투입된 연인원은 약 1,380만 명에 달하며, 건설에 동원된 장비는 연 253만대, 골재(자갈, 돌)는 974만 7천㎥로 15톤 트럭 100만대 분량이었고, 부지조성을 위하여 쏟아 부어진 토사는 1억 8천만㎥로 15톤 트럭 1,800만대 분량이었다. 공항 건설에 소요된 강관파일은 총 3만 2,557개로 길이로 환산 시 1,682㎞로 서울과 부산 간 거리의 4배에 해당하며 사용된 통신 케이블은 총 1만 1,079㎞로 서울과 부산 간 거리의 24배에 달하였다.

건설과정에서 만들어진 설계도면은 총 48만 장으로 이것을 한 장씩 쌓아올리면 180층 빌딩높이인 560m에 이르며, 1단계 순수 건설비만 5조 6천억 원이 소요되었다. 이러한 막대한 재원과 물량이 투입된 결과 비로소 1,700만 평(56,168천㎡)이라는 거대한 공항 부지와 제1여객터미널, 제1·2활주로 등 1단계 공항시설의 윤곽이 드러나게 되었다.

쉬어가기

1단계 공항시설 규모 측면에서는 전체 355만 평(11,724천㎡)의 부지 위에 길이 1.06 ㎞, 63빌딩 3배에 달하는 연면적 15만 평(496천㎡) 규모의 우리나라 최대의 단일 건축물인 초대형 여객터미널이 자리하고 있으며, 동북아 물류중심지라는 목표에 걸맞는 연간 270만 톤의 물량을 처리할수 있는 화물터미널과, 대형 항공기까지 수용이 가능한 길이 3,750m급의 활주로 2본이 설치되어 있다.

■ 완벽한 무결점의 2단계 그랜드 오픈 (2단계 사업)

• 항공산업 변화 발맞춰 2단계 조기 확장 추진

2001년 3월 성공적으로 개항한 인천국제공항은 얼마 지나지 않아 새로운 문제에 직면했다. 1단계 건설 당시에도 최초 계획보다 더 많은 여객수요를 예상하고 공항부지와 시설 규모를 대폭 확대하여 1단계 시설을 구축했음에도 불구하고 예측보다 더 빠른 속도로 항공수요가 급증한 것이다.

개항 직전인 1999년부터 2000년까지 불과 2년 동안 항공수요가 17.2%나 증가했다. 이후 10년간 항공수요 증가폭은 연평균 8.8%로 예측됐다. 여객 계류장은 2002년, 화물 계류장은 2004년, 활주로는 2008년 무렵이면 이미 용량을 초과해 서비스 수준의 저하가 예상됐다. 또한, 취항 항공사도 빠른 증가 추세를 보였다. 2001년 3월 개항 당시 인천국제공항에 취항한 항공사가 35개인데, 2007년 말에는 59개로 늘어나 약 1.7배 증가할 것으로 예측됐다. 실제로 2007년 12월에는 취항 항공사가 66개에 달했다.

중국과 인도의 급속한 경제성장이 세계 경제를 견인했고, 일본 경제의 급성장에 따라 세계 경제는 앞으로 더욱 성장할 것으로 전망됐다. 이와 함께 유럽과 북미 지역을 중심으로 항공자유화정책이 확산되기 시작했다.

이러한 주변국의 대형공항과의 경쟁에서 우위를 차지하고, 2001년 개항 이후 급속하게 증가하는 항공수요와 주변 경쟁 공항에 탄력적으로 대응하기 위하여 정부에서는 긴급히 타당성 검증을 거쳐 그 해 말 2단계 사업추진 고시를 하기에 이르렀다.

2단계 건설사업의 주된 목표는 접현게이트의 효율적 배치, 탑승 여객 분산을 위한 탑승동 건설과 늘어나는 항공기 수요에 대응하기 위해 계류장 시설을 확장하는 것으로, 2002년부터 인천국제공항 2단계 확장사업을 착수하여 2008년 6월까지 약 6년간 3조 원의 사업비와 연인원 350여만 명을 투입하여 Airbus 380 등 초대형 항공기의 이·착륙이 가능한 4,000m급 제3활주로, 탑승교 30개를 구비한 탑승동과 화물터미널 증축, 여객기 및 화물기 주기장 60개소 등의 확장사업을 완료하게 되었다.

쉬어가기

• 성공적 2단계 개항

2002년부터 추진한 2단계 건설사업은 6년 만인 2008년 모든 공사가 마무리됐다. 2단계 건설사업은 총 2조 9,688억 원이 투입된 대규모 국책사업이었다. 활주로는 2개에서 3개로 늘어났고, 여객 계류장과 화물터미널도 기존의 두 배 규모로 확장했다. 연면적 16만 6000㎡에 달하는 초대형 건물인 탑승동A는 최대 30대의 항공기를 동시에 주기할 수 있고, A380기 등 초대형 항공기 수용이 가능해 연간 여객처리능력을 획기적으로 높였다.

▲ 인천국제공항 2단계 오픈 기념식

▲ 인천국제공항 2단계 개항 전경

■ 동북아 대표 허브공항을 위한 3단계 그랜드 오픈 (3단계 사업)

• 글로벌 명품공항 건설로 제2의 도약

2008년 2단계 오픈 이후 인천국제공항의 시설규모는 활주로 3본, 여객터미널 66만㎡

쉬어가기

(탑승동 포함), 화물터미널 25만 8000㎡, 여객 계류장 234만 7000㎡, 화물 계류장 73만 7000㎡ 등으로 크게 확장됐다. 이로써 연간 여객 4,400만 명과 화물 450만 톤을 처리할 수 있게 됐다. 하지만 여전히 역부족이었다.

2단계 오픈 직후 향후 항공수요를 분석한 결과 중국의 급속한 성장과 FTA의 가속화, 동북아 지역의 항공자유화 확대 등의 영향으로 아시아 지역의 항공수요가 연 5% 이상 지속 성장할 것으로 예상됐다. 2015년 인천국제공항의 국제 여객은 5,735만 5,000명, 국내 여객은 111만 4,000여 명에 이를 것으로 전망됐다. 더 나아가 2035년 항공수요는 국제 여객 1억 336만 명, 국내 여객 361만 8,000여 명으로 예측됐다. 화물수요 국제선을 중심으로 2015년 385만 톤에 이를 것으로 전망했다. 이에 인천국제공항은 2009년부터 2017년까지 4조 6천억 원을 투입하여 2020년을 목표로 연간 여객 6200만 명과 화물 580만 톤을 처리하기 위한 3단계 건설사업을 결정했다.

2009년 6월 기본계획 6차 변경고시를 통해 1,800만 명 여객 처리가 가능한 제2여객터미널을 새로 짓고, 여객 계류장과 화물 계류장도 각각 270개소와 107개소로 확장하기로 했다. 시설 규모는 대폭 확장하기로 했다. 3단계 핵심시설인 제2여객터미널은 기존보다 부지면적을 넓혔다. 여객의 기대수준 상승에 따른 고객만족을 위해 서비스 면적의 현실화가 필요하다고 판단했기 때문이다. 또한 기존의 철도역사를 확대해 제2교통센터를 신설하기로 했다. 이처럼 인천국제공항은 3단계 건설계획을 통해 미래 항공수요 대응과 동북아 허브공항으로의 도약을 위한 구체적인 방안을 설계했다.

인천국제공항은 2018년 1월 3단계 시설을 개항했다. 이는 당초 예상보다 앞당긴 일정인데, 2018년 2월 9일 개막한 평창 동계올림픽의 성공적 지원을 위한 결정이었다.

▲ 인천국제공항 항공사진

쉬어가기

■ **더 큰 미래를 위한 4단계 건설사업 추진 (4단계 사업)**

국제공항협의회(ACI)에 따르면 전 세계 항공여객은 2031년 157억 명을 돌파해 2017년 83억 명 대비 2배 가까이 성장할 전망이다. 이에 따라 동북아 각국은 허브공항 선점을 위해 경쟁적으로 공항 확장을 진행 중이다. 튀르키예(전 터키)는 2019년 말 연간 6,300만 명의 여객을 수용할 수 있는 이스탄불 신공항을 개항하고, 홍콩 공항도 2022년 7월 제3활주로를 완공하여 3독립 활주로 체계를 구축하였으며, 제2터미널 확장을 2024년 완공할 예정이다. 싱가포르 창이 공항은 2018년 10월 제4터미널을 오픈한 데 이어 2030년 제5터미널과 제3활주로 신설을 국가 핵심 정책으로 추진 중이다.

이처럼 하늘길 경쟁이 더욱 치열해짐에 따라 인천국제공항은 미래 항공시장을 선점하고 갈수록 급증하는 항공수요에 적기 대응하기 위해 4단계 건설사업에 조기 착수했다. 3단계 건설이 한창이던 2015년 12월 공항 청사진과 개발전략 모색을 위한 연구용역을 진행한 데 이어, 2016년 2월 항공수요 예측과 시설용량 평가를 진행했다.

그 결과 2028년을 기준으로 제1여객터미널의 국제선 여객은 연 5,249만 명, 운항 횟수는 29만 5621회로 예상됐다. 제2여객터미널은 국제선 여객이 4,565만 명에 이르고, 운항 횟수도 24만 9857회로 조사됐다. 인천국제공항은 이 결과를 토대로 2016년 10월부터 2017년 6월까지 8개월 동안 예비타당성 조사를 실시했고, 마침내 2017년 11월 인천국제공항의 4단계 건설계획과 최종단계까지의 중장기 로드맵을 마련했다.

4단계 건설사업은 2017년부터 2024년까지 4조 8천억 원을 투입하여 제2여객터미널을 확장하고 제4활주로, 계류장 등을 건설하는 사업으로, 사업의 핵심은 수용능력을 최대한 확보하는 것이다. 연간 5,200만 명의 여객 처리를 위해 제2여객터미널 규모를 지금보다 2배로 확장하고, 항공수요에 적기 대응하도록 제4활주로를 신설한다. 여객 계류장과 화물 계류장도 증설한다. 4단계 건설이 마무리되는 2024년 인천국제공항은 1억 명 이상의 여객 시대를 열 전망이다. 2017년 7월 4단계 기본 및 실시설계 착수 이래 2018년 12월 제4활주로 공사 착수, 2019년 10월 제2여객터미널 확장공사 착수, 2021년 6월 제4활주로 운영개시를 거쳐, 4단계 건설사업은 2023년 기준 종합공정률 50%를 달성하는 등 2024년 말까지 사업 완료를 목표로 추진되고 있다. 4단계 사업 이후 인천국제공항이 글로벌 동북아 허브 공항으로서의 입지가 더욱 단단해지고 우리 국민의 하늘길 여행이 더욱 편안해질 수 있기를 기대한다.

VIII

항공보안정책

01 항공보안 현황 및 제도

가. 항공보안 개요

국제 테러행위는 국가의 안전에 심각한 영향을 미치고 있으며 국제질서와 사회질서에 큰 혼란을 초래하고 있다. 민간항공과 관련된 테러는 정치적·사회적 목적을 가진 개인이나 집단이 그 목적을 달성하거나 상징적 효과를 얻기 위하여 항공기 및 공항 이용승객에 대해 행하는 '불법방해행위'(acts of unlawful interference)를 말한다. 국제민간항공기구(ICAO)의 정의와 같이 우리나라에서도 「항공보안법」에 '항공기를 파괴하거나 손상하는 행위', '공항 및 항행안전시설의 손상', '항공기 운항 등과 관련된 허위정보 제공행위' 등을 불법방해행위로 규정하고 있다. 최근 나날이 증가하고 있는 항공산업 발달에 따라 항공보안에 대한 관심도와 발전은 급속도로 증가되고 있는 것이 사실이다.

항공기 테러 사건은 단 1건의 사건으로 많은 인명을 살상할 수 있고 공공 생활에 치명적이고 가공할 피해를 줄 수 있다. 또한 항공교통이 국제간의 대중화된 교통수단으로 등장함에 따라 항공노선과 항공기의 보유대수도 증가하고 있는 추세에 있어 테러범들의 좋은 공격목표가 되고 있다. 특히 2001년 9월 11일에는 과거 이슬람 원리주의 집단에 소속된 오사마 빈 라덴의 알카에다 테러조직 19명의 납치범이 아메리칸항공 소속의 항공기 4대를 납치하였다. 이는 항공기에 탑승한 승객을 인질을 삼으려는 것이 아니라 항공기를 미사일로 이용하기 위한 것이었고, 납치범들은 세계무역센터(WTC)와 미 국방부 펜타곤의 건물을 자폭 공격하여 완전붕괴 또는 대파시켰다. 이처럼 소수 극단주의자들이 저지른 테러가 과거에 있었던 어느 전쟁만큼이나 파괴적이고 재앙적일 수 있음이 확연히 드러났다. 그러므로 테러에 대한 방비와 대책은 국가적 과제의 우선순위에 있어 최우선적으로 중요한 과제로 등장하게 된 것이다.

항공보안법령은 불법방해행위에 국한하여 적용하던 기존 「항공기운항안전법」(1974. 12. 26.)을 「항공안전 및 보안에 관한 법률」로 전면개정(2002. 8. 26.)하여 보안검색업무 주체 및 감독 책임을 일부 변경하여 항공사에서 실시하던 승객·휴대물품·위탁수하물·환승승객의 검색업무를 공항공사로 이관(인천국제공항공사 : 2003. 1. 1, 한국공항공사 : 2003. 5. 1.)하고, 항공화물에 대한 보안검색은 항공운송사업자가 실시하도록 함으로써 보안검색에 대한 책임소재를 명확히 하였다.

▲ 9 · 11 테러 : 세계무역센터(WTC) 북측/ 남측

또한, 항공보안 업무에 관한 내용을 체계적으로 규율하기 위하여 이 법의 제명을 「항공보안법」으로 변경하고, 민간항공에 대한 불법방해행위에 신속하게 대응하기 위하여 국가항공보안 우발계획의 수립근거를 마련하며, 민간항공 보안업무의 효율적 추진을 위하여 항공보안 자율신고제도를 도입하고, 항공보안과 관련된 벌칙 및 과태료 규정을 합리적으로 정비하는 등 일부개정(2013. 4. 5.)하였다.

이후 운항 중인 항공기 내에서의 소란행위에 대하여 처벌을 강화하고, 기장 등의 업무를 위계 또는 위력으로써 방해하는 행위에 대하여 처벌하는 조항을 신설(2016. 1. 19.)하고, 기내폭행이나 기장 등의 업무를 방해하는 등 항공기에 위협을 가하는 행위에 대한 처벌을 강화(2017. 3. 21.)하였다.

항공보안 장비 수준 향상을 위해 항공보안장비 성능 인증제를 도입하여 국가인증을 의무화하고, 항공보안장비의 종류 · 운영 · 유지관리 등에 관한 기준을 국토교통부장관이 고시토록 하며, 항공보안장비 인증기관과 시험기관을 분리 운영하되, 인증 · 시험기관을 국토교통부장관이 지도 · 감독하도록 개정(2017. 10. 24.)하였다. 또한, 항공보안 강화 및 이용객 편의 제고를 위하여 공항운영자 및 항공운송사업자가 생체정보를 활용하여 본인 일치여부를 확인할 수 있는 근거도 마련(2020. 6. 9.)하였다.

이처럼 「항공보안법」 등 항공 보안 규정 및 제도는 항공보안 사고를 예방하고 새로운 항공보안 위협에 효과적으로 대응하기 위해 환경 변화에 따라 지속적으로 개선되어왔다.

나. 항공보안 제도 및 정책

1) 항공 보안 법령

항공 보안 법령은 국제민간항공조약 등 국제협약에 따라 공항시설, 항행안전시설 및 항공기 내에서의 불법행위를 방지하고 민간항공의 안전 및 보안을 확보하기 위하여 항공보안에 관한 기준·절차 및 의무사항 등을 규정한 것이다. 이 법률은 1974년 동경협약에 따라 항공기운항안전법으로 제정되었으며, 불법방해행위에 국한하여 적용하던 기존 「항공기운항안전법」(1974. 12. 26.)을 「항공안전 및 보안에 관한 법률」로 전면개정(2002. 8. 26.)하고 보안검색에 대한 책임소재를 명확히 하였으며, 이후 항공보안 업무에 관한 내용을 체계적으로 규율하기 위하여 이 법의 제명을 「항공보안법」으로 변경하였다(2013. 4. 5.). 「항공보안법」은 8개의 장과 전문 51조와 부칙으로 구성되어 있고 하위 법령으로는 「항공보안법」 시행령 및 같은 법 시행규칙이 있다. 이 법의 특징은 국제민간항공기구의 부속서 17(항공보안)의 표준 및 권고되는 사항(SARPs)이 반영되어 국제적인 기준에 적합하다는 것이다.

2) 하위 규정(고시, 훈령, 지침)

항공보안업무를 수행하기 위해서는 법령 이외에도 세부적인 절차 등 필요한 계획 및 지침 등이 뒷받침되어야 하는데, 다음과 같이 고시, 훈련 및 지침 등으로 구성되어 있다.

가) 국가항공보안계획

국가항공보안계획은 2011년 4월 30일부로 시행되었으며, 종전의 항공안전 및 보안에 관한 세부운영지침을 보완·수정하여 수립하였으며, 2022년 12월 기준으로 19차 개정이 이루어졌다. 법령에서 모두 규정할 수 없는 사항을 법령의 위임을 받아 공항운영자, 항공운송사업자 등이 자체보안계획을 수립하는 세부적인 기준을 정하고 있으며, 정부 기관의 역할 및 협의 조정기구와 보안업무 분야별 세부 절차 등 보안통제 및 대책에 대해 규정하고 있다. 법령을 시행함에 있어 가장 중요하며, 실제 보안업무를 수행하는 지침서에 해당된다고 생각하면 된다. 이 계획을 중심으로 세부적인 사항은 별도로 세부적인 기준을 규정하고 있어 법령 다음으로 중요한 규정이라 할 수 있다.

나) 국가항공보안 우발계획

국가항공보안 우발계획은 2003년 11월 25일에 제정되어 비밀로 관리되고 있으며, 2020년 6월 기준으로 10차 개정이 이루어졌다. 항공기 납치, 위협 전화 등 ICAO에서 규정하고 있는 불법방해행위가 발생된 경우 또는 이러한 행위가 발생될 것에 대비하여 승객, 항공기 및 공항시설 등을 안전하게 보호할 수 있도록 국가, 공항운영자 및 항공사 등이 취하여야 할 조치에 관한 계획을 포함하고 있다.

국가의 위기상황에 따라 5단계로 구분하여 단계별로 각 기관이 조치하여야 할 사항 등을 구체적으로 규정하고 있다. 이 계획에는 불법방해행위에 대응하는 기본사항과 불법행위의 유형별 대응대책을 마련하고 있다는 정도로 이해하면 될 것이다.

다) 항공보안장비 종류, 운영 및 유지관리 등에 관한 기준(고시)

이 기준은 승객, 휴대물품, 위탁수하물 및 항공화물을 검색하는 데 사용되는 검색장비 종류, 성능과 운영에 대한 사항을 규정하고 있으며, 성능을 지속적으로 유지할 수 있도록 검색장비 설치, 운영 그리고 점검 등에 관한 세부사항과 검색장비를 유지하고 보수하는 등 관리에 관한 기준을 정한 것이다.

라) 항공보안감독관 업무 규정(훈령)

이 규정은 항공보안업무를 수행함에 있어서 법령 및 관련 지침 등에 따라 보안통제 등을 적절히 이행하고 있는지를 확인하여 미흡한 사항을 발굴하고, 조기에 개선조치를 하는 목적으로 제정된 훈령이다. 항공보안감독관의 업무, 의무, 점검활동, 사후 평가 등에 대한 기준을 규정하고 있으며, 체계적인 활동을 위해 연간 계획을 수립하도록 하고 있다.

마) 국가항공보안 수준 관리 지침

이 지침은 국가항공보안 수준의 지속적인 개선 및 향상을 위한 항공보안감독관 활동, 보안 사고의 재발방지를 위한 보안사고 조사, 보안 사고에 대한 대응능력 향상을 위한 모의 훈련 및 항공보안 자율보고에 관한 사항 등을 규정한 것으로 다음과 같이 기본방침을 정하고 있다.

- 보안지침 및 절차의 효과적인 시행 확인
- 국가 항공보안 관련 지침의 준수여부 확인

- 법령·규정 등의 지속적인 제·개정을 통한 효율성 확보
- 국가항공보안계획의 적정성과 효율성 점검
- 국가민간항공보안 교육훈련지침에 따른 적절한 교육 이수여부 확인
- 적절한 불법방해행위 조사
- 불법방해행위 발생 즉시 보안대책 및 통제에 대한 검토 및 재평가 실시

바) 국가 민간항공 보안 교육훈련 지침

이 지침은 자체 보안계획을 수립하는 공항운영자 등에 대하여 적용하며, 항공보안업무 수행자의 전문성 제고를 위한 교육훈련 기준, 항공보안 전문교육기관의 인가기준 및 교육 강사의 훈련에 관한 사항 등 교육에 관한 총괄적인 기준을 규정한 지침으로 다음과 같이 기본방침을 정하고 있다.

- 항공보안 수준 표준화
- 위협증가 시 신속한 보안 강화능력 배양
- 최신 항공보안 변화에 대한 적극 대응
- 위기사태 발생 시 신속한 대응 능력 함양
- 국제적 수준에 맞는 항공보안 체제 유지
- 현장적응력이 강한 전문 보안요원 양성
- 항공 관련 업무 수행자에 대한 보안 의식 함양

사) 항공운송사업자의 항공기내보안요원 등 운영지침

이 지침은 항공운송사업자가 승객이 탑승한 항공기를 운항하는 경우 테러 등 불법행위로부터 승객의 안전 및 항공기의 보안을 위하여 탑승시키고 있는 항공기내보안요원 등의 운영에 관하여 필요한 최소한의 사항을 규정한 것이다. 항공운송사업자의 책무와 항공기내 보안요원의 권한과 책임, 자격기준, 교육훈련에 관한 사항을 정하고 있다.

아) 공항건설 및 유지보수에 관한 보안 지침

이 지침은 공항을 건설하거나 유지·보수할 때 불법방해행위로부터 사람 및 시설 등을 보호하기 위하여 준수하여야 할 기준을 정함을 목적으로 하며, 보호구역(항공기 이동지역, 출입구, 출발장 보안검색대 등)과 일반지역(여객터미널, 발권구역, 공

항 비상운영센터 등)에 대한 설계 기준 및 필요한 시설 등에 관한 사항을 중점적으로 규정하고 있다.

자) 상용화주 항공화물 보안기준(고시)

이 기준은 상용화주가 준수하여야 할 항공화물의 보안통제절차 등에 관한 항공보안기준과 상용화주 지정에 필요한 기준에 관한 사항을 규정한 것으로 항공화물의 보안통제 책임 및 보안프로그램(관리 및 통제방법, 자격기준, 교육훈련 등)과 상용화주가 항공화물을 보호하기 위한 조치에 관한 사항을 정하고 있다.

차) 공항에서의 폭발물 등에 관한 처리기준

이 기준은 공항의 안전을 유지하기 위하여 공항에서의 폭발물 등의 처리에 필요한 사항을 규정한 것으로 폭발사고 피해 방지를 위한 공항운영자 및 항공운송사업자의 임무와 폭발물 처리요원, 처리장비 및 처리절차, 폭발물처리요원에 대한 교육훈련에 관한 사항을 정하고 있다.

카) 액체 · 분무 · 겔류 등 항공기내 휴대 반입 금지물질 운영기준(고시)

이 지침은 액체·분무·겔류 등 항공기내 휴대반입 금지 물질을 정하여 액체폭발물에 의한 불법방해행위로부터 항공기를 이용하는 자의 생명과 재산을 보호하기 위해 필요한 사항을 규정한 것으로 특별 식이처방음식의 보안검색통제, 액체류보안봉투의 기술 및 사용 기준 등에 관한 사항을 정하고 있다.

타) 항공기 내 반입금지 위해물품(고시)

이 고시는 항공기 내에 반입해서는 아니 되는 물품을 규정한 것으로 항공기내 반입금지 위해물품과 위해물품 선정 및 처리절차 등에 관한 사항을 정하고 있다.

다. 항공보안 산업 및 인증

1) 항공보안 산업

항공보안 산업은 좁게는 항공보안 검색 관련 장비를 생산하고 서비스하는 분야를 의미하고, 넓게는 공항과 항공기 등 주요 보호시설을 통제하고 보호하기 위한 접근제어, 사이버 보안, 경계보안, 감시 등을 위한 제품 및 서비스를 위한 산업을 일컫는다.

테러 위협 증가 및 방법 다변화로 세계적으로 보안 검색의 중요성은 갈수록 증가되고 있으며 보안 검색 또한 강화되고 있는 상황이다. 하지만 항공 여객 증가와 승객 편의성 향상을 위해 인력 중심의 검색 방식으로는 한계가 있어 첨단 보안 검색장비에 대한 기대 및 수요는 갈수록 증가하고 있는 상황이다.

사이버 공격, 드론 테러 등 새로운 항공보안 위협이 등장함에 따라 관련 첨단보안 제품 수요도 함께 증가하고 있고, ICAO에서도 첨단 보안검색장비 도입 등을 강조하고 있어 항공보안 산업은 지속적으로 성장할 것으로 보인다. 특히, 전 세계가 코로나를 겪으며 비대면, 비접촉 방식을 선호하는 항공 이용객의 요구를 고려하면 생체정보, AI, X-Ray 등 첨단기술을 활용한 새로운 보안 서비스 수요도 함께 성장할 것으로 예상된다.

항공보안 산업에 있어 가장 대표적인 항공보안 장비는 공항을 이용하는 승객과 휴대물품, 위탁수하물 및 화물에 위해물품 은닉 여부를 검색하고 이를 사전에 차단하여 공항, 항공기 등 보호구역 내 보안 사고를 방지하기 위한 장비를 말한다. 항공분야에서 활용되는 보안 장비는 일반적인 위해 물품뿐 아니라 폭발물을 탐지해야 하기 때문에 고도의 기술 수준이 요구된다.

과거에는 금속탐지 및 엑스선검색장비가 검색 장비가 중심이 되었으나 1990년대에 들어오면서 폭발물탐지장비가 도입되기 시작하였고, 미국 9·11 테러 이후로 원형검색장비(전신검색) 등 첨단기술을 적용한 고사양 장비가 활발히 도입되고 있다.

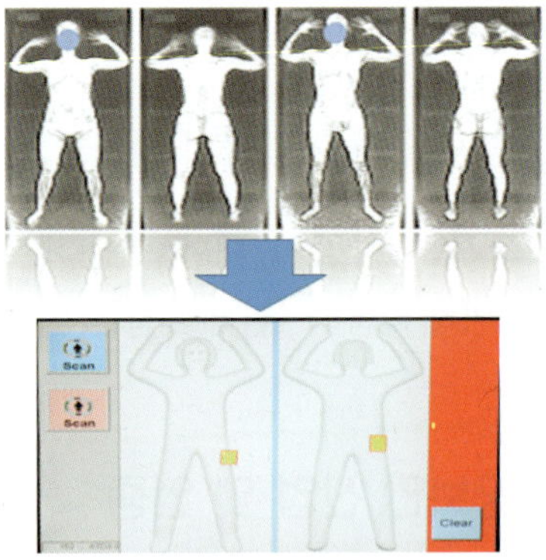

▲ 원형 검색장비

최근에는 승객이 보안검색대를 걸어서 통과하는 동안, 신체에 휴대하거나 은닉하고 있는 불법 행위에 사용될 수 있는 위해물품을 자동으로 탐지, 분석할 수 있는 워크스루형(가칭) 보안 검색 기술이 연구되고 있으며, 인공지능(AI), 빅데이터 등 첨단 IT 기술을 활용한 첨단 보안검색장비도 활발히 개발되고 있다.

▼ 워크스루형(가칭) 보안 검색

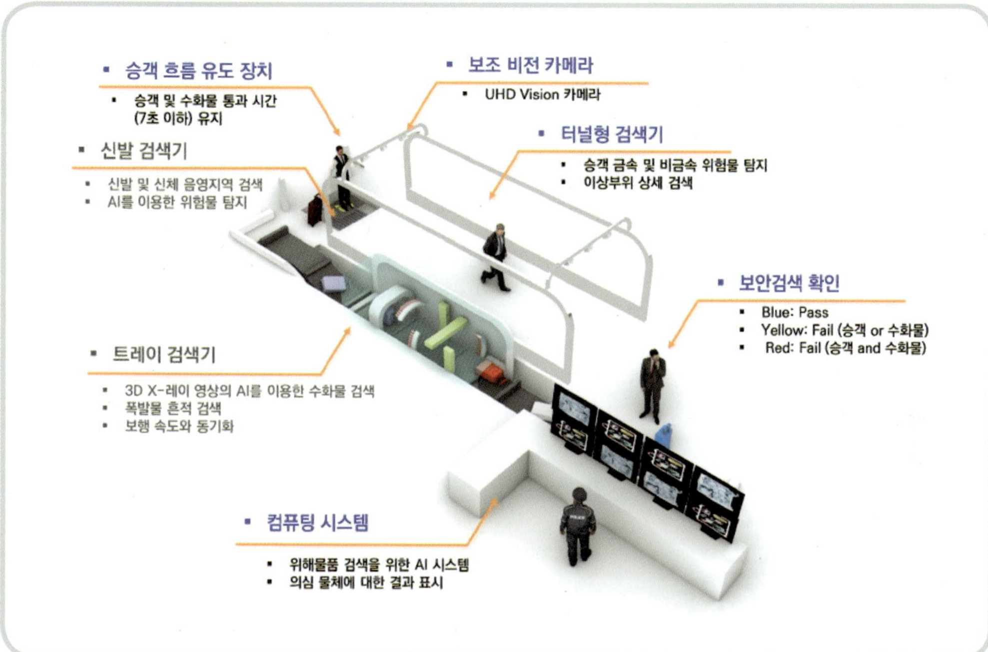

이외에도 항공보안 강화 및 이용객 편의 제고를 위하여 공항운영자 및 항공운송사업자가 생체정보를 활용하여 본인 일치여부를 확인할 수 있는 근거가 「항공보안법」에 마련되고 관련 생체정보 인식 기술 발달에 따라 생체정보를 활용한 승객 신분 확인 서비스도 확대되고 있다. 또한 공항 내 보안을 위해 이미지 분석을 통해 상황을 인지하고 판단할 수 있는 지능형 CCTV를 활용한 보안 솔루션 도입도 검토되고 있다.

2) 항공보안장비 성능 인증

미국, 유럽, 중국 등 항공보안 장비를 생산하고 수출하고 있는 주요 국가들은 항공보안장비 성능 인증제를 이미 도입하고 있다. 우리나라도 보안 수준 향상을 위해 항공보안장비 성능 인증제를 도입하여 국가 인증을 의무화하고, 항공보안장비의 종류 · 운영 · 유지관리 등에 관한 기준을 국토교통부장관이 고시토록 하며, 항공보안장비 인증기관과 시험기관을 분리 운영하는 내용으로 항공보안법을 개정(2017. 10.

24.)하였다.

항공보안장비 성능 인증제는 항공보안장비의 성능이 항공보안 정책 요구에 적합한지 검증하기 위해 운영되는 제도로 빠르게 변화하고 있는 항공보안 위협에 효과적으로 대응하기 위한 보안 검색 기술 개발과 실용화를 위해 필요한 제도이다. 해당 성능 인증제를 통해 국내 항공보안 장비의 성능 기준이 체계적으로 정립되고 국내 항공보안 산업 육성과 함께 앞으로 우수한 항공보안 기술이 개발될 수 있을 것으로 기대된다.

현재 국토교통부 고시인 '항공보안장비 종류, 운영 및 유지관리 등에 관한 기준'에 따른 검색 장비는 엑스선검색장비, 문형금속탐지장비, 휴대용금속탐지장비, 폭발물탐지장비, 폭발물흔적탐지장비, 액체폭발물탐지장비, 원형검색장비, 신발검색장비까지 총 8종이며, 항공보안법 시행규칙 제14조의2에 따라 항공보안장비의 성능 인증을 받으려는 항공보안장비의 제작자 또는 수입업자는 항공보안장비 성능 인증 신청서를 인증기관에 제출해야 한다.

▼ 8종 검색 장비

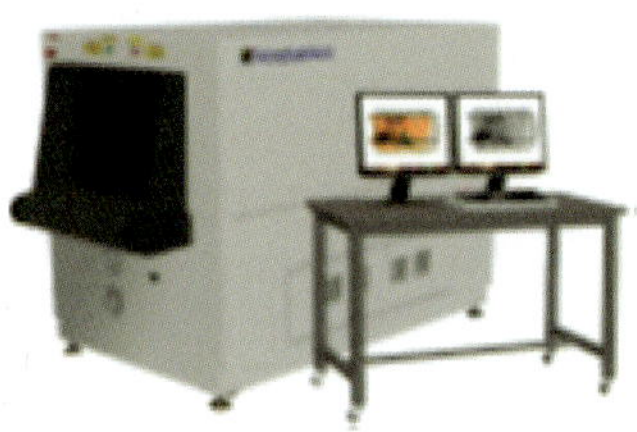
① 엑스선 검색장비

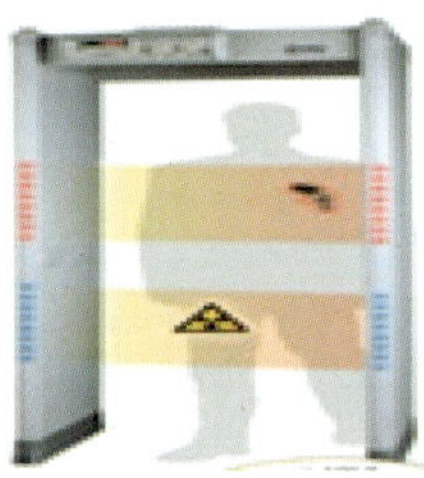
② 문형금속탐지장비

③ 휴대용 금속탐지장비

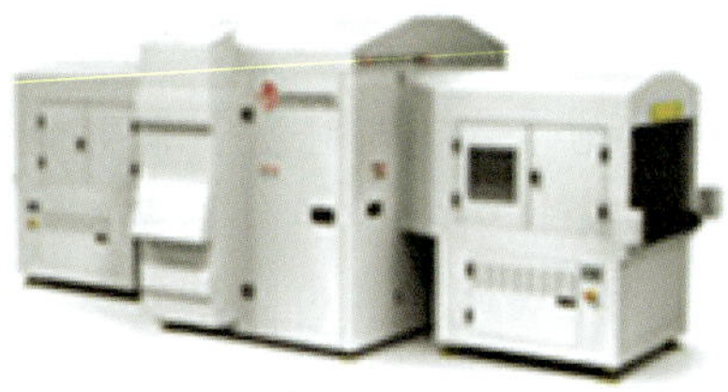
④ 폭발물탐지장비

⑤ 폭발물흔적탐지장비

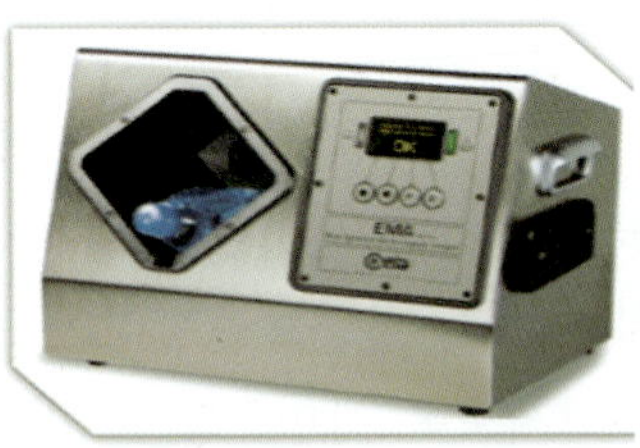
⑥ 액체폭발물탐지장비

⑦ 원형검색장비

⑧ 신발검색장비

「항공보안법」 제27조의3에는 인증업무의 전문성과 신뢰성을 확보하기 위하여 제27조에 따른 항공보안장비의 성능 인증 및 점검 업무를 대통령령으로 정하는 기관에 위탁할 수 있도록 하고 있고 제27조의4에는 성능 인증을 위하여 항공보안장비의 성능을 평가하는 시험을 실시하는 기관을 지정할 수 있도록 하고 있다.

2018년 항공보안 성능인증제도가 도입된 후 인증업무가 위탁된 항공안전기술원 품질평가와 시험기관으로 지정된 한국산업기술시험원의 성능시험을 통과하고, 전문가로 구성된 항공보안장비 인증심사위원회의 최종 검증을 거쳐 2022년 5월 13일에는 국내 업체가 개발한 '폭발물흔적탐지장비'가 국내 최초로 항공보안장비 성능 인증을 부여받았으며, 향후 더 많은 기업의 우수한 항공보안 제품이 인증을 받게 될 것으로 전망된다.

▼ 항공보안장비 성능인증 신청 절차

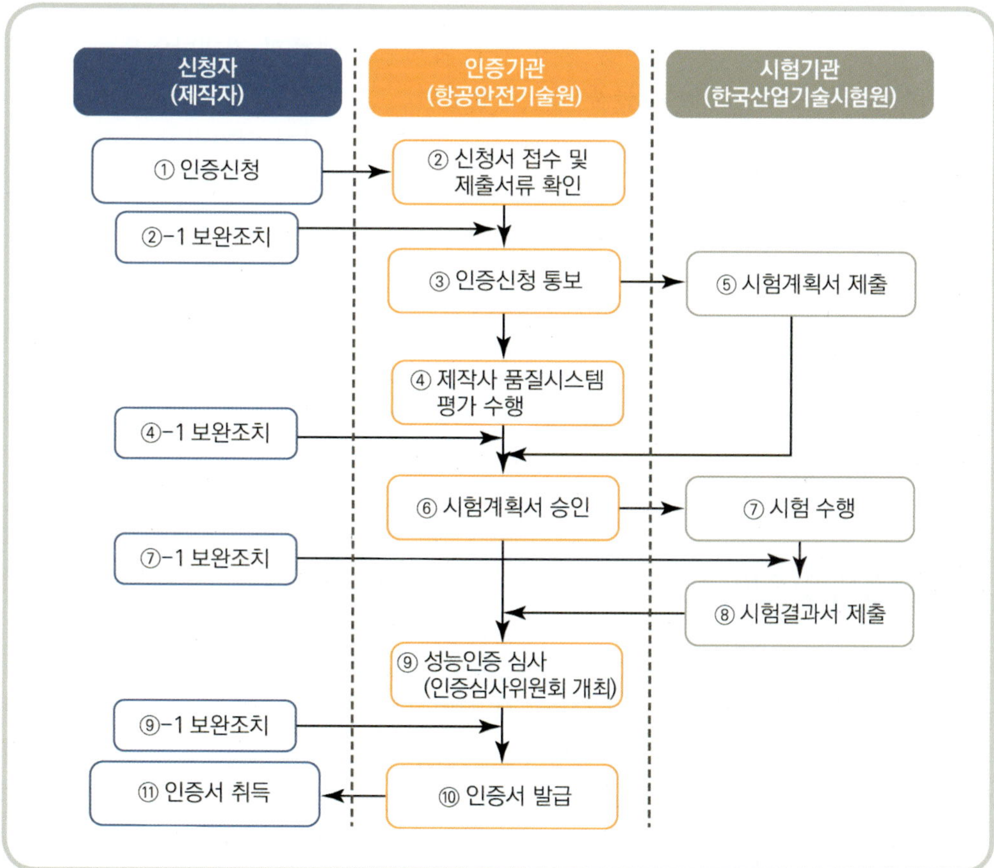

02 항공보안 검색

가. 보안검색의 개념

"보안검색"이란 「항공보안법」[1]에서 민간항공에 대한 "불법방해행위를 하는 데에 사용될 수 있는 무기 또는 폭발물 등 위험성이 있는 물건들을 탐지 및 수색하기 위한 행위"로 규정하고 있다.

이러한 물건들을 일명 '항공기 내 반입금지 위해물품'이라고 하는데 비행기가 안전하게 날아가는 것과 동시에 여행객의 생명과 재산을 보호하기 위하여 비행기에 탑승하는 모든 승객이 가지고 타는 물품 중 휴대 및 탑재가 금지되는 물품을 말한다. 기내 반입 및 위탁수하물로 부치는 것이 모두 금지되는 물품과 기내반입은 금지되나 위탁수하물로는 부칠 수 있는 물품으로 구분된다.

따라서, 공항 내 보호구역으로 지정된 지역 또는 항공기에 허가받지 않은 위해물품을 불법으로 반입하는 행위를 방지하기 위해 승객, 휴대물품, 위탁수하물 및 항공화물에 대해 보안검색 장비 등을 사용하여 공항 보호구역 진입 전 탐지 및 통제하는 것으로 이해할 수 있다.

법률에서는 항공화물에 대한 보안검색의 방법을 5가지로 분류하고 있는데, 이는 개봉검색, 엑스선 검색장비에 의한 검색, 폭발물 탐지장비에 의한 검색, 폭발물 탐지견에 의한 검색 및 압력실을 사용한 검색 등이며 화물 크기 및 특성 등 상황에 따라 적절하게 적용하면 된다.

나. 보안검색 및 장비 운영

승객이 항공기에 탑승하려고 하는 경우 또는 공항 내에서 업무를 수행하는 사람은 공항 내로 진입하기 위해 보안검색을 반드시 받아야 한다. 기본적으로 보안검색을 받아야 하는 대상은 승객 또는 공항 내 진입하는 사람, 이들이 휴대하는 휴대물품, 승객이 항공기에 탑재하는 위탁수하물 그리고 항공화물로 크게 4가지로 분류할 수 있다. 보안

1 「항공보안법」(제18354호, 2021.7.27) 제2조(정의) 제9호

검색을 하는 사람은 법률에서 '항공보안검색요원'으로 정의하고 있고 국가에서 정한 일정한 자격을 갖추어야 하며, 매년 8시간 이상의 정기교육을 지속적으로 받아야 보안검색 업무를 수행할 수 있다. 이는 위해물품을 철저히 검색하는 한편, 승객의 불편을 최소화할 수 있도록 검색요원의 능력을 향상시켜 전문성을 유지하기 위한 것이다.

보안검색을 수행하기 위해서는 보안검색 장비를 사용하여야 하는데, 전 세계적으로 보안검색장비는 매우 다양한 형태로 많이 보급되어 있다. 우리나라가 사용하고 있는 보안검색장비는 엑스선 검색장비(X-Ray), 문형금속탐지장비(Walk Through Metal Detector), 원형검색장비(Full body Scanner), 폭발물탐지장비(Explosive Detection System), 폭발물흔적탐지장비(Explosive Trace Detection), 액체폭발물검색장비(Bottled Explosive Detection) 등 그 종류가 다양하다.

1) 승객 및 휴대물품 보안검색

승객 및 휴대물품에 대한 보안검색 책임은 공항운영자[2]에게 부여되어 있으며, 실제 보안검색 업무는 공항운영자가 직접 실시하지 않고 공항운영자와 위탁 계약을 체결한 전문 보안검색 회사가 실시하고, 공항운영자는 이러한 검색 업체에 대한 감독 업무를 수행하고 있다.

출국승객에 대한 보안검색은 아래와 같은 절차를 거치게 된다.

① 신분확인(여권, 탑승권)

② 신고대상 물품 세관 신고

③ 휴대물품 검색(가방 등)

④ 휴대물품 검색(소지품 등)

⑤ 인원(승객, 근무자) 검색

2 「항공보안법」 제2조(정의) 제2호에 따른 인천국제공항공사 및 한국공항공사 등

모든 승객(통과 또는 환승 승객 포함)은 1차로 문형금속탐지장비 또는 원형검색장비를 사용하여 검색을 받아야 하고, 휴대물품에 대하여는 100% X-Ray 검색장비를 사용하여 보안검색을 실시하고 있으며, 승객 이외에 공항 보호구역으로 들어가려는 상주직원, 항공사 승무원, 외교관들도 일반 승객과 동일한 방법으로 보안검색을 받아야 한다.

다만, 장애인, 임신부 등 검색장비에 의해 보안검색이 불가능한 경우, 개별검색을 실시하고 있으며, 보안검색을 거부하는 승객은 항공기 탑승이 거절된다.

또한, 승객 휴대물품이 위해물품이 아니더라도, 국제선의 경우 아래와 같은 액체, 에어로졸, 겔류 형태의 물품은 항공기내 반입이 제한된다. 다만, 승객의 불편을 최소화하기 위하여 각각 100ml 이하의 용기에 담긴 물품들은 1L 이하의 투명하고 개폐가 가능한 플라스틱 봉투에 담아 보안검색 실시 후 항공기내로 반입할 수 있도록 하였다.

- 액체류 : 술, 생수, 음료수, 쥬스, 향수, 스킨로션, 김치 등 일체의 액체류
- 에어로졸류 : 헤어스프레이, 살충제 등 일체의 스프레이 용품
- 겔류 : 샴푸, 린스, 치약, 헤어젤, 선크림, 화장품, 된장, 고추장 등

이러한 제한조치는 2006년 8월 영국 히드로 공항에서 발생한 액체 폭발물 테러시도 사건 이후 전 세계적으로 항공기내에 액체 폭발물 반입을 금지하기 위해 실시되고 있다.

2) 위탁수하물 보안검색

"위탁수하물"이란 승객이 직접 휴대하고 항공사에 별도로 운송을 위탁하는 물품을 말한다. 이러한 위탁수하물에 대한 보안검색 책임은 공항운영자에게 있으며 실제 보안검색 업무는 승객과 마찬가지로 전문 보안검색 회사가 수행하고 있다.

항공사가 승객으로부터 위탁수하물을 접수할 때는 항공권과 여권(신분증) 등으로 본인 여부를 확인한 후 접수하게 되며, 이러한 수하물은 수하물처리시설(BHS)[3]을 따라 공항 안으로 이동하게 된다.

모든 위탁수하물에 대하여 X-Ray 검색장비를 사용하여 보안검색을 실시하며, 폭발물로 의심되는 위탁수하물은 추가로 폭발물탐지장비(EDS) 또는 폭발물흔적탐지기(ETD)를 사용하여 정밀검색을 실시한다.

3 BHS : Baggage Handling System

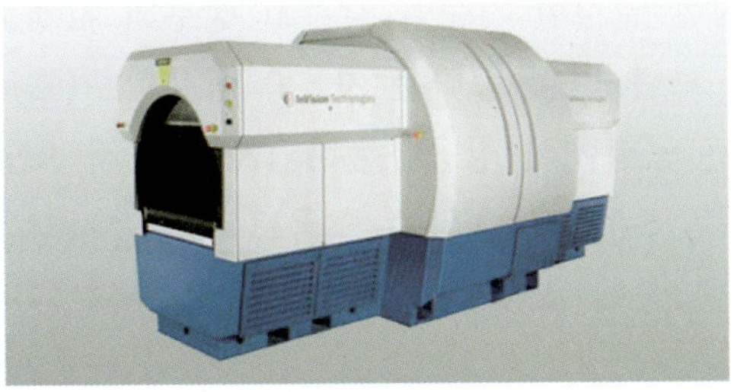

▲ 폭발물탐지장비(EDS)

▲ 폭발물흔적탐지기(ETD)

만약 승객이 위탁한 수하물과 해당 항공기에 탑승한 승객이 일치하지 않는 경우, 이러한 위탁수하물을 무주(無主) 수하물이라고 하는데 항공사는 무주화물을 항공기에 탑재하고 이륙할 수 없다.

승객이 탑승하지 않아 위탁수하물과 승객이 일치하지 않는 경우 이러한 위탁수하물은 항공기에 탑재되어 운송될 수 없으며, 오처리된 위탁수하물은 의심물품으로 분류되어 X-Ray 검색, 수검색 및 폭발물흔적탐지기(ETD) 등에 의한 보안검색 후 수하물 보관지역에 보관하게 된다.

3) 항공화물 보안검색

항공화물에 대한 보안검색 책임은 항공운송사업자에게 있으며 보안검색은 전문 보안검색 업체가 수행하고 있다.

여객기에 탑재되는 화물에 대해서는 100% X-Ray 보안검색을 실시하여야 하며, 화물기에 탑재되는 화물은 개봉검색, X-Ray 검색, 폭발물탐지장비, 폭발물탐지견 및 압력실 등 5가지 방법 중에 하나를 사용하여 보안검색을 한다.

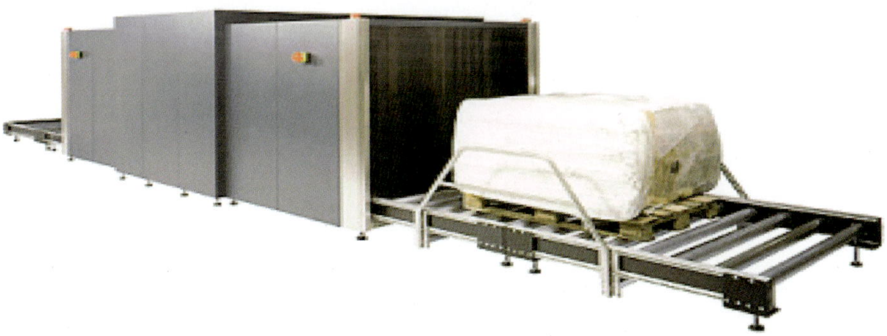

▲ 항공화물 X-RAY 검색장비

다만, 검색장비, 검색요원 등 정부에서 정한 일정한 기준을 갖추고 정부의 지정을 받은 화주(貨主) 또는 항공화물을 포장하여 보관 및 운송하는 자, 즉 상용화주(常用貨主)가 보안검색을 한 항공화물에 대해서는 공항에서 항공운송사업자가 다시 보안검색을 하지 않아도 된다. 2022년 12월 기준 2개의 상용화주가 국토교통부 지정을 받고 항공화물에 대한 보안검색 업무를 수행 중에 있다.

▼ 상용화주 현황

구분	㈜칼트상용화주	서울항공㈜
지정일	• 2019.9.6	• 2022.6.17
시설 현황	• 상용화주 터미널 : 2,300평 • Scale 4대, 탑재용 롤러배드 (80m), 지게차 12대	• 상용화주 터미널 : 2,100평 • Scale 4대, 탑재용 롤러배드 (25m), 지게차 10대
보안 장비	• X-Ray (화물검색용) 2대, ETD 1대, 문형금속탐지기 2대 • 터미널 내, 외부 관재용 CCTV 46EA	• X-Ray (화물검색용) 1대, ETD 1대, 문형금속탐지기 2대 • 터미널 내, 외부 관재용 CCTV 90대

03 항공보안교육 및 국제협력

가. 항공보안 교육 및 감독

1) 항공보안 교육

가) 항공보안교육 개요

항공보안교육은 국제민간항공기구(ICAO)의 부속서 17과 관련 지침서(Doc 8973)에 국가가 항공보안 교육훈련 프로그램을 개발하여 관련 종사자에게 실시하도록 하고 있으며, 우리나라는 「항공보안법령[4]」에 따라 「국가민간항공보안 교육훈련지침」(예규)을 제정하여 항공보안 종사자에게 교육을 실시하고 있다.

관련 규정에 따라 국토교통부장관으로부터 지정받은 보안검색교육기관은 총 3곳으로 한국공항공사 부설 항공보안교육센터와 인천국제공항공사 부설 항공보안교육원, 항공보안협회 부설 한국항공보안교육센터가 있다. 그 밖에 「운항기술기준」에 의해 지정받은 한국항공대학교 부설 항공안전교육원이 있다. 보안검색교육기관에 실시하는 교육과정은 기본과정인 보안검색요원과정(초기, 직무, 정기)과 보안검색감독자과정(초기, 정기)이 있으며, 그 밖에 항공경비요원과정(초기, 직무, 정기), 항공경비감독자과정(초기, 정기), 유지보수자과정, 항공사보안책임자 및 감독자 과정, 화물보안과정 등이 있다. 2022년 11월 말 기준 보안검색요원 2,484명, 항공경비요원 2,634명, 보안감독자 143명[5]이 전국 15개 공항을 지키고 있다.

나) 항공보안교육 현황

(1) 보안검색요원 과정

"보안검색요원"이란 불법방해행위를 하는 데 사용될 수 있는 무기 또는 폭발물 등 위험성이 있는 물품을 탐지 및 수색하기 위한 보안검색 업무를 수행하는 사람을 말한다. 보안검색업무를 수행하는 자는 관계법규, 위해물품 식별 요령, 특별 보안검

4 「항공보안법」 제28조 (교육훈련 등)

5 보안검색요원 및 항공경비요원은 행정인력 포함, 보안감독자는 임금피크제 인원이 포함되어 있음

색방법 등의 초기교육을 40시간 이수하여야 하며, 검색장비 사용방법, 위탁수하물 검색요령 등에 관한 직무교육을 80시간 실시하여야 한다. 또한, 정기교육을 매년 8시간 이상 이수하여야 한다.

▼ 보안검색요원 교육과정

초기과정(40시간)	직무과정(80시간)	정기교육과정(8시간)
1. 관계법규	1. 검색장비 사용방법	1. 관련 법규
2. 위해물품 식별요령	2. 위해물품 식별방법	2. 항공보안 관련 새로운 위협
3. 보안검색장비사용방법	3. 비정상 상황의 보안검색	3. 위협상황 정보 및 위해물품
4. X-ray 영상이미지 판독방법	4. 화물, 우편물 등 보안검색	4. 보안관련 사고 · 사례 분석
5. 보안검색업무	5. 상주직원 및 물품 보안검색	5. 기본 검색 절차 및 기법
6. 물리적 검색방법	6. 위해물품 적발 시 처리절차	6. 미신고 항공위험물 인지 등
7. 특별 보안검색방법 등	7. 수 검색방법 등	7. 평가
8. 평가	8. 평가	

주 : CBT(Computer Based Training)

(2) 보안검색 감독자 과정

"보안검색감독자"란 항공보안검색요원의 업무 수행실태 등을 감독하는 자로서 공항운영자 및 항공운송사업자가 지정한 자를 말한다. 보안검색업무를 감독하는 사람은 초기과정으로 감독자 임무, 실습, 최근 동향 등에 관한 내용으로 8시간 이상 교육을 이수하여야 하며, 정기교육으로 관련법규, 동향, 사례 분석 등에 관한 교육을 8시간 이상 이수하여야 한다. 보안검색운영자 교육과정을 이수하지 않은 자에 대하여는 보안검색운영자 교육과정을 추가로 이수하여야 한다.

▼ 보안검색감독자 교육과정

초기교육(8시간)	정기교육(8시간)
1. 감독자 임무 및 책임	1. 최근 보안사고 사례분석
2. 보안검색지역 감독(교대방법, 장비결함보고 등)	2. 국 · 내외 보안관련 위협 분석
3. 특수상황(범죄자 승객에 대한 처리절차 등)	3. 승객 및 휴대 수하물 검색절차 변경사항
4. 검색대 사건관리(위해물품 발견시 처리절차 등)	4. 검색감독자 임무
5. 기타 항공보안 인적요소	5. 검색대 사건관리 등
6. 평가	6. 평가

(3) 항공보안 교관의 자격, 경력 및 정원

항공보안교육을 실시하는 교관은 항공보안 관련 업무경력 3년 이상인 자, 보안검색장비 관리, 유지 또는 보수경력이 3년 이상인 자, 보안장비 제작사에서 해당과정에 맞는 교육을 이수한 자로서 ICAO, TSA, IATA 등 관련 전문교육기관에서 교관교육과정을 이수한 자만이 교관이 될 수 있다. 또한, 보안검색교육기관을 운영하는 자는 전임교관 3명 이상(교관 1인당 주 20시간이내의 교육 담당), 행정요원 1인 이상, 보조교관 1인 이상(필요시)을 확보하여야 한다. 2022년 11월 기준 인천공항공사 항공보안교육원은 전임교관 3명, 보조교관 37명, 행정요원 1명, 한국공항공사 항공기술교육원은 전임교관 3명, 보조교관 15명, 행정요원 1명, 항공보안협회 한국항공보안교육원은 전임교관 3명, 보조교관 3명, 행정요원 1명을 확보하여 운영하고 있다.

(4) 교육기관 시설 및 현황

(가) 교육 시설 및 장비

보안검색교육기관은 강의실(60㎡ 이상, 1㎡당 1.2명 이하) 또는 열람실, 실습실(45㎡ 이상), 화장실, 급수시설 등 보건위생상 필요한 시설 및 설비를 구비하여야 하며, 검색교육을 실시할 수 있는 X-ray 및 문형금속탐지기, 휴대용 금속탐지기를 각 1대 이상, 교육훈련 프로그램(CBT) 보유, 보안교육자료 10종 이상, 교육용 위해물품 30종 이상 등을 보유하여야 한다. 또한, 보안검색운영자 초기교육을 실시한 후 공항시설 또는 모의공항시설을 이용하여 직무교육을 실시할 수 있는 조건을 구비하여야 한다.

▲ 강의실

▲ 실습실

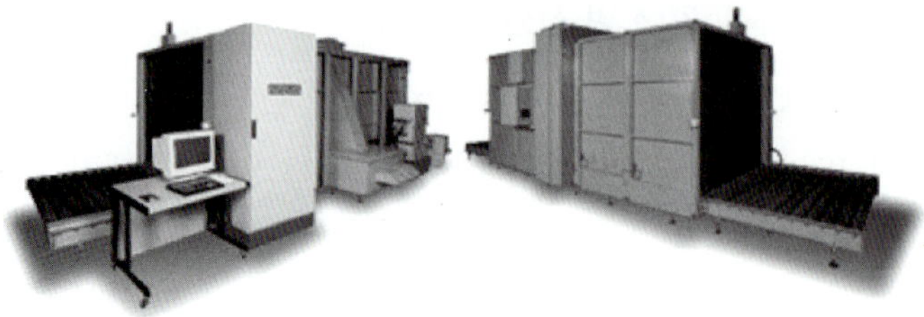

▲ RAPISCAN 위탁수하물 X-Ray 검색장비

(나) 교육훈련 평가

보안검색교육기관에서는 시험과목, 시험의 실시요령, 판정기준, 시험문제 출제, 시험방법 · 관리 · 보관 · 시험장, 시험감독 및 채점 등은 자체 실정에 맞게 교육기관의 장이 정한다. 피교육생은 총 교육시간의 90% 이상을 출석하여야 하고, 성적은 100점 만점의 경우 80점 이상을 취득하여야 수료할 수 있다.(CBT 교육의 경우 프로그램의 평가기준에 의함)

(다) 교육기관별 교육 현황

① 인천국제공항공사 부설 항공보안교육원

▲ 인천국제공항공사 항공보안교육원

항공보안교육원은 2003년 1월 국토교통부로부터 보안교육기관으로 지정받아 교육을 실시하였으며, 2008년 6월 인천공항 인근에 인천국제공항공사 인재개발원을 준공하여 기숙사를 갖춘 보안교육원으로 발전되었다.

② 한국공항공사 부설 항공보안교육센터

▲ 한국공항공사 항공보안교육센터

항공보안교육센터는 2003년 4월 국토교통부로부터 보안검색교육기관으로 지정받았으며, 특히 화물보안검색요원을 위한 화물 CBT 교육을 실시할 수 있는 시설을 2009년 12월 설치하여 2010년부터 항공화물 보안검색요원에 대한 전문교육을 실시하고 있다.

③ 항공보안협회 부설 한국항공보안교육원

▲ 항공보안협회 한국항공보안교육센터

한국항공보안교육원은 항공보안 정책 연구, 정보공유 및 인적 네트워크 등을 목적으로 2016년 3월 국토교통부로부터 보안검색 교육기관으로 지정받아 전문교육을 실시하고 있다.

④ 한국항공대학교 부설 항공안전교육원

▲ 한국항공대학교 항공안전교육원

항공안전교육원은 국가항공안전 확보를 위하여 설립된 국토교통부 지정 항공교육훈련기관으로 ICAO, FAA, IATA의 국제 수준에 부합하면서도 우리나라의 특수한 요구조건을 반영한 항공보안교육훈련 과정을 개발하여 정부소속 항공보안요원이나 항공사의 보안책임자 등 항공보안 관련 담당자에게 ICAO 표준 항공보안 교육훈련을 제공하고 있다.

2) 항공보안 감독

가) 필요성

국제민간항공기구에서 규정한 국제기준인 부속서 17과 항공보안법령(법, 시행령, 시행규칙)·하위 규정(고시, 훈령, 예규 등) 준수 여부, 국가항공보안계획에 따른 자체 보안계획 이행의 적정성 및 보안업무 관련장의 교육훈련 실시 등 정부 보안정책의 이행 실태 등을 확인하여 불법방해행위 발생을 사전에 방지함과 동시에 지속적인 보안환경 등을 개선하기 위한 것이다.

나) 항공보안감독관(Aviation Security Inspector) 제도

「항공보안법[6]」이 1974년 항공기안전운항법으로 제정된 이후 2002년 항공안전 및 보안에 관한 법률로 개정되면서 항공보안감독관 운영에 관한 사항이 신설되고 항공보안감독관(Aviation Security Inspector)' 제도를 도입하였다. 항공보안감독관은 다양한 형태의 현장 점검활동을 통해 지속적으로 보안 취약요소를 사전에 발굴하여 개선 조치함으로써 불법방해행위를 예방하고, 항공보안 수준을 지속 향상시키는 데 크게 기여하고 있다.

현재 항공보안감독관들은 한-미 합동 불시평가, 대내·외 공항에 대한 보안평가를 실시하는 등 승객 및 항공기의 안전을 강화하기 위해 다각도로 노력하고 있다.

다) 항공보안 점검의 형태

지속적이고 효과적인 항공보안감독 업무를 수행하기 위해 항공보안감독관을 대상으로 정기 교육을 실시하고 있으며, 2022년 11월 기준 32명의 항공보안감독관이 전국공항에서 활동하고 있다.

또한 체계적이고 효율적인 항공보안감독 활동을 수행하기 위해 "국가항공보안 수준관리 지침(National Aviation Security Quality Control Program)"에 따라 형식적인 점검이 아닌 다양한 형태의 점검기법을 도입하여 적용하고 있다.

(1) 보안점검(Inspection)

보안점검은 민간항공보안에 대한 보안대책 및 통제절차 등이 적절히 수행되고 있는지를 확인하기 위하여 공항, 항공기 및 공항운영자 등에 대하여 점검하는 것으로 보안평가보다는 범위가 넓지 않다. 사전에 통보하거나 통보 없이 불시에 실시할 수 있다.

이러한 점검(Inspection)의 기능은 공항, 항공기, 항공화물 등의 보안성을 확인하고 이를 제고하는 실질적인 조치를 취함으로써 항공 관련 위해요소로부터 승객 및 항공종사자, 항공 관련 시설을 보호하는 한편, 항공보안에 대한 대내외 신뢰를 증대시키는 행위로서 사전 예방적 기능과 사후 통제적 기능을 동시에 포함하고 있다.

---

6 「항공안전 및 보안에 관한 법률」은 2013년 4월 5일에 「항공보안법」으로 개정되어 2014년 4월 6일에 시행됨

(2) 불시평가(Test)

불시평가는 보안수준이 적절하게 유지되고 있는지를 확인하기 위해 모의 폭발물 등을 이용하여 공항, 항공기 등에 대한 보안대책 및 통제절차 수행능력 등을 불시에 확인하는 것이다.

불시평가의 목적은 공항, 항공기 등에 대한 보안대책 및 통제절차 수행능력을 평가하고, 적발된 위규사항에 대한 개선여부를 검증하며, 항공보안법령 및 정책을 개선하고 보안요원의 업무 능력을 평가하는 데 있다.

불시평가의 대상은 공항운영자, 항공사, 항공화물터미널운영자, 공항상주업체 및 도심공항터미널운영자, 지상조업체(필요한 경우)이다.

(3) 현장조사(Survey)

현장조사는 테러동향 및 국제환경 변화에 맞춰 민간항공에 대한 항공기납치, 파괴행위 및 테러공격 등의 불법방해행위를 방지하기 위하여 그 취약성을 분석하고, 보호대책을 수립하기 위하여 공항별로 공항운영자, 항공사 등에 대한 항공보안 업무 운영실태 등을 조사하는 것이다.

현장조사의 대상은 공항운영자, 항공사, 항공화물터미널운영자, 공항상주업체 및 도심공항터미널운영자, 지상조업체(필요한 경우)이다.

(4) 보안평가(Audit)

보안평가는 공항운영자 및 항공운송사업자 등이 수립한 자체 보안계획의 이행여부와 실제 이행능력 등을 확인하기 위하여 점검하는 것으로, 그 평가대상에는 공항운영자, 국적 항공사, 해외공항이 포함된다.

라) 최근 감독활동 동향

ICAO는 2021년을 '보안문화의 해'로 지정하였고, 보안문화 확산 활동을 위한 시작점임을 강조하였다. 우리나라도 국제동향에 발맞춰 보안문화 확산을 위해 항공보안 자율신고제도 교육·홍보를 시행하고, 자율신고제도를 통해 보고된 내부자 위협에 대해 위험도 평가, 현장조사 실시, 문제점 발견 시 대응책 마련 등 항공보안요원들의 경각심 제고에 중점을 두고 감독활동을 실시하였다.

또한, 전국 15개 공항, 항공사 및 공항상주업체 등을 대상으로 보안조직인력, 교육훈련 등을 점검하였으며, 지적건수는 지속 감소[7] 추세에 있다. 이는 전반적인 항공보안 업무 이행실태가 개선되고 있는 것으로 분석할 수 있다.

보안업무 미흡사례가 지속 발생했던 공항·항공기 분야에 대해서는 보안종사자들이 법과 원칙에 따라 적극 대응할 수 있도록 보안문화 개선활동[8]을 실시하였으며, 신규 항공사(에어프레미아, 2021년 8월 운항 개시)는 항공기 취항 전 항공보안 규정 이행체계 구축여부를 철저히 확인하여 보안수준을 확보하는 등 2021년 감독계획 기본방향에 따라 대부분 차질 없이 이행되었다.

다만, 현재 이루어지고 있는 공항운영자, 항공사 등의 보안·경비 분야 종사자에 대한 정기 교육만으로는 보안 의식 제고에 한계가 있어 앞으로는 찾아가는 자율신고제도 교육을 전국 공항을 대상으로 실시하고, 아울러 공항운영자 및 항공사가 자체 보안문화 확산 계획을 수립하여 항공보안 중요성에 대해 인식하고 경각심을 유지할 수 있도록 추진할 계획이다.

나. 항공보안 국제협력

1) 아·태 항공보안협력 사업 활동(CASP-AP)

ICAO는 2001년 미국에서 발생한 9·11 테러 사건 이후, 전 세계 항공보안 역량 강화를 위해 항공보안수준 상향 평준화의 중요성을 인식하고, 국제협력강화를 통한 항공보안 역량 증진을 목적으로 제33차 ICAO 총회(2001. 10.)에서 항공보안협력사업(CASP) 운영을 결의하였으며 2002년 2월 ICAO 항공보안 장관급회담에서 협력사업에 대해 동의하였다.

2004년 6월 협력사업의 효율성을 높이기 위해 아시아지역과 태평양 연안국을 포괄하는 CASP-AP(Cooperative Aviation Security Programme-Asia Pacific)로 통합하기로 합의하였으며, 부속서 17(항공보안) 이행현황을 자체적으로 평가하여 제1차 ICAO 항공보안평가에 대비하고, 항공보안 분야의 취약점 개선을 위한 활동계획(Corrective Action Plan) 수립 등에 대한 지원에 집중하였다.

우리나라는 제1차 협력부터 적극적으로 활동 참여 및 기부금 납부 등 ICAO 이사국으로서의 책임을 다하고 있다.

---

7 2019년 6.1건 → 2020년 4.7건(전년 대비 23% 감소) → 2021년 4.0건(전년 대비 14% 감소)

8 공항공사·항공사 등 보안의식 제고를 위한 서한발송, 경진대회·캠페인·세미나 등 개최

활동 차수 (기간)	활동 내용	참여국	기부금 납부
제1차 (2004.8~2009.7)	보안분야 협력증진, 국제기준이행 및 항공보안 역량강화에 기여	24개국	10.5만
제2차 (2009.8~2019.6)	CASP-AP의 상설기구화, 지역항공 보안팀 설립 및 액체류 상호 인정을 위한 인정절차 마련 등	25개국	15만 달러
제3차 (2014.7~2019.6)	항공보안 교육 · 워크숍 · 세미나 개최 및 상시평가 수검 지원 등	28개국	15만 달러
제4차 (2019.7~2024.6)	개도국 무상교육지원 및 국내 항공보안전문가 지원 등	24개국	13.5만 달러 예정

2) 한-미 항공보안 협력강화

미국은 9·11 테러를 계기로 항공보안업무를 FAA에서 분리하고, 2001년 11월 19일 미국 내 육상·항공·해상교통의 보안을 총괄하는 교통보안청(TSA, Transport Security Administration)을 신설하였으며, 2002년 11월 25일 미국 국토안보부(DHS, Department of Homeland Security) 소속기관으로 재편되었다.

가) 항공보안평가

TSA는 미국으로 들어오는 항공기를 통한 위협을 사전에 차단하고 자국민을 보호하기 위해 미국적 항공사가 취항 또는 미국행 직항노선이 있는 해외공항에 대한 공항보안실태를 평가하는 FAAP(Foreign Airport Assessment Program)를 1985년 8월 8일 제정하여 시행 중에 있다. 우리나라는 2002년부터 미국노선이 있는 인천·김해 국제공항에 대해 평가를 수검받았으며, 결과는 우리나라의 항공보안수준이 우수함을 증명하였다.

2012년부터 우리나라도 미국 LA·뉴욕·애틀란타·시애틀 공항, 호주 시드니·브리즈번 공항 및 캐나다 토론토 공항에 대하여 항공보안평가를 실시하였다.

나) 한-미 항공보안 협력회의

한-미 협조관계를 강화하고 보다 더 가시적인 성과를 위해 2009년 9월 「한-미 항공보안협력그룹」 회의를 제안하여, 2010년 5월 제1차 협력회의가 개최되었다. 최근에는 한-미간 협력을 강화하기 위해 양국 간 항공보안 협력의 일환으로 국토교통부 직원(사무관 1명)이 2019월 9월부터 TSA 본부에서 근무하고 있고, TSA도 파견관을 국토교통부에 파견 예정(2023. 1.)이다. 승객검색 상호인정, 항공보안장비 상호인정, 한-미 합동 불시평가 진행 등 다양한 이슈에 대해 협력을 강화하고 있다.

▲ 한-미 합동 불시평가 [좌] 폭발물 처리반 출동 및 인터뷰(김포), [우] 원형검색장비 신체 은닉(제주)

3) 국제회의 참석

우리나라는 항공보안 국제기준 및 정책방향 논의를 위해 1987년 5월부터 시작되어 매년 개최하고 있는 ICAO 항공보안패널회의에 참가하고 있으며, 2021년 11월에 패널국 지위를 획득하였다. 회의 참가자는 미국·영국·캐나다·호주 등 33개국의 항공보안패널 및 국제단체 전문가로 구성되어 있다.

2022년 5월에 진행된 회의에서는 ICAO 부속서17 이행력 확보방안, 드론·사이버공격 등 신종위협 위험도 순위, 글로벌항공보안계획 이행 항공보안 종합평가(USAP-CMA) 현황, 개도국 역량강화 지원활동 결과, 교육훈련 프로그램 개발상황 등 최신현황을 공유하고, 확산되고 있는 첨단 항공보안 시스템, 보안장비 등 활용 과정에 필요한 사이버공격 위험 경감 방안 등을 논의하였다.

또한, 항공 사이버보안 문제를 해결하기 위한 거버넌스로 ICAO 항공보안위원회(ASC) 산하에 사이버보안패널을 구성하기로 결정(2021년 9월, 제222차 이사회)함에 따라, 민간항공에 대한 사이버보안 국제기준 수립 및 정책방향 논의를 위한 「ICAO 제1차 사이버보안 패널 회의」에 참가(2022. 5.)하여 사이버보안 문제해결을 위한 ICAO 활동 경과, 사이버보안 패널 설립 배경, 타 분야 패널 간 협력 계획 사이버보안 분야 항공보안평가(USAP-CMA) 계획, 국제항공 신뢰 체계(Trust Framework) 구축 방안 등 최신정보를 공유하고 논의하였다.

쉬어가기

항공보안검색요원이란!

항공보안검색요원은 불법방해행위에 사용될 수 있는 무기 또는 폭발물 등 위험성이 있는 물건들을 탐지하고 수색하기 위한 검색업무를 수행하는 사람을 말한다. 국토교통부장관이 지정한 보안검색 전문교육기관에서 보안검색운영자 교육과정을 이수하고, 보안검색운영자 직무교육(OJT)을 실시한 후 평가에 합격하여야만 보안검색업무 수행 자격을 부여한다.

「항공보안법」에는 "항공보안검색요원이란 승객, 휴대물품, 위탁수하물, 항공화물 또는 보호구역에 출입하려고 하는 사람 등에 대하여 보안검색을 하는 사람"이라고 정의하고 있으며, 「국가항공보안계획」에는 보안검색요원의 선발기준과 자격기준을 정하고 있다.

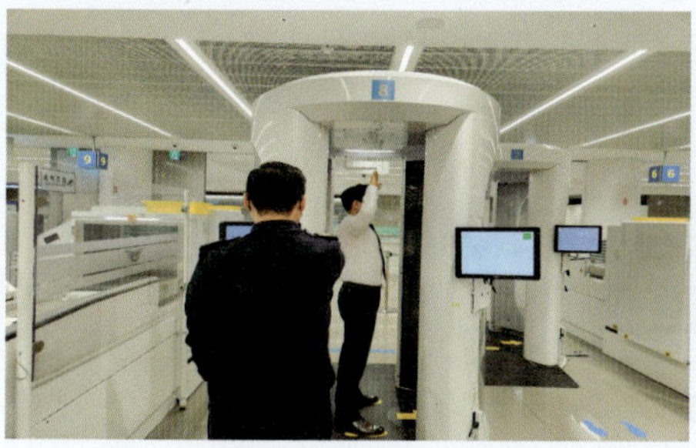

▲ 승객 보안검색 현장

우리나라의 항공보안 분야에서 종사하고 있는 보안검색요원은 약 3,000여 명 정도로 공항, 항공사 그리고 공항화물터미널 등에서 승객·상주직원, 여객수하물, 위탁수하물 및 화물에 대한 보안검색 업무를 수행하고 있다.

항공보안검색요원은 「국가민간항공보안 교육훈련지침」에 따라 교육훈련을 이수한 자만이 공항 또는 항공분야에서 보안검색 업무를 수행할 수 있으며, 이러한 자격요건을 갖추지 않거나 교육훈련 미이수자가 업무를 수행할 경우에는 처벌을 받도록 규정하고 있다.

항공기를 이용한 9 · 11 테러 이후 전 세계적으로 항공보안이 강화되고 있으며 액체·분말 등에 의한 신종테러 위협도 점점 높아지고 있어 항공보안검색요원의 역할도 점점 높아지고 있다. 앞으로 항공보안검색 업무는 전문성이 요구되는 전문분야로 각광을 받게 될 것이며 업무에 종사하는 보안검색요원들도 지금보다 더 나은 대우를 받을 것으로 예상된다.

쉬어가기

항공여행 시 기내반입 제한 물품은 무엇인가?

국제기준 및 국내규정은 승객과 승무원이 기내에 반입할 수 있는 위험물질 및 물품의 종류와 반입 허용한도를 제한하고 있다. 승객과 승무원이 반입할 수 있는 위험물질의 종류와 허용한도는 개인위생용품(비인화성 에어로졸 포함)의 경우 1인당 500mL이며, 부패방지 목적으로 사용하는 드라이아이스(Carbon dioxide, solid)는 1인당 2.5kg까지는 항공사의 안전사항 체크 완료 후 승객이 휴대 또는 위탁수하물로 가능하다.

또한 라이터, 일반성냥의 경우는 1인당 1개까지 승객이 신체에 소지하여 기내반입이 가능하지만 위탁수하물로는 운송금지이다. 딱성냥의 경우는 항공운송이 금지되어 있다. 이러한 기준은 항공기 안전운항을 위하여 중요한 의미를 내포하고 있다. 왜냐하면 성냥, 라이터, 딱성냥의 경우는 휴대 또는 위탁수하물에 운송될 경우 항공기 운항 중 기상악화 등으로 흔들림에 의하여 휴대 또는 위탁수하물 내에서 자연발화로 화재의 위험성이 크기 때문이다.

IX

국제기구와 국제법령

01 항공관련 국제기구
02 국제기구별 주요정책
03 항공 국제법령 종류 및 주요내용

01 항공관련 국제기구

가. 국제민간항공기구(ICAO : International Civil Aviation Organization)

1) 설립 배경

▲ ICAO 본부

제2차 세계대전 중 항공기술의 발달로 급속한 발전이 예상되는 국제민간항공의 수송체계 및 질서를 확립하기 위하여 1944년 11월 1일, 시카고에서 52개국이 참가한 국제민간항공회의가 개최되었다. 동 회의는 당초 전범국인 독일, 이탈리아, 일본을 제외한 54개국이 초대되었는데 사우디는 초대를 거절하였고, 스페인, 포르투갈, 스위스와 외교마찰을 보이던 구소련이 불참하여 52개국이 참가하였다. 회의는 6주간 계속되었으며 국제민간항공협약의 제정, 국제민간항공기구(ICAO)의 설치 및 하늘의 자유(Open Sky Policy)의 확립에 관해 협의하였다.

회의결과에 따라 1944년 12월 7일, 국제민간항공협약이 체결되었고 영구적인 기구의 설립 시까지 활동할 임시국제민간항공기구(PICAO: Provisional International Civil Aviation Organization)를 설치하였다. 국제민간항공협약(Convention on International Civil Aviation)이 1947년 4월 4일에 발효됨에 따라 PICAO는 정식기구인 국제민간항공기구(ICAO: International Civil Aviation Organization)로 출범하게 되었다.

이후 1947년 10월에 유엔 경제 · 사회이사회(Economic and Social Council) 산하 전문기구로 지정되어 현재까지 민간항공부문에서 가장 중요한 국제기구로 활동하고 있다. 우리나라는 제6차 총회 기간 중인 1952년 11월 11일에 국제민간항공협약 가입서를 기탁하였고, 같은 해 12월 11일자로 효력이 발생하였다. 2022년 11월 기준 ICAO 회원국은 193개국이며 캐나다 몬트리올에 본부가 있다.

2) 설립목적

국제민간항공협약 제44조에는 ICAO의 설립목적이 국제항공의 원칙과 기술을 발달시키고 국제항공운송의 계획과 발전을 촉진하는 데 있음을 명시하고 있으며 내용은 다음과 같다.

① 세계 전역을 통하여 국제민간항공의 안전하고 정연한 발전을 보장
② 평화적 목적을 위한 항공기의 설계와 운송기술을 장려
③ 국제민간항공을 위한 항공로, 공항 및 항공시설의 발달을 장려
④ 안전하고, 정확하며, 능률적이고 경제적인 항공수송에 대한 세계 국민의 요구에 부응
⑤ 불합리한 경쟁으로 발생하는 경제적 낭비의 방지
⑥ 체약국의 권리가 충분히 존중될 것과 체약국이 모든 국제 항공기업을 운영할 수 있는 공정한 기회를 보장
⑦ 체약국의 차별대우 지양
⑧ 국제항공에 있어 비행안전 증진을 도모
⑨ 국제민간항공 모든 부문의 발전을 일반적으로 증진

3) 조직

ICAO의 주요 기관으로는 총회, 이사회, 사무국 및 항행위원회를 비롯한 이사회를 보좌하는 전문위원회가 있다.

총회는 ICAO 최고 의사결정 기구로 이사국 선출, 총회 자체의 의사규칙 결정 및 보조위원회의 설치, 예산 및 체약국 분담금 결정, 다른 국제기구와의 협조를 위한 협정 체결 및 본 협약의 개정안 심의 승인 등의 중요한 기능을 수행한다. 총회는 모든 체약국의 대표자로 구성하며, 각 체약국은 1국 1표의 투표권을 갖는다. 매 3년에 1회 이상 개최되고 전체 회원국의 1/5 이상 요청 시 특별총회를 개최한다.

항공사업법 면허기준(항공사업법 제3조)

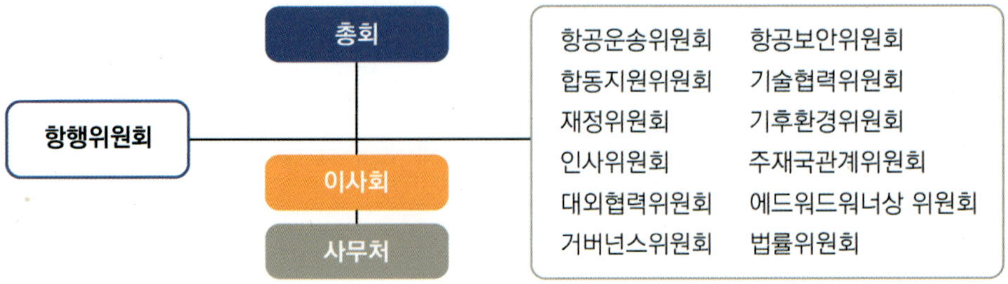

* 여타 국제기구와 유사하게 총회(최고기관), 이사회(운영기관), 사무처(조직운영 및 집행)로 구성
* 이사회가 상설기관으로서 실질적인 핵심기관으로 활동한다는 점에서 여타 국제기구와 구별

이사회는 총회에서 선출되는 36개 체약국으로 구성되는 상설기관으로, 3개 파트로 구분된다. 이사회는 국제민간항공협약 및 부속서 개정에 관한 입법적 기능, 체약국에 대한 조사·권고 기능인 준사법적 기능과 항공교통관제에 관한 기준제정 등 행정·기술적 기능을 수행한다. 특히, 항행위원회·항공운송위원회 및 재정위원회 등 산하 위원회의 위원 선출과 사무총장을 임명하는 등 ICAO의 실질적인 핵심기관이다.

이사국이 파트별 선거를 통해 선출된다 하더라도 일단 선출이 되면 파트에 관계없이 동일 권리를 보유하나, 현실적으로는 파트 I 또는 II가 파트 III보다 높게 인식되며, 파트 I 또는 II 이사국 선거는 특별한 경합 없이 기존 이사국이 재선출되는 반면 파트 III는 선거마다 경합이 치열하다. 연간 3차례 정기이사회를 개최하며, 회기는 2~3개월 지속되어 하기 휴가기간을 제외하고는 연중 회의가 개최된다.

▼ 이사회 파트의 협약상 정의(국제민간항공협약 제50조)[1]와 관례

파트	구분	내용
파트 I (11국)	협약	항공운송에 있어 중요한 국가
	관례	전통적으로 선진국이 경쟁 없이 선출되는 것이 관례
파트 II (12국)	협약	항행안전시설 설치로 국제항공에 공헌한 국가
	관례	파트 I에는 미치지 못하나 항공분야에서 국제적 영향력이 크고, 대부분 영토가 큰 국가를 선출
파트 III (13국)	협약	파트 I, II에 포함되지 않는 국가로서 세계의 모든 지역을 대표할 수 있는 국가
	관례	아프리카, 중남미 등 후진국들이 지역대표성을 들어 진출

제41차 총회 2022년 10월 이사회 구성의 예외적 상황

2022년 2월 러시아의 우크라이나 침공으로 러시아에 대한 국제적인 규탄 분위기가 고조되면서 ICAO 이사회 선거에서 파트 I 이사국인 러시아가 낙선하는 이례적인 상황이 발생하였다.

러시아가 낙선한 공석에는 그간 아랍민항기구의 추천을 받지 못해 이사회에 진출하지 못했던 카타르가 파트 III 이사국으로 당선되었다. 따라서, 2022년 10월에 구성된 이사회에 한하여 파트 I 이사국 10개국, 파트 II 이사국 12개국, 파트 III 이사국 14개국이라는 예외가 적용되었다.

항행위원회는 이사회를 보좌하는 상설위원회로서 항공 기술면의 이론 및 실제에 대한 적당한 자격 및 경험이 있는 전문가를 대상으로 이사회에서 선출하며 19인의 전문위원으로 구성되고 임기는 3년이다. 임무는 협약 부속서의 개정(부속서 9, 18 제외)을 심의하고 그 채택을 이사회에 권고하는 것 등이 있으며 위원장은 이사회가 임명한다. 산하에 분야별 전문가그룹(ICAO Panels, Study Groups 등)을 두고 있으며, 이들은 기술적 사항들에 대한 규정, 지침 등을 작성하여 항행위원회에 제안한다.

그 외의 위원회로는 항공운송위원회, 재정위원회, 인사위원회, 기술협력위원회, 항공보안위원회, 법률위원회 등이 있다.

1 Convention on International Civil Aviation, Article 50 (Composition and election of Council), b) In electing the members of the Council, the Assembly shall give adequate representation to 1) the States of chief importance in air transport; 2) the States not otherwise included which make the largest contribution to the provision of facilities for international civil air navigation; and 3) the States not otherwise included whose designation will insure that all the major geographic area of the world are represented on the Council. any vacancy on the Council shall be filled by the assembly as soon as possible; any contracting States so elected to the Council shall hold office for the unexpired portion of its predecessor's term of office.

사무국은 이사회가 임명하는 사무총장 및 기타의 직원으로 구성되며 사무총장은 수석 행정관으로서 사무국을 지휘하는 책임을 갖는다. 5개국(항공항행국, 항공운송국, 기술협력국, 행정업무국, 법률국)과 1실로 구성된 몬트리올 본부에는 700여 명이 근무하고 있다. 역내 항공문제를 다루기 위한 지역사무소로 아·태(방콕)[2], 동남부 아프리카(나이로비), 유럽(파리), 중동(카이로), 북중미(멕시코시티), 남미(리마), 중서부 아프리카(다카르)의 7개 지역사무소와 1개 아태지역 분사무소(북경)가 있으며, 총 160여 명이 근무 중이다.

사무총장 및 기타의 직원에 대해서는 다른 국제기구에 상당하는 면제 및 특권이 부여되어 있다. 국제기준의 제·개정 관련 이사회와 항행위원회의 지시사항을 이행하고 연구, 통계 및 협정의 정리·분석, 문서발간, 기금의 취급과 전달, ICAO와 여타 국제기구 및 체약국 간 연락업무, 홍보 등의 역할을 수행한다.

또한 세계 각 지역의 특수한 사정에 따라 국제항공 문제를 구체적으로 처리하기 위하여 설치한 7개의 지역사무소는 지역별 항행회의(Regional Air Navigation Meeting) 및 지역항행실행그룹회의(Planning and Implementation Regional Group)를 통해 국제표준 및 권고사항의 지역별 이행 계획을 수립하고 이에 대한 효율적인 이행 방안을 마련한다. 우리나라는 태국 방콕의 아·태지역사무소에 속해 활동하고 있다.

4) 전략 목표

ICAO는 사회적 경제적 발전과 글로벌 연결성 요구를 충족하는 글로벌 항공운송 네트워크를 지원하고 시스템 안전, 효율성, 편리성 또는 환경에 영향 없이 2030년까지 글로벌 항공운송능력이 두 배로 증가하는 것에 대비하기 위해 다음의 5대 포괄적 전략 목표를 수립하였다.

Strategic Objectives of ICAO(ICAO 전략목표)

2030년까지 두 배 이상으로 늘어날 것으로 예상되는 국제민항수요를 충족시키면서 항공 안전이나 환경 등에 대한 부정적 영향을 최소화하기 위해 아래 5대 전략목표 설정

① 항공안전(Safety)
② 항행역량 및 효율성(Air Navigation Capacity and Efficiency)
③ 보안 및 원활화(Security and Facilitation)
④ 항공운송 경제발전(Economic Development of Air Transport)
⑤ 환경보호(Environmental Protection)

2 아태사무소(APAC: Asian and Pacific office) 소속으로 '베이징 지역분사무소' 설치

항공안전 목표는 주로 회원국의 규제적 안전감독 능력에 초점을 맞추고 있으며 글로벌 항공안전계획(Global Aviation Safety Plan, GASP)에 향후 3년간의 핵심 활동들을 소개하고 있다. 또한, 항행 수용능력 및 효율성 목표는 항행안전시설 및 공항의 기반시설을 최신화하고 항공시스템 능력의 최적화를 위해 새로운 절차들을 개발하는 데 주안점을 두고 있으며, 글로벌 항행 수용능력 및 효율성 계획(Global Air Navigation Capacity and Efficiency Plan, GANP)에 향후 3년간의 활동들을 소개하고 있다.

글로벌 항공보안계획(Global Aviation Security Plan, GASeP)은 전 세계 항공보안강화를 위해 성과목표(5) · 이행과제(32) · 세부과제(94)를 선정하고, 체약국에 이행 의무를 부여하는 항공보안강화 종합계획서이다. 2030년까지 지역별 이행로드맵을 설정하고, 이행목표 달성을 촉구하고 있으나, 2023년 목표 달성은 거의 불가능할 것으로 예상된다. 이에 따라 항공보안패털 산하에 GASeP 개선 T/F팀을 운영하여 이행로드맵을 조정할 예정이다.

▼ 아태지역 이행로드맵 및 이행 현황

기준년도	이행목표		국제기준 이행률을 충족한 회원국 비율	비고
	체약국의	국제기준 이행률		
2020년	80%	65% 이상	54%(2020년 말 기준)	목표 달성 실패
2023년	90%	80% 이상	27%(2022년 말 기준)	목표 달성 불가능(예상)
2030년	100%	90% 이상	16%(2022년 말 기준)	–

보안 및 출입국 간소화 목표는 항공보안, 출입국 간소화 및 관련 보안분야에서 ICAO의 리더십 필요성을 반영하고 있으며, 항공운송의 경제적 발전은 경제적 정책 및 지원 활동을 중심으로 항행운송체계의 조화를 위한 ICAO의 역할을 강조하고 있다. 또한 환경보호 목표는 모든 항공과 관련된 환경 활동들에서 ICAO의 역할을 촉진하고 ICAO와 UN 시스템의 환경보호정책 및 관행들의 조화를 목표로 하고 있다.

구체적으로는 증가하는 항공교통 수요의 효율적이고 안전한 처리를 위한 新개념 · 기술의 도입과 관련 제도의 개선과 안전 확보를 위한 다양한 대책을 연구하고 9·11 테러 이후 회원국의 항공보안 실태를 점검하는 보안평가(USAP)[3]를 실시하며 휴대용

3 USAP: Universal Security Audit Programme

IX 국제기구와 국제법령

미사일에 의한 테러 등 신규 위협요소의 발굴 및 대응방안을 검토한다. 또한 환경 분야에서는 환경보호위원회(CAEP)[4]를 설치하여 항공기 배출가스 관련 사안 등 항공분야 환경오염 문제에 대한 검토 및 대책을 수립한다.

5) 회원국

가) 회원국 전체 규모

- 193개국으로 숫자는 유엔과 동일하지만 아래와 같은 차이가 있다.
  - 리히텐슈타인은 유엔 회원국이나 ICAO 비회원국
  - 쿡제도는 ICAO 회원국이나 유엔 비회원국

나) 회원국 자격

주권국가만이 회원국이 될 수 있으며 준회원 지위는 없다. ICAO 회원국이 유엔에서 축출되거나 유엔총회가 유엔 전문기구에서의 회원국 자격 박탈을 권고하는 경우 자동으로 회원국 자격이 박탈된다(시카고협약 제93조의2 (a)항). 회원국 자격이 박탈된 국가는 유엔총회의 승인이 있은 후 ICAO의 승인(과반수)이 있을 때 ICAO에 재가입할 수 있다(제93조의2 (b)항).

다) ICAO 회원국 내 지역그룹

ICAO 회원국들은 4개 공식 지역민간항공위원회(아프리카민항위_AFCAC, 아랍민항기구_ACAO, 유럽민항회의_ECAC, 라틴아메리카민항위_LACAC)를 중심으로 그룹을 구성하여 활동하고 있다. 그 이외에 아시아태평양 이사국들 간의 비공식 협의그룹인 "몬트리올그룹"이 활동 중에 있으며 주요 항공대국인 미국, 러시아와 소재국인 캐나다는 지역그룹에 소속되어 있지 않다.

4 CAEP: Committee on Aviation Environmental Protection

▼ ICAO 내 지역그룹 구성(AFCAC과 ACAO 소속 회원국은 일부 중복)

지역그룹 명칭	회원국
아프리카민항위원회 (AFCAC, African Civil Aviation Commission), 세네갈 다카르 웹사이트: www.afcac.org	가나, 가봉, 감비아, 기니, 기니비소, 나미비아, 나이지리아, 남아공화국, 니제르, 라이베리아, 레소토, 르완다, 리비아, 마다가스카르, 말라위, 말리, 모로코, 모리시어스, 모리타니, 모잠비크, 민주콩고공화국, 베넹, 보츠와나, 부룬디, 부르키나파소, 사옹투메프린시페, 세네갈, 세이셸, 소말리아, 수단, 시에라리온, 알제리, 앙골라, 에리트리아, 에스와티니, 에티오피아, 우간다, 이집트, 잠비아, 적도기니, 중앙아공화국, 지부티, 짐바브웨, 차드, 카메룬, 카보베르데, 케냐, 코모로, 코트디브와르, 콩고, 탄자니아, 토고, 튀니지 (총 53개국)
라틴아메리카민항위원회 (LACAC: Latin America Civil Aviation Commission), 페루 리마 웹사이트: www.clacsec.lima.icao.int	과테말라, 니카라과, 도미니카공화국, 멕시코, 베네수엘라, 벨리즈, 볼리비아, 브라질, 아루바, 아르헨티나, 에콰도르, 엘살바도르, 온두라스, 우루과이, 자메이카, 칠레, 코스타리카, 콜롬비아, 쿠바, 파나마, 파라과이, 페루 (총 22개국)
유럽민항회의 (ECAC: European Civil Aviation Conference), 프랑스 파리 웹사이트: www.ecac-ceac.org	그리스, 네덜란드, 노르웨이, 덴마크, 독일, 라트비아, 루마니아, 룩셈부르크, 리투아니아, 모나코, 몬테네그로, 몰도바, 몰타, 벨기에, 보스니아헤르제고비나, 북마케도니아, 불가리아, 사이프러스, 산마리노, 세르비아, 스웨덴, 스위스, 스페인, 슬로바키아, 슬로베니아, 아르메니아, 아이슬란드, 아일랜드, 아제르바이잔, 알바니아, 영국, 에스토니아, 오스트리아, 우크라이나, 이탈리아, 조지아, 체크, 크로아티아, 튀르키예, 포르투갈, 폴란드, 프랑스, 핀란드, 헝가리 (총 44개국)
아랍민항기구 (ACAO: Arab Civil Aviation Organization), 모로코 라바트 웹사이트: www.acao.org.ma	레바논, 리비아, 모로코, 모리타니, 바레인, 사우디아라비아, 소말리아, 수단, 시리아, 아랍에미리트, 알제리, 예멘, 오만, 요르단, 이라크, 이집트, 지부티, 카타르, 코모로, 쿠웨이트, 튀니지, 팔레스타인 (총 22개국)

6) 국제표준 및 권고 제정 절차

최초 제출된 국제표준 및 권고(SARPs: Standards and Recommended Practices)안에 대하여 항행위원회가 분석 후, 산하 패널, 사무국, 항행연구그룹 등에게 할당하여 검토하도록 한다. 검토가 완료되면 항행위원회가 사전 검토(Preliminary Review) 후, 체약국 및 국제기구 등의 의견을 조회한다. 항행위원회는 접수된 회원국 의견을 반영하여 최종 개정안을 작성하여 이사회에 제출한다. 이사회가 개정안을 승인하면

ICAO는 회원국에 이를 통보하고 동의 여부, 차이점 통보 등을 요청한다. 회원국의 차이점 통보는 전자적 통보(Electronic Filing of Differences, EFOD)방식이 권고되며, 접수된 내용은 보충판(Supplement)으로 발간된다. 또한 회원국도 통보된 차이점을 각국의 항공정보간행물(Aeronautical Information Publication)에 발간하여야 한다.

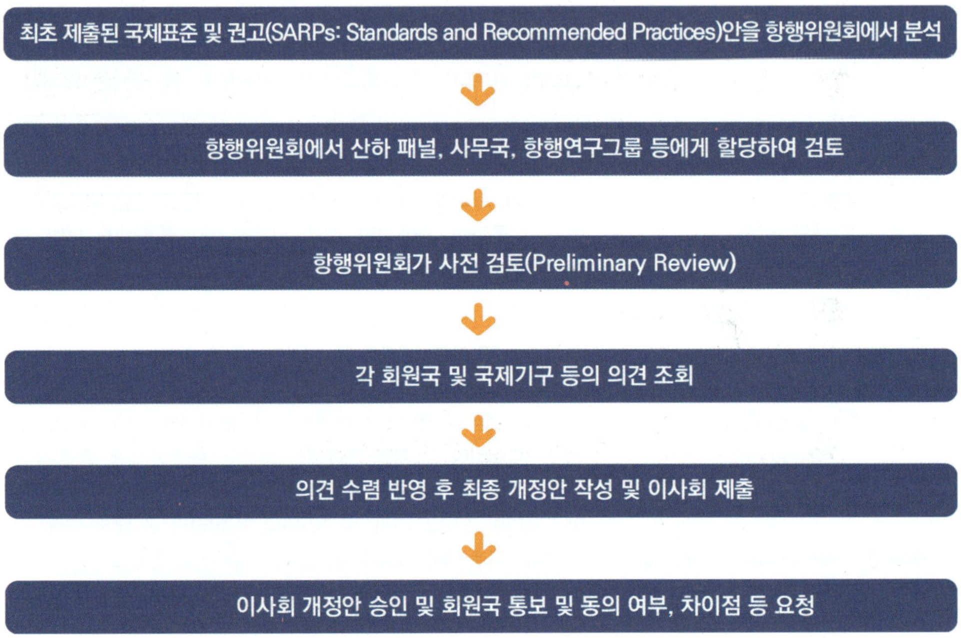

7) 주요 프로그램

가) 항공안전종합평가(USOAP)

(1) 항공안전종합평가 시행 배경

항공안전상시평가(Universal Safety Oversight and Audit Programme Continuous Monitoring Approach, USOAP CMA)는 ICAO가 국제민간항공협약, 부속서 및 항행절차에 명시된 안전과 관련된 국제기준의 이행현황, 안전위험요인, 항공활동수준 및 변화, 항공안전프로그램 이행현황 등 회원국들이 온라인으로 제공하는 정보, ICAO가 수집하는 정보 등을 상시 모니터링하고, 항공안전을 위협하는 중대변화 발생 시 현장평가를 실시하는 항공안전평가 상시모니터링프로그램을 지칭한다.

항공안전평가는 1990년대 초 빈발한 항공기 사고들의 조사 결과 국가 및 항공사의 국제기준 미준수가 주요 원인으로 판명되었고, 국가의 안전감독체계 미흡도 항공기 사고에 기여한 것으로 언급됨에 따라 ICAO에서 미국의 국제항공안전평가를 모델로 제29차 총회(1992.9.)에서 안전평가제도의 도입을 최초 결의하였다. 전 세계적인 항공사고 급증으로 항공안전수준에 대한 항공당국의 우려가 증가하고 항공기 이용객들의 항공안전에 대한 관심이 고조됨에 따라 제31차 총회(1995.9)에서는 희망국을 대상으로 항공종사자, 운항, 감항성 3개 분야(부속서1 · 6 · 8)를 점검하는 자발적 안전평가제도를 승인하였으며 1995~1997년간 88개국이 신청하여 67개국에 대한 평가를 실시하였다.

1997년 11월 몬트리올에서 개최된 세계 항공청장회의에서 항공청장들은 항공안전감독에 대한 글로벌 전략을 논의하였으며, ICAO에 안전평가프로그램을 모든 국가에 확대하고 의무화하도록 권고함에 따라 제32차 ICAO 총회(1998.9)에서는 모든 체약국(188국)을 대상으로 3개 분야(부속서1 · 6 · 8)를 의무적으로 점검하는 방안이 승인되어 1999~2004년간 181개국 점검을 실시하였다.

또한 제35차 총회(2004.9.)는 항공안전평가 결과를 보고받고 효과를 인정하였으며, 평가 범위를 부속서9(출입국간소화), 부속서17(항공보안)을 제외한 안전과 관련된 16개 부속서로 확대하고 평가의 효율성을 높이기 위해 종합평가(Comprehensive Systems Approach) 방식으로 전환할 것을 결의하여 2005년 4월부터 새로운 방식의 평가가 진행되었다.

제36차 ICAO 총회(2017.9.)는 USOAP CSA 결과를 평가하고 이를 2010년까지 지속하도록 하였으며, ICAO 이후 항공안전평가를 어떻게 운영할 것인지에 대한 검토를 요청하였다. 이에 ICAO는 항공안전평가를 상시평가체계(Continuous Monitoring Approach)로 전환하는 방안을 제안하였으며, 제37차 ICAO 총회(2010.10)에서 상시평가체계로의 이행이 공식적으로 채택되었고 2년간의 전환기간을 거쳐 2013년 1월부터 정식으로 운영하게 되었다.[5]

(2) 항공안전종합평가 절차

항공안전상시평가 기간은 회원국의 항공산업 규모, 국제기준 이행율 등을 고려하여 결정되며, 일반적인 평가절차는 사전평가단계, 평가 및 사후평가단계로 구분하여

---

5 양해각서의 주요 내용은 상시평가에 동의, 평가에 필요한 안전정보의 제공, ICAO 평가관에 대한 신분보장, 평가지적사항 개선 및 평가결과 공개, ICAO 평가관의 현장 방문 협조 등이며, 우리나라는 2011년 9월에 ICAO와 양해각서 체결

운영된다. 또한 회원국은 현장평가 중 지적된 미흡사항에 대한 개선계획을 수립하여 ICAO와 협의하에 이행하여야 하며, 개선절차가 완료되면 ICAO는 확인평가(ICAO Coordinated Validation Mission, ICVM)를 실시한다.

▼ 항공안전상시평가 절차

우리나라는 ICAO 항공안전평가를 2000년 6월과 2008년 5월 두 차례 수검하였으며, 2000년 실시된 평가에서 국제기준 도입, 항공안전조직, 감독관 인력, 종사자 교육훈련 등의 항목에서 미흡 판정(이행율 79.79%)을 받았다. 미국은 ICAO의 항공안전평가 지적사항들을 근거로 우리나라에 자국에 취항하는 항공기 운영국의 안전감독 능력을 평가하는 국제항공안전평가 수검을 요청하였고, 이 평가에서 우리나라는 항공안전 2등급 판정(2001.8)을 받아, 1등급 회복까지 신규노선 개설제한, 항공사간 코드쉐어 중단 등의 불이익을 경험하였다.

우리나라는 평가범위와 방법 면에서 더욱 강화된 ICAO 항공안전종합평가 일정이 2008년 5월로 확정되자, 1만여 개가 넘는 국제표준 조항의 철저한 이행을 위한 대책이 필요하였다. 이에 당시 국토해양부는 국제표준 조항과 이에 대응하는 국내규정을 비교·분석하여 모든 국제기준을 체계적으로 국내규정에 반영(항공법령 개정(2008. 5. 8.), 관련 고시·지침·훈령 제·개정)하였고, 정부의 항공안전 감독능력을 강화하기 위해 전문인력을 확보(안전감독관 29, 운항자격심사관 11)하여 항공종사자 자격관리, 공항 및 항공사 안전점검 등을 국제기준에 적합하게 실시하였다.

또한 정부·항공사·공항 등 민·관 합동대응체계를 구축(17개 기관, 115명)하여 평가준비·추진상황 점검하는 등을 노력한 결과, 2008년 5월 13일부터 22일까지 방한한 ICAO 평가단(Mr. Henry Gourdji 외 5명)으로부터 우리나라의 국제기준 이행 수준이 매우 우수하다는 평가를 받았고 2009년 2월 발표된 최종보고서에서 국제기준이행율 98.89%로 세계 최고의 기록을 획득하게 되었다.

▲ ICAO USOAP 수검장면

(3) 항공안전종합평가 범위

항공안전종합평가(USOAP CSA)는 법령, 조직, 자격, 운항, 감항, 사고조사, 항행, 공항 등 8개 주요 분야에 대해 국가 항공안전감독체계의 중요 요소, 즉 기본법령 및 세부 운영규정 제정, 안전감독조직 및 인력, 안전감독관 및 전문기술인력 확보, 교육훈련 및 자격유지, 안전감독관 지침 및 기술기준, 면허·인정·승인·허가절차 및 이행, 항공안전감독 및 안전위해요소 해결 등에 대한 전반적인 사항을 사전 서류심사, 현장 확인 등을 통해 국제기준 부합여부를 종합적으로 점검하여 평가한다. ICAO 평가관들은 현장평가 전에 회원국이 제출한 사전답변서(SAAQ: State Aviation Activity Questionary)와 국제표준이행점검표(CCs: Compliance Checklists)에 대해 검토하고 현장에서는 평가결과의 일관성 확보를 위해 16개 부속서를 상호 연계하여 8개 평가분야로 작성된 체크리스트(Protocol)를 활용하여 평가한다.

(4) 국가항공안전프로그램

부속서 19(안전관리)가 제정되고, 국가항공안전프로그램(State Safety Programme) 수립, 안전 데이터 수집 및 관리, 위험요소 발견 및 해결 등 안전 관련 규정 이행의 중요성이 증가함에 따라 ICAO는 회원국의 국가항공안전프로그램 이행평가(SSP Implementation Assessment, 이하 SSPIA) 체계를 도입하고 2018년부터 3년간의 시범평가를 거쳐 2021년 7월부터 정식 평가프로그램으로 운영하고 있다. SSPIA는 일반사항,

안전자료분석, 항공교육기관, 운항, 항공정비조직, 사고조사, 항공교통업무, 공항의 8개 분야로 구성되며 4단계로 구분된 성숙도로 평가된다. 2022년 10월 현재 SSPIA는 항공안전 상시평가의 국제기준 이행율이 높은 국가를 대상으로 선택적으로 실시되고 있으나 2024년부터는 USOAP CMA에 통합되어 운영될 예정이다.

(5) 항공안전종합평가 결과

항공안전종합평가의 결과는 ICAO를 통해 공개되며, 타 회원국, 국제항공 여행객 등이 해당 국가의 항공안전도 평가 결과를 참고하여 해당 국가 항공사를 선택할지 말지를 결정하는 등 직접적인 국가 안전도에 영향을 미칠 수 있다. 평가점수가 낮다는 건 국제기준 이행율이 낮은 것이고 이는 항공기 안전사고 우려가 높은 것으로 인식하여 상대국에서 항공기 운항 제한, 안전정보 제공, 자국 안전평가 수검 등을 요구할 수 있다.

나) 항공보안평가(USAP)

(1) 항공보안평가 시행 배경

전례 없던 대형 민간항공기를 납치하여 자폭하는 불법방해행위의 수단으로 사용한 9·11 테러가 발생하자, ICAO는 긴급히 ICAO 총회(제33차, 2001년 10월)를 열어 『파괴무기로의 민간항공기 악용 및 민간항공 관련 기타 테러행위에 관한 선언서』를 담은 결의안 제A33－1호를 채택하였으며, 이러한 재발 방지를 위한 대책 마련의 필요성을 제기하였다. 이에 따라 ICAO는 공항보안제도 및 민간항공보안프로그램 제정 · 운영과 관련된 평가제도의 도입을 검토하였으며 ICAO의 국제적 역할을 강화하기 위하여 평가제도 시행을 위한 국제협력을 위해 많은 노력을 하게 되었다.

그동안 ICAO는 항공보안분야에 있어 체약국에 대한 보안수준을 확인하는 노력이 없었으며, 국내선보다는 국제선 위주의 정책을 중점 실시하여 왔다. 따라서, 9 · 11 항공테러는 ICAO의 정책을 근간부터 재검토하게 하는 결과를 낳았다. ICAO는 2002년 2월 『항공보안에 관한 고위급 및 장관급 국제회의』를 몬트리올에서 개최하여 전 세계의 항공보안수준을 향상시키기 위한 계획을 논의하게 되었으며 『전 세계 항공보안 강화를 위한 글로벌 전략』을 승인하고, 다수의 결정서 및 권고안을 채택하고 공동선언서를 발표하였다.

『전 세계 항공보안 강화를 위한 글로벌 전략』의 핵심사항은 모든 체약국의 항공보안 이행수준에 대한 평가를 할 수 있도록 하는 정기적이고 강제적이며 체계적인 표준화된 평가를 주요내용으로 하는 『ICAO 항공보안 활동계획』에 관한 사항이었다.

이 중 가장 중요한 사항은 부속서 17을 조속히 개정하고 체약국이 부속서 17의 표준 및 권고절차를 국내 법제화하여 이행하도록 하고 이에 대한 평가를 시행하도록 결의하였다. ICAO 이사회는 제166차 회의에서 『ICAO 항공보안활동계획』을 채택하였으며, 이에 따라 2002년 11월 최초로 ICAO 항공보안평가(USAP Audit)가 시작되었다.

(2) 항공보안평가 절차

항공보안평가는 4단계로 구분하여 실시된다. 첫 번째 단계는 사전준비단계로 현장점검 6월 이전에 평가국과 ICAO 간 양해각서(MOU)를 체결하는 것으로 시작되며 평가 대상국은 ICAO에서 요구하는 사전질의자료를 제출하게 된다. ICAO는 이를 기준으로 서류에 의한 사전 평가를 실시하여 구체적인 현장평가 계획을 수립한다.

두 번째 단계는 현장점검단계이며 평가관 4~5명이 직접 방문하여 증빙자료 확인, 현장 방문 및 관계자 인터뷰를 실시하고 문제점 또는 개선사항 등 지적사항을 도출한다.

세 번째 단계로는 감사결과보고단계로서 서류 및 현장평가 결과에 대한 최종보고서를 발간하게 된다. 최종보고서를 발간하기 전에 ICAO에서 작성한 최종보고서를 평가국에 전달하게 되며, 최종보고서에 대한 이의 제기 등 협의를 하게 된다. 상호협의가 완료되면 최종보고서를 발간하게 되며 평가국은 개선 권고사항에 대한 조치계획서를 ICAO에 제출한다.

마지막 단계는 사후평가 단계이며 최종보고서의 개선 권고사항에 대한 이행 확인점검을 하게 되며 통상 현장점검 이후 2년 후에 이루어지는 경우도 있다.

▼ ICAO 항공보안평가 단계별

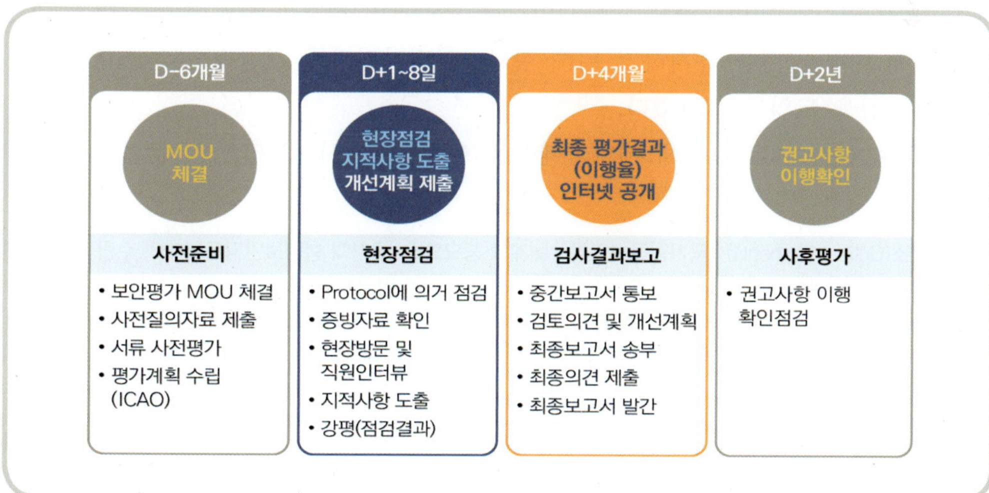

(3) 항공보안평가 계획

(가) 보안평가 추가시행 배경

ICAO는 제1기 보안평가 분석을 통해 이러한 평가제도가 항공보안의 취약점을 규명하고 이를 보완할 수 있는 유용한 프로그램으로 인식을 하였으며, 2007년 제36회 ICAO 총회에서 항공보안평가를 지속하기로 결의하였다.

(나) 보안평가 범위

제2기 항공보안평가는 국가별 보안능력 및 체계 등 항공보안활동에 대한 국가의 적절한 감독능력을 주요 사항으로 하여 항공보안 감독활동 및 미비점에 대한 개선절차 등의 이행실태에 관해 집중 점검을 실시하고, 제1기 항공보안평가에서 실시하지 않았던 부속서 9(출입국 간소화)의 항공보안관련 사항 즉, 승객 및 화물 운송의 간소화에 대한 분야로 평가범위가 확대 실시된다.

평가내용은 제1기에서는 9개의 모듈로 구분하였으나, 제2기부터는 중요요소(CE, Critical Element)[6]별 국가의 이행수준을 8개 분야의 프로토콜로 분류하고 총 283개의 평가항목을 규정하여 평가하게 된다. 이 중 부속서 9의 보안관련 사항은 21개 항목이며 여행서류관리 및 위조 등에 대한 대응정책, 운송관리프로그램, 승객정보제공, 여행서류 판독체계 및 입국거부자 운송절차 수립 등이 주요 평가 대상이다.

(다) 보안평가 처리

제1기 보안평가에서는 평가결과에 대해 비밀유지를 원칙으로 하였으나 2007년 제36차 총회에서 ICAO 이사회는 제2기 항공보안평가에서는 체약국의 보안취약요소에 대해 알 권리와 일반대중으로부터 민감한 보안관련 정보를 보호하고자 하는 대립된 의견에 대한 균형을 유지하기 위해 항공보안평가결과를 제한적으로 공개하는 부분적 투명성을 도입토록 하였다.

ICAO는 전자회람[7]을 통해 체약국에게 ICAO 보안웹사이트[8]를 통해 제2기 USAP

---

6 중요요소(Critical Elements): 국가항공보안감독체계의 중요요소. 국가의 항공보안감독체계의 수립 및 관리에 관한 매뉴얼 "(ICAO Doc9734/part C)"은 ① 항공보안법령 ② 항공보안프로그램 및 규정 ③ 국가항공보안당국 및 당국의 책임 ④ 종사자 자격 및 훈련 ⑤ 기술지침서, 방편 및 보안중요 정보관련 요건 ⑥ 인증 및 승인의무 ⑦ 수준관리 의무 ⑧ 보안문제의 해결 8가지 항목으로 규정하고 있다.

7 ICAO Eletronic Bulletin(EB) 2009/17(2009. 7. 27.)

8 ICAO 보안웹사이트: ICAO는 항공보안 관련된 제한된 정보를 체약국이 열람할 수 있도록 제한된 웹페이지를 운영하고 있음. 동 사이트에는 USAP자료뿐만 아니라 ICAO 24시 긴급보안연락망 정보도 등재되어 있다. 웹주소: http://icaosec.icao.int

평가결과를 확인이 가능함을 알리고 있다. 따라서, 각 체약국은 ICAO로부터 보안웹사이트의 비밀번호 및 아이디를 부여받아 제2기 수검국의 평가결과를 CE별로 확인할 수 있고, ICAO는 매월 USAP결과자료를 갱신하고 있다. 그러나, 수검국의 세부적 점검결과에 대해서는 확인이 불가능하다.

▼ 제2기 항공보안평가 결과 공개수준(예시)

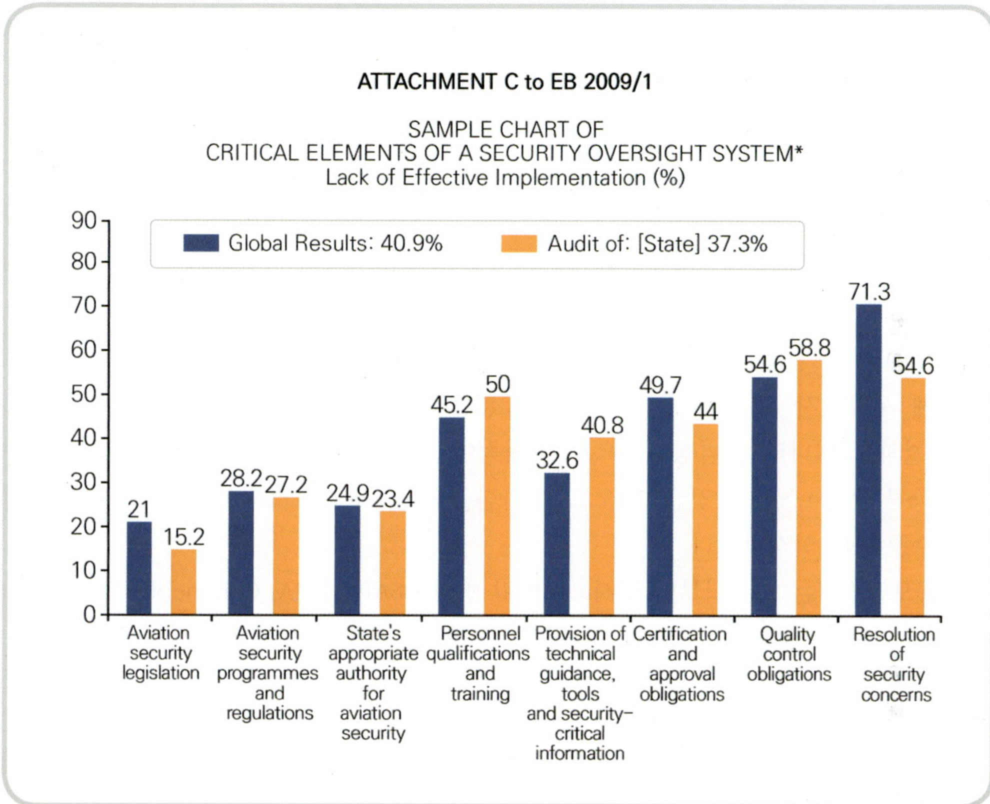

9·11 테러 이후 몬트리올에서 개최된 제33차 ICAO 총회(2001. 9. 25.~10. 5.)에서 "민간항공기를 테러행위 및 파괴무기로 오용하는 것을 방지하는 선언"을 총회 A33-1 결의안으로 채택하고, ICAO에서 체약국의 공항 및 항공보안프로그램에 대한 국제민간항공 부속서 17권 기준사항의 준수 여부를 확인하는 "항공보안감사프로그램"을 수립할 것을 결의하였다.

(라) 우리나라의 USAP 일정

우리나라의 1차 항공보안평가는 2004. 11. 1.~11. 10.(10일 간) 정부 및 인천국제공항에 대하여 ICAO 항공보안평가관(Auli Kankkunnen 등 4명)으로부터 항공보안 분야의 정부 조직, 법령 · 규정분야, 공항시설 · 장비분야, 공항보안검색 및 경비분야, 항공기보안 분야, 유사시의 비상조치 상황 등 국제민간항공협약 부속서 17의 표준 66개 항목 483개 세부항목에 대한 수검을 받은 결과 항공보안평가관들은 우리나라에 대하여 다른 체약국보다 보안체제 및 운영실태가 국제표준에 적합하다는 의견을 제시하였다. 국제민간항공기구(ICAO) 표준항목과 불일치하는 사항은 없으며, 다만 우리나라의 항공발전을 위해 국가 · 공항보안운영규정에 대정절차를 명문화하여 운영하라는 등 13개 권고사항을 제시하였다. 이에 대하여는 2005년 3월 조치 완료하였으며, 2006년 11월 14일~11월 17일(4일 간) 후속보안평가를 수검한 결과 2004년 평가 시 권고한 13개 사항이 모두 이행되었다고 평가받았다.

우리나라의 제2차 ICAO 항공보안평가는 2011년 8월 25일~9월 1일(8일 간) 정부, 공항공사, 항공사 등 11개 기관에 대하여 ICAO 항공보안평가관으로부터 ICAO 부속서 17의 항공보안 및 부속서 9의 출입국간소화 부문(법령, 조직, 교육훈련, 보안감독 등) 299개 항목 총 730개 확인사항에 대하여 ICAO 항공보안평가관 체크리스트를 통해 서류심사 후 현장에 방문하여 이행실태를 확인하였다.

그 결과 우리나라는 범정부적으로 체계적이고 효율적으로 대응하여 세계 최고 수준의 항공보안시스템을 갖춘 것으로 평가받았으며, 우리나라의 국제기준 이행률이 높은 수준임을 인정받았다.

항공보안평가는 2015년부터 상시모니터링 방식(USAP - CMA, Continuous Monitering Approach)으로 전환하였으며, 2019년 3월 기준 108개 국가를 대상으로 실시 완료하였다.

▼ 항공보안평가 USAP과 USAP CMA 비교

구분	개념	절차	유형	평가국 · 선정기준	평가질의서
USAP	방문 후 서류 · 현장 등 점검	1:1 MOU 체결 → 평가 → 결과통보	방문평가	취약국가, 지원국가 등	1차 : 부속서 17 2차 : 부속서 9 · 17
USAP CMA	서류점검 후 필요시 방문	1:191개 체약국 일괄 MOU 체결 → 평가 → 결과통보	서류평가, 서류+방문평가, 방문평가	2차평가 결과시간, 취약국가 등	부속서 9 · 17

(마) ICAO의 항공보안평가의 과제 및 전망

항공보안은 국가안보, 국가경제의 지속적 성장, 여행객 안전, 항공교통체계의 지속성 유지에 핵심이 되는 요소이다. 항공보안평가는 수검국의 국제기준 준수를 확인하는 일회적 지적 수준에서 수검국의 취약요소를 사전에 규명하고 이에 대한 지속적 관리를 통해 불법방해행위의 가능성을 차단하는 예방적 관리 체계로 하는 경우 항공보안평가의 지속성을 보장할 것으로 본다.

다) 항공안전협력 프로그램(COSCAP)

COSCAP(Cooperative Development of Operational Safety And Continuing Airworthiness Programme)은 국제민간항공기구(ICAO)가 주관하는 "항공기의 안전운항 및 감항성 유지"를 위한 국가 간 협의체로서 2001년 11월 서울에서 개최된 제38차 아·태 항공국장회의에서 북아시아지역 4개국(한, 중, 몽골, 북한)으로 구성된 COSCAP-NA(North Asia)의 결성을 발의함에 따라 설립되었다.

COSCAP-NA는 회원국 간 항공 법령과 제반절차의 상호조화를 위하여 항공종사자교육훈련, 안전관리감독 및 규정개발지원 등 다양한 프로그램을 운영하고 있으며 이러한 활동을 총괄하는 수석기술고문(Chief Technical Advisor)을 상근으로 두고 필요에 따라 감항, 공항, 관제 등 국제 전문가들을 임시로 초빙하는 형태로 운영되고 있다. 최고 의결기구로서 각 회원국의 국장급(Director General) 인사로 구성되는 운영위원회(Steering Committee)를 매년 개최하여 프로그램 운영과 관련된 주요사안을 결의하고 있다.

COSCAP-NA의 지원범위는 결성 당시 항공안전평가의 범위인 자격, 운항 및 감항분야로 한정되었으나 2단계 운영(2008.2~2012.1)부터 지원범위를 항행, 공항으로 확대하였다. 4단계 운영(2018.2~2023.1)부터 홍콩 및 마카오가 동남아시아 COSCAP에서 북아시아로 이동하였다. 그러나 4단계 운영기간 중 COVID-19 팬데믹 발생과 북한의 장거리 탄도미사일 발사에 따른 UN 안전보장이사회 제재 결의안, 수석기술고문의 장기간 공석 등으로 2020년부터 2022년까지 운영위원회가 개최되지 못하였으며, 5단계 추진 여부도 불투명한 상태이다.

우리나라는 COSCAP-NA가 결성된 2003년 초부터 운영에 적극 참여하였으며, 2008년 항공안전종합평가에 대비하여 운항, 감항, 항행, 공항, 법령, 조직에 관한 24회의 기술자문을 받았으며 공항, 보안, SMS, ETOPS, Human Factor 등 COSCAP-

NA가 주최하는 16회의 교육훈련/세미나가 국내에서 개최되었다. 그러나 항공안전평가가 상시평가체계로 변경되고, 우리나라의 안전감독체계가 안전화되면서 COSCAP-NA의 지원 필요성이 점차 감소해왔으며, 최근 수석기술고문 부재, COVID-19 팬데믹 등으로 COSCAP-NA의 회원국 지원활동도 타 지역의 화상교육프로그램에 참여를 지원하는 수준으로 축소됨에 따라 COSCAP-NA 프로그램에 계속 참여할지에 대하여 검토할 필요성이 증가하고 있다.

▼ 아시아 지역 COSCAP 참여 현황

지 역	설립연도	참여 국가	비 고
남아시아	1998	방글라데시, 부탄, 인도, 몰디브, 네팔, 파키스탄, 스리랑카 (7개국)	-
동남아시아	2001	부르네이, 캄보디아, 인도네시아, 라오스, 말레이시아, 미얀마, 파푸아뉴기니, 필리핀, 싱가포르, 태국, 동티모르, 베트남 (12개국)	-
북아시아	2003	한국, 북한, 중국, 홍콩, 마카오, 몽고(6개국)	일본 불참

8) ICAO 예산

시카고협약 제61조는 회원국의 분담금 납부 의무를 규정하고 있으며 구체적인 재정과 예산운영에 관한 사항은 매 3년마다 채택되는 총회결의와 재정규칙(Financial Regulations)에 규정되어 있다.

회원국의 정규분담율은 국민총소득(GNI)과 정기항공운송실적을 합산하여 매 3년마다 ICAO 총회에서 산정된다.

- GNI 75% + 정기항공운송실적 25%(정기항공운송실적은 국제항공운송실적 18.75% + 국내항공운송실적 6.25%로 구성)
- 전체 예산은 캐나다 달러로 산정되며 매년 캐나다 달러와 미국 달러를 조합하여 부과

▼ 2014~2025 ICAO 예산

연도	ICAO 전체 예산($ CAD)
2014	92,752,000
2015	94,737,000
2016	99,049,000
2017	99,764,000
2018	101,072,000
2019	99,049,000
2020	103,312,000
2021	106,946,000
2022	112,457,000
2023	117,032,000
2024	117,704,000
2025	122,824,000

※ 2020~2022 정규분담금 상위 12개국(우리나라 : 11위 분담국)
- 미국(20.50%), 중국(11.39%), 일본(6.64%), 독일(5.08%), 영국(4.19%), 프랑스(3.66%), 캐나다(2.51%), 이탈리아(2.44%), 브라질(2.27%), 러시아(2.23%), 한국(2.21%), 아랍에미리트(2.17%)

※ 2023~2025 정규분담금 상위 12개국(우리나라 : 7위 분담국)
- 미국(21.70%), 중국(13.71%), 일본(6.26%), 독일(4.78%), 영국(3.73%), 프랑스(3.43%), 한국(3.16%), 이탈리아(2.28%), 캐나다(2.17%), 아랍에미리트(1.98%), 러시아(1.89%), 스페인(1.67%)

나. IATA(International Air Transport Association, 국제항공운송협회)

1) 개요

IATA는 1945년 4월 세계 각국의 민간항공사 단체가 모여 쿠바 Havana에서 처음 설립되었고, 본부는 몬트리올에 소재하고 지역별 5개의 지역사무소(중동지역(암만), 아시아 · 태평양지역(베이징, 싱가포르), 유럽지역(마드리드), 북미지역(마이애미))가 있다. 유럽과 북미지역 31개 국가 57개 회원사로 시작하였으나 2019년 5월 기준 120개 국가의 287개 회원사로 확대되어 명실공히 항공사 간 항공운송에 관한 국제기구로 자리매김하고 있다.

안전하고 규칙적이며 경제적인 항공운송을 지향하고, ICAO 등 국제기구 및 항공사 간의 협력과 전 세계 항공이용객의 편의를 도모하기 위한 취지로 설립된 국제기구로 항공권 예약 및 발권 시스템 등에 대한 근간을 마련하는 등 항공사 영업을 지원하고 항공운임 등에 대한 기준을 마련해왔다. 현재는 항공자유화 추세에 맞춰 항공운임 결정에 대한 영향력은 다소 감소되었으나, 항공업계에 갖는 영향력은 여전히 막강하다.

2) 조직

IATA의 주요 조직은 연차총회, 집행위원회, 상설위원회 등으로 구성되며 다음과 같은 기능을 수행한다.

① **연차총회(Annual General Meeting)** : 연 1회의 회의를 개최하여 정책결정, 집행위원회 위원선출, 각 위원회 보고서 수리 및 검토, 예산 및 결산 심사 승인 등의 업무를 수행한다.

② **집행위원회(Board of Governors)** : 회원항공사 CEO급 인사로 구성된 최고의 의결기관으로 IATA의 각종 정책을 결정, 검토 및 승인하고, IATA의 사무총장 및 고위임원을 임명한다. 연 2회의 회의를 개최하여 연중 정책방향을 제시하며, 위원구성은 최대 31명 이하로 지역별 안배에 따라 구성되고 2022년 11월 기준 31개 항공사의 CEO 및 IATA 사무총장으로 구성되어 있으며 임기는 3년이다.

▼ 집행위원회 현황(2022년 11월 기준)

지역	정원	항공사
아시아 · 태평양	9	대한항공, 싱가포르항공, 캐세이퍼시픽, 일본항공, 말레이시아항공, 전일본공수항공, 중국남방항공, 하이난 항공, 인디고 항공
유럽	8	루프트한자, KLM, 포르투갈항공, 튀르키예항공, 에어프랑스, 페가수스항공, 핀에어, 이베리아항공
북미	5	에어캐나다, 유나이티드항공, 아틀라스 항공, 제트블루, 아메리카항공
중남미	3	라탐항공그룹, 볼라리스항공, 코파항공
중동/아프리카	6	사우디항공, 중동항공, 카타르항공, 로열에어모로코, 르완다항공, 에티오피아항공

③ 자문위원회(Advisory Councils) : 개별회원 항공사에 의하여 지명되는 각 분야 전문가로 구성되며, 2022년 11월 기준, 9개의 자문위원회를 두고 있다. 각 자문위원회는 회원항공사 전문가들로 최대 20명으로 구성되며 자문회의는 연 2회 이상 개최된다. 각 위원회에서는 다음과 같은 업무에 대하여 집행위원회에 대한 자문 역할을 수행한다.

- 화물자문위원회(Cargo Advisory Council) : 화물보안 및 안전, 화물기술 및 자동화 등 화물운송관련 사항 조언
- 디지털변환자문위원회(Digital Transformaion Advisory Council) : 항공운송업계 전략 수립 및 디지털 혁신 이니셔티브 조언
- 유통자문위원회(Distribution Advisory Council) : 마케팅 및 고객관리, 유통전략 등에 대한 조언
- 산업문제자문위원회(Industry Affairs Advisory Council) : 항공산업 동향 예측, 승객 권리규정, 세제 등에 대한 조언
- 산업금융자문위원회(Industry Financial Advisory Council) : 항공산업 재무전략, 리스크관리, 결제시스템 등에 대한 조언
- 법률자문위원회(Legal Advisory Council) : 법률 지원, 항공운송사업 표준마련 등에 대한 조언
- 운영자문위원회(Operations Advisory Council) : 운송, 지상조업, 수하물에 대한 안전 및 효율 증대에 대한 조언
- 안전보장자문위원회(Security Advisory Council) : ICAO, 국가, 산업이해관계자간 양자 또는 다자간 협력 등에 대한 조언

- 지속가능한 환경자문위원회(Sustainability and Environment Advisory Council)
  : 환경정책 및 기준, 탈탄소화 전략 등에 대한 조언

3) 운송회의(Traffic Conferences)

IATA 운송회의는 여객운송 및 항공화물운송에 대한 표준을 개발하고 유지한다. IATA 코드 및 스케쥴과 같은 일반적인 표준뿐 아니라 유통, 공항, 정산 및 항공사와 IATA인가 대리점(여객·화물) 간 표준(대리점 보수 규정은 제외)등을 포함하여, 채택된 표준은 모든 IATA 회원 항공사 간 합의를 통해 결정된 것으로 구속력을 가진다.

운송회의는 일반적으로 연 1회 개최되며 국제선 정규 상업 운송서비스를 제공하는 회원 항공사가 투표권을 가진다. IATA의 운송회의는 다음과 같다.

① **여객표준회의(IATA Passenger Service Conference)** : 여객서비스회의와 여객운임회의가 통합된 회의로 여기서는 여객과 관련된 모든 규정 및 표준을 결정한다. 5개의 운영위원회(Management Boards)를 두고 있으며 각 운영위원회는 18개 항공사로 구성되어 있다. 각 위원회는 서비스분야별로 하위그룹이나 워킹그룹을 두고 있다. 운임의 경우 IATA 다자간 인터라인요금, 요율 및 관련 조건에 대한 논의만 대상으로 하며 개별항공사의 가격 전략, 공급량, 마케팅, 시장분할 등 경쟁사항에 해당하는 주제에 대한 논의는 허용되지 않는다

② **여객대리점회의(IATA Passenger Agency Conference)** : 수수료 수준을 제외하고 항공사와 여객 판매 대리점 및 중개인과의 관계에 대한 조치를 결정하는 회의

③ **화물서비스회의(IATA Cargo Services Conference)** : 절차, 시스템 표준을 통한 항공화물의 서비스 촉진 등에 대한 조치를 결정하는 회의

④ **화물대리점회의(IATA Cargo Agency Conference)** : 항공사와 국제항공화물의 판매 및 처리에 종사하는 중개인과의 관계에 대한 조치를 결정하는 회의

⑤ **화물운임회의(Cargo Tariff Conference)** : IATA 다자간 인터라인요금, 요율 및 관련 조건에 대하여 논의하는 회의

4) 제공 서비스

IATA는 항공운송과 관련된 다양한 프로그램 및 서비스를 제공한다. 다음은 그중 일부 주요 서비스 및 프로그램에 대한 안내이다.

① **여객 대리점 프로그램 (Travel Agency Program)** : 항공사 및 여객대리점 간 표준화된 청구 및 정산절차를 제공하는 프로그램으로, 대표적으로 BSP(Billing and Settlement Plan) 서비스가 있다. 이를 통하여 전 세계 70,000여 여객 대리점과 400여 개 이상의 항공사들이 표준화된 절차에 따라 항공권을 판매 및 정산하고 있으며 2021년 기준 동 서비스를 통하여 항공사와 여객대리점 간 정산된 금액은 207개국에서 연간 320조 원 이상 달한다.

② **화물대리점정산제도 (Cargo Agency Program)** : 항공사 및 화물대리점 간 표준화된 정산절차를 제공하는 프로그램으로, 대표적으로 CASS(Cargo Account Settlement System) 서비스가 있다.

③ **데이터 및 통계서비스 (Data & Statictics)** : 실제 거래된 항공권 및 화물운송장을 기반으로 미래 예측 데이터를 포함한 글로벌 여객 및 항공화물 흐름을 파악할 수 있는 데이터 및 통계서비스를 제공한다. 또한 효율적이고 지속가능한 항공운송산업을 지원하기 위한 안전 및 운항데이터 솔루션을 제공한다.

④ **표준화 및 규정준수 솔루션 (Compliance Solutions)** : 항공 업계 전반에 걸쳐 글로벌 일관성과 조화를 보장하는 데 핵심적인 역할을 할 수 있는 각종 표준, 규칙 및 규정을 설립하고 제공한다.

⑤ **재무관련 서비스 (Financial Services)** : 항공사, 공항, 관제, 여행사, 화물대리점 등 항공업계 구성원 간 다양한 거래에 대한 표준화된 청구 및 정산 서비스를 제공한다.

⑥ **컨설팅 서비스 (IATA Consulting)** : 항공업계 전반에 걸친 다양한 분야에 대하여 컨설팅 서비스를 제공한다.

⑦ **항공사 및 공항코드 (IATA Airline and Location Codes)** : 항공운송에 필수적인 항공사, 출발지, 목적지에 대한 코드를 부여한다. 2자리 항공사 코드(예: 대한항공 KE, 아시아나항공 OZ), 숫자로 구성된 3자리 코드(예: 대한항공 180, 아시아나항공 988) 및 수하물태그발행코드(BTIC), 공항 및 도시에 부여되는 3자리 코드(예: 인천공항 ICN, 김포공항 GMP) 등이 있다.

⑧ **다자간 항공사 간 운송협정(MITA, Multilateral Interline Traffic Agreements)** : 통상 타 항공사의 항공권 및 항공화물 증서 인정을 위한 운송협정 체결 서비스이다.

⑨ **IATA 교육 (IATA Training)** : 항공업계 종사자들을 위한 350여 개 이상의 교육과정 및 40여 개 이상의 디플로마(diploma) 과정을 제공한다.

⑩ **이벤트 (Events)** : 항공업의 여러 분야를 아우르는 다양한 컨퍼런스, 심포지엄,

회의 등과 같은 이벤트를 개최한다. 이러한 행사들을 통하여 업계의 최신 동향을 참여자 간 공유하고, 현안을 논의하며, 네트워킹을 확장하는 기회를 제공한다.

다. 국제공항협회(ACI : Airports Council International)

1) 개요

국제공항협회는 1991년 1월 1일 공항의 안전, 효율성, 재성적 자립 및 환경정책에 기여하고, 공항상호 간의 협력, 상호지원, 정보교환 및 습득의 기회 확대와 협조체제를 유지하고자 구성되었으며 2023년 3월 기준 171개국 712개 공항운영주체(1,925개 공항)로 구성되어 있다.

▲ ACI 아태지역 이사회

▲ ACI 아태지역 총회

▲ 인천공항 ACI 고객경험 인증 5단계 수상

2) 구성

▼ ACI 세계본부 및 5개 지역 사무소

구분	사무소 위치	직원수 (2023년 3월 기준)
ACI World	캐나다, 몬트리올	82명
ACI Latin America-Caribbean	파나마, 파나마시티	-
ACI North America	미국, 워싱턴	-
ACI Europe	벨기에, 브뤼셀	-
ACI Africa	모로코, 카사블랑카	-
ACI Asia Pacific	중국, 홍콩	14명

3) 임무

세계 공항 이익 대변 및 공항운영 안전성과 효율성 증진

4) 목적 및 역할

- 안전하고 효율적인 항공운송 체계 발전과 공헌
- 항공산업, 이해관계자, 정부, 국제기구 간 협력 증대
- 공항의 사회적, 경제적 중요성 인식 확대
- 공항 간 상호 협력 극대화
- 공항운영 관련 지식, 관련정보, 동향 등 회원공항 제공

5) ACI World 조직

- Director General(사무총장), Deputy Director General(부사무총장), Director (국장), Head(팀장), Senior Manager(차장), Manager(과장), Assistant Manager (대리), Administer(사원)으로 구성
- 상설위원회(Standing Committee) : 6개 분야 상설위원회 개최

구분	위원수	의장공항
Safety & Technical Standing Committee	45	히드로공항
Airport IT Standing Committee	34	뮌헨공항
Economics Standing Committee	26	포틀랜드공항
Environment Standing Committee	29	오클랜드공항
Facilitation & Service Standing Committee	34	빈치공항
Aviation Security Standing Committee	29	창이공항

라. 아시아 · 태평양항공사협회(AAPA : Association of Asia Pacific Airlines)

아시아·태평양지역 항공산업의 발전을 촉진하고 항공여행 고객을 위한 민간항공의 새로운 영역의 개발과 안전 및 편익을 도모, 회원 간의 유대강화 추진을 위해 1966년 9월 30일 설립하였다. 회원으로는 아시아·태평양지역 17개 항공사(우리나라 대한항공·아시아나항공 가입)가 있으며 총회, 이사회, 보안위원회 등 4개 위원회로 구성되어 말레이시아 쿠알라룸프에 위치하고 있다.

마. 유럽지역 항공사협회(ERA : European Regions Airlines Association)

유럽지역의 항공사 및 유관기관들의 연합기구로 정책과 법률관련 자문단체의 역할을 수행하며, 회원사 간 정보교류, 기업제휴 발전 확대 등을 추구하기 위해 1981년 설립하였다. 12개 유럽국 내의 지역항공사로 구성된 정회원과 기타 다른 국가의 준회원 또는 특별회원으로 60개의 항공사와 40개의 공항, 100개의 항공관련 업체가 있으며 영국 Chobham에 위치하고 있다.

바. 국제항공연맹(FAI : Federation Aeronautique Internationale)

비정부 및 비영리 국제기구로서 범세계적으로 항공 및 우주항공관련 활동을 넓히고 촉진시키며, 국제민간항공분야의 발전을 도모하기 위하여 1905년 10월 14일 설립하였다. 회원은 88개 국가로 우리나라 대한민국항공회는 1957년 9월 15일 가입하였다. 회장, 부회장, 사무국 등으로 구성되어 있으며 스위스에 본부를 두고 있다.

사. 미국항공운송협회(ATA : Air Transport Association of America)

미국 항공운송산업의 진흥과 안전성 제고 및 회원 항공사의 권익을 보호하며, 항공사의 경영개선 지원, 원가절감 등을 통하여 회원항공사를 육성하고 항공산업 전반에 관한 미 의회, 주 의회, 교통부, 연방 항공청과 언론 및 대중들의 이해증진을 도모하고 있으며 1936년 설립되었다. 회원사는 21개사(정회원 18, 준회원 3)로 미국 워싱턴에 사무실을 두고 있다.

아. 유럽항공안전기구(EUROCONTROL)

참가국의 각 지역에서 항공기의 안전운항에 대한 협력을 목적으로 하며, 회원국의 일정한 고도 이상의 영공에 대한 항공관제를 공동 실시하고 있으며 1963년 설립되었다. 회원국으로는 개별국가 38개국, EU 회원국, ECAC 회원국 및 NATO 회원국 등이 있으며 벨기에 브뤼셀에 본부를 두고 있다.

02 국제기구별 주요정책

가. 국제민간항공기구(ICAO)의 주요정책

1) 비전

국제민간항공체제의 지속가능한 성장을 달성한다.

2) 미션

국제민간항공을 위한 국가 간 세계포럼으로 기여한다. ICAO는 정책과 표준을 발전시키며 이행 감독 기능을 수행하고 연구 분석을 수행하며 원조를 제공하고 많은 활동과 회원국 및 유관자들과의 협력을 통해 항공역량을 증진시킨다.

3) 5대 전략목표

2030년까지 두 배 이상으로 늘어날 것으로 예상되는 국제민항수요를 충족시키면서 항공안전이나 환경 등에 대한 부정적 영향을 최소화하기 위해 아래 5대 전략목표 설정

- 항공안전(Safety)
- 항행역량 및 효율성(Air Navigation Capacity and Efficiency)
- 보안 및 원활화(Security and Facilitation)
- 항공운송 경제발전(Economic Development of Air Transport)
- 환경보호(Environmental Protection)

4) 분야별 주요활동 및 변화

가) 항공안전

(1) 개 요

- 항공안전 확보는 ICAO의 가장 중요한 사명으로서 시카고협약 제44조 (a) 및 (h) 등에 명시적으로 규정되어 있으며, 시카고협약 제1부(Part I)의 상당 부분은

항공안전 확보 관련 사항들을 규정하고 있다. ICAO의 역사에서 민항안전 확보에 관련된 가장 획기적인 사례는 1983년 9월 1일 소련에 의한 KAL 007기 격추 사건을 계기로 민간항공기에 대한 무력사용을 금지하도록 규정한 시카고협약 제3조의2(Article 3 bis)를 채택한 것이다.

- ICAO가 항공안전을 확보하기 위해 행하는 조치의 가장 대표적인 것은 항공안전 관련 조치의 국제표준(표준 및 권고실행, SARPs)의 제·개정 및 검토이다. 1947년 창설 이래 ICAO는 시카고협약 19개 부속서에 포함된 12,000개 이상의 SARPs를 제·개정하여 항공안전 국제표준의 정립에 크게 기여하였다. ICAO는 그 이외에 항행서비스(PANS) 절차규칙 검토 및 개정, 안전매뉴얼 작성, 비행정보구역(FIR) 획정 등을 통해 안전한 국제민항 질서 수립에 기여하고 있다.

(2) 항행안전프로그램 및 활동

- ICAO는 제33차 총회 결의 A33-16을 통해 글로벌 항공안전계획(Global Aviation Safety Plan, GASP)을 채택하였으며(2001년), 이는 ICAO 차원에서의 항행안전 종합 계획이라고 할 수 있다.
- 항행서비스절차(Procedures for Air Navigation Services, PANS)는 SARPs에 포함될 정도로 일반화된 내용은 아니지만 항행 규율을 위해 필요한 사항을 정한 것으로서 아래와 같은 PANS들이 있다.
  - ICAO Abbreviations and Codes (PANS-ABC)
  - Air Traffic Management (PANS-ATM)
  - Aircraft Operations (PANS-OPS)
  - Meteorology (PANS-MET)
- 세계항공안전평가(Universal Safety Oversight Audit Programme, USOAP)는 ICAO의 SARPs 규정과 각국의 현실적 이행에 상당한 간극이 있다는 문제인식에 따라 1999년에서 2010년까지 실시되었으며, 세계에서 SARPs 이행 수준을 높이는 데 큰 성과를 거두었다.
- ICAO는 2010년 9월 제37차 총회에서 그간 적용되었던 순간포착 방식의 USOAP을 상시 데이터교환 방식 등을 통한 상시 평가 방식(Continuous Monitoring Approach, CMA)으로 전환, 지속 운영하기로 결정하였는데, 관련 현황은 아래와 같다.
  - 2011~2012년 시범적용 후 2013년부터 전체 회원국을 대상으로 전면 실시 중
  - CMA는 회원국 제출 자료, ICAO 내부자료, 외부기관 자료 등 다양한 안전자료를 기초로 회원국의 안전 수준을 상시적으로 관리

(3) 민항기에 대한 무력사용을 금지한 협약 제3조의2

- 1983년 9월 1일 KAL 007기가 소련 전투기에 의해 피격, 탑승자 269명 전원이 사망한 사건은 당시 신냉전을 격화시킨 충격적인 사건인 동시에 무력사용으로부터 국제민항을 보호하기 위한 국제법적 제도 정비 필요성에 대한 국제사회의 관심이 고조된 결정적 계기이기도 하였다.
- 다수의 민간인이 타고 있는 민항기를 격추하는 행위는 인도주의에 대한 기본적인 배려(elementary considerations of humanity)를 침해한 것으로서 협약 규정이 없더라도 국제관습법에 의해 인정되는 규범이었으나 KAL 007기의 격추 사건을 계기로 국제항공규범에 명문화해야 한다는 여론이 크게 일었다.
- ICAO는 1984년 5월 10일 특별총회를 개최하여 민항기에 대한 무력사용 금지 원칙을 확인한 제3조의2를 채택하였다. 제3조의2 신설은 1944년 시카고협약 채택 이후 가장 중요한 개정이며 민항기의 안전 보호라는 국제관습법을 확인했다는 점에서 국제항공법에서 중요한 의미를 갖고 있다.
- 다만, 제3조의2 채택 과정에서 소련, 체코슬로바키아 등 공산권 국가들의 주장을 반영하여 영공국의 주권적 권리를 확인하는 내용이 추가됨으로써 민항안전 강화라는 당초의 취지가 약화된 측면이 있고 미국이 아직 비준하지 않은 점은 한계로 지적되고 있다.

(4) 항공사고 조사 제도

- 시카고협약 제13부속서는 항공사고 발생 시 조사 제도를 규정하고 있는데, 이에 따르면 항공사고 발생 시 발생지국(영토국)이 우선적인 조사권을 갖고 있으며, 항공기 등록국, 피해자 국적국, 항공기 제조국 등이 보완적으로 협력할 수 있다.
- ICAO는 항공사고 발생 시 주도적으로 조사권을 행사할 수는 없으며 조사권 보유국의 요청에 따라 기술적인 협력을 제공할 수 있다.

나) 항공운송

(1) 개요

- ICAO의 항공운송 업무는 경제적 규제와 기획, 항공절차의 원활화, 항공보안, 환경 관련 항공보호 등으로 구성되며, ICAO 사무처에서는 항공운송국 산하 경제규제 부국장, 보안 및 원활화 부국장, 환경부국장이 각각 업무를 분장하고 있다.

• 특히, 2010년 이후 항공기에 의한 온실가스 배출 문제가 ICAO에서의 주요 현안으로 대두, 2022년 제41차 총회에서도 회원국 그룹 간 가장 첨예하게 의견이 대립되는 현안으로 부상하였으며, 또한 COVID-19의 영향으로부터 항공업계의 회복이 중요한 과제가 되고 있다.

(3) 항공보안

• 항공기 또는 탑승객을 외부의 위해행위로부터 보호하기 위한 논의는 국제선 민항기가 보편화되면서 항공기 내 난동 등에 대처하기 위해 항공기장에게 선박에 대한 선장의 권위와 유사한 질서유지권을 부여하는 데서 출발하였다. 그 국제적인 성과가 1963년 도쿄협약(항공기에서의 범죄와 일부 행위에 관한 협약)이다.
• 1960년대 이후 정치적 목적에서 항공기를 대상으로 한 테러행위가 빈발하면서 테러행위 등으로부터 항공기와 승객을 보호하기 위해 항공보안 체제가 발달하였다.
• 2001년 9·11 테러 이후 항공기를 대상으로 한 테러행위뿐 아니라 항공기를 이용한 테러행위와 항공기를 이용한 화생방 테러 등에 대한 경각심이 높아짐에 따라 이를 방지하기 위해 새로운 국제법적 체제가 구축되었다.
• 상기 8개 항공보안 관련 협약 이외에 시카고협약에서는 제17 부속서에서 항공보안 강화를 위한 구체 사항이 규정되어 있으며 항공보안 관련 사안에서 이사회에 자문하기 위해 항공보안패널이 설치, 운영되고 있다. 또한, ICAO 총회에서는 매번 항공보안 관련 결의가 채택되는데 2022년 제41차 총회에서는 포괄적인 항공보안정책 관련 결의인 A41-18이 채택되었고, 최근 중요도가 높아진 사이버보안 문제를 다루기 위한 A41-19가 채택되었다.
• 2001년 9·11 테러 이후 항공보안 분야에서의 활동 강화를 위해 ICAO는 Universal Aviation Security Audit Programme(USAP)을 포함한 Aviation Security Plan of Action을 채택하였으며(2002), 이에 따라 2차례의 전면적인 보안 점검이 실시되었다(2002~2007, 2008~2013).
• USAP는 2014년부터 회원국 간 자료교환·위험기반 접근·심각한 위해 요인(serious security concerns) 식별 등을 주 내용으로 하는 상시모니터링접근법(continuous monitoring approach, CMA)으로 전환되었다.
• 2016년 9월 23일, 유엔 안보이사회는 아래와 같은 내용으로 테러행위로부터 항공보안을 강화하기 위한 내용을 주제로 하는 안보리 결의 2309호를 채택하였다. 안보리 결의의 주요 내용은 아래와 같다.
  – ICAO에게 항공보안 관련 국제표준의 이행을 확보할 것을 촉구

– 모든 국가들에 항공보안 관련 국제표준과 권고실행의 강화 및 효과적인 적용을 위한 노력 촉구
– 모든 국가들에 반테러리즘 항공보안 강화를 위해 관련 규범 이행에 필요한 지원과 협력 제공 촉구

(4) 환경보호

[환경보호 일반]

• 시카고협약 제16 부속서가 항공환경문제를 규율하고 있는데, 제16 부속서는 제1권(소음), 제2권(항공기 매연), 제3권(항공기 탄소배출), 제4권(CORSIA)으로 구성되어 있다.
• ICAO에서의 환경 관련 주 관심사항은 전통적으로 항공기 소음 문제였고 점차 항공기 배출가스로 인한 공기 오염 문제에 대한 관심도 높아졌다. 그러나, 유엔기후변화협약(UNFCCC) 및 파리협약의 채택과 함께 기후변화 문제가 국제사회의 최대 화두로 부각되면서 ICAO에서의 환경문제도 항공기 배출 온실가스 규제 문제가 가장 중요한 현안으로 대두되었다.
• 이러한 국제사회의 관심을 반영하여, ICAO 총회에서 채택되는 환경 관련 결의는 ① 환경 관련 일반규정, 소음, 매연을 망라한 결의 ② 기후변화 대응 일반정책 결의 ③ CORSIA 관련으로 구성되고 2022년 10월 제41차 총회에서도 아래와 같이 3건의 결의가 채택되었다.
  – A41 - 20 Consolidated statement of continuing ICAO policies and practices related to environmental protection - General provisions, noise and local air quality
    환경 관련 ICAO 정책 및 실무에 대한 통합 성명 - 일반 조항, 소음 및 지역 대기실
  – A41 - 21 Consolidated statement of continuing ICAO policies and practices related to environmental protection - Climate change
    환경 관련 ICAO 정책 및 실무에 대한 통합 성명 - 기후 변화
  – A41 - 22 Consolidated statement of continuing ICAO policies and practices related to environmental protection - Carbon Offsetting and Reduction Scheme for International Civil Aviation (CORSIA)
    환경 관련 ICAO 정책 및 실무에 대한 통합 성명 - 국제항공 탄소상쇄감축제도(CORSIA)

[기후변화 대응 문제]

- 최근 ICAO에서의 항공환경 현안은 거의 전적으로 기후변화 대응 문제를 중심으로 논의되고 있으며, 소음이나 매연 문제에 대해서는 관심도가 낮은 상황이다. 항공기 배출 온실가스로 인한 기후변화 대응은 항공기 엔진, 항공기 연료, 항로 구성, 항공기 운항기법 등과 관련되므로 항공산업에 막대한 영향을 미친다. 따라서, 기후변화 대응 문제는 현재 ICAO에서 가장 첨예하게 다루어지는 현안이다.
- 국제민항은 전 세계 온실가스 배출의 1.3%를 차지하는 주요 배출원이지만 1992년 유엔기후변화협약(UNFCCC)과 2015년 파리기후변화협정의 적용을 받지 않으며 ICAO가 관할한다. ICAO는 2010년 제37차 총회에서 항공온실가스 배출 규제 관련 원칙 결의를 채택하였고 2013~2022년에 이르기까지 매 총회에서 기후변화 대응과 관련되는 결의를 채택하였다. 특히, 2022년 총회에서는 항공분야에서의 탄소배출을 2050년까지 순배출 제로(Net zero)를 달성한다는 원칙이 확인되었다.

  ※ 국내 항공에서 배출되는 온실가스는 UNFCCC 및 파리협정 체제에 의하여 규율된다.
- ICAO 차원에서의 항공온실가스 배출 문제 대응책은 크게 ① 항공기 엔진 설계, 친환경항공유(지속가능항공유) 사용, 연료사용 감축 항로 설계 등을 통해 온실가스 배출 자체를 줄이는 기술적 감축과 ② 국제민항에서의 온실가스 배출을 국제민항 외부에서 형성된 탄소시장에서 상쇄시키는 시장기반 조치(market-based measures)로 구성된다. 기술적 조치를 통해 항공온실가스 배출 자체를 감소시키는 것이 최선의 방법이겠지만, 기술적 조치를 통한 온실가스 배출 감소에는 한계가 있다는 판단하에 시장기반 조치를 통해 보완하는 방식이 적용되고 있다.
- 기술적 조치에 의한 탄소배출 노력의 핵심은 지속가능항공유(SAF, Sustainable Aviation Fuel)인데 SAF로 인정받을 수 있는 기준 등에 대해서는 현재 논의 중에 있으며 각국의 의견이 다양하게 제기되고 있다.
- 시장기반 조치는 일정한 기준에 따른 배출량의 최대 허용 한계치를 정해놓고 그 한계치를 초과하는 배출량에 대해서는 국제민항 외부에 형성된 탄소시장에서 탄소배출 상쇄 단위를 구매함으로써 초과 배출량을 상쇄하는 것을 주요 내용으로 한다. 관련하여 ICAO 총회에서 논의된 연혁은 아래와 같다.

  – 제37차 총회(2010)에서 시장기반 조치 원칙 채택

  – 제39차 총회(2016)에서 시장기반 조치를 구체화시킨 CORSIA(Carbon Offsetting

and Reduction Scheme in International Aviation) 채택
- 제40차 총회(2019)에서 구체적인 CORSIA 운영 메커니즘 확정
- 제41차 총회(2022)에서는 COVID-19로 인해 2020년 국제민항의 운항이 급감한 상황을 반영하여 CORSIA 운영 메커니즘 수정

• 국제민항에서의 탄소배출 규제를 위한 시장기반 조치인 CORSIA는 아래와 같은 원리에 의하여 운영된다.
- 2019년 국제민항의 배출량을 기준 배출량으로 설정
  ※ 제40차 총회 결의상 2019년 배출량과 2020년 배출량의 평균을 적용하도록 되어 있으나, COVID-19로 인해 2020년 항공교통량이 급감한 예외적 상황을 고려하여 2020년 배출량은 2019년 배출량과 동일하게 간주하여 적용한다(2020년 배출량은 적용 배제).
- 2021년부터 각 항공사는 등록국 정부를 통해 ICAO에 배출량을 보고
- ICAO는 각 항공사가 보고한 배출량, 전년도 배출량, 전체 항공산업의 배출 증가율, 개별 항공사의 배출 증가율 등을 조합하여 각 항공사의 배출량을 산정한 후 기준 배출량(2019년 배출량)과 비교하여 초과분을 산정
- 각 항공사는 ICAO로부터 통보받은 초과분을 ICAO가 인정한 탄소감축프로그램에서 배출권을 구매하여 상쇄
- 상기 ICAO 보고 및 배출권 구매를 통한 상쇄 과정은 ICAO에서 승인된 검증기관이 검증

• 2019년 CORSIA 채택 이후 ICAO에서의 기후변화 대응 논의는 CORSIA 등 단기 탄소감축상쇄 체제를 중심으로 이루어졌으나 점차 장기적으로(2050년까지) 항공분야 탄소중립을 달성하기 위한 LTAG(Long-Term Aspiration Goal for International Aviation CO_2 emissions reduction)으로 발전하는 양상을 보였으며, 이를 반영하여 2022년 7월 LTAG 고위급회의가 개최되었고 2022년 10월 제41차 총회에서는 2050년까지 항공분야 탄소중립을 달성하기 위해 각국이 노력할 것을 주요 내용으로 하는 결의(A41-21)를 채택하였다.

[항공환경 관련 논의 및 이행 체계]

• ICAO 이사회 내에서 항공환경 관련 사항을 사실상 총괄적으로 논의하는 기관은 이사회 내 기후환경위원회(CEC, Committee and Environment Committee)이다. CEC는 독립된 기관이 아니라 ICAO 이사회 내 11개 위원회 중의 하나로서 2021년 9월, CORSIA 관련 논의기관이던 AGC(Advisory Group on CORSIA)

와 일부 환경 관련 자문그룹을 통합하여 구성되었다.

- 이사회 대표들로 구성된 CEC와 별개로 항공환경 분야 전문가로 구성된 CAEP (Committee on Aviation Environmental Protection)가 이사회의 자문기관으로 활동하고 있다.
- 사무처에서는 항공운송국 내에 환경부서가 설치되어 있으며 항공운송국 3인의 부국장 중 1인이 환경담당 부국장이다.

(5) COVID-19 대응 및 국제민항 회복 관련 ICAO 활동

- ICAO에서 공중보건위기에 대응하기 위한 법적, 제도적 체제는 아래와 같이 전염병 확산 등 국제민항을 통한 보건위기 사안에 대응하기 위한 시카고협약 본문, 부속서 등의 규범체계와 국제협력 네트워크인 CAPSCA로 구성된다.
  - 협약 본문 제13조(Entry and clearance regulations), 제14조(Prevention of spread of disease), 제22조(Facilitation of formalities)
  - 부속서 중 제6 부속서, 제9 부속서, 제11 부속서, 제14 부속서, 제15 부속서에서 국제민항 관련 검역, 출입국 관리 절차 상에서의 검역 관련 사항 등을 규정
  - CAPSCA는 2006년 창설되었으며 ICAO 주도로 147개 국가와 5개 영토(Territories)를 회원(Members)으로, 18개 국제기구와 단체(ICAO, WHO, UNWTO 등)를 파트너로 하여 활동 중
- 2020년 2~3월부터 본격화된 COVID-19의 전 세계 확산으로 인해 관광객 이동이 급감함에 따라 국제민항도 큰 타격을 입었다. 이에 따라 ICAO의 대응은 크게 ① 국제민항을 통한 COVID-19 확산 방지와 COVID-19로부터 국제민항 역량의 보호 ② COVID-19의 영향으로부터 국제민항의 회복을 지원하는 방향으로 진행되었다.
- COVID-19 상황이 장기화되면서 ICAO의 관심은 국제민항의 회복을 지원하는 방향으로 옮겨졌으며, 가장 대표적인 활동으로 ICAO 이사회 산하에 이사회 항공 회복 TF(CART, Council Aviation Recovery TF)를 창설했다. CART는 2020년 4월에 창설되었으며, 3단계의 활동을 통해 2020년 6월, 10대 핵심원칙(key principles)과 11개 권고(recommendations)를 발표하여 국제민항이 COVID-19의 부정적 영향으로부터 회복, 부흥할 수 있도록 지원하는 정책적 지침을 제공하였다. CART의 권고는 그후 계속 수정보완되어 2022년 10월까지 20개(최초 11개 포함)가 발행되었다.
- 제41차 ICAO 총회에서는 COVID-19에 대한 대응과정에서 각 회원국들이 도

입한 백신 증명서 등 공중보건 관련 조치의 조율과 조화, ICAO와 여타 국제기구들의 협조 등을 촉구하는 내용의 결의 A41 - 11이 채택되었다. 또한, 공중보건위기 사태에서 국제민항을 안전하게 유지하기 위해 2010년 이후 계속 채택해오던 총회결의에 COVID - 19 상황을 반영하여 수정한 결의 A41 - 12가 채택되었다.

다) No Country Left Behind Initiative 및 SDGs(지속가능개발목표)

- No Country Left Behind(NCLB) 구상[9]은 2014년 ICAO 이사회의 비공식 전략세션(off - site strategy session)에서 채택된 정책 지침으로 모든 ICAO 회원국이 국제표준 및 권고실행을 충실히 이행할 수 있도록 조화롭고 종합적으로 지원하기 위해 ICAO의 역할을 주문하는 정책 구상이라고 할 수 있다.
- ICAO는 또한 유엔전문기구로서 유엔의 지속가능개발목표(SDGs)를 이행하는데도 적극 참여하고 있는데, SDGs 17개 중 14개가 ICAO의 5대 전략목표와 관련되어 있다. 또한, NCLB의 주요 목적인 지속가능하고 안전한 항공은 SDGs에서 추구하는 경제발전 · 번영과 긴밀히 관련되어 있다.

나. 국제항공운송협회(IATA) 주요정책

1) 비전

세계를 연결하고 풍요롭게 하는 항공운송사업의 안전하고 지속 가능한 미래성장을 위해 협력한다.

2) 미션

첫째, 우리는 항공업계를 대표하여 의사 결정자들에게 항공운송사업에 대한 이해를 향상시키고 항공이 국가 및 세계 경제에 가져오는 이익에 대한 인식을 높인다. 전 세계 항공사의 이익을 옹호하며 불합리한 규제와 요금에 도전하고 합리적인 규제를 위해 노력한다.

둘째, 우리는 항공업계를 선도하기 위하여 비용을 절감하고 효율성을 개선하는

9 NCLB 구상은 특정한 사업이라기보다 ICAO의 전반적인 사업 지침으로 작용하고 있음

동시에 절차를 간소화하고 승객 편의성을 높인다.

셋째, 우리는 항공업계를 지원하기 위하여 명확한 규정안에서 안전하고, 효율적이며, 경제적인 운항을 할 수 있도록 돕는다. 전문적이며 다양한 방식으로 모든 산업 이해관계자를 지원한다.

3) 2022~2024 전략목표

- 항공산업을 이해하는 데 기준점이 될 수 있는 신뢰할 수 있는 고품질의 항공데이터를 제공한다.
- 관련성 있고 신뢰도 높은 경제 및 정책분석을 기반으로 정부의 신뢰할 수 있는 파트너가 되어 항공산업의 경제적 및 사회적 이익을 극대화하는 전략에 미래 정책 역량을 집중한다.
- 정산 및 유통 시스템을 개선하고 IATA의 금융서비스를 강화시키며, 고객 중심의 항공사 리테일링 구축을 위한 업계의 기반을 구축한다.
- 항공업계의 안전 및 운항데이터에 기준이 되고, 항공 안전 및 보안 문제에 대한 개선을 위하여 회원항공사 및 정부를 지원한다.
- 디지털 신원자격 증명환경을 조성하고, 항공사의 운영환경, 비용, 공급량, 및 지속가능성에 부합하는 항공 인프라가 구축될 수 있도록 노력한다.
- 모든 항공사가 지속가능한 항공연료(SAF)로 전환할 수 있는 중요 시장 및 정책 기반을 마련하고, ESG보고로 인정받을 수 있는 글로벌표준을 개발한다.

4) 2022년 분야별 주요활동 및 변화

- 환경 및 지속가능성 : 2050년 탄소배출 제로를 달성하는 데 도움이 되도록 회원항공사의 지속가능한 항공연료(SAF)로의 전환을 지원하고, 항공업계의 기후정책에 대한 ICAO 총회에서 정부의 지원을 이끌어낸다.
- 안전 : 지상조업표준 (ISAGO, IGOM)을 통해 지상조업의 안전을 증진하고, 리튬배터리 운송과 관련된 위험을 줄이기 위한 노력을 하며, 위험에 기반한 IOSA(Risk - Based IOSA)프로그램을 구현한다.
- 다양성(Diversity) : 25by2025 캠페인을 통하여 항공업계에서 여성의 진출분야를 확대하기 위한 노력을 다한다.

다. 국제공항협회(ACI) 주요정책

• 고객 경험(CX : Customer Experience)

공항 주요 서비스를 만족도로 평가하던 기존 ASQ(Airport Service Quality)[10]를 넘어서 고객경험을 위한 새로운 지표 및 평가체계 마련 필요성이 대두되었다.

이를 위해 국제공항협회(이하 ACI)는 현재가 아닌 앞으로 나아갈 공항의 잠재 가능성을 평가할 지속 가능형 평가체계를 고객경험인증제(Airport Customer Experience Accreditation)라는 이름으로 2019년부터 도입하였다.

공항 주요 서비스 만족도로 평가하던 기존 ASQ의 한계에서 벗어나 좀 더 지속가능한 서비스를 제공할 수 있도록 다양한 관점에서 공항을 평가하는 종합평가제도로 전환하였으며, 이를 통해 전 세계 공항들이 더 높은 고객경험 가치를 추구하는 시대로 돌입하도록 유도하고 있다.

고객경험인증제

(평가개요) 고객경험관리의 8개 핵심분야(고객이해, 전략, 거버넌스, 운영개선, 문화, 혁신, 이해관계자와 협업 등) 영역에 대한 서류심사 및 현장평가 (평가 결과에 따라 1단계~5단계 등급제 운영
(참여공항) 총 61개 (아태 18개, 미주 21개, 유럽 11개 등)

* 2022년 말 기준 5단계 (인천공항), 4단계 (에콰도르 키토공항), 3단계 (홍콩, 밀라노공항 등)

• 기후변화에 대응한 지속가능성 추구

ACI는 국제항공분야에서 기후변화 대응에 대한 리더십을 발휘하고 항공산업이 환경영향에 능동적으로 대처할 수 있도록 선도적 역할을 수행하고 온실가스 감축에 공조하고 있다.

세계경제포럼(WEF)의 Clean Skies for Tomorrow 2030 Ambition 성명발표(2021.9)를 통해 '세계 항공업계에서 사용되는 연료 중 지속가능한 연료(SAF : Sustainable Aviation Fuel)'의 비율을 2030년까지 10% 증가시키기로 약속하였다.

또한, 글로벌 수준에서 탄소중립을 달성하기 위해 ACI 회원공항과 협력하여 공항의 장기적인 탄소목표, 즉 2050년까지 탄소배출량 순제로(net zero)를 설정하고 관련 노력을 지속하고 있다.

10 ACI가 2004년부터 현재까지 전 세계 회원공항을 대상으로 매년 시행하고 있는 고객 만족도 조사

03 항공 국제법령 종류 및 주요내용

가. 국제항공공법

1) 국제민간항공협약(Convention on International Civil Aviation : 약칭 시카고협약)

본 협약은 제2차 세계대전 이후 국제항공의 안정과 발전을 도모하고 국제민간항공의 법적 질서를 확립하기 위한 국제항공공법의 토대를 마련하고자 1944년 12월 7일 시카고회의에서 채택되어 1947년 4월 4일에 발효되었다.

1944년 시카고회의에서 하늘의 자유를 전면적으로 인정하자는 자유주의적 견해와 이에 반대하는 보호주의적 견해가 대립하면서 당초 예정하였던 하나의 총괄적인 협약이 성립되지 못하였고, 국제민간항공협약과 국제민간항공협약에 관한 잠정협정(Interim Agreement on International Civil Aviation), 국제항공업무통과협정(International Air Services Transit Agreement), 국제항공운송협정(International Air Transport Agreement)이 성립되었다[11].

본 협약은 제4부 22장 96조 및 18개 부속서로 구성되어 있다. 제1부에서는 체약국의 영공에 대한 배타적 주권 인정을 비롯하여 항공기의 국적과 등록·세관출입국 수속·사고조사 등을 규정하고 있으며 제2부에서는 국제민간항공기구(ICAO)의 설립과 조직 및 임무에 대하여, 제3부에서는 국제항공운송을 원활하게 하기 위한 조치에 대하여, 제4부에서는 본 조약이 1919년 파리조약(Paris Convention Relating to the Regulation of Aerial Navigation, 1919)과 1928년 아바나조약(Habana Convention on Commercial Aviation, 1928)을 보완·대체하는 것임을 규정하고 있다.

2022년 11월 기준, 193개 국가가 가입되어 있으며 우리나라는 1952년 12월 11일 가입하였다.

---

11 국제항공업무통과협정(International Air Services Transit Agreement, IASTA) – 1944년 12월 7일 체약국 간 영공 통과의 자유(제1의 자유), 운수 이외의 목적을 위한 다른 체약국 영역에 착륙할 수 있는 특권(기술착륙의 자유, 제2의 자유)를 인정하도록 규정.
국제항공운송협정(International Air Transport Agreement, IATA) – 1944년 12월 7일 체약국 간 5개(IASTA의 2개 자유 포함) 자유를 인정하도록 규정.

▲ 국제민간항공협약 서명 모습(1944년 12월 7일)

2) 항공기 내에서 행하여진 범죄 및 기타 행위에 관한 협약(Convention on Offences and Certain other Acts Committed on Board Aircraft : 약칭 동경협약)

본 협약은 1900년대 중반 국제적인 항공 관련 범죄가 발생하면서 항공기 내 범죄에 대한 규제와 형사관할권의 귀속 국가에 대한 입법화 필요성이 제기됨에 따라 1963년 9월 14일 동경에서 채택되어 1969년 12월 4일 발효되었다.

1919년 파리조약이나 1944년 국제민간항공협약에서 영공에 관한 주권원칙은 인정하였으나, 실제로 항공기등록국 이외의 영공국가나 항공기 이·착륙 국가 등 타 국가가 관할권을 행사하고자 할 경우 사실관계 확정에 있어서 복잡한 문제가 발생하였다. 이에 따라 ICAO 법률위원회는 기장의 법적 지위 문제와 함께 이 문제를 의제로 삼았고, 이후 1956년 카라카스에서 개최된 ICAO 총회에서 협약화하는 결의가 이루어져 61개국의 참여하에 본 협약이 성립되었다.

제7장 26개 조문으로 구성된 본 협약은 항공기 내 범죄의 정의와 항공기 내 범죄에 대한 재판관할권, 기장의 권한, 항공기의 불법점유, 체약국의 권리와 의무, 범죄인의 인도 등에 대해 규정하고 있다. 체약국에 등록된 항공기가 운항 중이거나 공해 수면상 또는 어느 국가의 영토에도 속하지 않는 지역의 표면에 있을 때에 동 항공기에 탑승한 자가 범한 형법상의 범죄 또는 범죄 구성 여부를 불문하고 항공기와 기내의 인명 및 재산의 안전을 위태롭게 할 수 있거나 위태롭게 하는 행위, 기내의 질서 및 규율을 위협하는 행위를 하였을 경우에 적용된다(단, 군용, 세관 또는 경찰용 업무에 사용되는 항공기는 제외).

2022년 11월 기준, 187개 국가가 가입되어 있으며 우리나라는 1971년 5월 20일 가입하였다.

3) 항공기의 불법납치 방지를 위한 협약(Convention for the Suppression of Unlawful Seizure of Aircraft : 약칭 헤이그협약)

본 협약은 1963년 동경협약이 체결된 이후에도 항공기 불법납치가 빈번히 발생하면서 민간항공의 인명 및 재산에 대한 안전과 동 범죄자에 대한 처벌을 규정해야 할 필요성이 인식됨에 따라 1970년 12월 16일 헤이그에서 채택되어 1971년 10월 14일 발효되었다.

본 협약은 1963년 동경협약 제11조 제1항[12]이 항공기의 불법납치에 관하여 적절하게 규정하지 못하였을 뿐 아니라 범죄에 대한 어떠한 제재 규정도 없어서 본래의 목적을 달성하지 못하였기 때문에 이 문제점을 보완하고 항공기 불법납치 방지라는 목적을 달성하기 위해 제정된 독립된 협약이다.

14개 조문으로 구성된 본 협약은 항공기 불법납치에 대한 범죄의 정의와 협약의 적용범위, 재판관할권, 범죄인의 인도 등에 대해 규정하였고, 항공기 불법납치라는 행위의 중대성을 고려하여 범죄자의 주관적인 의도 또는 동기를 불문하고 관할권의 일반원칙을 도입하여 예외 없이 기소 또는 인도하도록 규정하였다는 점에서 의의가 있다.

2022년 11월 기준, 185개 국가가 가입되어 있으며 우리나라는 1978년 1월 18일 가입하였다.

4) 민간항공의 안전에 대한 불법행위 방지에 관한 협약(Convention for the Suppression of Unlawful Acts against the Safety of Civil Aviation : 약칭 1971년 몬트리올협약)

본 협약은 1969년 2월 18일 스위스 취리히 공항에 주기하던 있던 이스라엘 항공의 항공기가 아랍 게릴라에 의해 습격받은 사건을 포함하여 수 건의 항공기 폭파사

12 1963년 동경협약(Convention on Offences and Certain other Acts Committed on Board Aircraft) 제11조 1항 : 기내에 탑승한 자가 폭행 또는 협박에 의하여 비행 중인 항공기를 방해하거나 점유하는 행위 또는 기타 항공기의 조종을 부당하게 행사하는 행위를 불법적으로 범하였거나 또는 이와 같은 행위가 범해지려는 경우에는 체약국은 동 항공기가 합법적인 기장의 통제하에 들어가고, 그가 항공기의 통제를 유지할 수 있도록 모든 적절한 조치를 취하여야 한다.

건이 발생하는 등 1970년 헤이그협약에 의해서 규제되지 않는 새로운 형태의 항공범죄 규제의 필요성이 제기되면서 1971년 9월 23일 몬트리올에서 채택되어 1973년 1월 26일 발효되었다.

16개 조문으로 구성된 본 협약은 범죄의 공통요건으로서 불법하게 그리고 고의적으로 행해지는 기내 범죄에 대하여 규정하고 있으며, 안전에 위해를 가할 가능성 있는 항공기 파괴행위와 폭력행위도 협약의 적용대상으로 하기 때문에 1970년 헤이그협약보다 적용 범위가 넓다.

1988년 2월 24일에는 항공기 운항을 보조하는 항행시설과 운항 중인 항공기뿐 아니라 승객이 이용하는 공항을 대상으로 범죄가 일어날 수 있다는 점에서 운항 중이지 않은 항공기와 공항까지도 협약의 적용대상으로 확대시키는 국제민간항공의 공항에서의 불법적 행위방지에 관한 의정서(Protocol for the Suppression of Unlawful Act of Violence at Airports Serving International Civil Aviation)가 채택되어 1989년 8월 6일 발효되었다.

2022년 11월 기준, 188개 국가가 가입되어 있으며 우리나라는 1973년 9월 1일 가입하였다.

나. 국제항공사법

1) 국제항공운송에 있어서의 일부 규칙의 통일에 관한 협약(Convention for the Unification of Certain Rules Relating to International Carriage by Air : 약칭 바르샤바협약)

본 협약은 국제항공운송인의 민사책임에 관한 통일법을 제정하여 하나의 사건에 대한 각국의 법의 충돌을 방지하고 국제항공운송인의 책임을 일정 한도로 제한하여 국제항공운송산업의 발전을 도모하고자 1929년 10월 12일 바르샤바에서 채택되어 1933년 2월 13일부터 발효되었다.

급격한 국제항공운송산업의 변화에 대응하기 위해 1999년 몬트리올협약이 제정·시행되기 전까지 여러 차례의 개정[13]이 이루어지긴 했지만, 바르샤바협약은 오늘날

13 1999년 몬트리올협약이 제정·시행되기 전까지 1929년 바르샤바 원협약을 바탕으로 1955년 헤이그의정서, 1961년 과달라하라협약, 1971년 과테말라의정서, 1975년 몬트리올 제1, 제2, 제3추가의정서 및 제4의정서, 1966년 몬트리올협정, 1996년 IATA의 기업 간 협정 등 여러 차례의 개정을 거치면서 확립된 국제항공운송업계의 전통적 체제를 총칭하여 바르샤바체제(Warsaw System or Warsaw Regime)라 이른다.

국제항공운송인의 책임에 관한 대헌장으로 일컬어지면서 항공운송인의 책임을 규정한 최초의 협약으로서 큰 의의를 가진다.

제5장 41개 조문으로 구성된 본 협약은 제1장 협약의 적용범위와 정의에 관한 규정, 제2장 운송증권(여객항공권, 수하물표, 항공화물운송장 관련 기재사항, 작성의무) 및 제반 법률관계, 제3장 항공사고로 인한 인적·물적 손해에 대한 항공운송인의 배상책임을 중심으로 운송인의 책임에 관한 제반사항, 제4장 연결운송에 관한 규정, 제5장 일반 및 최종규정으로 구성되어 있다.

바르샤바협약은 유한책임주의와 과실책임주의를 채택하고, 책임한도액에 대한 규정을 두었는데 여객의 사망, 부상, 기타 신체상해의 경우 1인당 최고 125,000프랑, 위탁수하물 및 화물의 파괴, 멸실, 훼손의 경우 1kg당 최고 250프랑, 휴대수하물의 경우에는 최고 5,000프랑을 배상하도록 규정하고 있다. 연착의 경우에도 위의 각 한도 내에서 배상하여야 한다. 다만, 고의로 또는 고의에 상당한 행위(Wilful Misconduct)로 인하여 손해가 발생한 경우에는 운송인은 무한책임을 진다.

우리나라는 본 협약에 가입하지 않았다.

2) 1929년 10월 12일 바르샤바에서 서명된 국제항공운송에 있어서의 일부 규칙의 통일에 관한 협약 개정을 위한 의정서(Protocol to Amend the Convention for the Unification of Certain Rules Relating to International Carriage by Air, Signed at Warsaw on 12 October 1929, Done at the Hague on 28 September 1955 : 약칭 헤이그의정서)

본 의정서는 화폐가치의 하락으로 1929년 성립된 바르샤바협약의 책임한도액이 현실에 맞지 않아 개정이 추진되었고, 새로운 개정협약이 비준되려면 수년의 시간이 걸릴 뿐 아니라 혼란이 야기될 우려가 있다는 지적에 따라 일부조항만 개정이 진행되어 1955년 9월 28일 채택, 1968년 8월 1일 발효되었다.

1929년 바르샤바협약과의 관계에 있어서 헤이그의정서는 원협약의 개정된 조항만을 포함하고 있고, 개정되지 않는 조항은 원협약을 그대로 사용하도록 하기 때문에 양자는 단일 문서로 간주되어 왔다.

주요 개정내용은 여객의 사망, 부상, 기타 신체상해의 경우 1인당 최고 250,000프랑, 위탁수하물 및 화물의 파괴, 멸실, 훼손의 경우 1kg당 최고 250프랑 등의 책임한도액을 상향조정한 것이다. 또한 원협약 제25조의 고의에 상당한 행위의 개념을 구체화하는 등 협약 내용의 명확화를 추진하였고, 이의진술 기간을 연장하여 피해자 보호에 더욱 충실을 기하였다.

우리나라는 1967년 7월 13일 가입하였다.

3) 1955년 9월 28일에 헤이그에서 작성된 의정서에 의하여 개정된 1929년 10월 13일 바르샤바에서 서명한 국제항공운송에 대한 규칙의 통일에 관한 협약의 개정의정서(signed at Guatemala City Protocol to Amend the Convention for the Unification of Certain Rules Relating to International Carriage by Air signed at Warsaw on 12 October 1929 as Amended by the Protocol done at The Hague on 28 September 1955 : 약칭 과테말라의정서)

본 의정서는 1955년 헤이그의정서에 의해 개정된 바르샤바협약의 책임한도액이 현실에 맞지 않는다는 계속된 문제제기로 인해 다시 한 번 개정작업이 추진됨에 따라 1971년 3월 8일 과테말라에서 채택되었으나, 책임한도액을 둘러싸고 선진국과 개발도상국 간 이해관계가 얽히고 주요 선진국이 대부분 비준을 하지 않아 결국 발효되지 못하였다.

종전의 과실책임주의에서 무과실책임주의로 변경하면서 여객의 사상의 경우 1인당 최고 100,000 SDR(Special Drawing Right, 국제통화기금(IMF)의 특별인출권), 수하물의 경우 1,000SDR로 책임한도액을 인상하였고, 차후 5년 · 10년 경과 시마다 검토를 통해 증액(인상액을 결정하지 않는 한 12,500USD씩 증액)한다는 규정을 두었다. 그 외에도 기존에 인정되던 4개의 관할권에 여객의 주소지에도 재판관할권을 인정하면서 1999년 몬트리올협약의 제5관할권의 토대를 마련하기도 하였다.

본 의정서는 결국 발효되지 못하였고 우리나라는 가입하지 않았다.

4) 몬트리올 제1, 제2, 제3추가의정서 및 제4의정서(Montreal Additional Protocol No.1, No.2, No3 and Montreal Protocol No.4, 1975 : 약칭 몬트리올추가의정서)

본 의정서는 1971년 과테말라의정서에서 여객과 수하물에 대한 배상한도액만이 인상되어 화물분야에 대한 책임한도액의 인상에 대한 문제가 제기되면서 이를 해결하기 위하여 1975년 9월 25일 채택되었다. 제1, 제2추가의정서는 1996년 2월 15일, 제4의정서는 1998년 6월 14일에 발효되었으나 제3추가의정서는 30개 국가의 비준을 요구한다는 조항을 충족하지 못해 발효되지 않았다.

원협약과 의정서에서 정하여진 화폐단위인 금이 기축통화로서의 지위를 잃게 되어 금본위제인 골드프랑(gold franc)을 SDR로 변경하였다.

가) 몬트리올 제1추가의정서

13개 조문으로 구성된 몬트리올 제1추가의정서는 1929년 바르샤바협약의 내용을 수정하였으나 내용의 변경 없이 화폐단위만을 변경하여 책임한도액을 여객의 경우 1인당 8,300SDR, 위탁수하물 및 화물의 경우 1kg당 17SDR, 휴대수하물의 경우 1인당 332SDR로 규정하였다.

나) 몬트리올 제2추가의정서

13개 조문으로 구성된 몬트리올 제2추가의정서는 1955년 헤이그의정서의 내용 중 화폐단위를 변경하여 책임한도액을 여객의 경우 1인당 16,600SDR, 위탁수하물 및 화물의 경우 1kg당 17SDR, 휴대수하물의 경우 1인당 332SDR로 변경하였다.

다) 몬트리올 제3추가의정서

14개 조문으로 구성된 몬트리올 제3추가의정서는 1971년 과테말라의정서의 내용 중 화폐단위를 변경하여 책임한도액을 여객의 경우 1인당 100,000SDR로 변경하였으나, 21개 국가가 이에 가입하여 30개 국가의 비준을 요구한다는 조항을 충족하지 못해 결국 발효되지 못하였다.

라) 몬트리올 제4의정서

34개 조문으로 구성된 몬트리올 제4의정서는 화물 및 수하물에 대한 주요내용을 규정하고 있다. 운송인의 무과실책임주의를 취하면서 다만 그 손해가 화물의 성질 또는 고유의 결함, 운송인 또는 그 이행보조자 이외의 자에 의하여 행하여진 화물포장의 불완전, 전쟁 또는 무력충돌, 화물의 출입국 또는 통과에 있어 취하여진 당국의 행위 등에 기인한 경우는 면책된다. 또한 화물의 파괴, 멸실 또는 훼손에 의한 손해에 대해서는 바르샤바협약 제20조에 규정하고 있는 무과실의 항변권이 폐지되었지만 연착에 의한 손해에 대해서는 이 항변권이 인정된다. 운송에 있어서 전자화가 진전되면서 운송장 대신 컴퓨터에 사용할 수 있는 서류를 사용할 수 있도록 한 점에 있어서도 몬트리올 제4의정서는 그 의의가 크다.

우리나라는 어떠한 의정서에도 가입하지 않았다.

5) 계약당사자가 아닌 운송인이 이행한 국제항공운송과 관련된 일부 규칙의 통일을 위한 바르샤바협약을 보충하는 협약(Convention Supplementary to the Warsaw Convention for Unification of Certain Rules Relating to International Carriage by Air Performed by a Person Other than the Contracting Carrier : 약칭 과달라하라협약)

본 협약은 1929년 바르샤뱌협약이 정의하지 못했던 계약운송인(Contracting Carrier)과 실제운송인(Actual Carrier)의 구별에 대하여 협약상의 운송인이 누구를 가리키는 것인가에 대한 해석상의 문제가 발생함에 따라, 이를 해결하기 위해 1961년 6월 18일 채택되어 1964년 5월 1일 발효되었다.

18개 조문으로 구성된 본 협약은 계약운송인과 실제운송인을 구별하여 정의규정을 두었고, 각 운송인의 권리관계와 책임관계에 대하여 명확한 규정을 둠으로써 피해자의 권리구제에도 기여하였다. 피해자는 양자 또는 각각에 대하여 손해배상을 청구할 수 있도록 하였고, 양자는 연대책임의 관계로 배상액의 합계는 한쪽에서 받을 수 있는 최고액을 초과할 수 없도록 규정하였다.

우리나라는 본 협약에 가입하지 않았다.

6) 국제항공운송에 관한 일부 규칙의 통일에 관한 협약(Convention for the Unification of Certain Rules for International Carriage by Air : 약칭 1999년 몬트리올협약)

본 협약은 1929년 바르샤바협약 이후 다수의 국제협약으로 인해 국가 간 적용되는 협약의 내용이 상이하다는 문제점과 바르샤바협약의 본래 제정목적을 달성하기 위해 국제항공운송의 책임원칙을 통일해야 할 필요성이 제기됨에 따라 1999년 5월 28일 몬트리올에서 118개 참가국 중 미국, 일본을 포함한 107개 국가에 의해 채택, 2003년 11월 4일 발효되었다.

제7장 57개 조문으로 구성된 본 협약은 제1장 총칙, 제2장 여객·수하물 및 화물의 운송에 관한 증권과 당사자의 의무, 제3장 운송인의 책임 및 손해배상의 범위, 제4장 복합운송, 제5장 계약운송인 이외의 자가 행하는 항공운송, 제6장 기타 조항, 제7장 최종규정으로 구성되어 있다.

여객의 사상에 대한 배상액으로 1인당 최고 100,000SDR까지 항공사에게 엄격책임(Strict Liability)을 부과하였고, 100,000SDR을 초과하는 부분에 있어서는 항공사의 무과실항변권을 인정하는 2단계 책임제도(Two Tier Liability System)를 도입하였다.

또한 화물 손해에 대하여 상당한 행위가 고의로 인정되는 경우에도 책임제한 배상액을 적용하였고, 위탁수하물과 휴대수하물의 구분 없이 수하물의 배상책임한도액을 1인당 1,000SDR로 규정하는 한편 승객 운송 연착 시 1인당 4,150SDR의 책임한도액을 설정하였다. 이외에도 제5재판관할권의 인정, 선급금 지급제도의 도입, 물가상승률을 감안한 책임한도액 자동 조정 장치의 마련 등이 규정되었다.

1999년 몬트리올협약은 전문에서 소비자 이익의 보호원칙과 실손해배상의 원칙을 선언함으로써 소비자를 보호하고 항공운송으로 인한 피해자를 구제하는 데 중점을 두었고, 복잡하게 구성되어 있던 바르샤바조약체제를 하나로 통합하고 현대화시켰다는 점에서 국제항공운송산업의 발전에 기여했다는 평가를 받고 있다.

우리나라는 2007년 10월 30일 가입하였다.

7) 항공기에 의한 지상 제3자의 손해에 관한 규칙의 통일을 위한 협약(Rome Convention on Surface Damage : 약칭 1933년 로마협약)

본 협약은 항공기가 발달함에 따라 항공기 자체가 거대화되고 상승고도가 높아짐으로 인해 발생하는 지상 제3자의 인명이나 재산상의 피해에 대한 항공운송인의 보상 문제를 다루고 있으며 1933년 로마에서 개최된 제3회 국제사법회의에서 채택되어 1942년 2월 발효되었다.

주요 내용으로는 항공기가 지상의 제3자에게 끼친 손해에 관한 배상 관련 규정을 통일하고 해외 비행 항공기의 보험을 의무화하는 한편, 항공기 중량 1kg마다 250 프랑의 비율로 책임을 지되 책임액이 600,000프랑보다 많고 2,000,000프랑을 초과하지 못하도록 하는 등 항공기 중량에 따라 지상 피해에 대한 배상한도를 상이하게 규정하였다.

1952년 로마협약을 비준하여 협약으로서의 실질적 가치를 상실하였고 우리나라는 가입하지 않았다.

8) 외국 항공기가 지상 제3자에 가한 손해에 관한 규칙의 통일을 위한 협약(Convention on Damage Caused by Foreign Aircraft to Third Parties on the Surface : 약칭 1952년 로마협약)

본 협약은 1933년 로마협약이 가진 문제점을 보완하고 비준을 주저하는 원인을 조사하여 책임의 범위, 책임액의 지불보증 등 독자적인 내용을 규정함으로써 1933년 로마협약을 대체하기 위해 1952년 10월 7일 로마에서 개최된 국제항공사법회의에서 채택되어 1958년 2월 4일 발효되었다.

배상책임한도를 철폐하는 요건 중 하나인 중대한 과실을 삭제하였고, 지상의 선의의 피해자를 고려하여 1933년 로마협약과 같이 항공기 운항자의 절대적 책임(absolute liability)을 규정하였다. 또한, 기존 항공기 중량에 따른 사고별 배상 한도를 5개로 분류하여 각 배상 최고한도를 상향조정하였다. 그러나 협약상의 배상한도액이 낮고, 국내법으로도 지상 제3자를 보호하는 것이 가능하므로 항공선진국 등 많은 국가가 가입하지 않았다. 1933년 로마협약과 본 협약을 동시에 비준한 국가는 본 협약이 1933년 로마협약을 대신하도록 규정하였다.

우리나라는 가입하지 않았다.

9) 1952년 로마협약을 개정하는 몬트리올의정서(Protocol to Amend the Convention on Damage Caused by Foreign Aircraft to Third Parties on the Surface signed at Rome on 7 October 1952 : 약칭 몬트리올의정서)

본 의정서는 종전 1933년 로마협약이 항공기 운항자에 대한 절대책임을 규정하면서 항공기 중량에 따른 유한책임을 채택하고 있는데 그 배상한도액이 너무 낮아 수용할 수 없다는 이유로 미국·영국·일본 등 항공선진국 대부분이 가입하지 않자, 가입국이 49개국에 불과하다는 문제점을 해결하고자 1978년 9월 23일 채택되어 2002년 7월 25일 발효되었다.

주요 개정내용으로는 1952년 로마협약에서의 항공기 중량에 따른 배상한도 분류를 5개에서 4개로 축소하면서 배상액을 4배~6배가량 상향조정하였고, 화폐단위도 SDR로 변경하였다. 또한 타 체약국에 등록된 외국 항공기에 의한 손해에만 적용되던 것을 리스·전세·교환에 의해 타 체약국의 운항자에 의해 운항되는 자국의 항공기에도 적용되도록 변경하였다.

본 의정서의 당사국에 있어서 1952년 로마협약은 단일문서로 취급되지만 1952년 로마협약에 가입하지 않은 본 의정서의 당사국에 있어서는 양자가 병존하게 된다.

우리나라는 가입하지 않았다.

10) 항공기 유발 제3자 피해 배상에 관한 협약(Convention on Compensation for Damage Caused by Aircraft to Third Parties : 약칭 일반위험협약)

본 협약은 1933년 로마협약, 1952년 로마협약, 1978년 몬트리올의정서 등 지상

제3자의 손해에 대한 협약에 항공선진국들이 가입하지 않아 제 역할을 충분히 수행하지 못하는 문제점이 제기되었고, 수많은 피해자가 발생하였던 9·11 테러가 결정적인 계기가 되어 2009년 5월 2일 몬트리올에서 개최된 외교회의에서 채택되었다.

1999년 몬트리올협약의 발효로 국제항공운송인의 책임제도가 근본적으로 개혁되었고 지상 제3자의 손해에 대한 현대화된 법률이 요구됨에 따라 종전 협약들을 대폭 개정·통합하였다.

주요 개정내용은 '지상'이라는 표현을 삭제하면서 공중에서의 항공기가 제3자로서 피해를 입을 경우에도 배상할 수 있게 하였고, 정신적 피해에 대해서도 배상할 수 있게 하였다. 또한 항공기 중량에 따른 배상한도 분류를 4개에서 10개로 세분하면서 배상액을 최대 7억 SDR까지 대폭 인상하였다.

2022년 11월 기준 본 협약은 미발효된 상태이다.

11) 항공기 사용 불법행위로 인한 제3자 피해 배상에 관한 협약(Convention on Compensation for Damage to Third Parties, Resulting from Acts of Unlawful Interference Involving Aircraft : 약칭 불법방해배상협약)

본 협약은 9·11 테러로 인해 이와 유사한 테러 등의 사고가 재발할 경우에 대비한 배상 체제를 확립하는 것이 중요시됨에 따라 일반위험협약과 분리하여 혁신적인 내용의 새로운 협약으로 구성되어 몬트리올에서 개최된 외교회의에서 2009년 5월 2일 채택되었다.

주요 개정내용은 국제민간항공배상기금(International Civil Aviation Compensation Fund : 약칭 국제기금)을 설치하여 항공사가 가입한 보험에서 보장하는 7억 SDR을 초과하는 피해액을 배상할 수 있도록 하였다. 협약의 발효요건으로는 35개국의 가입과 가입국 전체의 공항 출발 여객의 숫자가 7억 5천만 명 이상일 것을 충족하도록 하였으며 탈퇴 시에도 어느 당사국의 탈퇴가 국제기금의 운용을 크게 손상시킨다고 판단될 경우나 당사국이 8개국 미만으로 줄어들었을 경우 특별총회를 소집하여 타 당사국도 동일한 날짜에 탈퇴할 수 있도록 하는 규정을 두고 있다. 또한 일반위험협약과 마찬가지로 항공기 중량에 따른 배상한도 분류를 4개에서 10개로 세분하면서 배상액을 최대 7억 SDR까지 대폭 인상하였다.

2022년 11월 기준, 본 협약은 미발효된 상태이다.

쉬어가기

국제기구 속 우리나라의 모습

1) ICAO 이사국 8연임 성공

캐나다 몬트리올에서 개최된 제41차 ICAO 총회기간(2022.9.27.~10.7.) 중 치러진 이사국 선거(파트 III)에 우리나라를 포함한 총 175개국이 참여했으며, 이 중 우리나라는 151표를 확보해 파트 III 이사국에 당선되었다. 이로써 우리나라는 2001년부터 시작해 이사국 8연임을 성공하게 되었으며, 2023년부터 2025년까지 파트 III 이사국으로 활동하게 되었다. 특히, 2022년은 우리나라가 ICAO에 정식 가입한 지 70주년이 되는 해로 이사국 당선의 의미가 더욱 뜻깊기도 하였다.

한국전쟁이 끝나지도 않은 채로 가입한 이후, 전쟁의 폐허로 선진국의 원조를 받아 근근이 생활해야 했던 최빈국 대한민국은 반세기 만에 비약적인 성장을 통해 2001년부터 당당하게 ICAO 이사국에 진출했으며, 현재까지 8연임 이사국으로서 위상을 떨치고 있다. 우리나라는 ICAO 2020년 통계 기준으로 세계 5위의 항공운송 실적을 자랑하고 있으며, ICAO 재정 분담금 기준 7위(3.16%)를 기록하고 있다. 뿐만 아니라, 세계 최고의 서비스를 제공하는 인천국제공항이 동북아의 관문 공항으로 거듭나면서 그 위상은 나날이 높아지고 있다.

2) 우리나라 주최 행사

- 2022 ICAO 국제항공법률 콘퍼런스

2022년 4월 12일부터 14일까지 사흘 간 우리나라와 ICAO가 공동으로 「2022 ICAO 국제항공법률 콘퍼런스(2022 ICAO Legal Seminar)」를 개최했다. ICAO 국제항공법률 콘퍼런스는 안전·보안, 운송, 환경 등에서 항공 관련 법률 의제를 발표하고 토론을 통한 정보 교류와 회원국 간 협력 및 법제화 방안까지 함께 고민하는 ICAO의 대표적인 국제항공법률 분야 행사로 서울에서 최초로 개최되었다.

▲ 2022 ICAO 국제항공법률 콘퍼런스

해당 컨퍼런스에는 ICAO 사무총장을 비롯한 회원국 항공청장, ICAO 이사국 대표 및 법률전문가들 등이 참석해, COVID-19 이후 발생한 현안들을 되짚고 포스트 코로나 시대에 변화가 필요한 국제항공

쉬어가기

법과 항공안전 및 보안 등에 대한 기준과 절차에 대해서도 논의를 진행했다. 구체적으로 팬데믹 이후 새로운 절차 수립이 필요한 항공 분야 검역 및 공중보건, 항공기 내 불법행위에 대한 대책과 기준 정립 방향, 도심항공교통(UAM) 운항과 관련된 국제민간항공의 법적 이해 등에 대해 논의했다.

• **제57차 아태지역 항공청장회의(DGCA 57)**

2022년 7월 4일부터 7월 8일까지 닷새간 우리나라는 ICAO와 공동으로 「제57차 ICAO 아시아-태평양지역(이하, 아태지역) 항공청장회의」를 개최했다. 아태지역 항공청장회의는 매년 아태지역 41개국 항공청장, 국제기구 대표 등이 모여 다양한 분야에 대한 역내 항공정책을 논의하고, 지역 협력 강화 방안을 모색하는 아태지역 최고 회의체로 우리나라는 2001년 이후 21년 만에 회의를 개최했다. 특히, 국토교통부 항공정책실장이 해당 회의의 총괄 의장직을 수임하며 상설의제 뿐만 아니라 항공 회복을 위한 다양한 협력 방안 등에 대해 회의를 주재하는 등의 역할을 수행했다. 이는 우리나라가 이사국으로서 전 세계 항공안전 증진을 위한 ICAO의 활동에 적극적으로 기여해 온 점이 반영된 결과라고 해석할 수 있다.

• **제7차 국제항공협력 콘퍼런스(CIAT 2022)**

2022년 7월 5일부터 6일까지 이틀간 우리나라는 「제7차 국제항공협력 컨퍼런스(CIAT; Conference on International Air Transport Cooperation)」를 개최했다. CIAT는 우리나라에서 개최하는 국제항공운송분야의 대표적인 행사로, 2004년 제1회 컨퍼런스를 시작으로 3년마다 개최해왔다. 매회 국제항공운송분야 ICAO 회원국 고위급을 초청해 국제항공운송 미래에 대한 전망을 짚어보고, 국제기구와 정부, 항공사 및 항공 당국 등이 조치해야 할 사항을 제시해왔다. 특히, 제7회 CIAT는 '더 나은 창공을 향해'라는 주제로 개최되었으며, ESG 세션을 신설하여 탈탄소화를 위한 우리나라의 노력에 대해서도 다룬 바 있다. 뿐만 아니라, 포스트 코로나 시대에 걸맞는 항공 운송의 회복과 복구, 뉴노멀 및 신기술 대응을 위한 정책 등을 소주제로 한 항공운송, 안전·보안, UAM 등 다양한 분야에 대해 논의했다.

▲ 제57차 아태지역 항공청장회의

▲ 제7차 국제항공협력 콘퍼런스

X

항공종사자 자격 제도

01 항공종사자 개요

"항공종사자"란 통상 항공업무에 종사하는 사람을 말하는데, 법적으로 명확히 말하자면 「항공안전법」 제2조(정의)에 따라 "항공종사자 자격증명을 받은 사람"을 말한다.

또한, 「항공안전법」 제34조(항공종사자 자격증명 등)에서 항공업무에 종사하려는 사람은 항공종사자 자격증명을 받도록 하고 있고, 같은 법 제35조(자격증명의 종류)에서 항공종사자 자격증명의 종류를 ① 자가용 · ② 사업용 · ③ 운송용 조종사, ④ 부조종사, ⑤ 항공사, ⑥ 항공기관사, ⑦ 항공교통관제사, ⑧ 항공정비사 및 ⑨ 운항관리사 9종으로 구분하고 있으며, 각 자격증명 종류에 따른 업무범위는 다음과 같다.

자격증명	업무 범위
운송용 조종사	항공기에 탑승하여 다음 각 호의 행위를 하는 것 1. 사업용 조종사의 자격을 가진 사람이 할 수 있는 행위 2. 항공운송사업의 목적을 위하여 사용하는 항공기를 조종하는 행위
사업용 조종사	항공기에 탑승하여 다음 각 호의 행위를 하는 것 1. 자가용 조종사의 자격을 가진 사람이 할 수 있는 행위 2. 무상으로 운항하는 항공기를 보수를 받고 조종하는 행위 3. 항공기사용사업에 사용하는 항공기를 조종하는 행위 4. 항공운송사업에 사용하는 항공기(1명의 조종사가 필요한 항공기만 해당한다)를 조종하는 행위 5. 기장 외의 조종사로서 항공운송사업에 사용하는 항공기를 조종하는 행위
자가용 조종사	무상으로 운항하는 항공기를 보수를 받지 아니하고 조종하는 행위
부조종사	비행기에 탑승하여 다음 각 호의 행위를 하는 것 1. 자가용 조종사의 자격을 가진 사람이 할 수 있는 행위 2. 기장 외의 조종사로서 비행기를 조종하는 행위
항공사	항공기에 탑승하여 그 위치 및 항로의 측정과 항공상의 자료를 산출하는 행위
항공기관사	항공기에 탑승하여 발동기 및 기체를 취급하는 행위(조종장치의 조작은 제외)
항공교통관제사	항공교통의 안전 · 신속 및 질서 유지를 위하여 항공기 운항을 관제하는 행위

자격증명	업무 범위
항공정비사	다음 각 호의 행위를 하는 것 1. 정비 · 수리 · 개조한 항공기, 발동기, 프로펠러, 장비품 또는 부품에 대하여 감항성을 확인하는 행위 2. 정비를 한 경량항공기 또는 그 장비품 · 부품에 대하여 안전하게 운용할 수 있음을 확인하는 행위
운항관리사	항공운송사업에 사용되는 항공기 또는 국외운항항공기의 운항에 필요한 다음 각 호의 사항을 확인하는 행위 1. 비행계획의 작성 및 변경 2. 항공기 연료 소비량의 산출 3. 항공기 운항의 통제 및 감시

아울러, ICAO 국제기준(부속서 1)에 따라 다음의 구분에 따른 나이 미만인 사람과 항공안전법령을 위반하여 자격증명의 취소 처분을 받고 그 취소일부터 2년이 지나지 아니한 사람은 자격증명을 받을 수 없다.

- 자가용 조종사 : 17세
- 사업용 조종사, 부조종사, 항공사, 항공기관사, 항공교통관제사 및 항공정비사 : 18세
- 운송용 조종사 및 운항관리사 : 21세

▼ 항공종사자 자격증명 취득 현황(2022년 12월 말 기준, 단위: 명)

연도	조종사			항공 기관사	항공 정비사	항공교통 관제사	운항 관리사	계
	운송용	사업용	자가용					
계	6,545	16,600	8,088	12	16,681	2,109	1,443	51,478
2000	291	267	24	0	241	85	12	920
2001	291	449	20	0	371	85	28	1,244
2002	175	408	46	0	438	59	34	1,160
2003	49	424	49	7	370	57	31	987
2004	37	381	32	0	502	95	24	1,071
2005	77	371	257	0	443	148	33	1,329
2006	314	445	340	1	362	105	28	1,595

연도	조종사			항공 기관사	항공 정비사	항공교통 관제사	운항 관리사	계
	운송용	사업용	자가용					
2007	342	438	355	0	470	108	46	1,759
2008	317	375	386	0	601	86	73	1,838
2009	240	409	258	3	611	63	84	1,668
2010	261	307	364	1	516	46	58	1,553
2011	264	379	380	0	388	89	59	1,559
2012	361	598	391	0	497	73	86	2,006
2013	270	785	431	0	615	79	63	2,243
2014	306	869	492	0	709	87	62	2,525
2015	374	1,016	601	0	828	81	70	2,970
2016	437	1,228	581	0	945	101	89	3,381
2017	404	1,462	573	0	1,290	139	85	3,953
2018	390	1,558	550	0	1,142	83	87	3,810
2019	523	1,726	536	0	1,267	99	120	4,271
2020	353	1,044	501	0	1,258	98	92	3,346
2021	261	895	494	0	1,684	131	75	3,540
2022	208	766	427	0	1,133	112	104	2,750

02 항공종사자 자격증명

가. ICAO 부속서 1

1944년 시카고협약에서 각국의 의무사항으로 개인의 지식수준과 기량을 평가하여 항공종사자 자격증명을 발급하도록 하면서 국제기준에 기틀이 마련되었으며, ICAO에서도 1949년 5월 1일 부속서 1권을 항공종사자 자격증명에 관한 기준으로 규정하였고, 14차(2022년 7월) 개정판을 발간하면서 현재에 이르고 있다.

연도별 개정내용의 특징을 보면, 1950~60년대에는 신체적 건강을 주요 이슈로 항공종사자 자격과 관련한 심리학 및 생리학 발전에 따른 규정의 개정이 있었으며, 1980년대 후반에는 항공기 항법장비의 개선과 항공기 기술의 전반적 발전에 따라 운항승무원(Cockpit Crew) 관련 규정이 개정되어 항공사·항공기관사의 탑승이 필요 없는 상황 등에 따른 대대적 개정이 이루어짐과 동시에 심리학 및 인적요인(human factor)에 관한 연구가 지속적으로 진행되었다.

2000년대에 들어서는 조종사뿐만 아니라 항공정비사 등에도 인적요인(human factor)을 적용하는 개정이 이루어졌으며, 항공영어구술능력 등의 이슈를 고려한 개정 또한 이루어졌다. 최근의 항공종사자 자격증명제도 이슈는 교육과정 분석을 통한 효과적인 항공종사자 양성과 의학적 위험요인에 의한 사고 예방에 초점을 맞추고 있다.

항공종사자 자격증명제도는 개인의 지식수준과 기량을 평가하여 해당 항공업무를 수행할 수 있는 자격을 부여하는 국가의 의무로 세계 각국은 국제기준을 바탕으로 자국의 실정에 맞게 자격증명제도를 운영하고 있고, 국가 간 상호 인정을 기본으로 하고 있어, 국제기준에 부합하는 자격증명제도는 필수적이라 할 수 있다.

ICAO 국제기준(부속서 1)에서는 항공종사자를 크게 ① 조종사, ② 그 외 운항승무원 및 ③ 운항승무원 이외의 항공종사자로 구분하고, 각각의 종류별로 해당 항공업무 자격증명 발급에 필요한 평가사항, 유효기간, 항공신체검사(Medical Fitness) 등에 대해 국제기준을 제시하고 있다. ICAO에서 제시하는 자격증명의 종류는 다음 표와 같으며, Aeronautical Station Operator와 Glider Pilot, Free Balloon Pilot의 분류가 국내와 다소 차이가 있음을 알 수 있다.

▼ ICAO 항공종사자 자격증명 종류

<table>
<tr><th colspan="4">ICAO 자격증명 기준</th><th>국내 자격증명 기준</th></tr>
<tr><td rowspan="11">Flight Crew</td><td rowspan="9">Pilot</td><td rowspan="2">Private Pilot</td><td>Aeroplane</td><td>자가용 조종사(비행기)</td></tr>
<tr><td>Helicopter</td><td>자가용 조종사(헬리콥터)</td></tr>
<tr><td rowspan="2">Commercial Pilot</td><td>Aeroplane</td><td>사업용 조종사(비행기)</td></tr>
<tr><td>Helicopter</td><td>사업용 조종사(헬리콥터)</td></tr>
<tr><td rowspan="2">Airline Transport Pilot</td><td>Aeroplane</td><td>운송용 조종사(비행기)</td></tr>
<tr><td>Helicopter</td><td>운송용 조종사(헬리콥터)</td></tr>
<tr><td colspan="2">Multi Crew Pilot</td><td>부조종사</td></tr>
<tr><td colspan="2">Glider Pilot</td><td>자가용 · 사업용 조종사(활공기)</td></tr>
<tr><td colspan="2">Free Balloon Pilot</td><td>초경량비행장치 조종자
(유인자유기구)</td></tr>
<tr><td colspan="3">Flight Navigator</td><td>항공사</td></tr>
<tr><td colspan="3">Flight Engineer</td><td>항공기관사</td></tr>
<tr><td rowspan="6">Other Personnel</td><td colspan="2" rowspan="3">Aircraft Maintenance</td><td>Technician</td><td rowspan="3">항공정비사</td></tr>
<tr><td>Engineer</td></tr>
<tr><td>Mechanic</td></tr>
<tr><td colspan="3">Air Traffic Controller</td><td>항공교통관제사</td></tr>
<tr><td colspan="3">Flight Operations Officer</td><td>운항관리사</td></tr>
<tr><td colspan="3">Aeronautical Station Operator</td><td>미적용</td></tr>
</table>

ICAO에서 항공종사자 자격증명시험 응시자격으로 제시한 기준은 실무경력 또는 전문교육기관 이수 여부에 따라 구분된다. 항공종사자 자격증명의 응시자격은 다음 표와 같다.

▼ ICAO 항공종사자 기본 자격시험 응시 경력조건

자격종류		실무 경력	전문교육기관 이수
비행기 조종사	운송용	1,500시간 비행경력	
	사업용	200시간 비행경력 (기장 비행시간 100시간)	150시간 비행경력 (기장 비행시간 70시간)
	자가용	40시간	35시간
헬리콥터 조종사	운송용	1,000시간 비행경력	
	사업용	150시간 비행경력	100시간 비행경력
	자가용	40시간	35시간
부조종사(MPL)		해당 없음	240시간
항공정비사		4년 정비경력	2년 정비경력
항공교통관제사		실무 3개월, (※ 업무한정 기준 이상)	

위의 표에서 보듯이 전문교육기관의 과정을 이수하면 요구되는 경력 조건이 완화되고 있음을 확인할 수 있다.

나. 국내 항공법

「항공안전법」 제38조에 따르면 항공종사자 자격증명을 받으려는 사람은 해당 항공업무에 종사하는 데 필요한 지식 및 능력에 관하여 국토교통부장관이 실시하는 학과시험 및 실기시험에 합격하여야 하며, 학과시험 및 실기시험의 범위 등은 다음과 같다.

▼ 항공종사자별 학과시험 범위

구분		취득최소연령	학과시험 범위	
조종사	운송용	만 21세 이상	5과목	• 항공법규, 비행이론, 공중항법, 항공기상, 항공교통 · 통신 · 정보업무
	사업용	만 18세 이상	5과목	• 항공법규, 비행이론, 공중항법, 항공기상, 항공교통 · 통신 · 정보업무
	자가용	만 17세 이상	5과목	• 항공법규, 비행이론, 공중항법, 항공기상, 항공 교통 · 통신 · 정보업무

<table>
<tr><th>구분</th><th>취득최소연령</th><th colspan="2">학과시험 범위</th></tr>
<tr><td>부조종사</td><td>만 18세 이상</td><td>1과목</td><td>• 항공법규</td></tr>
<tr><td>항공사</td><td>만 18세 이상</td><td>4과목</td><td>• 항공법규, 공중항법, 항공기상, 항공 교통 · 통신 · 정보업무</td></tr>
<tr><td>항공기관사</td><td>만 18세 이상</td><td>6과목</td><td>• 항공법규, 항공역학, 항공기체, 항공발동기, 항공장비, 항공기제어</td></tr>
<tr><td>항공교통 관제사</td><td>만 18세 이상</td><td>5과목</td><td>• 항공법규, 관제일반, 항행안전시설, 항공기상, 항공 교통 · 통신 · 정보업무</td></tr>
<tr><td>항공정비사</td><td>만 18세 이상</td><td>3~5 과목</td><td>• (비행기, 헬리콥터, 비행선) 항공법규, 정비일반, 항공기체, 항공발동기, 전자 · 전기 · 계기
• (경량비행기, 경량헬리콥터) 항공법규, 정비일반, 항공기체, 항공발동기, 전자 · 전기 · 계기
• (활공기) 항공법규, 정비일반, 활공기체
• (전자 · 전기 · 계기 분야) 항공법규, 정비일반, 전자 · 전기 · 계기(기본), 전자 · 전기 · 계기(심화)</td></tr>
<tr><td>운항관리사</td><td>만 21세 이상</td><td>5과목</td><td>• 항공법규, 항공기, 항행안전시설, 항공기상, 항공통신</td></tr>
</table>

▼ **항공종사자별 실기시험 범위**

<table>
<tr><th colspan="2">구분</th><th>취득최소연령</th><th>실기시험 범위</th></tr>
<tr><td rowspan="3">조종사</td><td>운송용</td><td>만 21세 이상</td><td>• 조종기술, 계기비행절차(경량항공기 조종사, 자가용 조종사 및 사업용 조종사의 경우는 제외),무선기기 취급법,공지통신 연락, 항법기술, 해당 자격의 수행에 필요한 기술</td></tr>
<tr><td>사업용</td><td>만 18세 이상</td><td>• 조종기술, 계기비행절차(경량항공기 조종사, 자가용 조종사 및 사업용 조종사의 경우는 제외),무선기기 취급법,공지통신 연락, 항법기술, 해당 자격의 수행에 필요한 기술</td></tr>
<tr><td>자가용</td><td>(활공기)
만 15세 이상
(기타)
만 17세 이상</td><td>• 조종기술, 계기비행절차(경량항공기 조종사, 자가용 조종사 및 사업용 조종사의 경우는 제외),무선기기 취급법,공지통신 연락, 항법기술, 해당 자격의 수행에 필요한 기술</td></tr>
<tr><td colspan="2">부조종사</td><td>만 18세 이상</td><td>• 조종기술, 계기비행절차(경량항공기 조종사, 자가용 조종사 및 사업용 조종사의 경우는 제외),무선기기 취급법,공지통신 연락, 항법기술, 해당 자격의 수행에 필요한 기술</td></tr>
<tr><td colspan="2">항공사</td><td>만 18세 이상</td><td>• 추측항법, 무선항법, 천측항법, 해당 자격의 수행에 필요한 기술</td></tr>
</table>

구분	취득최소연령	실기시험 범위
항공기관사	만 18세 이상	• 기체동력장치나 그 밖의 장비품의 취급과 검사의 방법 • 항공기 탑재중량의 배분과 중심위치의 계산 • 기상조건 또는 운항계획에 의한 발동기의 출력의 제어와 연료소비량의 계산 • 항공기의 고장 또는 1개 이상의 발동기의 부분적 고장의 경우에 하여야 할 처리 • 해당 자격의 수행에 필요한 기술
항공교통 관제사	만 18세 이상	• 항공교통관제 분야와 관련된 인적수행능력(위협 및 오류관리능력 포함) 및 항공교통관제에 필요한 기술 • 항공교통관제에 필요한 일반영어 및 표준관제영어
항공정비사	만 18세 이상	• (비행기, 헬리콥터, 비행선) 기체동력장치나 그 밖에 장비품의 취급 · 정비와 검사방법, 항공기(경량항공기 포함) 탑재중량의 배분과 중심위치의 계산, 해당 자격의 수행에 필요한 기술 • (활공기) 기체장비품(예항줄과 착탈장치포함)의 취급 · 정비 · 개조 및 검사방법, 활공기 탑재중량의 배분과 중심위치의 계산, 해당 자격의 수행에 필요한 기술 • (전자 · 전기 · 계기 분야) 전자 · 전기 · 계기의 취급 · 정비 · 개조와 검사방법, 해당 자격의 수행에 필요한 기술
운항관리사	만 21세 이상	• 일기도의 해독, 항공정보의 수집 · 분석, 비행계획의 작성, 운항 전 브리핑 등의 작업을 하게 하여 운항관리 업무에 필요한 실무적인 능력

ICAO 규정과 비교했을 때 우리나라는 활공기 조종사 자격증명을 따로 구분하지 않고 있으며 기구류 조종사에 대해서는 「항공안전법 시행규칙」 제5조(초경량비행장치의 기준)에서 규정하고 있는 범위에 대해 초경량비행장치 조종자 증명을 받도록 하고 있다.[1]

학과시험 및 실기시험에 응시하고자 하는 사람은 「항공안전법 시행규칙」 제75조(응시자격) 및 별표 4에 따른 경력을 갖추어야 하며, 응시자는 조건에 따라 「항공안전법」 제38조(시험의 실시 및 면제), 같은 법 시행규칙 제86조(자격증명을 받은 사람의 학과시험 면제), 제88조(자격증명시험의 면제) 및 제89조(한정심사의 면제) 등에 따라 시험 및 심사의 일부 또는 전부를 면제받을 수 있다.

국내 항공종사자 자격증명 시험의 특징은 과목 합격제를 허용하고 있다는 점이다. 「항공안전법 시행규칙」 제85조(과목합격의 유효)에 따라 학과시험은 과목별 합격일부터 2년 동안 합격이 유효하며 2년 이내에 모든 과목에 합격해야 최종 학과시

1 「항공안전법」 제125조(초경량비행장치 조종자 증명 등) ①항

험에 합격한 것으로 본다.

항공종사자 자격증명 학과·실기시험 업무 및 발급 업무는 「항공안전법」 제135조(권한의 위임·위탁) 및 같은 법 시행령 제26조(권한 및 업무의 위임·위탁)에 따라 한국교통안전공단에 위탁하여 실시하고 있으며, 「항공안전법 시행규칙」 제84조(시험 및 심사의 실시에 관한 세부사항)에 따라 자격증명 시험 및 자격증명 한정심사의 실시에 필요한 세부사항은 "항공종사자 자격증명시험요령(국토교통부고시)"에서 규정하고 있고, 항공종사자 자격증명 시험부터 자격증명 발급까지의 절차는 다음과 같다.

▼ 항공종사자 자격증명 시험의 절차

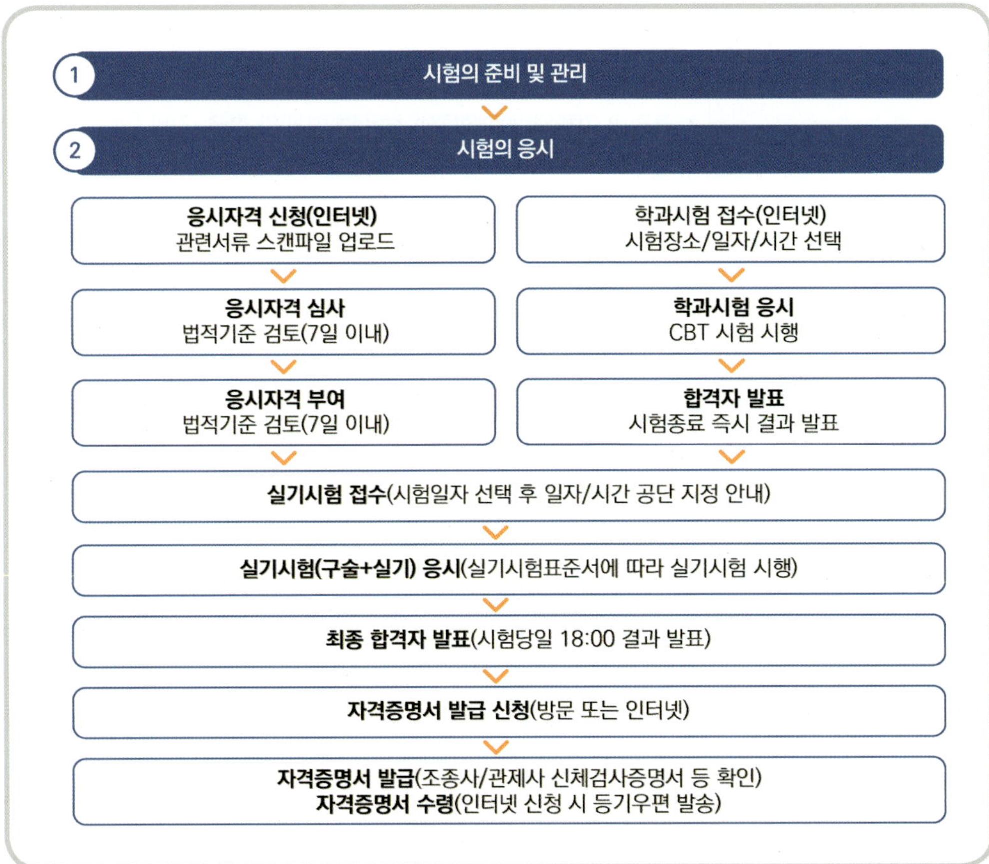

현재 우리나라 항공종사자의 자격증명 한정심사는 항공기의 종류와 등급, 형식을 한정하고 조종사, 항공기관사 및 항공정비사(항공기의 종류와 업무범위만 해당한다) 자격증명에 적용된다. 이에 대한 사항은 「항공안전법 시행규칙」 제81조 제2항(항공

기의 종류 한정), 제3항(등급의 한정), 제4항(자격증명의 형식한정), 제6항(정비분야의 한정)에서 자세한 한정 기준을 제시하고 있으며, 다음 표와 같다.

▼ 우리나라 항공종사자 자격증명별 한정제도

구분	종류한정 (Category)	등급한정 (Class)	형식한정 (Type)	업무한정 (Task)
조종사 및 항공기관사	비행기, 비행선, 활공기, 헬리콥터, 항공우주선	(항공기) 육상단발 · 다발, 수상단발 · 다발 (활공기) 상급 · 중급	2인 조종사 항공기 및 그 외 지정된 항공기	계기증명 조종교육증명
항공 정비사	(항공기) 비행기, 헬리콥터 (경량항공기) 경량비행기, 경량헬리콥터	–	–	전자 · 전기 · 계기
항공교통 관제사	–	–	–	비행장관제 접근관제 접근레이더관제 지역관제 지역레이더관제

한정심사에 필요한 항공기의 종류, 등급 및 형식 구분은 ICAO 기준과 크게 다르지 않게 운영되고 있으나, 항공교통관제사의 경우 한정은 자격증명 시험상에서 구분하고 있지 않고 해당 관제기관에서 자체적으로 시행하고 있는 실정이다.

03 항공신체검사증명

ICAO 부속서 1에 따르면 항공신체검사증명은 3개의 종류가 있으며, 제1종(Class1)의 유효기간은 12개월로 사업용조종사·운송용조종사, 부조종사가 해당되며, 제2종(Class2)은 자가용조종사, 학생조종사, 제3종(Class3)은 항공교통관제사가 해당되며, 유효기간은 나이에 따라 상이하게 설정되어 있고, 항공종사자 신체검사에 대한 세부기준 및 항공신체검사전문의사의 지정과 교육에 관하여는 Doc 8984 - AN/895(Manual of Civil Aviation Medicine)에서 자세한 지침을 제공하고 있다.

우리나라의 경우 ICAO 국제기준(부속서 1)에서 정하는 바를 따르고 있어 항공종사자 자격증명을 취득하고자 하는 사람은 「항공안전법」 제40조(항공신체검사증명)에 따라 자격증명의 종류별로 항공신체검사증명을 받아야 한다. 항공기에 탑승하여 항공업무를 하는 운항승무원(자가용·사업용·운송용 조종사, 부조종사, 항공사 및 항공기관사), 항공교통관제사 및 경량항공기 조종사가 그 대상이며 「항공안전법 시행규칙」 제92조(항공신체검사증명의 기준 및 유효기간 등)에서는 자격증명의 종류별로 요구되는 항공신체검사증명 기준을 제1종, 제2종, 제3종으로 구분하여 명시하고 있다. 또한 만 40세 이상인 자에 대해서도 항공신체검사증명의 유효기간을 1/2 감소하는 것도 ICAO 부속서 1의 규정과 일치한다.

또한, 「항공안전법」 제42조(항공업무 등에 종사 제한)에 따라 항공종사자 자격증명의 종류별 항공신체검사증명의 기준에 적합하지 아니한 운항승무원, 항공교통관제사 및 경량항공기 조종사는 종전 항공신체검사증명의 유효기간이 남아 있는 경우에도 항공업무(항공안전법 제46조에 따른 항공기 조종연습 및 항공안전법 제47조에 따른 항공교통관제연습을 포함)에 종사할 수 없다.

▼ 자격증명별 항공신체검사증명의 종류 및 유효기간

<table>
<tr><th rowspan="2">자격증명 종류</th><th rowspan="2">항공신체검사증명 종류</th><th colspan="3">나이별 유효기간</th></tr>
<tr><th>40세 미만</th><th>40세 이상
50세 미만</th><th>50세 이상</th></tr>
<tr><td>운송용 조종사</td><td rowspan="3">제1종</td><td colspan="3" rowspan="3">12개월. 다만, 항공운송사업에 종사하는 60세 이상인 자와 1명의 조종사로 승객을 수송하는 항공운송사업에 종사하는 40세 이상인 사람은 6개월</td></tr>
<tr><td>사업용 조종사
(활공기 조종사 제외)</td></tr>
<tr><td>부조종사</td></tr>
<tr><td>항공기관사</td><td rowspan="2">제2종</td><td colspan="3" rowspan="2">12개월</td></tr>
<tr><td>항공사</td></tr>
<tr><td>자가용 조종사</td><td rowspan="3">제2종</td><td rowspan="4">60개월</td><td rowspan="4">24개월</td><td rowspan="4">12개월</td></tr>
<tr><td>사업용 활공기 조종사</td></tr>
<tr><td>조종연습생</td></tr>
<tr><td>경량항공기 조종사</td><td>제2종 또는
자동차운전면허증</td></tr>
<tr><td>항공교통관제사</td><td rowspan="2">제3종</td><td rowspan="2">48개월</td><td rowspan="2">24개월</td><td rowspan="2">12개월</td></tr>
<tr><td>항공교통관제 연습생</td></tr>
</table>

비고) 1. 위 표에 따른 유효기간의 시작은 항공신체검사를 받는 날부터이며, 종료일이 매월 말일이 아닌 경우에는 그 종료일이 속하는 달의 말일에 항공신체검사증명의 유효기간이 종료하는 것으로 본다.

2. 경량항공기 조종사의 항공신체검사의 유효기간은 제2종의 항공신체검사증명을 보유한 경우에는 그 증명의 연령대별 유효기간을, 자동차운전면허증을 적용할 경우에는 그 자동차운전면허증의 유효기간으로 한다.

또한, 항공신체검사증명 업무를 효율적이고 전문적으로 실시하기 위해 「항공안전법」 제49조(항공전문의사의 지정 등)에서 항공전문의사(Aviation Medical Examiner)를 지정하여 항공신체검사증명업무를 대행할 수 있게 하였다. 항공전문의사는 「항공안전법 시행규칙」 제105조(항공전문의사의 지정 등)에서 규정하고 있는 경력 및 시설·장비 기준을 충족하여야 하고, 한국항공우주의학협회는 항공전문의사들을 대상으로 정기적인 교육을 시행하고 있다.

최근 ICAO에서는 2015년 저먼윙스 조종사의 자살비행(우울증, 150명 사망) 등을 계기로 비행안전에 영향을 주는 의학적 위험요소를 감소시키기 위해 항공신체검사증명 보유자(조종사 · 관제사)에 대한 건강증진활동 시행 의무화를 권고(부속서 1 개정, 2018년 11월)하였다. 그에 따라 우리나라는 항공안전법 개정(법 제41조의2 신설 · 제42조 개정, 2022년 1월 18일 공포 · 2023년 1월 19일 시행)을 통해 조종사 · 관제사에 대한 건강증진활동 등을 의무화하였고 항공종사자 건강요인으로 인한 항공안전 위협 요소를 적시에 확인하고 조치할 수 있도록 상시 관리 · 감독체계를 구축하여 항공사고를 적극적으로 예방할 수 있도록 노력하고 있다.

04 항공영어구술능력증명

국제항공사회에서 영어의 사용이 일반화되고, 특히 항공기 운항 특성상 지상과 공중 간 교신(radiotelephony communication)은 필수적이다. 이에, ICAO는 언어 소통능력 저하로 인한 항공사고를 예방하고자 항공영어구술능력증명제도를 도입(2003년 3월)하고, 각 체약국에서 이행하도록 ICAO Annex 1에 규정하여 의무화 하였다.

이에 따라, 우리나라는 항공영어구술능력증명제도 이행을 위해 2005년 11월에 항공법을 개정하고, 항공영어구술능력증명시험 실시요령(고시) 제정 등 항공영어구술능력증명을 위한 시험·평가시스템 및 기준을 마련하여 2006년 10월부터 항공영어구술능력증명제도를 시행해오고 있으며, 동 제도에 따라 국제항공업무에 종사하는 조종사, 관제사 및 무선통신사는 항공영어구술능력증명 4등급 이상을 받아야만 해당 업무에 종사할 수가 있다.

2016년에는 그동안 항공영어구술능력증명제도 운영과정에서 나타난 문제점 등을 개선·보완하기 위해 "항공영어시험제도 개선 TF"를 구성·운영하여 항공영어시험·평가(EPTA; English Proficiency Test for Aviation) 제도 전반에 대해 검토·분석하고, 이해관계자(조종사, 관제사, 시험시행사 등) 의견수렴 등을 통해 다음과 같이 항공영어시험 평가제도를 개선하여 현재까지 운영하고 있다.

① 시험문제는 직무(항공교신) 위주로 구성하고, 듣기와 말하기 능력을 통합하여 평가
② 등급별(6등급 및 5등급 이하) 시험·평가를 구별하여 운영
③ 6등급은 인터뷰 시험방식으로 하고, 5등급 이하는 CBT(Computer Based Test) 방식으로 시행
④ 시험 시행기관을 민간업체(GTELP 및 IAES)에서 항공종사자 자격증명 시험업무 등을 담당하고 있는 한국교통안전공단으로 이관

이에 따라, 새로운 EPTA는 ICAO에서 규정한 언어능력 권고사항(LPRs) 및 지침(ICAO DOC 9835)을 반영함은 물론, 국제항공업무에 종사하는 조종사·관제사·무선통신사 간 원활하고 성공적인 언어소통을 통해 항공안전을 확보하는 항공영어구술능력증명제도 취지에 부합하도록 노력하고 있다.

05 항공종사자 양성 및 교육훈련

ICAO는 항공종사자 양성을 위한 교육훈련 및 항공훈련기관에 대한 관련 내용을 부속서 1에서 규정하고 있으며, 부속서 1 1.2.8항에서 항공훈련기관의 인가에 대해 규정하고 있다.

ICAO Annex 1 1.2.8 승인된 훈련 및 훈련기관

Note 승인된 훈련과정을 거친 신청자는 자격증명 발급에 필요한 요건을 보다 빠르게 취득할 수 있다. 따라서 승인된 훈련과정을 충분히 이수한 신청자에 대한 자격증명 발급에 대한 경험요건의 일부 완화를 위한 조항을 마련하였다.

1.2.8.1 승인된 훈련은 승인된 훈련을 이수하지 않은 자격증명 신청자의 최소 경험요건과 동등한 수준의 역량을 제공해야 한다.
1.2.8.3 운항승무원 및 항공교통관제사를 위한 승인된 훈련은 승인된 훈련기관(ATO) 내에서 실시되어야 한다.
1.2.8.4 항공정비사에 대한 역량기반의 승인된 훈련은 승인된 훈련기관(ATO) 내에서 실시되어야 한다.
1.2.8.4 항공기 및 RPAS 유지 관리 담당자를 위한 역량기반의 승인된 훈련은 승인된 훈련기관(ATO) 내에서 실시되어야 한다.
1.2.8.5 원격 비행 승무원을 위한 역량기반의 승인된 훈련은 승인된 훈련기관(ATO) 내에서 실시되어야 한다.

우리나라의 경우 ATO에 해당하는 기관으로 자격증명 취득을 위한 '전문교육기관'과 자격증명을 취득한 종사자의 보수교육 등을 위한 '항공훈련기관'으로 운영하고 있다.

전문교육기관은 조종사 · 항공정비사 · 항공교통관제사 등을 양성하려는 대학 및 사용사업체 등이 전문교육기관으로 지정받아 운영하고 있고, 조종사를 양성하려는 교육기관은 의무적으로 전문교육기관 지정을 받아야 하나, 항공정비사 · 항공교통관제사 양성하려는 교육기관은 선택사항이며, 지정 전문교육기관 이수자는 항공종사자 자격증명 실기시험 면제 등 일부 혜택을 부여하고 있다.

항공안전법 제48조(전문교육기관의 지정 등) 제1항

① 항공종사자를 양성하려는 자는 국토교통부령으로 정하는 바에 따라 국토교통부장관으로부터 항공종사자 전문교육기관(이하 "전문교육기관"이라 한다)으로 지정을 받을 수 있다. 다만, 제35조 제1호부터 제4호까지의 항공종사자를 양성하려는 자는 전문교육기관으로 지정을 받아야 한다.

항공훈련기관은 항공종사자 자격증명 소지자에 대한 보수교육 등을 운영하려는 항공사, 대학, 직업전문학교 등이 운항기술기준(국토교통부고시) 제3장(항공훈련기관)에 따라 항공훈련기관으로 인가받아 운영하고 있다.

「항공안전법 시행규칙」 제104조에 따라 전문교육기관으로 지정을 받으려면 커리큘럼, 교관, 시설 및 장비 등 현황을 담은 '교육계획서'를 제출하여야 하며, 지정기준 세부사항은 시행규칙 별표 12에 나와 있다.

항공안전법 시행규칙 제104조(전문교육기관의 지정 등)

① 법 제48조 제1항에 따른 전문교육기관으로 지정을 받으려는 자는 별지 제57호서식의 항공종사자 전문교육기관 지정신청서에 다음 각 호의 사항이 포함된 교육계획서를 첨부하여 국토교통부장관에게 제출하여야 한다.
1. 교육과목 및 교육방법
2. 교관 현황(교관의 자격 · 경력 및 정원)
3. 시설 및 장비의 개요
4. 교육평가방법
5. 연간 교육계획
6. 교육규정

② 법 제48조 제2항에 따른 전문교육기관의 지정기준은 별표 12와 같으며, 지정을 위한 심사 등에 관한 세부절차는 국토교통부장관이 정한다.

③ 법 제48조 제3항에서 "국토교통부령으로 정하는 사항"이란 다음 각 호의 사항을 말한다. 〈신설 2018. 4. 25.〉
1. 교육과정, 교관의 인원 · 자격 및 교육평가방법
2. 훈련용 항공기의 지정 및 정비방법에 관한 사항
3. 전문교육기관의 책임관리자
4. 교육훈련 기록관리에 관한 사항
5. 교육훈련의 품질보증체계에 관한 사항
6. 그 밖에 교육훈련에 필요한 사항으로서 국토교통부장관이 정하여 고시하는 사항

④ 국토교통부장관은 제1항에 따른 신청서를 심사하여 그 내용이 제2항에서 정한 지정기준에 적합한 경우에는 법 제35조, 제37조 및 제44조에 따른 자격별로 별지 제58호서식의 항공종사자 전문교육기관 지정서 및 별지 제58호의 2 서식의 훈련운영기준(Training Specifications)을 발급하여야 한다. 〈개정 2018. 4. 25.〉

「항공안전법 시행규칙」 별표 12에서는 조종사, 관제사, 정비사 등 10개 과정별 교육훈련을 위한 전문교육기관의 교육계획, 교관, 시설 및 장비 확보기준 등에 대하여 규정하고 있다.

▼ 항공안전법 시행규칙 별표 12(전문교육기관 지정기준) 개요

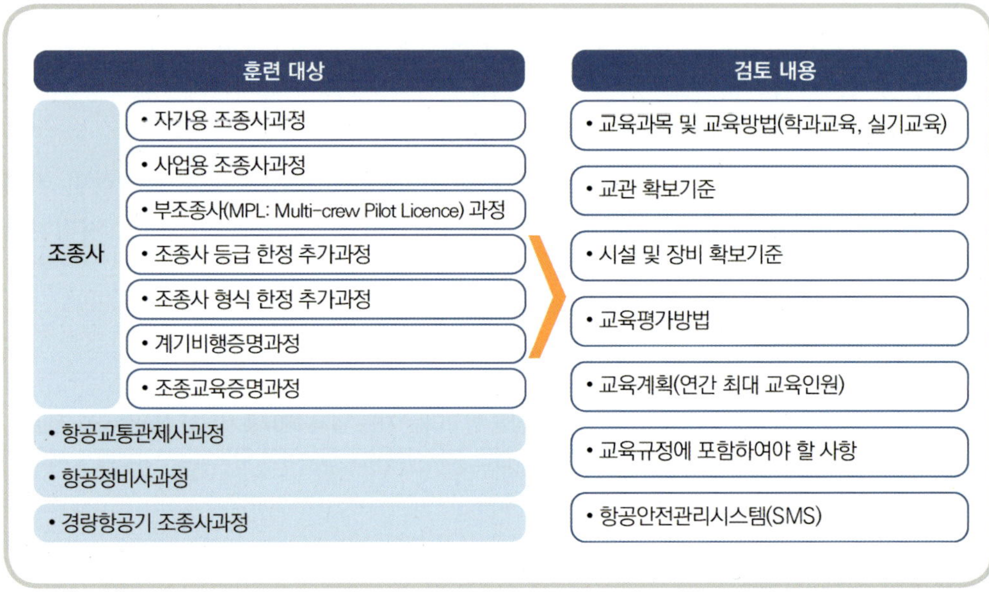

「항공안전법」 제77조에 따라 국토교통부장관은 '고정익항공기를 위한 운항기술기준'을 고시하고 있으며, 운항기술기준 제3장에서 항공훈련기관에 관한 사항을 규정하고 있다.

항공안전법 제77조(항공기의 안전운항을 위한 운항기술기준)

① 국토교통부장관은 항공기 안전운항을 확보하기 위하여 이 법과 「국제민간항공협약」 및 같은 협약 부속서에서 정한 범위에서 다음 각 호의 사항이 포함된 운항기술기준을 정하여 고시할 수 있다.

1. 자격증명
2. **항공훈련기관**
3. 항공기 등록 및 등록부호 표시
4. 항공기 감항성
5. 정비조직인증기준
6. 항공기 계기 및 장비
7. 항공기 운항
8. 항공운송사업의 운항증명 및 관리
9. 그 밖에 안전운항을 위하여 필요한 사항으로서 국토교통부령으로 정하는 사항

② 소유자등 및 항공종사자는 제1항에 따른 운항기술기준을 준수하여야 한다.

'고정익항공기를 위한 운항기술기준'에서는 항공 관련 업무 종사자의 훈련을 위한 '항공훈련기관'의 인가와 운영을 위한 요건 등을 규정하고 있다.

고정익항공기를 위한 운항기술기준(국토교통부고시)

제3장 항공훈련기관(Aviation Training Organizations)

3.1 일 반(General)

3.1.1 적 용(Application)

가. 이 장은 항공안전법 제77조 및 같은 시행규칙 제220조에 따라 항공관련 업무에 종사하는 자의 훈련을 담당하는 항공훈련기관(ATO)의 인가와 운영을 위한 요건 등을 규정한다.

나. 이 장은 항공운송사업자가 자신이 고용하고 있는 항공종사자를 훈련시키기 위하여 자체훈련기관을 설립하는 경우에는 적용하지 아니한다.

다. 항공종사자의 자격증명과 한정자격취득을 담당하는 전문교육기관에 대하여는 항공안전법 제48조 및 같은 법 시행규칙 제91조에 의한 항공종사자 전문교육기관 지정을 위한 항공종사자 자격별 훈련기준 · 지침 및 전문교육기관지정요령에 의한다.

2022년 12월 기준 국내 전문교육기관은 71개 기관(조종 23, 정비 36, 관제 5, 경량항공기 7)이며, 항공훈련기관은 23개 기관(항공사 등 10, 대학교 6, 직업전문학교 5, 공군 2)이 지정 · 인가받아 운영하고 있다.

❶ 전문교육기관 : 총 71개

(조종 23, 정비 36, 관제 5, 경량항공기 7)

① 조종사 양성 교육기관 : 총 23개 기관

* 대학교 11개, 직업전문학교 2, 제작사 1, 항공기사용사업체 6, 군 3

순번	구분	교육기관		지정일	훈련기(대)	정원(年)	운영공항
1	대학교	항공대학교	수색	1986.10	6	75명	정석(제주)
			울진	2010.07	14	70명	울진
2		한서대학교		2006.11	30	108명	태안
3		한국교통대학교		2014.07	5	30명	무안, 청주
4		초당대학교		2016.04	14	60명	무안, 산이

<table>
<tr><th>순번</th><th>구분</th><th colspan="2">교육기관</th><th>지정일</th><th>훈련기(대)</th><th>정원(年)</th><th>운영공항</th></tr>
<tr><td>5</td><td rowspan="7">대학교</td><td colspan="2">청주대학교</td><td>2018.09</td><td>8</td><td>40명</td><td>무안, 청주</td></tr>
<tr><td>6</td><td colspan="2">경운대학교</td><td>2018.11</td><td>7</td><td>33명</td><td>무안, 영암</td></tr>
<tr><td>7</td><td colspan="2">중원대학교</td><td>2018.12</td><td>4</td><td>40명</td><td>무안</td></tr>
<tr><td>8</td><td colspan="2">가톨릭관동대학교</td><td>2019.02</td><td>가디언즈 위탁
(훈련기 없음)</td><td>30명</td><td>양양</td></tr>
<tr><td>9</td><td colspan="2">신라대학교</td><td>2019.07</td><td>신한에어 위탁
(훈련기 없음)</td><td>35명</td><td>영암</td></tr>
<tr><td>10</td><td colspan="2">세한대학교</td><td>2019.08</td><td>미국비행학교위탁
(훈련기 없음)</td><td>35명</td><td>미국</td></tr>
<tr><td>11</td><td colspan="2">극동대학교</td><td>2021.06</td><td>8</td><td>40명</td><td>양양</td></tr>
<tr><td rowspan="2">12</td><td rowspan="3">직업전문
학교</td><td rowspan="2">한국항공
직업전문학교</td><td>울진(학부)</td><td>2014.05</td><td>3</td><td>30명</td><td>울진</td></tr>
<tr><td>울진(직업)</td><td>2014.01</td><td>14</td><td>60명</td><td>울진</td></tr>
<tr><td>13</td><td colspan="2">아세아항공직업전문학교</td><td>2022.02</td><td>한서대 위탁
(훈련기 없음)</td><td>25명</td><td>태안</td></tr>
<tr><td>14</td><td>제작사</td><td colspan="2">한국항공우주산업</td><td>2018.04</td><td>형식한정과정</td><td>.</td><td>사천</td></tr>
<tr><td>15</td><td rowspan="6">항공기
사용
사업체</td><td colspan="2">써니항공</td><td>2018.10</td><td>3</td><td>12명</td><td>무안</td></tr>
<tr><td>16</td><td colspan="2">한국항공</td><td>2018.12</td><td>3</td><td>20명</td><td>청주</td></tr>
<tr><td>17</td><td colspan="2">스펙코어</td><td>2019.01</td><td>4</td><td>40명</td><td>울산, 무안</td></tr>
<tr><td>18</td><td colspan="2">에어플렉스항공(2022.10.18)</td><td>2019.02</td><td>4</td><td>5명</td><td>양양</td></tr>
<tr><td>19</td><td colspan="2">SOC항공비행교육원</td><td>2019.04</td><td>3</td><td>15명</td><td>무안</td></tr>
<tr><td>20</td><td colspan="2">신한에어</td><td>2019.04</td><td>2</td><td>45명</td><td>영암</td></tr>
<tr><td>21</td><td rowspan="3">군</td><td colspan="2">공군</td><td>1995.02</td><td>비공개</td><td>비공개</td><td>비공개</td></tr>
<tr><td>22</td><td colspan="2">육군</td><td>1997.12</td><td>〃</td><td>〃</td><td>〃</td></tr>
<tr><td>23</td><td colspan="2">해군</td><td>2008.12</td><td>〃</td><td>〃</td><td>〃</td></tr>
<tr><td colspan="6">총계</td><td>848명</td><td></td></tr>
</table>

② 항공정비사 양성 교육기관 : 총 36개 기관

* 대학교 13 , 전문대학 7, 고등학교 4, 항공사 2, 직업전문학교 9, 군 1

순번	구분	교육기관	지정일	정원(年)	지역
1	대학교	한서대학교	2007.04	70명	충남 태안
2	대학교	경운대학교	2018.08 2021.12	비행기 : 120명 전기 · 전자 : 40명	경북 구미
3	대학교	신라대학교	2019.12	48명	부산 사상구
4	대학교	극동대학교	2020.02	비행기 : 60명 전기,전자 : 30명	충북 음성
5	대학교	한국항공대학교	2020.10	120명	경기 고양
6	대학교	가톨릭관동대학교	2020.11	48명	강원 강릉
7	대학교	호원대학교	2020.12	48명	전북 군산
8	대학교	세한대학교	2020.12	60명	충남 당진
9	대학교	창신대학교	2021.01	24명	경남 창원
10	대학교	여주대학교	2021.03	60명	경기 여주
11	대학교	초당대학교	2021.03	30명	전남 무안
12	대학교	중원대학교	2021.09	30명	충북 괴산
13	대학교	청주대학교	2022.08	48명	충북 청주
14	전문대학	한국폴리텍항공캠퍼스	2001.12	72명	경남 사천
15	전문대학	동원과학기술대학교	2016.03	90명	경남 양산
16	전문대학	경북전문대학교	2016.08 2022.03	비행기 : 60명 헬리콥터 : 36명	경북 영주
17	전문대학	경남도립남해대학교	2019.09 2022.04	비행기 : 60명 헬리콥터 : 60명	경남 남해
18	전문대학	충청대학교	2020.08	90명	충북 청주
19	전문대학	경남도립거창대학교	2021.12	48명	경남 거창
20	전문대학	구미대학교	2022.02 2022.02	비행기 : 110명 헬리콥터 : 36명	경북 구미
21	고등학교	정석항공고항공기술교육원	2011.12	240명	인천 미추홀구
22	고등학교	경북항공고항공기술교육원	2014.02	115명	경북 영주

순번	구분	교육기관	지정일	정원(年)	지역
23	고등학교	강호항공고등학교	2015.02	120명	전북 고창
24		경남항공고등학교	2019.10	24명	경남 고성
25	항공사	대한항공 항공기술교육원	1993.01	72명	서울 강서구
26		아시아나항공정비직업훈련원	1995.04	60명	인천 중구
27	직업전문학교	한서항공직업전문학교	1998.07	100명	서울 광진구
28		한국에어텍항공직업전문학교	1999.03	180명	서울 강서구
29		국제항공직업전문학교	1999.12	60명	서울 영등포구
30		아세아항공직업전문학교	2010.12	420명	서울 용산구
31		한국항공직업전문학교	2006.03	200명	서울 동대문구
32		한국과학기술직업전문학교	2014.11	300명	서울 영등포구
33		인하항공직업전문학교	2018.06	120명	인천 부평구
34		에이스항공직업전문학교	2019.09	180명	인천 부평구
35		한국항공기술직업전문학교	2022.05	60명	서울 강서구
36	군	공군	1995.04	비공개	비공개
총계				3,749명	

③ 항공교통관제사 양성 교육기관 : 총 5개 기관

* 대학교 3, 공항공사 1, 군 1

순번	구분	교육기관	지정일	과정명	정원(年)	지역
1	대학교	항공대 항공교통관제교육원	1999.03	항공교통관제사과정	50명	경기 고양
2		한서대 항공교통관제교육원	2003.08	항공교통관제사과정	42명	충남 태안
3		경운대학교	2022.12	항공교통관제사과정	20명	경북 구미
4	공항공사	한국공항공사 항공기술교육원	1999.09	항공교통관제사과정	20명	충북 청주
5	공군	공군교육사령부 항공교통관제사 전문교육원	1999.06	항공교통관제사과정	(비공개)	(비공개)
총계				132명		

④ 경량항공기 조종사과정 : 총 7개 기관

* 개인사업자 4, 일반법인 2, 학교법인 1

순번	구분	기관명칭	지정일	과정명	정원(年)	소재지
1	개인사업자	에어랜드항공 경량비행교육원	2016.07	경량항공기 (타면조종형)	64명	경남 합천
2		하늘누리항공 경량비행교육원	2018.06	경량항공기 (타면조종형)	60명	경기 화성
3		공주경량항공 경량비행교육원	2019.03	경량항공기 (타면조종형)	64명	충남 공주
4		성주항공 경량비행교육원	2022.04	경량항공기 (조종형비행기)	72명	강원 원주
5	일반법인	아트항공레저 경량비행교육원	2020.04	경량항공기 (타면조종형)	96명	경기 안성
6		알파트로스항공 경량비행교육원	2022.06	경량항공기 (조종형비행기)	72명	전남 나주
7	학교법인	초당대학교 경량비행교육원	2021.02	경량항공기 (타면조종형)	150명	전남 무안
총계					578명	

❷ 항공훈련기관 : 총 23개

(항공사 등 10, 대학교 6, 직업전문학교 5, 공군 2)

순번	구분	교육기관	인가일	훈련과정	장소
1	항공사 등	Boeing Korea 훈련캠퍼스	2001.12	• 비행훈련과정 – 모의비행장치를 이용한 조종사 지상학 및 비행훈련	인천 중구
2		Airbus Korea 훈련서비스원	2006.10	• 비행훈련과정 – 모의비행장치를 이용한 조종사 지상학 및 비행훈련	인천 중구
3		CAE Korea (Canadian Aviation Electronics) 항공훈련센터	2013.08	• 비행훈련과정 – 모의비행장치를 이용한 조종사 지상학 및 비행훈련	서울 강서구

순번	구분	교육기관	인가일	훈련과정	장소
4		아시아나항공 캐빈훈련팀	2016.03	• 객실승무원훈련과정	서울 강서구
5		아시아나항공 정비본부 정비지원팀	2016.09	• 항공기 기종교육과정 – A320F 항공정비사	인천시 중구
6		한국공항공사 항공훈련센터	2016.12	• 비행훈련과정 – 제트비행 전환과정 – 제트비행 기본기량 유지과정 – 항공사 취업 준비과정	서울 강서구
7		헬리코리아 항공훈련센터	2018.03	• 비행훈련과정 – 헬리콥터 조종사 지상학 및 비행훈련과정	대전 대덕구
8		한국교통안전공단 항공교육센터	2013.11	• 안전관리과정 – 항공안전과정(SMS) – 인적요인과정(운항) – 인적요인과정(정비)	서울 마포구
9		항공우주산학융합원 항공산업교육훈련센터	2021.05 2022.08	• 항공정비훈련과정 – 정비조직인증(AMO) 산 · 학 · 연 실무자 교육과정 • 항공기 기종교육과정 – B-787 항공정비사	인천 연수구
10		티웨이항공 항공훈련센터	2021.11	• 객실승무원훈련과정	서울 강서구
11	대학교	한국항공대학교 정석비행훈련원	2004.12	• 비행훈련과정 – 신입 조종사 기본훈련 과정	제주 서귀포시
12	대학교	한국항공대학교 수색비행교육원	2015.03	• 조종사 지상학과정	경기 고양시
13	대학교	한국항공대학교 항공안전교육원	2002.07	• 항공보안과정 • 안전관리과정	경기 고양시
14	대학교	한국폴리텍 II 대학 남인천캠퍼스 항공기술교육원	2021.08 2022.03	• 항공기 기종교육과정 – C-172 항공정비사 • 항공정비훈련과정 – 항공기복합소재 제작 및 수리과정 – B-737 Engine Runup 과정	인천 미추홀구
15	대학교	극동대학교 항공안전보안교육원	2022.05	• 항공보안과정 • 안전관리과정	충북 음성군

순번	구분	교육기관	인가일	훈련과정	장소
16		한서대학교 항공기술교육센터	2022.08	• 안전관리과정 • 항공정비훈련과정 • 항공기 기종교육과정	충남 태안군
17	직업 전문 학교	한국항공우주기술협회 항공기술교육원	2015.09	• 항공정비훈련과정 – 항공정비사교관과정 • 항공기 기종교육과정 – C–172 항공정비사	서울 강서구
18		한국에어텍항공 직업전문학교 항공정비훈련원	2018.02	• 항공기 기종교육과정 – B–737NG 항공정비사	서울 강서구
19		아세아항공 직업전문학교 기종교육센터	2018.04 2022.11	• 항공기 기종교육과정 – B–737NG 항공정비사 – B–737NG 교관과정	서울 강서구
			2019.11	• 항공기 기종교육과정 – A–320F 항공정비사	
			2020.06	• 항공기 기종교육과정 – C–172 항공정비사	
20		한국과학기술 직업전문학교 항공기종교육원	2018.04	• 항공기 기종교육과정 – B–737NG 항공정비사	서울 영등포구
21		인하항공직업전문학교 기종교육원	2019.09	• 항공기 기종교육과정 – A–320F 항공정비사	인천 부평구
			2022.05	• 항공기 기종교육과정 – A–330F 항공정비사	
22	공군	공군 항공안전단 안전관리실	2004.12	• 안전관리과정	서울 동작구
23		공군항공우주의료원 항공우주의학훈련센터	2016.10	• 비행훈련과정 – 항공생리훈련과정(고정익) – 항공생리훈련과정(회전익 항공기) – 조종사 초급과정	충북 청주

쉬어가기

재미있는 항공종사자 자격증명 이야기

대한민국 항공에 관한 법규의 역사는 1927년 조선총독부령에 의해 제정되어 해방 후 독자 법령이 준비되기 전까지 1945년의 미군정청령에 의거 법령이 유지되었다가 이후 1952년 ICAO 시카고협약에 가입하면서 독자적인 국내 항공법 제정의 필요성이 대두되었다. 이에 정부는 1958년 미국 연방항공청(FAA)의 항공법 전문가를 초청하여 국내 항공법 제정 방안을 검토하는 등 자체적인 준비 과정을 거친 후 국내법 체계를 고려한 항공법을 마련하였고, 입법 절차를 걸쳐 1961년 6월 7일부터 항공법이 시행되었다. 현재는 항공법을 항공안전법, 항공사업법 및 공항시설법으로 분법하여 2017년 3월 30일부터 시행하고 있다.

먼저 항공종사자 자격증명을 말하기 전에 항공종사자 자격증명의 용어에 대해 잘못된 부분을 바로잡고 시작하고자 한다. 항공업무에 종사하기 위해서는 국토교통부 장관으로부터 항공종사자 자격증명을 취득해야 한다. 이 자격증명을 대부분의 사람들은 “면장”이라고 부르고 있으나, 이는 정확한 법적 명칭은 아니다. 정확한 명칭은 “항공종사자 자격증명”이고, 이것을 출력한 형태(양식)를 “항공종사자 자격증명서”라고 한다.

최초 항공종사자 자격증명은 “항공종사자 기능증명서”(현재의 자격증명서)로 불리었고, 항공기에 탑승하여 항공업무를 종사하는 사람은 “항공면허장”(승무원 면허)을 추가로 소지해야 했다. 여기서 항공면허장의 준말로 “면장”이라는 용어가 탄생된 것으로 추정된다.

최초의 항공종사자 자격증명은 현재와 어떤 차이가 있을까? 아래 표에 정리를 해놓았다.

항공법 제정 당시	현 재	비 고
정기운송용조종사	운송용조종사	1969. 5. 19. 개정
상급사업용조종사	사업용조종사	1969. 5. 19. 개정
사업용조종사		
자가용조종사	자가용조종사	
–	부조종사	2009. 9. 10. 신설
1등 항공사	항공사	1969. 5. 19. 개정
2등 항공사		
항공기관사	항공기관사	

쉬어가기

항공법 제정 당시	현 재	비 고
1등 항공통신사	–	1992. 7. 1. 폐지
2등 항공통신사		
3등 항공통신사		
항공교통관제사	항공교통관제사	
1등 항공정비사	항공정비사	• 1969. 5. 19. 개정 (1등~3등급 통합) • 2009. 9. 10. 개정 (항공정비사와 항공공장정비사 통합)
2등 항공정비사		
3등 항공정비사		
항공공장정비사		
–	운항관리사	1969. 5. 19. 신설*

* 운항관리사 자격 신설 전까지는 운항관리자라는 명칭으로 당시 교통부에서 자격 관리

그리고 항공법 제정(1961. 6. 7.) 이후 각 자격별 최초 항공종사자 자격증명 취득자는 아래 표에 정리해놓았다.

자격명	성 명	취득일자	비고
정기운송용조종사	강호륜	1962. 12. 07.	현 운송용조종사
상급사업용조종사	최윤섭	1963. 10. 30.	현 사업용조종사
사업용조종사	이일근	1962. 12. 31.	
자가용조종사	조현두	1962. 12. 31.	
부조종사	–	–	현재 취득자 없음
1등 항공사	송광헌	1963. 11. 12.	현 항공사
2등 항공사	박성도	1962. 12. 31.	
항공기관사	송양우	1962. 12. 31.	
항공교통관제사	김두방	1962. 12. 31.	
1등 항공정비사	송양우	1962. 12. 31.	현 항공정비사
2등 항공정비사	조원식	1962. 12. 31.	
3등 항공정비사	정태현	1962. 12. 31.	
항공공장정비사	박용동	1963. 10. 30.	
운항관리사	홍응준	1964. 06. 18.	운항관리자로 최초 자격취득

* 조선총독부령 및 미군정청령에 따라 취득한 사람 제외

쉬어가기

항공법 제정 당시 항공종사자 발급 및 시험은 교통부에서 수행하였고, 이후 한국교통안전공단에서 항공종사자 자격증명 시험(1984년), 한정심사 시험업무(1988년), 자격증명서 발급업무(1999년)를 국토교통부로부터 위탁받아 업무를 수행하고 있다.

항공정비사, 운항관리사, 항공교통관제사의 실기시험은 2004년 7월까지는 구술면접형 시험으로 보았으나, 실제 업무수행능력 평가 등에 문제점을 해소하고자 실작업형 평가가 도입되었고, 2015년 서울 상암 항공자격시험장에 항공정비사 실기시험을 위한 실작업형 평가장을 구축하였다.

항공종사자 자격증명 학과시험은 2009년까지 지필지험(PBT)으로 진행하였으나, 2010년 상시원격시험시스템을 구축하여 컴퓨터 기반(CBT) 시험으로 변경하였다.

쉬어가기

미래의 항공교통 무선통신은 어떤 방식이 될까?

"시리야, 제주까지 태워다 줘."

시리와 빅스비가 비행기 조종석으로 오고 있다고 한다. 세계 각국의 항공기 제작 엔지니어들이 보이스 기술을 현실의 비행기와 교통시스템 안으로 접목시키기 위한 노력에 박차를 가하고 있다. 음성 제어 기술은 지속적으로 발전하고 있으며 애플의 시리와 삼성의 빅스비가 소비자들의 일상 생활의 일부가 되었듯이, 항공기 제작사 엔지니어들과 연구원들은 조종사들이 음성 명령으로 비행기를 조종할 수 있게 해줄 새로운 조종석 시스템을 개발하고자 시간과 노력을 아끼지 않고 있다. 전문가들은 2050년 정도에는 이런 음성 제어 항공기가 하늘을 나는 것을 볼 수 있을 것이라고 전망한다.

기존에 음성을 대신하는 CPDLC(일종의 문자 통신과 유사)와 같은 데이터 통신이 대안으로 제시되었으나, 업무가 집중되고 바쁜 시간에는 조종사가 메시지 작성을 위한 입력에 시간을 많이 소모함으로써 안전을 위한 주변 경계 및 시스템 모니터 업무에 소홀해지고 입력 오류로 인한 문제를 발생시키는 등 부작용에 대한 보고가 많아서 음성통신에 대한 대체 수단으로서의 한계를 보였다. 앞으로도 항공용으로는 원칙적으로 음성통신이 주 통신 수단으로 역할을 할 것으로 보인다.

"Tell me the weather at Jeju and Gimpo, and tell me the critical weather en route."처럼 조종사가 업무량을 줄이기 위해 시스템에 줄 수 있는 음성 명령을 내리면 시스템은 정보를 실시간 조회하여 그것을 파악하고 조종사에게 자동으로 그 정보를 표시해 줄 것이다. 직접 자료를 찾는 대신 가상 비서에게 음성으로 날씨를 물어보고 정보를 얻을 수 있다면 시간을 절약할 수 있게 될 것이다. 뿐만 아니라 조종사들이 무선 주파수를 맞추거나 방향을 바꾸는 것과 같은 간단한 명령을 내리는 것도 가능하게 될 것이다.

초기 소비자들이 터치스크린 스마트폰에 대한 조작 미숙으로 인한 불편 민원이 많았으나 금새 익숙해졌듯, 시스템이 안정화된다면 조종사들도 음성 제어에 익숙해질 것이며 해당 시스템은 조종사들이 이용하는 일상 도구로 거듭날 것이다.

음성 제어 항공기가 활성화되기 전에 항공기 제조업체는 시스템이 높은 정확도로 항공 전문 용어를 이해하고 반응하도록 가르쳐야 하는 숙제가 있다. 자연어 처리 상황에 대한 이해를 바탕으로 전문용어를 인식할 수 있도록 학습하여야 하며, 항공기가 즉각적으로 정확하게 반응할 수 있도록 검증되어야 한다. 특히 시스템은 어려운 조건에서 비행할 때 조종사의 명령을 인식하고 이해해 지원할 수 있어야 하며, 다양한 방언, 억양, 언어 패

쉬어가기

턴과 조종석 내 소음도 극복해내야 한다.

이를 위하여 다양한 국적의 항공종사자에 대한 음성 데이터가 수집되고 AI에 의해 학습되어야 하며, 수년간의 검증과정을 거쳐야 할 것으로 보이지만, 결국 기술의 발전으로 조종사들의 업무 피로도와 효율성은 획기적으로 개선될 것으로 예측된다.

XI

항공분야 탄소감축 정책

01 해외 항공부문 탄소감축 정책 동향
02 국내 항공교통부문 탄소감축 추진현황
03 국내공항 운영 탄소감축 추진현황
04 탈탄소를 위한 정책 방향

01 해외 항공부문 탄소감축 정책 동향

가. 글로벌 기후위기 대응

지구의 육지가 따뜻해지고 있다는 것을 처음 인식한 시기는 1930년대였다. 대기 중 이산화탄소 농도 상승이 일부 원인으로 거론되었지만, 당시에는 지구온난화 현상이 아직 뚜렷하게 나타나지 않았기 때문에 관측된 온난화가 장기적인 추세인지 자연 변동성의 일부인지 확실하지 않았다. 하지만 지구는 계속 따뜻해졌고 1980년대부터는 온도 변화가 뚜렷해졌다.[1]

▼ 산업화 이전 대비 전지구 평균 지표 온도 변화(℃)

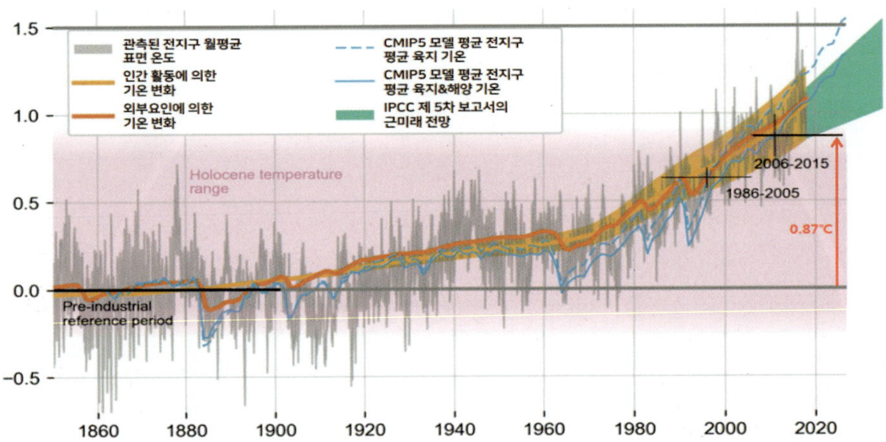

자료 : IPCC 1.5℃ 특별보고서

1988년 이전까지 기후변화 문제는 과학자들이나 시민단체 등 주로 비정부 부문에서 논의되었다. 그러나 과학자들이 기후변화 문제의 심각성을 널리 알리면서 전 지구적 문제로 인식되기 시작하였다.

1 IPCC 제6차 평가보고서 Working Group I FAQ 1.2

1992년 6월, '환경개발회의(UNCED, United Nations Conference on Environment and Development, 리우 정상회의)'에서 '인간이 기후체계에 위험한 영향을 미치지 않을 수준으로 대기 중의 온실가스 농도를 안정화'시키는 것을 목표로 세계 정상들이 한자리에 모여 유엔기후변화협약(이하 '기후변화협약'이라 약칭)에 서명하였다.

▼ **파리협정 체결 과정**

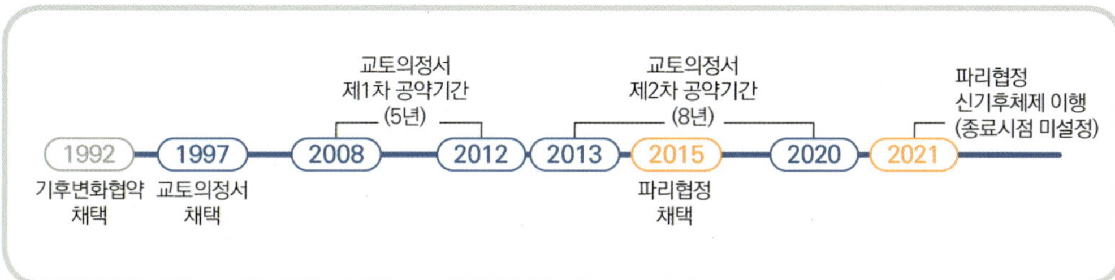

자료 : 파리협정 함께 보기(환경부, 2022.3)

기후변화협약의 정식명칭은 '기후변화에 관한 국제연합 기본협약(UNFCCC, United Nations Framework Convention on Climate Change)'이며 1992년 5월 9일 채택되어 1994년 3월 21일 발효되었다. 2022년 현재 협약의 당사국(party)은 198개국이며, 거의 모든 국가가 기후변화협약의 당사국인 셈이다. 하지만 당시 기후변화협약은 감축 의무를 구체적으로 어떻게 이행해야 하는지는 규정하지 않았다.

이에 1997년 제3차 당사국총회(일본 교토)는 구체적인 의무를 담고 있는 '교토의정서[2](Kyoto Protocol)'를 채택하였다. 교토의정서는 감축해야 하는 온실가스의 목록(부속서 A), 감축 의무를 부담하는 국가와 그들의 구체적인 감축량(부속서 B) 등을 규정하고 있으나, 교토의정서를 채택할 무렵 세계에서 가장 많이 온실가스를 배출하고 있었던 미국이 의정서를 비준하지 않았고 캐나다는 제1차 공약기간(2008~2012) 후 의정서에서 탈퇴하였다. 일본과 러시아, 뉴질랜드는 탈퇴하지 않았으나 제2차 공약기간(2013~2020년)에 참여하지 않겠다는 의사를 밝혔다. 중국이나 인도처럼 온실가스를 많이 배출하는 국가들이 개발도상국이라는 이유로 감축의무 국가에서 제외됐다.[3]

매번 새로운 공약기간을 정하고 개별국가의 감축목표를 정하는 것은 어려운 작업

2 (채택) 1997. 12. 11, (발효) 2005. 2. 16

3 파리협정 길라잡이(환경부, 2016.7)

이었고, 체제가 지속될지 어떨지 불확실한 상황에서 기후변화에 적극적으로 대응하기 어려워졌으며, 기후변화에 제대로 대응하려면 이전과는 다른 새로운 체제가 필요하다는 인식이 퍼지기 시작하였다. 또한 교토의정서 체제는 '차별화된 책임' 중심의 이행체제로 일부 선진국의 감축 의무 부담 거부와 개도국의 급격한 온실가스 배출량 증가가 복합적으로 작용하여 전 지구적 온실가스 배출량이 급증하는 한계에 봉착하게 되었다.[4]

이에 심화되는 기후 위기에 함께 대응하기 위한 새로운 체제가 필요하다는 공감대가 형성되었고, 2011년부터 4년간의 협상 끝에 '2020년 이후에 모든 국가에 적용되는 새로운 조약'인 '파리협정'이 탄생하게 되었다.

2015년 12월 12일 파리에서 열린 제21차 유엔기후변화협약 당사국총회[5](COP21) 본회의에서 195개 당사국이 산업화 이전 수준 대비 지구 평균온도가 2℃ 이상 상승하지 않도록 온실가스 배출량을 단계적으로 감축하자는 약속을 하였고, 이것을 우리는 '파리기후변화협약'이라 부른다.

파리협정에서 가장 널리 알려진 장기온도목표는 지구 평균온도를 산업화 이전[6] 대비 2℃ 이상 상승하지 않도록 유지하고, 1.5℃ 이내로 상승 억제 노력을 추구하기 때문에 2℃/1.5℃ 목표라고 부르기도 한다.

기후위기가 심화되는 상황에서 기후변화에 관한 정부간 협의체(IPCC)가 『지구온난화 1.5℃ 특별보고서(2018)』를 발간 후, 인류 생존을 위해 1.5℃ 상승 억제의 중요성이 더욱 부각되며 제26차 당사국총회를 계기로 본격적으로 파리협정의 대표 온도 목표가 되었다. IPCC는 동 보고서를 통해 1.5℃ 상승 억제 목표 달성을 위해 "전 지구적으로 2030년까지 2010년 온실가스 배출량 대비 45% 감축하고, 2050년까지 순배출량을 '0'으로 만들어야 한다(net-zero[7])"고 제언하였다.

파리협정의 성격을 가장 잘 나타내주는 요소는 제3조에 규정된 '국가결정기여

4 「파리협정 함께 보기」(환경부, 2022.3)

5 당사국총회(COP, Conference Of Parties)는 UNFCCC의 최고 의사결정기구로 매년 말 1회 개최된다. 협약의 하부 조약인 교토의정서와 파리협정도 이때 함께 총회를 개최하며, 각 조약이 관장하고 있는 내용에 대한 의사 결정을 한다.

6 기후변화협약이나 파리협정에서는 구제적으로 '산업화 이전(pre-industrial)' 의 시점을 명시하고 있지 않다. 이에 산업혁명이 일어난 18세기 중반 이전의 모든 시점이 될 수도 있으나, IPCC는 체계적인 지구평균온도 상승 분석을 위해 '1850~1990년' 기간 동안의 지구평균온도를 기준값으로 사용하고 있다.

7 온실가스 순배출량(net emissions)은 배출원에 의한 배출량(+)에 흡수원에 의한 흡수/제거량(-)을 반영한 값이다.

(nationally determined contribution, NDC)'다. 단어의 뜻 그대로 파리협정의 장기 온도목표 달성을 위해 각국이 '스스로' '결정'하여 제출한 기후변화 대응 및 온실가스 감축 목표이다. 기존의 교토의정서 체제와 달리 모든 당사국이 함께하는 체제를 만들고자 하다 보니 감축목표를 일방적으로 부여하지 못하고, 목표 설정에서의 각국의 자율성을 보장하기 위해 '공약(commitment)' 대신 강제력이 약한 '기여(contribution)'를 사용하게 되었다.

다만, NDC 목표 유형 및 수준은 각국이 자율적으로 설정할 수 있도록 보장하되, 파리협정의 장기 목표 달성을 위해 시간이 경과함에 따라 목표 수준을 강화하는 '진전원칙(progression over time)'은 준수하기로 합의하였다.

▼ 파리협정 이행 과정

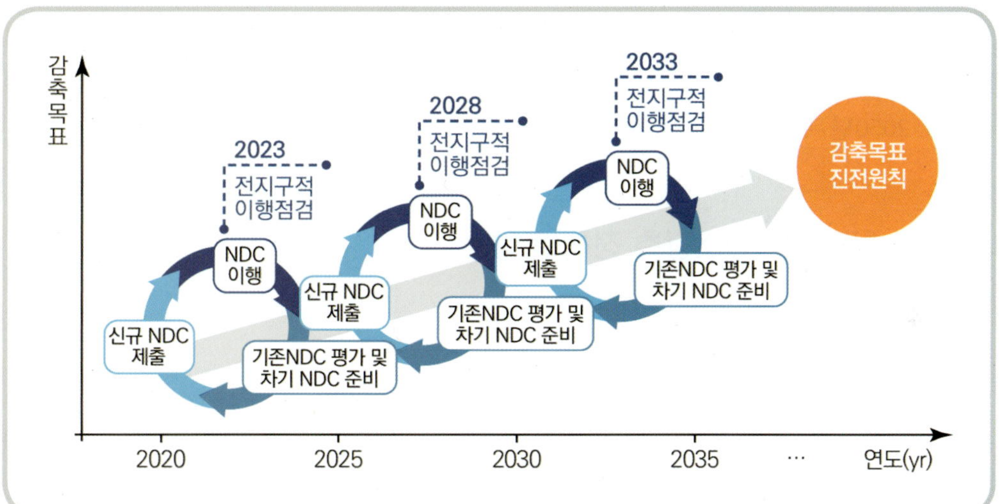

자료 : 환경부 「파리협정 함께 보기」, 2022.3

파리협정의 모든 당사국은 2020년부터 5년마다 NDC를 수립해서 제출해야 하는 의무를 가진다. NDC는 단순히 제출만 하면 되는 것이 아니고 각국의 중기 온실가스 감축목표로서 지속적인 이행 노력을 해야 한다. 아울러 협정 제14조를 통해 설립된 점검 체계인 '전 지구적 이행점검'의 결과를 다음 NDC 수립 시 반영해야 한다. 만약 감축목표를 상향하고자 하는 경우에는 현재의 NDC를 언제든지 조정하여 제출할 수도 있다.

한편 2050년까지 지구적인 탄소중립 달성을 위해 모든 당사국은 장기 온실가스 저배출 발전전략(LEDS[8], '장기 저탄소 발전전략')을 수립하여 2020년까지 제출하기로 했다. 장기 저탄소 발전전략은 파리협정의 장기 온도목표 달성을 위해 각국이 설정한 발전 원칙 또는 비전이라고 할 수 있으며, NDC는 이러한 장기 저탄소 발전전략의 구체적인 중기 이행 계획으로서 역할을 한다. 2022년 2월 말 기준 우리나라를 포함한 50개국이 LEDS를 제출하였고, 이 중 39개국이 탄소중립 목표를 장기비전으로 설정하였다.

우리나라는 2020년에 2050년까지 탄소중립을 달성하겠다는 '장기 저탄소 발전전략(LEDS)'을 발표하였다. 또한 2050 탄소중립 목표를 이행할 수 있는 근간인 「기후위기 대응을 위한 탄소중립·녹색성장 기본법(약칭 : 탄소중립기본법)」을 2021년 9월 제정하였고, 2021년 10월, 기존의 2030 NDC 목표였던 '2017년 배출량 대비 24.4% 감축(2018년 대비 환산 시 26.3% 감축)'을 '2018년 대비 40% 감축' 목표로 대폭 상향하였다. 이 상향된 감축목표는 지난 2021년 12월 23일, 대한민국의 1차 갱신 NDC로 공식 제출되었으며, 2022년 3월 25일부터 시행되는 탄소중립 기본법에 따라 20년 단위의 '국가 탄소중립 녹색성장 기본계획'을 수립하고 그 추진 상황을 매년 점검하여 2050년 탄소중립을 실현할 계획이다.[9]

나. 해외 항공부문 탄소감축 정책 동향

1) 탄소감축 수단

항공교통부문 탄소감축 정책의 가장 큰 특징은 국내선과 국제선이 각각 별도로 관리되고 있다는 점이다. 국가별 탄소감축정책은 국가 영토 내에서 발생하는 탄소배출량을 관장한다. 하지만 국제항공 및 국제해운과 같이 국가와 국가 간을 이동하는 국제운송수단에 대해서는 관할 영역을 명확히 하기 어려워 '교토의정서'를 통해 국제민간항공기구와 국제해사기구가 별도로 관리하기로 결정하였다.

항공부문의 탄소감축 수단은 크게 4가지로 구분하고 있으며 항공기 기술, 운영방식 개선, 지속가능항공유 사용, 시장기반 조치가 이에 해당된다.

8 (LEDS) Long-term low greenhouse gas Emission Development Strategies

9 「파리협정 함께 보기」(환경부, 2022.3)

항공기 기술은 기존의 화석연료를 사용하는 항공기가 아니라 전기배터리 및 수소연료전지 기반 항공기, 수소 직접연소 엔진 장착 항공기 등을 말하며, 이를 통한 탄소감축 효과는 50~100%까지 가능하다. 하지만, 전기배터리, 수소연료전기 기반 항공기는 배터리 무게 제약으로 단거리용에 적합하여 약 10년 후에야 상용화될 것으로 예상된다. 또한 수소 직접연소 엔진 장착 항공기는 중·장거리용으로 활용될 수 있으나, 글로벌 항공기 제작회사인 에어버스 사에서도 2035년 이후 상용화를 목표로 하고 있다.

▼ "ZEROe(수소항공기 개발프로젝트)" 콘셉트 디자인 및 상용화 로드맵

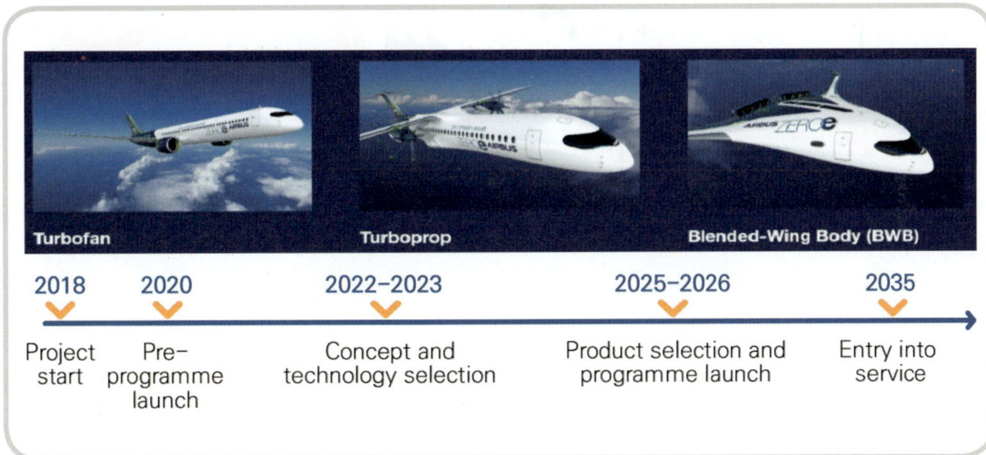

자료 : 에어버스

운영 방식 개선은 연료사용량 감축을 통해 탄소배출량을 줄이는 목적으로 활용된다. 연료사용량 감축을 위해서는 주로 단축항로를 이용하여 운항시간 및 거리를 단축하거나, 경량 적재용기 등을 사용하여 항공기 탑재 무게를 줄여 연료사용량을 줄이고 연료효율을 높이는 방식이 보편적이다. 또한 항공기가 공항내 지상에서 계류 중일 때 항공기 엔진을 가동하는 대신 AC-GPS[10](지상전원공급장치)를 사용함으로써 항공기 연료 사용을 줄이기도 하고, 엔진 성능을 최적으로 유지하기 위해 주기적으로 엔진을 세척하는 것도 탄소감축 주요 수단으로 활용되고 있다.

통상 바이오항공유로 알려져 있는 지속가능항공유(SAF, Sustainable Aviation

10 AC-GPS(AirCraft Ground Power Supply) : 계류장에서 항공기 엔진 가동을 대체해 항공기에 전력을 공급, 항공기 자체 엔진가동 대비 98% 에너지 사용량 감축

Fuels)는 생물자원(동·식물 물질) 또는 비생물학적(폐기물 등) 자원에서 생산되는 연료를 말한다. 최근 독일을 중심으로 활발히 개발되고 있는 전기에너지를 합성연료 형태로 저장하는 방식인 PtL(Power-to-Liquid[11])연료도 SAF 중 하나로 주목받고 있는 기술이다.

▼ PtL 생산과정

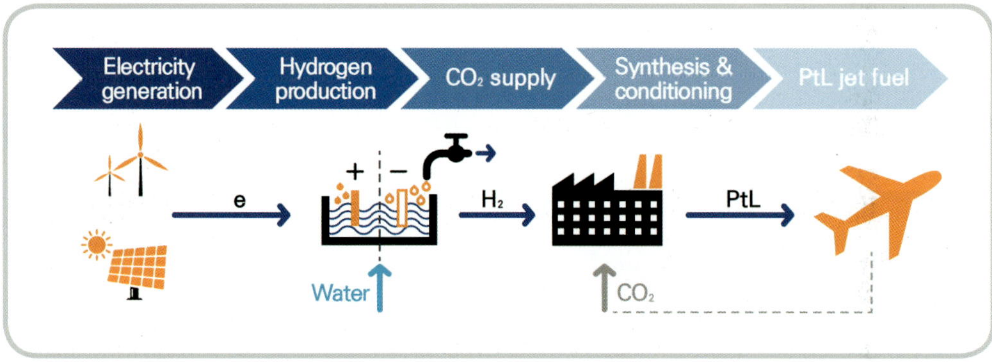

자료 : ICAO

SAF는 화학적, 물리적 특성이 기존 일반항공유와 동일하여 일반항공유와 다양한 비율로 안전하게 혼합이 가능하며, 탄소감축 효과는 바이오매스 기반 SAF는 최대 80%, PtL은 99%까지 탄소감축이 가능한 것으로 알려져 있다. 다만, SAF의 가격이 일반항공유에 비해 2배 이상 고가인 것과 바이오매스 등의 원료 수급에서 경쟁력을 갖춰야 한다는 단점이 있다. 그럼에도 불구하고 현재 전 세계 83개 공항에서 SAF를 공급한 경험이 있거나 지속적으로 공급하고 있으며, 대부분의 공급 공항은 북미와 유럽에 밀집해 있다.

위의 3가지 수단을 통해서 실질적인 탄소 감축을 이행하였음에도 불구하고 남은 탄소배출량은 시장기반조치(MBM, Market Based Measures)를 통해서 상쇄해야 한다. 항공과 관련된 대표적인 시장기반조치로는 온실가스 배출권거래제(ETS, Emission Trading Scheme), 국제항공 탄소감축상쇄제도(CORSIA, Carbon Offsetting and Reduction Scheme for International Aviation)가 있으며, 우리나라의 경우 국내선은 배출권거래제, 국제선은 CORSIA의 적용을 받고 있다.

---

11 물을 전기분해하여 수소를 추출한 후 CO2(화석연료에서 추출 또는 직접 포집)를 사용해 액체(예, 등유)형태로 가공

온실가스 배출권거래제는 온실가스를 배출하는 업체가 배출량만큼 배출권을 제출하도록 하는 제도이다. 정부는 온실가스 배출권거래제 대상 업체들이 배출할 수 있는 온실가스 배출량을 정하고, 그만큼만 온실가스 배출권을 할당한다. 기업들은 온실가스를 배출하면 배출한 양만큼 할당받은 배출권을 제출하거나, 할당받은 배출권보다 초과 배출했을 경우에는 "온실가스 배출권"을 시장에서 구매해 정부에 제출한다.

▼ **배출권거래제 설명**

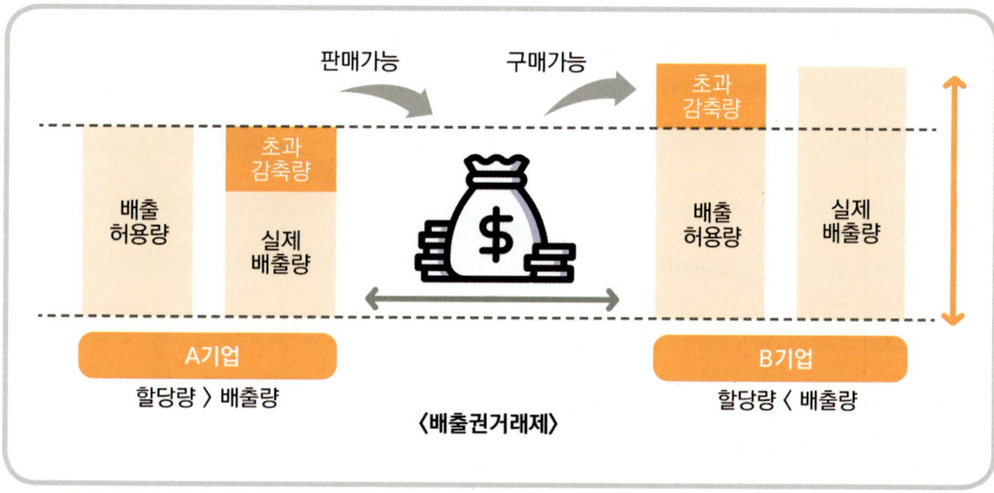

자료 : 환경부 '배출권거래제 탄소중립으로 가는 길', 2012.8

국제항공 탄소감축상쇄제도(CORSIA)는 ICAO의 '2020 탄소중립성장(CNG2020, Carbon Neutral Growth 2020)' 목표 달성을 위하여 2019~2020년 국제항공 분야의 평균 CO2 배출량을 기준으로 2021년부터 그보다 초과되는 배출량에 대해 항공사가 탄소시장에서 배출권을 구매하여 상쇄하는 형태로 개발되었다. 그러나 COVID-19로 인해 국제항공운송 시장이 얼어붙자, 2020년 6월 제220차 ICAO 이사회는 2021~2023년 3년 동안 한시적으로 2019년 배출량만 CORSIA 기준선으로 사용하기로 하고, 제41차 ICAO 총회에서는 2024년 이후부터 2019년 배출량의 85%를 적용하기로 결의하였다. CORSIA는 3년 주기로 이행을 하며 총 3단계로(예비단계, 1단계, 2단계) 나누어 운영된다. 예비기간(2021~2023)과 1단계(2024~2026)는 자발적 참여로 진행되며 2단계(2027년~)부터는 RTK 기준으로 의무항공사가 결정되며, 2018년 기준으로 국제선 수송 비중이 전 세계 총량의 0.5%를 초과하는 국가 또는 국가들을 RTK[12] 순서로 최고에서 최저순으로 나열하여 전 세계 국제선 수송 누적값이 90%

이내에 해당하는 국가는 모두 의무적으로 참여하도록 한다. 이외 최빈개도국(LDC[13]), 군소도서국(SIDS[14]), 내륙개발도상국(LLDC[15])은 제도 참여에서 면제되나 자발적 참여 장려를 하고 있다. CORSIA는 2035년 말까지 적용하고 2035년 이후의 제도 연장 여부는 2032년 말까지 결정한다.

▼ 국제항공의 순 CO2 배출량 감소를 위한 대책별 기여량

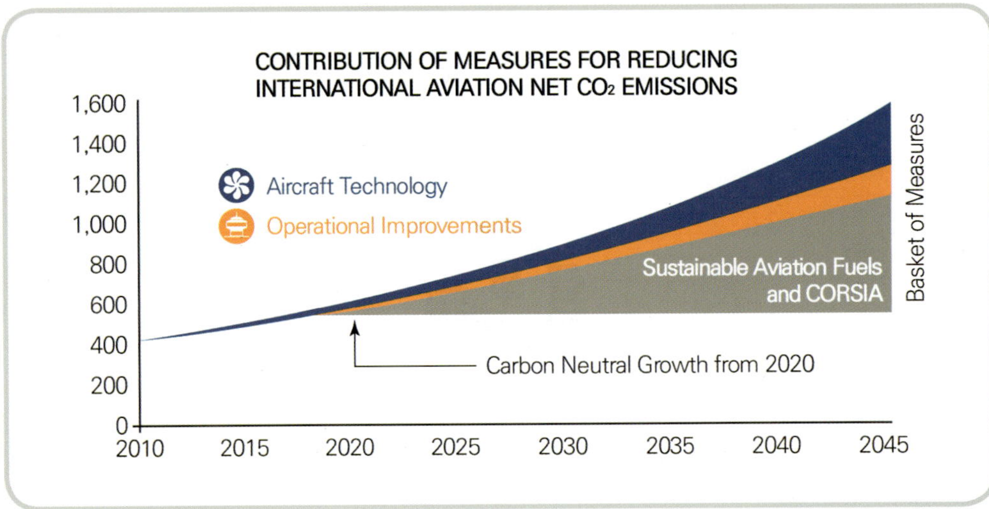

자료 : ICAO CORSIA

2) 탄소감축 정책 동향

항공교통부문 탄소감축 정책은 크게 EU 중심의 규제 정책과 미국 중심의 지원 정책으로 나누어 볼 수 있다.

EU는 2012년부터 EU 가입국가 안에서 운항하는 모든 국제 항공편에 CORSIA와 별개로 EU-ETS(유럽 배출권거래제)를 추가 적용하고 있다. 당초에는 EU 역내/역외 모두 포함하여 적용하려 하였으나, 이해당사자들의 반발로 2013년부터 EU 역내 국제선에만 적용 중이나, 이는 2023년까지 유효하여 그 이후 방식에 대해서는 논의 중

12 RTK(Revenue Tonne Kilometer, 유상운송실적) 항공사가 승객과 화물을 수송한 실적, 해당구간의 유상하중에 대권거리를 곱하여 산출

13 (LDC) Least Developed Countries

14 (SIDC) Small Island Developing Countries

15 (LLDC) Landlocked Developing Countries

이다. 그 밖에도 항공부문 배출권 무상 할당분을 점차 줄여서 2027년에는 모두 유상 할당으로 전환하고, 2023년부터는 친환경 연료를 제외한 모든 항공연료에 세금을 부과할 계획이다.

영국은 국제항공과 국제해운 온실가스 배출량을 영국 온실가스감축목표(NDC)에 포함하는 의욕적인 감축 의지를 발표(2020.12.)하였으며, 2022년 7월에는 2040년까지 국내선 온실가스 배출량을 '0'으로 하고, 2050년까지는 항공부문 온실가스 배출량을 '0'으로 감축하는 계획(Jet－Zero－Strategy)을 추가로 발표하였다.

프랑스는 2021년 7월에 고속열차 테제베로 2.5시간 이내 도착 가능한 단거리 국내선 여객기 운항을 금지하는 내용이 포함된 기후복원법안을 발표하였으며, 스웨덴은 스웨덴 내에서 3번째로 크며 주로 국내선·단거리 여객기가 취항하던 스톡홀름의 브롬마 공항을 폐쇄 결정하였다(2021.4.). 오스트리아는 350km 미만 거리 항공권에 추가 세금을 부과(30유로, 2020.6.), 네덜란드(암스테르담) - 벨기에(브뤼셀) 간 노선 운영을 중단하는 방안도 검토하고 있다.

미국은 에너지부, 교통부, 농무부 및 기타 정부 기관이 협력하여 SAF 증산을 위한 기술 확장 전략을 발표하였으며, 여기에는 2030년까지 연간 30억 갤런, 2050년까지는 수요량 100%에 상응하는 연간 350억 갤런 생산을 약속하는 내용이 포함되었다. 또한 2030년까지 SAF 생산 목표 달성에 필요한 생산 능력 확장을 위해 추가적인 인센티브 정책인 '인플레이션 감축법(IRA, Inflation Reduction Act)'도 발효되었다(2022.8.). 여기에는 SAF 혼합자에게는 2년, 생산자에게는 3년간 세금을 공제하고, SAF 1갤런당 1.25～1.74달러의 크레딧을 제공하여 세금 감면 혜택을 부여하기로 하였다.

독일은 재생에너지 전력기반 연료(PtL) 최소의무할당량을 도입하였으며 독일연방정부는 2016년 PtL연구에 3천만 유로의 자금을 지원한 바 있다.

02 국내 항공교통부문 탄소감축 추진현황

가. 탄소감축 제도 현황

국내선은 2010년 '저탄소 녹색성장 기본법'이 공포되면서 초기에는 목표관리제 아래에서 관리되다가 배출권거래제가 시행된 2015년부터는 배출권거래제 대상 업체로 지정되어 환경부로부터 배출허용량을 유·무상으로 할당받고 있다. 최근에는 '2050 탄소중립' 달성을 위한 법정 절차 등을 규정하는 '기후위기 대응을 위한 탄소중립·녹색성장 기본법안'으로 교체되면서 제1차 국가 탄소중립 녹색성장 기본계획 등을 마련중이며, 항공은 국내선이 수송 부문에 포함되어 항공기·연료의 친환경화 및 운항 효율화 추진계획이 포함되어 있다. 국가 온실가스 인벤토리에 따르면 우리나라 국내선 온실가스 배출량은 2019년에는 약 1.64백만 톤으로 우리나라 수송부문(101백만 톤)에서는 1.63%, 우리나라 전체 배출량(약 7억톤)에서는 0.23%를 차지한다.

국제선은 2019년부터 시행된 ICAO CORSIA에 자발적 참여를 하면서 CORSIA의 적용을 받고 있다. 우리나라는 ICAO 부속서 16, 제4권(CORSIA)에 따라 2019년부터 국제항공을 운항하는 국적항공사 목록(연간 1만 톤 이상 CO2 배출 항공사), 우리나라(환경부)가 지정한 국제항공 탄소배출량 검증기관, 연간 국제항공 탄소배출량 등을 통보하고 있다. 국제선 탄소배출량은 2019년에 약 2천3백만 톤으로 국내선의 약 14배 정도 수준이며, 2020년 이후는 COVID-19로 급감하여 약 1천만 톤 수준에 머무르고 있는 실정이다.

국내선은 국제선과 적용받는 제도도 다르지만 또 다른 특징 중 하나는 국내선은 관리 대상물질이 이산화탄소(CO2), 메탄(CH4), 아산화질소(N2O)인 반면, 국제선은 ICAO에서 CO2만 관리하고 있다는 점이다. 따라서 국내선 기후위기 대응을 말할 때 주로 '온실가스'라는 단어를 쓰고, 국제선은 '이산화탄소(줄여서 탄소)'를 사용한다.

나. 탄소감축 활동

우리나라는 CORSIA 시행(2019년) 전에도 '항공부문 온실가스 자발적 감축협약제도'를 통해 국적항공사의 적극적인 온실가스 배출량 감축을 유도해왔다(2010~2018

년). 아직까지는 바이오항공유를 포함한 SAF가 국내에서 생산·보급되지 않아 운영 방식 개선을 통한 연료효율 향상에 집중하고 있으며, 주요 감축 수단은 다음과 같다.

▼ 우리나라가 시행 중인 주요 탄소감축 수단

① 친환경 항공기 도입

연료효율이 우수하고, 탄소배출량이 적은 최신형 항공기 도입

* Ex) A350-900 : 연료효율 25% 향상, 탄소배출량 25% 감축

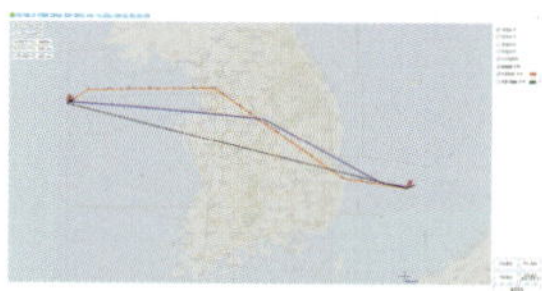

② 단축비행로 운영

주말 · 야간 등 군 공역 未 사용 시간대에 군 공역을 관통하는 직선비행경로를 운영함으로써 민간 비행경로를 단축

③ 항공기 보조동력장치(APU, Auxiliary Power Unit) 사용 억제

항공기 APU 사용 대신 지상에 설치된 지상전원장치(AC-GPS, GPU) 사용 확대

④ 단일엔진 활주

지상 활주 시, 하나 혹은 두 개 이상의 엔진 가동을 중지하고 한 개의 엔진만 가동하여 활주

⑤ 엔진 세척

항공기 엔진을 주기적으로 세척하여 연료효율을 증진

⑥ 경량 단위적재용기(ULD, Unit Load Device) 사용

화물 적재 시 사용하는 ULD를 경량형으로 교체하여 운항중량 감축

이외에도 항공기 모든 운항 단계에서 연료를 절감함으로써 온실가스 저감을 이끌어낼 수 있는 다양한 항공기 운영효율성 증대 방법을 시행 중이다. 엔진 팬 블레이드의 적절한 관리를 통한 성능향상, 항공기의 불필요한 장비/부품 제거, 경량식기 및 컵 사용, 기내음료수 등 승객서비스 용품 최적화 등 항공기에 탑재되는 무게 경감

및 최적의 탑재를 통한 온실가스 감축에 노력을 기울이고 있다.

또한 최적 교체공항 및 단축항공로 이용, 기상조건 및 기종/노선별 연료소모 통계를 반영한 최적의 연료탑재 등 최적비행계획 수립을 통한 운항비용 절감과 탄력적인 운항속도 적용, 이착륙 시 최적의 플랩 사용, 착륙 시 불필요한 역추력 사용 지양 등 최적운항속도 및 경제운항절차를 적용 중이다.

하지만, 최근 산업통상자원부에서 바이오항공유를 포함한 '친환경 바이오연료 확대방안'을 발표하였고, 우리나라는 2026년부터 바이오항공유 국내 공급을 목표로 하고 있어, 2026년 이후에는 바이오항공유 활용을 포함해서 보다 적극적인 탄소감축이 이루어질 것으로 예상된다.

03 국내공항 운영 탄소감축 추진현황

가. 국내공항 탄소감축 제도 현황

'저탄소 녹색성장 기본법 시행령' 제29조 및 '온실가스 에너지 목표관리 운영 등에 관한 지침' 제18조의 규정에 따라 국토해양부 고시 제2010-669호(2010. 9. 30.) '건물·교통분야 온실가스 에너지 관리업체 지정고시'에 의하여 인천국제공항공사와 한국공항공사가 사업장 단위의 온실가스·에너지 관리업체로 지정되었으며, 이후 '온실가스 배출권의 할당 및 거래에 관한 법률' 제8조의 규정에 따라 환경부 고시 제2014-162호(2014. 9. 12.) '배출권거래 할당대상업체'에 따라 인천국제공항공사와 한국공항공사가 대상 업체로 지정되었다. '온실가스 배출권의 할당 및 취소에 관한 지침' 제3조 제2항에 따라 인천공항과 김포공항이 대상으로 지정되어 매년 온실가스 배출량 및 에너지 사용량, 감축목표 수립/이행/실적 등을 정부에 보고하고 있다.

인천·김포공항 외 공항은 온실가스 배출권거래제 제3차 계획기간(2021~2025년)에 이르면서 '온실가스 배출권의 할당 및 취소에 관한 지침' 제3조(할당대상업체 및 할당대상사업장의 지정 등)에 의거하여 기준기간의 온실가스 배출량의 연평균 총량이 125,000 이산화탄소상당량톤(tCO2eq) 이상인 업체이거나 25,000 이산화탄소상당량톤(tCO2eq) 이상인 사업장을 하나 이상 보유한 업체로 변경되면서 인천·김포공항 외 모든 공항이 배출권거래제 적용 대상이 되었다.

나. 국내공항 온실가스 배출현황

공항공사의 영업활동에 의해 발생하는 온실가스는 Scope1(직접온실가스배출)과 Scope2(간접온실가스배출)로 나눌 수 있는데, Scope1은 기업이 소유하고 통제하는 배출원에서의 온실가스배출로서 차량, 보일러, 소각, 하수처리 등이 있으며, Scope2는 기업이 구입하여 소비한 전기와 스팀으로 인한 온실가스 배출이다.

국내공항의 온실가스 배출총량은 2011년 23.5만 톤 CO2, 2015년 22.9만 톤 CO2, 2019년 34.1만 톤 CO2로 증가하고 있으며, 연도별, 배출가스 현황은 다음 표 및 그림과 같다.

▼ **연도별 온실가스 배출량** (단위 : 천tCO_2-eq)

구분	2011	2012	2013	2014	2015	2016	2017	2018	2019	2020
전체	235	237	235	235	229	242	285	338	341	277
인천	165	168	167	169	169	177	212	260	262	209
김포	38	37	36	35	30	31	36	40	39	34
기타	32	32	32	31	30	34	37	38	40	34

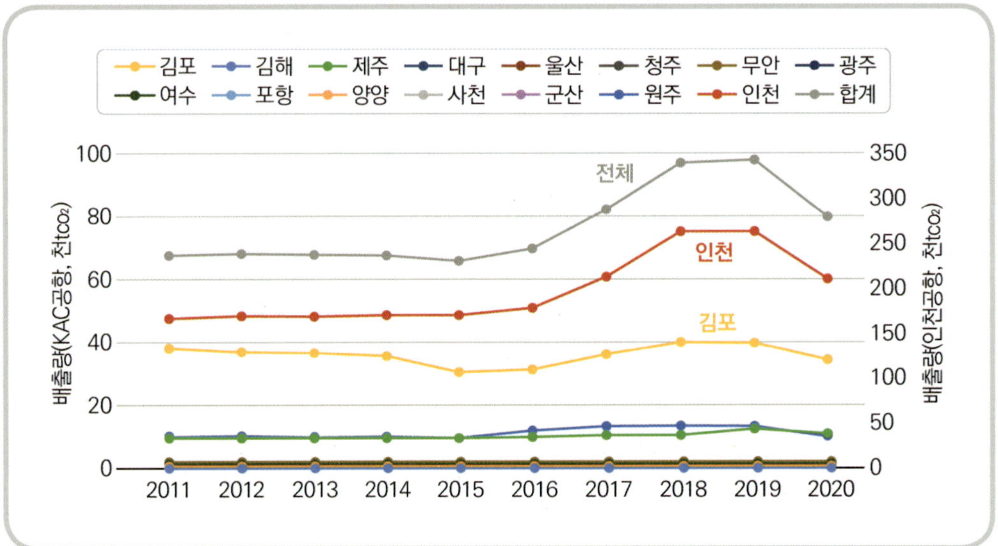

주) 인천공항 및 합계의 온실가스 배출량은 오른쪽 축을 이용하여 연도별 값을 읽어야 함

공항에서 배출되는 온실가스 중 전기 사용 같은 Scope2(간접온실가스배출)가 매년 80% 이상을 차지하는 것으로 나타났다.

▼ 연도별 온실가스 직 · 간접 배출량 (단위 : 천tCO_2-eq)

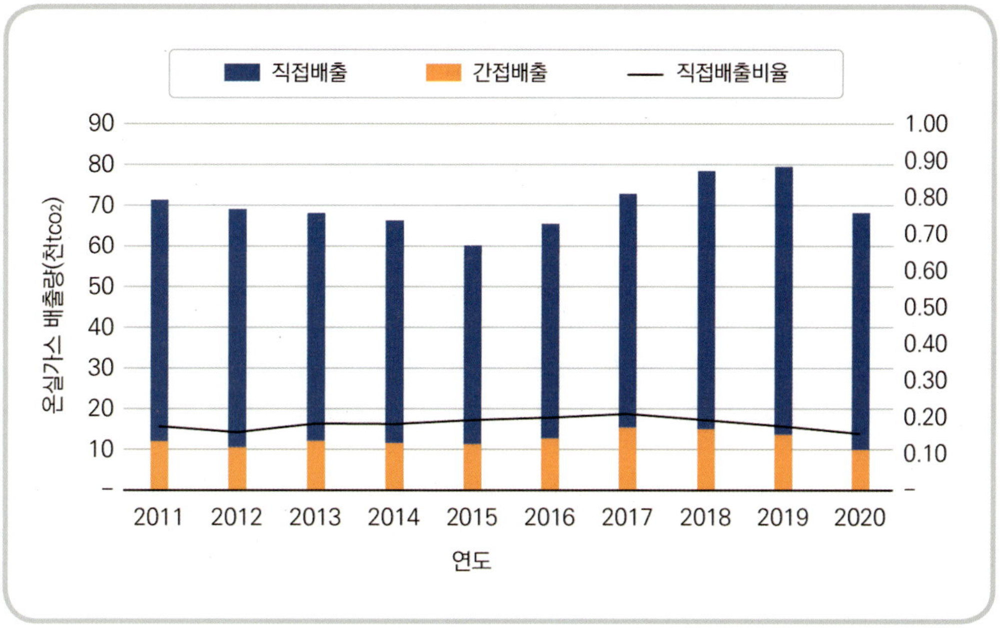

다. 국내공항 온실가스 감축 추진 현황

1) 인천국제공항공사

인천국제공항공사는 공항운영 에너지의 친환경 전환을 위해 아시아 공항 최초로 RE100[16]에 가입(2022.2.25)하고, 2040년까지 재생에너지 대폭 확대를 통해 친환경에너지 자립공항으로 발돋움한다는 계획이다. 이를 위해 공항 내 기존 건물 옥상, 주차장 캐노피(canopy)를 활용하여 신규 태양광발전 패널을 확대 설치함으로써 친환경에너지를 직접 생산하고, 공항 주변 유휴부지에 대규모 재생에너지 민간 발전사업자 투자를 유치하여 공항 전력계통과 직결하여 공급하고, 나머지(50%)는 친환경에너지를 구매하여 공급할 계획이다.

또한, 그린모빌리티 생태계 선도를 위해 인천공항공사 소관 차량 100%를 친환경차량(전기 · 수소차)으로 전환하고, 전기차 충전 인프라를 2021년 기준 95대 수준에서 2025년 1천대 이상 동시 충전이 가능한 인프라를 구축할 계획이며, 공항 기준 세

16 전력사용량의 100%를 재생에너지(태양광, 지열 등)로 전환하는 글로벌 이니셔티브

계 최대 규모의 수소 충전인프라를 구축(2021년, 225대/일 충전)하여 운영하고 있다. 더불어 지상조업장비의 친환경 전환을 촉진하기 위해 조업사 자체 충전기 설치분에 대해 전원공급공사를 통해 지원하고, 조업사 의견을 반영하여 에어사이드에 공용 충전시설 8대를 2023년 5월까지 설치하는 한편, 2030년까지 노후 조업장비 100% 친환경 전환을 목표로 조업장비 충전시설 86대를 설치할 계획이다.

2) 한국공항공사

한국공항공사는 2040년 RE100 달성을 목표로 고효율 설비로의 적기 교체, 태양광 녹색연료전지 도입 등을 적극 추진할 계획이며, 태양광, 녹색연료전지, 설비효율화 등을 통해 친환경에너지의 67%를 직접 생산하고, 33%는 녹색전력을 외부 구매할 계획이다.

공항에너지 이용 효율화를 위해 설비 중 보일러, 냉온수기, 공조기, 냉동기 등이 온실가스 배출량에 차지하는 비중이 크므로 노후 설비의 적기 교체를 통해 2040년 17,576 tCO2eq을 감축하고, 재생에너지 자립도 제고를 위해 신재생에너지의 특성, 공항의 입지, 경제성 등을 검토하여 단·중기적으로는 태양광 발전, 장기적(2030년 이후)으로는 그린수소 연료전지의 도입을 추진한다는 계획이다.

공항 내 온실가스 감축을 강화하기 위해 랜드사이드에는 597대의 전기차 충전시설을 추가 설치하고, 에어사이드에는 공항공사 주도하에 전력 인프라를 선 구축하고, 노후 장비의 증가, 조업사의 정비전환 계획에 따라 순차적으로 확대할 수 있도록 1단계(2025년)는 조업사의 전기조업장비 도입에 따라 충전인프라를 구축하고, 2단계(2030년)는 조업사 전환계획에 기반하여 인프라를 구축할 계획이다.

04 탈탄소를 위한 정책 방향

가. 항공교통 부문 탈탄소를 위한 정책 방향

탄소감축은 전 세계적으로 선택이 아닌 생존을 위한 인류 공동의 과제로 인식되고 있으며, 항공부문에서는 ICAO뿐만 아니라 IATA(국제항공운송협회)도 2050 넷제로(net-zero)를 달성하기로 뜻을 모았다.

하지만, 2022년 4월에 발표된 IPCC 워킹그룹 Ⅲ의 제6차 평가보고서에서 항공은 액체연료에 대한 의존도가 높아 '탈탄소화'하기 어려우며, 특히 파리협정에서 언급하고 있지 않은 국제항공과 국제해운 탄소배출에 대한 거버넌스가 부족하다고 지적하고 있다. 또한 IPCC는 동 보고서에서 항공기 기술과 운영방식 개선을 통해 CO2 배출량을 줄일 수 있는 범위는 제한적이며 예상되는 항공성장을 따라잡기 어렵다고 말한다. 이와 같은 내용은 ICAO LTAG 보고서와 IATA 자료를 통해서도 확인할 수 있다. 하지만, SAF 사용이 활성화된다면 충분히 2050 넷제로도 가능한 시나리오라고 평가하고 있다.

▼ 탄소 감축 예상 시나리오

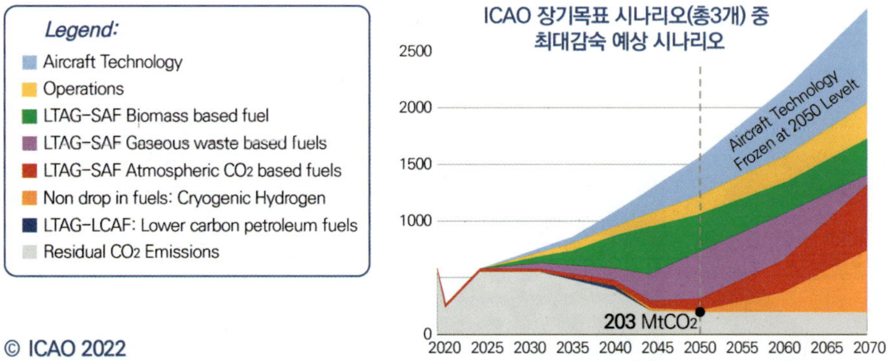

CO_2 Emissions in 2050 after Reductions	~200 MtCO_2 in 2050 *(35% of 2019 CO_2 emissions)*
Reduction in 2050 from the Baseline	87% total through: Technologies – 21%, Operations – 11%, Fuels – 55%
Cumulative residual Emissions from 2020 to 2070	12 GtCO_2 (2020 to 2050) 4 GtCO_2 (2051 to 2070)

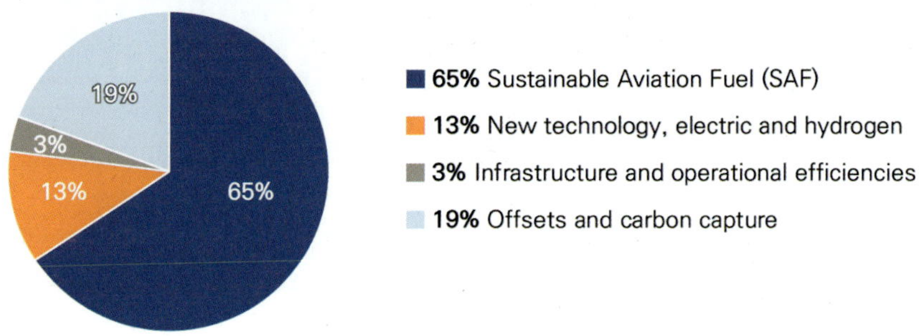

자료 : ICAO 및 IATA

우리나라는 지금까지 항공기 연료효율을 높여 연료사용량을 줄이고, 연료사용량에 비례하여 배출되는 탄소를 감축시키는 데 집중해왔다. 하지만 최근 우리나라도 SAF에 대한 국내 도입 계획(2026년 국내 상용화 목표, 산업통상자원부)이 마련(2022년 10월)된 만큼 SAF를 포함한 장기적인 탄소감축 정책을 마련할 시점이 되었다. 또한 SAF가 일반항공유보다 2배 이상의 고가인 만큼 항공사의 자발적 사용 확대를 위해서는 적절한 인센티브 정책도 함께 고안되어야 할 것이다.

나. 공항운영 부문 탈탄소를 위한 정책 방향

항공사업법에 따른 "항공정책 기본계획(3차, 2020~2024년)"에서 '지속가능한 성장을 위한 환경이슈 적극 대응' 추진과제로, 공항 내 신재생e 공급비율 확대(2030년 약 20%), 공항-항공사-입주사 차량 친환경 전환(2022~), 바이오 항공유 도입을 위한 기반 및 인프라 조성 등을 추진과제로 선정하였다. 또한, 공항시설법에 따른 "공항개발 기본계획(6차, 2021~2025년)"에는 핵심과제 15개 중 "지속가능한 친환경 탄소중립 공항 조성"을 최우선과제로 제시하면서, 환경 이슈에 체계적·효율적으로 대응할 수 있도록 '탄소중립 공항 2050 로드맵'을 마련하고 정책목표·추진전략 등 수립을 제시하였는데, 2050 탄소중립 공항 실현을 위한 중점 추진과제를 다음과 같이 제시하였다.

▼ 2050 탄소중립 공항 실현을 위한 중점 추진과제

개념 / 기본 방향	계획단계	설계 및 건설	운영 및 유지관리
	사업별 탄소관리 기본방향 검토	기능 · 분야별 탄소저감 요소 도입	중장기 탄소발생 감축계획 이행 및 환류
① 깨끗하게 생산된 전기 · 수소 활용 확대	• 친환경 에너지원 활용가능성 검토 • 전기 · 수소 등 친환경 차량 · 항공기 인프라 고려 • 공항 주변 친환경 에너지 발전시설 구축 가능성 고려	• 미래 친환경 교통 충전시설 · 복합환승시설 검토 • 친환경 에너지 공급 송전 인프라 구축 및 과금 체계 검토 • 태양광 발전 등 신재생 에너지 인프라 구축	• 공항내 차량 · 장비 등 그린 모빌리티 전환 • 친환경 에너지 · 고효율 항공기에 대한 인센티브 운영 검토 • 신재생에너지 시설관리 및 유지보수 계획 수립
② 에너지 효율 향상	• 에너지 절감목표 설정가능성 검토 (단기 / 중장기)	• 그린 리모델링 등 친환경 공항설계 (녹색건축 인증 등) • 高 에너지효율 설계, 저탄소 건설자재 시공	• ICT · ESS 접목을 통한 운영효율 제고 연구 • 공항 · 항공기 사용에너지 절감 인센티브 검토

개념 / 기본 방향	계획단계	설계 및 건설	운영 및 유지관리
	사업별 탄소관리 기본방향 검토	기능 · 분야별 탄소저감 요소 도입	중장기 탄소발생 감축계획 이행 및 환류
③ 탄소제거 등 미래기술 연구 · 상용화	• 전기 · 수소 · 하이브리드 항공기 개발기술 고려	• 공항시설 탄소제거 신기술 적용 검토	• 바이오 항공유 공급체계 구축 연구 • 전기 · 수소 · 하이브리드 인프라 확대 · 운영 검토
④ 순환 경제 확대	• 건설단계 자원순환 가능요소 고려	• 효율적 자원순환 계획 수립(건설폐기물 감축 등) • 순환골재 설계 · 시공 반영	• 자원 재활용 확대 · 운영계획 검토, 폐기물 감축 추진
⑤ 탄소흡수 수단 강화	• 공항주변 녹지 조성 필요성 검토	• 공항주변 주거단지 또는 예정지역 내 단계별 녹지 설계 검토	• 공항 녹지 관리 및 운영계획 수립
	• 공항시설 활용 탄소 흡수기술 적용 고려	• 탄소 흡수 신기술 성과 등 반영 검토	• 공항시설 탄소 흡수 기법 확대 연구

탄소중립 공항 실현을 위해서는 공항 계획단계부터 완공 후 운영단계에서 탄소중립 목표 달성이 용이하도록 계획을 수립하는 것이 중요하다. 계획 단계에서는 친환경 에너지 활용가능성, 친환경 차량·항공기 인프라 고려, 공항 주변 친환경에너지 발전시설 구축 가능성 등을 종합적으로 고려하여 계획을 수립할 필요가 있다. 이미 건설이 완료된 운영단계에서는 공항내 차량·장비 등을 그린 모빌리티로 전환하고, ICT·ESS 접목 또는 사용에너지 절감 인센티브 검토 등을 통해 에너지 효율을 향상시키며, 전기·수소·하이브리드 인프라 확대·운영 검토와 자원재활용 확대·운영 및 폐기물 감축 추진 등을 통해 순환 경제를 확대하고, 공항시설 탄소 흡수기법을 확대하는 등의 노력이 필요하다.

XII

신 항공모빌리티 정책

01 드론산업 개요

가. 드론의 개념

드론(Drone)의 어원은 여러 가지 설이 있으나, 군사용 무인기가 비행할 때 벌들이 '웅웅'거리면서 나는 소리와 비슷하다고 해서 수벌을 뜻하는 드론으로 붙여졌다는 설이 널리 퍼져 있다. 2019년 4월에 제정된 「드론 활용의 촉진 및 기반조성에 관한 법률(약칭: 드론법)」에서는 드론을 '조종자가 탑승하지 아니한 상태로 항행할 수 있는 비행체'로 정의하고 있다.

▼ 드론의 분류

구분	주요 특성	예시
고정익 (Fixed Wing)	• 고속 및 장거리 비행 가능 • 활주로 또는 발사대를 이용하여 이륙 • 주로 군수용으로 사용	
멀티콥터	• 수직 이착륙 및 제자리 비행 가능 • 주로 일반 상업용 시장에서 사용	
회전익 (Rotary Wing)	• 수직 이착륙 및 제자리 비행 가능 • 속도, 항속거리 등에서 고정익형 대비 불리 • 주로 농업방제, 영상 촬영 등으로 사용	
수직 이착륙기 (VTOL)	• 고정익과 회전익의 특성을 동시 보유 • 고속 비행과 수직 이착륙 가능 • 날개의 양력을 사용한 비행으로 회전익형 대비 연료 효율 높음	

드론은 활용 목적에 따라 다양한 크기와 형태(고정익, 멀티콥터, 회전익, 수직 이착륙기 등)로 분류된다. 이외에도 드론은 무인기 체계(Unmanned Aircraft System, UAS)로도 표현되는데, 일반적으로 비행체와 통제장비, 임무장비 등으로 구성되는 드론 운용 시스템을 의미한다.

나. 드론산업의 특징

드론산업은 항공·전자·기계·정보통신·센서 등 첨단기술이 융·복합된 4차 산업혁명 시대 핵심산업으로 주목받고 있다. 실시간 빅데이터 수집 및 활용(초연결성), 인공지능 기반의 자율비행·운영관리(초기능성), IT·센서·임무장비 등을 융·복합하여 다양한 수요에 대응(융합)한다는 특징이 있다.

다. 국내·외 드론시장 현황

드론 전문 조사기관인 DRONEII에 따르면 글로벌 상업용 드론 시장규모는 2021년 기준 242억 달러이며, 연평균(CAGR) 8.3% 성장하여 2030년까지 534억 달러에 이를 것으로 예상된다.

상업용 드론 시장은 일반적으로 하드웨어, 소프트웨어, 서비스(활용) 분야로 구분하며, 하드웨어와 소프트웨어 분야를 제작 분야로 통칭하기도 한다. 먼저 하드웨어 시장은 그동안 중국 기업인 Dajiang(이하 'DJI')이 미국을 비롯한 전 세계에서 압도적인 시장점유율(2019년 기준 76.8%)을 확보하고 있었으나, 최근 점유율은 2020년 69%, 2021년 54%로 감소하고 있다. 주요 원인으로는 미국 상무부의 규제기업 목록 추가, DJI 직원 규모 축소(Drone Market Sector Report, 2021.9)와 치열한 경쟁 등에 따른 것으로 분석된다. Autel(미국, 7%), Skydio(미국, 4%), Parrot(프랑스, 3%) 등 미국과 유럽의 드론 기업들이 약진하고 있으나, 추세 변화는 아직 크지 않은 수준이다.

▼ Drone Market Report 2022~2030(DRONE II) 재구성

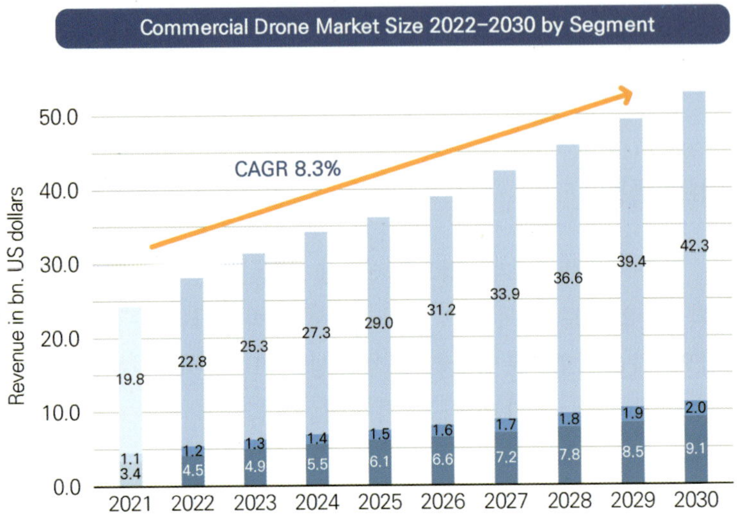

소프트웨어 시장은 미국 업체들이 두각을 나타내고 있다. 각 산업 분야에서 다양하게 이용되는 상업용 드론은 특정 데이터를 수집하고 분석해서 사용자가 원하는 결론을 도출해내는 고성능 소프트웨어가 핵심이다. 지형검사, 매핑 및 3D모델링을 위한 캡쳐(capture) 기술이 대표적이며, 안전한 운항을 위한 자율운항, 인공지능, 머신러닝 등 소프트웨어 기술도 점차 증가하고 있다.

서비스(활용) 시장은 드론산업 분야 중 가장 큰 시장을 형성하고 있으며, 향후 에너지, 건설, 농업, 교통, 창고관리, 시설물 유지·보수, 측량, 배송 등 다양한 분야에서 드론 활용 서비스 수요가 계속 증가할 것으로 예상된다.

국내 상업용 드론시장 규모(기업 매출액 기준)는 2016년 약 704억 원으로 1천억 원 미만이었으나, 2021년 기준 약 8,406억 원으로, 불과 5년여 만에 12배 이상 급격하게 성장하였다. 국내 상업용 드론시장은 서비스(활용) 시장 규모는 약 4,887억 원으로 국내 상업용 드론시장의 약 58%를 차지하며, 제작산업 3,520억 원 대비 약 1.4배 규모이다. 2021년 기준 드론업체(초경량비행장치사용사업체)는 약 5천여 개(활용업체 4,649개, 제작업체 345개), 고용 인원 약 1만 7천여 명(활용업체 12,601명, 제작업체 4,152명) 수준[1]이다.

1 2021년 드론산업 실태조사, 국토교통부-항공안전기술원

▼ Drone Market Report 2021-2026(DRONEII) 재구성

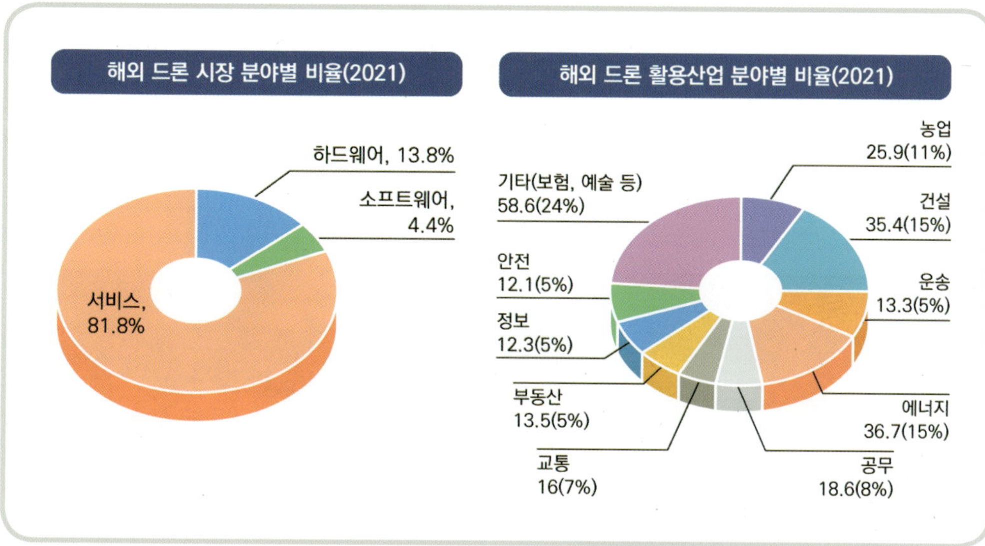

라. 드론 주요 활용분야

1) 건설

건설·교통 분야에서 드론 활용은 최근 들어 비약적으로 발전했다. 드론으로 촬영한 건설현장 사진을 분석하여 토목 공사량을 분석하고, 도면과 실제 건축물의 위치 비교 등 공정관리에 주로 활용된다.

▲ 교량 건설 공사량 분석 및 안전점검

▲ 아파트 공사 품질관리

2) 시설물 점검

타워, 송전탑, 지붕, 철도, 도로, 댐, 교량과 같이 사람이 접근하기 어렵고 복잡한 대형 구조물의 점검에 주로 활용되며, 높은 접근성과 이동성을 갖고 있다. HD급 열화상 이미지를 수집하는 작업을 수행하며 이는 기존의 인력을 이용한 작업에 비해 더욱 안전하며 작업시간을 크게 단축할 수 있다.

▲ 교량 하부 시설물 관리

▲ 농업정보(농작물/농업시설물) 획득

3) 농 · 임업

농 · 임업 분야는 드론이 가장 빠르게 인력을 대체하고 있는 분야로서, 현재는 주로 농약 살포 목적으로 활용되고 있다. 최근에는 농작물을 매핑하고 작물 건강 관리 및 생장에 필요한 데이터를 제공하는 스마트 농업의 수단으로 활용분야를 넓히고 있다. 사람이 직접 수행하기에는 시간이 오래 걸리는 작업을 대체하고 있으며, 더 적은 비용으로 더 빠르게 작업을 수행할 수 있다.

▲ 농약 살포

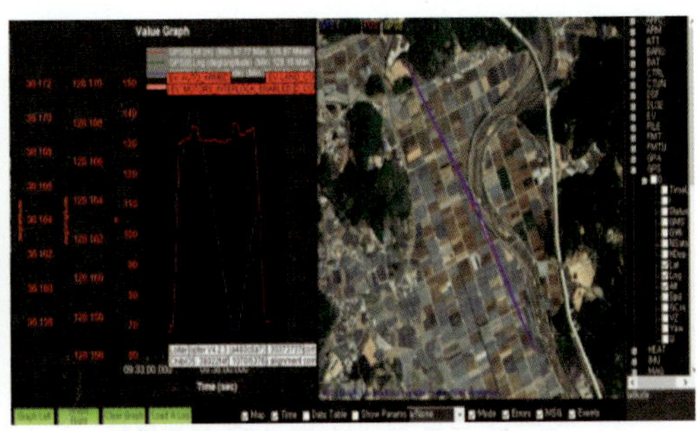

▲ 농업정보(농작물/농업시설물) 획득

4) 촬영

촬영 및 영화 분야는 드론을 활용한 산업 중 가장 크게 활성화된 분야이며 최근 몇 년간 영화업계, 방송업계에서도 다큐멘터리 촬영이나 리얼리티 TV쇼, 스포츠 및 실시간 현장 중계에 드론을 이용하고 있다.

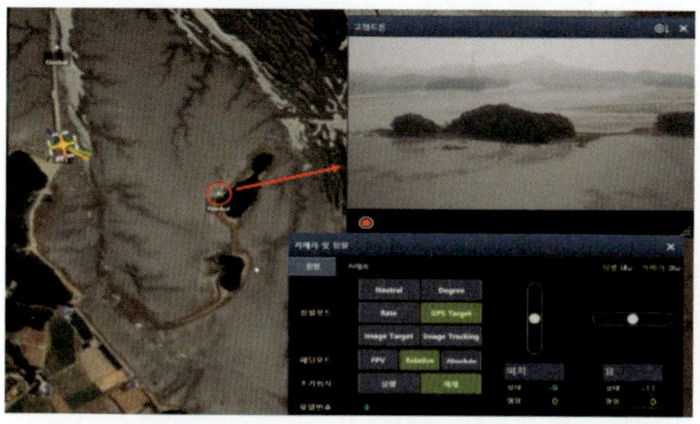

▲ 해양 생태계 및 갯벌 영상 촬영

▲ 광고 · 영화 등 드론 활용 영상 촬영

5) 치안 및 방재

산불, 홍수, 화학제품 유출 등의 예방 활동에 사용할 수 있는 동시에 재난 발생 시 사람이 접근하기 어려운 지역에 투입되어 사고피해 확산을 줄일 수 있다.

6) 배송

해외에서는 COVID-19 확산을 겪으며 의료분야에서 드론을 적극 활용하고 있다. 드론 배송은 필수 공급품의 배송 속도를 높일 수 있을 뿐만 아니라 의료진이 바이러스에 노출되는 것을 최소화할 수 있다. 또한, 드론을 이용한 배송은 이동경로가 복잡하고 교통체증이 심한 도심 내, 교통이 불편한 산간 및 도서지역, 신선도가 중요한 식품 배송 등에 활용될 수 있어 드론 업계뿐 아니라 IT, 물류 등 다양한 분야의 글로벌 기업들도 주목하고 있는 핵심 활용 분야이다.

▲ 아프리카 르완다 의약품 배송(美 Zipline)

▲ 해상 물류 드론배송(韓 해양드론기술)

▲ 드론 활용 피자배송 서비스

▲ 편의점 드론 배송서비스

02 해외 드론 제도 및 기술 동향

가. 해외 드론 제도

해외 주요국들은 드론 제도를 설계할 때 드론 사용자와 보행자, 거주자, 항공기의 안전을 최우선으로 고려하고 있다. 국가별로 드론 등록 요건과 조종자격 취득 요건, 운행 요건 등 규제의 세부 내용에서 일부 차이는 있으나, 무게 제한, 비행고도 제한, 비행금지구역 지정 등과 같은 유사한 규제 수단을 활용하고 있다.

▼ 국가별 드론 규제 수준 비교(2022년 9월 기준)

구 분	미국 	중국 	일본 	호주 	독일 
규제당국	미연방항공청 (FAA)	중국민간항공국 (CAAC)	일본민간항공국 (JCAB)	호주민간항공청 (CASA)	연방항공청 (LBA)
적용대상	25kg 미만	150kg 미만	100g 초과 25kg 이하	250g 초과 150kg 이하	전체
기체 신고 · 등록	사업용 중 250g 초과	250g 초과	100g 초과	사업용 중 250g 초과	250g 초과
조종자격	최대이륙중량 25kg 이상 드론조종자격	자격 필요	자격 필요 * 2022년 의무화	자격 필요 * 2kg 이상 또는 외부 비행 시	자격 필요 (이론시험) * 작업에 따라 요구 수준 상이
비행고도 제한	120m 이하	120m 이하	150m 이하	120m 이하	100m 이하
비행금지 구역	공항 주변, 원전 등 비행제한구역, 시합 중인 경기장 등 인구밀집지역	공항, 군사기지, 통제공역, 군중, 건물, 도로 위	군중 바로 위와 옆, 공항 인근 제한구역	군중 바로 위와 옆, 제한 구역	공항 및 헬기장, 군사시설, 공공시설
비가시권밖 야간비행 군중위 비행	안전기준 충족 시 건별 허용	원칙 불허 예외 허용	안전기준 충족 시 허용	원칙 불허 특별비행승인으로 허용	원칙 불허 예외 허용

구분		미국 	중국 	일본 	호주 	독일 
의무 보험	사업용	×	○	×	×	○
	비사업용	×	×	×	×	○

나. 드론 핵심기술 및 기술 동향

드론의 핵심기술[2]은 크게 탐지 및 인식, 통신, 자율지능, 동력원·이동, 운용환경(인간-드론 인터페이스), 시스템 통합 등 총 6가지로 구분할 수 있으며, 핵심기술별 세부 내용은 다음과 같다.

1) 탐지 및 인식

다양한 외부 정보를 획득하고 분석, 처리하는 기술이다. 센서로 획득한 영상과 신호 정보를 이용하여 정확한 상황을 이해할 수 있도록 도와주며, EO(Electro-Optical) 등 센서 장비가 대상을 탐지하고 인식할 수 있기 때문에 미리 계획된 자동 비행이 가능하다. GPS 위치정보를 이용할 수 없는 실내에서 비행하거나 사람의 시야 밖(비가시권)에서 비행할 때 필요한 정밀 항법 분야에서 기술 개발이 활발하게 이루어지고 있다.

개발동향을 살펴보면, 세계적으로 정확한 위치 측정을 위해 센티미터급 해상도를 가진 항법기술을 실용화하고 있으며 초경량·초정밀 EO, 라이다 등 다양한 센서의 개발과 동시에 이를 통한 객체인식의 정확도를 높이려는 노력을 병행하고 있다.

충돌회피 기술 분야에서는 미국의 인텔사가 충돌회피 알고리즘과 첨단센서 기술(Depth-sensing)을 통합하여 드론의 장애물 및 충돌회피 기술 수준을 높였으며, 이를 적용하여 2021년 도쿄 올림픽 개막식에서 1,824대의 드론으로 지구본을 형상화하였다. 또한, 독일 BOSCH는 다중센서 정보를 처리하는 과정에서 인공지능의 딥러닝 알고리즘을 활용하여 드론 기체 스스로 충돌을 회피하는 기술을 개발하였다. 국내 기술수준[3]은 최고기술국 대비 61~71%로, 해당 기술의 격차가 작지 않다고 보고

2 과학기술정보통신부(2018). "무인이동체 기술혁신과 성장 10개년 로드맵"

있다. 다만, 국내 드론 퍼포먼스 전문 기업인 유비파이사는 글로벌 시장에서 후발주자로 시작했으나, 기술력을 바탕으로 전 세계 드론 라이트쇼 시장 점유율의 90%를 차지(2021년 12월 기준)하고 있으며 앞으로도 국제경쟁력을 갖춘 국내 드론기업들이 계속 나타날 것으로 기대된다.

▲ 인텔사 Depth-sensing 카메라장착 드론

▲ 도쿄 올림픽 드론쇼

2) 통신(링크)

드론의 안전하고 효율적인 임무수행을 위해 드론과 지상통제시스템(GCS, Ground Control System), 드론과 통신 인프라, 드론과 드론 사이에서 정보 교환을 가능하게 하는 기술이다. 국가별, 지역별 통신 환경에 의존적인 기술이므로, 주파수 분배와 통신 표준화 등 정책적 지원이 필수적이다.

최근에는 광역 네트워크 구축, 대용량 정보를 실시간으로 끊김 없이 송수신하는 기술, 통신 보안 분야의 고도화 기술 등이 중점적으로 개발되고 있다. 5G+ 기술을 본격적으로 활용하기 위한 드론 통신기술이 개발되고 있으며, 특히 통신 네트워크와 위성통신 기술 개선에 주력하고 있다. 미국의 Skydrone사는 차이나모바일 홍콩(CMHK)과 제휴하여 기존 4G/LTE 기반 드론 시스템을 5G 네트워크로 전환할 수 있도록 통신 기술을 고도화하고 있으며, 데이터 처리속도가 개선되고 드론 데이터 전송에러 현상 등이 감소될 것으로 기대된다. 인텔사는 AT&T와 공동으로 LTE 통신을 이용한 드론을 개발하고 있으며, 장애물 감지 기능이 향상되고 제어 효율이 높아질 예정이다.[4] AeroVironment사는 2016년 8월 태양광에너지를 연료로 이용하는 무인기인 스카이타워를 비롯하여 높은 고도에서 활동하는 고고도무인기를 군사용 정찰 등에 활용함으로

3 항공우주연구원의 보고서(2018)

4 중소벤처기업부(2021), "2022~24 중소기업 전략기술 로드맵(드론 · 개인이동수단)", p.35

써 통신 인프라로서 드론의 효용성을 검증했다. 국내에서는 KAIST가 여러 대의 드론이 데이터를 실시간으로 주고 받을 수 있는 드론 무선네트워킹 시스템을 개발하였으며, LG 유플러스는 LTE망을 이용한 드론 제어기술을 개발하였다. 국내 드론 통신기술은 최고 기술보유국 대비 70% 수준이며 미국과는 3~4년, 유럽과는 2~3년의 격차를 보이고 있다.

▲ 원격통신용 태양광 무인기(SkyTower)

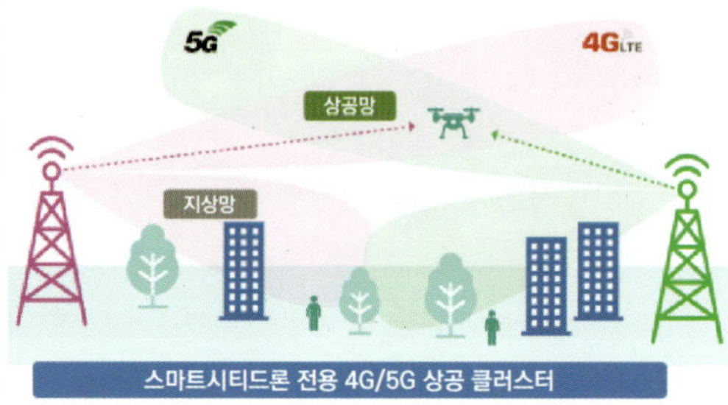

▲ 드론전용 4G/5G 통신 상공망 개념도

3) 자율지능

드론이 인간의 간섭이나 감독 없이 스스로 상황을 인지하여 판단하고, 지속적인 학습을 통해 기능을 최적화 및 고도화하는 기술이다. 기계학습(machine learning), 외부에서 수집한 데이터 종합분석을 통한 인지능력 향상, 이에 따른 의사결정 최적화, 초정밀 제어 등의 분야에서 연구개발이 활발히 진행되고 있으며 장기적으로는 사람이 조종하는 유인체계와 드론 간 유기적인 협업 임무 수행을 목표로 한다.

자율지능 기술은 크게 상황인식과 자가운영(자율주행 및 자율안전관리), 지능협업 3가지로 구분할 수 있다. 최근 기술동향을 살펴보면[5], 상황인식과 자율주행 분야에서는 구글과 테슬라가 자동차 자율주행 기술을 비행분야에 접목하는 방안 등을 연구하고 있다. 아울러, 스타트업인 Exyn Technologies는 레벨 4A 수준의 자율주행 기술을 2021년 4월에 시현한 바 있다. 이 기술은 지하광산과 같이 기존 통신망이 연결되지 않는 통신 음영지역에서 드론이 스스로 비행경로를 계획하고 장애물을 피해 이동할 수 있는 능력을 구현한 것이다. 자율안전관리는 기체에 손상이 발생하는 등 정상 상태가 아닌 경우에서도 드론이 스스로 판단하여 안전하게 운항할 수 있는 기술로, 중국의 DJI사는 프로펠러가 3개만 남은 상태에서도 기체가 제어되는 기술을

5 과기부(2018), "무인이동체 기술혁신과 성장 10개년 로드맵", p. 230.

개발했으며, 미국 업체 플라마톰 테크놀로지사 등은 동력원의 부하 특성과 전류 상태를 측정하여 고장을 예측하고 진단하는 기술을 보유하고 있다. 지능협업은 다수 드론이 사람의 개입 없이 서로 상황을 공유하고 행동하는 등 상호작용하는 기술로, UAV 운영 등을 위해 필요하다. 우리나라 기술 수준은 선진국 대비 60% 내외로 3.3년 격차를 보이고 있으며 상황인식과 자가 운영, 자가 건전성 관리 분야 모두에서 체계적인 개발이 시급하다.

4) 동력원 · 이동

드론에 에너지를 공급하는 기술로 미래 드론의 비행성능을 결정하는 중요한 기능이다. 대표적인 동력원으로서는 이차전지, 내연기관, 신재생에너지 그리고 다종의 동력원을 융합하여 최적의 성능을 내도록 구성한 하이브리드 엔진이 있다. 대용량 고효율 배터리 및 급속충전, 환경 친화적 스마트 엔진, 경량·고효율 연료전지를 중심으로 기술 개발이 이어지고 있다.

▲ 무선충전

▲ 수소드론

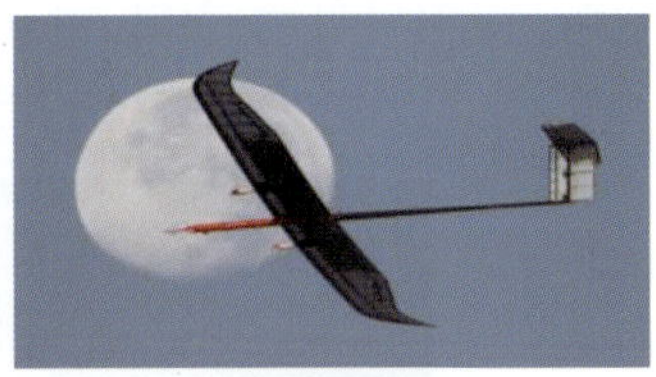

▲ 태양광드론

전 세계적으로 전기배터리의 짧은 비행시간을 극복하기 위해 동력원 효율 증대, 에너지원 다변화 등의 노력이 진행되고 있다. 중국의 DJI 매트리스 100은 수소 연료전지를 탑재하여 1시간의 비행능력을 보여주었다[6]. 한편, 배터리의 장시간 충전 단점을 보완하기 위해 이스라엘 StoreDot은 플래시배터리(Flash Battery) 기술을 사용하여 5분 만에 드론을 100% 완충하는 드론 스테이션을 공개했다. 국내에서는 한국기계연구원이 직접분사방식인 5㎾급 소형 수소엔진을 개발했으며, 배터리 생산기업인 Kodam은 통상적인 드론 배터리에 비해 에너지 밀도가 50% 높은 드론 전용 배터리 제품을 발표하였다. 한국은 최고기술국 대비 60% 후반대의 기술 수준을 가지고 있다.[7]

6 중소벤처기업부(2021), “2022~24 중소기업 전략기술 로드맵(드론)”, pp. 31.

7 과학기술정보통신부(2018), “무인이동체 기술혁신과 성장 10개년 로드맵”, 요약.

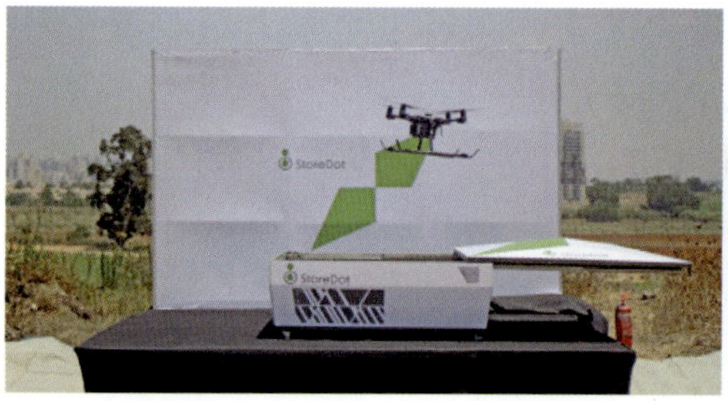

▲ StoreDot사 플래시 배터리 드론 스테이션

▲ 한국기계연구원 개발 드론용 수소엔진

5) 인간-드론 인터페이스

HMI(Human-Machine Interface)는 인간-드론 간 상호작용을 의미하며 인간 친화적인 인터페이스, 원격운용 기술, 드론이 사용자의 의도를 추론하고 반응하는 기술, 상호 협력 기술로 구성된다. 조종사의 실수를 방지(fail-proof)하고 피로도를 줄이기 위해 AR · VR 기반의 원격 운용체계를 개선하고, 음성 · 제스처 등 보다 직관적인 조종 방식과 뇌파 등 생체신호를 이용한 조종 알고리즘 개발 분야를 중점적으로 연구하고 있다. 우리나라는 최고 기술보유국 대비 3년 내의 기술격차를 가지고 있다.

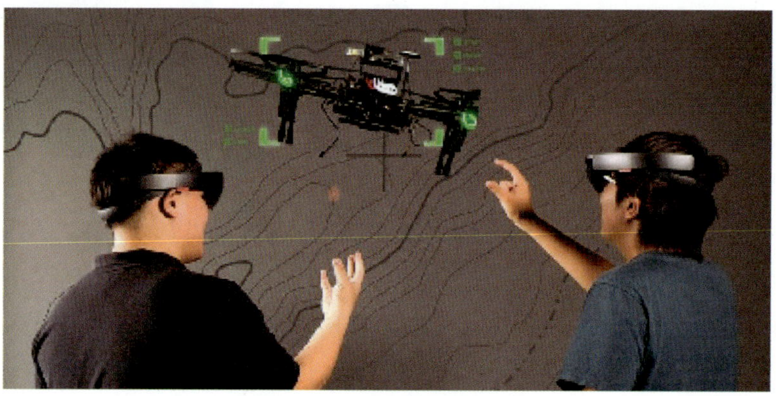

▲ 인간-드론 인터페이스(HMI)

개발동향을 보게 되면, DJI사는 지상통제센터를 조작성능이 우수한 원격 조종시스템뿐만 아니라 PC와 모바일 장치를 이용해서 드론을 통제할 수 있도록 하였다(항우연, 2018). 미국 플로리다 대학에서는 사람의 뇌와 컴퓨터를 연결한 인터페이스 시스템을 이용하여 제한적이긴 하지만 생각으로 드론을 운용할 수 있는 마인드컨트롤 드론 경주를 개최하였으며, 애리조나 대학교는 사용자 의도와 추론 능력을 향상하기 위해 드론의 군집비행과 조작자의 인지능력 간의 관계를 모델링하는 Brain-Swam 인터페이스를 개발하고 있다. 국내에서는 다수 무인항공기 운용자의 임무 과부하를 최소화하고 인간-기계시스템 간 역할 분배를 최적화하기 위한 HMI 연구를 수행했다. 국내의 기술수준은 최국 기술보유국 대비 54.2%로 2.9년의 격차가 있다.

▲ 플로리다 대학 마인드컨트롤 드론 경주

▲ 애리조나 주립대 뇌파활용 드론 조종시스템

6) 시스템 통합

자율지능 기반 드론에 적합한 개발 프로세스를 정립하고, 소프트웨어(S/W) 및 하드웨어(H/W)를 임무에 최적화하는 기술로 드론의 설계 및 해석, 시뮬레이션, 시험평가, 인증과정을 포함한다. 국내외에서 자율지능 성능을 높일 수 있는 시스템 S/W와 운용 S/W를 연구·개발하고 있다.

시스템 통합 분야는 세계적으로 정부부처·연구기관을 중심으로 공통기준을 마련하여 시스템을 표준화하고 최적화하기 위한 관련 H/W 및 S/W를 개발하는 방향으로 진행되고 있다. 또한, 개발된 무인항공기의 성능을 검증하기 위한 기술[8] 연구 또한 활발하게 수행하고 있다. 국내 기술은 최고 기술보유국 대비 57% 수준이며 기술격차는 3.7년 내외로 평가된다.

8 OPPAV 축소형 무인기 비행운용 프로그램 개발(2021), HILS(Hardware in the Loop Simulation), PILS(Processor in the Loop Simulation) 등 설계·개발 과정에서 시뮬레이션 기술 적용

03 드론산업 육성 및 안전관리 정책

가. 해외 드론산업 육성 정책

세계 각국은 미래 먹거리산업인 글로벌 드론 시장을 선점하기 위하여 드론산업에 대한 인프라 투자·지원, 산업 생태계 조성을 위한 법·제도 마련 등 다양한 정책적 지원을 하고 있다. 해외 주요 국가별 드론산업 육성 및 안전관리 정책은 다음과 같다.

1) 미국

미국 교통부(DOT)와 미연방항공청(FAA)은 드론산업 육성을 위해 2016년 6월 상업용 드론 운항규정(FAA Part 107)을 제정했다. 아울러, 국제 표준화 기구 중 하나인 미국 재료시험협회(ASTM)에서 드론 관련 비행교범, 감항증명, 설계기준 등이 제시된 F2908, F2909, F2910 등의 기준을 제정하였는데, 해당 기준은 드론의 시스템 작동, 디자인, 제작, 유지에 필요한 요소를 제시하고 있다.

미국 교통부와 FAA는 미국 내 드론산업 인프라를 구축하고 드론의 운항 및 사용 확대방안을 모색하기 위해 2020년 10월부터 8개 지역[9]을 선정하여 "BEYOND" 프로젝트를 진행하고 있다. 사회안전시설 점검, 물품 배송, 비가시권(BVLOS, Beyond visual line of sight) 비행, 매핑기술 등에 대한 실증이 주된 내용이며, 대표적인 BEYOND 프로젝트로 캔사스 주에서는 인구밀도가 낮은 송전탑 지역에 서 BVLOS 비행승인을 면제받아 시설물 안전관리 테스트를 진행하고 있으며, 버지니아 주는 추락에 따른 안전사고 위험이 있을 수 있는 사람 위 비행을 위한 FAA의 주요 기준을 만들기 위해 테스트를 수행하고 있다. 이처럼 BEYOND 프로젝트는 참여기관에서 실증을 수행하여 결과 데이터를 FAA로 제공하고 있고, FAA는 이를 교통부와 공유하여 드론 비행관련 규정 및 지침에 필요시 반영하거나 장기적 개선방안을 만들기 위해 활용하고 있다.

특히, FAA는 드론배송을 활성화하기 위하여 2017년 2월 드론배송 허가규정(FAA Part 135)을 제정하여 요건을 갖춘 사업자가 드론으로 배송사업을 할 수 있도록 허

9 BEYOND 참여 : UAS IPP에서 캘리포니아 SanDiego, 플로리다 Lee 제외한 8개 지역

가하고 있으며, 2021년 4월부터는 '사람 위 운영규칙(Operation Over People Rule)'을 추가로 시행하여 55파운드(약 25kg) 미만의 드론에 대한 배송 목적의 군중(사람들) 위에서의 운용을 허용하고 있다.

그 외 정책사항으로, 드론관제와 관련되는 UTM(UAS Traffic Management) 분야에서 FAA는 상업용 드론의 400ft 이하 관제공역 비행을 위한 공역사용 자동 신청·승인 프로세스인 저고도승인체계(LAANC)를 구축하여 활용하고 있다. 또한 2020년 4월부터 무인기 분야의 고급인재 양성을 위해 무인항공기 훈련 협의체(UAS-CTI, Collegiate Training Initiative)를 구성하였다. UAS-CTI 참여자격은 드론과 UAS 분야에 학사 학위를 갖춘 2년제/4년제 대학교 대상이며, 대상 학교들이 FAA의 승인절차 거쳐 UAS-CTI 기관 인증을 받게 되면, 학생들은 UAS와 드론 분야에 대한 전문적인 커리큘럼을 이수하고 관련경력을 인정받을 수 있도록 하였다. 2021년 말 기준으로 2년 또는 4년제 90여 개 대학에서 조종, 관제, 개발설계, 보안 등 다양한 분야의 인력양성을 추진하고 있다.

2) EU

EU는 다수의 드론이 영공 내에서 안전하고 효율적으로 운영되기 위해 2017년부터 U-Space 프로젝트를 추진하고 있다. 연도별로 U1, U2, U3, U4 4단계의 추진계획을 수립하였으며, U1 단계(2019년)는 전자등록/식별, 지오펜싱 등의 기반 서비스(foundation services), U2 단계(2021년)는 드론 비행계획, 승인, 추적 등 초기 서비스(initial services), U3 단계(2025년)는 충돌감지, 자동감지 및 회피 등 발전된 서비스(advanced services), 마지막 U4 단계(2030년)는 높은 수준의 자동화, 연결성, 디지털화를 제공하는 전체 서비스(full services)를 제공하는 것을 목표로 한다.

EU 가입국가 안에서 드론비행을 위해 공통적으로 적용되는 EU 2019/947 규정을 제정(2019년 5월)했고, 등록번호를 부여해 국가별로 관리하고 있다. 드론의 운용 위험도 수준에 따라 규제 등급을 공개(open), 특별(specific), 인증(certified) 등 3가지 범주로 설정하고, 등급에 따라 드론 비행을 위해 받아야 하는 안전성 검증 절차들에 차등을 두었다.

추가로, 유럽항공안전청(EASA)은 유인드론사업 활성화를 위해 2019년 eVTOL 임시 감항기준을 수립하고 산업계와 협력하여 인증기준을 개발하고 있으며, 2020년 2월에는 항공분야 AI 로드맵을 발표했으며, 드론의 자율비행 기술을 상용화하고 글로벌 시장을 선점을 위한 국가차원의 노력을 진행하고 있다.

▼ EU U-Space 추진단계[10]

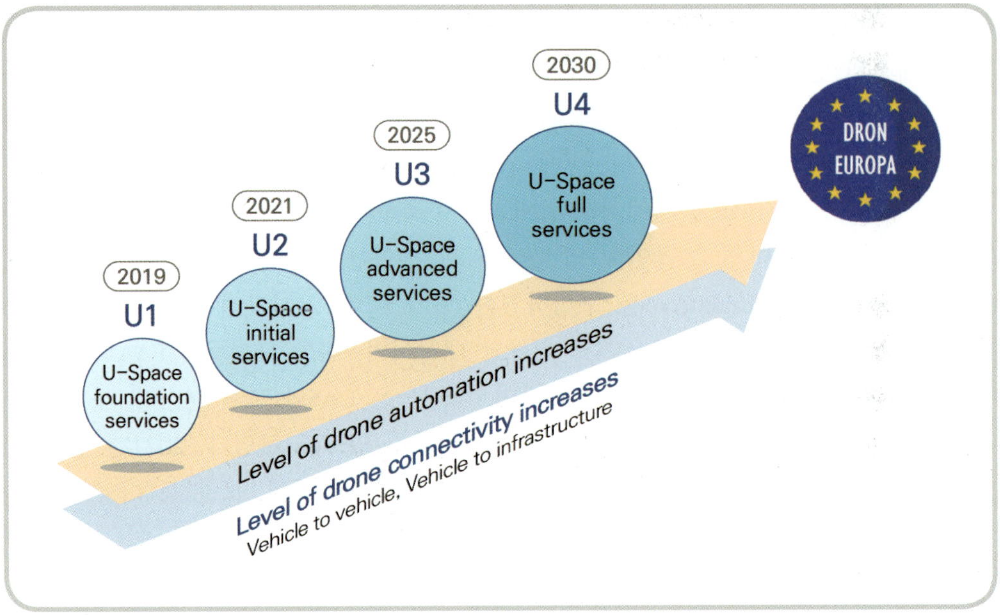

3) 일본

일본 정부는 국토교통성이 주관하여 물류 및 점검분야 드론에 대한 정책에 집중하고 있다. 2017년 발표한 '미래투자전략 Society 5.0'에 따르면 투자전략 분야로 차세대 제조업, 의료와 더불어 이동혁명 수단으로 드론(비행로봇)을 명시하고 있으며, 드론을 활용하여 물류 효율화 및 이동서비스 고도화를 통해 교통사고를 줄일 뿐만 아니라, 지역의 인력부족 해결, 이동약자 문제 해소 등도 추진하고 있다. 또한, 경제산업성과 일본 우주항공연구개발기구(JAXA)는 드론 충돌방지 기술과 자동 통제시스템을 개발하고 있으며, 국제표준화 작업도 진행하고 있다.

드론 공역 확대, 규제 완화 등 항공법 개정과 UAM 상용화 지원 등 무인기 법·규제 개선 및 기술·인프라 개발을 가속하고 있으며, 2013년에 제정된 국가전략특구법에 따라 미야기현 센다이시, 아키타현 센보쿠시 등을 중심으로 산림 감시, 배송 등에 드론을 적극 활용하고 있다. 2018년부터 일본 각 지역에 무인이동체의 성능시험과 운용기준 마련을 위한 종합시설을 구축하고 있다.

---

10 https://www.suasnews.com/2021/05/implementing-regulation-2021-664-on-the-u-space-regulatory-framework-published/

4) 중국

국가차원에서 드론을 활용한 물류망 구축 등 드론산업 육성을 위하여 다양한 네거티브 규제 정책[11]을 추진하고 있다. 대표적으로 2017년 민간드론 제조업 발전 계획, 2019년 운영시스템 구축계획을 각각 발표하고, 산업 육성을 위한 지역별 지원정책을 추진하고 있다. 예를 들어 선전시에서는 입주기업에 대한 세제 혜택 및 인프라를 지원하고 있으며, 후난성과 허난성에서는 드론개발 보조금 지급 정책을 펴고 있다. 또한, 중국 내 주요지역에 드론 관련 연구센터와 비행시험장을 운영하고 있다. 2021년 2월에는 '국가종합 입체교통망 계획'을 발표하여 스마트수송도구(드론 등)와 핵심 전용장비의 연구개발(R&D)을 강화하고 있다.

중국 정부는 대지가 넓고 산간 오지가 많은 국토의 특성을 십분 활용하여 주요 기업들에게 드론 택배를 허용하고, 오지 물류시스템을 개선하고 있으며, 중장거리 대형화물 원거리 운송도 활성화하고 있다. 또한, 재난재해 구조를 위해 드론을 적극 활용하고 있으며, COVID－19 확산에 따른 검역·소독, 진단 시료 운송 등에도 활용하고 있다.

또한, 2015년 전인민대표회의에서 처음 발표된 '중국제조 2025'에 따라 드론 제조·설계, 연구개발, 생산 등 기술개발과 드론임대, 조종사 양성, 서비스, 보험 영역 등 연관산업 육성을 지원하고 있다. 아울러, 대학 및 중·고등학교[12]를 중심으로 드론 인력 양성도 추진하고 있으며 정부 주도의 '드론 대회'를 개최하며 개발 엔지니어 인력양성 확산 및 고난이도 제어기술 인력양성 저변을 확대하고 있다.

나. 국내 드론산업 육성 정책 및 주요 성과

우리나라는 드론을 2017년 혁신성장 선도사업 중 하나로 선정하고 드론에 대한 정부 총괄 계획인 '드론산업 발전 기본계획' 수립(2017. 12.)을 시작으로, 국내 드론산업 생태계 육성 지원을 위한 「드론 활용의 촉진 및 기반조성에 관한 법률」 제정(2019. 4.), '드론분야 선제적 규제혁파 로드맵'(2019. 10.), '드론산업 육성정책 2.0'(2020. 11.), '드론산업 경쟁력 강화방안' 발표(2021. 12.) 등 드론산업 육성 및 활성화를 위

11 116kg 미만 드론에 대한 비행 테스트 승인제를 신고제로 전환, 자유로운 시험 가능

12 드론전공이 개설된 고등직업학교(전문대학, 직업학교, 기술학교 포함)는 428개, 일반 대학은 95곳(2021년 기준)에 'AI' 전공 등 드론 과목 개설

한 정책을 추진하고 있다.

드론산업 육성을 위한 범정부적인 노력에 따라 국내 드론시장 규모는 2016년 약 704억 원에서 2020년 기준 약 4,945억 원으로 급성장하였다. 정부는 이러한 성과를 바탕으로 향후에도 국내 드론 활용시장이 세계 드론시장을 주도해나갈 수 있도록 범정부 차원의 드론산업 육성방안을 마련하여 지속적, 체계적으로 지원할 계획이다.

1) 산업 생태계 조성

국토교통부는 드론 관련 국가 최상위 계획인 제1차 드론산업 발전 기본계획(2017~2026)을 수립하고, 사업용 중심의 드론 산업 육성, 산업 생태계 구축, 공공수요 기반의 운영시장 육성, 안전한 운영환경 구축, 글로벌 수준의 인프라 구축 등의 추진과제를 도출했다. 기본계획에 따라 2018년부터 드론 제작·서비스 기술 상용화를 지원하기 위한 드론 규제 샌드박스 사업을 시작하여 현재까지 운영하고 있으며, LIG(대 드론 방호시스템), 유비파이(드론 라이트쇼), 니어스랩(풍력발전 점검용 드론) 기업 등에서 성과를 나타냈다. 또한 2019년부터는 지역 수요 맞춤형 드론서비스를 발굴하고 실증하기 위한 드론 실증도시 구축사업도 추진 중이며, 제주특별자치도(안심귀가서비스, 수소 드론 활용 고압가스 배관 점검 등), 충남 서산시(수소드론 활용 도서지역 배송), 경기 성남시(보험원격 조치 드론) 등에서 다양한 드론 활용 서비스를 실증하였다.

드론분야 벤처, 청년 스타트업 창업 지원을 위해 판교 제2테크노밸리에 드론 기업지원허브 센터를 구축하여 2017년 9월부터 운영 중이며, 컨설팅·투자설명회 등기업역량강화 사업을 통해 현재까지 약 40여 개의 드론 창업기업을 지원하였다.

아울러, 규모가 영세한 국내 드론기업의 해외 판로개척과 홍보 등을 지원하기 위해 2020년부터 K-드론 대표단을 구성하여 국제박람회 참석, 해외 수요처 대상으로 진행하는 국외 실증 등 해외진출 활동을 지원하고 있다.

2) 규제 합리화 및 안전관리 체계 마련

정부는 제1차 드론산업 발전 기본계획(2017~2027)과 드론분야 선제적 규제혁파 로드맵에 따라 선제적으로 드론 관리체계를 정비하고, 산업 육성을 촉진하되 안전관리에는 빈틈이 없도록 현재 기술발전 수준 맞는 합리적인 규제를 적용하기 위한 노력을 기울였다.

드론 비행규제는 드론이 안전하게 운용되어 안전사고에 따른 인명 및 재산 피해를 예방하는 것이 핵심이다. 이에 따라, 일정 높이 이상에서 비행하거나 무거운 드론 기체를 운용하는 경우 항공당국의 검토를 받도록 비행승인 제도를 운용하고 있다. 다만, 소방, 경찰 등 공공목적으로 긴급히 드론을 운영해야 하는 경우 항공당국의 비행승인이 필요한 경우에도 유선으로 관할기관에 승인받고 즉시 비행할 수 있도록 하였다. 또한 긴급상황 적용범위도 확대하여 대형 사고로 인한 교통장애 모니터링, 시설물 붕괴 등 재난 발생 우려 시 안전진단, 풍수해 및 수질 오염 시 긴급점검, 테러 예방과 대응까지로 확대하였다.

그간 사람의 육안으로 식별하기 어려운 거리(비가시권)에서 비행을 하거나 어두워서 드론 기체를 식별하기 어려운 야간 비행은 원칙적으로 금지돼왔다. 이후 기술 발전에 발맞춰 2017년 11월부터 드론 특별비행승인 제도가 시행되었는데, '드론 특별비행승인제'는 안전기준을 충족하는 경우 그간 비행이 금지되었던 야간 비행, 비가시권 비행을 사례별로 검토하여 허용하는 제도이다. 특별비행승인에 따라 드론을 활용한 야간 방송촬영 및 중계, 군집드론 비행을 활용한 공연퍼포먼스, 원거리 도서(島嶼)지역 배송 등 활용 분야가 다양해지고 산업 활성화에도 크게 기여하고 있다.

2020년에는 드론 무게별 안전 위험수준에 따라 분류 기준을 정비하고, 고위험 드론은 안전성 인증을 받고, 상위 조종자격을 취득해야 하는 등 안전관리를 강화하였다. 아울러, 비사업용의 경우에도 최대이륙중량 2kg을 초과하는 경우 의무적으로 기체를 등록하도록 관리망을 촘촘하게 했다.

3) 인프라 · 공역체계 개선

정부는 드론 기술 상용화를 앞당기기 위해 드론 개발 전 주기(부품 · 기체개발 → 비행성능시험 → 인증)를 지원할 수 있는 시험 · 인증 시설을 구축하고 있다. 구체적으로 상용드론 개발 원스톱 지원을 위한 무인기통합시험시설(고성), 비행시험과 기체성능 테스트 지원을 위한 드론 전용비행시험장(영월 · 보은 · 고성 · 인천 · 화성 · 의성), 개발된 부품 또는 기체의 품질을 인증하기 위한 드론 인증센터(인천)를 구축 및 운영하고 있다. 또한, 드론 조종자격 수요에 대응하기 위해 교육훈련센터(시흥), 실기시험장(화성, 시흥)을 구축하고 있으며, 드론 개발 및 교육 수요에 대응할 수 있도록 드론 지원 인프라를 지속적으로 구축하고 있다.

지상 시설뿐 아니라 공역 확보를 통해 비행테스트를 지원하기 위하여 전국 10개 지역에 드론 시범사업 전용공역을 확보(2015~2018)하였으며, 현재는 일반 사용자에게 개방하고 있다. 또한, 드론 기업이 자유롭게 실증할 수 있도록 특별비행승인,

안전성인증, 전파적합성 검사 등 총 6종류의 드론 비행규제가 면제되는 드론특별자유화구역을 2021년에 최초로 지정하여 운영 중이며, 2023년 중 추가로 지정할 예정이다.

한편, 도시의 미래상을 그려보면, 다수 드론이 동시에 도심을 날아다니는 모습을 상상하곤 한다. 이를 현실화하기 위해서는 다수 드론을 안전하게 운용할 수 있는 교통관리체계가 필수적이다. 정부는 연구개발 과제를 통해 비관제공역(고도 150m 이하)에서 다수의 드론을 안전하게 운영하기 위해 드론교통관리체계를 개발(2017~2022)하고, 2023년부터는 이를 고도화할 계획이다. 한국형 드론교통체계(UTM) 연구개발 사업을 통해 기초 기술을 확보하고 운용개념 · 기준 · 절차를 확립하였으며, 관제센터 등 인프라를 시범 구축했다. R&D와 연계하여 K-드론시스템 대규모 현장실증을 영월에서 수행하고(2020. 6.), 실용화를 위한 도심지 실증계획을 마련하고 있다.

4) 핵심 기술개발 및 인력양성

드론 등 최첨단 기술은 국가 경쟁력을 좌우하는 전략 자산으로 평가된다. 이에 따라 무인기 핵심기술을 확보하기 위한 전략을 수립하고, 드론 원천기술 개발과 조기 실용화를 위해 노력하고 있다. 특히, 전 세계적으로 드론을 이용한 테러 위협 등의 우려가 높아지는 가운데, 국방 · 안보 분야 중심으로 드론 핵심기술을 국산화하기 위한 노력을 기울이고 있다. 먼저, 과학기술정보통신부는 무인이동체 미래선도 핵심기술개발사업을 통해 '군사용 다목적 무인이동체'를 개발하고 무인이동체 원천기술 개발사업을 주관하여 '육 · 해 · 공 자율협력형 시스템'을 제시하였다.

드론을 교통수단으로 활용하고, 첨단기술과 접목한 융복합 시스템으로 도약시키기 위한 노력도 이어지고 있다. 한국항공우주연구원은 자율비행 개인항공기(OPPAV) 시험기체를 개발 중이며, 2023년 기술검증을 목표로 하고 있다. DNA+드론기술개발사업을 통해서는 AI-5G-데이터-드론이 융복합된 미래상을 제시하였다. 성층권에서 비행할 수 있는 드론도 개발하고 있는데, 30일 이상 연속비행과 임무장비 20kg 탑재를 목표로 2025년까지 수행하고 있다.

드론 분야 인력 양성은 조종 분야와 개발 분야를 중심으로 진행되고 있다. 먼저, 드론 조종분야에서는 공공분야 임무특화 교육과정 운영으로 육안으로 수동 조종하는 가시권 운용 조종자를 양성하기 위한 사업 위주로 수행되고 있으며, 드론 상용화 확대에 대비하여 드론 조종자를 양성할 수 있는 교육기관을 지속 확대하고 있다. 또한, 교육훈련센터 운영 등을 통해 지자체 · 공공기관별 드론 조종자격 보유자가 증가

(2021년 2,452명)하였다. 한편, 기존의 인력양성체계는 가시권 조종교육 중심으로 운영되었으나, 기술발전에 따라 비가시권 및 자율비행 분야, 개발·관제·인프라 등 폭넓은 분야에서 활동 가능한 융복합 인재 양성에 대한 요구가 증대되고 있다. 이에 따라, 비가시권 비행, 프로그래밍, 데이터분석 등에 대한 인력양성 계획을 '드론산업 경쟁력 강화 방안(2021)'에서 포함하여 발표하였고, 개발분야에서는 2022년부터 무인이동체의 설계부터 시험평가까지 가능한 실무형 전문인력 양성을 목표로 '육해공 무인이동체 핵심인재 양성사업'을 착수할 예정이다.

다. 안티드론

1) 개념 및 필요성

안티드론 기술은 드론을 이용한 불법 침입 및 촬영, 테러(폭탄, 화생방) 등의 위협을 탐지, 식별하고 무력화를 통해 안전을 확보하는 드론 방어체계로 정의되고 있다. 먼저, 탐지는 광학, 음파, 방향탐지, 레이더 등 다양한 센서를 활용하여 불법 드론을 찾아내는 분야이며, 식별은 불법 및 기체 등을 판별하는 과정이다. 무력화는 불법 드론을 재밍이나 물리적인 수단을 이용하여 교란하거나 격추 및 폭획, 추락 등의 형태로 행해진다.

드론의 기술발달과 함께 드론의 불법적인 사용 또한 사회적으로 주요이슈로서 부각되고 있다. 드론은 향상된 비행성능과 저렴한 기체가격 등으로 누구나 쉽게 운영할 수 있어서 사회 전반으로 확산되고 있으며 관리를 위한 제도적인 장치를 마련하여 운영 중이기도 하다. 그럼에도 불구하고 허가된 영역을 이탈하는 불법 기체를 현 기술로는 완벽하게 탐지 및 식별하지 못하고 있으며, 이로 인해 테러세력과 범죄조직의 주요한 범법수단으로 악용되거나 악용될 수 있는 위험성을 안고 있다. 실제로, 2019년 9월에는 사우디아라비아 정유시설이 자폭 드론의 공격을 받아 파괴되었고, 2018년 12월에 영국 게트윅공항에 출처 미상의 드론이 출몰하여 공항이 마비되는 사례가 있었다. 따라서 세계적으로 불법 드론에 효과적으로 대응하기 위해 법체계를 정비하고 관련 기술을 고도화하고 있는 상황이다.

2) 국내외 산업 동향

시장조사기관 모도 인텔리전스(Mordorintelligence)의 2023년 조사에 따르면 안티드론 시장은 2021년 9.14억 달러에서 2027년에 43.6억 달러로 연평균 성장률 29.68%로 확대될 것으로 전망된다. 안티드론 시장은 군사분야가 주도하고 있으며, 민간분야에서는 경비분야와 경찰과 법 행정 등 공공분야에서의 수요가 시장의 성장을 견인하고 있다. 안티드론 회사는 전 세계적으로 250여 개 기업에 달하며 이 중 탐지 및 무력화장비 제작에 종사하는 업체가 70% 이상이고 그 외에 제어 및 소프트웨어 분야가 영위하고 있다. 안티드론 체계의 적용사례를 보면 영국 게트윅공항은 EO·IR과 레이더를 탐지·식별체계를 구축하여 운영하고 있으며, 히드로공항은 홀로그래피 레이더를 구축하여 가동하고 있다. 싱가포르의 창이공항은 레이더 및 라디오파센서, 전기광학장비 등을 설치하여 탐지·식별부터 무력화까지의 전 과정을 구현했다.

국내 안티드론 시스템은 2009년 '무인기 대상 방어시스템' 연구를 시작으로 개발이 시작되었고 2018년 평창 동계올림픽에서 안티드론의 탐지 및 식별장치를 적용하였다. 2020년 6월에는 전파법 개정으로 공공안전의 목적에 한해서 전파차단장치 사용을 허용하여 공공기관 등에 제품을 개발하여 납품하는 업체들이 확대되었다. 특히, 2019년부터 정부 주도의 드론규제 샌드박스 사업을 통해 드론 방어시스템 통합 인터페이스에 대한 상용화 기반을 구축하였고 2020년에는 근/원거리 재머에 대한 실환경 성능시험을 완료하였다. 2021년에는 개발된 기술을 고도화하여 국가주요시설에서 실증하였다. 체계 적용사례를 보면, 2020년 7월에 인천국제공항에 드론 탐지 시스템을 구축하였으며, 2021년 12월에는 한국가스공사 인천본부가 안티드론 통합 방호시스템을 설치하였다. 아울러, 원자력 발전소와 수자원공사 등에서도 운영 중이며 추가구축을 계획하고 있다.

3) 국내외 정책동향 및 발전방향

세계적인 정책동향을 살펴보면, 미국은 2018년에 「The Preventing Emerging Threats Act」를 제정해 국토안보국과 법무부가 불법 드론으로부터 국가 주요시설과 자산을 보호할 수 있는 근거를 마련했으며, 유럽항공청(EASA)은 2019년 5월에 드론 식별을 위해 규격에 따른 운용절차와 규정을 발표하고 미국과 불법 드론 표준화 대응방안을 마련하고 있다. 영국 내무성은 2019년 10월「UK C-UAS」보고서를 통해 드론 활성화의 역할은 교통성, 불법 드론 대응은 내무성으로 역할을 분담하고 세부적인 추진전략을 수립하고 진행 중이다. 일본은「소형 무인기 등 비행금지법」을 제·

개정하여 국가주요시설의 테러 방지를 위해 해당 시설 상공 비행을 금지하는 조치를 강화하였으며, 중국에서는 민용항공총국이 민간 무인기 실명제 등록 규정제 도입과 사용자 개인정보 갱신 요구사항을 수립하여 불법 드론의 비행을 근절하고 있다.

국내 정책은 공공안전과 개인권리 침해 방지라는 측면에서 수립 및 운영되고 있다. 먼저, 법적으로는 2020년 12월에 「전파법 시행령」 내 전파 차단장치 제조 등의 신고 및 인가 관련 조항을 신설하여 공공안전을 위한 전파 차단장치의 제작을 허용하였으며, 「공항시설법」에도 비행 승인을 받지 않고 공항에 접근하는 드론을 퇴치·추락·포획 등을 할 수 있도록 하는 조항을 추가하였다. 그러나 드론 탐지와 식별 레이더와 라이다 등의 장비 설치를 위한 구체적인 기준이 미비하고 전파 차단장치를 악용한 해킹 등의 위험성이 상존하여 보완 요구가 다수 있다. 「개인정보 보호법」상에도 드론이 영상정보처리기기에 해당하지 않아서 불법 촬영 등을 처벌할 수 있는 법적인 근거가 부재하며, 드론에서 획득한 데이터에 대한 운영 책임제 조항을 신설하자는 요구도 있다.

한편, 드론식별장치도 불법 드론을 줄이는 데 큰 역할을 할 것으로 보인다. 2017년부터 시작된 '저고도 무인비행장치 교통관리체계 개발 및 실증시험 사업'을 통해 개발된 드론식별장치는 실시간으로 드론 위치 정보를 통제소와 관련 기관으로 송신하게 된다. 주요기관이 이 정보를 수신하게 되면 허가받지 않고 접근 비행을 하거나 식별장치를 장착하지 않은 드론을 식별하여 적시에 대응할 것으로 기대된다.

안티드론 기술은 앞으로 비가시권 비행과 고중량 화물배송 임무가 확대되면 그 중요성이 커질 것으로 전망된다. 드론 항적의 급증은 규정된 비행절차와 기준을 위반하는 사례의 증가로 이어질 것이며, 기체의 고성능화와 대형화에 따라 위반에 따른 위험성은 증폭될 것이다. 따라서 공공안전을 우선적으로 고려하도록 안티드론 제도를 보완해야 하며, 이와 병행하여 드론 발전을 가로막는 규제를 철폐하는 균형성 있는 정책을 펼쳐야 한다. 아울러, 안티드론을 별도의 분야로 접근하기보다는 항공교통관리와 산업 등이 연계된 종합분야로서 그 관리방안을 발전시켜 나가야 할 것이다.

04 UAM 개요

가. UAM 도입 배경

1) 기존 교통의 한계

세계 인구증가 및 대도시 인구 과밀화로 인해 현재의 도심 내 지상 교통수단은 한계에 도달하고 있다. UN 경제사회국에 의하면 2050년 전 세계 인구는 90억 명으로 증가하고, 이 중 65억 명(67%) 이상은 도시에 거주할 것으로 예상된다. 또한, UN의 "2018 세계도시 보고서(The World's cities in 2018 report)"에서는 인구 1,000만 명 이상의 거대도시를 지칭하는 메가시티가 2018년에 세계적으로 22개가 존재했으며, 2030년에는 32개로 증가할 것으로 전망하고 있다. 보고서에서 메가시티는 고등교육을 받은 인적자원 및 IT, 교통통신 등 가치 창출에 필수적인 인프라를 확보하고 있어, 이는 메가시티와 주변의 인구과밀도를 심화시키는 작용을 한다고 강조했다.

인구 증가와 맞물려 지상 교통의 정체와 이로 인한 사회적 손실도 심각한 수준으로 분석된다. 특히, 메가시티 내외부에는 도로와 철도 등 교통망의 지속적인 확충에도 불구하고 혼잡도가 개선되지 않고 있다. 실제로 한국교통연구원에서는 2018년 국내의 교통혼잡비용 중 수도권이 전체의 52%에 달한다고 밝히고 있으며 2016년에 55조 8천억 원이었던 것이 2018년에는 67조 7천억 원으로 증가하였고, 이는 국내 총생산의 3.3%에 해당되어 심각한 사회적인 부담으로 작용하고 있다고 분석했다.

교통혼잡으로 인한 환경적인 부담도 증가하고 있다. CO2 배출과 이로 인한 지구온난화, 소음, 유해가스인 일산화탄소와 질소산화물 배출 등이 대표적인 환경 문제이다. 2018년 10월 발표된 기후변화에 관한 『지구온난화 1.5℃ 특별보고서』에서는 산업화 이전 대비 2017년 온도가 약 1℃ 상승한 관측치를 보여주었다. 이 중 수송부문의 CO2 배출 비율을 보게 되면 2018년 전 세계 배출량의 25%를 차지하고 있어 수송부문에 대한 온실가스 배출을 감소시키는 노력이 절실한 실정이다. 실제로 2020년 10월 28일에 정부에서는 2050년 탄소중립을 발표하였는데 수송부문에서는 승용차의 통행량 15% 감축 등을 골자로 하고 있다.

2) UAM의 등장

UAM은 도심의 교통 및 환경 문제를 해결할 수 있는 실질적인 대안으로 주목받고 있다. 과거 개념구상 및 시험 수준에 머물던 플라잉카와 같은 개인용 비행체(PAV: Personal Aerial Vehicle)는 소재 · 배터리 · 제어(S/W) · 항법 기술 등의 발달로 상용화가 눈앞의 현실로 다가오고 있다. 특히, 전기수직 이착륙 (eVTOL: Electric Vertical Take-Off Landing) 기술은 기존 여객기와 비교할 때 활주로가 필요 없고, 배터리 기반으로 소음이 작으며 배출가스가 없어 친환경 항공 교통수단으로 각광받고 있다.

기존의 개인이 교통수단을 소유하는 개념에서 필요할 때만 이용하는 이동성(mobility) 서비스로의 인식 전환을 의미하는 MaaS(Mobility-as-a-Service)는 우버(Uber)의 차량공유 서비스를 통해 시장에 도입되었고, 기존 교통과 새로운 교통수단의 융합을 통해 확장이 가속화될 것으로 예상된다. 그중에서도 UAM은 다양한 교통수단과 연계하여 막힘 없는 서비스를 제공하여 이동 시간을 획기적으로 단축하는 한편 자연 친화적이고 이용자의 편의를 도모할 수 있는 모빌리티 혁신을 가져올 것으로 전망되고 있다.

나. UAM 개념 및 구성

1) UAM의 개념

'도심항공교통(UAM; Urban Air Mobility)'이란 도심 내 3차원 공중교통체계를 활용한 항공운송 생태계를 의미한다. 도심 상공에서 사람이나 화물을 운송하는 항공교통 수단으로, 기체 개발부터 인프라 구축, 플랫폼, 서비스, 유지보수 등 관련 사업을 포괄하는 개념이며, NASA(미항공우주국)에서 최초로 UAM으로 명명한 이후 통용되고 있다. UAM은 도심 운항을 위해 드론과 항공기를 결합한 형태이며 주로 eVTOL 방식을 적용하고 있다. 아울러, UAM은 도심 내 이동뿐만 아니라 도심과 주변 광역권을 아우르는 새로운 이동형 교통수단으로서 공항셔틀과 항공택시, 항공통근, 지역권 항공여행 등의 역할을 주도할 것으로 기대된다.

UAM은 세계적으로 약 300개 이상의 업체가 기체를 개발 중인 것으로 파악되고 있으며, 기존의 보잉, 에어버스 등 항공기 개발 업체를 포함하여 여러 스타트업과 대량 양산기술을 보유한 자동차 생산기업 등에서 PAV, 플라잉카, eVTOL 등으로 명명되는 기체를 개발하고 있다.

가) PAV

PAV(개인용비행체)는 미국 항공우주국이 2003년에 일반인이 운전면허만으로 조종할 수 있는 비행체 개발 프로젝트를 추진하면서 등장한 개념으로, 단일모드(비행)와 복수모드(지상주행+비행) 비행체로 구분된다. 단일모드 eVTOL과 복수모드 플라잉카가 대표적인 비행체이다.

나) 플라잉카

플라잉카는 도로주행과 비행이 모두 가능하여 'Door to Door' 개념 구현에 적합하여 초기 PAV 개발을 선도하였다. 플라잉카는 자동차의 개념을 접목하다 보니 개발 중인 기체가 내연기관을 사용하여 CO2 배출 및 소음문제 등의 제약이 있으며, 지상 주행과 비행이라는 복수기능을 구현하다 보니 효율성이 떨어지는 단점이 있다.

▼ 개발 중인 PAV(플라잉카)

업체	테라퓨지아 Transition	PAL-V Liberty	에어로모빌 Aeromobil 4.0
형상			
성능	• 2인승(Pilot+1) • 161km/h, 644km • 예상가격: 40~50만달러	• 2인승 • 지상: 160km/h, 1,315km • 비행: 180km/h, 400km • 예상가격: 40~60만달러	• 지상: 160km/h, 1,000km • 비행: 260km, 740km • 예상가격: 130만달러

다) eVTOL

eVTOL은 플라잉카와 달리 전기추진력체를 활용하여 공해를 유발하지 않고, 수직으로 이착륙이 가능하여 활주로와 같은 기반시설의 제한사항이 없으며, 저소음운항이 가능하여 도심이나 주변 광역권에서 운항이 가능한 단일모드 교통체계이다.

▼ eVTOL 추진형태별 분류

구분	[틸터로터]	[리프트&크루즈형]	[멀티로터]
형태			
형상적 특징	• 틸트 시스템 탑재 (동일 추진부) • 세가지 비행모드 (고정익, 회전익, 천이비행) • 높은 전진비행 효율 • 낮은 제자리비행 효율	• 독립적 고정식 추진부 구성 • 세가지 비행모드 (고정익, 회전익, 천이비행) • 틸터로터보다 수직 이착륙이 용이 • 높은 전진비행 효율	• 회전익으로 구성 • 단일 비행모드(회전익) • 높은 제자리 비행 효율 • 상대적으로 높은 안전성 • 낮은 전진비행 효율

2) UAM의 구성

UAM의 생태계는 기체개발/제작사 및 부품 공급업체, 운송사업자, 버티포트 운용자, 교통관리서비스공급자(PSU: Provider of Services for UAM) 등의 주체들로 구성된다.

▼ UAM 산업생태계 구성도

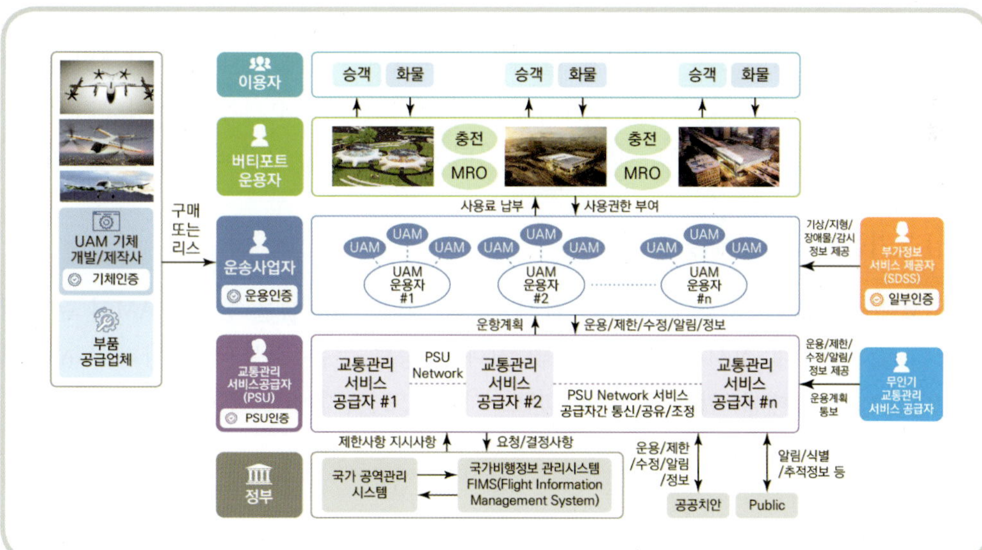

가) UAM 기체개발/제작사 및 부품 공급업체

UAM 기체를 개발·제작하고 필요한 부품을 제공한다. UAM용 기체 프레임, 엔진, 부품 등을 생산하여 UAM의 기체를 제작하거나 기술협력을 통해 공동 생산하는 형태를 취한다.

나) 운송사업자

구매 또는 리스한 UAM용 기체를 활용하여 유상으로 여객 또는 화물에 대한 운송서비스를 제공하며 항공운송산업의 항공사와는 달리 소규모의 여객과 소량화물 위주로 지점-지점(Point to Point) 간 운송서비스를 제공하는 것이 특징이다. UAM과 지상 대중교통수단과의 환승 등을 위한 연계 시스템을 구축하여 연계·환승 서비스를 제공하는 것도 운송사업자의 주요한 역할이다.

다) 버티포트 운용자

UAM 기체의 이착륙장을 운용하면서 운송사업자에게 지상조업 서비스를 제공하고 UAM 이용자를 위한 탑승 및 도착 수속을 지원하는 역할을 한다. 이를 위해 이착륙장과 계류시설을 관리하고 배터리 충전과 유지보수 서비스 등을 제공한다.

라) 교통관리서비스 공급자

운송사업자가 서비스를 원활하게 할 수 있도록 UAM 기체에 대한 운항계획 및 관리 등 교통관리 서비스를 제공한다. UAM 기체 간 또는 UAM 기체와 타항공기 간 충돌 회피 조언, 공역 및 UAM 회랑 관리, 버티포트 이착륙 인가 등의 역할을 한다.

마) 부가정보서비스 제공자

UAM 운송사업자 등을 대상으로 감시·분석·예측 시스템을 통해 UAM이 운영되는 공역 및 회랑 내 실시간 항행정보 및 장애물 정보 등을 생성·제공한다. UAM 이용자의 편의성 증대를 위한 엔터테인먼트 서비스도 여기에 포함된다.

바) 정부

국가 공역 내 항공기 안전운항, 사고 예방을 위해 관련 안전규정을 마련하고 그 규정의 이행을 감독한다. UAM 산업 활성화를 위한 지원정책을 마련하여 시행하고,

안전한 UAM 운항환경 조성을 위한 기준 마련, 국제기준에 맞는 표준을 채택, 관련 기관 협의 및 이해관계자의 역할과 책임 조정, 관련 인·허가수행 및 관리·감독 기능 등을 총괄 수행한다.

05 UAM 국내 · 외 산업 동향 및 전망

가. 국외 UAM 산업동향 및 전망

1) 시장전망

주요 스타트업들의 기술개발과 이에 따른 시험비행 성공 등으로 UAM 기술수준은 과거 개념구상 및 설계 수준에서 사업화 단계에 이르렀다. 특히, 배터리 효율의 개선과 AI(자율비행) 등 첨단기술의 지속적인 발전으로 인해 시장규모는 2030년의 3,220억 달러(한화 약 410조 원)에서 2040년경에는 1조 5천억 달러(한화 약 1,900조 원) 수준(연 30% 성장)으로 확대되고 중국, 미국, EU 등이 주도할 것으로 모건 스탠리사는 전망하고 있다. 이 수치는 전기차 시장의 글로벌 성장률 18.9%를 초과하며, 포르쉐 컨설팅이 예측한 2025년부터 10년 동안의 승객 수송용 비행체의 10배 증가와 맥을 같이 한다. 아울러, 향후 도심 내에서 도시 간(intercity)으로 이동거리가 늘어나고, 관련 기술도 발달되어 셔틀행 UAM은 물론 수요자 맞춤형(온디맨드, on-demand) 시티택시 비중도 증가할 전망이다.

▼ 도심항공모빌리티(UAM) 시장규모 전망 단위 : 십억 달러

연도	세계	미국	중국	유럽	그 외
2018	3.7	1.1	1.1	0.69	0.76
2020	7.4	2.0	2.4	1.4	1.5
2025	122.3	21.1	62.7	18.3	20.2
2030	322.1	56.4	149.4	56.0	60.3
2035	640.9	131.3	239.3	121.3	149.0
2040	1473.9	328.1	431.1	292.4	422.3
연평균증가율 (2021~2040)	30.3%	29.1%	29.7%	30.4%	32.4%

자료 : Morgan Stanley Research(2019), 국제무역통상연구원

2) 산업분야별 현황

UAM 산업을 기체(제작), 인프라, 서비스 분야로 구분하여 2040년을 전망하였는데 기체(제작)는 전체 시장의 9.5%, 인프라는 15.5%, 서비스는 70%를 차지하고 있다. 이 중에서 기체 분야의 전망을 분석하면 Air Taxi 시장이 약 70%, PAV는 약 15%, 환자수송용이 약 10%를 차지하고 있다.

▼ 2040년 UAM 세계시장 전망

단위 : 백만 달러

구분	2030년	2035년	2040년 (점유율)	성장율(%)
기체(제작)	5,701	21,694	57,660 (9.5%)	22
인프라	9,685	40,948	94,594 (15.5%)	18
서비스	46,161	187,928	456,766 (75%)	19
총계	65,548	250,571	609,021	19

자료 : 드론 택시 시장 운임분석, 항공안전기술원, 2020

인프라 분야에서는 UAM 이착륙장 및 버티포트 부문에 대한 투자만 2040년까지 320억 달러 이상이 될 것으로 NEXA ADVISORS가 분석하고 있으며, 비행체 렌탈 및 유지관리, 보험 등으로 구성되는 서비스 분야는 세계 UAM 시장의 70% 내외에 해당되어 선점을 위한 업계의 치열한 경쟁이 예상된다.

3) 주요 기업 현황

현재 시험비행 중 UAM의 주류인 전기동력 기반 수직 이착륙 기체(eVTOL) 개발에는 전문 스타트업이 대다수 참여하고 있으며, 대표적 스타트업은 조비 에비에이션(미국), 릴리움(독일), 볼로콥터(독일), 이항(중국) 등이다. 이 중에서 조비사는 2020년 12월에 미 공군 감항인증을 취득하고 업계 최초로 FAA의 상업비행 허가를 획득했으며, 독일의 릴리움은 2019년에 이착륙 시운전을 성공한 이후 2024년부터는 에어택시 상용서비스를 계획하고 있다. 업체 현황을 보면 2021년에만 114개 업체에서 133개 모델을 개발하고 있는데 에어버스, 보잉 등과 같은 전통적인 항공기 제조업체뿐만 아니라 자동차 제조사인 GM, 지리자동차와 IT 기업인 텐센트 등 다양한 분야 기업의 투자 및 협력개발이 늘어나고 있는 추세이다.

▼ 주요기업별 eVTOL 개발동향

기업	eVTOL 기종	특징
조비 에비에이션 (Joby Aviation, 미국)	S-4 	• 5인승, 최대이륙중량 2,177kg • 순항속도 322km/h, 항속거리 321km • 미 연방항공청(FAA) 인증 신청
버티컬 에어로스페이스 (Vertical Aerospace, 영국)	VX4 	• 5인승, 탑재중량 450kg • 순항속도 241km/h, 항속거리 161km • 영국 항공청(CAA-UK) 인증 신청
볼로콥터 (Volocopter, 독일)	VoloCity 	• 2인승, 최대이륙중량 900kg • 순항속도 110km/h, 항속거리 35km • 유럽항공안전청(EASA) 인증 신청
베타 (Beta, 미국)	ALIA 250 	• 5인승, 최대이륙중량 2,721kg • 순항속도 270km/h, 항속거리 463km • 미 연방항공청(FAA) 인증 신청
위스크 에어로 (Wisk Aero, 미국)	Cora 	• 2인승, 탑재중량 181kg • 순항속도 180km, 항속거리 100km • 미 연방항공청(FAA) 인증 신청

자료 : 한국형 도심항공교통(K-UAM) 기술로드맵, 2021. 06

나. 국내 UAM 산업동향 및 전망

1) 산업현황

국내 UAM 시장은 연평균 19%의 성장률로 2040년까지 약 109억 달러 규모로 확대될 것으로 전망하고 있다. 먼저, 기체부문을 보게 되면 시장규모가 2025년 3,292만 달러에서 연평균 21%씩 성장하여 2040년에는 약 10억 달러가 될 것으로 예상하였으며, 인프라 시장은 2025년 2,060만달러에서 2040년까지 약 17억 달러, 연평균 17%로 확대될 것으로 분석하였다. 서비스부문은 전체 시장 규모의 75%를 차지하며 2025년 1.6억 달러에서 2040년까지 약 82억 달러로 성장하여 주요한 교통 수단으로 자리매김할 것으로 전망했다.

▼ **연도별 UAM 한국 시장 규모(2023~2040년)**

단위 : 달러

구분	연도				CAGR (2035~2040)
	2025	2030	2035	2040	
GDP	1.96%	1.92%	1.86%	1.79%	0%
기체(제작)	32,928,832	109,463,039	403,517,228	1,032,129,883	21%
인프라	20,607,610	185,968,875	761,639,682	1,693,242,621	17%
서비스	160,609,326	886,295,742	3,495,470,731	8,176,117,513	19%
총계	214,145,768	1,181,727,656	4,660,627,641	10,901,490,017	19%

자료 : 드론 택시 시장 운임분석, 항공안전기술원, 2020

2) 주요 기업 현황

우리나라는 대기업 중심으로 UAM 기체 개발 등 생태계 구축을 위한 협력체계를 구성하면서, 본격적인 UAM 산업의 가치사슬(value-chain)을 조성하고 있다. 먼저, 한화시스템은 2024년 UAM 기체 개발과 2025년 시범운행을 목표로 2019년에 미국의 오버에어사와 기술협력으로 '버터플라이' 개발에 착수한 이후 2020년 11월 UAM 서울 실증 및 드론택시 시연 비행행사에서 기체 모형을 첫 공개하였다. 또한, 한국공항공사(KAC) 등과 컨소시엄을 구성하여 김포공항의 버티포트 구축 및 UAM 시범사업 등을 추진하고 있다.

현대자동차는 자동차에서 도심항공으로 모빌리티 확장을 위해 최근 대규모 투자에 나서고 있다. 2026년 화물용 UAM과 2028년의 여객용 UAM(수소연료전지 기반) 출시를 목표로 기체를 개발 중이며 미국 UAM 법인 슈퍼널(Supernal)을 설립하여 2028년에 도심운영에 적합한 UAM 모델을 선보이고, 2030년에는 인접 지역을 연결하는 지역 항공모빌리티 기체를 선보일 예정이다. 아울러, 영국 '어반에어포트'와 협력하여 글로벌 버티포트 시장을 선점하기 위한 노력을 추진하고 있다.

▼ eVTOL 모형

구분	현대자동차	한화시스템
기체		
특징	• 8개 로터, 5명 탑승 • 일회 충전으로 최대 100km 비행 거리 • 최고 속력 290km/h	• 4개 틸트로터, 5명 탑승 • 최대 30분 비행 • 최고 속력 320km/h, 15dB 낮은 소음 • 'OSTR(최적 속도 틸트로터)' 특허기술

자료 : 현대자동차/한화시스템 홈페이지

국내 통신기업인 SK텔레콤은 정부가 추진 중인 실증사업에 참여하며 2022년초 업무협약을 체결한 미국 조비에비에이션의 기체(S4)를 활용할 계획이다. 실증사업에서는 교통관리서비스공급자 역할을 수행하고, 향후 장애물 등 지형정보, 소음, 날씨, 전파품질 등 UAM 운항에 필요한 각종 정보를 아울러 제공하도록 실시간 통합 운항정보 시스템을 마련할 계획이다.

한편, LIG넥스원에서는 2021년부터 민수와 국방 분야를 아우르는 수소연료전지 기반의 탑재중량 200kg급 카고드론 개발사업을 진행하고 있으며, 대한항공은 UAM 항행/교통관리시스템 및 운송서비스 사업을 추진하고 있다.

그 외에도 한국항공우주산업, 두산DMI(기체개발), 대한항공, KT, LIG(교통관리), 한국공항공사, 현대건설, 대우건설(버티포트 등 인프라) 등의 다양한 기업이 UAM산업에 직·간접적으로 참여 중이다.

06 UAM 산업육성 정책

가. 주요국의 UAM 산업육성 정책 동향

주요국의 UAM 산업육성을 위한 정책은 기체개발과 운영개념, 인프라 구축 등의 분야에서의 다양한 논의와 연구를 바탕으로 발전되고 있다. 미국에서는 FAA를 중심으로 기체 안정성 확인을 위한 인증기준을 마련하고 있으며, 유럽은 택배 등 소형화물 운송에 UAM 운항을 승인하고 이후 여객 운송으로 상용화할 예정이다. 일본은 정부가 주도하여 UAM 기술 개발을 적극 지원하고 있다.

1) 미국

연방항공청(FAA) · 항공우주국(NASA)를 중심으로 UAM 산업에 대응하고 있다. FAA는 UAM 운용개념서(ConOps: Concept of Operation) v1을 발표하여 운영개념을 정의하였으며 이를 통해 산업계와 협력하여 UAM 운영관련 서비스 사업자(UAM 운항사 및 교통관리서비스제공자)에 적용할 주체별 적용 규정(CBR, Community Based Rule)을 개발하고 있으며, FAA의 항행체계와 UAM 운항사 인증 등이 대상이다.

▼ 미국 내 UAM 관련 주요 정부기관

기관명	약어	주요 기능	국내 유사 기관 · 조직
교통부	DOT (Department Of Transport)	항공 · 철도 · 자동차 등 교통을 담당하는 정부기관	국토교통부
연방항공청	FAA (Federal Aviation Administration)	DOT 산하 항공 안전 · 규정 등을 총괄하는 정부기관	항공정책실
항공우주국	NASA (National Aeronautics and Space Administration)	민수분야 항공우주 개발을 담당하는 정부기관	항공우주연구원

또한 NASA는 2018년 11월부터 UAM과 AAM(Advanced Air Mobility)의 안전성 관련 대중 수용성 제고 및 초기 생태계 구축을 위한 신 모빌리티 인증 관련 실증사업을 추진하고 있으며, 미 공군은 Agility Prime(국방무기체계 획득 프로그램)을 2020년 5월에 착수하여 조비 에비에이션 등의 eVTOL 기술개발을 지원하고, FAA와 협력하여 인증기준을 마련하고 있다. 미 공군 주관으로 DOT, FAA, NASA 등 주요 항공기술 개발 기관이 협업하여 자국 내에 드론, UAM, 신개념 소형항공기 등 새로운 미래 교통체계를 포괄하는 AAM 관련 체계를 신속하게 구축하고 글로벌 시장을 선도하겠다는 의지를 보이고 있다.

2) EU

유럽은 유럽항공안전청(EASA)이 UAM 정책을 주도하고 있으며 2013년에 European RPAS Steering Group에서 무인기 통합로드맵을 수립하여 핵심기술 개발 및 2028년까지 3단계의 유·무인기 공역 통합을 위한 계획을 제시하였다. 이를 위해 유럽연합 항행계획의 10대 필수 추진과제 중 하나인 U-space의 일환으로 UAM 운영개념을 개발 중이며, UAM 관련 3가지 대분류(항공기 감항성, 운항, 공역)별 규정을 작성하고 있다. 아울러, 도심항공 실증 프로그램에 대해서는 2021년부터 약 2년간 유럽 최대규모인 UAM 기체·공역관리 기능 실증 프로그램(AMU-LED, Air Mobility Urban-Large Experimental Demonstrations)에 Boeing, Airbus사 등이 참여하여 영국 Cranfield, 네덜란드 Enschede, Amsterdam, Rotterdam 등의 실증지에서 약 2년간 시험을 진행하고 있다.

프랑스는 Re.Invent Air Mobility 프로젝트를 통해 2024년 파리올림픽에서의 UAM 서비스 개시를 목표로 실증시설을 구축하고 있고, 영국은 2016년 8월 NASA와 협력하여 UTM(UAS Traffic Management, 저고도 무인항공기 교통관리)을 개발 중으로 관련 법령을 개정했다. 프랑스의 에어버스는 2016년 2월부터 미국 실리콘밸리 기업들과 협력한 Vahana 프로젝트를 통해 여객 탑승용 자율비행 항공기 개발을 진행하고 있다.

3) 중국

2015년 9월에 10대 중점분야 기술로드맵에 드론을 포함하여 지역산업 육성 및 군 수요로 전환 등을 지원하고 있으며 대표적으로 선전시는 드론 입주기업에 세제 혜택 및 인프라를 지원하고 있다. 중국정부는 UAM 관련 국가정책을 공식적으로 발표하지는 않았으나 세계 최고 수준의 기술력과 시장 지배력을 활용하여 '드론택시' 상용화에 근접한 것으로 평가받고 있다. 중국 민용항공국(CAAC)은 13개 도시를 실험구로 지정하여 실증을 적극적으로 지원하고 있으며, 대표적인 UAM 스타트업인 이항사는 글로벌 무대에서 시제기 시범을 진행하고 있고, 중국 Autoflight사와 함께 국내 상용화 실증사업 중 기체 운용분야 실증에 참여할 계획이다.

4) 일본

일본은 2018년 12월 경제산업성(주도)과 국토교통성(협력)의 협력으로 2023년 UAM 상용화를 위한 로드맵을 발표하였다. 이를 위해 국토교통성(MIT) 내 AAM (Advanced Air Mobility) 전담조직을 구성하였으며, 2025년에 개최되는 오사카 엑스포에서 eVTOL 기반의 UAM 상용화 모델을 시현할 계획이다.

나. 국내 UAM 산업육성 정책

정부는 UAM 2025년 상용화를 목표로 UAM 산업 육성을 촉진하고 지원할 수 있는 기반을 조성하기 위해 노력하고 있다. 제도의 부재가 산업의 육성을 저해하지 않도록 법령을 마련하는 한편, 상용화를 위한 실증과 기술개발에도 집중하고 있다. 2019년 9월, 도심항공교통 전담조직으로 국토교통부 2차관 직속의 '미래드론교통담당관'을 신설하였으며, 2020년 6월에 37개의 정부기관, 민간기업, 연구기관, 학교 등이 참여하는 K-UAM 범정부 민관협의체(UAM 팀코리아)를 발족하고, UAM 중장기 기획 로드맵(K-UAM 로드맵)을 발표하고 단계적인 발전계획을 제시하였다. 이후 순차적으로 UAM 핵심기술개발을 위한 국가 로드맵인 "K-UAM 기술로드맵"과 UAM 상용화 초기의 운항에 대한 지침서인 "K-UAM 운영개념(K-UAM ConOps 1.0)"을 수립하여 로드맵의 체계적인 시행을 지원하고 있다.

특히, 세계 여러 국가에서 민간 협의체인 UAM 팀코리아 활동에 많은 관심을 보이고 있고, 2021년 미국 보고서인 Deloitte Insight에서는 UAM 주요 선진국가인 미국, 중국, 독일과 함께 한국의 신산업 지원정책이 높게 평가되었다. UAM 팀코리아는 2021년에 민간의 참여를 확대하여 47개 기관이 참여하고 있고, 국토부 2차관을 위원장으로 하는 본 협의체를 포함하여, 정책·제도 등 산업 이슈를 발굴하는 실무위원회와 버티포트, 공역, 스마트시티 등 세부 기술을 연구하는 실무분과로 구성하여 다양한 연구 활동과 집필 활동을 활발히 진행하고 있다.

▼ UAM Team Korea 참여기관 및 구성도

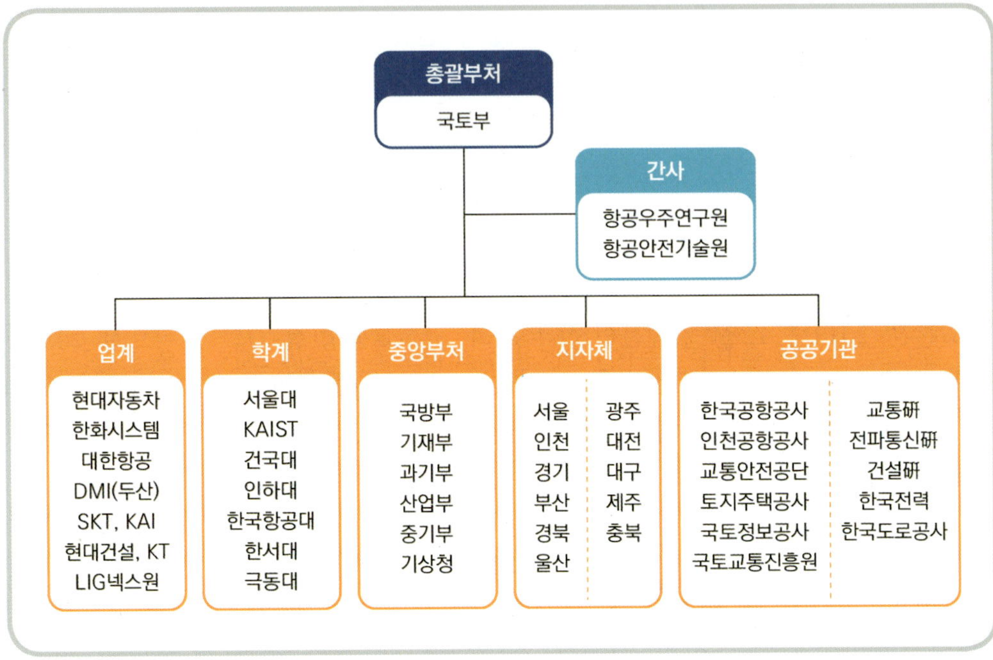

1) 「한국형 도심항공교통(K-UAM) 로드맵(2020.6.4.)」

2025년 상용서비스 최초 도입을 주요 목표로 설정하고 2024년 비행실증, 2030년부터 본격 상용, 2035년에는 100개 노선 설치 및 호출형 서비스 확대를 목표로 제시하였다.

▼ 도심항공교통 단계별 주요 추진계획

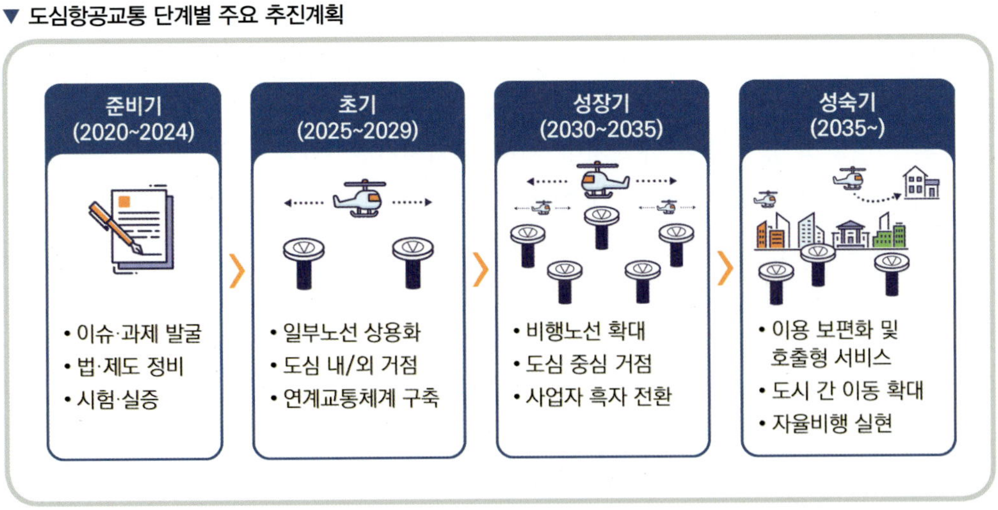

우선 거점과 거점을 연결하는 최초서비스를 2025년에 도입하는 실천계획에 초점을 맞추고, '도심항공교통 선도국가로의 도약', '시간과 공간의 새로운 패러다임 구축', '미래형 일자리 창출 가속화'라는 3가지 비전을 제시하였다. 또한, 민간주도 사업에 대한 정부지원, 기존 안전 · 운송제도 틀이 아닌 새로운 제도 틀 구축, 글로벌 스탠다드 적용으로 선진업계 진출 · 성장유도 등 3대 기본방향도 설정하였다.

2) 「한국형 도심항공교통(K-UAM) 기술로드맵(2021.3.)」

「한국형 도심항공교통 기술로드맵」에서는 핵심 목표를 "안전성 · 수용성 · 경제성 · 지속 가능성 · 상호발전"으로 설정하고 "기체 · 승객 안전성 확보 기술 최우선 개발" 등 4가지의 세부 추진계획을 제시하였다. 이를 위해 기체부품 등 5개 기술분야별로 연구개발 전략과 세부기술 로드맵을 구체화하였다.

▼ **5대 분야별 주요 기술현황**

분야	내용
① 기체 개발 · 생산	기체 시스템, 배터리 등 제작자들이 기체 개발 · 생산 제반 활동에 필요한 기술
② 운송 · 운용	도심비행관리, 기체운용, MRO 등 운송사업자들이 사업 수행에 필요한 기술
③ 공역설계 · 통제	공역시스템, CNSi, 교통관리 등 국가가 UAM 운용시 필요한 기술
④ 운항관리 · 지원	운항 흐름관리 통합시스템, 네트워크 확장 등 교통관리사업자가 사업 운영에 필요한 기술
⑤ 사회적 기반	대중수용성, 버티포트 등 UAM 운용을 위해 지역사회가 필요한 기술

2035년 성숙기가 되면 배터리 용량 증대 및 기체 경량화에 힘입어 비행가능 거리도 300Km(서울~대구 정도)로 증가하게 되고, 속도도 2025년 150km/h에서 300 km/h로 더욱 빨라질 것으로 예상했다. 자율비행, 야간운항, 이착륙장 증설에 따른 노선 증가와 기체 양산체계 확립에 따른 규모의 경제효과가 요금 수준을 현실화하게 되어 2035년에는 교통수단으로서의 대중화 시대가 열릴 것으로 분석했다.

▼ **시기별 UAM 시장 변화 형태**

구분		초기(2025~)	성장기(2030~)	성숙기(2035~)
기체	속도	150km/h(80kts)	240km/h(130kts)	300km/h(161kts)
	거리	100km(62miles)	200km(124miles)	300km(186miles)
	조종형태	조종사탑승	원격조종	자율비행

구분		초기(2025~)	성장기(2030~)	성숙기(2035~)
항행/교통	교통관리체계	유인교통관리	자동화+유인교통관리	완전자동화 교통관리
	비행회랑	고정식	혼합식	혼합식
버티포트	노선/버티포트	2개 / 4개소	22개 / 24개소	203개 / 52개소
	이착륙장/계류장	4개 / 16개	24개 / 120개	104개 / 624개
기타	기체가격	15억 원	12.5억 원	7.5억 원
	운임(1인, Km당)	3,000원	2,000원	1,300원

기술개발 로드맵은 정부와 지자체, 민간에서 공통된 지향점을 가지고 UAM 산업 실현을 위해 기술개발 등을 추진할 수 있는 토대로 활용이 가능하고, 정부에서는 2035년까지 민간의 산업 경쟁력 강화를 지원하기 위해 필요한 핵심기술 분야에 R&D 연구개발을 추진하기 위한 기초자료로 활용할 계획이다.

3) 「한국형 도심항공교통(K-UAM) 운용개념서 1.0(2021.9.28.)」

「한국형 도심항공교통(K - UAM) 운용개념서 1.0」은 K - UAM에 대한 단계별 운용전략, 이해관계자의 역할과 책임, 정상 · 비정상상황에서의 운용시나리오 등을 체계적으로 담고 있으며, 특히, 도심항공교통 전용 하늘길(항로)인 UAM 회랑(回廊, Corridor) 등 3차원 도심교통체계 운용 구상의 밑그림을 제시하였다.

▼ K-UAM 회랑 운용 개념

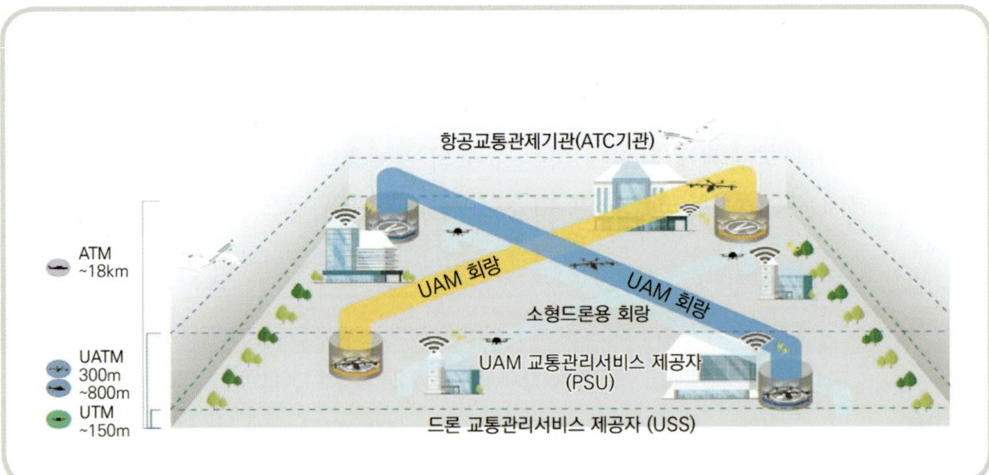

산업초기 사업 참여자의 역할과 함께 교통체계의 흐름을 제시하여, 각각의 운영 주체들이 운항단계별 주요 정보 흐름과 서비스 제공이 어떻게 진행되는지 한눈에 알아볼 수 있는 체계가 마련되었고, 이 교통체계는 상용화 실증사업을 통해 검증되고 보완될 계획이다.

특히, UAM을 위한 도심 내 전용 하늘길 설치, 도심항공 교통관리를 위한 새로운 사업자 도입, 도심 속에 들어설 버티포트 운영 등 안전하고 편리한 도심항공 모빌리티로서 갖추어야 할 새로운 운용개념들은 우리 UAM 산업 발전에 이정표로서 역할을 할 것으로 기대하고 있다.

4) 한국형 그랜드챌린지(K-UAM GC)

UAM의 안전성을 검증하고, 안전기준을 마련하기 위한 종합 실증계획이다. 종합 실증을 통해 도심에서 실제 비행이 가능한지를 검증하게 되며, 상용화에 앞서 국민의 안전과 사회적 수용성을 확보하기 위한 목표를 설정하였다. 우선적으로 넓은 공역과 부지가 있고 인구밀도가 낮은 교외 지역(비도심지)에서 추진하고(1단계), 이후 실제 상용화 운용 환경과 유사한 도심지에서 실증(2단계)할 예정이다. 또한 미국의 NASA와 UAM분야 상호협력을 위한 MOU를 체결(2022.10)하여 개발 초기 안정적인 운영을 위한 기술교류를 이어나갈 계획이다.

참여기관은 국내·외 잠재적 UAM 운항자, 제작자, 교통관리제공, 버티포트 운영에 관심이 있는 국내 신규 참여기업, 중소기업 등으로 UAM 운용체계 전반에 대한 실증이 가능할 전망이다. 1단계 실증사업을 위해 2022년 2월에 참여 기업을 공모하였고, 국내외 55개 기관이 신청하였다. 2023년 1월에 최종 협약을 체결하고 2023년 8월부터는 본격적으로 참여자 실증 사업이 진행될 예정이다.

▼ 통합실증 컨소시엄 참가 신청 현황 (7개 컨소시엄)

컨소시엄 명칭	주요 참여기관	실증용 항공기
대한항공 인천국제공항공사	(기체 · 운항) 대한항공 (교통관리) 인천국제공항공사 (버티포트) 인천국제공항공사	OPPAV (한국항공우주 연구원)
UAM itra	(기체 · 운항) 도심항공모빌리티산업기술연구조합, 오토플라이트, 티웨이항공, 볼트라인 등 (기체 · 운항) 도심항공모빌리티산업기술연구조합, 포드림 등 (버티포트) 드론시스템, 안단테 등	Prosperity (Autoflight)

컨소시엄 명칭	주요 참여기관	실증용 항공기
현대자동차 KT	(기체 · 운항) 현대자동차, 대한항공 (교통관리) KT (버티포트) 현대건설, 인천국제공항공사	OPPAV (한국항공우주 연구원)
K-UAM 드림팀	(기체 · 운항) SKT (교통관리) 한화시스템, 한국공항공사, SKT (버티포트) 한국공항공사, SKT, 한화시스템 (공간정보) 한국국토정보공사 (기상정보) 한국기상산업기술원	Joby S4 (Joby Aviation)
UAM Future팀	(기체 · 운항) 카카오모빌리티, 버티컬에어로스페이스(英) (교통관리) LG유플러스, 파블로 항공 (버티포트) GS건설, 파블로 항공	VX4 (Vertical Aerospace)
롯데	(기체 · 운항) 민트에어, 모비우스에너지 (교통관리) 롯데정보통신, 위우너스 (버티포트) 롯데렌탈, 롯데건설 등	Journey (Jaunt)
대우·제주	(기체 · 운항) 제주항공 (교통관리) 대우건설, 제주항공, 휴맥스모빌리티 (버티포트) 대우건설, 휴맥스모빌리티	Alia 250 (Beta technologies)

▼ **단일분야 참가 신청현황(5개)**

참여분야	주요 참여기관
교통관리	로비고스
기체·운항	켄코아에어로스페이스, 아스트로엑스
기체 · 운항	플라나
기체 · 운항	볼트라인
교통관리	파인브이티(주관), ANRA Technologies, 로데슈바르즈 등

UAM은 전 세계적으로 도심항공교통의 운용방식, 기준 등이 아직 표준화되지 않은 상황이다. 이 실증을 통해 정부는 관련 제도를 마련하는 데 필요한 데이터를 얻을 수 있고, 참여기관 입장에서는 제도화 시점에 맞춰 사업화를 준비하여 참여과정을 통해 사업화에 필요한 비행, 교통관리 데이터 등 기술을 축적하는 기회를 얻게 된다.

종합실증(그랜드 챌린지) 단계적 계획

1단계		2단계
	→	
비도심(고흥)(2023년~2024년)		도심(수도권)(2024년~2025년)

▲ 주요 실증범위
① 버티포트 운영 및 UAM 교통관리 서비스의 H/W, S/W 안전성 통합점검
② 통신, 항법, 감시, 정보 공유 · 교환을 통한 이해관계자 간 역할
③ 악천후, 기기고장 등 상황별 비정상상황에 대비한 대응계획

그랜드챌린지를 통해 얻게 되는 실증 결과물은 참여자들과 공유하여 안전 확보와 생태계 전반을 신속하고 탄탄하게 구축하는 데 사용될 예정으로, 국내외 유수 기업의 참여로 국내 UAM 산업이 국제적으로 경쟁력 있는 교통체계로 성장하는 계기가 될 것으로 기대된다.

부록

부록 01 COVID-19 팬데믹과 항공산업 위기 극복 경과

1. COVID-19의 확산과 항공산업 위기 직면

가. COVID-19 위기의 확산

2019년 말에 시작된 COVID-19가 2020년 연초부터 전 세계적으로 확산됨에 따라 WHO는 팬데믹을 선언했으며 이후 모든 국가가 입국을 사실상 차단하기에 이르렀다. 우리나라 또한 2020년 4월 1일부로 모든 입국자에 대한 14일 격리를 적용하였고, 매달 8백만 명에 달하던 우리나라 국제선 여객실적이 2020년 4월에는 COVID-19 이전의 2% 수준인 15만 명으로 급락했다. 검역이 강화되고 여객 항공편이 취소되면서 매월 4만 편이 넘던 여객기 운항횟수 또한 2천 편 수준으로 급락했다.

▼ 2019년 대비 2020년 항공여객(상, 명) 및 여객항공편(하, 편) 월별 추이

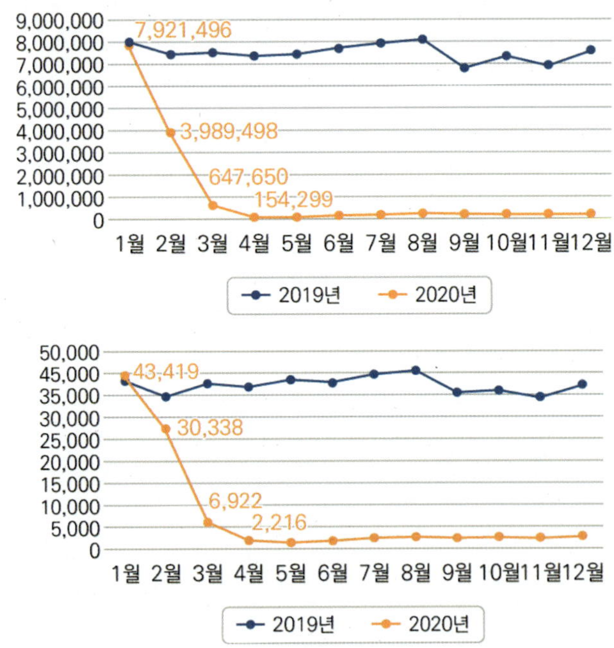

2003년 사스와 2015년 메르스가 각각 확산 직후 40%, 15% 수준의 여객실적 감축으로 이어졌음에도, 반기 내 회복되었던 것과 같이 COVID-19의 확산 초기에는 이러한 충격이 단기간에 해소되어 V자 회복을 이룰 것이라는 기대도 있었으나, 상황이 장기화되자 항공업계는 유례없는 위기상황에 놓이게 되었다.

나. 항공사 등 항공업계 생존 위기

1) 매출액 · 영업이익 급감, 부채비율 급등

가) 국제선 셧다운으로 인한 국적 항공사 영업실적 타격

COVID-19의 영향으로 국적항공사의 59개 한-중 노선 운항횟수가 77% 감소하였고, 여행심리가 급격히 위축되어 항공권 예약취소와 환불이 급증하였다.

여객기 운항이 감소함에 따라 여객기 수하물(Belly Cargo) 물류 물동량도 감소하여, 미주 · 유럽 · 동남아행 항공화물 운송에도 큰 타격(중국발 환적화물 주간 4천 톤 → 2천 톤)을 받았다.

▼ COVID-19 영향 권역별 여객실적(전년 동기대비)

(단위 : 명, %)

구분	일본	중국	동남아	기타아시아	미주	유럽	대양주	기타	합계
2019.12.	1,160,695	1,523,924	2,591,255	935,801	478,863	445,775	380,115	84,165	7,600,593
	△39.0	16.4	17.6	6.1	11.8	6.6	35.4	25.2	1.5
2020.1.	1,192,070	1,540,037	2,945,000	703,107	497,168	494,293	410,264	99,568	**7,881,507**
	△40.7	11.9	23.8	△23.7	9.8	4.3	26.0	18.7	**△1.8**
2020.2. 1~10일	339,184	162,498	691,983	143,552	148,544	154,091	106,132	31,838	**1,777,822**
	△6.0	△64.2	△19.9	△41.0	15.4	△2.1	△10.3	14.3	**△32.2**

출처 : 국토교통부

나) 국적 항공사 경영실적 악화와 유동성 위기 직면

국적 항공사는 이미 2019년도 일본 수출제재, 보잉 737 결함 등으로 2019년도 2분기부터 4분기까지 연속으로 영업이익이 적자 상태였다. 국적 저비용항공사(Low Cost Carrier, 이하 LCC)는 일본 제재이후 중국 · 동남아 운항을 통해 영업이익 흑자 전환의 기회를 노렸으나, COVID-19의 확산으로 계획이 무산되면서 극심한 경영악화를 겪게 되었다. 2020년 1분기의 경우 전년 동기 대비 매출액이 대형 항공사(Full Service Carrier, 이하 FSC)는 22.4%, LCC는 44.2% 감소하는 등 모든 국적사의 영업이익은 적자였다. 특히 아시아나항공은 2,082억 원으로 가장 큰 폭의 적자를 기록했다. 적자가 심화되면서 자본이 감소하고 유동성 부족에 따른 차입이 증가(2019년 4분기 : 25.1 → 2020년 1분기 30.4조 원)하면서, 2019년 4분기 대비 모든 항공사의 부채비율이 증가하고 일부 국적사는 자본 잠식이 심화되었다.

2) 항공업 종사자 고용 위기로 확대

항공사는 고정비 지출을 최소화하기 위하여 비상경영체제를 선언하였으며, 희망퇴직과 무급휴직 등을 통하여 비용을 절감하였다. 2020년 3월 기준 우리나라에서 출발하는 항공편에 대해 전 세계적으로 입국 금지 · 제한 조치를 시행함에 따라 국적항공사 여객기 374대 중 324대가 멈춰 있는 상황이었다. 수입이 거의 없는 상황에서 매월 9,000여억 원의 고정비는 적자로 쌓이고, 연내 만기가 도래하는 부채는 5조 3천여억 원 규모로 항공사 및 임직원 모두가 당장 내일의 생존을 위협받게 되었다.

2. 항공산업 위기 극복 추진

가. 항공분야 K-방역체계 구축

1) COVID-19의 해외유입 방지를 위한 항공 · 공항 방역체계 구축

정부는 공항을 중심으로 해외로부터의 감염병 유입을 최소화하기 위해, 인천검역소와 협조하여 입국자의 건강 상태와 체류국가 확인, 국내 동선 파악 등을 위한 연락처 확보, 방역어플리케이션 설치 여부 확인 등을 위해 특별입국절차를 도입하였다. 아울러, 도착 항공편이 특정 시간대에 집중되는 것을 피하기 위해 시간당 도착 여객편의 상한을 평시 40대에서 10대로 낮췄다.

우리나라 승무원을 대상으로 별도 방역절차도 마련했다. 우선 모든 승무원을 대상으로 비행 전 과정에서 마스크와 라텍스장갑을 의무화하고, 보호의와 고글의 착용도 권고하였다. 또한, 해외 현지에서의 레이오버(체류) 시 공항과 호텔 간 전용버스를 이용하도록 하고, 호텔이탈을 제한했다. 외국인 승무원 또한 우리나라에 체류하는 경우, 동일한 절차를 적용하여 국내 일반인과의 접촉을 최소화했다.

2) 외국의 한국 입국금지 우려 해소를 위한 출국검역 확보

2020년 2월 한국발 입국자에 대한 입국금지를 취하는 국가가 늘어날 조짐이 보이고 있었다. 특히, 미국이 한국발 입국금지를 검토한다는 우려에 대해 정부는 발 빠르게 대처하기 위해 입국자뿐만 아니라 출국자에 대해서도 검역을 강화하였다.

정부가 즉각 도입한 출국검역은 특히 유의미한 효과가 있었다. 미국은 당시 코로나 상황이 급속도로 악화되던 우리나라와 이탈리아에 대한 입국금지까지 검토하면서, 항공사에 세 가지 조건을 요구했다. 미국으로 향하는 모든 여객 항공편에서의 발열검사, 증상확인, 간단한 문진을 진행하는 것이었다. 정부는 방역당국, 주미대사관, 항공사 등과의 긴밀한 공조를 통해 미국 교통안전청(TSA)과 세부 조건들을 협의하였다. 특히, 미국측에서 민간 항공사보다는 전문 검역인력이 참여하는 출국검역을 요청하였고 우리 정부가 이를 수용하면서, 방역 신뢰성을 추가로 확보하였다. 입국검역과 달리 통상 국경을 떠나는 여객에 대해서는 출국검역을 시행하지 않는 점을 고려할 때, 정부의 대처는 매우 신속하고 적절한 것으로 평가된다.

나. 정책금융 등 유동성 위기 지원

1) FSC, LCC 대상 정책금융 지원 결정

2020년 2월, 정부는 어려움을 겪는 LCC를 대상으로 유동성 지원을 위한 긴급지원방안을 발표하였다. 약 3,000억 원의 범위 내에서 LCC를 대상으로 산업은행의 대출 심사를 거쳐 필요한 유동성을 공급하기로 한 것이다. 하지만 첫 번째 대책 발표 당시에는 COVID-19 발생지역이 제한적이었고 FSC의 유동성 상황이 나쁘지 않아 FSC는 대상에서 제외하였으나, COVID-19 확산, 자금시장 경색 등으로 양대 FSC(대한항공, 아시아나항공)의 유동성 부족 사태도 발생하게 되었다.

당시 아시아나항공은 HDC현대산업개발과의 M&A가 진행 중인 상황으로 신용공여(크레딧라인)가 확보되었으나, 대한항공은 자금조달책이 부재한 상황이었다. 이에 관계부처는 대한항공의 유상증자(1조 원), 송현동 부지 및 왕산마리나 매각 등 자구계획 이행을 조건으로 2020년 4월 1.2조 원의 긴급 유동성 자금 지원을 결정하였다.

LCC의 경우 FSC와 달리 자산매각을 통한 대규모 유동성 확보 등은 사실상 불가한 상황에서 임금반납, 무급휴직, 경비 절감 등 뼈를 깎는 자구노력을 실시하였으나 역부족이었다. 이에 정부는 추가적인 유동성 부족 상황을 대응하기 위해 약 3,500억 원의 추가 지원방안을 마련(2020. 10., 2021. 10.)하여, FSC에는 3.2조 원, LCC에는 6,915억 원을 지원하는 등 약 3.9조 원의 금융지원을 실시하였다.

2) 기간산업안정기금 조성 및 지원

COVID－19로 인한 피해를 최소화하기 위한 두 차례의 대책 발표에도 불구하고, 2020년 4월 기준 항공여객이 96.7% 감소하는 등 항공업계의 어려움은 지속되고 있는 상황이었으며, 대한항공을 포함한 모든 항공사와 지상조업사의 현금잔고도 마이너스로 선환될 것이라고 전망되는 등 유동성 경색이 심화되고 있었다. 항공사 현원의 70%(27,338명), 조업사는 약 60%가 휴직과 임금 삭감 등 항공업계 종사자는 고용 불안정을 겪고 있었으며, 인력 채용계획은 전면 보류되는 등 상황 회복의 기색이 나타나지 않았다.

이에 정부는 COVID－19로 경영난을 겪는 기간산업을 지원하기 위해 40조 원 규모의 정책 기금을 조성(2020. 5.)하는 데 총력을 기울였다. 하지만 이 과정에서 대상 업종을 선정하는 것이 걸림돌이었다. 당초 해운, 기계, 자동차, 조선, 전력, 통신 등 7개 업종을 선정하려 했으나, 세계무역기구 보조금 관련 제소 우려가 있어 항공, 해운 2개 업종만 선정하였다. 이 외의 업종은 금융위원회가 소관 부처의 의견을 수렴하고, 기획재정부와 협의해 결정하도록 최종안을 마련하게 되었다.

하지만, 저신용 협력업체의 경우에는 기존의 은행권 대출 등 금융 접근에 여전히 어려움을 겪고 있었으며, 매출 감소에 따른 자금 수요는 계속 증가하고 있으나, 대출한도 소진, 부채비율 상승, 낮은 신용등급 등으로 금융권이 위험분담 없이 자발적으로 지원하기는 어려운 상황이었다. 이에 기간산업 생태계를 지원하는 협력업체인 지상조업사를 지원대상에 포함시키기 위해 별도의 지원기준을 마련할 필요성이 지속 제기됨에 따라 지상조업사에 대한 추가 금융지원이 절실한 상황이라는 것에 공감대가 형성되었다. 이에 기간산업안정기금을 활용한 협력업체 지원 특화 프로그램의 세부 추진방안을 마련(2020. 6.)하여 기금 지원대상 기업요건(총차입금 0.5조 원, 근로자 300명 이상)을 충족하지 않더라도 협력업체를 대상으로 5조 원 범위 내에서 지원하기로 결정하였다.

다. 항공업계 고용 안정화 지원

국제선 셧다운으로 직격타를 맞은 항공업은 물론 여행업 등 유관 업종의 피해도

심각했다. 이에 따라 정부는 가장 직접적이고 심각한 피해가 발생한 여행업·관광숙박업·관광운송업·공연업을 6개월간(2020. 3. 16.~9. 15.) '특별고용지원업종(이하 '특고업종')'으로 지정(2020. 3. 16.)하였다. 특고업종은 고용유지지원금의 지원수준이 상향(66%→90%, 1일 한도 6.6만 원→7만 원)되고, 고용보험·산업재해보상보험 보험료, 장애인 의무고용 부담금의 납부기한이 6개월간 연장되며, 체납처분 집행이 유예되는 등의 혜택이 있다. 항공지상조업·면세점업 종사자들은 항공기 운항 급감에 따라 타격을 받은 업종임에도 불구하고 특고업종으로 지정되지 못함에 따라 정부는 지상조업사·면세점 업계와 고용노동부 장관 간담회(2020. 4. 8.)를 거쳐 항공기취급업·면세점 등 4개 업종을 특별고용업종에 추가 지정(2020. 4. 27.)하였다.

특고업종으로 지정된 항공업은 일반 업종과 달리 정부로부터 유급휴직 지원금 혜택을 받을 수 있었다. 특고업종에 한하여 유급휴직 지원기간을 60일 추가 연장하기로 하였고 2020년 8월 고용정책심의회를 통해 의결하였다. 코로나 확산세가 지속됨에 따라 2020년 3월에 본격적으로 휴직을 실시한 점을 고려했을 때 항공사 종사자들은 총 240일간 유급휴직 지원금을 받아 2020년도 말까지 유급휴직이 가능하게 되었다. 또한, 2020년 8월 20일에 개최된 고용정책심의회에서 8개 업종에 대해 특고업종 지정기간을 2021년 3월 31일까지 연장하였고 이후 2022년 12월 31일까지 2차례 추가 연장하였다.

▼ **유급휴직 vs 무급휴직 근로자 세후 수입(항공협회)**

코로나 前 평균임금 700만 원 근로자		코로나 전 평균임금 300만 원 근로자	
유급휴직	무급휴직	유급휴직	무급휴직
3,822,000	1,980,000	1,638,000	1,500,000

* 유급휴직 : 매년 180일 지원, 정부(휴직급여의 2/3~3/4, 월한도 198만 원) + 회사 부담
무급휴직 : 근로자 1인당 270일 지원, 정부부담(평균임금의 50%, 월최대 198만 원)

라. 임대료 · 사용료 감면 등 추진

항공사, 조업사, 면세점 업계 등 그간 항공산업을 영위하고 있는 구성원들의 적자가 지속되는 등 생태계 붕괴가 우려됨에 따라 정부는 2022년 12월까지 항공사와 지상조업사 대상 공항시설 사용료 및 사무실 임대료를 감면하고, 면세점과 소상공인

등 상업시설 입점업체를 대상으로 임대료를 대폭 감면하였다.

1) 공항시설 사용료 및 임대료 감면

정부는 COVID-19로 인한 항공업계의 피해를 최소화하기 위해 착륙료(10%~20%), 정류료(전액), 계류장 사용료(전액)를 2020년 3월부터 감면해왔고, 종결시한도 2022년 12월까지 연장하였다. 이는 항공업계의 COVID-19 지원대책 중 가장 효과적인 대책이라는 평가를 받고 있다.

2) 면세점 등 상업시설 입점업체 임대료 감면

면세산업은 2019년 20조가 넘은 역대 최대의 매출을 달성하였지만, 2020년 코로나 위기로 직격탄을 맞았다. 이에 공항면세점의 임대료를 매출액과 연동하여 대폭 감면하기로 하여, 2022년 12월까지 약 2조 4천억 원을 감면하였다. 이와 함께 면세업계에서는 양 공항공사와 고용유지 양해각서를 체결하여, 계속근무를 원하는 인력을 90% 이상 유지하고자 노력한 결과 협력업체 파견 직원도 대다수 유지할 수 있었다.

마. 항공업계 활로 개척

정부는 팬데믹에 따른 항공사의 어려움을 고려해 사용료 등 각종 비용부담을 줄이고, 다양한 금융지원을 실시하고 있었으나, 항공사의 정상화를 위해서는 본연의 사업 활로를 개척할 필요가 있었다. 특히 좁은 국토와 편리한 국내교통으로 국내선 시장에서 수익을 창출할 수 없는 국적 항공사는 국제선 수요의 회복이 절실했다. 이에 정부는 중장기적인 항공수요 정상화와 함께 항공사 영업활동을 위해 ‘트래블 버블’과 ‘무착륙 국제관광비행’을 추진하였다.

1) 트래블 버블(여행안전권역) 추진

해외여행의 실질적 회복을 위해서는 가장 큰 장벽으로 작용 중인 입국격리를 완화할 필요가 있었다. 국토교통부는 방역이 우수한 양 국가 간의 여행자에 대해 입국격리를 상호 완화하는 트래블 버블을 주도적으로 검토하였으며, 방역이 우수한 10여 국가와 미리 진행하고 있던 교섭에 속도를 붙였다.

가장 먼저 합의에 다다른 곳은 사이판(미국령 북마리아나주)이었다. 사이판은 팬데믹 이후 사실상 국제선을 중단하고, 빠른 백신접종으로 우수한 방역수준을 보이고 있었다. 다만, 관광산업이 침체된 상황이었기에 우리나라와 이해관계가 일치했다. 이에 사이판과의 합의사항을 방역당국 등 협의를 거쳐 2021년 6월 말에 우리나라를 방문한 북마리아나 주지사와 국토교통부 2차관이 트래블 버블에 최종 합의했다.

다음으로 합의가 이루어진 곳은 싱가포르였다. 싱가포르는 우리나라와 관광수요뿐만 아니라 상용수요도 풍부하고, 방역과 정부 시스템 측면에서 우수했기에 국토교통부가 오랫동안 협의해온 국가였다. 양국 간의 오랜 교섭과 국내 관계부처 협의를 거쳐 2021년 10월에 양국 장관 간 트래블 버블에 합의하여 11월부터 운영하였다.

사이판, 싱가포르와의 트래블 버블은 항공 및 관광업계가 기대하는 해외여행 재개의 첫걸음으로서, 정부가 장차 입국격리를 단계적으로 완화하고 국내 방역 시스템을 정비하기 위한 주요한 시범사업으로 평가된다.

2) 무착륙 국제관광비행 도입

무착륙 국제관광비행은 국내공항을 이륙한 항공기가 외국 영공 일부를 선회 비행한 후 같은 공항에 착륙하는 것으로 본연의 교통수단 역할을 하지 않는 특수한 운항이다. 항공사는 다수의 항공기를 운용하며 많은 직원을 고용하고 있어 수요 급락에 맞춰 사업축소를 하기 매우 어려운 실정이었다. 특히, 조종사는 정기적으로 항공기를 운항해야 그 자격이 유지되므로, 항공사는 텅 빈 항공기를 정기적으로 운항해야 하는 상황이었다. 이러한 배경에서 항공사의 제안에 따라 일부 해외사례를 참고하여 정부는 '무착륙 관광비행'을 검토하기 시작했다.

국제관광비행은 법령·기술상의 문제는 없었으나, 매력 있는 상품이 되기 위해서는 해외여행에서 누릴 수 있는 면세쇼핑 혜택이 주어져야 했다. 또한, 이러한 여행에서 지역감염이 없도록 높은 수준의 방역관리가 필요했다. 결과적으로 2020년 12월부터 2021년 12월까지 대한항공 등을 포함하여 8개 국적사에서 약 300여 회 무착륙 국제관광비행을 운항하였으며 탑승 좌석 중 약 75%가 판매되었고 총 3만여 명이 해당 상품을 누렸다. 당초 2021년 12월까지 기한을 두고 운영되었으나, 오미크론 확산 등 상황을 고려하여 2022년 6월까지만 연장하였다.

바. 유휴 여객기 화물기 활용 등 규제 완화

1) 유휴 여객기 화물운송 허가 및 화물운송 승인절차 간소화

2020년 2월 COVID-19 발생 이후 항공 여객수요가 급격히 감소하여 여객기의 95%가 운항하지 못하게 된 반면, 화물수요는 빠르게 증가하여 운임이 평년 대비 3배 가량 상승하는 등 화물수송이 항공사의 유일한 수익창출 창구가 되었다. 하지만 우리나라 항공사가 보유한 항공기 400여 대 중 화물기는 36대(10% 미만)에 불과해 급증하는 화물수요를 처리하기에 부족하였고 이로 인해 외국 항공사로의 수요이탈도 발생하였다.

위기에 처한 항공업계를 지원하고자 정부는 국제항공운송협회(IATA), Boeing 등 항공기 제작사와 항공 전문가의 안전성 검토 등을 거쳐 2020년 4월 9일, 「여객기 객실 내 화물운송 안전기준」을 신속히 제정하고 유휴 여객기를 이용한 화물 수송을 전격적으로 허용하였다.

이로 인하여, 유휴 여객기로 화물을 운송하면서 인천국제공항 화물터미널에 적체되어 있던 항공화물 수송에 물꼬가 트이기 시작하였고, 2020년 3월 15일에는 그간 운송예정일 3일 전까지 정부의 승인을 받도록 한 제도를 사후 신고 제도로 한 차례 더 완화하여 항공사의 화물운송을 지원하였다.

2) 조종자격 상실 방지를 위한 한시적 유예방안 마련

COVID-19 발생 이후 국제노선에 주로 투입되던 대형 여객기인 A380 기종은 항공기 운항이 전면 중단되면서 해당 기종을 전담하던 조종사 137명의 자격유지 문제가 대두되었다. 현행 국제 항공안전기준에 따르면 운송사업용 조종사는 연속되는 90일 동안 최소 3회의 이·착륙 경험을 하지 못하면 조종자격이 상실되는 요건이 있어 이들의 자격 유지가 곤란한 상황이었다.

이에 정부는 유사한 상황에 놓인 외국 항공당국 및 항공사 등과 긴밀하게 협조하며 국제민간항공기구(ICAO)에 국제적 공동 해결방안 마련을 요청한 결과, ICAO는 '조종자격 유지를 위한 긴급지침(Quick Reference Guideline)'을 제정(2020. 4. 21.)하여 각국 항공당국이 자국 상황에 맞는 안전조치를 마련하는 것을 전제로 조종자격을 유예할 수 있는 근거를 마련하였다.

3) 해외 신공항 취항 전 현장점검을 영상점검으로 대체

항공사가 해외 공항 등에 새롭게 취항하려면 운항개시 전 정부 항공안전감독관이 현지 공항을 방문하여 현장검사를 하도록 하고 있으나, COVID-19로 인해 현장검사가 어려워지면서 우리 항공사들의 신규 취항에 제약요인이 발생하는 상황이 나타났다. 이에 정부는 항공사의 신규 노선 취항을 적극 지원하기 위해 영상점검도 가능하도록 함에 따라 2020년 한 해 동안 총 5개 항공사가 중국 청도 공항에 신규 노선을 개설, 여객과 화물을 운송할 수 있었다.

3. 국제선 재개

가. 방역안전 확보를 통한 국제선 재개 준비

팬데믹 발생 전 왕복 약 5천 회/주 운항하던 우리나라의 국제선 정기편은 2020년 5월 전후에 약 120회/주 수준으로 급감하였다. 이후 각국의 방역체계가 갖춰지면서, 항공수요 및 운항 증편소요가 조금씩 발생하였다. 그럼에도 불구하고, 특정 국가에서의 상황이 매우 악화되는 경우 즉각적으로 대처하기 위해, 특정 노선에서의 입국자 중에 하루에 세 명 이상의 외국인 확진자가 확인되는 경우, 해당 노선을 운항하는 모든 항공사는 직후 일주일 간 정기편 탑승률을 60% 이하로 제한하고 부정기편은 중단하도록 하는 소위 '서킷브레이커' 지침을 도입하여, 추가적인 확진자 입국 가능성을 최소화하는 조치를 시행하였다.

이러한 제한적인 정기편 증편과 서킷브레이커 지침 등에 대해서는 많은 국가에서 문제제기를 할 가능성이 있었다. 이에 정부는 방역이 확보되고 외교·경제적으로 필요가 있는 노선부터 방역당국을 적극 설득함으로써 매월 정기편을 증편하였다. 그 결과 2020년 5월경 주당 120여 회에 불과했던 정기편이 2022년 1월 초 기준 주당 400여 회로 확대되었다.

나. 방역규제 완화를 통한 국제선 조기 정상화

국토교통부는 2022년 4월, 방역당국 등 관계기관과 함께 국제선 운항 규모를 2022년 연말까지 50%까지 회복할 수 있도록 '국제선 단계적 일상회복 방안'을 추진하기로 의견을 모았다. 관계기관은 그간 방역정책으로 축소되었던 국제항공 네트워크를 1단계(2022년 5월부터 주 100회씩 증편), 2단계(2022년 7월부터, 주 300회씩 증편), 3단계(엔데믹, 정기편 인가 정상화)에 걸쳐 정상화할 계획이였다. 하지만, 전 세계적인 COVID-19 방역규제 완화추세를 감안하여 2022년 6월, 3단계(엔데믹) 수준의 국제선 정상화 방안을 조속히 도입하기로 하였다.

2020년 4월부터 시행 중인 인천국제공항의 시간당 항공기 도착편 수 제한(이하 "슬롯제한" 20대 → 40대)과 비행 금지시간(Curfew, 20시~익일 5시)을 2년 2개월 만에 해제하는 한편, 6월부터 국제선 운항 규모를 대폭 확대하였고 국제선 운항규모 추세에 맞춰 항공사도 국제선 운항 증편을 단계적으로 준비하였다. 특히, 2022년 10월 일본의 방역규제 완화에 따라 한-일 노선도 대폭 증가하게 되었다. 이로써 2022년 10월 기준 국제선은 COVID-19 발생 이전의 약 40% 수준을 회복했으며, 2022년 동계시즌(2022.10.28.~2023.3.25.)부터 약 57% 수준으로 회복하게 되었다.

▼ **2022년 동계시즌 여객 정기편 지역별 인가(주당 운항횟수) 및 회복률**

구분	동북아	동남아	서남아 · CIS · 러시아	미주	유럽	중동 · 아프리카	대양주	전체
2019년 동계(A) (2020년 1월 첫째주)	2,522	1,462	124	379	129	56	42	**4,714**
2022년 하계(B) (9.1.~10.29)	587	882	32	275	91	45	14	**1,926**
하계 회복률 (B/A×100)	**23.3%**	**60.3%**	25.8%	72.6%	70.5%	80.4%	**33.3%**	**40.9%**
2022년 동계 (C)	1,156 (+569)	1,055 (+173)	37 (+5)	269 (-6)	94 (+3)	53 (+8)	41 (+27)	**2,705** (+779)
동계 회복률 (C/A×100)	45.8%	72.2%	29.8%	71.0%	72.9%	94.6%	97.6%	57.4%

부록 02 항공 관련 주요 통계

1. 항공통계의 역사와 기준

가. 항공통계의 역사

항공통계는 항공수송에 관한 변동추이를 파악하여 공항 건설·운영·관리 및 항공정책 수립 등 종합적인 공항발전계획 수립의 기초자료로 이용하기 위해 1990년에 최초로 작성되었다. 항공통계의 체계적인 관리를 위하여 한국공항공사는 1997년부터, 인천국제공항공사는 2001년부터 항공통계 시스템을 구축하여 데이터를 축적하고 있고 2003년 서울지방항공청에서 운항 및 비행정보시스템(FOIS, Flight Operation and Information System)을 구축하면서 항공통계의 전산화가 본격적으로 시작되었다. 이후 2005년 '항공통계'라는 통계 명칭으로 통계 작성승인(통계청 승인번호 : 제38101호)을 받았다.

지방공항의 국제선 수송 분담률(1999년 8.4% → 2009년 16.6%)이 크게 증가하면서, 2010년 2월 인천국제공항에만 한정되어 있던 국제선 지역별 수송현황 통계를 전국공항으로 확대하였다. 이후 2010년 8월 인천국제공항공사를 복수의 통계작성 기관으로 포함시키면서 항공통계 복수기관(한국공항공사, 인천국제공항공사) 공동통계 변경 승인(제92005호)을 받았다. 2015년 인천공항 환승경쟁력 제고방안의 일환으로, 환승통계 기준을 기존 24시간 이내와 함께 72시간 이내도 추가하는 등 항공통계는 변화하는 환경에 맞춰 유동적으로 변경·개정되며 신공항 추진, 신규노선 발굴, 항공운항 변화 등과 같은 항공정책 및 종합적인 공항발전 계획 수립의 기초자료로 활용되고 있다.

▼ 항공통계 보유현황

통계명	보유연도	수록단위	주요내용
공항별	1989	일별	공항별 운송통계, 국내선은 노선별로 집계가능
노선별	1992	월별	노선별 운송통계, 경유지 실적 포함
기종별	1992	월별	기종별 스테이지별
시간대별	1997	일별,시간별	공항별 시간대별
지연결항	1997	일별(1999~)	공항별 원인별, 정기편 여객기 기준
탑승교	1998	월별	공항별 탑승교별
민항공영업통계	1985	월별(연도별)	항공사 관점의 수송실적, ICAO 등

* 과거 데이터는 1968년부터 책자로 보관

한국공항공사는 '항공통계 연·월보'를 1999년부터 책자로 발간했고, 2021년부터 e-Book으로 전환하여 e-Book 형태로만 제공하고 있다. 인천국제공항공사는 『항공통계 분석보고서(Airport Traffic Report)』를 2006년부터 매년 발간하고 있다. 양 공항공사는 각 공사 홈페이지를 통해 항공통계 서비스를 제공하고 있다.

한국항공협회는 1993년부터 『항공통계』를 매년 발간하고 있고, 이후 1998년 『항공통계 국내편 및 세계편』으로 나누어 발간하고, 1999년부터 『포켓항공현황』을 매년 발간하고 있다. 특히, 2006년 항공정보포털시스템을 구축하여 웹페이지를 통해 다양한 항공통계를 제공하고 있다.

▲ 한국공항공사 발간물

▲ 인천국제공항공사 발간물

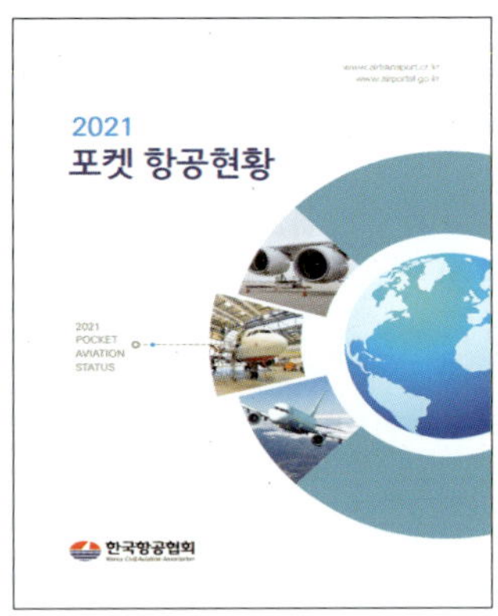

▲ 한국항공협회 발간물

나. 국제기구 항공통계 현황

항공분야의 국제기구로는 UN 산하 전문기구로서 체약국 중심의 국제 민간 항공기구(ICAO, International Civil Aviation Organization)와 정기 민간 항공사 간의 협력기구인 국제항공운송협회(IATA, International Air Transport Association), 효율적인 공항 운영·관리 등을 위한 국제공항협의회(ACI, Airports Council International)가 존재한다.

ICAO, IATA, ACI는 각 기관의 통계매뉴얼과 보고양식을 통해 체약국, 항공사, 공항으로부터 항공통계 데이터를 수집하고 이를 바탕으로 통계책을 발간하고 있다.

ICAO는 전 세계(국가별) 항공운송실적에 대한 『연간총회보고서(Annual Report of Council)』를 매년 발간하고 있고, 매월 지역별 여객공급력 등에 정보를 전달하는 『항공운송모니터(Air Transport Monitor)』를 발간하고 있다. 또한, ICAO DATA+ 웹페이지를 통해서도 다양한 항공통계 데이터를 제공하고 있다. ICAO 데이터는 Annual Report[1], ICAO DATA(유료)+[2] 등을 통해 확인할 수 있다.

▲ ICAO 연간 총회보고서

- 항공 이슈 및 항공운송통계 제공
  - 국가별 항공운송(여객, 화물) 실적 및 순위
  - 전 세계 항공운송 영업이익 등 재무실적
  - 연도별 항공 사고 데이터
  - COVID-19로 인한 수요 회복 지원방안
  - 지속가능성장을 위한 글로벌 파트너십
  - 분야별 ICAO 정책 방향 등

IATA는 매년 전 세계 항공운송통계(WATS, World Air Transport Statistics) 및 여객전망(IATA Passenger Forecast) 책자를 발간하고 있고, 매월 IATA 항공여객분석(Air Passenger Monthly Analysis) 및 항공화물분석(Air freight Monthly Analysis)을 발간하고 있다. IATA 발간물은 IATA Economics[3], IATA Store(유료)[4]를 통해 확인할 수 있다.

---

1 https://www.icao.int/about-icao/Pages/annual-reports.aspx

2 https://data.icao.int/newdataplus

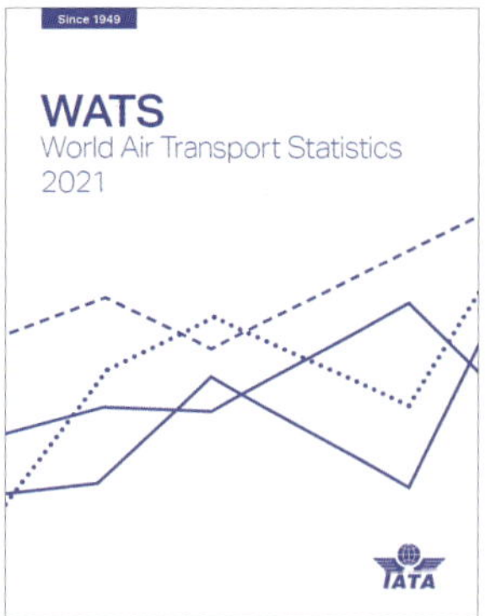

▲ IATA 세계 항공운송통계

• 항공사 운송통계 제공
  – 전 세계 항공사별 항공운송실적
  – 항공사별 재무실적
  – 항공사별 여객운송실적 순위
  – 항공사별 화물운송실적 순위
  – 항공사별 기단 및 직원 보유 현황 등

ACI는 매년 전 세계 공항운송 보고서(WATR, Annual World Airport Traffic Report) 및 전 세계 공항 운송 전망(WATF, Annual World Airport Traffic Forecasts) 책자를 발간하고 있고, 매월 항공운송데이터(Airport Traffic Data)를 발간하고 있다. ACI 발간물은 ACI Store(유료)[5]를 통해 확인할 수 있다.

▲ ACI 세계 공항운송 보고서

• 공항 운송통계 제공
  – 전 세계 공항별 항공운송실적
  – 주요 대륙별 항공운송실적
  – 공항별 여객운송실적 순위
  – 공항별 화물운송실적 순위
  – 주요 공항별 이슈 등

3 https://www.iata.org/en/publications/economics

4 https://store.iata.org/

5 https://store.aci.aero/

다. 항공통계의 작성절차

① 서울지방항공청은 항공사로부터 G/D 자료를 전송받아 FOIS시스템에 수록하고, 관련 자료를 인천국제공항공사 및 한국공항공사에 제공한다.

* G/D(General Declaration): 항공기 입출항신고서

② 양 공항공사*는 지방항공청의 FOIS시스템을 통해 G/D를 실시간 인수하여 검증 및 수정작업을 거쳐 통계를 생산한다.

* 전산입력시스템: 한국공항공사(iFIS), 인천국제공항공사(IIS)

③ 인천국제공항공사는 생산한 국내선 및 국제선 통계를 근무일 기준 5일까지 한국공항공사에 제공하고, 양 공항공사는 국내선에 한하여 월 단위로 최종검증을 한다. 국제선은 양 공항공사가 각각 점검하고, 인천국제공항공사가 생산한 자료를 한국공항공사가 취합한다.

④ 양 공항공사는 검증 및 취합이 완료된 자료를 통해 매달 항공통계를 생산하고, 한국항공협회 등 항공관련기관에 자료를 제공한다.

▼ 항공통계 생산과정

담당부처	내용	비고
항공사	입출항 신고서 제출	
서울지방항공청	FOIS 시스템에 입력	
양 공항공사	데이터 검증 및 수정	실시간
인천국제공항공사	통계 가공 및 한국공항공사에 자료 협조	월 단위
양 공항공사	최종 검증	매월 근무일 기준 5일경
한국공항공사	항공통계 생산 및 공표	매월 근무일 기준 5일경
국토교통부, 한국항공협회 등	통계분석 및 자료 활용	

라. 항공통계의 작성기준

항공통계의 작성기준은 공통기준을 기본으로 하며, 일부 항목은 작성기관의 목적에 따라 '항공수송통계' 또는 '공항통계'의 기준을 적용한다.

① 항공수송통계

항공수송통계의 운항거리 : ICAO에 따라 대권거리를 기준으로 한다.

※ ICAO는 부속서 15에서 세계지리좌표계(WGS 84)를 채택하고, 이에 따른 공항과 공항 간 최단거리인 대권거리를 운항거리로 사용하고 있다.

항공수송통계의 출 · 도착 실적 : 국내선운항의 경우 출발실적*만을 대상으로 하고, 국제선운항의 경우 출발과 도착실적을 모두 포함한다.

* 국내선의 경우 출발 및 도착실적을 모두 집계하면, 실제 이용객의 2배로 산정되기에 출발실적만 집계

항공수송통계의 국제선 중 국내경유노선 실적 : 국제선을 운항하는 항공기가 국내공항을 경유하는 경우 국내선구간은 출발실적만을 대상으로 하고, 국제선구간은 출발과 도착실적을 모두 포함한다.

항공수송통계의 여객 실적 : 유상여객과 환승여객을 포함하며 무상여객은 제외한다.

▼ 항공수송통계 여객실적

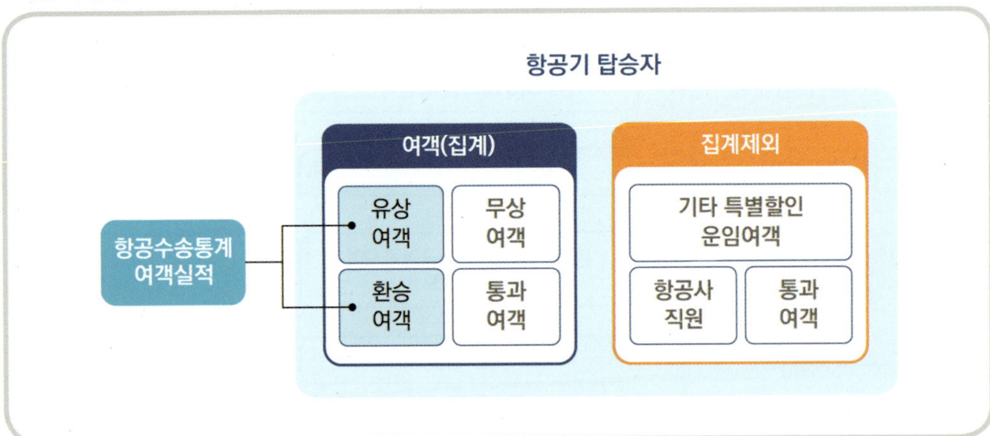

여객톤킬로미터의 1인당 여객중량 : 표준평균승객중량과 여객 1인의 무료수하물 및 초과수하물의 중량의 합계로, 국토교통부고시 제2018-317호 『항공기 중량 및 평

형 관리기준(2018. 5. 18. 시행)』에 근거하여 국내선 80kg, 국제선 90kg을 기준으로 한다.

② 공항통계

공항통계의 출 · 도착 실적 : 국내선과 국제선운항 모두 출발과 도착실적을 포함하여 산출한다.

* 수송통계의 경우 유임여객 및 국내선의 경우 출발 실적만 집계하는 반면 공항통계는 유임+무임여객 및 국내선의 경우 출발 및 도착실적을 모두 집계

공항통계의 여객실적 : 유상여객, 무상여객, 환승여객을 포함하며 통과여객은 제외한다.

▼ 공항통계 여객실적

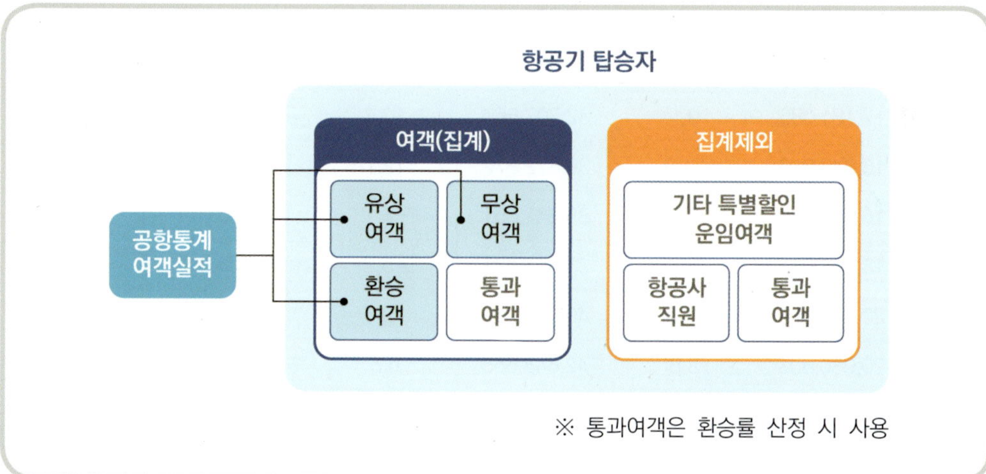

③ 지연통계 기준(2023년 통계생산부터 적용 예정)

항공기 지연기준에 대해 항공교통 이용자가 체감 가능한 지연통계 기준을 발간하고 항공운항 정시성을 확보하기 위해, 2023년 지연통계 작성부터는 국제통용기준(게이트 출·도착 15분)을 적용하기로 하였다.

現 기준(국내선/30분, 국제선/60분)		新 기준(국내 · 국제/15분)
• 항공기가 **활주로상**에서 이륙(출발) · 착륙한 시점(도착) 적용	➡	• **주기장**에서 항공기의 앞바퀴가 움직이기 시작(출발) · 완전히 멈춘 시점(도착) 적용

※ 항공기의 활주로 이 · 착륙 시각에서 게이트 출 · 도착 시각으로 기준시점 변경(2023년 통계생산 시 적용)

2. 주요 통계

가. 연도별 여객실적(단위: 명)

(2022년 12월 기준)

구분	국내선	전년대비 증감률(%)	국제선	전년대비 증감률(%)	합계	전년대비 증감률(%)
2000	22,514,887	6.5	19,504,619	16.1	42,019,506	10.7
2001	21,811,334	−3.1	20,432,716	4.8	42,244,050	0.5
2002	21,248,326	−2.6	22,787,510	11.5	44,035,836	4.2
2003	21,379,524	0.6	21,500,624	−5.6	42,880,148	−2.6
2004	18,892,652	−11.6	26,931,684	25.3	45,824,336	6.9
2005	17,157,595	−9.2	29,684,121	10.2	46,841,716	2.2
2006	17,181,085	0.1	32,707,664	10.2	49,888,749	6.5
2007	16,847,870	−1.9	36,872,872	12.7	53,720,742	7.7
2008	16,990,360	0.8	35,342,651	−4.1	52,333,011	−2.6
2009	18,061,073	6.3	33,513,775	−5.2	51,574,848	−1.4
2010	20,216,355	11.9	40,061,011	19.5	60,277,366	16.9
2011	20,980,803	3.8	42,648,555	6.5	63,629,358	5.6
2012	21,601,518	3.0	47,702,668	11.9	69,304,186	8.9
2013	22,353,370	3.5	50,986,891	6.9	73,340,261	5.8
2014	24,647,538	10.3	56,778,759	11.4	81,426,297	11
2015	27,980,135	13.5	61,434,404	8.2	89,414,539	9.8
2016	30,912,922	10.5	73,000,810	18.8	103,913,732	16.2
2017	32,406,255	4.8	76,955,719	5.4	109,361,974	5.2
2018	31,600,610	−2.5	85,925,288	11.7	117,525,898	7.5
2019	32,980,968	4.4	90,385,640	5.2	123,366,608	5.0
2020	25,164,038	−23.7	14,239,922	−84.2	39,403,960	−68.1
2021	33,146,646	31.7	3,209,364	−77.5	36,356,010	−7.7
2022	36,328,296	9.6	19,500,059	507.6	55,828,355	53.6

나. 연도별 화물실적(단위: 톤)

(2022년 12월 기준)

구분	국내선	전년대비 증감률(%)	국제선	전년대비 증감률(%)	합계	전년대비 증감률(%)
2000	434,228	10.4	1,951,345	13.4	2,385,573	12.8
2001	431,033	−0.7	1,872,323	−4.0	2,303,356	−3.4
2002	432,701	0.4	2,081,792	11.2	2,514,493	9.2
2003	422,563	−2.3	2,213,638	6.3	2,636,201	4.8
2004	408,984	−3.2	2,569,204	16.1	2,978,188	13.0
2005	372,386	−8.9	2,616,822	1.9	2,989,208	0.4
2006	355,249	−4.6	2,853,551	9.0	3,208,800	7.3
2007	316,397	−10.9	3,138,334	10.0	3,454,731	7.7
2008	254,239	−19.6	2,997,407	−4.5	3,251,646	−5.9
2009	268,678	5.7	2,872,470	−4.2	3,141,148	−3.4
2010	261,859	−2.5	3,326,925	15.8	3,588,784	14.3
2011	281,133	7.4	3,238,105	−2.7	3,519,238	−1.9
2012	265,277	−5.6	3,208,781	−0.9	3,474,058	−1.3
2013	252,686	−4.7	3,246,261	1.2	3,498,947	0.7
2014	283,119	12.0	3,410,742	5.1	3,693,861	5.6
2015	287,781	1.6	3,518,772	3.2	3,806,553	3.1
2016	292,887	1.8	3,780,970	7.5	4,073,857	7.0
2017	290,125	−0.9	4,031,516	6.6	4,321,641	6.1
2018	273,192	−5.8	4,168,808	3.4	4,442,000	2.8
2019	258,730	−5.3	4,015,987	−3.7	4,274,717	−3.8
2020	181,785	−29.7	3,070,993	−23.5	3,252,778	−23.9
2021	204,585	12.5	3,420,247	11.4	3,624,832	11.4
2022	229,355	12.1	3,320,436	−2.9	3,549,792	−2.1

다. 공항별 운송실적(국제선 및 국내선)

(2022년 12월 기준)

연도	구분	인천	김포	김해	제주	대구	청주	양양	광주
2000	여객(명)	0	26,920,011	5,279,676	4,660,173	1,138,642	273,824	0	1,183,921
	증감률(%)								
	화물(톤)	0	2,004,315	152,926	183,148	8,577	10,482	0	16,182
	운항(편)	0	165,625	35,937	29,071	8,892	2,008	0	6,445
	구분	여수	울산	사천	포항경주	군산	원주	기타	합계
	여객(명)	334,263	685,941	428,585	394,349	131,415	40,175	548,531	42,019,506
	증감률(%)								
	화물(톤)	1,800	1,720	2,354	1,073	1,203	102	1,690	2,385,573
	운항(편)	4,014	6,654	3,305	4,229	1,781	688	6,566	275,215
2005	구분	인천	김포	김해	제주	대구	청주	양양	광주
	여객(명)	25,692,783	7,082,327	4,555,854	5,937,834	765,002	470,578	34,092	863,618
	증감률(%)	8.3	-6.8	-4.7	3.6	-14.7	7.0	-40.9	-10.9
	화물(톤)	2,544,350	111,894	112,101	180,016	12,445	6,869	143	15,126
	운항(편)	158,964	49,475	32,796	39,351	7,375	4,041	409	7,436
	구분	여수	울산	사천	포항경주	군산	원주	기타	합계
	여객(명)	317,543	607,198	153,142	236,604	79,214	37,257	8,670	46,841,716
	증감률(%)	24.4	-12.3	-29.9	-28.9	21.2	-21.2	-61.8	2.2
	화물(톤)	1,574	1,498	1,120	994	860	180	39	2,989,208
	운항(편)	3,413	5,499	1,655	2,484	683	346	251	314,178
2010	구분	인천	김포	김해	제주	대구	청주	무안	양양
	여객(명)	33,024,938	10,241,095	5,564,036	8,182,991	635,700	701,745	86,230	8,929
	증감률(%)	17.3	16.1	22.6	15.3	15.0	35.1	84.2	-
	화물(톤)	3,211,918	120,176	92,313	131,475	11,025	6,311	842	90
	운항(편)	212,487	66,842	42,633	54,436	4,675	5,132	839	134
	구분	광주	여수	울산	사천	포항경주	군산	원주	합계
	여객(명)	657,551	327,202	488,491	77,546	163,541	83,652	33,719	60,277,366
	증감률(%)	-0.9	6.8	-3.9	-14.7	6.5	10.2	-5.2	16.9
	화물(톤)	9,191	1,647	1,942	396	472	818	170	3,588,784
	운항(편)	5,154	2,837	4,316	991	1,798	692	336	403,302

연도	구분	인천	김포	김해	제주	대구	청주	무안	양양
2015	여객(명)	48,663,242	13,430,205	9,087,995	13,926,592	1,169,851	1,300,414	243,624	115,530
	증감률(%)	8.4	6	20.3	10.6	33.7	21.2	51.5	−44.5
	화물(톤)	3,326,247	163,320	116,742	159,440	11,994	12,670	2,322	1,236
	운항(편)	302,988	81,670	65,658	86,687	8,553	8,987	1,883	818
	구분	광주	여수	울산	사천	포항경주	군산	원주	합계
	여객(명)	789,541	206,169	279,571	64,342	0	100,266	37,197	89,414,539
	증감률(%)	9.3	−6	23.8	10	−100	33.5	−1.3	9.8
	화물(톤)	9,177	1,119	1,198	293	0	607	188	3,806,552
	운항(편)	6,126	2,738	2,509	911	0	716	353	570,597
2016	구분	인천	김포	김해	제주	대구	청주	무안	양양
	여객(명)	57,040,615	14,449,510	11,236,464	16,020,084	1,594,735	1,654,502	255,946	87,997
	증감률(%)	17.2	7.6	23.6	15	36.3	27.2	5.1	−23.8
	화물(톤)	3,537,789	165,736	155,705	168,811	16,010	14,418	2,426	888
	운항(편)	336,911	83,566	76,208	96,011	11,015	10,891	1,966	611
	구분	광주	여수	울산	사천	포항경주	군산	원주	합계
	여객(명)	792,471	249,574	271,244	72,166	35,575	113,834	39,015	103,913,732
	증감률(%)	0.4	21.1	−3	12.2	순증	13.5	4.9	16.2
	화물(톤)	8,554	1,152	1,136	314	106	620	190	4,073,856
	운항(편)	5,394	2,406	2,446	911	461	713	349	629,859
2017	구분	인천	김포	김해	제주	대구	청주	무안	양양
	여객(명)	61,362,514	14,362,836	12,482,967	15,224,707	2,504,173	1,359,244	223,786	15,757
	증감률(%)	7.6	−0.6	11.1	−5	57	−17.8	−12.6	−82.1
	화물(톤)	3,801,224	164,379	154,570	153,307	23,231	10,197	1,875	169
	운항(편)	357,687	82,986	82,945	88,506	16,729	8,702	1,715	179
	구분	광주	여수	울산	사천	포항경주	군산	원주	합계
	여객(명)	959,386	293,728	285,600	86,342	49,885	110,590	40,459	109,361,974
	증감률(%)	21.1	17.7	5.3	19.6	40.2	−2.8	3.7	5.2
	화물(톤)	8,759	1,400	1,209	347	158	610	206	4,321,641
	운항(편)	6,336	2,524	2,668	933	687	710	352	653,659
2018	구분	인천	김포	김해	제주	대구	청주	무안	양양
	여객(명)	67,535,463	14,268,995	13,358,629	15,490,751	3,034,268	1,369,250	429,168	37,601
	증감률(%)	10.1	−0.7	7.0	1.7	21.2	0.7	91.8	138.6
	화물(톤)	3,912,481	173,224	153,948	150,445	25,035	10,592	3,351	469
	운항(편)	384,540	80,761	87,204	90,458	20,154	9,273	3,064	341

	구분	광주	여수	울산	사천	포항경주	군산	원주	합계
2018	여객(명)	979,874	293,764	411,634	87,809	42,677	143,664	42,351	117,525,898
	증감률(%)	2.1	0.0	44.1	1.7	−14.4	29.9	4.7	7.5
	화물(톤)	7,751	1,376	1,815	365	154	780	215	4,442,000
	운항(편)	6,766	2,493	3,592	955	679	898	345	691,523
2019	구분	인천	김포	김해	제주	대구	청주	무안	양양
	여객(명)	70,467,146	14,680,267	13,176,441	16,810,759	3,597,572	1,732,446	782,384	43,344
	증감률(%)	4.3	2.9	−1.4	8.5	18.6	26.5	82.3	15.3
	화물(톤)	3,759,961	163,978	144,982	148,914	27,203	11,663	6,236	406
	운항(편)	401,423	80,401	87,715	96,464	24,630	11,287	5,892	348
	구분	광주	여수	울산	사천	포항경주	군산	원주	합계
	여객(명)	1,004,299	318,250	392,843	106,568	47,549	151,454	55,286	123,366,608
	증감률(%)	2.5	8.3	−4.6	21.4	11.4	5.4	30.5	5.0
	화물(톤)	6,583	1,402	1,750	395	187	782	274	4,274,717
	운항(편)	6,642	2,500	3,312	968	581	977	452	723,592
2020	구분	인천	김포	김해	제주	대구	청주	무안	양양
	여객(명)	11,938,096	8,904,862	4,171,830	10,605,998	979,623	996,705	99,436	125,197
	증감률(%)	−83.1	−39.3	−68.3	−36.9	−72.8	−42.5	−87.3	188.8
	화물(톤)	3,035,239	70,523	32,528	95,074	6,548	5,118	953	633
	운항(편)	149,480	58,528	31,307	70,238	7,403	7,020	813	1,349
	구분	광주	여수	울산	사천	포항경주	군산	원주	합계
	여객(명)	858,864	325,565	278,023	13,578	33,281	54,280	18,622	39,403,960
	증감률(%)	−14.5	2.3	−29.2	−87.3	−30.0	−64.2	−66.3	−68.1
	화물(톤)	3,571	1,056	984	55	143	256	99	3,252,778
	운항(편)	6,784	2,923	2,465	160	419	506	202	339,597
2021	구분	인천	김포	김해	제주	대구	청주	무안	양양
	여객(명)	3,164,280	11,173,722	4,442,246	12,776,493	1,020,472	1,304,991	3,593	101,403
	증감률(%)	−73.5	25.5	6.5	20.5	4.2	30.9	−96.4	−19.0
	화물(톤)	3,419,766	63,745	18,860	102,046	5,171	6,413	16	471
	운항(편)	130,973	69,538	28,960	80,133	6,677	8,712	44	1,189
	구분	광주	여수	울산	사천	포항경주	군산	원주	합계
	여객(명)	1,075,603	556,069	450,363	51	80,627	140,475	65,622	36,356,010
	증감률(%)	25.2	70.8	62.0	−99.6	142.3	158.8	252.4	−7.7
	화물(톤)	4,207	1,539	1,226	0	351	684	338	3,624,832
	운항(편)	7,378	4,073	3,720	1	934	1,202	606	344,140

	구분	인천	김포	김해	제주	대구	청주	무안	양양
2022	여객(명)	17,747,747	12,292,273	5,580,173	14,791,835	1,165,076	1,575,723	29,348	205,247
	증감률(%)	460.9	10.0	25.6	15.8	14.2	20.7	716.8	102.4
	화물(톤)	3,296,816	77,409	34,863	115,187	6,514	7,851	352	1,214
	운항(편)	171,037	72,993	34,730	85,152	7,090	9,268	192	1,664
	구분	광주	여수	울산	사천	포항경주	군산	원주	합계
	여객(명)	1,028,474	502,641	412,083	70,515	124,799	206,360	96,061	55,828,355
	증감률(%)	-4.4	-9.6	-8.5	138164.7	54.8	46.9	46.4	53.6
	화물(톤)	4,378	1,663	1,333	170	538	1,014	489	3,549,792
	운항(편)	6,455	3,536	3,118	675	1,257	1,340	700	399,207

라. 항공종사자 자격증명 취득현황

항공종사자는 항공안전법에서 정하는 바에 따라 국토교통부장관으로부터 항공종사자 자격증명을 받은 조종사, 항공교통관제사, 운항관리사, 항공정비사 등을 말한다.

(2022년 12월 기준)

연도	조종사			교통 관제사	운항 관리사	항공 기관사	항공 정비사	총계
	운송용	사업용	자가용					
~2000	3,551	4,392	542	845	381	399	6,331	16,441
2000	291	267	24	85	12	0	241	920
2001	291	449	20	85	28	0	371	1,244
2002	175	408	46	59	34	0	438	1,160
2003	49	424	49	57	31	7	370	987
2004	37	381	32	95	24	0	502	1,071
2005	77	371	257	148	33	0	443	1,329
2006	310	445	340	105	28	1	362	1,591
2007	342	438	355	108	46	0	470	1,759
2008	317	375	386	86	73	0	601	1,838
2009	240	408	258	63	84	3	611	1,667

연도	조종사			교통 관제사	운항 관리사	항공 기관사	항공 정비사	총계
	운송용	사업용	자가용					
2010	261	307	364	46	58	1	516	1,553
2011	264	379	380	89	59	0	388	1,559
2012	361	598	391	73	86	0	497	2,006
2013	270	785	431	79	63	0	615	2,243
2014	306	868	493	87	62	0	709	2,525
2015	374	1,016	601	81	70	0	828	2,970
2016	437	1,228	581	101	89	0	945	3,381
2017	404	1,462	573	139	85	0	1,290	3,953
2018	390	1,559	550	83	87	0	1,142	3,811
2019	523	1,727	536	99	120	0	1,267	4,272
2020	353	1,050	501	98	93	0	1,258	3,353
2021	261	892	493	131	75	0	1,683	3,535
2022	208	766	427	112	104	0	1133	2,750
총계	10,092	20,995	8,630	2,954	1,825	411	23,011	67,918

자료 : 한국교통안전공단

마. 업체별 항공종사자 현황

우리나라 국적사의 항공종사자는 2022년 12월 기준 25,247명으로 집계되었다. 객실 승무원이 약 1만 3천 명으로 전체의 52.2%를 차지했고, 조종사(24.9%), 정비사(21.0%), 운항관리사(1.9%) 순으로 이어진다.

(2022년 12월 기준)

구 분		조종사			항공 정비사	운항 관리사	객실 승무원	총계
		운송용	사업용	계				
대한항공	내국인	1,737	907	2,644	2,687	163	6,154	11,648
	외국인	206	–	206	–	–	91	297
	소계	1,943	907	2,850	2,687	163	6,245	11,945
아시아나항공	내국인	974	445	1,419	1,308	108	3,448	6,283
	외국인	20	–	20	1	–	25	46
	소계	994	445	1,439	1,309	108	3,473	6,329
제주항공	내국인	401	261	662	430	43	1,047	2,182
	외국인	1	–	1	1	–	–	2
	소계	402	261	663	431	43	1,047	2,184
진에어	내국인	259	135	394	187	45	745	1,371
	외국인	9	1	10	–	–	–	10
	소계	268	136	404	187	45	745	1,381
에어부산	내국인	158	105	263	170	28	476	937
	외국인	1	0	1	–	–	1	2
	소계	159	105	264	170	28	477	939
티웨이항공	내국인	265	122	387	296	39	777	1,499
	외국인	7	1	8	–	–	–	8
	소계	272	123	395	296	39	777	1,507
에어인천	내국인	45	–	45	27	10	–	82
	외국인	–	–	–	–	–	–	0
	소계	45	–	45	27	10	–	82
에어서울	내국인	67	32	99	32	11	168	310
	외국인	2	–	2	–	–	–	2
	소계	69	32	101	32	11	168	312
플라이강원	내국인	20	19	39	60	13	104	216
	외국인	–	1	1	–	–	–	1
	소계	20	20	40	60	13	104	217

구 분		조종사			항공 정비사	운항 관리사	객실 승무원	총계
		운송용	사업용	계				
에어로케이	내국인	13	13	26	32	8	20	86
	외국인	1	–	1	–	–	–	1
	소계	14	13	27	32	8	20	87
에어 프레미아	내국인	45	6	51	61	12	140	264
	외국인	–	–	–	–	–	–	0
	소계	45	6	51	61	12	140	264
총계	내국인	3,984	2,045	6,029	5,290	480	13,079	24,878
	외국인	247	3	250	2	–	117	369
	소계	4,231	2,048	6,279	5,292	480	13,196	25,247

자료 : 국토교통부 항공안전정책과
* 객실 승무원은 항공종사자 자격 종류에는 포함되지 않음(별도의 항공산업 종사자로 분류)

바. 연도별 항공사고 현황

항공사고는 기체 종류에 따라 항공기(사고/준사고), 경량항공기사고, 초경량비행장치사고로 구분할 수 있다.

항공기 사고는 항공기 내부 또는 위에서 항공기나 부속물과 접촉에 의해 사망 또는 중상을 당하는 사고를 의미하며, 항공기 준사고는 항공기 운항 중 항공기 구조상의 결함이 발생한 경우의 사고를 의미한다.

구분	항공기사고			준사고		경량사고		초경량사고		총계	
	발생(건)	사망(명)	부상(명)	발생(건)	부상(명)	발생(건)	사망(명)	발생(건)	사망(명)	발생(건)	사망(명)
2000	3	–	1	10	23	–	–	3	1	16	1
2001	5	9	7	14	6	–	–	4	3	23	12
2002	4	2	–	7	–	–	–	3	2	14	4
2003	5	2	–	12	3	–	–	8	5	25	7
2004	3	2	–	7	1	–	–	9	7	19	9

구분	항공기사고			준사고		경량사고		초경량사고		총계	
	발생(건)	사망(명)	부상(명)	발생(건)	부상(명)	발생(건)	사망(명)	발생(건)	사망(명)	발생(건)	사망(명)
2005	3	1	2	2	9	–	–	7	4	12	5
2006	5	–	–	4	–	–	–	1	1	10	1
2007	1	–	–	7	–	–	–	7	4	15	4
2008	3	–	3	8	–	–	–	3	3	14	3
2009	5	5	–	10	–	1	1	7	8	23	14
2010	5	1	–	12	–	2	–	–	–	19	1
2011	7	10	3	3	–	5	2	2	2	17	14
2012	5	1	4	7	–	2	2	2	3	16	6
2013	9	10	57	4	–	2	–	2	2	17	12
2014	3	5	1	3	–	2	1	–	–	8	6
2015	1	–	–	11	–	–	–	10	3	22	3
2016	8	9	–	5	–	1	–	10	8	24	17
2017	5	2	2	1	–	1	–	4	2	11	4
2018	3	1	–	1	–	1	–	8	5	13	6
2019	5	7	1	6	–	–	–	6	4	17	11
2020	4	3	3	3	–	1	–	9	5	17	8
2021	2	0	1	1	0	2	3	9	5	14	8
2022	6	8	1	1	0	3	3	13	6	23	17
총계	100	78	86	139	42	23	12	127	83	389	173

자료 : 국토교통부 항공 · 철도사고조사위원회(2022년 12월 기준)
* 국내에서 발생한 외국 항공사의 사고 및 준사고는 제외
** 조정에 의해 과거 발행수치와 달라질 수 있으며, 현 발행자료를 우선으로 함

사. 항공기 사고의 유형분류

(2022년 12월 기준)

연도	발생건수	인명피해(명)	사고원인				사고기종		비행단계		
			조종과실	정비불량	기타	조사중	운송용(정기)	기타	순항	이착륙	기타
2000	3	–	3	–	–	–	–	–	–	3	–
2001	5	9	2	–	3	–	1	4	4	1	–
2002	4	2	4	–	–	–	–	4	2	2	–
2003	5	2	1	–	4	–	–	5	1	–	4
2004	3	2	2	1	–	–	–	3	2	1	–
2005	3	1	2	1	–	–	–	3	3	–	–
2006	5	–	5	–	–	–	3	2	1	4	–
2007	1	–	–	1	–	–	1	–	–	1	–
2008	3	–	2	1	–	–	–	3	–	3	–
2009	5	5	4	–	1	–	2	3	1	4	–
2010	5	1	1	4	–	–	1	4	5	–	–
2011	7	10	5	–	2	–	1	6	7	–	–
2012	5	1	1	2	2	–	2	3	4	1	–
2013	9	10	7	1	1	–	3	6	5	4	–
2014	3	5	3	–	–	–	–	3	1	2	–
2015	1	–	1	–	–	–	1	–	–	1	–
2016	8	9	4	1	2	–	–	7	3	4	–
2017	5	2	4	–	1	–	–	5	5	–	–
2018	3	1	1	–	–	–	–	1	–	–	1
2019	3	7	1	–	1	1	1	2	–	–	3
2020	4	3	–	–	2	2	1	3	2	–	2
2021	2	1	–	–	1	1	1	1	1	–	1
2022	6	9	–	–	–	6	2	4	1	1	4
총계	98	80	53	12	20	10	20	72	48	32	15

자료 : 국토교통부 항공 · 철도사고조사위원회
* 국내발생 외국 항공기 사고 제외

아. 항공사업 현황

▼ 항공운송관련 사업의 분류[6]

(2022년 3월 기준)

구 분	정 의	사업체수
국내항공운송사업	국내 정기편 운항 : 국내공항-국내공항 사이 일정한 노선을 정하고 정기적인 운항계획에 따라 운항하는 항공기 운항	12
	국내 부정기편 운항 : 국내에서 이루어지는 국내 정기편 운항 외의 항공기 운항	
국제항공운송사업	국제 정기편 운항 : 국내공항과 외국공항 사이 또는 외국공항과 외국공항 사이에 일정한 노선을 정하고 정기적인 운항계획에 따라 운항하는 항공기 운항	
	국제 부정기편 운항 : 국내공항과 외국공항 사이 또는 외국공항과 외국공항 사이에 이루어지는 국제 정기편 운항 외의 항공기 운항	
소형항공운송사업	국내항공운송사업 및 국제항공운송사업 외의 항공운송사업	10
항공기사용사업	항공운송사업 외의 사업으로서 타인의 수요에 맞추어 항공기를 사용하여 유상으로 농약 살포, 건설 또는 사진촬영 등 국토교통부령으로 정하는 업무를 하는 사업	60
항공기취급업	항공기에 대한 급유(給油), 항공 화물 또는 수하물(手荷物)의 하역(荷役), 그 밖에 정비 등을 제외한 지상조업(地上操業)을 하는 사업	97
항공기정비업	항공기 등, 장비품 또는 부품의 정비 등을 하는 사업 항공기 등, 장비품 또는 부품의 정비 등에 대한 기술관리 및 품질관리 등을 지원하는 사업	67
상업서류송달업	타인의 수요에 맞추어 유상으로 「우편법」 제1조의2제7호 단서에 해당하는 수출입 등에 관한 서류와 그에 딸린 견본품을 항공기를 이용하여 송달하는 사업	820
항공운송총대리점업	항공운송사업을 경영하는 자를 위하여 유상으로 항공기를 이용한 여객 또는 화물의 국제운송계약 체결을 대리(代理)[여권 또는 사증(査證)을 받는 절차의 대행은 제외한다]하는 사업	187
도심공항터미널업	공항구역이 아닌 곳에서 항공여객 및 항공화물의 수송 및 처리에 관한 편의를 제공하기 위하여 이에 필요한 시설을 설치 · 운영하는 사업	3
항공기대여업	다른 사람의 수요에 맞추어 유상으로 항공기, 경량항공기 또는 초경량비행장치를 대여(貸與)하는 사업	36
항공레저스포츠사업	타인의 수요에 맞추어 유상으로 비행선, 활공기, 경량항공기 또는 초경량비행장치를 사용하여 조종교육, 체험 및 경관조망, 항공레저스포츠를 위하여 대여, 경량항공기 또는 초경량비행장치에 대한 정비, 수리 또는 개조 등의 서비스를 제공하는 사업	130

6 「항공사업법」 제2조 참조

구 분	정 의	사업체수
초경량 비행장치 사용사업	다른 사람의 수요에 맞추어 국토교통부령으로 정하는 초경량비행장치를 사용하여 유상으로 농약살포, 사진촬영 등 국토교통부령으로 정하는 업무를 하는 사업	4,891
합계		6,313

▼ 국내항공운송사업

구분	대한항공	아시아나	제주항공	진에어	에어부산	이스타	티웨이	에어인천	에어서울	플라이강원	에어프레미아	에어로케이
대표자	조원태 우기홍	정성권	김이배	박병률	안병석	김유상	정홍근	박용광	조진만	주원석	유명섭	강병호
면허일	1962. 11.30.	1988. 2.24.	2005. 8.25.	2008. 4.5.	2008. 6.11.	2009. 10.30.	2011. 4.1	2012. 5.22	2015. 12.28.	2019. 3.6	2019. 3.6	2019. 3.6
취항일	1969. 3.1.	1988. 12.23.	2006. 6.5	2008. 7.17.	2008. 10.27.	2009. 1.7.	2010. 9.16.	2013. 3.5	2016. 7.11.	2019. 11.22	2021. 8.30	2021. 4.15
자본금(억)	18,467	3,721	498	522	646	1,137	961	72	175	158	1,468	485
노선망												
국내선(2022.8 기준)	6	7	9	14	5	-	6	-	2	4	-	1
국제선(2022.6. 기준)	81	54	16	10	9	-	18	9	8	-	-	-
2021년 여객수송량 (천 명) (2019)	5,820 (27,610)	5,114 (20,154)	6,516 (13,238)	5,846 (8,660)	4,492 (7,797)	- (6,150)	5,156 (7,938)	(화물) -	1,696 (1,903)	136 (23)	81 -	135 -
국내 (2019)	4,818 (7,556)	4,477 (6,357)	6,459 (4,873)	5,811 (3,576)	4,464 (4,342)	- (3,134)	5,100 (3,030)	- -	1,665 (91)	136 (22)	81 -	135 -
국제 (2019)	1,001 (20,054)	637 (13,798)	57 (8,365)	35 (5,084)	28 (3,455)	- (3,016)	57 (4,907)	- -	31 (1,812)	- (1)	- -	- -

▼ 소형항공운송사업

연번	업 체 명	대 표 자
1	글로리아항공	신대현
2	대한항공	조원태/우기홍
3	엔에프에어㈜	김문권
4	유아이헬리제트	유인용
5	㈜더스카이	조재성
6	㈜세진항공	김봉규
7	㈜우리항공	이금자
8	코리아익스프레스에어	노승영
9	하이에어㈜	윤형관
10	헬리 코리아	민경조/민세홍

▼ 항공기사용사업

연번	업 체 명	대 표 자	연번	업 체 명	대 표 자
1	국제조종사교육원㈜	김진국	2	글로리아교육재단㈜	신대현
3	글로리아항공㈜	신대현	4	네이버시스템	임병조
5	대한항공	조원태, 우기홍	6	라인업비행교육원㈜	정종태, 장성필
7	명화지리정보	윤진웅	8	범아엔지니어링	안호준
9	삼부기술	조준희	10	삼아항업	길영옥
11	삼주이엔지㈜	장명주	12	새한항업㈜	김여일, 김기윤
13	샤프에비에이션케이	백순석	14	서광항업㈜	정공운
15	세진항공	김봉규	16	씨러스 에비에이션㈜	곽성문
17	아세아항측	임은성	18	에스오씨항공 비행교육원	김은회
19	에어로피스	임철순	20	㈜새한지앤아이	김명호
21	㈜성준항공	박재하	22	㈜스카이어드벤처	이동우, 박정진
23	㈜스페이스	태웅성	24	㈜스펙코어	천용우
25	㈜신한에어	김원호	26	㈜신한항업	배상태

연번	업 체 명	대 표 자	연번	업 체 명	대 표 자
27	㈜써니항공	김선웅	28	㈜에어팰리스	김진수
29	㈜유아이헬리제트	유인용	30	㈜파나시아	이승규
31	㈜플라이인천	김두민(김익수)	32	㈜한국에스지티	김미영
33	㈜한국조종사교육원	장경식	34	㈜한라스카이에어	함성범
35	중앙항업	고종식	36	지오스토리	위광재
37	지오투정보기술	오정환	38	천우항공㈜	강성학
39	엘티메트릭㈜	강인구	40	우리항공	이금자
41	유비에어	이선경	42	이엔비에어	김창원
43	제일항업	이경호, 김상봉	44	㈜가디언즈항공	김창현
45	㈜단비에어	우주형	46	㈜대진항공	윤정숙
47	㈜더스카이	조재성	48	㈜동광지엔티	한춘득
49	㈜미도지리정보	장용호	50	첨단공간정보	황희령
51	코리아익스프레스에어	노승영	52	트랜스헬리	이종섭,홍기근
53	프라임항공㈜	김도윤	54	한국공항공사	손창완
55	한국항공	오재영	56	한국항공우주산업㈜	안현호
57	한국항공촬영㈜	박복용	58	한서대학교 산학협력단	김현성
59	헬리코리아㈜	민경조, 민세홍	60	홍익항공	라석찬

▼ 항공기취급업

연번	업 체 명	대 표 자	연번	업 체 명	대 표 자
1	AH㈜	임민엽	2	AO㈜	박정교
3	AQ㈜	윤준노	4	KA㈜	장회식
5	KO㈜	선종록	6	LSG스카이셰프코리아㈜	정힝카이(영국)
7	게이트고메코리아(유)	총메이퐁	8	대한항공씨앤디서비스㈜	최덕진
9	두천산업㈜	나철호	10	디테일링캐슬	송지현
11	롯데글로벌로지스㈜	박찬복	12	맥쿼리파이낸스코리아㈜	정현구
13	비에이 케이터링	이상정	14	샤프도앤코코리아(유)	백순석

연번	업 체 명	대 표 자	연번	업 체 명	대 표 자
15	샤프에비에이션케이㈜	백순석	16	세일로㈜	유경언
17	슈프림에너지	장윤호	18	스위스포트에이아이케이㈜	토랄프손탁
19	스위스포트코리아㈜	김종욱	20	아시아나에어포트㈜	남기형
21	아시아나항공㈜	정성권	22	아이티인프라넷㈜	이준영
23	에브제트아시아㈜	조욱상	24	에어로피스㈜	임철순, 김정범
25	에어맨㈜	김평수	26	에어부산㈜	한태근
27	에이에이씨티(유)	백순석	28	에이에이㈜	김성현
29	엔디비	조성우	30	엠앤에프㈜	이원두, 김수준
31	원인터내셔날	최옥동	32	월드에비에이션㈜	변지영
33	월드유니텍㈜	박윤도, 김경삼	34	유니포트㈜	김정래
35	이스타항공㈜	최종구	36	이케이맨파워㈜	김동규
37	㈜고암에이스	심재동	38	㈜글로벌에이케이	김찬영
39	㈜뉴하이에스	노한천	40	㈜대한항공	조원태, 우기홍
41	㈜동화에비에이션 서비스	이강욱	42	㈜맨파워코리아	한스토마스 론버그
43	㈜반도지에치에이	장오재	44	㈜비에이에스	백형신
45	㈜선정인터내셔날	이기선	46	㈜스펙코어	천용우
47	㈜씨피케이	백순석, 장태규	48	㈜아비스코리아	이연자
49	㈜아시아에어젯	김근용	50	㈜아이트립	이준영
51	㈜에스오씨항공	김재환	52	㈜에스코리아	김정환
53	㈜에어코리아	박범정	54	㈜에이씨씨	이근영
55	㈜에이엔씨인터내셔날	이상원, 이상훈	56	㈜에이티에스	강태홍
57	㈜에이티에스제주	강태홍	58	㈜유니에스	이용훈
59	㈜유니에어서비스	이용훈	60	㈜유비젯에이비에이션	임재성
61	㈜유아이헬리콥터	이영수	62	㈜유진네트웍스	제종진
63	㈜인터비즈서비스	손정민	64	㈜인터비즈시스템	이동환
65	㈜장풍	김우양	66	㈜제니엘	황병종

연번	업 체 명	대 표 자	연번	업 체 명	대 표 자
67	㈜제이에이에스	장우영	68	㈜제주항공	김이배
69	㈜조은시스템	김승남, 김창윤	70	㈜지원	김경원
71	㈜케이바스	김종관	72	㈜케이티에스	이정원
73	㈜케이티에스글로벌	이정원	74	㈜티웨이에어서비스	고혁
75	㈜티웨이항공	정홍근	76	㈜파인드림	길광종
77	㈜팔레스에어코리아	장원준	78	㈜포트서비스	서순원, 허석균
79	㈜프리죤	최승식, 김영열	80	㈜프리죤아이섹코리아	구자광
81	㈜한유	박기흥	82	㈜한화글로벌	지민
83	㈜헬리코리아	민경조, 민세홍	84	카오파㈜	이해운
85	케이터링서비스파트너㈜	이상열	86	케이텍맨파워㈜	박영진
87	케터링파트너㈜	가윤오	88	코레일네트웍스㈜	강귀섭
89	코리아익스프레스에어㈜	노승영	90	킴스솔루션㈜	김종대
91	트랜스올	민경조	92	페더럴익스프레스코리아(유)	채은미
93	플라이강원㈜	주원석	94	한국공항공사	손창완
95	한국공항㈜	유종석	96	한국조종사교육원㈜	장경식
97	헥사곤지엠아이㈜	박현정			

▼ **항공기정비업**

연번	업 체 명	대 표 자	연번	업 체 명	대 표 자
1	GEOWS코리아	서용환	2	JCA 오토노머스	추호준
3	KTS글로벌	이정원	4	고암에이스	심재동
5	글로리아항공㈜	신대현	6	대한항공	조원태, 우기홍
7	도이체 루프트한자 아게(영업소)	도날드숀분켄버그, 알레한드로스테 판빌헬름 아리아스	8	두천산업㈜	나철호
9	디엠아이에스엔티	서호상	10	반도지에치에이	박상규, 김봉균

연번	업체명	대표자	연번	업체명	대표자
11	삼아항업㈜	길영옥	12	새동엔지니어링㈜	장문광
13	새한항업㈜	김여일, 김기윤	14	샤프에비에이션케이	백순석
15	샤프테크닉스케이	백순석	16	세화유엘디	이지화
17	솔루션스인플라이트 코리아㈜	천재호	18	스위스포트코리아㈜	김종욱
19	스펙코어	천용우	20	써니항공	김선웅
21	씨러스에비에이션	곽성문	22	아시아나에어포트㈜	남기형
23	아시아나항공	정성권	24	아퀼라인터내셔널	김종복
25	알에이치포커스	김수언,고이근	26	에브제트아시아㈜	조욱상
27	에스티엑스에어로 서비스㈜	송창근	28	에어로피스	임철순,김정범
29	에어부산㈜	한태근	30	영에어테크	김영한
31	우수이엔지	엄우종	32	우주항공산업㈜	김기주
33	위젠텍에어로스페이스	민경조	34	유니로드에비에이션솔루션즈코리아	돈자콥스, 베노아에릭데니스 듀몽
35	유아이헬리콥터	임성의	36	이스타항공	김정식
37	이엠코리아㈜	김삼수	38	제니엘㈜	박인주
39	㈜ 하이에어	윤형관	40	㈜데크카본	강희순
41	㈜써브	김진섭	42	㈜에이엔에이치스트럭쳐	안현수
43	㈜엘에스플러스	서도석	44	㈜제주항공	김이배
45	㈜중앙공사	김태종	46	㈜진에어	최정호
47	㈜케이알	이상현	48	㈜티웨이항공	정홍근
49	㈜하나항공	박성용	50	㈜한미기술	강규익
51	㈜한화테크엠	김연철	52	지오스토리	위광재
53	킴스솔루션	김종대	54	포트서비스	서순원,허석균
55	플라이강원㈜	주원석	56	하늘내린항공㈜	강성혜,황병권
57	한국공항㈜	유종석	58	한국복합소재	정연명

연번	업체명	대표자	연번	업체명	대표자
59	한국조종사교육원	송영길	60	한국한공서비스㈜	조연기
61	한국항공	오재영	62	한국항공대학교 산학협력단	곽재수
63	한국항공우주산업㈜	김도원	64	한서대학교 산학협력단	김현성
65	한화에어로스페이스	신현우	66	헬리코리아	민경조, 민세홍
67	홍익항공	라석찬			

▼ 항공운송총대리점업

연번	업체명	대표자	연번	업체명	대표자
1	143	김익수	2	ACL항공	전승식
3	PAA㈜	신동완	4	걸리버물류㈜	최장환
5	국양로지텍㈜	곽두곤	6	글로벌비젼웨이즈㈜	김원길
7	글로벌에어시스템㈜	김원길	8	금강국제운송㈜	정재락
9	금성항운㈜	김영석	10	단항공㈜	조정현
11	단항공㈜	주재홍	12	대로에어로시스템㈜	기성태
13	대상물류㈜	홍성환	14	대양항운㈜	정태완
15	대운해운㈜	홍건실, 김광덕	16	대주에어㈜	김석규
17	대주항운㈜	김석규	18	대한항공	조원태, 우기홍
19	동보항공㈜	홍정희	20	락소홀딩스㈜	정옥
21	발렌타인항공㈜	황규성, 황재상	22	범세항운㈜	김정호
23	범아항운㈜	공석	24	보람항공㈜	홍정희
25	부산에어㈜	김원길	26	블루스카이	이형남
27	블루스카이에어㈜	고완웅	28	선진해운항공㈜	정유진
29	성원해운㈜	전동철	30	세계항운㈜	장철희
31	스위스에어스위스 에어트랜스포트 캄파니리미티드	쿠르트브라운	32	신우항공㈜	배무환

연번	업 체 명	대 표 자	연번	업 체 명	대 표 자
33	아남항공㈜	김영성	34	아스트로에어코리아㈜	김상곤,조성일
35	알케이에이㈜	김승욱	36	에스티아이엔씨㈜	김현수
37	에어로링크㈜	김영성, 이종윤	38	에어로링크㈜	김영성,이종윤
39	에어로지스틱스코리아	이춘희	40	에어로퍼시픽에비에시션㈜	차명진
41	에이에이에스㈜	강범석	42	연합해운㈜	박태원
43	오케이에어	김정수	44	오투월드파트너스	김민형
45	우진트랜스	박연섭	46	원에어인터내셔날	–
47	월드브릿지항공㈜	김영성	48	월드프라임서비스㈜	프라빈쿠마나라야난
49	유라시아에어시스템	신동찬	50	유한회사 티엔티익스프레스코리아	채은미
51	인터링크아비아㈜	홍영기	52	인터에어㈜	박성남
53	㈜ACC	이근영	54	㈜I. A. C	김현정
55	㈜그라프로내셔날	권순일	56	㈜글로벌에비에이션 얼라이언스	송재선
57	㈜다스코포레이션	전석훈	58	㈜대명에어서비스	박재용
59	㈜대명코퍼레이션	서준혁	60	㈜대아동방항공	황인규
61	㈜더블유디아이케이	주민	62	㈜델타에어에이젠시	정인호
63	㈜동우항운	정용수	64	㈜디에이알에스	김경환
65	㈜디에이알에스아이엔씨	허돈	66	㈜라온항공	황규성
67	㈜룸얼랏코리아	이동근	68	㈜메가몰디브코리아	이석영
69	㈜미방항운	성재원	70	㈜미얀마 항공	이태형
71	㈜바이투어	벨리크 이고르	72	㈜반도에어에이젠시	김성원
73	㈜범서항공	박연섭	74	㈜베스트에어에이전시	엄현태
75	㈜블라디보스톡 아비아인터내셔날	토우마넨코 알렉산드르	76	㈜블루넷에어	안철
77	㈜삼우항공	김현진	78	㈜삼원항공	이종석,한영호
79	㈜샤프에비에이션케이	백순석	80	㈜서울항공	김상국
81	㈜성광에어서비스	박용일	82	㈜세련항운	김현진

연번	업 체 명	대 표 자	연번	업 체 명	대 표 자
83	㈜세림항공	임종용	84	㈜세성항운	천신일
85	㈜세유	김상국	86	㈜세유홀딩스	김상국
87	㈜세호항운	정판식	88	㈜스마일에어	성기영
89	㈜스캔코리아	이윤종	90	㈜신한익스프레스	김지일
91	㈜신항세대	이현철	92	㈜쌍영실크로드	김정진
93	㈜썬라이즈항공앤드티	서일석	94	㈜아사인터내셔날	서일석
95	㈜아크노에어	이정흠, 방한빈	96	㈜아팩스월드	신승현
97	㈜아펙스카고써비스	이강환	98	㈜앤에이티항공	송혁진
99	㈜에바다코리아	윤주오	100	㈜에어로글로벌 씨스템	신홍국
101	㈜에어로드	최한경	102	㈜에어로비젼	전해성
103	㈜에어맨	김평수	104	㈜에어어메이징	이종현
105	㈜에어우드 에비에이션	윤종원	106	㈜에어키르기즈	허입증
107	㈜에어파라다이스에이젠시	편성호	108	㈜에어피스코리아	전선하
109	㈜에이오엘티 (에이원글로비스)	오세현	110	㈜에이원에이전시	오세현
111	㈜에이원에이전시	오세현	112	㈜에이티에이항공	유남석
113	㈜엔제이웍스	최봉환	114	㈜엘티에프카고	조현덕
115	㈜영보상역	차수웅	116	㈜예일항공여행사	이종구
117	㈜우리에이젠시	정화모	118	㈜우리에이젠시 에비에이션	정성운
119	㈜우일항운	박종국	120	㈜웅민항운	허수일
121	㈜원통상	이우돈	122	㈜월드윙즈에이앤티	이승훈
123	㈜웨스트아시아	윤익희	124	㈜윈에어	박건준
125	㈜윈펙에어	서영호	126	㈜윈펙홀딩스	서영호
127	㈜유로에어링크	박관수	128	㈜유피아항운	조훈
129	㈜윤세계교역㈜	윤수웅	130	㈜이글익스프레스케이	이재인

연번	업 체 명	대 표 자	연번	업 체 명	대 표 자
131	㈜이유마아케팅	김성배	132	㈜이티앤	안만수
133	㈜제이브릿지 월드와이드	이영배	134	㈜제이엠항공	신명진
135	㈜지엠씨로지스틱스	최석진, 김준환	136	㈜청천서비스	이상록
137	㈜케이씨에이글로벌	조은미	138	㈜코리아 이글에어	장석삼
139	㈜코리아에어 시스템앤드차터	–	140	㈜큐	송용재
141	㈜크라셀항공	박동규	142	㈜크리스탈 에비에이션	김도수
143	㈜크리스탈타이 에어라인코리아	유재학	144	㈜키르기즈스탄항공	백예진
145	㈜타이스타에어	성기영	146	㈜탐스에어서비스	홍찬호
147	㈜트랜스코스모스	양승남	148	㈜트렌코	최은아
149	㈜티에스에어 얼라이언스	민유리	150	㈜티제이케이알	김일한
151	㈜포윙스	김석낙 외1	152	㈜프라임글로벌 네트워크	성경민
153	㈜프로그래스멀티항공	구민철	154	㈜프리덤에어시스템	심은정
155	㈜한국 E.F.I.	한효숙	156	㈜한국유니버살	이상환
157	㈜한국지에스에이 로지스틱스	이강재	158	㈜한민족여행사	서일석
159	㈜한진	노삼석	160	㈜한화글로벌	지민
161	㈜해륙물산	이상암	162	㈜해외물류	이보현
163	㈜헬리스타항공	이용호	164	㈜협성항공	왕상은
165	㈜호상기업	김형섭	166	㈜홀리데이에어라인	유호준
167	㈜휴먼스컴퍼니	임문수	168	준 항운㈜	김인곤, 오성희
169	지니항운㈜	이춘희	170	지에스에이항공산업㈜	이기욱
171	지에어㈜	양철수	172	캐세이패시픽항공 (영업소)	제임스 콜린

연번	업체명	대표자	연번	업체명	대표자
173	케이엔엠항공㈜	이철	174	코우즈벡항공㈜	이훈
175	탐라에어㈜	김혁규	176	트랜스라인㈜	박형주
177	팬아시아에어㈜	박승규	178	퍼시픽마이크로 네시아㈜	백순용
179	퍼시픽에어 인터내셔날㈜	박미래	180	퍼시픽에어에이젠시㈜	박종필
181	페더럴익스프레스 코리아(유)	채은미	182	한국에이치티티㈜	권오린
183	한마항운㈜	양준호	184	한영에어카고서비스	김종철
185	한영항운㈜	장공섭	186	해우항공해운	김진일
187	호다항공㈜	윤창섭			

▼ 도심공항터미널업

연번	업체명	대표자	연번	업체명	대표자
1	공항철도㈜	이후삼	2	한국도심공항 자산관리㈜	박천일
3	한국철도공사	나희승			

▼ 항공기대여업

연번	업체명	대표자	연번	업체명	대표자
1	(재)스타항공우주	조재성	2	다음무인항공	손인원
3	대한무인항공서비스	이병준	4	드론안전기술	박장환
5	베셀에어로스페이스	김치붕	6	비앤알월드	윤지환
7	삼아항업	길영옥	8	새동엔지니어링	장문광
9	새한항업㈜	김여일, 김기윤	10	스페이스 D	이달원
11	아시아나항공㈜	정성권	12	이스타항공㈜	최종구
13	정진홀딩스	정진욱	14	제이와이비쥬얼	이중열
15	㈜경기항공	조성민	16	㈜대한항공	조원태, 우기홍

연번	업체명	대표자	연번	업체명	대표자
17	㈜드로니아	정한옥	18	㈜드론코리아 아카데미	장명동
19	㈜모스트앤컴퍼니	박문희	20	㈜무성항공	최태영
21	㈜미래항공	윤상걸	22	㈜서우에스피	김준호
23	㈜써니항공	김선웅	24	㈜올뉴텍	왕인애
25	㈜우리항공	이금자	26	㈜유맥에어	최종필
27	㈜이든인터내셔널	양윤옥,정종태	28	㈜케이드론	장지영
29	지드론	윤성수	30	테크남코리아	이정현
31	파인시그널	한동희	32	퍼니렌	허훈
33	헬리넷	황기동	34	헬리코리아	민경조, 민세홍
35	헬셀	장성기	36	호룡리싱앤리얼리티	오재호

▼ **항공레저스포츠 사업**

연번	업 체 명	소재지	연번	업 체 명	소재지
1	FLY HIGH PARAGLIDING SCHOOL	세종시 금남면	2	가을하늘 고추잠자리	경기도 용인시
3	경주패러글라이딩체험장	경북 경주시	4	곡성 기차마을 패러글라이딩	전남 곡성군
5	곡성 지리산 패러글라이딩	전남 곡성군	6	공주경량비행학교	충남 공주시
7	공주경비행기	충남 공주시	8	광주패러글라이딩	광주시 북구
9	구례 지리산 패러글라이딩	전남 구례군	10	군산패러글라이딩 스쿨	전북 군산시
11	남해패러글라이딩	경남 남해군	12	단양 양방산 패러글라이딩 유한회사	충북 단양군
13	단양두산활공장	충북 단양군	14	단양투고패러글라이딩	충북 단양군
15	단양패러	충북 단양군	16	단양패러글라이딩	충북 단양군
17	단양패러마을	충북 단양군	18	단양패러에반하다	충북 단양군
19	단양페러글라이딩 "페러는 내친구"	충북 단양군	20	대구 블루윙스패러글라이딩	대구시 수성구

연번	업 체 명	소재지	연번	업 체 명	소재지
21	대구활공랜드	대구시 달성군	22	대전패러글라이딩 휘파람새스쿨	대전시 동구
23	대천국가대표 패러글라이딩	충남 보령시	24	대천패러글라이딩	충남 보령시
25	대천패러글라이딩㈜	충남 보령시	26	대한패러글라이딩스쿨	경기도 남양주시
27	더쎈패러글라이딩㈜	충북 단양군	28	드림스카이	경기도 양평군
29	레저월드	부산시 해운대구	30	무주F-1패러글라이등	전북 무주군
31	문경패러글라이딩㈜	경북 문경시	32	벌룬투어	경기도 포천시
33	베셀에어로스페이스㈜	경기도 수원시	34	부산패러글라이딩학교	부산시 금정구
35	블랙이글 패러글라이딩	경남 남해군	36	빅버드패러글라이딩스쿨	대구시 동구
37	상주활공랜드	경북 상주시	38	서남항공	전남 영암군
39	서울스카이다이빙학교	서울시 중랑구	40	성주항공	충북 충주시
41	송골매패러글라이딩	경기도 용인시	42	수에어	전북 익산시
43	수피아 항공 센터	경북 칠곡군	44	스카이벌룬	경기도 화성시
45	스카이패러	충북 단양군	46	스카이패러글라이딩 스포츠	경기도 용인시
47	스트라이크	충남 보령시	48	아이비	경기도 김포시
49	안용태(패러)	경기도 광주시	50	알파트로스항공㈜ 농업회사법인	전남 나주시
51	알피비레포츠	제주시	52	양백산 패러글라이딩	충북 단양군
53	양평패러글라이딩 미래항공스포츠	경기도 양평군	54	어드벤처 패러글라이딩	경남 거제시
55	에델	충북 단양군	56	에쓰엘항공	전북 남원시
57	에어랜드항공	경남 합천군	58	에어로마스터(담양항공)	전남 담양군
59	에어필드	충북 단양군	60	엔에스이항공	경기도 여주시
61	엘에스에이항공	경기도 여주시	62	영월패러글라이딩	강원도 영월군

연번	업 체 명	소재지	연번	업 체 명	소재지
63	유한회사 여수국가대표패러글라이딩	전남 여수시	64	이카루스의 꿈	전북 완주군
65	전라북도 에어피닉스 스쿨	전북 전주시	66	전라북도에어포스 스쿨	전북 완주군
67	정동진패러마을㈜	강원도 강릉시	68	정선패러마을	강원도 정선군
69	제이씨에이오토 노머스㈜	대전시 유성구	70	제주바다하늘 패러투어	제주시
71	제주사랑	제주시	72	제주패러글라이딩 스쿨	제주시
73	제주패러글라이딩	제주시	74	제주하늘을 날다	제주시
75	조나단 패러글라이딩 스쿨	강원도 평창군	76	㈜ 단양청춘 패러글라이딩	충북 단양군
77	㈜다빈치프로덕츠	경기도 양평군	78	㈜단양레저관광	충북 단양군
79	㈜단양패러명가	충북 단양군	80	㈜드림	충북 단양군
81	㈜드림	충북 단양군	82	㈜문경활공랜드	경북 문경시
83	㈜스카이배너	충남 부여군	84	㈜스카이어드벤처	경기도 수원시
85	㈜스펙코어	경기도 광명시	86	㈜승원엔지니어링	전남 순천시
87	㈜아트항공레저	경기도 안성시	88	㈜양평패러글라이딩 파크	경기도 양평군
89	㈜에이치엠제이	충북 제천시	90	㈜용인패러글라이딩	경기도 용인시
91	㈜제주스카이랩	제주시	92	㈜좋은사람들	충북 단양군
93	㈜진글라이더	경기도 용인시	94	㈜진매니아	경기도 용인시
95	㈜케이디에프항공	전남 나주시	96	㈜케이원항공경비행기 조종체험비행	전북 남원시
97	㈜패러글라이딩랜드	경북 문경시	98	㈜패러일번지	충북 단양군
99	㈜패러카페	충북 단양군	100	㈜플라잉수원	경기도 수원시
101	㈜하늘누리 경량비행기 화성교육원	경기도 화성시	102	㈜하늘누리 아이비알	경기도 화성시
103	㈜하늘누리	경기도 화성시	104	짱패러글라이딩㈜	충북 단양군
105	청주항공	충남 공주시	106	코리아레저스쿨	강원도 평창군

연번	업 체 명	소재지	연번	업 체 명	소재지
107	코리아스카이다이빙학교	경기도 오산시	108	코리아패러글라이딩㈜	충북 단양군
109	파라캠프	경남 창원시	110	패러글라이딩학교 부산영남알프스	부산시 해운대구
111	패러는무주로	전북 무주군	112	패러러브	경기도 양평군
113	패러여행	충북 단양군	114	평화조종사	충남 공주시
115	포항 패러글라이딩 체험센터	경북 포항시	116	푸른하늘	경북 구미시
117	피지엔에어	전남 목포시	118	하나미디어	서울시 마포구
119	하늘날기 체험비행단(USSF)	전북 완주군	120	하늘내린항공㈜	경기도 김포시
121	하늘로항공	전남 여수시	122	한국레포츠교육원	경기도 화성시
123	한국스카이다이빙학교	경기도 양주시	124	한려항공레저㈜	경남 통영시
125	한성산업㈜	경기도 김포시	126	한양항공㈜	전남 장성군
127	합천패러글라이딩파크	경남 합천군	128	항공레저스포츠 협동조합	경기도 안산시
129	항공레져전문조종사 협동조합	충북 청주시	130	힐링패러아카데미	충남 공주시

※ 상업서류송달업(820개사) 및 초경량비행장치사용사업(4,891개사) 현황은 www.airtransport.or.kr "2022 포켓 항공현황"에서 확인하실 수 있습니다.

부록 03 항공교통이용자 보호 제도

1. 해외 항공교통이용자 보호 및 항공교통서비스 정보 제공

미국, 영국, 싱가포르, 호주 등에서는 자국의 실정에 따라 항공교통이용자를 보호할 수 있는 조직을 운영하고 있으며, 보고서를 발간하거나 평가하는 등 항공교통서비스 정보도 제공하고 있다.

1) 미국

항공운송분야의 최대시장인 미국에서는 항공교통이용자를 보호하기 위해 교통부(Department Of Transportation, DOT) 소속 항공교통이용자 집행 및 절차 사무실(The Office of Aviation Enforcement and Proceedings, OAEP)을 설치하였다. OAEP는 항공운송사업자의 불공정경쟁, 항공교통이용자 기만행위, 여행사의 과장광고(운임, 정시성, 공동운항 등) 및 탑승거부에 대한 보상, 환불 수하물 책임, 전세편 운항에 대한 규정위반 감독 및 개선명령[7] 조치와 함께 항공교통이용자의 피해사례 접수 및 항공교통이용자 보고서 발간업무 등의 업무를 수행하고 있다.

7 49 USC § 41712(불공정과 기만행위)에 따라 집행 가능

▼ ACPD 체계도

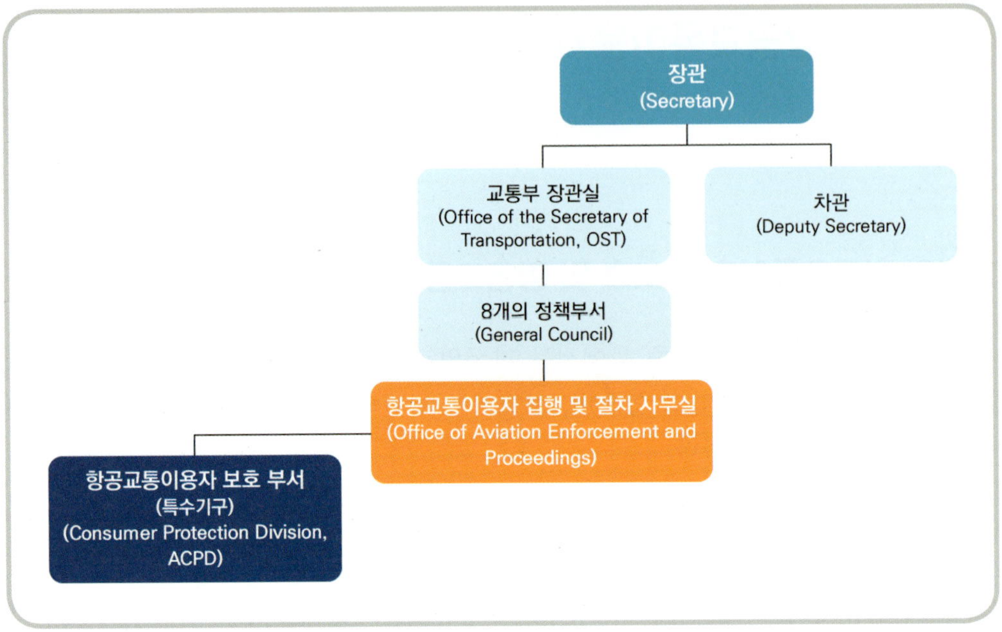

항공교통이용자는 항공사에 직접 연락하거나 DOT 홈페이지 내 온라인 불만 접수 창구[8]를 통해 민원 신청할 수 있다. DOT는 접수된 자료를 바탕으로 항공사에 대한 행정적 또는 법적 처리 절차를 수행한다.

또한, 미국에서 매월 「ATCR(Air Travel Consumer Report)」을 발간하여 항공교통이용자에게 해당 항공사에 대한 서비스 수준에 관한 평가 정보를 제공함으로써 항공교통이용자의 권익 증진을 도모하고 있다.

『ATCR』은 항공기 지연, 수하물 부주의 취급, 항공권 초과판매, 소비자 불만, 동물의 사망·상해·분실 피해, 교통보안국에 보고되는 공항 보안관련 불만을 포함하여 총 6개 부문으로 각각 항공사별 통계를 공표하고 있으며, 소비자 불만 접수 통계는 다음 표와 같이 12개의 유형으로 구분하여 집계하고 있다.

코로나 상황 이전은 운송불이행, 지연 등의 불만이 가장 높은 비중을 차지하고 있음이 확인되나, 2020~21년도에는 COVID-19 상황으로 인해 항공편의 결항/취소건이 증가함에 따라 환불로 이어지는 소비자 불만이 이례적으로 증가하였음이 보여진다.

---

8 DOT 홈페이지, Air Travel Service Complaint or Comment Form, https://airconsumer.dot.gov/escomplaint/ConsumerForm.cfm

▼ 미국 DOT 항공교통이용자 보고서 소비자 불만 접수 통계

(단위: 건)

유형	2018년	2019년	2020년	2021년
환불	1,329	1,568	89,511	29,507
운송불이행, 지연	4,517	4,756	1,498	6,311
운임	1,542	1,033	3,303	4,077
예약, 발권, 탑승	1,908	1,823	4,449	4,028
수하물	2,728	2,565	1,047	1,994
고객응대	1,618	1,703	1,484	1,902
교통약자	827	905	541	1,394
초과판매	409	376	132	286
차별	97	107	49	132
허위광고	57	61	25	45
동물운송	2	2	1	1
기타(마일리지)	510	433	520	281
총계	15,544	15,332	102,560	49,958

자료: DOT 홈페이지, February 2022 Air Travel Consumer Report, https://www.transportation.gov/individuals/aviation-consumer-protection/february-2022-air-travel-consumer-report

위치타대학교와 엠브리리들항공대학교에서는 『ATCR』을 활용하여 1991년부터 매년 항공사 품질평가 AQR(Airline Quality Rating) 보고서[9]를 발간해오고 있으며, 평가의 주관적 요소를 배제하고 평가 결과의 연차별 비교가 가능하도록 ATCR 공표 데이터를 바탕으로 객관적 지표에 따라 평가하고, 항공사별 순위를 발표하고 있다. 2022년에 이르러서는 국내선 정기 여객편 전체 수익의 0.05% 이상인 항공사를 대상으로 평가하며, 항공교통이용자 관점에서 중요하다고 여겨지는 정시성, 탑승 거부, 수하물 부주의 취급, 소비자 불만 네 가지 지표에 대하여 항목별 가중치를 부여하여 점수를 산정하고 있다. 정시성 항목의 가중치(8.63)가 가장 높고, 탑승 거부(8.03), 수하물 부주의 취급(7.92), 소비자 불만(7.17) 순으로 가중치를 두고 있다. 가중치는 평가의 연속성을 위하여 1991년부터 2023년까지 동일하게 유지되고 있다. 2015~2018년도까지

9 AQR 홈페이지, Airline Quailty Rating, https://airlinequalityrating.com/

각 항목에서 항공사의 서비스수준이 개선됐으나, 2019년도에는 AQR 전체 항목에서 서비스수준이 하락하여 이를 부정적 신호로 해석하고 있다.

▲ AQR 보고서

2) 영국

영국 민간항공청(Civil Aviation Authority, CAA)은 항공교통이용자의 권익보호를 위해 항공교통이용자 불만상담팀(PACT)을 운영하고 있다. 항공교통이용자가 항공교통사업자를 대상으로 제출한 불만사항을 8주 이내 회신을 받지 못하거나 답변 내용이 만족스럽지 못하면 PACT를 통해 도움을 구할 수 있다. 다만, PACT는 항공교통이용자의 불만사항에 대해 조언을 할 뿐 법적 강제성은 없다.

2012년 10월부터는 CAA 안에 항공교통이용자 패널(CAA Consumer Panel)을 설치하여 항공교통이용자의 이익을 대변하고 소비자 문제와 관련하여 중재하고 있다. CAA는 항공교통이용자의 피해 및 불만에 대해 보다 적극적인 대처를 위해 '항공교통이용자 불만처리와 대체적분쟁해결(Alternative Dispute Resolution, ADR)[10]에 대한 CAA 정책'을 수립하여 2015년 4월부터 ADR 제도를 시행하고 있다.

CAA는 공항 및 항공사의 일반적인 정보와 정시성 분석 결과를 매달 공개하고 있으며, 항공교통이용자 만족도 및 불만 처리 관련 설문조사 결과를 보고서 형식으로 매년 발간하고 있다. 특히, 지역별 이용자 만족도 점수를 공표하거나, 소비자 불만

---

10 대체적 분쟁 해결(Alternative Dispute Resolution, ADR)이란 법원의 소송 이외의 방식으로 이루어지는 분쟁 해결방식을 의미함.

유형을 상세하게 구별하여 통계를 작성하는 등 항공교통이용자 경험 중심으로 다각도에서 분석하는 것이 특징이다.

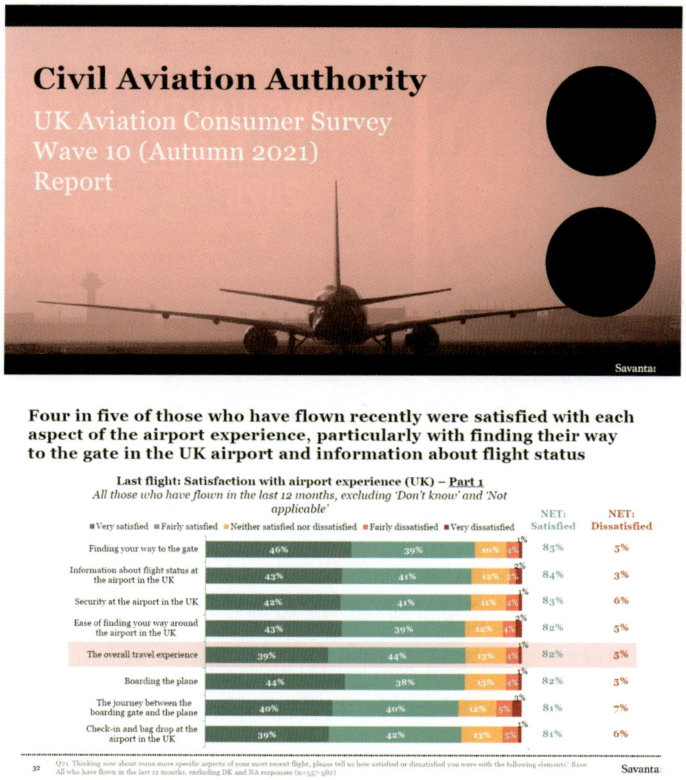

▲ 영국 CAA 항공교통이용자 설문 보고서

민간에서는 영국에 본사를 두고 있는 SKYTRAX사가 전 세계 항공사 및 공항에 대해 평가하고 순위를 매기고 있다. SKYTRAX는 항공사, 공항, 라운지의 등급을 각각 1성급부터 5성급까지 매기며, 항공사 순위와는 별개의 개념이다. 2022년 기준 모든 5성급 항공사는 아시아에만 있고, 우리나라 5성급 항공사로는 아시아나항공, 대한항공 2개 항공사가 있다. 항공사 등급과는 별개로 이용자 대상의 설문조사를 바탕으로 기내 쾌적성, 기내 서비스, 엔터테인먼트 제공, 체크인 서비스, 라운지 편의 수준 등 다양한 항목을 고려한 Airline Rating 1-100도 발표하고 있다. 2022년 기준 카타르 항공이 3년 연속 1위를 차지하였으며, 대한항공이 9위에 랭크되었다.

또한, 영국의 여행 데이터 제공 업체인 OAG사에서는 항공사 및 공항별로 정시성을 평가하고 항공사 규모별, 지역별 등 다양한 주제별로 데이터를 분석해 발표하고 있다.

2022년 12월 세계에서 가장 붐비는 국내선 노선은 우리나라의 제주 - 김포(CJU - GMP)이며, 국제선은 쿠알라룸푸르 - 싱가포르창이(KUL - SIN)로 분석하고 있다.

▲ SKYTRAX 최우수 항공사 수상 로고(좌) 및 OAG 정시성 보고서(우)

3) 싱가포르

싱가포르 민간항공청(Civil Aviation Authority of Singapore, CAAS)은 별도 항공교통이용자 보호 전담부서를 운영하지 않고, 항공교통이용자를 포함한 모든 소비자 보호 및 피해구제 사항은 싱가포르 소비자원(Consumers Association of Singapore, CASE)에서 처리하고 있다. CASE는 비영리 민간 기구로 법 마련을 위한 대정부 로비 등을 통해 소비자 보호와 권익을 대변하고 있으나, 항공교통이용자를 위한 별도 부서는 설치되어 있지 않다. 일반적인 소비자 피해접수 및 상담, 분쟁 중재 및 소비자 교육 등의 업무를 수행하고 있다. CASE를 통해 진행되는 중재는 합의가 이루어지지 않을 경우 시정조치 명령 등 법적 강제성이 없다는 한계가 있다.

▼ CASE 주요 업무내용

구분	주요내용
소비자 교육	• CASE가 수행한 소비자 관련 연구결과 공개 • 소비자를 위한 조사결과 및 정보의 제공 • 소비자를 대상으로 다양한 교육 및 정보제공 세미나 개최
기업과의 소비자 관련 업무공유	• 실제 현업에서 발생되는 소비자와 기업 간의 문제점 분석 및 정보공유를 통해 개선방향 모색
소비자 관련 법(제도) 수립 제안	• 소비자 관련 이슈에 대한 법제도 신설 제안을 정부에 건의

또한, 소비자 보호와 관련한 주요 이슈를 공유하고 시의성 있는 정보를 제공하기 위한 목적으로 분기별로 정보지 「The Consumer」[11]를발간하고 있다. 다만, 해당 정보지는 소비자 관련 이슈를 전반적 영역에서 다루고 있으며 앞선 국가에서 제공하고 있는 것과 같이 항공분야에 대한 별도 정보를 제공하고 있지는 않다.

▲ 싱가포르 CASE의 정보지 『The Consumer』

4) 호주

호주는 항공교통이용자 권익보호기구(Airline Customer Advocate, ACA)를 2012년에 비영리기관으로 설립하여 운영하고 있다. 항공교통이용자 보호 관련 별도 규정은 없으며, 호주 소비자 보호법(Australian Consumer Law)을 적용하고 있다. ACA에 참여 중인 호주 4개 국적 항공사(Qantas, Virgin Australia, Jetstar, Regional Express) 관련 분쟁만을 다루며, 법적 강제권이 없기 때문에 ACA가 시정명령 권한을 행사하지는 못하고 있다. 한편, ACA와 분쟁이 해결되지 않을 경우, 호주 소비자 경쟁위원회(Australian Competition and Consumer Commission, ACCC)를 통해 소규모 소송(small claims) 진행에 관한 정보를 얻을 수 있으며, 이를 바탕으로 법적 절차를 진행할 수 있다.

11 CASE 홈페이지, The Consumer Magazine, https://www.case.org.sg/publications.aspx

▼ 호주 항공사별 항공교통이용자 불만 접수 상위 5항목 통계 단위: 여객 일만 명당 접수 건수

유형 / 항공사	환불	운송불이행, 지연	운임 및 요금	수하물	마일리지
Regional Express	4.8	8.3	5.9	1.2	0.0
Qantas	14.4	4.6	2.2	1.6	3.3
Virgin Australia	10.0	4.1	0.5	1.6	0.4
Jetstar	8.6	2.4	1.6	1.3	0.3
총계(비율)	47%	17%	7%	6%	6%

자료: ACA Annual Report 2021

ACA는 분쟁 조정 과정에서 수집된 정보 등을 통해 매년 불만접수 및 처리에 관한 보고서[12]를 발간하고 있으며, 항공사별 분쟁해결 건수, 주요 접수 사유, 고객 만족도 조사결과 등을 수록하고 있다. 불만 접수 유형은 환불을 포함한 15개의 유형으로 분류되며 다음 표를 통해 상위 5개 항목에 대한 통계를 확인할 수 있다.

이렇듯 주요 국가는 항공교통이용자 보호를 위해 항공교통사업자의 의무 등을 규정하고 있고, 항공관련 정부기관 등에 전담기구 및 부서를 설치하여 정부 역할을 강화하고 있다.

▼ 국내외 항공교통이용자 피해구제 조직 비교

구분	한국 소비자원	미국(DOT)	영국(CAA)	싱가포르 (CASE)	호주 (ACA)
법적근거	소비자기본법 제60조	14CFR 중 항공교통이용자 보호 관련 규정	EU Regulation 261/2004	–	–
운영주체	공정거래 위원회 산하 기구	미국 교통부	영국민간 항공청	싱가포르 소비자원	호주 항공교통 이용자 권익보호기구
항공교통이용자 보호 관련 전담조직 구성 여부	항공교통이용자를 위한 전담부서는 마련되어 있지 않음	DOT 내 OAEP를 통해 항공교통이용자 보호 업무 수행	CAA 내 PACT를 통해 항공교통이용자 보호 업무 수행	항공교통이용자를 위한 전담부서는 마련되어 있지 않음	항공교통 이용자 보호 업무를 수행

12 ACA 홈페이지, ACA Annual Report, https://www.airlinecustomeradvocate.com.au/General/AnnualReports.aspx

구분	한국 소비자원	미국(DOT)	영국(CAA)	싱가포르 (CASE)	호주 (ACA)
피해/불만 상담 및 접수	○	– 피해/불만 사례만 접수 – 상담업무는 수행하지 않음	○	○	○
분쟁조정기구 운영	한국소비자원 내 소비자분쟁 조정기구 설치	–	ADR 제도 시행	–	–
분쟁조정의 법적 성격	재판상 화해와 동일한 효력	–	–	–	–
해당 국가 소비자원과의 관계		×	×	–	ACA를 통해 해결되지 못한 사안은 소규모 소송 진행 가능

2. 우리나라 항공교통이용자 보호 및 항공교통서비스 정보의 제공

가. 제도적 배경

항공운송산업은 육성과 발전이라는 두 가지 측면에서 해당 분야 성장을 촉진하는 공급자 위주로 정책이 이루어졌다. 그러나, 항공자유화 등 지속적인 규제 완화 이후 항공운송사업의 증가와 함께 항공수요가 급증함에 따라 1980년 하반기부터는 미국, 영국 등 항공선진국을 중심으로 항공교통이용자 보호 정책이 정부의 항공정책 핵심 과제로 대두되었다.

우리나라 항공운송산업도 공급자 위주의 정책에서 이용자 중심 정책으로 전환 중이며, 항공교통이용자 보호정책 수립에 대한 요구가 점점 늘어나고 있다. 특히, 저비용항공사를 중심으로 신생 항공사들이 꾸준히 증가[13]하며 다양한 항공운송서비스를 제공함에 따라 소비자의 선택권이 늘어났으나, COVID－19로 저비용 국적항공사와 외국적 항공사에 의한 취소 항공권 환불 지연 또는 거절 관련 피해사례가 다수 발생한 바 있다[14].

13 2005년 한성항공의 시장진입 이후, 신생항공사들이 매년 꾸준히 진입하고 있으며, 2022년 기준 우리나라 항공운송시장에는 대한항공, 아시아나항공, 제주항공, 진에어, 티웨이, 에어부산, 에어서울, 플라이강원, 에어프레미아, 에어로케이 등 10개 항공운송사업자가 여객운송을 하고 있다. (화물전용기만 운항하는 에어인천 제외)

14 한국소비자원 집계 항공교통서비스 관련 상담 및 피해구제 건수는 2018년 1,437년, 2019년 1,073건으로

항공교통이용자는 21세기 사회의 변화에 따라 시장경쟁 촉진, 상품개발, 기업경쟁력 제고 등 적극적·능동적 역할을 수행하고 있다. 한편, 미국, EU는 항공교통이용자 보호와 안전성 제고에 높은 정책적 우선순위를 두고 있으며, ICAO는 정부가 유용한 정보를 제공하기 위해 항공교통이용자 편익을 위한 서비스 개선사항을 지속적으로 모니터링해야 한다고 강조하고 있다.

따라서 항공운송시장의 양적 성장에 따른 항공교통이용자 보호와 항공운송산업의 경쟁력 사이에 균형을 유지하며, 사회, 경제적 특성을 고려하여 이용자를 보호하고 권익을 보다 증진시킬 필요가 있다.

나. 항공교통이용자 보호 및 항공교통서비스 평가제도 현황

우리나라의 항공교통이용자 보호 제도는 「항공사업법」 제5장(항공교통이용자 보호)과 「상법」 제6편(항공운송)에서 규정하고 있다. 「항공사업법」 제5장은 제61조(항공교통이용자 보호 등), 제61조의2(이동지역에서의 지연 금지 등), 제62조(운송약관 등의 비치 등), 제63조(항공교통서비스 평가 등), 제64조(항공교통이용자를 위한 정보의 제공 등)의 내용을 규정하고 있으며, 「상법」은 '국제항공운송에 있어서의 일부 규칙 통일에 관한 협약(이하 몬트리올 협약)을 준용하고 있다. 이는 국적 항공사 및 국내에 취항하는 외국적 항공사 모두에 적용된다.

「항공사업법」 제61조는 항공교통사업자(항공운송사업자 및 공항운영자)가 ① 항공교통사업자의 운송 불이행 및 지연, ② 위탁수하물의 분실·파손, ③ 항공권 초과판매, ④ 취소 항공권의 대금환급 지연, ⑤ 탑승위치, 항공편 등 관련 정보 미제공으로 인한 탑승 불가 등 항공교통이용자 보호를 위해 필요한 사항에 대해 피해구제 절차와 처리계획을 수립하고 이행하도록 하고 있다. 항공교통사업자는 항공교통이용자의 피해구제 신청을 신속·공정하게 처리해야 하며 신청 접수일로부터 14일 이내에 결과를 통지할 의무가 있다. 처리기한 내에 피해구제 신청의 처리가 곤란하거나 항공교통이용자가 요청한 경우에는 한국소비자원에 이송해야 한다. 또한, 항공교통이용자의 피해를 예방하고 피해구제가 신속·공정하게 이루어질 수 있도록 국토교통부장관으로 하여금 항공교통이용자 보호기준을 고시할 수 있도록 하고 있다. 이에 근거하여 2016년도 항공교통이용자 보호기준이 제정되었으며, 과태료 부과 기준을 포

감소 추세에 있었으나, 2020년 1월 COVID-19 발생 이후 20년에는 2,576건으로 치솟았다. 다만, 2021년에는 절대적인 운항 건수의 감소로 484건에 그쳤다.

함하여 보호기준 준수에 대한 구속력을 부여하였다.

한편, 공정거래위원회 산하기관인 한국소비자원에서는 항공교통이용자의 피해접수 및 처리에 따라 분쟁이 해결되고 있으며 「소비자기본법」 제16조에 따라 '소비자분쟁해결기준'을 규정하고 있다. 해당 기준은 소비자와 사업자 간에 발생한 분쟁이 원활하게 해결될 수 있도록 구체적인 합의 또는 권고의 기준을 제시하는 데 목적이 있다.

▼ 항공교통이용자 피해접수 및 처리절차

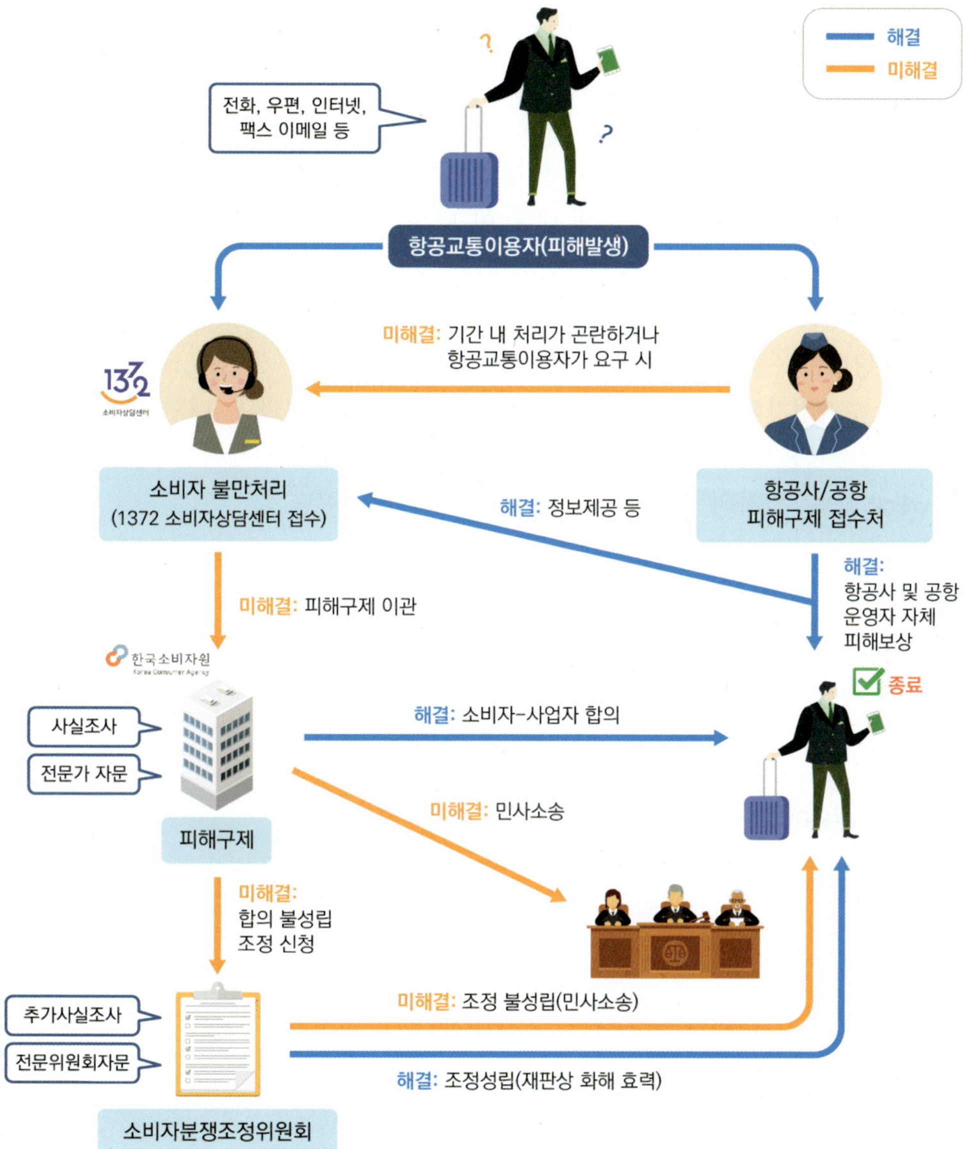

제61조의 2(이동지역에서의 지연 금지 등)는 항공교통이용자가 항공기에 탑승한 상태로 공항의 이동지역에서 장시간 머무르는 것을 방지하기 위한 규정으로 미국의 Tarmac Rule과 유사하다. 2018년 에어부산측의 장기 기내대기 문제 발생으로 승객 보호를 위해 2019년 입법화되었으며, 국내항공운송의 경우 3시간, 국제항공운송의 경우 4시간을 초과하여 이동지역에 머물러서는 안 되며 2시간을 초과하는 경우에는 항공교통이용자에게 적절한 음식물을 제공하고 승객에 대한 조치내용과 하기 계획을 포함한 지연사항을 국토교통부 장관에게 보고하여야 한다. 또한 항공교통이용자가 항공기에 탑승한 상태로 이동지역에서 항공기를 머무르게 하는 경우 30분마다 그 사유 및 진행상황을 알리도록 하고 있다. 해당 규정을 위반하면 과징금 또는 과태료가 부과된다.

항공사업법 제63조 및 제64조는 항공교통이용자의 권익보호를 위해 항공교통사업자가 제공하는 항공교통서비스에 대해 연 단위로 평가하고 이에 관한 보고서를 발간하여 항공교통이용자에게 제공하도록 하는 규정이다. 항공교통서비스 평가는 '항공운송서비스'와 '공항서비스'로 구분된다. 항공운송서비스의 평가항목은 항공운송사업자의 시간 준수성, 항공교통이용자 보호 충실성, 안전성 등이며 공항서비스의 평가항목은 수속절차의 신속성, 공항이용 편리성 등이 포함된다.[15] 매년 평가결과를 공표하고, 항공교통사업자별 미흡평가를 받은 평가항목은 개선계획을 수립·이행토록 하여 항공교통사업자의 자발적인 서비스 개선을 유도한다.

▼ 항공운송서비스 평가항목 및 배점(2022년 기준)

평가 항목	세부 평가 항목	배점
시간 준수성(100)	시간 준수율	100
항공교통이용자 보호 충실성(100)	피해구제성(피해구제접수, 분쟁조정결과)	40
	행정처분	30
	보호조치 충실성	30
안전성(100)	항공기 사고 및 준사고	30
	행정처분	30
	자체 안전관리	40

15 2022년 10월 기준

평가 항목	세부 평가 항목	배점
이용자만족도(100)	예약 및 발권 용이성　탑승수속의 용이성 정보제공의 적절성　항공기 쾌적성 기내서비스 만족도　항공사 직원의 친절도 항공운임 만족도　전반적인 만족도	100

▼ **공항서비스 평가항목 및 배점(2022년 기준)**

평가 항목	세부 평가 항목	배점
수속절차의 신속성(100)	출 · 입국/출 · 도착 총 소요시간	80
	출 · 입국/출 · 도착 기준 시간초과	20
수하물 처리 정확성(100)	수하물 처리오류 및 분실률	100
공항이용 편리성(100)	교통이용 편리성	20
	편의시설 적정성	41
	수속시설 적정성	15
	교통약자 시설 편의성	24
이용자만족도(100)	접근교통의 편리성 주차시설 만족도 식음료시설 만족도 쇼핑시설 만족도 수속시설 만족도 안내표지 품질의 적정성 공항 내 이동시설 사용 편리성 시설 청결성/쾌적성/편리성 공항상주직원의 친절성및 도움성	100

항공교통서비스 연간 보고서에는 항공교통사업자 및 항공교통이용자 현황, 피해현황 및 그 분석 자료, 항공교통서비스 수준에 관한 사항, 항공운송사업자의 안전도에 관한 정보, 해외 항공교통이용자 보호 정책, 항공운송사업자별 마일리지 적립 및 사용 기준 등이 포함된다. 이 밖에 매 분기 시각자료 위주의 분기보고서를 발간하여 주요 정보를 제공하고 있다.

▲ 항공교통서비스 분기보고서

「상법」 제6편 항공운송에는 운송인의 책임, 여객의 사망 또는 상해 손해배상 책임, 연착에 대한 책임, 수하물 멸실·훼손에 대한 책임, 수하물의 연착에 대한 책임에 관한 규정 등이 포함되어 있다. 한편, 각각의 책임에 대한 책임한도액의 경우 2014년 5월 20일 「상법」의 개정을 통해 2009년 수정된 몬트리올 협약의 책임한도액과 동일하게 수정되었으나, 2019년에 재수정된 책임한도액은 미반영되어 개정이 필요한 상황이다.

▼ 몬트리올 협약 책임한도액 (단위: SDR*)

구분	1999년 최초 책임한도액	2009년 수정된 책임한도액	2019년 수정된 책임한도액
여객의 사망 또는 신체의 상해로 인한 손해	100,000	113,100	128,821
여객의 연착으로 인한 손해	4,150	4,694	5,346
여객의 수하물의 멸실 · 훼손 및 연착	1,000	1,131	1,288
화물의 멸실 · 훼손 및 연착	17	19	22

* SDR(Special Drawing Rights): 국제통화기금의 특별인출권. 국제유동성을 부여하는 국제통화로서의 기능을 발휘함. 2022년 10월 31일 기준 특별인출권의 환율은 약 1,817KRW/SDR(1.28 달러/SDR)임(출처: IMF SDR Valuation)

다. 항공교통이용자 보호정책의 의의

「항공사업법」, 「상법」 등 항공교통이용자 보호 제도를 위한 관련 법률들은 항공정책의 공급자 중심에서 소비자 중심으로 이동하는 변화를 가시화하였다는 점에서 큰 의미가 있다. 특히, 항공교통이용자 보호를 위한 구체적 실행제도와 기준 및 절차를 마련하고 처벌조항을 규정하는 등 실효성과 강제성이 포함된 제도를 마련함으로써 항공교통이용자를 보호하고자 하는 정부 의지를 보여주었고, 항공교통사업자가 수용할 수 있는 범위에서 규제를 강제함으로써 항공교통사업자가 스스로 항공교통이용자의 보호대책 수립과 서비스 개선을 추진할 수 있도록 하였다. 또한, 항공사 및 공항 등 항공교통사업자가 제공하는 서비스 정보를 지속적으로 제공하고 모니터링함으로써 항공교통이용자들이 합리적인 선택을 통해 항공교통사업자가 제공하는 서비스를 이용할 수 있도록 하였다.

해당 제도는 단기적으로는 항공교통이용자들에게 양질의 서비스를 제공할 수 있고, 장기적으로는 급변하는 항공운송시장의 환경변화에 따라 항공교통이용자들의 보호에 대한 인식을 새롭게 함으로써 사회적 편익을 제고할 것으로 기대된다.

3. 세계 공항서비스평가제도 (ASQ)

1) 제도 개요

세계 공항서비스평가(Airport Service Quality, ASQ)는 전 세계 공항들을 대상으로 매년 소비자 만족도 조사를 실시해 우수한 평가를 받은 공항들에 대해 시상하는 제도이며, Skytrax에서 평가하는 세계공항대상(World Airport Awards)과 함께 공항평가 부문에서 최고로 권위 있는 상이다.

1993년 국제항공운송협회(International Air Transport Association, IATA)에서 최초로 시행한 후, 2004년부터 국제공항협의회(Airport Council Incternational, ACI)가 공동 주관자로 참여하였으며, 2005년부터는 ACI가 단독으로 시행하고 있다. 우리나라에서는 인천국제공항과 김포국제공항이 참여하고 있다. 인천국제공항이 개항 4년 만인 2005년부터 2016년까지 12년 연속 1위를 수상하며 명예의 전당에 오른 바 있으며, 김포공항 또한 ASQ 참여 첫 해인 2010년부터 2014년까지 5년 연속 1위를 수상하여 명예의 전당에 올랐다.

국제공항협의회(ACI)는 급변하는 서비스 패러다임에 능동적으로 대처하기 위해 2019년 4월 '고객경험인증 프로그램'을 도입했다. 서비스 만족도 평가로 이루어지는 기존 ASQ 평가방식에서 보다 다양한 관점에서 평가하기 위해 도입했다. 고객이해, 전략, 운영 개선, 지배구조, 공항 문화, 서비스 디자인, 기관 협업 등 8개 항목에 대해 서류 및 현장 평가를 거친다. 총 1~5단계로 인증하며 단계별 심사기준이 엄격하다.

우리나라는 2022년 9월 제4회 ACI 고객경험 글로벌 서밋(Custromer Experience Global Summit)에서 인천국제공항공사가 고객경험인증 최고 단계인 5단계를 수상했다. 이는 2020년 3단계, 2021년 4단계 인증을 받은지 1년 만으로 전 세계 공항 최초 5단계 인증을 받은 사례다.

2) 평가체계

ACI는 매분기 시작 전 각 공항별로 목표 설문수량, 평가대상 항공편 등의 기준이 담긴 분기별 설문계획을 배부한다. 개별 공항들은 해당 계획에 기반 하여 출국 여객을 대상으로 만족도 조사를 실시한다. 조사 문항은 출국 여객의 여정 전반에 대한 33개 항목으로 구성되어 있으며, 여객은 각 항목을 5점 척도로 평가하게 된다.

▼ ASQ 평가문항 구성(2022년 기준)

연 번	서비스 분야	세부 항목
1	종합	공항의 전반적 만족도
2		공항에서의 경험 만족도
3	공항진입	공항의 접근 용이성
4		터미널 접근을 위한 표지판
5		교통수단의 요금대비 만족도
6	탑승수속	탑승구역(체크인) 길찾기의 편의성
7		탑승수속 대기시간
8		탑승수속 구역 직원의 친절과 도움
9	보안검색	보안검색 이용의 편의성
10		보안검색 대기시간
11		보안검색 직원의 친절과 도움
12	국경/여권 심사	국경/여권 심사 대기시간
13		국경/여권 심사 직원의 친절과 도움

연 번	서비스 분야	세부 항목
14	쇼핑/식사	레스토랑/바/카페
15		가격대비 레스토랑/바/카페 만족도
16		상점
17		가격대비 상점 만족도
18		쇼핑 및 식당 직원의 친절과 도움
19	게이트 구역	게이트구역 대기 편리성
20		게이트구역 좌석의 이용 가능성
21	공항의 전반적 측면	길찾기의 편리성
22		항공편 정보 안내의 이용편의
23		터미널 내 이동 편의성
24		환승 길찾기 편의성
25		공항 직원의 친절과 도움
26		Wi-Fi 서비스 품질
27		휴대용 기기 충전시설의 이용 편의
28		오락 및 여가시설
29		화장실 이용편의
30		화장실 청결성
31	공항환경	건강관련 안전성
32		청결도
33		분위기

최근 고객서비스에서 고객경험으로의 패러다임 변화에 발맞추어 ACI는 ASQ를 통한 글로벌 공항의 고객경험 강화를 촉진하고 있다. 2022년 ASQ 개편에 '경험 만족도' 문항을 신설하는 한편, 고객경험인증제 최고 단계 요건으로 ASQ 종합만족도 특정 점수이상 달성을 포함하였다. 고객경험 요소와의 연계를 통해 ASQ는 공항의 서비스와 경험을 아우르는 가장 공신력 있는 평가체계로서의 위상을 공고히 하고 있다.

3) 수상 현황

ASQ 평가에는 매년 250여 개의 세계 유수 공항들이 참여하고 있으며, 참여하는 공항들의 여객 규모와 지역에 따라 그룹을 나누어 우수한 공항에 시상하고 있다. 우리나라에서는 인천공항이 세계 최초로 12년 연속 1위 공항 수상(2005~2016)을 달성하여 명예의 전당에 입성하였으며, 2022년에는 세계 공항 최초로 고객경험인증제 최고 단계를 달성한 바 있다. 김포공항은 5년 연속 1위 공항 수상(2010~2014)으로 명예의 전당에 헌액되었고, 이듬해 2015년에도 연이어 1위 공항 수상을 달성하였다.

인천공항과 같은 그룹에서는 싱가포르, 홍콩, 베이징 공항 등이 우수공항으로 선정된 바 있으며, 최근에는 광저우, 푸동, 심천 등 중국 공항들이 다수 포진하였다. 인천공항과 같은 규모, 타 지역 그룹의 우수공항으로는 로마, 애틀란타, 토론토 공항 등이 있다.

▼ 세계 공항 서비스평가 결과(아태 중대형, 대형공항 부문)

구분	05년	06년	07년	08~10년	11~14년	15년	16년	17년	18년	19년	20년	21년
1위	인천	인천	인천	인천	인천	인천, 싱가포르	인천	뭄바이, 델리	델리, 싱가포르, 푸동, 뭄바이	델리, 싱가포르, 푸동, 뭄바이	싱가포르, 광저우, 델리, 푸동	싱가포르, 광저우, 델리, 푸동, 베이징, 심천
2위	싱가포르	홍콩	쿠알라룸푸르	싱가포르	싱가포르	베이징, 푸동	뭄바이, 싱가포르, 델리	베이징, 푸동				
3위	홍콩	달라스	싱가포르	홍콩	베이징	광저우	베이징	타오위안				

* 2018년부터 순위제가 폐지되고 지역 · 규모별 상위 20% 대상 시상으로 변경

** 인천공항은 12년 연속 1위 달성(명예의 전당 입성) 후 2017년부터 순위경쟁에 미참여

*** 인천공항 경쟁그룹 : 2005~2013년 중대형 공항(여객 2500만~4천만 명), 2014년 이후 대형공항(여객 4천만 명 이상)

기존에 김포공항이 속한 중형공항 부문에서는 김포공항을 비롯하여 중국 충칭공항, 캐나다 벤쿠버 공항, 미국 템파공항 등이 우수공항에 선정된 바 있으며, 여객 증가에 따라 중대형 공항 부문으로 편입(2017년~)된 후에는 중국 다싱공항, 인도 켐피고다 공항 등이 선정되었다.

참고로 김포공항과 같은 규모의 타 지역 우수공항으로는 더블린, 코펜하겐, 리스본, 취리히, 디트로이트, 솔트레이크시티 국제공항 등이 있다.

▼ 세계 공항 서비스평가 결과(아태 중형, 중대형공항 부문)

구분	10년	11년	12년	13년	14년	15년	16년	17년	18년	19년	20년	21년
1위	김포	김포	김포	김포	김포	김포	하이커우(중국)	충칭(중국)	충칭(중국)	켐피고다(인도)	다싱(중국)	다싱(중국)
2위	차트라파티(인도)	충칭(중국)	충칭(중국)	충칭(중국)	우한(중국)	우한(중국)	김포 산야(중국)	김포	켐피고다(인도)	난징(중국)	켐피고다(인도)	
3위	밴쿠버(캐나다)	항저우(중국)	타오위안(대만)	탬파(미국)	항저우(중국)	응우라라이(인도네시아)	응우라라이(인도네시아)	나리타(일본)		산야(중국)		

* 김포공항 경쟁그룹 : 2010년~2016년 중형공항(여객 1500만~2500만 명), 2017년 이후 중대형공항(여객 2500만~4천만 명

개정판 집필진

총괄 진행

항공정책실장 하동수, 항공정책과장 김홍락, 항공정책과(강혜정 · 김은진 · 김정한 · 박중길 · 최대경), 공항운영과(박주연), 항공안전정책과(안정인)

집필진

Ⅰ. 항공의 개요와 역사
01 항공의 특성 (항공정책과 김정한)
02 세계 항공산업의 흐름 (항공정책과 박중길)
03 세계 항공의 역사 (항공정책과 김은진)
04 우리나라 항공의 역사 (항공정책과 김은진)
05 국내 항공 관련기관 현황 (항공정책과 박중길)

Ⅱ. 항공산업의 현황
01 항공산업의 개념 (항공산업과 강윤진)
02 항공산업의 특성 (항공산업과 강윤진)
03 항공산업의 분류 (항공산업과 김선희)
04 항공운송산업 현황 (항공산업과 강윤진)
05 항공기 제작산업 현황 (항공기술과 김용규)
06 항공정비산업 현황 및 전망 (첨단항공과 김남극)

Ⅲ. 항공기의 분류 및 구조
01 개요 (항공기술과 김유철)
02 비행기 (항공기술과 김유철)
03 회전익항공기(헬리콥터) (항공기술과 김유철)
04 비행선 (항공기술과 김유철)
05 활공기 (항공기술과 김선갑)
06 항공우주선 (항공기술과 김유철)
07 경량항공기 (항공기술과 김선갑)
08 초경량 비행장치 (항공기술과 김선갑)

Ⅳ. 항공법령
01 국내 항공법령 현황 (항공정책과 강혜정)
02 항공사업법 (항공정책과 강혜정)
03 드론 활용의 촉진 및 기반조성에 관한 법률 (첨단항공과 이석진)
04 국립항공박물관법 (항공정책과 김은진)
05 항공안전법 (항공안전정책과 강경범)
06 항공안전기술원법 (항공안전정책과 강경범)
07 항공 · 철도 사고조사에 관한 법률 (항공철도사고조사위원회 강리안)
08 항공보안법 (항공보안정책과 허백용)
09 공항시설법 (공항정책과 박상철)
10 공항소음 방지 및 소음대책지역 지원에 관한 법률 (공항운영과 박권필)
11 한국공항공사법 (항공정책과 기영재)
12 인천국제공항공사법 (항공정책과 기영재)
13 가덕도신공항 건설을 위한 특별법 (가덕도신공항건립추진단 성연수)

Ⅴ. 국내 · 국제 항공운송 정책
01 항공운송사업 면허체계 (항공산업과 강윤진)
02 국내항공운송 (항공산업과 이금주)
03 국제항공운송 (국제항공과 이금아)
04 항공협정의 종류와 현황 (국제항공과 이금아)
05 항공자유화 동향 (국제항공과 이금아)

Ⅵ. 항공안전 관리 정책
01 국가항공안전관리 (항공안전정책과 박소현)
02 운항안전 (항공운항과 장여진)
03 위험물 운송 (항공운항과 강승주)
04 항공기 · 부품 안전성 인증 (항공기술과 김용규)
05 항공교통업무 (항공교통과 노은지)
06 공역체계 및 관리 (항공교통과 이준호)
07 항공정보 (항공교통과 노은지)
08 항공기 수색구조 지원업무 (항공교통과 노은지)
09 항행안전시설 (항행위성정책과 양창생)

Ⅶ. 공항 건설과 운영 정책
01 공항의 개념 및 특성 (공항정책과 백승록)
02 공항정책의 현 주소와 나아갈 길 (공항정책과 박응민)
03 신공항 건설 현황과 계획 (공항건설팀 이양구)
04 우리나라 공항안전 관리체계 (공항운영과 송대종)
05 공항과 주변지역의 상생 (공항운영과 한수)

감수진

김제철(한서대학교 교수)
박용화(인하대학교 교수)
백호종(한국항공대학교 교수)
신가균(인천국제공항공사 기획조정실장)
최수영(국립항공박물관 기획조정실장)
남창희(한국공항공사 전략기획본부장)
박진서(한국교통연구원 항공우주교통연구본부장)
송기한(서울과학기술대학교 교수)
임재현(항공안전기술원 기획전략실장)
최진국(국립한국교통대학교 교수)

초판 집필진

감수 및 기획

항공정책실장 김광재, 항공정책관 박종흠, 항공정책과장 황성규

집필진

항공정책실장	김광재	前 항공정책실장	정일영
항공정책관	박종흠	항공정책과장	황성규
前 항공정책과장	김상도	前 항공산업과장	이윤상
운항정책과	강승호	항공산업과	민풍식
항공산업과	박정혁	항공관제과	박준수
항공정책과	안광열	국제항공과	오공명
항공보안과	이기동	항공정책과	이종성
공항정책과	조현준	항공보안과	채순배
항공산업과	추철규	항공관제과	강정현
운항정책과	강혜정	항공정책과	곽영필
항공관제과	김규희	국제항공과	김수정
운항정책과	박석원	공항정책과	박해규
서울지방항공청	성경희	국제항공과	소은정
사고조사위원회	신옥식	항공정책과	윤현식
항공보안과	이상욱	항공기술과	이재석
항공정책과	이종선	공항환경과	이호락
항공정책과	전덕수	항공보안과	정상모
항행시설과	정의용	항공기술과	정하걸
공항환경과	조영봉	항공보안과	한병선
자격관리과	황재갑	항공기술과	황준우

MEMO

MEMO

※ 이 책의 인세는 국토교통부와의 협의를 통해 전액 장애인 복지시설에 기부합니다.

저자와의 합의하에 인지를 생략합니다.

항공정책론

지은이 국토교통부 항공정책실
펴낸이 조경희
펴낸곳 경문사
펴낸날 2023년 4월 13일 1판 1쇄
등 록 1979년 11월 9일 제1979-000023호
주 소 04057, 서울특별시 마포구 와우산로 174
전 화 (02)332-2004 팩스 (02)336-5193
이메일 kyungmoon@kyungmoon.com

값 38,000원

ISBN 979-11-6073-623-6